# 建筑及装饰工程定额与预算

## （第2版）

刘全义　主编

中国建材工业出版社

**图书在版编目（CIP）数据**

建筑及装饰工程定额与预算/刘全义主编. —2 版.
—北京：中国建材工业出版社，2013.9
ISBN 978-7-5160-0565-1

Ⅰ. ①建… Ⅱ. ①刘… Ⅲ. ① 建筑经济定额-高等学
校-教材 ② 建筑预算定额-高等学校-教材 Ⅳ.①TU723.3

中国版本图书馆 CIP 数据核字（2013）第 195457 号

**建筑及装饰工程定额与预算（第 2 版）**

刘全义　主编

出版发行：中国建材工业出版社
地　　址：北京市西城区车公庄大街 6 号
邮　　编：100044
经　　销：全国各地新华书店
印　　刷：北京雁林吉兆印刷有限公司
开　　本：850mm×1168mm　　1/16
印　　张：29.75
字　　数：910 千字
版　　次：2013 年 9 月第 2 版
印　　次：2013 年 9 月第 1 次
定　　价：**85.00 元**

本社网址：www.jccbs.com.cn
**本书如出现印装质量问题，由我社营销部负责调换。联系电话：**（010）88386906

# 前　言

　　我长期从事建筑教育事业，在多年的教学过程中深深感到《建筑工程定额与预算》这门课程应该结合本地区定额进行讲述，也必须有一本结合本地区定额的教材。记得北京市工程造价管理处和北京市修缮定额管理处都曾经配合当时的《概算定额》和《修缮定额》出版过一套很好的教材，我在担任北京市房地产职工大学建筑系主任期间曾经采用过这套教材，我也从教材中受益匪浅。我的师姐——北京建筑工程学院卞秀庄教授，我的好友原北京市城市建设学校赵玉槐校长曾结合1992年《概算定额》合编过《建筑工程定额与预算》教材，当时被大专院校、高等教育自考学校，以及建筑业培训单位选作教材，颇受读者的好评。北京市1996年《概算定额》修编后，总希望有一套供教学用的教材，可惜不能如愿。由于教学的需要，我曾编写过一本《土建定额与概算》的内部讲义，供建筑培训使用。北京市自2002年4月1日起执行2001年预算定额，而我又被北京市建委考核办公室和北京市工程造价管理处委任为北京市的土建预算员培训资格教师，当时教学工作量很大，为了方便教学曾编写了《建筑与装饰工程定额与预算》讲义，在我施教的学员中使用。一些好友看到后建议我整理一下正式出版。我的同事卢汝丽女士热情地介绍我找到中国建材工业出版社马学春编辑，她非常支持出版这本书，并且得到了出版社领导的鼓励和支持。所以我也就硬着头皮，在原讲义的基础上进行整理，草草成了此书。

　　本书的第一篇及第二篇第1~13章和第15章由刘全义编写，第二篇第14章及计算实例由赵晓冬、刘珊编写；全书的插图及表格由刘珊、王小敬、王艳玲描绘。刘全义担任主编。

　　由于我才疏识浅，自感不足，错误之处一定很多，诚望各界多多指教，我将不胜感谢。

刘全义

2003年7月

# 再 版 前 言

　　本书自初版以来已近十年，承蒙读者垂爱，经多次印刷已近 2 万册。由于"预算定额"具有时效性，而本书是以北京市 2001 年"预算定额"为依托，现在北京市又编制了 2012 年"预算定额"，并于 2013 年 7 月 1 日起执行，同时 2001 年"预算定额"及其配套文件停止使用，这样就必须对本书进行全面的修编。

　　这次北京市 2012 年"预算定额"，将原来的"建筑工程"和"装饰工程"合并为一册，名为《房屋建筑与装饰工程预算定额》较 2001 年"预算定额"有了很大的改动。这次再版就是以 2012 年北京市"预算定额"为依据进行编写的。由于本人水平有限，可能对定额的理解有所局限，书中可能有错误之处还望各位同行、专家进行批评指正。

编者

2013 年 6 月

中国建材工业出版社
China Building Materials Press

# 目 录

绪论

## 第一篇  建设工程概预算总论

第1章  基本建设程序与建设项目费用的构成 …………………………………………（ 1 ）

第一节  基本建设的概念 …………………………………………………………（ 1 ）

第二节  基本建设程序 ……………………………………………………………（ 1 ）

第三节  基本建设审批、管理程序 ………………………………………………（ 6 ）

第四节  建设项目的分解 …………………………………………………………（ 8 ）

第五节  建设项目的费用组成 ……………………………………………………（ 9 ）

第2章  建设工程定额与概、预算概述 …………………………………………………（ 12 ）

第一节  概述 ………………………………………………………………………（ 12 ）

第二节  建设工程预算的分类和作用 ……………………………………………（ 15 ）

第三节  建筑工程定额概念及作用 ………………………………………………（ 21 ）

第四节  建筑工程定额的分类 ……………………………………………………（ 23 ）

第3章  施工定额 …………………………………………………………………………（ 25 ）

第一节  施工定额概述 ……………………………………………………………（ 25 ）

第二节  劳动定额 …………………………………………………………………（ 25 ）

第三节  材料消耗定额 ……………………………………………………………（ 33 ）

第四节  机械台班使用定额 ………………………………………………………（ 35 ）

第五节  施工定额的应用 …………………………………………………………（ 38 ）

第4章  预算定额 …………………………………………………………………………（ 40 ）

第一节  预算定额的概述 …………………………………………………………（ 40 ）

第二节  预算定额的编制 …………………………………………………………（ 42 ）

第三节  2012 年《北京市建设工程预算定额》概述 ……………………………（ 47 ）

第5章  概算定额与概算指标 ……………………………………………………………（ 49 ）

第一节  概算定额 …………………………………………………………………（ 49 ）

第二节  概算指标 …………………………………………………………………（ 52 ）

第6章  建筑安装工程工期定额 …………………………………………………………（ 59 ）

第一节  工期定额的作用 …………………………………………………………（ 59 ）

第二节  工期定额的应用 …………………………………………………………（ 59 ）

第三节  北京市 2009 年工期定额简介 ……………………………………………（ 62 ）

**第7章　建筑安装工程概预算定额基价的确定** ·················· （66）

　　第一节　定额日工资标准的确定 ·································· （66）

　　第二节　材料预算价格的编制和确定 ···························· （67）

　　第三节　施工机械台班使用费的确定 ···························· （74）

　　第四节　单位估价表的编制 ···································· （76）

**第8章　单位工程预算的费用组成** ······························ （79）

　　第一节　预算价 ·············································· （79）

　　第二节　企业管理费 ·········································· （79）

　　第三节　利润 ················································ （80）

　　第四节　规费 ················································ （80）

　　第五节　税金 ················································ （81）

　　第六节　总承包服务费 ········································ （81）

　　第七节　现场管理费 ·········································· （81）

　　第八节　房屋建筑与装饰工程费用标准 ·························· （81）

　　第九节　北京市住房和城乡建设委员会关于颁发2012年《北京市建设
　　　　　　工程计价依据——预算定额》的通知 ···················· （84）

　　第十节　北京市住房和城乡建设委员会关于印发《关于执行2012年
　　　　　　〈北京市建设工程计价依据——预算定额〉的规定》的通知 ···· （85）

　　第十一节　住房和城乡建设部　财政部关于印发《建筑安装工程费用项目组成》
　　　　　　　的通知 ············································ （90）

## 第二篇　建筑工程单位工程预算

**第9章　单位工程预算编制简述** ································ （101）

**第10章　工程量计算概述** ···································· （105）

　　第一节　工程量计算步骤 ······································ （105）

　　第二节　层高与檐高 ·········································· （106）

　　第三节　关于计量单位和精度 ·································· （107）

　　第四节　建筑面积计算 ········································ （108）

**第11章　土石方工程** ········································ （129）

　　第一节　定额说明及工程量计算规则 ···························· （129）

　　第二节　有关土石方工程的几个问题 ···························· （131）

**第12章　地基处理与边坡支护工程** ···························· （136）

　　第一节　定额说明及工程量计算规则 ···························· （136）

　　第二节　有关地基处理和边坡支护的图示及说明 ·················· （137）

**第13章　桩基工程** ·········································· （147）

　　第一节　定额说明及工程量计算规则 ···························· （147）

　　第二节　有关桩基础的基本常识 ································ （148）

**第 14 章　砌筑工程** ················································································ (154)

　　第一节　定额说明及工程量计算规则 ······················································· (154)

　　第二节　定额项目的解释及举例 ······························································ (156)

**第 15 章　混凝土及钢筋混凝土工程** ·································································· (166)

　　第一节　定额说明及工程量计算规则 ······················································· (166)

　　第二节　有关定额项目的图示与注释 ······················································· (169)

　　第三节　钢筋重量的计算 ········································································ (211)

**第 16 章　金属结构工程** ·············································································· (217)

　　第一节　定额说明及工程量计算规则 ······················································· (217)

　　第二节　有关定额的解释与图示 ······························································ (219)

**第 17 章　木结构工程** ················································································ (233)

　　第一节　定额说明及工程量计算规则 ······················································· (233)

　　第二节　有关定额项目的图示与说明 ······················································· (233)

**第 18 章　门窗工程** ··················································································· (242)

　　第一节　定额说明及工程量计算规则 ······················································· (242)

　　第二节　有关定额项目的做法与图示 ······················································· (243)

**第 19 章　屋面及防水工程** ··········································································· (266)

　　第一节　定额说明及工程量计算规则 ······················································· (266)

　　第二节　有关屋面项目的解释与图示 ······················································· (267)

　　第三节　有关防水做法的图示 ·································································· (278)

　　第四节　有关变形缝的图示 ····································································· (281)

**第 20 章　保温、隔热、防腐工程** ··································································· (288)

**第 21 章　楼地面装饰工程** ··········································································· (290)

　　第一节　定额说明及工程量计算规则 ······················································· (290)

　　第二节　有关定额项目的图示及解释 ······················································· (291)

**第 22 章　墙、柱面装饰与隔断、幕墙工程** ······················································ (318)

　　第一节　定额说明及工程量计算规则 ······················································· (318)

　　第二节　有关墙、柱面与隔断幕墙的做法及图示 ········································· (320)

　　第三节　有关隔墙、隔断的做法及图示 ···················································· (342)

　　第四节　有关柱子的做法与图示 ······························································ (350)

**第 23 章　天棚工程** ··················································································· (355)

　　第一节　定额说明及工程量计算规则 ······················································· (355)

　　第二节　有关天棚工程做法的部分图示及说明 ············································ (356)

**第 24 章　油漆、涂料、裱糊工程** ································································ （366）

　　第一节　定额说明及工程量计算规则 ············································ （366）

**第 25 章　其他装饰工程** ·················································································· （369）

　　第一节　定额说明及工程量计算规则 ············································ （369）

　　第二节　有关栏杆、栏板、扶手的图示及说明 ····························· （370）

　　第三节　部分装饰线示意图 ·························································· （384）

　　第四节　有关建筑配件项目部分图示 ············································ （388）

**第 26 章　工程水电费** ··················································································· （396）

　　第一节　定额说明及工程量计算规则 ············································ （396）

　　第二节　工程水电费的结算办法 ··················································· （396）

　　第三节　部分定额摘录 ································································· （396）

**第 27 章　措施项目** ····················································································· （398）

　　第一节　脚手架工程 ···································································· （398）

　　第二节　现浇混凝土模板及支架工程 ············································ （406）

　　第三节　垂直运输 ······································································· （435）

　　第四节　超高施工增加 ································································· （437）

　　第五节　施工排水、降水工程 ······················································ （437）

　　第六节　安全文明施工费 ······························································ （442）

**第 28 章　工程竣工决算** ·············································································· （444）

　　第一节　工程竣工结算 ································································· （444）

　　第二节　工程竣工决算 ································································· （445）

　　第三节　施工图概预算的工料分析 ················································ （445）

**附：工程预算实例** ······················································································· （447）

**参考书目** ······································································································· （464）

# 绪　　论

## 一、课程研究对象和任务

本课程是建筑类的一门专业课，是建筑企业进行现代科学管理的基础。它主要研究建筑产品生产成果和生产消耗之间的定量关系。从研究完成一定建筑产品的生产消耗数量的规律着手，合理地确定单位建筑产品的消耗数量标准（定额）和建筑产品计划价格（预算）。并在此基础上，加强建筑企业管理和经济核算，力求用最少的人力、物力和财力，生产出更好更多的建筑产品。

建筑工程生产中的消耗，虽然受诸多因素（如管理体制、管理水平、社会生产力等）的影响，但在一定生产力水平条件下，生产一定质量合格的建筑产品与所消耗的人力、物力和财力之间，存在着一种必然以质量为基础的定量关系，即建筑工程定额。例如，砌 $1m^3$ 的砖砌体，在砖砌体厚度和灰缝厚度一定的条件下，一般来说，所需砖的块数和砂浆的体积是固定的；在工人的技术水平、劳动强度和生产条件相同的情况下，所需的劳动、机械消耗也应该是固定的和有一定标准的。

研究建筑产品的生产消耗，无论在理论上还是在实践上都具有重要意义。我国已经逐步建立了独立的比较完整的工业体系和国民经济体系。但是与世界经济发达国家相比，我国的经济实力和科学技术水平还是比较落后的。

因此，为了迅速实现党和国家提出的社会主义现代化建设的宏伟目标，要求基本建设进一步降低生产消耗和工程成本，节约建设资金和提高投资的经济效益，这是建设工程管理中的主要课题，也是本课程的主要任务。

建筑产品计划价格，即建筑概（预）算。主要以货币指标形式，研究确定某建筑工程的预算造价。建筑工程概（预）算不正确，就会造成经济管理混乱，就会影响工程建设计划的准确性和财政开支的合理性，以及影响建筑安装企业经济收入和工程成本分析的正确性。

建筑工程定额与概（预）算有着密切的联系，也有很大的区别。

建筑工程定额与建筑工程概（预）算的密切联系主要体现在：施工定额、预算定额、概算定额、间接费定额、其他工程和费用定额等建筑工程定额，是编制施工概算、施工图预算和工程概算的主要依据；而建筑工程概（预）算的编制和执行情况，又能检查建筑工程定额的编制质量、定额水平以及简明适用性等问题，并为修订定额提供必要的资料。

建筑工程定额一般是以建筑工程中的各个组成部分（例如建筑工程中的各种构配件和分项工程）作为研究对象，通过一定的形式规定出各种人工、材料和机械台班消耗的数量标准。建筑工程概（预）算则是以某个建筑项目、单项工程或单位工程为研究对象，以货币指标形式确定其价格。

## 二、课程重点内容

全教材可分作两大部分。

第一部分为建设工程概预算总论。

这部分主要研究建筑工程定额的编制水平、编制原则、编制程序和编制方法，以及建筑工程定额的应用。

主要讲述预算定额的编制原则、方法以及人工、材料和机械台班预算价格的确定，使学生初步掌握制定预算定额的方法步骤。在预算定额的应用方面，主要讲述定额的套用、调整和换算方法。

施工定额以劳动定额的应用为重点，使学生初步掌握国家现行统一劳动定额的内容。劳动定额的标定只做一般介绍。

概算定额主要讲述概算定额的概念、作用及应用。概算指标做一般介绍。

从定额水平和定额项目的划分，讲述预算定额与施工定额，概算定额与预算定额的内在联系及它们之间的共性和特性。

第二部分为建筑工程预算部分。

这部分以一般土建工程施工图预算的编制为重点，讲述建筑安装工程预算费用构成、编制施工图预算的一般原则、方法和步骤。

工程竣工决算，主要讲述工程竣工决算的内容、编制方法。

## 三、本课程与其他学科的关系和学习方法

《建筑与装饰工程定额与预算》是一门技术性、专业性和综合性很强的专业课程。它是建筑企业进行经济核算、考核工程成本、对工程建设投资进行分配管理和监督的依据。它涉及到建筑识图、建筑构造、建筑施工技术、建筑材料、建筑施工组织管理、建筑结构、装饰工程以及其他工程技术课程等有关知识。要学好这门课，必须与上述有关课程结合起来进行学习。

# 第一篇　建设工程概预算总论

# 第1章　基本建设程序与建设项目费用的构成

## 第一节　基本建设的概念

基本建设是指固定资产的建设，即是建筑、安装和购置固定资产的活动及其与之相关的工作。

固定资产是指在社会再生产过程中，可供生产或生活较长时间使用，在使用过程中基本保持原有实物形态的劳动资料和其他物质效益。如建筑物、构筑物、机床、电气设备、运输设备、住宅、医院、学校等等。固定资产按其经济用途可分为生产性固定资产和非生产性固定资产。

基本建设是为发展社会生产力建立物质技术基础，为改善生活创造物质条件的工作。它通过建设管理部门有计划按比例地进行建设投资和建筑业的勘察、设计、施工等物质生产活动及其与之相关联的其他有关部门（如征地、拆迁等）的经济活动来实现。

## 第二节　基本建设程序

### 一、基本建设工作程序的概念及其意义

基本建设工作程序，简称基本建设程序，是指基本建设项目从决策、设计、施工到竣工验收全过程中，各项工作必须遵循的先后次序。

基本建设是投资建造固定资产和形成物质基础的经济活动。基本建设全过程的特点，决定了搞基本建设必须遵照一定的工作程序，按照科学规律进行。这是因为，基本建设是一个大系统，涉及的范围很广，内外协作配合的环节多，完成一项建设项目，要进行多方面的工作，其中有些是需要前后衔接的，有些是横向配合的，还有些是交叉进行的，对这些工作必须按照一定的程序，有步骤、有秩序地进行。实践一再证明，搞基本建设只有按程序办事，才能加快建设速度，提高工程质量，缩短工期，降低工程造价，提高投资效益，达到预期效果。否则欲速则不达。

科学的基本建设程序，是基本建设过程及其客观规律的反映。对生产性基本建设来说，基本建设程序，就是形成综合性生产能力过程的规律性反映。任何一项工程建设，自身都存在着阶段、步骤及其内在的不可违背的先后联系。也就是说，基本建设程序不是人们主观意志的反映，而是事物内在的客观必然性决定的。

建国六十多年来，我们积累了基本建设正反两方面的许多经验和教训，每当一项工程严格按基本建设程序办事时，投资效果就好，否则，就要受到惩罚。在不同的历史时期，都有一些建设项目，不作前期准备，不作调查分析，盲目决策。如果有设计任务书，就委托设计；没有初步设计，就列入年度基本建设计划；尚未搞清资源、水文地质条件，就急于定点，开工兴建；在施工中任意修改设计，工程竣工后，不组织验收，就交付生产等等，酿成了严重的后患。

## 二、基本建设程序的内容

### （一）基本建设程序图

现行基本建设和工作程序，通常可以分为三个阶段、十项程序内容。三个阶段即是根据长远（五年）规划组织前期工作阶段（包括项目决策）；初步设计批准后列入计划（包括年度基本建设计划）组织施工，这是实现投资效果的基本环节，一般称为施工阶段；工程按照设计内容建成，进行竣工验收，交付生产使用。这是固定资产扩大再生产的最终目的，称为竣工投资阶段。

基本建设前期工作，系指从建设项目的酝酿提出项目建议书，到列入年度基建计划开工建设以前进行的工作。前期工作阶段，主要包括以下三个方面：

1. 勘测、科研、试验和可行性研究。为了分析、论证建设项目是否可行，必须要先进行资源勘探、工程地质、水文地质勘察、地形测量、科学研究、工程和工艺技术试验、地震、气象、环保资料收集等工作。对调查、试验所取得资料进行可行性研究，初步论证建设项目在技术、经济和生产力布局上是否可行，并经过多方案的比较，推荐最佳方案，为进一步编制设计任务书，提供主要依据。

2. 设计任务书（曾称计划任务书、设计计划任务书）。在技术经济论证或可行性研究的基础上，对推荐的最佳方案再进行深入工作，进一步分析项目的利弊得失，落实各项建设条件和协作配合条件，审核各项技术经济指标的可靠性，比较、确定建设厂址，审查建设资金的来源，为项目的最终决策和初步设计提供依据。

3. 初步设计是项目决策后的具体实施方案，也是进行施工准备的主要依据。

以上三个方面的工作通过基本建设程序，按计划安排使之相互衔接，做到既保证建设前期工作的周期，又能满足国民经济计划对建设进度的要求。有些项目如工业、交通运输业中的中、小型项目和农业、商业、文教、卫生等项目，若技术、经济条件不太复杂，协作关系比较简单的，可行性研究和设计任务书可以合并为一个方面。

上述三个阶段和十项程序的内容见基本建设程序简图（见图1-1）。

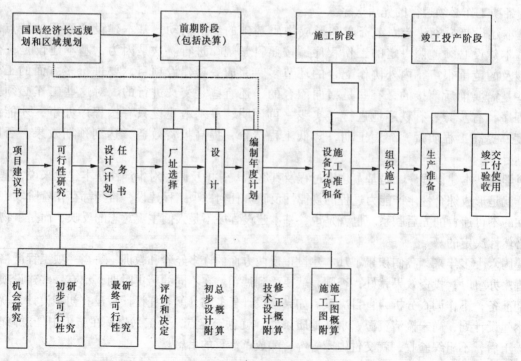

图 1-1  基本建设程序简图

**（二）基本建设程序的详细内容**

1. 项目建议书

项目建议书，是基本建设程序中的最初阶段。是各部门、各地区、各企业根据国民经济和社会发展的长远规划、行业规划、地区规划的要求，结合各项自然资源、生产力布局状况和市场预测等，经过调查研究、分析，提出具体项目建设的必要性，条件大致可行并向国家推荐的建议书，然后由国家各级计划部门将提出的项目建议书进行汇总平衡。项目建议书是国家选择建设项目和有计划地进行可行性研究的依据，是对项目的必要性和可行性进行的初步研究。

项目建议书应包括以下主要内容：

（1）建设项目提出的必要性和依据。引进技术和进口设备的，还要说明国内外技术差距、概况及需要引进的理由。

（2）产品方案，拟建规模和建设地点的初步设想。

（3）资源情况、建设条件、协作关系和引进国别、厂址的初步分析。

（4）投资估算和资金筹措设想。利用外资项目要说明利用外资的可能性，以及偿还贷款能力的大体测算。

（5）项目的进度安排。

（6）经济效果和社会效益的初步估计。

2. 可行性研究

可行性研究是对拟建项目在技术上、经济上是否可行的一种科学分析方法；是进行深入的技术、经济论证的阶段；是对拟建项目能否成立进行决策和作为审批设计任务书工作的依据和基础；是建设前期工作的主要内容；是基本建设程序中的重要组成部分。

可行性研究是在第二次世界大战以后，随着科学技术和经济与管理科学的发展而产生的。早在 20 世纪 30 年代，美国就在河流开发领域，最先采用了可行性研究的方法，把它列入流域开发程序，作为规划的重要阶段，取得了明显的社会效益。目前，国外广泛采用可行性研究对工程建设进行技术、经济论证，作出多方案比较，为工程建设是否值得投资，是否有利可图作出决策性意见。所以，国外称可行性研究是决定投资项目命运的关键。只有经过可行性研究后，认为可行的工程建设，才依次进行设计、施工和试生产。在我国，建设项目开展可行性研究始于 1981 年，国务院规定："所有新建、扩建大中型项目，不论是用什么资金安排的，都必须先由主管部门对项目的产品方案和资源地质情况，以及原料、材料、煤、电、油、水、运输等协作配套条件，经过反复周密的论证和比较后，提出项目可行性报告，并应有国家计委批准的设计任务书和国家建委批准的设计文件（见《关于加强基本建设计划管理，控制基本建设规模的若干规定》国发〔1981〕30 号），我们进行可行性研究的目的，是减少项目决策的盲目性，使建设项目决策建立在科学、可靠的基础上。

根据国际上可行性研究的实践，可行性研究一般分为三个阶段，即投资机会研究、初步可行性研究和可行性研究。

（1）投资机会研究

投资机会研究，亦称机会研究。其主要任务是为建设项目投资提出建议。在一个确定的地区或部门内，以自然资源和市场预测为基础，选择建设项目，寻找最有利的投资机会。

机会研究阶段比较粗略，主要依靠经验提出笼统估计。投资数额的多少，一般依据类似工程概预算作出估算或称毛估，机会研究仅提供一个是否可能进行建设的投资项目，时间短而费用少，当投资者有兴趣时才进行下一步的初步可行性研究。这阶段投资估算的误差为 ±30%，所需费用约占投资额的 0.2% ~ 1.0%，大中型项目所需时间，大约 1 ~ 2 月。

（2）初步可行性研究

往往有些建设项目仅靠投资机会研究，还不好决定取舍，因此，需要进行初步可行性研究。初步可行性研究的目的是要分析投资机会研究是否可能作出投资决策；是否应进行下一步详细的可行性研究；尚有哪些具有关键性问题，需要进行辅助性专题研究；如市场调查、工厂试验等；判明该项目是否有生命力。这一阶段的投资估算或称粗估，其误差在 ±20%，所需费用约占投资的 0.25% ~ 1.5%，大中型项目所需时间，大约 6 个月。

（3）可行性研究

可行性研究，亦称最终可行性研究。是建设投资决策的基础，是一个深入进行技术、经济论证的阶段，必须深入研究有关市场、生产纲领、厂址、工艺、设备、土建、建设周期、总投资额、投资回收期、效益等。可行性研究阶段的投资估算相当于我国的总概算。投资估算的误差一般在 ±（5% ~ 10%）左右，所需费用约占投资定额的 1.5% ~ 3.0%，大中型建设项目所需费用约占投资额的 3% ~ 5%。

建设项目经过以上三步可行性研究后，应围绕以下几方面写出"可行性研究报告"。

① 建设项目提出的背景，投资的必要性和经济意义；

② 市场需求情况的调查和拟建规模；

③ 资源、原材料、燃料及协作情况；

④ 厂址方案和建厂条件；

⑤ 设计方案；

⑥ 环境保护；

⑦ 生产组织、劳动定员；

⑧ 投资估算和资金筹措；

⑨ 产品成本估算；

⑩ 经济效益评价；

⑪ 结论。

3. 设计任务书（曾称计划任务书、设计计划任务书）

设计任务书，是确定建设方案的基本文件，按现行的基本建设程序规定，基本建设工程在进行可行性研究、技术、经济论证之后，如果论证结论是可行的，即可编制设计任务书。对可行性研究推荐的最佳方案予以确认，因为它是项目最终决策并据以进行初步设计的依据。按规定工作的深度要求有一定的准确性，设计任务书中反映的投资估算和初步设计概算的出入不得大于 10%，否则，不予审批，需对项目重新进行决策。

设计任务书的内容，各类建设项目不尽相同。但大中型工业项目一般应包括以下几点：（1）建设的目的和根据；（2）建设规模、产品方案、生产纲领、生产方式或工艺要求；（3）矿产资源、水文、地质和原材料、燃料、动力、供水、运输等协作配套条件；（4）资源综合利用和"三废"治理的要求；（5）建设地点和占地面积；（6）建设工期和投资估算；（7）防空、抗震等要求；（8）人员编制和劳动力资源；（9）经济效益和技术水平。

非工业大中型建设的设计任务书的内容，可根据上述基本要求，结合各类建设项目的特点，由各省、市、自治区主管部门另行规定。

改建、扩建的大中型项目设计任务书，同时要包括原有固定资产的利用情况、现状和现有生产潜力的情况。小型项目的设计任务书，可以结合实际情况，编制时间可以简单些。自筹基本建设项目的设计任务书，重点要说明资金、材料、设备的来源，要求同级财政和物资部门签署意见。

在上报设计任务书时，应附送经国务院主管部门或省、市、自治区批准的资产资源储量报告，水文、地质资料，以及生产所需原材料、协作产品、燃料、水源、电源、运输等协作关系的意见书或协议文件。

4. 选择建设地点

建设地点（或厂址）应根据区域规划和设计任务书的要求选择。建设地点选择是否合理，不仅直接决定建设项目在技术、经济上是否可行，而且对合理布局、城市、区域的发展规划，都具有深远影响。建设地点的选择主要考虑三个条件，一是工程地质、水文地质等自然条件是否可靠，二是建设工程所需的水、电、运输等施工条件是否落实，三是建设项目交付使用后的水源、电源、交通、原材料、燃料及协作配套等外部条件是否具备，是否经济合理。当然，对于生产人员及职工生活条件、环境条件、三废治理等，亦需全面、认真地考虑，在综合研究和进行多方案比较的基础上，确定建设地点，提出选点报告。

5. 编制设计文件

建设项目的设计任务书和选点报告，按规定程序经审批后，建设单位或建设单位的主管部门可以委托具有设计许可证的设计单位编制设计文件，也可以组织设计招标。若建设单位或建设单位主管部门无力组织或缺乏经验，也可聘请或委托专门的工程咨询公司代为组织设计招标工作，由中标的设计单位编制设计文件。设计文件（包括经济文件）是从技术、经济上对建设项目作出全面规划、设计、组织工程施工和施工招标与投标的依据，也是编制标底的基础。

设计任务书是编制设计文件的主要依据。工程设计是工程建设的首要环节，是整个工程的灵魂。为了提高设计质量，我国的设计工作是分阶段进行的。大中型建设项目，一般采用两段设计，即初步设计和施工图设计。重大项目和特殊项目，可根据各个行业的特点，经主管部门指定，增加技术设计阶段。

初步设计是对设计项目作出基本的技术决定，同时编制项目的总概算。主要内容有：确定建设指导思想、总体规划、占地面积、工艺流程、设备选型、产品方案、主要建筑物和构筑物、公用设施、生活区的建设、主要设备清单、材料用量、劳动定量、主要技术经济指标、建设工期、总概算，还有文字说明和初步设计图纸。

初步设计，只能据以进行主要设备的定货和施工准备工作。

技术设计是根据初步设计和更详细的调查研究资料编制的。进一步解决初步设计中重大的技术问题及修正设备的选样、数量、建设规模、技术经济指标。

施工图设计是在经过批准的初步设计和技术设计的基础上，设计和绘制更加具体详细的图纸以满足施工的需要。主要内容包括：平面图、剖面图、立面图以及建筑和结构详图，机械设备水暖等施工图。

6. 编制年度基本建设计划

基本建设项目的初步设计和总概算，经过综合平衡，审查批准后，才能列入基本建设年度计划。批准的年度建设计划是进行基建拨款和货款的主要依据，并可进行施工准备工作。

基本建设工程建设周期长，建设项目或单项工程往往要跨越计划年度，应合理安排分年建设的内容和投资，使当年分配的投资、材料、设备与施工准备或施工进度相适应，以保证年内计划项目的顺利进行。

7. 设备订货和施工准备

当建设项目列入年度计划后，相应地下拨了投资、主要材料指标，就可以进行主要设备的订货与施工准备工作。

一般地说，设备申请订货以设计文件审定的数量、品种、规格型号为准，向有关设备供应单位订货。

施工准备的内容很广泛，包括有征地迁址，搞好"三通一平"，组建施工队伍等。

8. 组织施工

建设项目在列入年度基本建设计划后，根据年度计划确定的任务，按照施工图的要求组织施工。在开工之前，建设单位应办理开工手续，取得当地建筑主管部门颁发的建筑许可证，建设单位通过施工招标选择施工单位，方可进行施工。

建设工程施工，就是使工程项目的设计成为现实的建筑物和构筑物。同时把机器设备安装好，成为可供生产和生活使用的固定资产的过程。

工程项目的施工，一般包括土建工程施工、给排水工程施工、电气照明、动力配电、工业管道以及机械设备安装等。

9. 生产准备

在建设工程竣工投产前，适时地由建设单位，组成专门班子或机构，有计划、有步骤地做好各项生产准备工作。主要内容有：招收和培训必要的生产人员；组织生产人员参加设备安装、调试和工程验收，掌握生产技术和工艺流程；落实生产所需原材料、协作产品、燃料、水、电、气等的来源和配合条件；组织工具、器具、备件等的制造和订货；组织生产管理机构，制定必要的规章制度等。

10. 竣工验收、交付生产

建设项目按批准的设计文件所规定的内容进行，工业项目经负荷运转和试生产考核合格；非工业项目符合设计要求，能正常使用，最后还必须办理竣工验收。

竣工验收程序，一般可分两阶段进行：（1）单项工程验收。（2）全部工程验收。整个建设项目全部工程建成，最后全部验收。大型联合企业可分期分批组织验收；大型建设项目，由原国家计委或主管部门组织验收；中小型项目，按隶属关系，由主管部门或省、市、自治区负责验收。

竣工项目验收前，建设单位要组织设计、施工单位进行初步验收，向主管部门提出验收报告，并交流整理技术资料，作为技术档案移交生产单位保存。建设单位要认真清理结余的财产和物资，必须认真负责清理上交并及时办理工程竣工决算，分析概算的执行情况，考核基本建设投资的效果。

实践证明，我国现行基本建设程序的上述内容，基本上反映了基本建设的全过程。诚然，由于人们认识上的局限性，使上述内容还不可能完全反映基本建设中具有规律性的环节，随着深化改革，对外开放，对内搞活的客观需要，基本建设程序的内容也将会不断充实和不断完善。

## 第三节　基本建设审批、管理程序

工程建设项目建设期一般都比较长，程序多、环节多、涉及的部门也多，这样，要有严格的管理程序和相应的管理机构。基本建设管理就是指对工程建设的计划、组织、指挥、控制、协调等工作。

基本建设管理按基本建设程序可分为工程建设的前期工作和实现期工作两部分。前期工作的管理称为宏观管理。如图1-2所示，从项目建议书，编制设计任务书，选择建设地点，编制设计文件到列入年度基本建设计划，这些程序的管理，都是对建设项目在建设前期的宏观管理。其管理分工是依据建设项目的投资金额或建设规模，划分为大型、中型、小型建设项目，并按其实行分级管理。

当初步设计和概算编制完成后，按图1-2所示，根据建设项目的规模报主管部门组织审批。

初步设计经主管部门审批后，就可以列入年度基本建设计划。预算内项目由投资管理部门下达投资指标和材料指标后，即可转入实现期工作。如图1-3所示。从施工准备、组织施工、生产准备至竣工验收，这些程序的管理，都是建设项目实现期间的微观管理工作。其管理分工各地区都不相同，根据北京市的情况简要介绍如下：

施工准备的管理，是建设项目建成的重要环节。施工准备的管理涉及许多部门，如施工现场准备工作中土地征用，要经规划部门或农业主管部门审批；农业人口转为非农业人口还涉及劳动部门、民政部门；城市的市政设施又由市政、公用部门管理。总之，建设单位对各有关方面的方针政策和规定要全面了解，方可少走弯路、不贻误时间。各主管部门也应在改革中简化审批程序，为建设单位排忧解难，积极协调，消除矛盾。

施工准备管理另一项重要工作，是选择施工单位和签订工程承包合同，要通过招标选择施工单位或由当地建委指定施工企业。

施工现场三通一平完成后，即可以申报开工，由施工单位组织施工。

在工程施工到一定部位时，建设单位即可进行生产准备工作。人员招聘，机构的建立由项目主管部门负责管理审批。

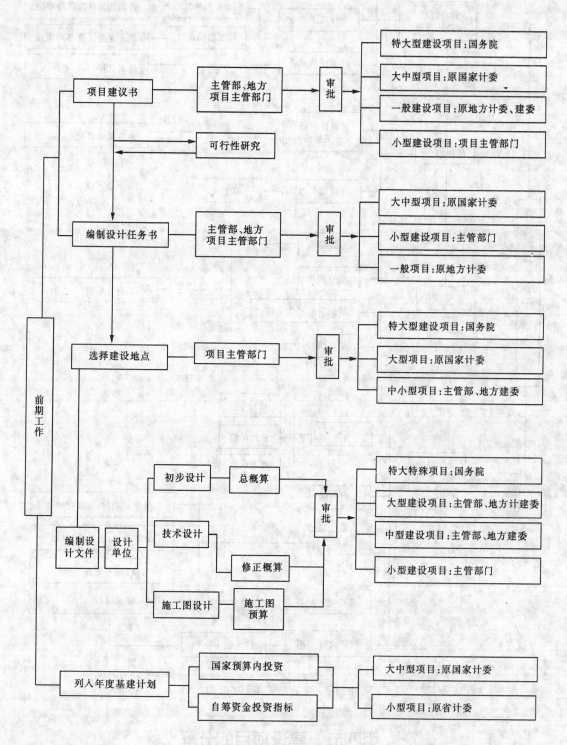

图 1-2  前期工作程序框图

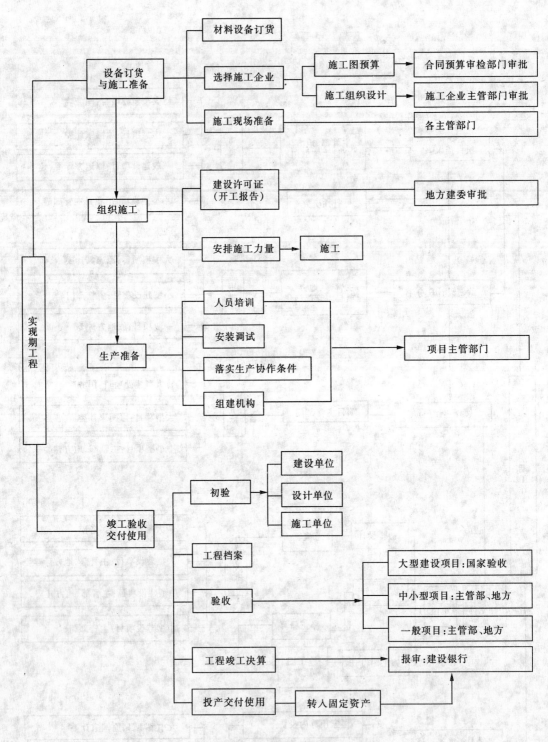

图 1-3　实现期工作程序框图

## 第四节　建设项目的分解

由于建设项目是一个庞大的体系，它由许多不同功能的部分组成，而每个部分又有着构造上的差异，使得施工生产和造价计算都不可能简单化、统一化，必须有针对性地分别对待每一项具体内容，由部分至整体地实现生产的计算。这就产生了如何对建设项目进行具体划分的问题。"建设项目划分"指的就是怎样对建设项目进行分解。根据我国的有关规定和几十年来的一贯做法，也根据建设项目建设和其价格确定的需要，建设项目是按以下方式划分的。

## 一、建设项目

建设项目是指按一个总的设计意图，由一个或几个单项工程所组成，经济上实行统一核算，行政上实行统一管理的建设单位。一般以一个企业、事业单位或独立的工程作为一个建设项目。

## 二、单项工程

单项工程是指具有独立的设计文件，可以独立施工，建成后能够独立发挥生产能力或效益的工程。如工业项目的生产车间、设计规定的主要产品生产线。非工业生产项目是指建设项目中能够发挥设计规定的主要效益的各个独立工程，如办公楼、影剧院、宿舍、教学楼等。单项工程是建设项目的组成部分。

## 三、单位工程

单位工程是指具有独立设计，可以独立组织施工，但完成后不能独立发挥效益的工程。它是单项工程的组成部分。如一个车间可以由土建工程和设备安装两个单位工程组成。

### （一）建筑工程包括下列单位工程

1. 一般土建工程；
2. 工业管道工程；
3. 电气照明工程；
4. 卫生工程；
5. 庭院工程等。

### （二）设备安装工程包括下列单位工程

1. 机械设备安装工程；
2. 通风设备安装工程；
3. 电气设备安装工程；
4. 电梯安装工程等。

## 四、分部工程

分部工程是单位工程的组成部分。建筑按主要部位划分，如基础工程、墙体工程、地面与楼面工程、门窗工程、装饰工程和屋面工程等；设备安装工程由设备组别（分项工程）组成，按照工程的设备种类和型号、专业等划分为建筑采暖工程、煤气工程、建筑电气安装工程、通风与空调工程、电梯安装工程等。

## 五、分项工程

分项工程是建设项目的基本组成单元，是由专业工种完成的中间产品。它可通过较为简单的施工过程就能生产出来。可以有适当的计量单位。它是计算工料消耗的最基本构造因素，如砖石工程按工程部位划分为内墙、外墙等分项工程。

# 第五节　建设项目的费用组成

建设项目的费用由建筑工程费、设备购置费、安装工程费、工具器具及生产家具购置费、工程建设其他费用组成。

## 一、建筑工程费

建设工程费包括：

1. 各种房屋和构筑物的建造费用，包括其中的各种管道、输电线和电讯导线的敷设费用。

2. 设备基础、支柱、工作台、梯子等的建造费用，炼焦炉等各种特殊炉的砌筑工程费用及金属结构工程费用。

3. 为施工而进行的建筑物场地的布置和障碍物的拆除费用，原有建筑物和障碍物的拆除费用，平整土地费用，设计中规定为施工而进行的工程地质勘探费用，建筑场地完工后的清理和绿化费用。

4. 矿井开凿、露天矿的开拓工程、石油和天然气的钻井工程费。

5. 水利工程费。

6. 防空等特殊工程费。

## 二、设备安装工程费

1. 生产、动力、起重、运输、传动和医疗、实验费用，各种需要安装的机械设备的装配、装置工程费，与设备相连的工作台、梯子等的装设费，附属于被安装设备的管线敷设费，被安装设备的绝缘、保温、油漆等费用。

2. 为测定安装工作质量，对单个设备进行的各种试车工作费用。

但这部分费用中，不包括被安装设备本身的价值，在施工现场制造、改造、修配的设备价值也不包括在内。

## 三、设备、工具、器具、生产家具购置费

这部分费用是指购置及在施工现场制造、改造、修配的达到固定资产要求的设备、工具、器具、生产家具等所支出的费用。但新建单位和扩建单位的新建车间购置或自制的全部设备、工具、器具、生产家具，不论是否达到固定资产标准，均计入该项费用之中。

## 四、工程建设其他费

这部分费用是建设项目建设全过程中必须支出的，从其内容看一部分支出能使固定资产增加，如勘察设计费、征用土地费等；一部分支出属消耗性的，不增加固定资产，如生产人员培训费、施工单位迁移费等。这部分费用，内容比较广泛。一般都有全国统一的规定，或部门、地方的统一规定，而且往往随时间的不同而增减变化。

## 五、单位估价表和单位估价汇总表

当某一建设项目在编制工程概算时，由于定额缺项，需采用单位估价表的统一格式编出补充单价，为了方便需要，把单位估价表上的资料汇总编出单位估价汇总表。为了审查，便将这部分资料作为概算文件的组成部分。

## 六、设备安装价目表

将设备安装价目表作为概算文件的组成部分，目的也是便于对概算进行审查。

## 七、基本建设概算文件的编制程序

基本建设概算文件的编制程序是由具体到综合的，即先编制单位工程概算，再综合编制各个单项工程的综合概算，最后汇总各个单项工程的综合概算而编制建设项目总概算。

需要说明的是，当建设项目只有一个单项工程时，在分别编制该单项工程的综合概算书及其他工程和费用（第二部分费用）的概算书后，将两者综合在一起，就是建设项目的总概算书。当一个建设项目有多项单项工程时，综合概算书中不含第二部分费用。

建设项目概算文件的组成及编制程序可参见图1-4、图1-5。

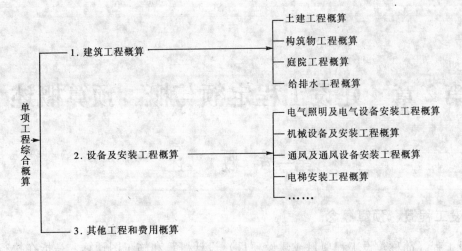

图 1-4  单项工程综合概算的基本内容

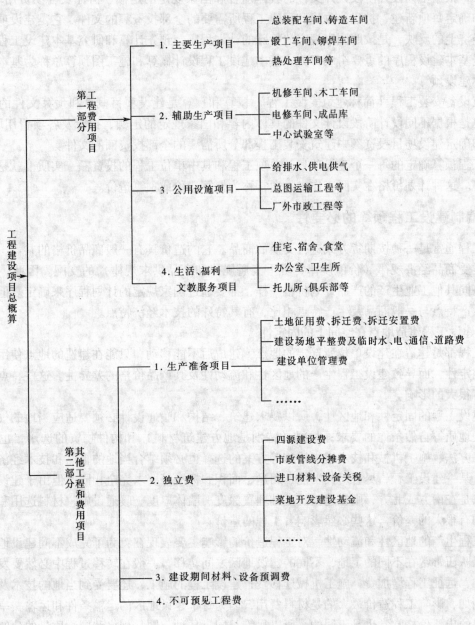

图 1-5  建设项目概算文件的基本内容

# 第2章 建设工程定额与概、预算概述

## 第一节 概　述

### 一、建设工程概、预算概念

基本建设工程（简称建设工程项目或建设项目）设计概算和施工图预算，是指在执行工程建设程序过程中，根据不同设计阶段设计文件的具体内容和国家规定的定额、指标及各项费用取费标准，预先计算和确定每项新建、扩建、改建和重建工程所需要的全部投资额的文件。它是建设项目在不同建设阶段经济上的反映，是按照国家规定的特殊的计划程序，预先计算和研究基本建设工程价格的计划文件，是基本建设程序的重要组成部分。基本建设工程设计概算和施工图预算总称为基本建设工程预算，简称建设预算。

建筑及设备安装工程（简称建筑安装工程）概算和预算是建设项目概算和预算文件的组成内容之一，它也是根据不同设计阶段设计文件的具体内容和国家规定的定额、指标及各项费用取费标准，预先计算和确定建设项目投资额中建筑安装工程部分所需要的全部投资额的文件。

建设工程预算确定的每一个建设项目、单项工程和其中单位工程的投资额，实质上就是相应工程的计划价格。这种计划价格在实际工作中，通常称为概算造价或预算造价。

### 二、编制建设工程预算的必要性

建设工程通常是一种按期货方式进行交换的商品。它的造价具有一般商品价格的共性，在其形成过程中同样受商品经济规律（价值规律、货币流通规律和商品供求规律）的支配。因此，建设工程的计划价格同其他工业生产的产品计划价格一样，都要通过国家规定的计划程序来确定。但是，建设工程及其生产特点与一般商品及生产特点相比，有其特殊的技术经济特点。

#### （一）建设工程建造地点在空间上的固定性

建设工程都是建造在建设单位所选定的地点，建成后不能移动，只能在建造的地点使用。由于建设工程的固定性，而导致建设工程生产的地区性和流动性及其产品价格的差异性。这些特点对建设工程的造价有很大的影响。

因为建设工程的固定性和地区性，所以要求建筑、结构和暖通设计必须要适应当地的气象、工程地质和水文地质等自然条件的要求；材料（特别是地方建筑材料）和构件物资的选用，也必须因地制宜；施工方法、施工机械和技术组织措施等方案的选择也必须结合当地的自然和技术经济条件来考虑。例如，某一建设工程，尽管对其功能、用途、面积和标准等要求完全相同，但由于建设单位选定的建设地点是在南方或北方，则在造型、基础埋置深度、墙体厚度、暖通设施，材料选用和施工方案等方面，均有很大的差价，这些必然影响着工程的造价。

建设工程生产的地区性和流动性，对工程造价的影响主要表现在：为了完成不同建设地点的施工任务，施工队伍常常在不同的工地，不同的建设地区之间转移，一般在转移过程中必然要发生费用的增加。例如，远征工程增加费，施工机械迁移费；建设工程的施工，还要受到当地的技术及经济条件的影响。例如，影响工程造价最大的是材料费用，因为每个建设地区的运输条件和运输费率不同，地方建筑材料的出厂价格常常也是不同的，所以尽管是同一品种、同一规格和同一质量的建筑材料，其预算价格也会因地区的不同而有很大的差别；施工机械台班使用费，建筑安装工人的工资标准、某些费用的取费标准等，也因地区而异。例如，冬期施工的增加费，由于地区类别的不同，取费标准是不一样的。由此可见，尽管是同种类、同规格、同质量、同工期的建设工程，也会因建设地区的不同而形成价格上的差异。

**（二）建设工程生产的单件性**

建设工程的多样性和固定性，导致了生产的单件性。一般工业产品大多数是标准化的，加工制造的过程也基本上相同，可以重复连续地进行批量生产。而建设工程的生产，都是根据每个建设单位的特定要求，单独设计，并在指定的地点单独进行建造，基本上是单个"定做"，而非"批量"生产。为了适应不同的用途，建设工程的设计就必须在总体规划、内容、规模、等级、标准、造型、结构、装饰、建筑材料和设备选用等诸方面也各不相同。即使是用途完全相同的建设工程，按同一标准设计进行建造，其工程的局部构造、结构和施工方法等方面也会因建造时间、当地工程地质和水文地质情况以及气象等自然条件和社会技术经济条件的不同而发生变化。例如，①分别在甲乙两地按照同一标准设计建造两栋住宅，甲乙两地的地耐力分别为 $10t/m^2$ 和 $20\ t/m^2$，由于地耐力不同，基础断面就不一样。②一个是夏季施工，一个是冬期施工，由于气候条件的差异，施工增加费也就不同。③两地的地下水位和涌水量不同，则两栋住宅除防潮层的构造和选用的材料不一样外，其土方、降低地下水位、防潮层等的施工方法也不相同。由此可见，建设工程产品，多数是单个"定做"的，所以对不同用途的产品，要按照同一个标准设计，如在不同地点进行建造时，其设计的内容和施工方法也必须因地制宜地进行修正。设计内容、建造地点、施工时间、施工方法等有了变化，必然会引起工程造价的差价。工程越复杂，自然和技术及经济条件越不同，这种差异就越大。

**（三）建设工程生产的露天性**

建设工程的固定性和形体庞大，其生产一般是在露天进行的。就是建设工程生产的装配化、工厂化、机械化程度达到很高水平时，也还是需要在指定的施工现场来完成固定的最终建设产品。因此，由于气象等自然条件的变化，会引起工程设计的某些内容和施工方法的变动，也会因采取防寒、防冻、防暑降温、防雨、防汛及防风等措施，而引起费用的增加，所以每个工程的造价就会有所不同。

**（四）建设工程生产周期长，程序复杂**

建设工程的生产周期较长，环节多，涉及面广，社会合作关系复杂。这种特殊的生产过程，决定了建设工程价格的构成不可能一样。例如，土地征用费、居民搬迁费、青苗和树木赔偿费、供电补贴费、总图工程费等费用，都因工程、建设地点、程序和环节、社会合作等情况不同而不同，这些必然影响着每个工程的造价。

**（五）建设工程生产质量的差异性**

建设工程在施工生产过程中，由于选用的建筑材料、半成品和成品的质量不同，施工技术条件不同，建筑安装工人的技术熟练程度不同，企业生产经营管理水平不同等诸方面因素的影响，势必造成生产质量上的差异。从而导致同类别、同功能、同标准、同工期和同一建设地区的建设工程，在同一时间和同一市场内价格上的差额，即建设工程的质量差价。

**（六）建设工程生产工期的差异性**

建筑施工企业在施工生产过程中，往往应建设单位的要求，将建设工程交付使用的日期比合同或定额规定的工期提前。为此，建筑施工企业就必须采取必要的赶工技术组织措施。由此而增加的耗费，也应该作为社会必要劳动消耗对待，在计划价格中予以反映。从而使同类别、同功能、同标准、同质量和同一建设地区的建设工程，因工期长短不同而形成了价格上的差异，即建设工程的工期差异。它是由于建设工程产品及其生产的特殊性所决定的建设工程产品特有的一种价格形式。

由于建设工程产品及其生产具有如上所述的、特殊的技术经济特点以及在实际工作中遇到的许多不可预见因素的影响，因此，决定了建设工程的计划价格的确定方法，不能象一般工业产品的计划价格那样，直接由国家或主管部门按照规定的计划程序统一确定，而只能通过特殊的计划程序，用单独编制每一个建设项目、单项工程或其中单位工程建设预算的方法来确定。这既反映了基本建设的技术经济特点，对其产品价格影响的客观性质，又反映了社会主义计划商品经济规律，对建设工程产品价格的客观要求。

### 三、编制建设工程预算的可行性

由于每一个建设工程的计划价格，可以用单独编制建设工程预算的方法来确定，为此，国家主管部门和各省、市、自治区主管部门采取了如下几方面行之有效的、具有法令性质的科学措施：第一，编制了统一的概算定额、指标和预算定额，作为确定完成一定计量单位的各个分部工程、各扩大结构构件、各分项工程的工程量时，所需要的人工、材料、施工机械台班消耗标准。因为各种不同的建设工程，尽管它们的用途、外形等诸方面并不相同，但是，它们的组成都有一定的共性。例如，各种建筑物中的一般土建工程，虽然它们的用途、造型、规模、建筑装饰等各不相同，但都是由基础、地面、墙体、门、窗、屋盖等几部分所构成。在建筑施工过程中，完成相同的分部工程、扩大结构构件分项工程，不但有相同的计量单位，而且在完成每一定计量单位的相同分项工程所需要的人工、材料和施工机械台班的消耗量，也应该是基本上相同的。例如，砖基础分项工程，不管它是哪个建筑物的组成部分，其计量单位和各种资源消耗指标都可用相同的方法计算。这样，国家主管部门和省、市、自治区主管部门就可以根据社会共同生产水平，统一规定各分部工程，各扩大结构构件、各分项工程应该完成的工作内容和工程量计算规则以及在完成一定计量单位的工程量时所需要的人工、材料和施工机械台班的消耗标准。第二，国家和地方可以根据各地的具体情况，确定各地区的建筑安装工人的工资标准、材料预算价格、施工机械台班使用费。第三，国家和地方可根据各地具体的自然、技术、经济等情况，确定间接费定额，其他直接费取费标准、计划利润率和税率。通过上述三方面的措施，统一了单独编制建设工程价格的基本依据，然后通过建立健全建设工程预算的编制审查制度，又统一了编制建筑工程价格的方法，从而可以实现对建设工程产品用单独编制建设工程预算的方法确定计划价格和进行计划管理。

### 四、建设工程预算管理工作发展简史

在资本主义国家中，建设工程预算工作的发展历史，至今已有400余年。例如，英国建设工程预算工作发展的过程，大体可分为三个阶段：16世纪至18世纪末，是预算工作产生与发展的第一阶段。此时期的预算工作，主要由"测量员"对已完成工程的工程量进行测量，并做出相应的估价；19世纪初期，是预算工作从工程完工后估价发展到工程开工前估价的第二阶段。预算工作，由"预算师"在工程开工之前，根据施工图纸计算工程量，以作为承包商投标的基础。中标后的预算书就成为合同文件的重要组成部分；20世纪40年代，预算工作发展到第三阶段。建立"投资计划和控制的制度"。他们的投资计划相当于我国的初步设计或扩大初步设计概算，作为投资者预测投资效果、进行投资决算和控制的依据。

我国的建设工程预算工作是始于大规模社会主义经济建设全面展开的"一五"计划时期，国家为了加强基本建设管理，合理使用建设资金，提高投资效果，在总结三年恢复时期经济建设经验的基础上，吸取了苏联经济建设经验和管理方法，建立统一的概、预算制度。与此同时，对建设工程预算的编制、审核和批准办法也做了明确的规定。编制和审核建设工程预算的主要依据的各种计价定额，也相继颁布，奠定了建立概、预算制度的基础。因而促进了基本建设管理和核算，取得了较好的投资效果。

1958～1966年初期，"二五"和"三五"计划期间，建设工程预算管理工作发生了重大的变化；施工企业的经费，由国家和建设单位负责，实行了经常费制度；工程完工后不再办理结算，实报实销；概、预算和定额管理机构全面瘫痪，这就从根本上否定了概、预算管理制度在建设工程中的地位和作用。从而使建设工程预算管理工作处于极端困难的被动状态，导致工程建设损失浪费严重，投资效果很差。在这种情况下，1973年才取消施工企业经常费制，恢复概、预算制度。

1976年10月以后，特别是中国共产党第十一届三中全会以后，国家认真总结了概、预算制度建立以来的经验教训，借鉴了先进国家有益的管理科学技术，采取了强有力的措施。1978年，原国家

计委、原国家建委、财政部系统地颁发了《关于加强基本建设概、预、决算管理工作的几项规定》。要求认真执行设计要有概算、施工要有预算、竣工要有决算的"三算"制度。同时，各专业主管部门，各省、市、自治区还结合实际情况，对加强"三算"工作做了具体补充规定。在此期间，国家、各专业、地方主管部门，还编制颁发了建筑安装工程预算定额、概算定额、材料预算价格和费用标准，作为编制建设工程预算的依据。从而，为整顿、改革和加强建设工程预算管理工作，不断改革和完善"三算"制度，促进经济核算，发挥投资效果创造了空前有利的条件。

## 第二节　建设工程预算的分类和作用

根据我国的设计和概预算文件编制以及管理方法，对工业与民用建设工程规定：①采用两阶段设计的建设项目，在初步设计阶段，必须编制总概算，在施工图设计阶段，必须编制施工图预算。②采用三阶段设计的建设项目，在技术设计阶段，必须编制修正总概算。③在基本建设全过程中，根据基本建设程序的要求和国家有关文件规定，除编制建设工程预算文件外，在其他建设阶段，还必须编制以设计概预算为基础（投资估算除外）的其他有关经济文件。为了便于读者系统地掌握它们彼此间的内在联系，将按建设工程的建设顺序进行分类，并分别阐述它们的作用。

### 一、投资估算

投资估算，一般是指在基本建设前期工作（规划、项目建议书和设计任务书）阶段，建设单位向国家申请拟立建设项目或国家对拟立项目进行决策时，确定建设项目在规划、项目建议书、设计任务书等不同阶段的相应投资总额而编制的经济文件。

国家对任何一个拟建项目，都要通过全面的可行性论证后，才能决定其是否正式立项。在可行性论证过程中，除考虑国家经济发展上的需要和技术上的可行性外，还要考虑经济上的合理性。投资估算是在初步设计前期各个阶段工作中，作为论证拟建项目在经济上是否合理的重要文件。因此，它具有下列作用：

**（一）它是国家决定拟建项目是否继续进行研究的依据**

规划阶段的投资估算，是国家根据国民经济和社会发展的要求，制定区域性、行业性、一个大型企业等的发展规划阶段而编制的经济文件。是国家决策部门判断拟建项目是否继续进行研究的依据之一。一般情况下，它在决策过程中，仅作为一项参考性的经济指标，对下阶段工作没有约束力。

**（二）它是国家审批项目建议书的依据**

项目建议书阶段的投资估算，是国家决策部门领导审批项目建议书的依据之一。用以判断拟建项目在经济上是否列为经济建设的长远规划或基本建设前期工作计划，此阶段估算所确定的投资额，可以否定一个拟建项目，但要肯定一个拟建项目是否真正可行，还需要下一阶段工作进行更为详尽的论证。因此，项目建议书阶段的估算，在决策过程中，它是一项参考性的经济指标。

**（三）它是国家批准设计任务书的重要依据**

可行性研究的投资估算，是研究分析拟建项目经济效果和各级主管部门决定是否立项的重要依据。因此，它是决策性质的经济文件。可行性研究报告被批准后，投资估算就作为控制设计任务书下达的投资限额，对初步设计概算编制起控制作用，也可作为资金筹措及建设资金贷款的计划依据。

**（四）它是国家编制中长期规划，保持合理比例和投资结构的重要依据**

各个拟建项目的投资估算，是编制固定资产长远投资规划和制定国民经济中长期发展计划的重要依据。根据各个拟建项目的投资估算，就可以准确地核算国民经济的固定资产投资需要数量，确定国民经济积累的合理比例，保持适度的投资规模和合理的投资结构。

由于各个阶段估算的作用不同，其内容的深、广程度也不尽相同。通常应包括下列内容：

对于一般工业建设项目的投资估算，应列入建设项目从筹建至竣工验收、交付使用全过程中所需要的全部投资额。其中包括：建筑安装工程费用和设备、工器具购置费，以及其他工程和费用；对于一般单项工程的投资估算，应列入该单项工程的建设安装工程和设备、工器具购置费，以及与单项工程有关的其他工程和费用（如"三通一平"费用、场地疏干费等）。

投资估算主要根据投资估算指标、概算指标、类似工程预（决）算等资料，按指数估算法、系数法、单位产品投资指标法、平方米造价估算法、单位体积估算法等方法进行编制。

## 二、设计概算

设计概算是指在初步设计阶段，由设计单位根据初步设计或扩大初步设计图纸，概算定额或概算指标，各项费用定额或取费标准，建设地区的自然、技术经济条件和设备预算价格等资料，预先计算和确定建设项目从筹建到竣工验收、交付使用的全部建设费用的文件。

设计概算主要有下列作用：

**（一）它是设计文件的重要组成部分**

概算文件是设计文件的重要组成部分。原国家计委、建委和财政部，于1978年4月颁发的《关于加强基本建设概、预、决算管理工作的几项规定》中指出：不论大中小型建设项目，在报请审批初步设计或扩大初步设计的同时，必须附有设计概算，没有设计概算，就不能作为完整的技术文件。

**（二）它是国家确定和控制基本建设投资额的依据**

根据设计总概算确定的投资数额，经主管部门审批后，就成为该项工程基本建设投资的最高限额。在工程建设过程中，不论是年度基本建设投资计划安排、银行拨款和贷款、施工图预算、竣工决算等，未经规定的程序批准，不能突破这一限额，严格执行国家基本建设计划，维护国家基本建设计划的科学性和严肃性。

**（三）它是编制基本建设计划的依据**

国家规定每个建设项目，只有当它的初步设计和概算文件被批准后，才能列入基本建设年度计划。因此，基本建设年度计划以及基本建设物资供应、劳动力和建筑安装施工等计划，都是以批准的建设项目概算文件所确定的投资总额和其中的建筑安装和设备购置等费用数额以及工程实物量指标为依据编制的。此外，被列入国家五年或十年计划的建设项目的投资指标，也是根据竣工的或在建的类似建设项目的预算和综合技术经济指标来确定的。

**（四）它是选择最优设计方案的重要依据**

一个建设项目及其单项工程或单位工程设计方案的确定，须建立在几个不同而又可行方案的技术经济比较的基础上。因为每个设计方案在满足设计任务书要求的条件下，在建筑结构、装饰和材料选用、工艺流程等方面各有其优缺点，所以必须进行方案比较，选出技术上先进和经济上合理的设计方案。而概算文件是设计方案经济性的反映，每个方案的设计意图都会通过计算工程量和各项费用全部反映到概算文件中来。因此，可根据设计概算中的货币和实物指标体系，如建设项目、单项工程和单位工程的概算造价，单位建筑面积（或体积）概算造价，单位生产能力的投资货币指标，又如工程量、劳动力和主要材料（钢材、木材和水泥等）的消耗等实物指标，对不同的设计方案，进行技术经济比较，从中选出在各方面均能满足原定要求而又经济的最优方案。由此可见，以建设工程预算为依据，对设计方案进行经济性施工比较，是提高设计经济效果的重要手段之一。另外，设计单位在进行施工图设计与编制施工图预算时，还必须根据批准的总概算，考核施工图预算所确定的工程造价是否突破总概算确定的投资总额。如有突破时，应分析原因，采取有效措施，修正施工图设计中的不合理部分。

**（五）它是实行建设项目投资大包干的依据**

建设单位和建筑安装企业签订工程合同时，对于施工期限较长的大中型建设项目，应首先根据批准的计划，初步设计和总概算文件确定建设项目的承发包造价，签订施工总承包合同（或总协议书），据以进行施工准备工作。然后，每年再根据批准的年度基本建设计划和总概算文件确定年度内计划完成的那部分工程造价，签订年度承包合同，据以进行施工，也可根据年度基本建设计划和概算或预算文件确定单项工程的承发包造价，签订单项工程施工合同，据以进行施工，对于施工期限在一年以内的建设项目，可根据批准的年度基本建设计划和概算或预算文件确定承发包造价，签订施工合同。总包与其他施工企业签订分包合同，也可以相应承发包工程的概算或预算造价作为依据。

**（六）它是实行投资包干责任制和招标承包制的重要依据**

国家规定，自 1985 年起国家预算内的基本建设投资一律由拨款改为贷款，并逐步全面推行投资包干责任制和招标承包制，这对促进建筑业和基本建设管理体制的改革，提高基本建设投资效果和企业经营管理水平具有重要的意义。

已批准的初步设计和概算文件所确定的建设项目的全部投资额，是国家加强基本建设经济管理，贯彻投资包干责任制的必备条件，同时，也是实行招标投标承包制度的必要条件之一。根据国家的设计、概预算编制办法、建筑安装工程招标办法的规定，招标单位要编制工程标底，投标单位要编制工程报价，标底或报价确定的工程造价也要控制在总概算的投资限额以内。

**（七）它是建设银行办理工程拨款、贷款和结算，实行财政监督的重要依据**

建设银行要以建设工程预算为依据办理基本建设项目的拨款、贷款和竣工结算。对建设项目的全部拨款、贷款或单项工程的拨款、贷款累计总额，不能超过初步设计总概算。凡是突破总概算确定的投资限额的工程，建设银行有权不予办理拨款，有义务同有关主管部门一起调查突破原因，并督促改正或补办追加手续，再按照修正概算办理拨款。因此，设计总概算是国家检查与控制基本建设财政支出的重要依据，也是监督合理使用建设资金和保证施工企业资金正常周转不可缺少的工具之一。

**（八）它是基本建设核算工作的重要依据**

基本建设是扩大再生产增加固定资产的一种经济活动。为了全面反映其计划编制、执行和完成情况，就必须进行核算工作。核算工作一般包括会计核算、统计核算和业务核算。每种核算工作的核算指标体系中的大多数指标（包括：实物、货币和工时等三种计量单位）是以建设预算的相应指标，如投资总额、总造价、单位面积或单位体积造价、单位生产能力投资额、单位产品材料消耗量或工时消耗量等，为依据进行分析对比，并从中查明是节约，还是浪费及其原因。

**（九）它是基本建设进行"三算"对比的基础**

基本建设"三算"是指设计概算、施工图预算和竣工决算。其中设计概算是"三算"对比的基础。因为它们在基本建设过程中，既有着共同的作用（都是国家对基本建设进行科学管理和监督的有效手段之一），又有着不同的作用，设计概算在确定和控制建设项目投资总额等方面的作用最为突出；施工图预算在最终确定和控制单项工程或单位工程的计划价格，作为施工企业加强经济管理等方面的作用最为明显；竣工决算在确定建设项目实际投资总额，考核基本建设投资效果等方面的作用最为显著。通过"三算"的对比分析，可以考核建设成果，总结经验教训，积累技术经济资料，提高投资效果。

### 三、修正概算

修正概算是指采用三阶段设计形式时，在技术设计阶段，随着设计内容的深化，可能会发现建设规模、结构性质、设备类型和数量等内容与初步内容相比有出入，为此，设计单位根据技术设计图纸，概算指标或概算定额，各项费用取费标准，建设地区自然、技术经济和设备预算价格等资料，对初步设计总概算进行修正而形成的经济文件。即为修正概算。修正概算的作用与初步设计概算的作用基本相同。

### 四、施工图预算

施工图预算是指在施工图设计阶段，当工程设计完成后，在单位工程开工之前，施工单位根据施工图纸计算工程量、施工组织设计和国家规定的现行工程预算定额、单位估价表及各项费用的取费标准、建筑材料预算价格、建设地区的自然和技术经济条件等资料，进行计算和确定单位工程或单项工程建设费用的经济文件。

施工图预算，在 1959 年以前由设计单位负责编制，称为设计预算；1959 年以后改为由施工单位负责编制，称为施工图预算；1983年7月19日原国家计委和中国人民建设银行发出"试行《关于改进工程建设概预算工作的若干规定》的通知"中指出：根据《中华人民共和国经济合同法》关于设计单位编制施工图预算的要求，将要有计划、有步骤地在各设计单位实行编制施工图预算的制度。

施工图预算在基本建设中的作用主要表现在：

**（一）它是确定单位工程和单项工程预算造价的依据**

施工图预算经过有关部门的审查和批准，就正式确定了该工程的预算造价，即计划价格。它是国家对基本建设投资进行科学管理的具体文件，也是控制建筑安装工程投资，确定施工企业收入的依据。

**（二）它是签订工程施工合同、实行工程预算包干、进行工程竣工结算的依据**

施工企业根据审定批准后的施工图预算，与建设单位签订工程施工合同。对于通过建设单位与施工企业协商，并征得主管部门和建设银行同意，实行预算包干的单位工程和单项工程，也是在施工图预算的基础上，并根据双方确定的包干范围和各地基本建设主管部门的规定，确定预算包干系数，计算应增加的不可预见费用。双方就可以此为据，签订工程费用包干施工合同。当工程竣工后，施工企业就可以施工图预算为依据向建设单位办理结算。

**（三）它是建设银行拨付工程价款的依据**

建设银行根据审定批准后的施工图预算办理建筑工程的拨款，并监督建设单位与施工企业双方按工程施工进度办理预支和结算。

**（四）它是施工企业加强经营管理，搞好经济核算的基础**

施工企业为了加强经营管理，搞好经济核算、降低工程成本、增加利润，为国家提供更多的积累，就必须及时地、准确地编制出施工图预算。施工图预算所确定的工程造价，是施工企业产品的出厂价格。它所提供的货币指标和实物指标，在加强企业经营管理和经济核算方面所起的作用，一般表现在：

1. 它是施工企业编制经营计划或施工技术财务计划的依据

施工企业的经营计划或施工技术财务计划的组成内容以及它们的相应计划指标体系中的部分指标的确定，都必须以施工图预算为依据。例如：实物工程量、工作量、总产值和利润额等指标，其中的总产值应直接按工程承包的施工图预算价格计算。另外，在编制施工技术财务计划中的施工计划，保证性计划中的材料技术供应计划和财务计划时，也必须以施工图预算为依据。

2. 它是单项工程、单位工程进行施工准备的依据

在对拟建工程进行施工的准备过程中，依赖于施工图预算提供有关数据的工作主要有：在施工图预算的控制下编制单位工程施工预算；以施工图预算的分部分项工程量、工料分析为依据，编制施工进度计划和劳动力、材料、成品、半成品、构件及施工机械等需要量计划，并落实货源，组织运输供应，控制材料消耗；以施工图预算提供的直接费、间接费为依据，对工程施工进度网络计划进行工期与资源，工期与成本优化。

3. 它是施工企业进行"两算"对比的依据

"两算"是指施工图预算和施工预算。施工企业为搞好经济核算，常常通过施工预算与施工图预算的对比，对"两算"进行互审，从中发现矛盾，并及时分析原因，然后予以纠正。这样既可以防止多算或漏算，有利于企业对单位工程经济收入的预测与控制，又可以使人工、材料、机械台班等资源需要量计划的编制工作准确无误，有利于工料消耗的分析与控制，确保工程施工的顺利进行。

4. 它是施工企业进行投标报价的依据

在实行招标投标承包制度以后，施工图预算所确定的建筑产品价格，将直接关系到企业的生存与发展。因为在投标竞争中，报价偏高，投标必然失败；报价偏低，可能导致亏损。因此，施工图预算编制的恰当与否，对施工企业的发展影响深远。

5. 它是反映施工企业经营管理效果的依据

施工企业通过企业内部单位工程竣工成本决算，进行实际成本分析，反映自身经营管理的经济效果。以工程竣工后的工程结算为依据，对照单位工程的预算成本、实际成本、核算成本降低额，总结

经验教训，提高企业经营管理水平。

6. 它是施工企业内部加强经济责任制的依据

施工企业以施工图预算为依据，实行内部的单位工程、班组和各职能部门的经济核算，从而使企业本身及其内部各部门和全体职工明确自己的经济责任，努力提高劳动生产率，确保安全施工，大力节约工时和资源，保证每项工程都能达到工期短、质量好、成本低、利润高的目的。

必须指标，由于建设工程预算中的设计概算和施工图预算编制的时间、依据和要求不同，因此，它们的作用也不相同。在编制年度基本建设计划、确定工程造价、评价设计方案、签订工程合同、建设银行进行拨款、贷款和竣工结算等方面，它们有着共同的作用（都是国家对基本建设进行科学管理和监督的有效手段之一）。它们作用的不同方面，主要表现在：设计概算在控制投资总额方面的作用最为突出；施工图预算在最终确定建筑安装产品的计划价格，作为施工企业加强经济管理等方面的作用最为明确。

## 五、施工预算

施工预算是指施工阶段，在施工图预算的控制下，施工队根据施工图计算的分项工程量，施工定额（包括劳动定额、材料和机械台班消耗定额）、单位工程施工组织设计或分部（项）工程施工过程设计和降低工程成本技术组织措施等资料，通过工料分析，计算和确定完成一个单位工程或其中的分部（项）工程所需的人工、材料、机械台班消耗量及其相应费用的经济文件。

施工预算一般有以下几方面的作用：

**（一）它是施工企业对单位工程实行计划管理，编制施工、材料、劳动力等计划的依据**

编好施工作业计划是改进施工现场管理和执行施工计划的关键措施。而月、旬作业计划内容中的分层、分段或分部、分项工程量、建设安装工作量、分工种的劳动力需要量、材料需要量、预制品加工、构件及混凝土需要量等，都必须以施工预算提供的数据为依据进行汇总编制。

**（二）它是实行班组经济核算，考核单位用工、限额领料的依据**

施工预算中规定：为完成某分部或分项工程所需的人工、材料消耗量，要按施工定额计算。由于管理不善而造成用工、用料量超过规定时，将意味着成本支出增加，利润额减少。因此，必须以施工预算规定的相应工程的用工用料量为依据，对每一个分部或分项工程施工全过程的工料消耗进行有效的控制，以达到降低成本支出的目的。

**（三）它是施工队向班组下达工程施工任务书和施工过程中检查与督促的依据**

施工任务书的签发和管理，是加强施工管理的一项重要基础工作。在向班组下达的施工任务书中，包括应完成的分部或分项工程的名称、工作内容、工程量、分工种的定额用工量、材料允许消耗量、节约指标等数据，这些都是现场施工管理的重要内容，都是通过施工预算提供的。

**（四）它是班组推行全优综合奖励制度的依据**

因为施工预算中规定的完成每一个分项工程所需要的人工、材料、机械台班消耗量，都是按施工定额计算的。所以在完成每个分项工程时，其超额和节约部分，就成为班组计算奖励的依据之一。

**（五）它是施工队进行"两算"对比的依据**

施工图预算确定的预算成本，是对施工企业完成单位工程的劳动耗费进行补偿的社会标准。而施工预算确定的计划成本，是施工企业对完成该单位工程时预计要达到的成本目标，作为控制人工、材料和机械台班消耗数量以及相应费用和其他费用支付的标准。通过对"两算"中规定的相应分项工程、分部工程和单位工程的人工、材料消耗数量以及相应费用、机械使用费和其他费用的对比分析，可以预测到施工过程中，人工、材料和各项费用降低或超出的情况，以便及时采取技术组织措施，进行科学的控制。

**（六）它是单位工程原始经济资料之一，也是开展造价分析和经济对比的依据**

**（七）它是保证降低成本技术措施计划完成的重要因素**

因为预算人员在计算和确定为完成某单位工程施工预算的工程量、人工、材料数量时，一般已考虑了由于采取具体的降低成本技术措施对施工预算所产生的影响。所以在施工管理中，只要按照施工任务书规定的内容，对班组及其成员进行科学的检查与督促，就能保证降低成本技术措施计划的实现。

### 六、工程结算

工程结算是指一个单项工程、单位工程、分部工程或分项工程完工，并经建设单位及有关部门验收或验收点交后，施工企业根据施工过程中现场实际情况的记录、设计变更通知书、现场工程更改签证、预算定额、材料预算价格和各项费用标准等资料，在概算范围内和施工图预算的基础上，按规定编制的向建设单位办理结算工程价款，取得收入，用以补偿施工过程中的资金耗费，确定施工盈亏的经济文件。

工程结算一般有定期结算、阶段结算和竣工结算等方式。它们是结算工程价款、确定工程收入、考核工程成本、进行计划统计、经济核算及竣工决算的依据。其中竣工结算是反映工程全部造价的经济文件。以它为依据通过建设银行，向建设单位办理工程结算后，就标志着双方所承担的合同义务和经济责任的结束。

### 七、竣工决算

竣工决算是指在竣工验收阶段，当建设项目完工后，由建设单位编制的建设项目从筹建到建成投产或使用的全部实际成本的技术经济文件。它是建设投资管理的重要环节，是工程竣工验收、交付使用的重要依据，也是进行建设项目财务总结，银行对其实行监督的必要手段。其内容由文字说明和决算报表两部分组成。文字说明主要包括：工程概况；设计概算和基建计划执行情况；各项技术经济指标完成情况；各项拨款使用情况；建设成本和投资效果的分析以及建设过程中的主要经验；存在的问题和解决意见等。

此外，施工企业往往也根据工程结算结果，编制单位工程竣工成本决算，核算单位工程的预算成本，实际成本和成本降低额。作为企业内部成本分析、反映经营效果、总结经验提高经营管理水平的手段。它与建设项目的竣工决算，在概念上是不同的。

基本建设程序、建设工程预算和其他建设阶段编制的相应经济文件之间的相互关系，如图2-1所示。

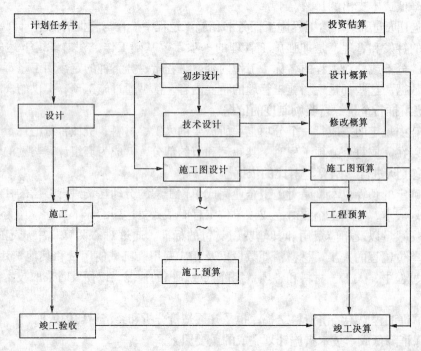

图2-1 基建程序、建设工程预算和其他技术经济文件之间关系示意图

从图上可以看出，概算、预算和结算以及决算都是以价值形态贯穿整个建设过程中。它从申请建设项目，确定和控制基本建设投资，进行基建经济管理和施工企业经济核算，最后以决算形成企（事）业单位的固定资产。因此，在一定意义上说，它们是基本建设经济活动的血液。它们构成了一个有机的整体、缺一不可。申请项目要编估算，设计要编概算，施工要编预算，竣工要做结算和决算。其中决算不能超过预算，预算不能超过概算。

## 第三节　建筑工程定额概念及作用

### 一、我国建筑工程定额的发展概况

建国以来，为适应我国经济建设发展的需要，党和政府对建立和加强各种定额的管理工作十分重视。就我国建筑工程劳动定额而言，它是随着国民经济的恢复和发展而建立起来的，并结合我国工程建设的实际情况，在各个时期制定和实行了统一劳动定额。它的发展过程，是从无到有，从不健全到逐步健全的过程。在管理体制上，经历了从分散到集中，从集中到分散，又由分散到集中统一领导与分级管理相结合的过程。

早在 1955 年劳动部和建筑工程部联合编制了《全国统一建筑安装工程劳动定额》，这是我国建筑业第一次编制的全国统一劳动定额。1962 年、1966 年建筑工程部先后两次修订并颁发了《全国建筑安装统一劳动定额》。这一时期是定额管理工作比较健全的时期。由于集中统一领导，执行定额认真，同时广泛开展技术测定，定额的深度和广度都有发展。当时对组织施工、改善劳动组织、降低工程成本，提高劳动生产率起到了有力的促进作用。

在文化革命中，由于定额管理制度被取消，造成劳动无定额、核算无标准、效率无考核，施工企业出现严重亏损，给建筑业造成了不可弥补的损失。

文化革命之后，工程定额在建筑业的作用逐步得到恢复和发展。国家主管部门为恢复和加强定额工作，1979 年编制并颁发了《建筑安装工程统一劳动定额》。之后，各省、市、自治区相继设立了定额管理机构，企业配备了定额人员，并在此基础上编制了本地区的《建筑工程施工定额》。使定额管理工作进一步适应各地区生产发展的需要，调动了广大建筑工人的生产积极性，对提高劳动生产率起到了明显的促进作用。为适应建筑业的发展和施工中不断涌现的新结构、新技术、新材料的需要，城乡建设环境保护部于 1985 年编制并颁发了《全国建筑安装工程统一劳动定额》。

随着工程预算制度的建立和发展，工程预算定额也相应产生并不断发展。1955 年建筑工程部编制了《全国统一建筑工程预算定额》，1957 年国家建委在此基础上进行了修订并颁发全国统一的《建筑工程预算定额》；之后，国家建委通知将建筑工程预算定额的编制和管理工作，下放到省、市、自治区。各省、市、自治区于以后几年间先后组织编制了本地区的建筑安装工程预算定额。1981 年国家建委组织编制了《建筑工程预算定额》（修改稿），各省、市、自治区在此基础上于 1984 年、1985年先后编制了适合本地区的建筑安装工程预算定额。预算定额是预算制度的产物，它为各地区建筑产品价格的确定提供了重要依据。

北京市城乡建设委员会先后于 1977 年、1984 年编制了北京市建筑工程预算定额、1986 年依据1984 年定额又重新编制了"单位估价表"，为适应改革的需要，1989 年在全国率先编制实行了"概算定额"，中间 1992 年又进行了修订，1996 年在总结前几年执行过程中的经验基础上，又颁布了1996 年"概算定额"。

1996 年的概算定额执行了 6 年，为了适应市场的需要，北京市造价管理处在充分调查研究的基础上组织强有力的专业人员重新编制了 2001 年北京市建设工程预算定额，并从 2002 年 4 月 1 日起执行。继 2001 年定额之后又编制了 2012 年预算定额，并从 2013 年 7 月 1 日起执行。

从以上工程定额的发展情况来看，说明建国以来的定额工作，是在党和政府的领导下，由有关部委规定了一系列有关定额的方针政策，并在广大职工积极努力配合下，才迅速发展起来的。同时也看到建国六十多年来，定额工作的开展不是一帆风顺的，既有经验也有教训。事实说明，只要按客观经济规律办事，正确发挥定额作用，劳动生产率才能提高，才有经济效益可言。反之，劳动生产率就明显下降，经济效益就差。因此，实行科学的定额管理，充分认识定额在现代科学管理中的重要地位和作用，是社会主义生产发展的客观要求。

## 二、建筑工程定额概念

在建筑工程施工中，为了完成某项合格建筑产品，就要消耗一定数量的人工、材料、机械台班及资金。

建筑工程定额是指在正常施工条件下，完成单位合格产品所必须消耗的劳动力、材料、机械台班的数量标准。这种量的规定，反映出完成建筑工程中的某项合格产品与各种生产消耗之间特定的数量关系。

建筑工程定额是根据国家一定时期的管理体制和管理制度，根据定额的不同用途和适用范围，由国家指定的机构按照一定程序编制的。并按照规定的程序审批和颁发执行。在建筑工程中实行定额管理的目的，是为了在施工中力求最少的人力、物力和资金消耗量，生产出更多、更好的建筑产品，取得最好的经济效益。

## 三、建筑工程定额的性质

### （一）定额的科学性

定额的科学性，表现为定额的编制是在认真研究客观规律的基础上，自觉遵循客观规律的要求，用科学方法确定各项消耗量标准。所确定的定额水平，是大多数企业和职工经过努力能够达到的平均先进水平。

### （二）定额的法令性

定额的法令性是指定额一经国家、地方主管部门或授权单位颁发，各地区及有关施工企业单位，都必须严格遵守和执行，不得随意变更定额的内容和水平。定额的法令性保证了建筑工程统一的造价与核算尺度。

### （三）定额的群众性

定额的拟定和执行，都要有广泛的群众基础。定额的拟定，通常采取工人、技术人员和专职定额人员三结合方式。使拟定定额时能够从实际出发，反映建筑安装工人的实际水平，并保持一定的先进性，使定额容易为广大职工所掌握。

### （四）定额的稳定性和时效性

建筑工程定额中的任何一种定额，在一段时期内都表现出稳定的状态。根据具体情况不同，稳定的时间有长有短，一般在 5～10 年之间。

但是，任何一种建筑工程定额，都只能反映一定时期的生产力水平，当生产力向前发展了，定额就会变得陈旧了。所以，建筑工程定额在具有稳定性特点的同时，也具有显著的时效性。当定额不能起到它应有作用的时候，建筑工程定额就要重新编制或重新修订了。

## 四、建筑工程定额的作用

建筑工程定额具有以下几方面作用：

### （一）定额是编制工程计划、组织和管理施工的重要依据

为了更好地组织和管理施工生产，必须编制施工进度计划和施工作业计划。在编制计划和组织管理施工生产中，直接或间接地要以各种定额来作为计算人力、物力和资金需用量的依据。

### （二）定额是确定建筑工程造价的依据

在有了设计文件规定的工程规模、工程数量及施工方法之后，即可依据相应定额所规定的人工、

材料、机械台班的消耗量，以及单位预算价值和各种费用标准来确定建筑工程造价。

**（三）定额是建筑企业实行经济责任制的重要环节**

当前，全国建筑企业正在全面推行经济改革，而改革的关键是推行投资包干制和以招标投标承包为核心的经济责任制。其中签订投资包干协议、计算招标标底和投标报价、签订总包和分包合同协议等，通常都以建筑工程定额为主要依据。

**（四）定额是总结先进生产方法的手段**

定额是在平均先进合理的条件下，通过对施工生产过程的观察、分析综合制定的。它可以比较科学地反映出生产技术和劳动组织的先进合理程度。因此，我们可以以定额的标定方法为手段，对同一建筑产品在同一施工操作条件下的不同生产方式进行观察、分析和总结。从而得到一套比较完整的先进生产方法，在施工生产中推广应用，使劳动生产率得到普遍提高。

## 第四节　建筑工程定额的分类

建筑工程定额是一个综合概念，是建筑工程中生产消耗性定额的总称。它包括的定额种类很多。为了对建筑工程定额从概念上有一个全面的了解，按其内容、形式、用途和使用要求，可大致分为以下几类：

### 一、按生产要素分类

建筑工程定额按其生产要素分类，可分为劳动消耗定额、材料消耗定额和机械台班消耗定额。

### 二、按用途分类

建筑工程定额按其用途分类，可分为施工定额、预算定额、概算定额、工期定额及概算指标等。

### 三、按费用性质分类

建筑工程按其费用性质分类，可分为直接费定额、间接费定额等。

### 四、按主编单位和执行范围分类

建筑工程定额按其主编单位和执行范围分类，可分为全国统一定额、主管部定额、地区统一定额及企业定额等。

### 五、按专业分类

可分为建筑工程定额和设备及安装工程定额。

建筑安装工程定额分类详见图2-2。

建筑工程通常包括一般土建工程、构筑物工程、电气照明工程、卫生技术（水暖通风）工程及工业管道工程等，这些工程都在建筑工程定额的总范围之内。因此，建筑工程定额在整个工程定额中是一种非常重要的定额，在定额管理中占有突出的位置。

设备安装工程一般包括机械设备安装工程和电气设备安装工程。

建筑工程和设备安装工程在施工工艺及施工方法上虽然有较大差别，但它们又同是某项工程的两个组成部分。从这个意义上来讲，通常把建筑工程和安装工程作为一个统一的施工过程来看待，即建筑安装工程。所以，在工程定额中把建筑工程定额和安装工程定额合在一起，称为建筑安装工程定额。

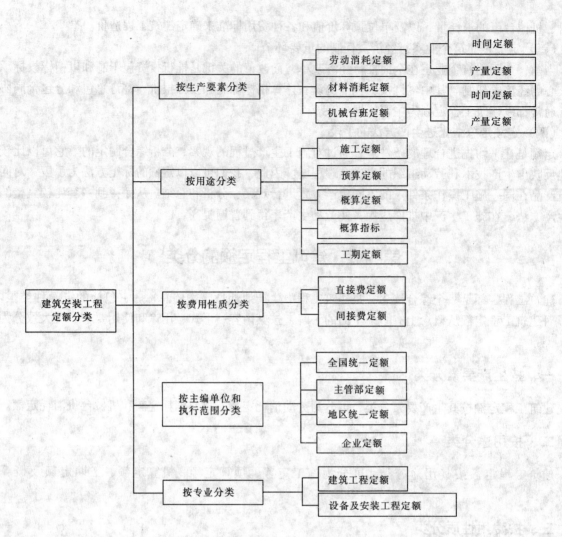

图 2-2　建筑安装工程定额分类

# 第3章 施工定额

## 第一节 施工定额概述

### 一、施工定额的概念

施工定额是直接用于施工管理中的定额，它是在正常的施工条件下，以施工过程为标定对象而规定的完成单位合格产品所需消耗的人工、材料和机械台班的数量标准。

施工定额是由劳动定额、材料消耗定额和机械台班使用定额三个部分所组成。

### 二、施工定额的作用

施工定额主要用于企业内部施工管理中的定额，概括起来有以下几方面的作用：

1. 是企业计划管理工作的基础，是编制施工组织设计、施工作业计划、劳动力、材料和机械使用计划的依据。

2. 是编制单位工程施工预算，进行施工预算和施工图预算对比，加强企业成本管理和经济核算的依据。

3. 是施工队向工人班组签发施工任务书和限额领料单的依据。

4. 是计算劳动报酬与奖励，贯彻按劳分配推行经济责任制的依据（如实行内部经济包干签发包干合同）。

5. 是开展社会主义劳动竞赛，制定评比条件的依据。

6. 是编制预算定额的基础。

从以上作用可以看出，编制和执行好施工定额并充分发挥其作用，对促进施工企业内部施工管理水平的提高，加强经济核算，提高劳动生产率，降低工程成本，提高经济效益，都具有十分重要的意义。

## 第二节 劳动定额

### 一、劳动定额的概念

劳动定额，也称人工定额。劳动定额由于其表现形式不同，可分为时间定额和产量定额两种。一般采用复式形式表示，其分子为时间定额，分母为产量定额，如表3-1所示。表中人工部分即为劳动定额。

#### （一）时间定额

时间定额是指在一定的生产技术和生产组织条件下，某工种、某种技术等级的工人班组或个人，完成单位合格产品所必须消耗的工作时间。定额时间包括工人的有效工作时间（准备与结束时间、基本工作时间、辅助工作时间），不可避免的中断时间以及休息时间。

时间定额以工日为单位，每个工日工作时间按现行制度规定为8小时，其计算方法如下：

$$单位产品时间定额（工日）= \frac{1}{每工日产量}$$

或 $$单位产品时间定额（工日）=\frac{小组成员工日数总和}{小组的台班产量}$$

表 3-1 柱、梁、板现制混凝土

| 定额编号 | 项 目 | | 单位 | 施工预算 | | | | | 主要材料 | 劳动定额 |
| | | | | 预算价值（元） | 其 中 | | | 预算用工（工日） | 混凝土（m²） | 综 合 |
| | | | | | 人工费（元） | 材料费（元） | 机械费（元） | | | |
| 9-21 | 短形柱（周长在） | 1.2m 以内 | m³ | 20.44 | 20.11 | 0.33 | | 1.455 | 1.015 | $\frac{1.141}{0.876}$ |
| 9-22 | | 1.8m 以内 | m³ | 20.44 | 20.11 | 0.33 | | 1.455 | 1.015 | $\frac{1.141}{0.876}$ |
| 9-23 | | 1.8m 以外 | m³ | 18.92 | 18.59 | 0.33 | | 1.346 | 1.015 | $\frac{1.042}{0.960}$ |
| 9-24 | 圆形柱（直径在） | 0.5m 以内 | m³ | 19.97 | 19.87 | 0.10 | | 1.438 | 1.015 | $\frac{1.025}{0.889}$ |
| 9-25 | | 0.5m 以外 | m³ | 18.99 | 18.89 | 0.01 | | 1.367 | 1.015 | $\frac{1.062}{0.942}$ |
| 9-26 | 劲性钢骨架柱 | | m³ | 21.82 | 21.42 | 0.40 | | 1.550 | 1.015 | $\frac{1.395}{0.717}$ |
| 9-27 | 构 造 柱 | | m³ | 18.92 | 18.59 | 0.33 | | 1.346 | 1.015 | $\frac{1.497}{0.668}$ |

注：上表摘自北京市1993年建筑安装施工预算定额。

## （二）产量定额

产量定额是指在一定的生产技术和生产组织条件下，某工种、某种技术等级的工人班组或个人，在单位时间内（工日）应完成合格产品的数量。其计算方法如下：

$$每日产量=\frac{1}{单位产品时间定额（工日）}$$

或 $$台班产量=\frac{小组成员工日数总和}{单位产品时间定额（工日）}$$

时间定额与产量定额互为倒数，即：

$$时间定额×产量定额=1$$

$$时间定额=\frac{1}{产量定额}$$

$$产量定额=\frac{1}{时间定额}$$

劳动定额又有综合定额和单项定额之分，综合定额是指完成同一产品中的各单项（工序）定额的综合。综合定额的时间定额由各单项时间定额相加而成。综合定额的产量定额为综合时间定额的倒数。计算方法如下：

$$综合产量定额=\frac{1}{综合时间定额（日）}$$

例如钢筋混凝土构造柱每 m² 模板综合时间定额为 0.359 工日，它是由模板安装与模板拆除部分组成：

$$0.237+0.122=0.359（工日）$$

$$综合产量定额=\frac{1}{0.359}=2.786（m²）$$

## 二、劳动定额的编制

### （一）劳动定额编制的主要依据

编制劳动定额必须以国家的有关技术经济政策和可靠的技术资料为依据。

1. 国家有关经济政策和劳动制度：主要有《建筑安装工人技术等级标准》和工资标准、八小时工作制度、工资奖励制度和劳动保护制度等。

2. 有关技术资料：国家现行的各类规范、规程和标准：如《施工及验收规范》、《建筑安装工程安全操作规程》、国家建筑材料标准、施工机械的性能、历年的《施工定额》及其统计资料、具有代表性的施工图纸、建筑安装构件及配件图集、标准做法等。

### （二）劳动定额编制前的准备工作

1. 施工过程的分类

施工过程是指在施工现场范围内所进行的建筑安装活动的生产过程。对施工过程的研究是制定劳动定额的基本环节。施工过程，按使用的工具、设备的机械化程度不同，分为手工施工过程、机械施工过程和机手并动施工过程。按施工过程组织上的复杂程度不同，可分为工序、工作过程和综合工作过程。

（1）工序

工序是指在组织上不可分割而在技术操作上属于同一类的施工过程。工序的基本特点是工人、工具和使用的材料均不发生变化。在工作时，若其中一个条件有了变化，那就表明已由一个工序转入另一个工序。例如钢筋制作这一施工过程，是由调直（冷拉）、切断、弯曲工序组成。当冷拉完成后，钢筋由冷拉机转入切断机并开始工作时，由于工具的改变，冷拉工序转入了切断工序。

（2）工作过程

工作过程是由一工人或同一小组所完成的技术操作上相互联系的工序的组合。其特点是人员编制不变，而材料和工具可以变换。例如，门窗油漆，属于个人施工过程；五人小组砌筑，属于小组工作过程。

（3）综合工作过程

又称复合施工过程，它是由几个在组织上有直接关系的并在同一时间进行的、为完成一个最终产品结合起来的几个工作过程组成。例如，砖墙砌砖工程是由搅拌砂浆、运砖、运砂浆、砌砖等工作过程组成一个综合工作过程。

2. 施工过程的影响因素

在建筑安装施工过程中，影响单位产品所需工作时间消耗量的因素很多，主要归纳为以下三大类。

（1）技术因素

1）完成产品的类别、规格、技术特征和质量要求；

2）所用材料、半成品、构配件的类别、规格、性能和质量；

3）所用工具、机械设备的类别、型号、规格和性能。

各项技术因素数值的组合，构成了每一施工过程的特点。同时各个施工过程因其技术因素的不同，其单位产品的工时消耗也随之各不相同。如砌砖施工过程的技术因素包括砖墙的类别、厚度、门窗洞口的面积、墙面艺术形成、砖的种类及规格、砂浆的种类和使用的工具设备等。

（2）组织因素

1）施工组织与管理水平；

2）施工方法；

3）劳动组织；

4）工人技术水平、操作方法及劳动态度；

5）工资分配形式和劳动竞赛开展情况。

研究和分析施工过程的技术因素和组织因素，对于确定定额的技术组织条件和单位产品工时消耗标准，是十分重要的。另外在生产过程中，可以充分利用有利因素，克服不利因素，使完成单位产品工时消耗减少，以促进劳动生产率的提高。

（3）其他因素

其他因素包括：雨雪、大风、冰冻、高温及水、电供应情况等。此类因素与施工技术、管理人员和工人无直接关系，一般不作为确定单位产品工时消耗的依据。

3. 工人工作时间的分析

工人工作时间的分析如图3-1所示。

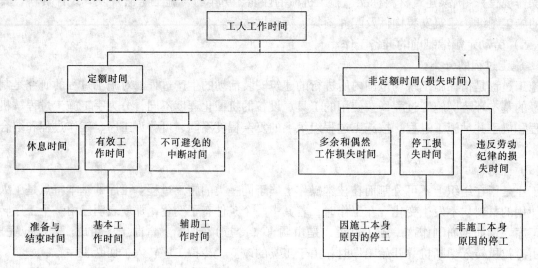

图3-1　工人工作时间分析

（1）定额时间

定额时间是指工人在正常的施工条件下，完成一定数量的产品所必须消耗的工作时间。它包括有效工作时间、不可避免的中断时间和休息时间。

1）有效工作时间，是指与完成产品有直接关系的工作时间消耗。它包括准备与结束时间、基本工作时间和辅助工作时间。

准备与结束时间，是指工人在执行任务前的准备工作和完成任务后的结束工作所需消耗的时间。如熟悉施工图纸、领取材料与工具、布置操作地点、保养机具、清理工作地点等。其特点是它与生产任务的大小无关，但和工作内容有关。

基本工作时间，是指直接与施工过程的技术操作发生关系的时间消耗。例如砌砖墙工作中所需进行的校正皮数杆、挂线、铺灰、选砖、砌砖、吊直、找平等技术操作所消耗的时间。

辅助工作时间，是指为了保证基本工作顺利进行而做的与施工过程的技术操作没有直接关系的辅助工作所需消耗的时间。如修磨工具、转移工作地点等所需消耗的时间。

2）不可避免的中断时间，是指工人在施工过程中由于技术操作和施工组织的原因而引起的工作中断所需消耗的时间。如汽车司机等候装货、安装工人等候起吊构件等所消耗的时间。

3）休息时间，是指在施工过程中，工人为了恢复体力所需的暂时休息，以及工人生理上的要求（如喝水、大小便等）所必须消耗的时间。

（2）非定额时间

1）多余和偶然工作的时间，是指在正常的施工条件下不应发生的时间消耗，以及由于意外情况所引起的工作所消耗的时间。如质量不符合要求，返工所造成的多余的时间消耗。

2）停工时间，是指在施工过程中，由于施工或非施工的本身原因造成停工的损失时间。前者是由于施工组织和劳动组织不善，材料供应不及时，施工准备工作没做好而引起的停工时间，后者是由于外部原因，例如水电供应临时中断以及由于气候条件（如大雨、风暴、酷热天气）造成的停工时间。

3）违反劳动纪律时间是指工人不遵守劳动纪律而造成的损失时间，如迟到、早退、擅自离开工作岗位、工作时间聊天以及由个别人违反劳动纪律而使其他的工人无法工作的时间损失。

上述非定额时间，在确定单位产品用工标准时，都不予考虑。

### （三）劳动定额的编制方法

劳动定额水平测定的方法较多，一般比较常用的方法有技术测定法、经验估计法、统计分析法和比较类推法四种，如图 3-2 所示。

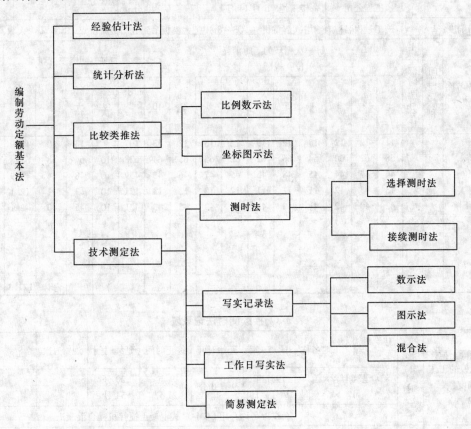

图 3-2　劳动定额的编制方法

#### 1. 技术测定法

技术测定法，是在正常的施工条件下，对施工过程各工序时间的各个组成要素，进行现场观察测定，分别测定出一工序的工时消耗，然后对测定的资料进行分析整理来制定定额的方法，该方法是制定定额最基本的方法。

根据施工过程的特点和技术测定的目的、对象和方法的不同，技术测定法又分为测时法、写实记录法、工作日写实法和简易测定法四种。

#### （1）测时法

测时法主要用来观察研究施工过程某些重复的循环工作的工时消耗，它不研究工人休息、准备与结束及其他非循环性的工作时间。可为制定劳动定额提供单位产品所必须的基本工作时间的技术数据。与使用秒表和记录时间的方法不同，测时法又分为选择测时法和接续测时法两种。

1）选择测时法是指不连续测定施工过程的全部循环组成部分，而是有选择地进行测定。测定开始时立即开动秒表，过程终止时立即停表，然后将所测定的时间记载下来。下一个组成部分开始时再将秒表拨到零重新记载。采用选择测时法，应特别注意掌握定时点，以免影响测时资料的准确性。观察结束后再进行整理，求出平均修正值，如表 3-2 所示。

2）接续测时法是对施工过程循环的组成部分进行不间断的连续测定，不能遗漏任何一个循环的组成部分。这种方法较复杂，但精确度高，比较准确完善。其特点是，在工作进行中一直不停止秒表，根据各组成部分之间的定时点，记录它的终止时间。一般情况下，其观察次数越多，所获得组成部分的延续时间越正确，如表3-3所示。

**表3-2 选择测时法记录（循环整理）表**

| 观察对象：大模板吊装每次循环 | | 建筑机构名称 | 工地名称 | 日 期 | 开始时间 | 终止时间 | 延续时间 | 观察号次 | 页 次 |
|---|---|---|---|---|---|---|---|---|---|
| | | ××建筑工程公司 | ×大学宿舍楼工地 | 1981年5月14日 | 10点0分 | 10点40分 | 3分钟 | | 3/6 |
| 时间记载精确度：1秒 | | 施工过程名称 | 塔式起重机（TQ3~8t）把大模板吊到五层楼就位点 | | | | | | 人数：工人 |

| 号次 | 各组成部分名称 | 时间消耗总和 | 占全部时间百分比 | 每一次循环的工时消耗 单位：机器 秒 | | | | | | | | | | | 时 间 整 理 | | | | 附 注 |
|---|---|---|---|---|---|---|---|---|---|---|---|---|---|---|---|---|---|---|---|
| | | | | 1 | 2 | 3 | 4 | 5 | 6 | 7 | 8 | 9 | 10 | 时间总和 | 循环次数 | 最大值 | 最小值 | 平均修正值 | |
| 1 | 挂　钩 | | | 11 | 12 | 12 | 10 | 12 | 19 | 12 | 13 | 12 | 13 | 107 | 9 | 13 | 10 | 11.9 | 第6次循环挂了两次，故19不计入时间总和中 |
| 2 | 上升回转 | | | 58 | 62 | 60 | 64 | 66 | 62 | 62 | 65 | 65 | 64 | 628 | 10 | 66 | 58 | 62.8 | |
| 3 | 下落就位 | | | 44 | 47 | 44 | 45 | 48 | 45 | 45 | 47 | 46 | 48 | 459 | 10 | 48 | 44 | 45.9 | |
| 4 | 脱　钩 | | | 13 | 13 | 12 | 11 | 11 | 11 | 12 | 12 | 13 | 13 | 121 | 10 | 13 | 11 | 12.1 | |
| 5 | 空钩回转下降 | | | 42 | 40 | 42 | 41 | 40 | 42 | 43 | 43 | 43 | 45 | 421 | 10 | 45 | 40 | 42.1 | |
| 6 | | | | | | | | | | | | | | | | | | | |
| 7 | | | | | | | | | | | | | | | | | | | |
| 8 | | | | | | | | | | | | | | | | | | | |
| 9 | | | | | | | | | | | | | | | | | | | |
| | | | | | | | | | | | | | | | | 总计 | | 171.3 | |

**表3-3 接续测时法记录表**

| 观察对象：混凝土搅拌机鼓的工作 观察精确度：1秒（0.2秒） | | 接续测时法 | 建筑机构名称 | 工地名称 | 日 期 | 开始时间 | 终止时间 | 延续时间 | 观察号次 | 页 次 | | | | | |
|---|---|---|---|---|---|---|---|---|---|---|---|---|---|---|---|
| | | | ××建筑公司 | ××工厂××车间 | 1981年9月2日 | 9点0分 | 9点21分 | 20分54秒 | 3 | 3/6 | | | | | |
| | | | 过程名称：用CCM-02式混凝土搅拌机拌合混凝土 | | | | | | | | | | | | |

| 号次 | 各组成部分名称 | 时间 | 观 察 次 数 | | | | | | | | | | | | | | | | | | 工人人数 | 时 间 整 理 | | | | 附注 |
|---|---|---|---|---|---|---|---|---|---|---|---|---|---|---|---|---|---|---|---|---|---|---|---|---|---|---|---|
| | | | 1 | | 2 | | 3 | | 4 | | 5 | | 6 | | 7 | | 8 | | 9 | | 10 | | | 时间总和 | 循环次数 | 最大 | 最小 | 平均修正值 |
| | | | 分 | 秒 | 分 | 秒 | 分 | 秒 | 分 | 秒 | 分 | 秒 | 分 | 秒 | 分 | 秒 | 分 | 秒 | 分 | 秒 | 分 | 秒 | | | | | | |
| 1 | 材料入鼓 | 终止时间 延续时间 | 1 | 15 15 | 2 | 16 13 | 4 | 20 13 | 6 | 30 17 | 8 | 33 14 | 10 | 39 15 | 12 | 44 16 | 14 | 56 19 | 17 | 4 12 | 19 | 5 14 | | 148 | 10 | 19 | 12 | 14.8 |
| 2 | 搅拌 | 终止时间 延续时间 | 1 | 45 90 | 3 | 48 92 | 5 | 55 95 | 7 | 57 87 | 10 | 4 91 | 12 | 9 90 | 14 | 20 96 | 16 | 28 92 | 18 | 33 89 | 20 | 38 93 | | 915 | 10 | 96 | 87 | 19.5 |
| 3 | 卸料出鼓 | 终止时间 延续时间 | 2 | 3 18 | 4 | 7 19 | 6 | 13 18 | 8 | 19 22 | 10 | 24 19 | 12 | 28 19 | 14 | 37 17 | 16 | 52 24 | 18 | 51 16 | 20 | 54 16 | | 191 | 10 | 24 | 16 | 19.1 |
| 4 | | 终止时间 延续时间 | | | | | | | | | | | | | | | | | | | | | | | | | | 总计 125.4 |
| 5 | | 终止时间 延续时间 | | | | | | | | | | | | | | | | | | | | | | | | | | |
| 6 | | 终止时间 延续时间 | | | | | | | | | | | | | | | | | | | | | | | | | | |

（2）写实记录法

写实记录法，是研究各种性质的工作时间消耗的方法。它包括基本工作时间、辅助工作时间和不可避免的中断时间、准备与结束时间、休息时间以及各种损失时间。通过写实记录，真实地分析工时消耗和制定定额的全部资料。这种测定方法比较简便、易于掌握，并能保证必须的精确度。因此，写实记录法在实际工作中得到广泛采用。

写时记录法按记录时间的方法不同又可分为数示法、图示法和混合法三种。

1）数示法是指测定时直接用数字记录时间，填写在数示法写实记录表中。这种方法可同时对二个以内的工人进行测定，适用于组成部分较少而且比较稳定的施工过程。记录时间的精确度为 5～10 秒。

2）图示法是指用图表的形式记录时间，用线段表示施工过程各个组成部分的工时消耗的一种测时方法。它适用于观察三个以内的工人共同完成某一产品的施工过程，起止时间的精确度可达 0.5～1 分钟。此种方法记录时间与数示法比较具有记录技术简单、时间记录一目了然、整理方便等优点。因此，在实际工作中，使用较为普遍。

3）混合法是指用数字和图示分别表示施工过程各个组成部分的工时消耗和工人人数的一种方法。图示法的表格记录所测各个组成部分的延续时间，数示法的表格记录完成各个组成部分的人数。这种方法适用于同时观察三个以上工人工作时的集体写实记录。

（3）工作日写实法

工作日写实法，是对工人在整个工作班内的全部工时利用情况，按照时间消耗的顺序进行实地的观察、记录和分析研究的一种测定方法。根据工作日写实的记录资料，可以分析哪些工时消耗是合理的、哪些工时消耗是无效的，并找出工时损失的原因，拟定措施，消除引起工时损失的因素，从而进一步促进劳动生产率的提高。因此工作日写实法是一种应用广泛而行之有效的方法。

（4）简易测定法

测时法、写实记录法和工作日写实法所得资料，对收集编制定额，研究工人操作方法和工作时间利用情况，分析损失时间和原因以及改进施工组织管理等，均能得到满足。但这些方法需要花费较大的人力和时间，有时往往受条件的限制，不容易实现。

简易测定法，是简化技术测定的方法，但仍然保持了现场实地观察记录的基本原则。将观察对象的组成部分简化，只测定额组成时间的基本工作时间或不可避免的中断时间等某一种定额时间。而其他时间则借助"工时消耗规范"来获得所需数据，然后利用计算公式，计算和确定出定额指标。它的优点是方法简便，速度快，容易掌握，时间和人力消耗少，在大量搜集定额水平资料的情况下，这种方法最为适用。同时企业编制补充定额时也常用此方法。

根据测定的资料可运用下面的计算公式计算基本工作时间的消耗。

$$H_{基本} = \sum H_{工序}$$

式中　　$H_{基本}$——基本工作时间；

　　　　$H_{工序}$——工序基本工作时间消耗。

定额的其他时间可借助"定额工时消耗规范"取得。

定额时间计算公式可用以下公式计算：

$$定额时间 = \frac{基本工作时间}{1 - 规范时间\%}$$

【例】　设测定一砖厚（24 墙）的基础墙，采用简易测定法，通过现场观察、记录、分析、整理，每 m³ 砌体基本工作时间为 140 工分，试求其时间定额与每工日产量定额。

已知：基本工作时间为 140 工分；

　　　　准备与结束时间占工作班时间 5.45%；

　　　　休息时间占工作班时间 5.84%；

　　　　不可避免中断时间占工作班时间 2.49%。

【解】

$$时间定额 = \frac{140}{1 - (5.45\% + 5.84\% + 2.49\%)} = \frac{140}{0.8622} = 162.4（工分）= \frac{162.4}{480} = 0.34（工日）$$

注：                        1 工日 = 480 工分

$$每工日产量 = \frac{1}{0.34} = 2.94（m^3）$$

2. 经验估计法

经验估计法，是根据老工人、施工技术员和定额员的实践经验，并参照有关技术资料，结合施工图纸、施工工艺、施工技术组织条件和操作方法等进行分析、座谈讨论、反复平衡制定定额的方法。

由于估计人员的经验和水平的差异，同一项目往往会提出一组不同的定额数据。此时应对提出的各种不同数据进行认真地分析处理，反复平衡，并根据统筹法原理，进行优化以确定出平均先进的指标。计算公式如下：

$$t = \frac{a + 4m + b}{6}$$

式中    $t$——定额优化时间（平均先进水平）；

　　　　$a$——先进作业时间（乐观估计）；

　　　　$m$——一般作业时间（最大可能）；

　　　　$b$——后进作业时间（保守估计）。

【例】    某一施工过程单位产品的工时消耗，通过座谈讨论估计出了三种不同的工时消耗，分别是0.5工日、0.6工日、0.7工日，按上式计算出定额时间。

$$t = \frac{0.5 + 4 \times 0.6 + 0.7}{6} = 0.6（工日）$$

经验估计法具有制定定额的工作过程短、工作量较小、省时、简便易行的特点，但是其准确度在很大程度上决定于参加估计人员的经验，有一定的局限性。因此，它只适用于产品品种多，批量小，某些次要定额项目中使用。

3. 统计分析法

统计分析法是把过去一定时期内实际施工中的同类工程或生产同类产品的实际工时消耗和产品数量的统计资料（如施工任务书、考勤报表和其他有关的统计资料）与当前生产技术水平相结合，进行分析研究制定定额的方法。统计分析法简便易行，与经验估计法相比有较多的原始统计资料。采用统计分析法时应注意剔除原始资料中相差悬殊的数值，并将数值均换算成统一的定额单位，用加权平均的方法求出平均修正值。该方法适用于条件正常、产品稳定、批量较大、统计工作制度健全的施工过程。

4. 比较类推法

比较类推法，又称"典型定额法"。它是以同类产品或工序定额作为依据，经过分析比较，以此推算出同一组定额中相邻项目定额的一种方法。

采用这种方法编制定额时，对典型定额的选择必须恰当。通常采用主要项目和常用项目作为典型定额比较类推。对用来对比的工序、产品的施工工艺和劳动组织等特征必须是"类推"或"近似"，这样才具有可比性，才可以做到提高定额的准确性。

这种方法简便，工作量小，适用于产品品种多、批量小的施工过程。比较类推法常用的方法有两种。

（1）比例数示法

比例数示法是在选择定额项目后，经过技术测定或统计资料确定出它们的定额水平以及和相邻项目的比例关系，再根据比例关系计算出同一组定额中其余相邻项目的定额水平的方法。例如表3-4中挖地槽、地沟时间定额水平的确定就采用了这种方法。

表中一类土各项目的时间定额与二、三、四类土的比例关系，就是根据技术测定的数据确定的。

二、三、四类土的时间定额是根据一类土的时间定额按比例关系计算得来的。

其计算公式：
$$t = p \times t_0$$

式中　$t$——比较类推相邻定额项目的时间定额；

　　　$t_0$——典型项目的时间定额；

　　　$p$——比例关系。

表 3-4　挖地槽、地沟时间定额确定表　　　　　　　　　（工日/m³）

| 项　目 | 比例关系 | 挖地槽、地沟深在 1.5m 以内 | | |
| --- | --- | --- | --- | --- |
| | | 上口宽在（m 以内） | | |
| | | 0.8 | 1.5 | 3 |
| 一类土 | 1.00 | 0.167 | 0.144 | 0.133 |
| 二类土 | 1.43 | 0.238 | 0.205 | 0.192 |
| 三类土 | 2.50 | 0.417 | 0.357 | 0.333 |
| 四类土 | 3.76 | 0.629 | 0.538 | 0.500 |

（2）坐标图示法

坐标图示法以横坐标表示影响因素值的变化，纵坐标表示产量或工时消耗的变化。选择一种同类型的典型定额项目（一般为四项），并用技术测定或统计资料确定出各类型定额项目的水平。在坐标图上用"点"表示，连接各点成一曲线即是影响因素与工时或产量之间的变化关系。从曲线上可找出同类型全部项目的定额水平。

如：在确定机动翻斗车运石子、矿渣的劳动定额指标时，首先选出运距分别为 100m、400m、900m、1600m 等典型定额项目，再用技术测定法分别确定出它们的产量定额标准，依次分别为 4.63m³、3.6m³、2.84m³、2.25m³。根据这四组数据，绘出运石子、矿渣的曲线图如图 3-3 所示。根据图中曲线，可以类推出运距分别为 200m、600m、1200m 时的产量定额，依次分别为 4.2m³、3.2m³、2.55m³。

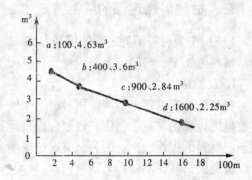

图 3-3　机动翻斗车运石子、矿渣曲线图

上述几种测定定额的方法，可以根据施工过程的特点以及测定的目的分别选用。在实际工作中也可以互相结合起来使用。

# 第三节　材料消耗定额

## 一、材料消耗定额的概念

材料消耗定额是指在节约与合理使用材料的条件下，生产单位合格产品所必须消耗的一定规格的建筑材料、半成品或配件的数量标准。

材料消耗定额是确定材料需要量编制材料计划的基础，也是施工队向工人班组签发限额领料单、考核和分析材料利用情况的依据。

## 二、材料消耗定额的组成

单位合格产品所必须消耗的材料数量，由材料净用量和材料损耗量两部分组成。

**（一）合格产品的材料净用量**

指在不计废料和损耗的情况下，直接用于建筑物上的材料。

**（二）在生产过程中合理的材料损耗量**

指在施工过程中不可避免的废料和损耗，其损耗范围是由现场仓库或露天堆放场地运到施工地点的运输损耗及施工操作损耗，但不包括可以避免的浪费和损失的材料。

材料损耗量的计算方法有两种，材料总消耗量的计算方法也有两种。

1. 材料损耗量的计算方法：

（1）材料损耗量 = 材料总消耗量 × 材料损耗率

$$材料损耗率 = \frac{材料损耗量}{材料总消耗量} \times 100\%$$

（2）材料损耗量 ≈ 材料净用量 × 材料损耗率

$$材料损耗率 \approx \frac{材料损耗量}{材料净用量} \times 100\%$$

2. 材料总消耗量的计算方法：

（1）材料净用量 = 材料总消耗量 − 材料损耗量

材料净用量 = 材料总消耗量 × （1 − 损耗率）

$$材料总消耗量 = \frac{材料净用量}{1 - 材料损耗率}$$

（2）材料净用量 ≈ 材料总消耗量 − 损耗量

材料总消耗量 ≈ 材料净用量 × （1 + 材料损耗率）

## 三、材料消耗定额的编制方法

**（一）主要材料消耗定额的编制方法**

材料消耗定额的制定方法，主要有观测法、试验法、统计法和计算法。

1. 观测法

观测法是在合理与节约使用材料的条件下，对施工过程中实际完成产品的数量与所消耗的各种材料数量进行现场观察、测定，通过分析整理和计算确定建筑材料消耗定额的方法。这种方法最适宜用来制定材料的损耗定额。因为只有通过现场观察和测定才能区别出哪些属于不可避免的损耗，哪些是可以避免的损耗，不应计入定额内。

采用观测法制定材料消耗定额时，所选择的观察对象应符合下列要求。

（1）建筑物应具有代表性。

（2）施工技术和条件应符合技术规范的要求。

（3）建筑材料的规格和质量应符合技术规范的要求。

（4）被观测对象的技术操作水平、工作质量和节约用料情况良好。

（5）做好观测前的准备工作。如准备好测定工具设备等。

2. 试验法

试验法是通过专门的试验仪器和设备，在实验室内进行观察和测定，再通过整理计算出材料消耗定额的一种方法。此种方法能够更深入、详细地研究各种因素对材料消耗的影响，保证原始材料的准确性。由于这种方法是在实验室条件下进行的，从而难以充分估计到现场施工中某些因素对材料消耗量的影响。因此，要求实验室条件尽量符合施工过程的正常施工条件，同时在测定以后还要用观察法进行审核和修正。

3. 统计法

统计法是指在施工过程中，对分部分项工程所拨发材料的数量、竣工后的材料剩余量和完成产品的数量，进行统计、整理、分析研究及计算，以确定材料消耗定额的方法。这种方法简便易行，但应注意统计资料的真实性和系统性，还应注意和其他方法结合使用，以提高所制定定额的精确程度。

4. 计算法

计算法也称理论计算法。它是根据施工图纸和其他技术资料用理论计算公式制定材料消耗定额的方法。

计算法主要用于制定块状、板类建筑材料（如砖、钢材、玻璃、油毡等）的消耗定额。因为这些材料，只要根据图纸及材料规格和施工验收规范，就可以通过公式计算出材料消耗数量。

采用计算法计算材料消耗定额时首先计算出材料的净用量，而后算出材料的损耗量，两者相加即得材料总消耗量。

### （二）周转性材料消耗量的确定

周转性材料是指在施工过程中多次使用、周转的工具性材料、如挡土板、脚手架、模板等。这类材料在施工中不是一次消耗完，而是随着使用次数增多，逐渐消耗，多次使用，反复周转，并在使用过程中不断补充。周转性材料指标分别用一次使用量和摊销量两个指标表示。

一次使用量是指材料在不重复使用的条件下的一次使用量。一般供建设单位和施工企业申请备料和编制施工作业计划之用。

摊销量是按照多次使用，应分摊到每一计量单位分项工程或结构构件上的材料消耗数量。

下面介绍模板摊销量的计算。

1. 现浇结构模板摊销量的计算：摊销量 = 周转使用量 − 回收量

$$式中 \quad 周转使用量 = \frac{（一次使用量）+ \left[（一次使用量）\times（周转次数 - 1）\right] \times 损耗率}{周转次数}$$

$$= （一次使用量）\times \left[\frac{1 + （周转次数 - 1）\times 损耗率}{周转次数}\right]$$

$$回收量 = \frac{（一次使用量）-（一次使用量 \times 损耗率）}{周转次数}$$

$$= （一次使用量）\times \left[\frac{1 - 损耗率}{周转次数}\right]$$

周转次数是指新的周转材料从第一次使用（假定不补充新料）起，到材料不能再使用的使用次数。

2. 预制构件模板摊销量的计算：

$$摊销量 = \frac{一次使用量}{周转次数}$$

# 第四节　机械台班使用定额

## 一、机械台班使用定额的概念

机械台班使用定额又称机械台班定额，由于其表现形式不同，可分为时间定额和产量定额两种。

### （一）机械时间定额

机械时间定额是指在合理劳动组织与合理使用机械的条件下，完成单位合格产品所必须消耗工作时间。机械时间定额以"台班"或"台时"为单位。

$$单位产品的机械时间定额（台班）= \frac{1}{机械台班产量}$$

## （二）机械产量定额

机械产量定额是指在合理劳动组织与合理使用机械的条件下，某种机械在一个台班时间内，所必须完成合格产品的数量。

$$机械产量定额 = \frac{1}{机械时间定额}$$

机械时间定额和机械产量定额之间是互为倒数的关系。

## （三）机械和人工共同工作时的人工定额

由于机械必须由工人小组配合，所以完成单位合格产品的时间定额应包括人工时间定额。即：

$$单位产品人工时间定额（工日） = \frac{小组成员工日数总和}{台班产量}$$

**【例】** 计算斗容量 $1m^3$ 正铲挖土机，挖三类土，槽深在 $2m$ 以内，小组成员 2 人，已知机械台班产量为 5.42（定额单位 $100m^3$），计算人工时间定额。

**【解】**

$$挖100m^3 土方的人工时间定额 = \frac{2}{5.42} = 0.369（工日）$$

机械台班使用定额既是对工人班组签发施工任务书，实行计价奖励的依据，也是编制机械需要量计划和考核机械效率的依据。

## 二、机械台班定额编制

### （一）机械工作时间的分析

机械工作时间的分析如图 3-4 所示。

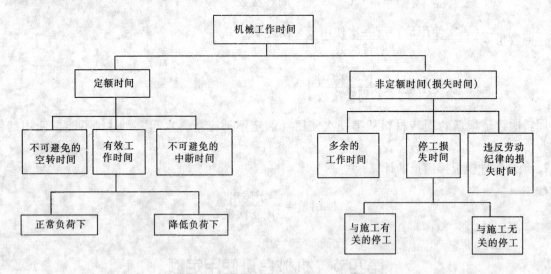

图 3-4　机械工作时间的分析

1. 机械的定额时间

机械的定额时间包括有效工作时间、不可避免的无负荷时间和不可避免中断时间三部分组成。

（1）有效工作时间。包括正常负荷下的工作时间和降低负荷下的工作时间。

正常负荷下的工作时间是指机械在与说明书规定的负荷相符的正常负荷下进行工作的时间。

降低负荷下的工作时间是在个别情况下由于技术上的原因，造成机械在低于其规定的负荷下工作的时间。如汽车装运货物，其重量轻体积大，而不能充分利用汽车的载重吨位，这种情况也视为有效工作时间。

（2）不可避免的中断时间是指由于操作和施工过程的特性，而造成的机械工作中断时间。

与操作有关的不可避免中断时间有：如汽车装、卸货的停歇时间。

与机械有关的不可避免中断时间是指用机械工作的工人在准备与结束工作时使机械暂停的中断时间。

工人休息时间是指因工人必须的休息时间而引起的机械中断时间。

（3）不可避免的无负荷工作时间是指由于施工过程的特性和机械的特点所造成的机械无负荷工作时间。如铲运机返回到铲土地点。

2. 机械的非定额时间

（1）多余的工作时间是指可避免的机械无负荷，如工人没及时给混凝土搅拌机装料而引起的机械空转，或者在负荷下的多余工作（如搅拌机搅拌混凝土时超过了规定搅拌时间）。

（2）停工损失时间按其性质分为由于施工本身造成的停工时间和非施工本身造成的停工时间。前者是由于施工组织不善、机械维护不良而引起的停工时间。后者指的是如水源、电源中断以及气候条件（暴雨、大风等）的影响而引起的机械停工时间。

（3）违反劳动纪律的损失时间是指由于工人迟到或早退及其他违反劳动纪律的行为而引起的机械停歇时间。

**（二）机械台班定额的编制方法**

施工机械台班定额，是施工机械效率的反应。编制机械定额的程序及方法如下：

1. 确定正常的工作地点

就是将施工地点、机械、材料和构件堆放的位置及工人从事操作的条件做出科学合理地平面布置和空间的安排，使之有利于机械运转和工人操作，减轻工人的劳动强度，充分利用工时，以便最大限度地发挥机械的生产效率。

2. 拟定正常的工人编制

根据施工机械性能和设计能力及工人的专业分工和劳动工资，合理地确定操作机械的工人（如司机、维修工等）和直接参加机械化施工过程的工人（如混凝土搅拌机装料、卸料工人）的配备，确定正常的工人编制人数。

3. 确定机械纯工作一小时的正常生产效率（$N$）

机械一小时纯工作正常生产效率，是指在正常的施工条件下，由具备机械操作知识和技术技能的工人驾驶机械，机械一小时内应达到的生产效率。

建筑机械可分为循环和连续动作两种类型，下面以确定循环机械一小时纯工作正常生产效率为例，步骤如下：

（1）确定循环组成部分的延续时间

根据机械说明书计算出来的延续时间和计时观察所得到的延续时间；或者根据技术规范和操作规程，确定其循环组成部分的延续时间。

（2）确定整个循环一次的正常延续时间

它等于机械该循环各组成部分的正常延续时间之和（$t_1 + t_2 + t_3 + \cdots t_n = t$）。

可由下列公式计算（时间单位：秒）：

$$n = \frac{3600}{t_1 + t_2 + t_3 + \cdots t_n}$$

（3）确定机械一小时纯工作的正常生产率（$N_n$）可由下式计算：

$$N_n = n \times m$$

式中　$N_n$——机械一小时纯工作的正常生产率；

　　　$n$——机械一小时纯工作时间的正常循环次数；

　　　$m$——机械每循环一次的产品数量。

**【例】** 塔式起重机吊装大模板到五层就位，每次吊装一块，循环的各组成部分的延续时间经测定如下：

| 挂钩时的停车时间 | 12 秒 |
| 上升回转时间 | 63 秒 |
| 下落就位时间 | 46 秒 |
| 脱钩时间 | 13 秒 |
| 空钩回转下降时间 | 43 秒 |
| 合计 | 177 秒 |
| 纯工作一小时的循环次数 | $n$ 为： |

$$n = 3600 \div 177 = 20.34 （次）$$

塔吊纯工作一小时的正常生产率 $N_n = 20.34$ 次 $\times 1$ 块/次 $= 20.34 （块）$

4. 拟定机械台班产量定额（$N$ 台班）

计算公式如下：

$$N_{台班} = N_n \times T \times K_B$$

式中　$N_{台班}$——机械台班产量定额；

　　　　$N_n$——机械一小时纯工作的正常生产率；

　　　　$T$——工作班延续时间（一般为 8 小时）；

　　　　$K_B$——机械时间利用系数即：

$$K_B = \frac{工作班内机械纯工作时间}{T}$$

【例】　JG250 型混凝土搅拌机，正常生产率为 $6.25m^3/h$，工作班为 8 小时，工作班内机械工作时间为 7.2 小时则：

机械时间利用系数（$K_B$）$= 7.2 \div 8 = 0.9$

混凝土搅拌机台班产量定额（$N_{台班}$）$= 8 \times 6.25 \times 0.9 = 45 （m^3）$

混凝土搅拌机时间定额 $= 1 \div 45 = 0.022 （台班）$

## 第五节　施工定额的应用

### 一、施工定额的内容

施工定额的内容是由文字说明、定额项目表和附注、附录三部分组成。

**（一）文字说明**

包括总说明、分册（章）说明和分节说明。

1. 总说明主要内容包括：定额的用途、编制的依据、适用范围、有关综合性的工作内容、施工方法、质量要求、定额指标的计算方法和有关规定及说明等。

2. 分册（章）说明，主要包括分册（章）范围内的工作内容、工程质量及安全要求、施工方法、工程量计算规则和有关规定及说明等。

3. 分节说明主要内容有：本节内的工作内容、施工方法、质量要求等。

**（二）定额项目表和附注**

定额项目表是分节定额中的核心部分和主要内容。它包括工程项目名称、定额编号、定额单位和人工、材料、机械台班消耗量指标（见表 3-1）。

"附注"一般列在定额表的下面，主要是根据施工内容和条件的变动，规定人工、材料、机械定额用量的变化，一般采用乘数和增减料的方法计算。附注是对定额表的补充。

**（三）附录**

附录一般放在定额分册的后面，作为使用和换算的依据。其主要内容包括：名词解释、附图、各种砂浆配合比表、混凝土配合比表、材料和半成品的重量等。

## 二、施工定额的应用

施工定额的使用方法，可分为直接套用和换算调整两种。

### （一）直接套用

在使用施工定额时，当工程项目的设计要求、施工条件及施工方法与定额项目表中的内容、规定要求完全一致时，即可直接套用。

【例】 某工程为现浇钢筋混凝土结构，采用断面为 400mm × 400mm 的框架柱，其模板工程量 250m²，采用塔式起重机作垂直运输，根据 1993 年北京市施工预算定额计算用工数，并计算钢模板、零星卡具、钢支撑、板方材、圆钉用量。

【解】 查 1993 年施工预算定额

$$用工数 = 250 \times 0.321 = 80.25 （工日）$$

$$钢模板 = 250 \times 0.806 = 201.50 （kg）$$

$$零星卡具 = 250 \times 0.469 = 117.25 （kg）$$

$$钢支撑 = 250 \times 0.480 = 120 （kg）$$

$$板方材 = 250 \times 0.0016 = 0.4 （m^3）$$

$$圆钉 = 250 \times 0.007 = 1.75 （kg）$$

### （二）换算调整

当工程设计要求，施工条件及施工方法与定额项目的内容及规定不完全相符时，应按定额规定换算调整。

# 第4章　预算定额

## 第一节　预算定额的概述

### 一、预算定额的概念

建筑工程预算定额是确定一定计量单位的分项工程或结构构件的人工、材料和机械台班消耗的数量标准。

### 二、预算定额的作用

预算定额有以下作用：

**（一）是编制施工图预算，确定工程造价的依据。**

**（二）是编制单位估价汇总表的依据。**

**（三）在招标投标制度中，是编制招标标底及投标报价的依据。**

**（四）是拨付工程价款和进行工程竣工结算的依据。**

**（五）是编制施工组织设计，确定劳动力、建筑材料、成品、半成品施工机械台班需用量的依据。**

**（六）是施工企业进行经济核算和经济活动分析的依据。**

**（七）是编制概算定额和概算指标的基础。**

### 三、预算定额的内容

预算定额（手册）一般由目录、总说明、建筑面积计算规则、分部工程说明、定额项目表和有关附录或附件等组成。

**（一）总说明**

总说明是综合阐述定额的编制原则、指导思想、编制的依据、适用范围以及定额的作用。同时说明了编制定额时已考虑和没有考虑的因素与有关规定和使用方法。因此，在使用定额前应首先了解这部分内容。

**（二）建筑面积计算规则**

建筑面积是分析建筑工程技术经济指标的重要数据，规则规定了计算建筑面积的范围和计算方法，同时也规定了不能计算建筑面积的范围。

**（三）分部工程说明**

它主要说明该分部工程包括的主要工程内容和该分部所包括的工程项目及工作内容；执行中的一些规定；特殊情况的处理；各分项工程量计算规则等。它是定额（手册）中的重要组成部分，也是执行定额和进行工程量计算的基础，因而必须全面掌握。

**（四）定额项目表**

定额项目表是预算定额主要组成部分，一般由工作内容（分节说明）、定额单位、项目表和附注组成，见表4-1所示。

在项目表中，人工表现形式是以分工种、工日数及合计工日数表示。材料栏内只列主要材料的消耗量，零星材料以"其他材料"表示；凡需机械的分部分项工程应列出施工机械台班数量，即分项工程的人工、材料、机械台班的定额指标。

### 表 4-1 砖砌体（010401）

工作内容：清理基层、砂浆拌合、砌砖、刮缝、材料运输等　　　　　　　　　　　（m³）

| | 定额编号 | | | 4-1 | 4-2 | 4-3 |
|---|---|---|---|---|---|---|
| | 项目 | | | 基础 | 外墙 | 内墙 |
| | 预算单价（元） | | | 573.77 | 595.49 | 555.53 |
| 其中 | 人工费（元） | | | 103.33 | 144.44 | 126.21 |
| | 材料费（元） | | | 465.88 | 444.76 | 423.79 |
| | 机械费（元） | | | 4.56 | 6.29 | 5.53 |
| 名　称 | | 单位 | 单价（元） | 数　量 | | |
| 人工 | 870002 综合工日 | 工日 | 83.20 | 1.242 | 1.736 | 1.517 |
| 材料 | 040207 烧结标准砖 | 块 | 0.58 | 523.6000 | 535.5000 | 510.0000 |
| | 400055 砌筑砂浆 DM7.5-HR | m³ | 658.10 | 0.2360 | — | — |
| | 400054 砌筑砂浆 DM5.0-HR | m³ | 459.00 | — | 0.2780 | 0.2652 |
| | 840004 其他材料费 | 元 | | 6.88 | 6.57 | 6.26 |
| 机械 | 800138 灰浆搅拌机 200L | 台班 | 11.00 | 0.0390 | 0.0460 | 0.0440 |
| | 840023 其他机具费 | 元 | — | 4.13 | 5.78 | 5.05 |

| | 定额编号 | | | 4-24 | 4-25 | 4-26 | 4-27 | 4-28 |
|---|---|---|---|---|---|---|---|---|
| | 项目 | | | KP1 多孔砖 | | | | |
| | | | | 外墙 | | 内墙 | | |
| | | | | 厚度（mm） | | | | |
| | | | | 240 | 365 | 115 | 240 | 365 |
| | 预算单价（元） | | | 534.06 | 526.73 | 526.93 | 521.93 | 522.56 |
| 其中 | 人工费（元） | | | 113.40 | 110.07 | 111.07 | 107.83 | 105.66 |
| | 材料费（元） | | | 415.75 | 411.91 | 411.06 | 409.44 | 412.31 |
| | 机械费（元） | | | 4.91 | 4.75 | 4.80 | 4.66 | 4.59 |
| 名　称 | | 单位 | 单价（元） | 数　量 | | | | |
| 人工 | 870002 综合工日 | 工日 | 83.20 | 1.363 | 1.323 | 1.335 | 1.296 | 1.270 |
| 材料 | 040045 KP1 多孔砖 240×115×90 | 块 | 0.79 | 301.9200 | 303.9600 | 304.9800 | 320.2800 | 301.9200 |
| | 040046 KP1 多孔砖 180×115×90 | 块 | 0.84 | 43.8600 | 41.8200 | 38.7600 | 24.4800 | 27.5400 |
| | 040207 烧结标准砖 | 块 | 0.58 | | | 6.1200 | 2.0600 | 7.0800 | 23.4600 |
| | 400055 砌筑砂浆 DM7.5-HR | m³ | 658.10 | 0.2040 | 0.1930 | 0.1980 | 0.1910 | 0.1990 |
| | 840004 其他材料费 | 元 | | 6.14 | 6.09 | 6.07 | 6.05 | 6.09 |
| 机械 | 800138 灰浆搅拌机 200L | 台班 | 11.00 | 0.0340 | 0.0320 | 0.0330 | 0.0320 | 0.0330 |
| | 840023 其他机具费 | 元 | — | 4.54 | 4.40 | 4.41 | 4.31 | 4.23 |

注：上表摘自北京市 2012 年建筑安装工程预算定额。

在定额项目表中还列有根据上述三项指标和取定的工资标准、材料预算价格和机械台班费等，分别计算出人工费、材料费和机械费及其汇总的预算价值（即综合单价）。其计算方法如下：

$$预算价值（综合单价）= 人工费 + 材料费 + 机械费$$

其中：

$$人工费 = 合计工日 × 相应等级日工资单价$$

$$材料费 = \sum（材料用量 × 相应材料预算价格）+ 其他材料费$$

$$机械费 = \sum（机械台班用量 × 相应施工机械台班费）+ 其他机具费$$

"附注"一般列在项目表的下部，它是对定额表中某些问题的进一步说明和补充。

**（五）附录及附件（或附表）**

预算定额组成的最后一部分是附录、附件（或附表）。它包括建筑机械台班费用定额表、砂浆、混凝土配合比表、建筑材料名称规格和价格表，用以作为定额换算和补充计算预算价值（综合单价）时使用。

# 第二节 预算定额的编制

## 一、预算定额的编制依据和程序

### （一）预算定额的编制依据

预算定额的编制依据有以下六条：

1. 现行的设计规范、施工及验收规范、质量评定标准及安全操作规程等建筑技术法规。

2. 通用标准图集和定型设计图纸及有代表性的设计图纸和图集。

3. 历年及现行的预算定额、施工定额及全国各省、市、自治区的预算定额和施工定额。

4. 新技术、新结构、新材料和先进施工经验等资料。

5. 有关科学实验、技术测定和统计资料。

6. 现行的人工工资标准、材料预算价格和施工机械台班预算价格等。

### （二）预算定额编制程序

1. 制定预算定额的编制方案

预算定额的编制方案主要内容包括：建立相应的机构；确定编制定额的指导思想、编制原则和编制进度；明确定额的作用、编制的范围和内容；确定人工、材料、机械消耗定额的计算基础和收集的基础资料，并对收集到的资料进行分析整理，使其资料系统化。

2. 预算定额项目及其工作内容

划分定额项目是以施工定额为基础，合理确定预算定额的步距，进一步考虑其综合性。尽量做到项目齐全、粗细适度、简明适用。在划分项目的同时，应将各工程项目的工程内容、范围予以确定。

3. 确定分项工程的定额消耗指标

确定分项工程的定额消耗指标，应在选择计量单位、确定施工方法、计算工程量及含量测算的基础上进行。

（1）选择计量单位

预算定额的计量单位应使用方便，并与工程项目内容相适应，能反映分项工程最终产品形态和实物量。

计量单位一般应根据结构构件或分项工程的特征及变化规律来确定。通常，当物体的三个度量（长、宽、高）都会发生变化时，选用 $m^3$（立方米）为计量单位，如土方、砖石、混凝土等工程；当物体的三个度量（长、宽、高）中有两个度量经常发生变化时，选用 $m^2$（平方米）为计量单位，如地面、抹灰、门窗等工程；当物体的截面形状基本固定，长度变化不定时，选用 m（米）、km（公里）为计量单位（如踢脚线、管线工程等）。当分项工程无一定规格，而构造又比较复杂时，可按个、块、套、座、吨等为计量单位。一般情况下的计量单位应按公制执行。

（2）确定施工方法

不同的施工方法，会直接影响预算定额中的人工、材料和施工机械台班的消耗指标。因此在编制定额时，必须以本地区的施工（生产）技术组织条件、施工验收规范、安全技术操作规程以及已经推广和成熟的新工艺、新结构、新材料和新的操作方法等为依据。合理地确定施工方法，使其正确反映当前社会生产力的水平。

（3）计算工程量及含量的测算

工程量计算应选择有代表性的图纸、资料和已经确定的定额项目、计量单位，按照工程量的计算规则进行计算。

计算中应特别注意预算定额项目的工作内容、范围及其所包括内容在该项目中所占的比例，即含量的测算。通过会计师的测算，才能保证定额项目综合的合理性，使定额内的人工、材料、机械台班的消耗做到相对准确。

（4）确定人工、材料、机械台班消耗量指标

（5）编制定额项目表

在预算定额项目表中的人工消耗部分，应列出综合工日和其他人工费。

定额表中的机械台班消耗部分，应列出主要机械名称，主要机械台班消耗定额（以"台班"为计量单位）或其他机械费。

定额表中的材料消耗部分，应列出不同规格的主要材料名称、计量单位、主要材料的数量；对次要材料综合列入"其他材料费"，其计量单位以"元"表示。

在预算定额的基价部分，应分别列出人工费、材料费、机械费，同时还应列出基价（预算价值）。

（6）修改定稿，颁发执行

初稿编出后，应与以往相应定额进行对比，对新定额进行水平测算。然后根据测算结果，分析出新定额水平提高或降低的因素，而后对初稿进行合理的修订。

在测算和修改的基础上，组织有关部门进行讨论并征求意见，定稿后连同编制说明书呈报上级主管部门审批。经批准后，在正式颁发执行前，要向各有关部门进行政策性和技术性的交底，以利于定额的正确贯彻执行。

## 二、预算定额项目消耗指标的确定

### （一）人工消耗指标的确定

预算定额中人工消耗指标是由基本用工和其他用工两部分组成。

（1）基本用工

基本用工是指为完成某个分项工程所需主要用工量。例如砌筑各种墙体工程中的砌砖、调制砂浆以及运砖和运砂浆的用工量。此外，还包括属于预算定额项目工作内容范围一些基本用工量。例如在墙体工程中的门窗洞口、砌砖礅、垃圾道、预留抗震柱孔、附墙烟囱等工程内容。

（2）其他用工

其他用工是辅助基本用工消耗的工日，按其工作内容分为三类：

1）人工幅度差用工，指在劳动定额中未包括的，而在一般正常施工情况下又不可避免的一些工时消耗。例如，施工过程中各工种的工序搭接、交叉配合所需的停歇时间、工程检查及隐蔽工程验收而影响工人的操作时间、场内工作操作地点的转移所消耗的时间及少量的零星用工等。

2）超运距用工，指超过劳动定额所规定的材料、半成品运距的用工数量。

3）辅助用工，指材料需要在现场加工的用工数量，如筛砂子、淋石灰膏等需增加的用工数量。

### （二）材料消耗指标的确定

1. 材料消耗指标的组成

预算定额中的材料用量是由材料的净用量和材料的损耗量组成。

预算定额的材料，按其使用性质、用途和用量大小可划分为以下三类：

（1）主要材料，指直接构成工程实体而且用量较大的材料。

（2）周转性材料，又称工具性材料，施工中可多次使用，但不构成工程实体的材料。如模板、脚手架等。

（3）次要材料，指用量不多，价值不大的材料。可采用估算法计算，一般将此类材料合并为

"其他材料费"其计量单位用元来表示。

2. 材料消耗指标的确定

材料消耗指标是在编制预算定额方案中已经确定的有关因素（如工程项目的划分、工程内容确定的范围计量单位和工程量计算）的基础上，分别采用观测法、试验法、统计法和计算法，首先研究出材料的净用量，而后确定材料的损耗率计算出材料的消耗量，并结合测定的资料，采用加权平均的方法计算确定出材料的消耗指标，材料损耗率见表4-2。

表4-2　材料、成品、半成品损耗率参考表

| 材料名称 | 工程项目 | 损耗率（%） | 材料名称 | 工程项目 | 损耗率（%） |
|---|---|---|---|---|---|
| 标准砖 | 基础 | 0.4 | 石灰砂浆 | 抹天棚 | 1.5 |
| 标准砖 | 实砖墙 | 1 | 石灰砂浆 | 抹墙及墙裙 | 1 |
| 标准砖 | 方砖柱 | 3 | 水泥砂浆 | 天棚、梁、柱、腰线 | 2.5 |
| 多孔砖 | 墙 | 1 | 水泥砂浆 | 抹墙及墙裙 | 2 |
| 白瓷砖 | | 1.5 | 水泥砂浆 | 地面、屋面 | 1 |
| 陶瓷锦砖 | （马赛克） | 1 | 混凝土（现浇） | 地面 | 1 |
| 铺地砖 | （缸砖） | 0.8 | 混凝土（现浇） | 其余部分 | 1.5 |
| 水磨石板 | | 1 | 混凝土（预制） | 桩基础、梁、柱 | 1 |
| 小青瓦黏土瓦及水泥瓦 | （包括脊瓦） | 2.5 | 混凝土（预制） | 其余部分 | 1.5 |
| 天然砂 | | 2 | 钢筋 | 现浇及预制混凝土 | 2 |
| 砂 | 混凝土工程 | 1.5 | 铁件 | 成品 | 1 |
| 砾（碎）石 | | 2 | 钢材 | | 6 |
| 生石灰 | | 1 | 木材 | 门窗 | 6 |
| 水泥 | | 1 | 木材 | 门芯板制作 | 13.1 |
| 砌筑砂浆 | 砖砌体 | 1 | 玻璃 | 配制 | 15 |
| 混合砂浆 | 抹天棚 | 3 | 玻璃 | 安装 | 3 |
| 混合砂浆 | 抹墙及墙裙 | 2 | 沥青 | 操作 | 1 |

采用理论计算法确定主要材料消耗量。

【例】　求砌1m³一砖厚内墙所需砖和砂浆的消耗量。

已知：标准砖每块砖的体积 $= 0.24 \times 0.115 \times 0.053 = 0.0014628$（m³）

砌砖工程用砖量和砂浆量的计算公式为：

$$A = \frac{1}{墙厚 \times （砖长 + 灰缝） \times （砖厚 + 灰缝）} \times 2 \times K$$

$$B = 1 - 0.24 \times 0.115 \times 0.053 \times A$$

$$= 1 - 0.0014628 \times A$$

式中　$A$——砖的净用量；

$K$——墙厚的砖数（0.5、1、1.5、2……）；

$B$——砂浆净用量。

【解】

一砖厚墙砖的净用量为：

$$A = \frac{1}{0.24 \times （0.24 + 0.01） \times （0.053 + 0.01）} \times 2 \times 1 = 529.10（块）$$

一砖厚墙砂浆的净用量为：

$$B = 1 - 529.1 \times 0.0014628 = 0.226（m³）$$

查表4-2砖和砂浆损耗率为1%。

则砖和砂浆的消耗量为：

砖的消耗量 $= 529.1 \times （1 + 1\%） = 534.39（块）$

砂浆的消耗量 $= 0.226 \times （1 + 1\%） = 0.228（m³）$

上述只是从理论上计算砖和砂浆的用量，按照预算定额的工程量计算规则，在测算砖砌体时，应扣除梁头、板头和0.025m³以下过梁所占的体积，并应增加各种凸出腰线等体积。因此测算出来的

砖和砂浆的用量不等于理论计算量。如北京市预算定额用量：一般砌 $1m^3$ 砖墙用砖量为 510 块，砂浆用量为 $0.265m^3$。

3. 周转性材料消耗量的确定

以模板为例：

（1）现浇结构模板用量的计算

每立方米混凝土的模板一次使用量 = 每立方米混凝土构件模板接触面积（$m^2$）× 每平方米接触面积模板用量 ×（1 + 损耗率）

$$周转使用量 = 一次使用量 × \frac{1 + （周转次数 - 1）× 补损率}{周转次数} = 一次使用量 × K_1$$

式中 $K_1$——周转使用系数

$$K_1 = \frac{1 + （周转次数 - 1）× 补损率}{周转次数}$$

摊销量 = 周转使用量 - 回收折旧系数 × 回收量 = 一次使用量 × $K_2$

式中 $K_2$——摊销量系数

$$K_2 = K_1 \frac{（1 - 补损率）× 回收折价率}{周转转次 ×（1 + 间接费率）}$$

$$回收量 = \frac{一次使用量 ×（1 - 补损率）}{周转转次}$$

$$回收折旧系数 = \frac{回收折价率}{1 + 间接费率}$$

$K_1$ 及 $K_2$ 均可按不同的周转次数和补损率算出系数（见表 4-3）。

表 4-3　模板的 $K_1K_2$ 系数表

| 周转次数 | 每次补损率（%） | $K_1$ | $K_2$ | 周转次数 | 每次补损率（%） | $K_1$ | $K_2$ |
|---|---|---|---|---|---|---|---|
| 3 | 15 | 0.4333 | 0.3135 | 6 | 15 | 0.2917 | 0.2318 |
| 4 | 15 | 0.3625 | 0.2726 | 8 | 10 | 0.2125 | 0.1649 |
| 5 | 10 | 0.2800 | 0.2039 | 8 | 15 | 0.2563 | 0.2114 |
| 5 | 15 | 0.3200 | 0.2481 | 9 | 15 | 0.2444 | 0.2044 |
| 6 | 10 | 0.2500 | 0.1866 | 10 | 10 | 0.1900 | 0.1519 |

式中及表中一次使用量是指周转性材料在不重复使用条件下一次使用量。

补损率是指周转性材料在第二次和以后各次周转中，为了补充难以避免的损耗所补充的数量。以每周转一次平均补损率来表示。

周转次数是指周转性材料重复使用的次数。

周转使用量是指每周转一次的平均使用量。

回收量是指每周转一次的平均可回收的数。

摊销量是指定额规定的平均一次消耗量。

【例】　某工程为框架梁 $10m^3$，经计算模板与混凝土的接触面积为 $95m^2$，每 $10m^2$ 接触面所需模板：支柱大枋为 $0.22 m^3$，其他板材为 $0.819 m^3$，操作损耗率 5%，其他板枋材周转次数为 6 次，每次周转补损率为 15%，计算模板一次使用量和摊销量。

【解】

支柱大枋一次使用量 = $9.5 × 0.22 ×（1 + 0.05）= 2.19$（$m^3$）

其他板枋材一次使用量 = $9.5 × 0.819 ×（1 + 0.05）= 8.17$（$m^3$）

模板一次使用量合计 = $2.19 + 8.17 = 10.36$（$m^3$）

支柱大枋摊销量，现行定额规定按 20 次周转，不计取补损和回收。即：

$$支柱大枋摊销量 = \frac{一次使用量}{20} = \frac{2.19}{20} = 0.11 （m^3）$$

其中板枋材摊销量 = 8.17 × 0.2318 = 1.894 （m³）

模板摊销量合计 = 0.11 + 1.894 = 2.004 （m³）

（2）预制构件模板用量计算

预制构件每次安拆损耗很小，在计算模板消耗指标时，不考虑补损和回收，应按多次使用平均分摊的方法计算。其计算公式如下：

$$摊销量 = \frac{一次使用量}{周转次数}$$

### （三）机械台班消耗指标的确定

1. 编制的依据

预算定额中的机械台班消耗指标是以台班为单位，每个台班按 8 小时计算，其中：

（1）以手工操作为主的工人班组所配备的施工机械（如砂浆、混凝土搅拌机、垂直运输用的塔式起重机）为小组配合使用，因此应以小组产量计算机械台班量。

（2）机械施工过程（如机械化土石方工程、打桩工程、机械化运输及吊装工程所用的大型机械及其他专用机械）应在劳动定额中的台班定额的基础上另加机械幅度差。

2. 机械幅度差

机械幅度差是指在劳动定额中机械台班耗用量中未包括的，而机械在合理的施工组织条件下所必须的停歇时间。这些因素会影响机械的生产效率，因此应另外增加一定的机械幅度差的因素。其内容包括：

（1）施工机械转移工作面及配套机械互相影响损失的时间。

（2）在正常施工情况下，机械施工中不可避免的工序间歇时间。

（3）工程检查质量影响机械的操作时间。

（4）临时水、电线路在施工中移动位置所发生的机械停歇时间。

（5）施工中工作不饱满和工程结尾时工作量不多而影响机械的操作时间等。

机械幅度差系数，一般根据测定和统计资料取定。大型机械幅度差系数规定为：土方机械为 1.25；打桩机械 1.33；吊装机械 1.3。其他分项工程机械，如木作、蛙式打夯机、水磨石机等专用机械，均为 1.1。

3. 预算定额中机械台班消耗指标的计算方法

（1）按工人小组配用的机械应按工人小组日产量计算机械台班量，不另增加机械幅度差。计算公式如下：

$$分项定额机械台班使用量 = \frac{预算定额项目计量单位值}{小组总产量}$$

式中：

小组总产量 = 小组总人数 × $\sum$（分项计算取定的比重 × 劳动定额每工综合产量）

（2）按机械台班产量计算

$$分项定额机械台班使用量 = \frac{预算定额项目计量单位值}{机械台班产量} × 机械幅度差系数$$

【例】 砌一砖厚内墙，定额单位 10m³，其中：单面清水墙占 20%，双面混水墙占 80%，瓦工小组成员 22 人，定额项目配备砂浆搅拌机一台，2 ~ 6t 塔式起重机一台，分别确定砂浆搅拌机和塔式起重机的台班用量。

已知：单面清水墙每工综合产量定额 1.04m³，双面混水墙每工综合产量定额 1.24m³。

**【解】**

小组总产量 $= 22 \times (0.2 \times 1.04 + 0.8 \times 1.24) = 26.4 (m^3)$

砂浆搅拌机 $= \dfrac{10}{26.4} = 0.379 ($台班$)$

$$塔式起重机 = \dfrac{10}{26.4} = 0.379 (台班)$$

以上两种机械均不增加机械幅度差。

# 第三节　2012年《北京市建设工程预算定额》概述

## 一、定额内容

2012年《北京市建设工程计价依据——预算定额》（以下简称本定额）共分七部分二十四册，包括：

01 房屋建筑与装饰工程预算定额：房屋建筑与装饰工程共一册；

02 仿古建筑工程预算定额：仿古建筑工程共一册；

03 通用安装工程预算定额：设备安装工程，静置设备与工艺金属结构制作安装工程，电气设备安装工程，建筑智能化工程，自动化控制仪表安装工程，通风空调工程，工业管道工程，消防工程，给排水、采暖、燃气工程，通讯设备及线路工程，刷油、防腐蚀、绝热工程共十二册；

04 市政工程预算定额：市政道路、桥梁工程，市政管道工程共两册；

05 园林绿化工程预算定额：庭园工程，绿化工程共两册；

06 构筑物工程预算定额：构筑物工程共一册；

07 城市轨道交通工程预算定额：土建工程，轨道工程，通信、信号工程，供电工程，智能与控制、机电工程共五册。

及与之配套使用的《北京市建设工程和房屋修缮材料预算价格》、《北京市建设工程和房屋修缮机械台班费用定额》。

## 二、定额的编制依据

本定额是在全国和本市有关定额的基础上，结合多年来的执行情况，以及行之有效的"新技术、新工艺、新材料、新设备"的应用，并根据正常的施工条件、国家颁发的施工及验收规范、质量评定标准和安全技术操作规程，施工现场文明安全施工及环境保护的要求，现行的标准图、通用图等为依据编制的。

2012年定额是根据目前本市施工企业的装备设备水平、成熟的施工工艺、合理的劳动组织条件制定的，除各章另有说明外，均不得因上述因素有差异而对定额进行调整或换算。

## 三、定额的适用范围

2012年定额适用于北京市行政区域内的工业与民用建筑、市政、园林绿化、轨道交通工程的新建、扩建；复建仿古工程；建筑整体更新改造；市政改建以及行道新辟栽植和旧园林栽植改造等工程。不适用于房屋修缮工程、临时性工程、山区工程、道路及园林养护工程等。

## 四、定额的作用

2012年定额作为北京市行政区域内编制施工图预算、进行工程招标、国有投资工程编制标的或最高投标限价（招标控制价）、签订建设工程承包合同、拨付工程款和办理竣工结算的依据；是统一本市建筑工程预（结）算工程量计算规则、项目名称及计量单位的依据；是完成规定计量单位分项工程计价所需的人工、材料、施工机械台班消耗量的标准；也是编制概算定额和估算指标的基础；是经济纠纷调解的参考依据。

## 五、定额消耗量的确定

定额消耗量的确定及包括的内容：

1. 人工消耗量包括：基本用工、超运距用工和人工幅度差。不分列工种和技术等级，以综合工日表示。

2. 材料消耗量包括：主要材料、辅助材料和零星材料等，并计入了相应的损耗，其内容和范围包括从工地仓库、现场集中堆放地点或现场加工地点至操作或安装地点的运输损耗、施工操作损耗和施工现场堆放损耗。

3. 机械台班消耗量是按正常合理的机械配备综合取定的。

4. 本定额中包括材料（设备）自施工现场仓库或现场指定堆放点运至安装地点的水平和垂直运输距离。

## 六、关于人工费

本定额的人工费单价包括：基本工资、辅助工资、工资性津贴、交通补助和劳动保护费。

## 七、其他规定

1. 机械台班单价中不包括柴油、汽油等动力燃料费，柴油、汽油已列入材料费中，实际使用中定额消耗量不允许调整。

2. 措施项目中的安全文明施工费根据有关文件规定，投标时不允许让利。

## 八、房屋建筑与装饰分册说明

1. 房屋建筑与装饰工程预算定额包括：土石方工程，地基处理与边坡支护工程，桩基工程，砌筑工程，混凝土及钢筋混凝土工程，金属结构工程，木结构工程，门窗工程，屋面及防水工程，保温、隔热、防腐工程，楼地面装饰工程，墙、柱装饰与隔断、幕墙工程，天棚工程，油漆、涂料、裱糊工程，其他装饰工程，工程水电费，措施项目共十七章。

2. 定额的工效是按建筑物檐高25m以下为准编制的，超过25m的高层建筑物，另按规定计算建筑超高费。

3. 定额装饰工程章节中已综合了层高3.6m以下的简易脚手架，层高超过3.6m时，另执行第十七章措施项目相应定额子目。

4. 定额中以综合了一般成品保护费用，不得另行计算。

5. 定额中注明的材料的材质、型号、规格与设计要求不同时，材料价格可以换算。

6. 预拌混凝土价格中不包括外加剂的费用，发生时另行计算。

7. 地基处理与边坡支护工程、桩基工程、金属结构工程、施工排水、降水工程中综合了工程水、电费，其他章节的工程水电费执行第十六章工程水电费相应定额子目。

8. 定额中凡注明厚度的子目，设计要求的厚度与定额不同时，执行增减厚度定额子目。

9. 本定额以综合考虑了各种土质（山区及近山区除外），执行中不得调整。

10. 金属构件、预制构件价格中包括了加工厂至安装地点的运输费用。

11. 镶贴石材、块料中的磨边、倒角费用已包含在材料价格中，不得另行计算。

12. 室外道路、停车场工程执行市政工程预算定额相应定额子目。

13. 室外管道工程执行通用安装工程预算定额相应定额子目。

14. 室外各种窨井、化粪池执行构筑物工程预算定额相应定额子目。

15. 建筑工程中设计有部分仿古项目的，执行仿古建筑工程定额相应子目。

# 第5章 概算定额与概算指标

## 第一节 概 算 定 额

### 一、概算定额的概念及其作用

#### （一）概算定额的概念

建筑工程概算定额，也叫做扩大结构定额。它规定了完成一定计量单位的扩大结构构件或扩大分项工程的人工、材料和机械台班的数量标准。

概算定额是在预算定额的基础上，综合了预算定额的分项工程内容后编制而成的。如北京市1996年建设安装工程概算定额中砖墙子目，包括了过梁、加固钢筋、砖墙的腰线、垃圾道、通风道、附墙烟囱等项目内容。

#### （二）概算定额的作用

1. 是编制初步设计、技术设计、施工图阶段工程概算的依据。
2. 是编制建筑工程主要材料申请计划的基础。
3. 是进行设计方案经济比较的依据。
4. 是编制建筑工程招标、投标标底，评定标价，以及工程结算的依据。
5. 是编制概算指标的基础。

### 二、概算定额编制的依据

1. 现行的设计标准及规范，施工验收规范。
2. 现行的建筑安装工程预算定额和施工定额。
3. 经过批准的标准设计和有代表性的设计图纸等。
4. 人工工资标准、材料预算价格和机械台班费用等。
5. 现行的概算定额。
6. 有关的工程概算、施工图预算、工程结算和工程决算等经济资料。
7. 上级颁发的有关政策性文件。

### 三、概算定额的内容

概算定额一般由目录、总说明、建筑面积计算规则、分部工程说明、定额项目表和有关附录或附件等。

在总说明中主要阐明编制依据、适用范围、定额的作用及有关统一规定等。

在分部工程说明中，主要阐明有关工程量计算规则及分部工程的有关规定。

在概算定额表中，分节定额的表头部分列有本节定额的工作内容及计量单位，表格中列有定额项目的人工、材料和机械台班消耗量指标，以及按地区预算价格计算的定额基价。概算定额表的形式各地区有所不同，现以北京市2004年建筑安装工程概算定额为例（见表5-1、表5-2所示）。

## 表5-1 砖墙、砌块墙及砖柱

工程内容：砌砖和砌块墙包括：过梁、圈梁、构造柱（含混凝土、模板、钢筋及预制混凝土构件运输）、钢筋混凝土加固带、加固筋等。女儿墙包括了钢筋混凝土压顶。

(m²)

| 定 额 编 号 | | | | 2-44 | 2-45 | 2-46 | 2-47 |
|---|---|---|---|---|---|---|---|
| 项 目 | | | | KP1 空心砖外墙 | | KP1 空心砖内墙 | |
| | | | | 厚度（mm） | | | |
| | | | | 240 | 365 | 240 | 365 |
| 概算基价（元） | | | | 107.31 | 168.49 | 88.93 | 136.93 |
| 其中 | 人工费（元） | | | 17.04 | 24.40 | 13.61 | 19.58 |
| | 材料费（元） | | | 88.39 | 141.36 | 73.79 | 115.05 |
| | 机械费（元） | | | 1.88 | 2.73 | 1.53 | 2.30 |
| 主要工程量 | 砌体（m³） | | | 0.170 | 0.245 | 0.184 | 0.270 |
| | 预拌混凝土（m³） | | | 0.065 | 0.112 | 0.045 | 0.073 |
| | 名　称 | 单位 | 单价（元） | 消 耗 量 | | | |
| 人工 | 82000 综合工日 | 工日 | — | 0.499 | 0.719 | 0.405 | 0.584 |
| | 82013 其他人工费 | 元 | — | 0.650 | 1.020 | 0.540 | 0.820 |
| 材料 | 01001 钢筋 φ10 以内 | kg | 3.450 | 2.050 | 3.075 | 2.050 | 3.075 |
| | 01002 钢筋 φ10 以外 | kg | 3.550 | 6.150 | 11.275 | 4.1000 | 7.175 |
| | 04001 机砖 | 块 | 0.290 | — | 1.499 | 1.303 | 6.334 |
| | 04045 KP1 砖 240×115×90 | 块 | 0.370 | 51.326 | 74.470 | 58.932 | 81.518 |
| | 04046 KP1 砖 178×115×90 | 块 | 0.370 | 7.456 | 10.246 | 4.504 | 7.436 |
| | 39009 过梁 | m³ | 823.000 | 0.005 | 0.008 | 0.004 | 0.007 |
| | 40008 C25 预拌混凝土 | m³ | 295.000 | 0.065 | 0.112 | 0.045 | 0.073 |
| | 81066 M7.5 混合砂浆 | m³ | 194.070 | 0.035 | 0.047 | 0.035 | 0.054 |
| | 84012 钢筋成型加工及运费 φ10 以内 | kg | 0.146 | 2.050 | 3.075 | 2.050 | 3.075 |
| | 84013 钢筋成型加工及运费 φ10 以外 | kg | 0.109 | 6.150 | 11.275 | 4.100 | 7.175 |
| | 84017 材料费 | 元 | — | 3.410 | 4.160 | 1.970 | 2.280 |
| | 84018 模板租赁费 | 元 | — | 0.700 | 0.810 | 0.430 | 0.470 |
| | 84004 其他材料费 | 元 | — | 2.570 | 3.550 | 1.810 | 2.460 |
| 机械 | 84016 机械费 | 元 | — | 0.830 | 1.130 | 0.570 | 0.820 |
| | 84023 其他机具费 | 元 | — | 1.050 | 1.600 | 0.960 | 1.480 |

## 表5-2 现场搅拌钢筋混凝土墙

工程内容：现浇钢筋混凝土墙包括：浇筑混凝土、模板、钢筋。电梯井壁包括预埋铁件。

(m²)

| 定 额 编 号 | | 2-102 | 2-103 | 2-104 | 2-105 |
|---|---|---|---|---|---|
| 项 目 | | 陶粒混凝土外墙 | | 普通混凝土外墙 | |
| | | 墙厚300mm | | | |
| | | CL20 | CL30 | CL20 | CL30 |
| 概算基价（元） | | 361.44 | 369.89 | 342.73 | 351.28 |
| 其中 | 人工费（元） | 35.21 | 35.21 | 35.18 | 35.18 |
| | 材料费（元） | 318.10 | 326.55 | 299.45 | 308.00 |
| | 机械费（元） | 8.13 | 8.13 | 8.10 | 8.10 |

| 定额编号 | | | | 2-102 | 2-103 | 2-104 | 2-105 |
|---|---|---|---|---|---|---|---|
| 主要工程量 | | 现浇混凝土（m³） | | 0.308 | 0.308 | 0.308 | 0.308 |
| | | 名　称 | 单位 | 单价（元） | 消　耗　量 | | |
| 人工 | 82000 | 综合工日 | 工日 | — | 0.988 | 0.988 | 0.987 | 0.987 |
| | 82013 | 其他人工费 | 元 | — | 2.020 | 2.020 | 0.020 | 2.020 |
| 材料 | 01001 | 钢筋 φ10 以内 | kg | 3.450 | 39.975 | 39.975 | 39.975 | 39.975 |
| | 01002 | 钢筋 φ10 以外 | kg | 3.550 | 17.425 | 117.425 | 17.425 | 17.425 |
| | 81075 | C20 普通混凝土 | m³ | 210.230 | — | — | 0.308 | — |
| | 81077 | C30 普通混凝土 | m³ | 238.000 | — | — | — | 0.308 |
| | 81089 | CL20 陶粒混凝土 | m³ | 270.720 | 0.308 | — | — | — |
| | 81091 | CL30 陶粒混凝土 | m³ | 298.170 | — | 0.308 | — | — |
| | 84012 | 钢筋成型加工及运费 φ10 以内 | kg | 0.146 | 39.975 | 39.975 | 39.975 | 39.975 |
| | 84013 | 钢筋成型加工及运费 φ10 以外 | kg | 0.109 | 17.425 | 17.425 | 17.425 | 17.425 |
| | 84017 | 材料费 | 元 | — | 5.480 | 5.480 | 5.480 | 5.480 |
| | 84018 | 模板租赁费 | 元 | — | 13.980 | 13.980 | 13.980 | 13.980 |
| | 84004 | 其他材料费 | 元 | — | 7.750 | 7.750 | 7.730 | 7.730 |
| 机械 | 84016 | 机械费 | 元 | — | 0.980 | 0.980 | 0.980 | 0.980 |
| | 84023 | 其他机具费 | 元 | — | 7.150 | 7.150 | 7.120 | 7.120 |

注：以上摘自 2004 年《北京市建设工程概算定额》。

### 四、概算定额的编制步骤及方法

概算定额的编制步骤一般分为三个阶段，即准备工作阶段，编制概算定额初稿阶段和审查定稿阶段。

在编制概算定额准备阶段，应确定编制定额的机构和人员组成，进行调查研究了解现行概算定额执行情况和存在的问题，明确编制目的并制定概算定额的编制方案和划分概算定额的项目。

在编制概算定额初稿阶段，应根据所制定的编制方案和定额项目，在收集资料整理分析各种测算资料的基础上，根据选定有代表性的工程图底纸计算出工程量，套用预算定额中的人工、材料和机械消耗量，再用加权平均得出概算项目的人工、材料、机械的消耗指标，并计算出概算项目的基价。

在审查定稿阶段，要对概算定额和预算水平进行测算，以保证两者在水平上的一致性。如与预算定额水平不一致或幅度差不合理，则需对概算定额做必要的修改，经定稿批准后，颁发执行。

### 五、北京市建设工程概算取费程序表

表 5-3 所示为北京市建设工程设计概算取费程序表。

**表 5-3　建设工程设计概算取费程序表**

| 序号 | 费用名称 | | 计算公式 | 金额（元） |
|---|---|---|---|---|
| 一、以直接费为计算基础 | | | | |
| （1） | 定额直接费 | | 按定额及有关规定计算 | |
| （2） | 其中 | 市场价费用 | | |
| （3） | 调整费用 | | ［（1）－（2）］×调整系数 | |
| （4） | 零星工程费 | | ［（1）＋（3）］×系数 | |
| （5） | 直接费 | | （1）＋（2）＋（3） | |

| 序号 | 费用名称 | | 计算公式 | 金额（元） |
|---|---|---|---|---|
| (6) | 综合费用 | | (5) ×相应费率 | |
| (7) | 利润 | | ［(5)＋(6)］×费率 | |
| (8) | 税金 | | ［(5)＋(6)＋(7)］×3.4% | |
| (9) | 设计概算造价 | | (5)＋(6)＋(7)＋(8) | |
| 二、以人工费为计算基础 | | | | |
| (1) | 定额直接费 | | 按定额及有关规定计算 | |
| (2) | 其中 | 人工费 | | |
| (3) | | 市场价费用 | | |
| (4) | 调整费用 | | ［(1)－(3)］×调整系数 | |
| (5) | 零星工程费 | | ［(1)＋(4)］×系数 | |
| (6) | 直接费 | | (1)＋(4)＋(5) | |
| (7) | 综合费用 | | (2)×相应费率 | |
| (8) | 利润 | | ［(6)＋(7)］×费率 | |
| (9) | 税金 | | ［(6)＋(7)＋(8)］×3.4% | |
| (10) | 设计概算在造价 | | (6)＋(7)＋(8)＋(9) | |

# 第二节  概 算 指 标

## 一、概算指标的概念和作用

概算指标是在概算定额的基础上综合、扩大，介于概算定额和投资估算指标之间的各种定额。它是以每 $100m^2$ 建筑面积或 $1000m^3$ 建筑体积为计算单位，构筑物以座为计算单位，安装工程以成套设备装置的台或组为计算单位，规定所需人工、材料、机械消耗和资金数量定额指标。

概算指标和概算定额、预算定额一样，都是与各个设计阶段相适应的多次性估价的产物。它主要用于初步设计阶段，其作用是：

（1）概算指标是编制初步设计概算，确定工程概算造价的依据。

（2）概算指标是设计单位进行设计方案的技术经济分析，衡量设计水平，考核投资效果的标准。

（3）概算指标是建设单位编制基本建设计划，申请投资拨款和主要材料计划的依据。

（4）概算指标是编制投资估算指标的依据。

## 二、概算指标的编制

### （一）编制依据

概算指标的编制依据主要有：

1. 现行的标准设计，各类工程的典型设计和有代表性的标准设计图纸。

2. 国家颁发的建筑标准、设计规范、施工技术验收规范和有关技术规定。

3. 现行预算定额、概算定额、补充定额和有关费用定额。

4. 地区工资标准、材料预算价格和机械台班预算价格。

5. 国家颁发的工程造价指标和地区造价指标。

6. 典型工程的概算、预算、结算和决算资料。

7. 国家和地区现行的基本建设政策、法令和规章等。

### （二）编制步骤

编制概算指标，一般分三个阶段：

1. 准备工作阶段

本阶段主要是汇集图纸资料，拟定编制项目，起草编制方案、编制细则和制定计算方法，并对一些技术性、方向性的问题进行学习和讨论。

2. 编制工作阶段

这个阶段是优选图纸，根据选出的图纸和现行预算定额，计算工程量，编制预算书，求出单位面积或体积的预算造价，确定人工、主要材料和机械的消耗指标，填写概算指标表格。

3. 复核送审阶段

将人工、主要材料和机械消耗指标算出后，需要进行审核，以防发生错误。并对同类性质和结构的指标水平进行比较，必要时加以调整，然后定稿送主管部门，审批后颁发执行。

## 三、概算指标的内容

概算指标是比概算定额综合性更强的一种指标。其内容主要包括五个部分：

**（一）说明**

它主要从总体上说明概算指标的应用、编制依据、适用范围和使用方法等。

**（二）示意图**

说明工程的结构形式，工业项目还表示出吊车及起重能力等。

**（三）结构特征**

主要对工程的结构形式、层高、层数和建筑面积等做进一步说明。

**（四）经济指标**

说明该项目每 $100m^2$、每座或每 $10m$ 的造价指标及其中土建、水暖和电照等单位工程的相应造价。

**（五）构造内容及工程量指标**

说明该工程项目的构造内容和相应计算单位的工程量指标及人工、材料消耗指标。

## 四、概算指标的应用

概算指标的应用比概算定额具有更大的灵活性。由于它是一种综合性很强的指标，不可能与拟建工程在建筑特征、结构特征、自然条件和施工条件上完全一致。因此，在选用概算指标时，要十分慎重，注意选用的指标和设计对象在各方面尽量一致或接近，不一致的地方要进行调整换算，以提高概算的准确性。

概算指标的应用，一般有两种情况。第一种情况，如果设计对象的结构特征与概算指标一致时，直接套用；第二种情况，如果设计对象的结构特征与概算指标的规定局部不同时，要对指标的局部内容调整后再套用。

## 五、北京市建设工程技术经济指标

为进一步规范建筑市场计价行为，北京市建设工程造价管理处和北京市建筑工程造价管理协会组织专业人员编制了《北京建设工程技术经济指标》，该指标作为建设市场有关主体合理确定、有效控制工程造价的参考数据。该指标的样本工程选自北京工程造价管理处多年收集积累的建筑工程造价资料数据库。在选型上主要考虑样本工程的代表性、普遍性和未来发展趋势。在整理分析过程中注重与同类工程作比较，力求指标的准确性和适用性，详细分析了工程单方工程量、人工、主要材料单方消耗量和按不同时期市场价计算的单方造价，并以图形表示，直观地反映了工程费用的构成比例及造价的变化趋势。

指标依据招标文件、《2001 年北京市建设工程预算定额》、《北京市工程造价信息》及相关的造价管理文件确定的标底价或投标报价的原始数据编制。钢筋、模板均按设计图计算，所选工程均不包括室外工程、护坡、降水基础处理等因素。设备费均为暂估价。

指标分为：工程概况，工程造价构成，单方工程量，人工，主要材料单方消耗量，工程造价变化直方图及饼图等六部分。

1. 工程概述

（1）工程名称：×××住宅楼×××教学楼。

（2）建筑类型：该工程的结构类型。

（3）建筑面积：该工程的总建筑面积。

（4）檐高：室外设计地坪至檐口的标高。

（5）层数：表格内斜杠上方数字为地上层数，斜杠下方数字为地下层数，其中地上层数与地下层数分界线在±0.000。

（6）层高：该工程的标准层高。

2. 工程造价构成

均按2002年4月1日定额颁发期的基期价格计算确定。

3. 单方工程量

（1）总量：同类型构件地上、地下工程量汇总后除以总建筑面积。

（2）地下量：同类型构件地下工程量汇总后除以地下总建筑面积。

（3）地上量：同类型构件地上工程量汇总后除以地上总建筑面积。

（4）土方、砌筑、混凝土单位为 $m^3/m^2$，模板、门窗、地面、天棚、墙面单位为 $m^2/m^2$，钢筋钢构件单位为 $kg/m^2$。

4. 人工、主要材料单方消耗量

（1）建筑、装饰工程人工、主要材料单方消耗量指建筑、装饰工程主要材料及人工汇总量除以建筑面积。

（2）安装工程人工、主要材料单方消耗量指安装工程主要材料及人工汇总量除以建筑面积。

5. 图表

工程造价变化直方图：从2002年4月1日定额颁发期（基期）至2005年3月每季度的造价变化趋势。

6. 饼图

饼图1：建筑、安装、装饰各专业占总造价的比例。

饼图2：钢筋、混凝土占建筑工程造价的比例。

## 六、例题

1. 工程概述

本工程为框架结构商住楼，地处四环外，有两栋塔楼、一栋裙房及一个地下车库组成，总建筑面积91371.42m²，其中地下建筑面积23828.78m²，地上建筑面积67542.64 m²。地上19层，地下3层，塔楼檐高63.3m，裙房檐高19.3m，层高3.2m，底板厚度1.8m。包括建筑、装饰、给排水（给水、排水、中水、热水、纯净水）、消防（不含消防喷淋系统）、空调水、照明、动力、弱电、防雷接地、通风等十个专业。外墙外保温粘贴聚苯板、外墙内保温为水泥聚苯板，增强水泥条板隔墙，外墙为落地窗。本工程不设采暖系统，采用集中空调供暖，给排水、通风空调、消防设施、普通灯具、普通洁具，不含电梯，外墙玻璃幕。混凝土为预拌混凝土。土方运距20km以内。见表5-4。

表5-4 设施与装饰标准

| 檐高 | | 63.3m |
|---|---|---|
| 层数 | | 19/3 |
| 层高 | | 3.2m |
| 建筑工程 | 基础 | C40预拌钢筋混凝土满堂红、局部采用独立基础 |
| | 框架梁 | C40预拌混凝土 |
| | 框架柱 | C35、C40、C50、C55预拌混凝土 |
| | 楼板 | C40预拌混凝土 |
| | 墙体 | C35、C50、C55、C60预拌混凝土 |
| | 面层 | 聚苯乙烯泡沫板保温、水泥砖屋面（干铺） |

| 建筑工程 | 防水 | 基础：SBS 改性沥青油毡<br>厨、卫：SBS 弹性沥青防水涂料、JS 复合防水涂料、聚氨酯防水涂料<br>屋面：SBS 改性沥青防水卷材 |
| | 模板 | 普通模板 |
| | 钢筋连接方式 | 锥螺纹连接 |
| 装饰工程 | 楼地面 | 地下：楼地面彩色水泥自流平涂料面层<br>地上：水泥砂浆找平层、局部贴面砖、群防楼梯铺双层地毯 |
| | 天棚 | 地下：刮耐水腻子、防裂腻子、耐擦洗涂料、局部轻钢龙骨纸面石膏板吊顶<br>地上：钢龙骨纸面石膏板吊顶、公共部分刮耐水腻子、耐擦洗涂料 |
| | 内墙面 | 地下：底层抹灰、面层耐擦洗涂料、公共部刷高级乳胶漆<br>地上：底层抹灰、裙房及塔楼的公共部分高级乳胶漆、贴超薄型大理石<br>裙房的其他部分刮耐水腻子、喷可赛银 |
| | 外墙面 | 局部粉状胶粘剂粘贴釉面砖 |
| | 门窗 | 铝合金双波平开窗、安全户门、木质防火门 |
| | 隔墙 | 增强水泥条板 |
| 安装工程 | 给排水 | 冷水、中水：低压镀锌钢管、生活水箱、变频泵、紫外线消毒器；<br>热水、纯净水：低压铜管、电子水处理仪、生活热水储水箱、生活热水循环泵、生活热水恒压变频供水装置；<br>排水、压力排水：柔性排水铸铁管、PVC-U 排水塑料管、潜污泵、排污泵、自闭式坐便器、混合龙头洗脸盆、冷热水浴盆 |
| | 消防 | 镀锌钢管（沟槽连接）、消火栓、消火栓接合器、水泵、变频泵 |
| | 空调水 | 无缝钢管、焊接钢管、镀锌钢管、（丝接、沟槽连接）、橡塑保温、板式热交换器水泵、膨胀水箱、变频给水装置、全自动软水设备 |
| | 照明 | 焊接钢管、扣压式薄壁钢管、线缆铺设、照明配电箱（柜）、普通灯具 |
| | 动力 | 焊接钢管、线缆铺设、动力配电箱（柜） |
| | 弱电 | 焊接钢管、线缆铺设、接线箱 |
| | 防雷接地 | 卫生间等电位连接、避雷网铺设、利用底板钢筋及母线做接地极 |
| | 通风空调 | 镀锌钢板风管、轴流式通风机、组合式空调机组、风机盘管、正压送风机、离心式冷水机组、玻璃钢管冷却塔、冷冻水泵、全自动软水箱、板式换热机组 |

## 2. 安装工程造价构成（见表 5-5）

### 表 5-5 工程造价汇总表

| 专业名称 | 建筑工程 | 装饰工程 | 电气工程 | 管道工程 | 通风工程 | 单方造价合计 |
|---|---|---|---|---|---|---|
| 单方造价（元/ m²） | 1122.43 | 396.12 | 209.34 | 272.28 | 137.27 | 2137.44 |

工程造价构成

| 工程单方造价（元/m²） | 占工程单方造价比例（%） | | | | | | | | | |
|---|---|---|---|---|---|---|---|---|---|---|
| | 直接费 | | | | | | 企业管理费及其他费用 | | | |
| | 人工费 | 材料费 | 机械费 | 临时设施费 | 现场经费 | 合计 | 企业管理费 | 利润 | 税金 | 合计 |
| 2137.44 | 8.59 | 64.80 | 5.27 | 1.92 | 3.67 | 84.25 | 6.13 | 6.33 | 3.29 | 15.75 |

其中：①建筑工程造价构成

| 工程单方造价（元/m²） | 占建筑工程单方造价比例（%） | | | | | | | | | |
|---|---|---|---|---|---|---|---|---|---|---|
| | 占工程单方造价比例（%） | | | | | | 企业管理费及其他费用 | | | |
| | 人工费 | 材料费 | 机械费 | 临时设施费 | 现场经费 | 合计 | 企业管理费 | 利润 | 税金 | 合计 |
| 1122.43 | 8.50 | 61.77 | 7.74 | 2.03 | 4.21 | 84.25 | 6.13 | 6.33 | 3.29 | 15.75 |

其中：②装饰工程造价构成

| 工程单方造价（元/m²） | 占装饰工程单方造价比例（%） | | | | | | | | | |
|---|---|---|---|---|---|---|---|---|---|---|
| | 占工程单方造价比例（%） | | | | | | 企业管理费及其他费用 | | | |
| | 人工费 | 材料费 | 机械费 | 临时设施费 | 现场经费 | 合计 | 企业管理费 | 利润 | 税金 | 合计 |
| 396.12 | 11.58 | 55.76 | 4.66 | 2.55 | 5.11 | 79.66 | 10.72 | 6.33 | 3.29 | 20.34 |

其中：③电气工程造价构成

| 项目 | 单方造价（元/m²） | 占电气工程单方造价比例（%） | | | | | | | | | |
|---|---|---|---|---|---|---|---|---|---|---|---|
| | | 占工程单方造价比例（%） | | | | | | 企业管理费及其他费用 | | | |
| | | 人工费 | 材料费 | 机械费 | 临时设施费 | 现场经费 | 合计 | 企业管理费 | 利润 | 税金 | 合计 |
| 总价 | 209.34 | 9.23 | 71.12 | 1.34 | 1.76 | 2.49 | 85.94 | 4.45 | 6.33 | 3.29 | 14.07 |
| 照明 | 124.96 | 9.24 | 72.40 | 0.67 | 1.76 | 2.23 | 86.30 | 4.08 | 6.33 | 3.29 | 13.70 |
| 动力 | 69.43 | 5.89 | 76.90 | 1.45 | 1.12 | 1.83 | 87.19 | 3.19 | 6.33 | 3.29 | 12.18 |
| 弱电 | 8.40 | 25.13 | 36.32 | 2.70 | 4.79 | 7.82 | 76.76 | 13.62 | 6.33 | 3.29 | 23.24 |
| 防雷接地 | 6.55 | 24.07 | 29.93 | 11.25 | 4.59 | 7.49 | 77.33 | 13.05 | 6.33 | 3.29 | 22.67 |

其中：④管道工程造价构成

| 项目 | 单方造价（元/m²） | 占管道工程单方造价比例（%） | | | | | | | | | |
|---|---|---|---|---|---|---|---|---|---|---|---|
| | | 占工程单方造价比例（%） | | | | | | 企业管理费及其他费用 | | | |
| | | 人工费 | 材料费 | 机械费 | 临时设施费 | 现场经费 | 合计 | 企业管理费 | 利润 | 税金 | 合计 |
| 总价 | 272.28 | 5.80 | 78.26 | 1.06 | 1.15 | 1.45 | 87.72 | 2.66 | 6.33 | 3.29 | 12.28 |
| 给排水 | 134.32 | 7.11 | 76.27 | 0.79 | 1.36 | 1.71 | 87.24 | 3.14 | 6.33 | 3.29 | 12.76 |
| 消防 | 16.37 | 4.91 | 80.38 | 0.80 | 0.94 | 1.18 | 88.12 | 2.17 | 6.33 | 3.29 | 11.79 |
| 空调水 | 121.59 | 4.47 | 80.19 | 1.40 | 0.94 | 1.19 | 88.19 | 2.19 | 6.33 | 3.29 | 11.81 |

其中：⑤通风工程造价构成

| 项目 | 单方造价（元/m²） | 占电气工程单方造价比例（%） | | | | | | | | | |
|---|---|---|---|---|---|---|---|---|---|---|---|
| | | 占工程单方造价比例（%） | | | | | | 企业管理费及其他费用 | | | |
| | | 人工费 | 材料费 | 机械费 | 临时设施费 | 现场经费 | 合计 | 企业管理费 | 利润 | 税金 | 合计 |
| 总价 | 137.27 | 5.27 | 79.30 | 1.20 | 1.01 | 1.27 | 88.05 | 2.33 | 6.33 | 3.29 | 11.95 |
| 集中空调 | 137.27 | 5.27 | 79.30 | 1.20 | 1.01 | 1.27 | 88.05 | 2.33 | 6.33 | 3.29 | 11.95 |

3. 单方工程量（见表5-6）

表 5-6

| 名称 | | 单位 | 数量 | 名称 | | 单位 | 数量 |
|---|---|---|---|---|---|---|---|
| 土方 | 挖土 | | 1.747 | 模板 | 总量 | | 2.561 |
| | 回填 | | 0.452 | | 基础 | | 0.009 |
| 砌体 | | | 0.110 | | 梁 | | 0.854 |
| 混凝土 | 总量 | | 0.543 | | 板 | | 0.637 |
| | 基础 | | 0.122 | | 柱 | | 0.428 |
| | 梁 | m³ | 0.118 | | 墙 | | 0.578 |
| | 板 | | 0.120 | | 楼梯 | | 0.025 |
| | 柱 | | 0.067 | | 其他构件 | m² | 0.030 |
| | 墙 | | 0.105 | 门窗 | 门 | | 0.137 |
| | 楼梯 | | 0.006 | | 窗 | | 0.146 |
| | 其他构件 | | 0.005 | 地面 | | | 0.880 |
| 钢筋 | 总量 | | 127.678 | 天棚 | | | 0.890 |
| | φ10 内 | kg | 12.225 | 内墙面 | | | 2.030 |
| | φ10 外 | | 115.452 | 外墙面 | | | 0.590 |

## 4. 人工、主要材料消耗量（见表5-7）

表 5-7

其中：①建筑、装饰工程

| 名称 | 单位 | 数量 | 名称 | 单位 | 数量 |
|---|---|---|---|---|---|
| 人工 | 工日 | 4.276 | 砂子 | | 142.699 |
| 水泥 | kg | 49.096 | 石子 | | 0.793 |
| 钢筋 | | 130.884 | 石灰 | kg | 0.128 |
| 混凝土 | m³ | 0.562 | 防水涂料 | | 1.758 |
| 铁件 | kg | 0.099 | 乳胶漆 | | 0.053 |
| 防水卷材 | m² | 0.714 | 地砖 | m² | 0.248 |
| 砌块 | m³ | 0.176 | 耐水腻子 | kg | 1.097 |

其中：②安装工程

| 名称 | 单位 | 数量 | 名称 | 单位 | 数量 |
|---|---|---|---|---|---|
| 人工 | 工日 | 1.286 | 电线 | m | 7.376 |
| 水泥 | kg | 0.384 | 灯具 | 套 | 0.182 |
| 阀门 | 个 | 0.159 | 电缆 | | 0.287 |
| 型钢 | kg | 1.774 | 管材（电） | m | 2.372 |
| 管材（水） | m | 0.960 | | | |

## 5. 图表

工程造价变化直方图（见图5-1）。

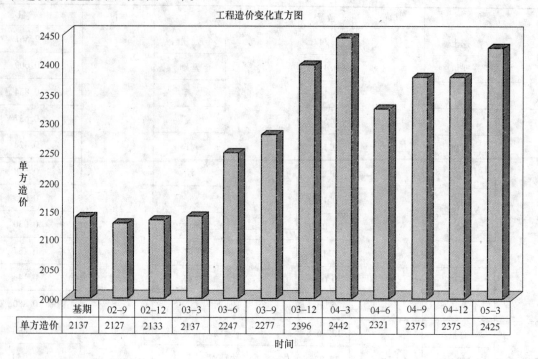

| 时间 | 基期 | 02-9 | 02-12 | 03-3 | 03-6 | 03-9 | 03-12 | 04-3 | 04-6 | 04-9 | 04-12 | 05-3 |
|------|------|------|-------|------|------|------|-------|------|------|------|-------|------|
| 单方造价 | 2137 | 2127 | 2133 | 2137 | 2247 | 2277 | 2396 | 2442 | 2321 | 2375 | 2375 | 2425 |

图 5-1　工程造价变化直方图

6. 饼图（见图 5-2）

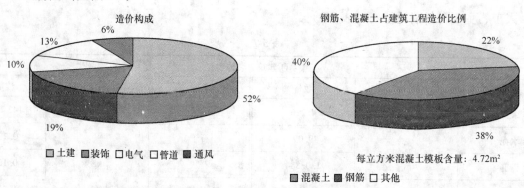

图 5-2　工程造价比例饼图

# 第6章 建筑安装工程工期定额

《建筑安装工程工期定额》是原建设部颁发的，由各省、市自治区贯彻执行的指令性文件。它是编制施工组织设计、安排施工计划和考核施工工期的依据，是制定招标标底、投标标书和签订建筑安装工程合同的依据。

## 第一节 工期定额的作用

### 一、工期定额是招标、投标和签订建筑安装工程合同，确定施工期限的依据

北京市城乡建设委员会（85）京建定字第148号通知规定，"自一九八五年七月一日以后签订合同的工程，一律按照城乡建设环境保护部（85）城建字第194号通知颁发的《建筑安装工程工期定额》和《北京市建筑安装工程工期定额》，确定工程合同施工期限。

### 二、工期定额是建设工程实行提前竣工奖，核定提前或延误竣工天数，实行奖罚的依据

为了缩短建设工程工期，加快建设速度，北京市人民政府京政发〔1986〕72号通知批转了市建委、劳动局、财政局、中国人民建设银行北京市分行制定的《关于建设工程实行提前竣工奖的若干规定》，明确规定提前或延误竣工期限的奖罚标准，必须以"工期定额"确定的合同工期为依据。

### 三、工期定额是实行"工程竣工期调价办法"的基本条件

随着社会主义市场经济体制的建立，建设工程施工过程中所用原材料和半成品的价格是不断变化的，及时合理地调整工程预算中的材料差价，是工程竣工结算的重要内容。众所周知工程建设过程中情况是极其复杂的，如同类型工程由于开工时间不同、施工期长短不同，在施工过程中遇到的调整价格的材料品种和数量的不同，根据物价管理部门公布的价格调整期计算施工企业合理的材料储备数量等因素，都影响到合理地确定工程结算造价，所以根据"工期定额"确定的合同工期是根据以计算施工期限内所发生的材料差价的依据。

### 四、工期定额是施工单位编制施工组织设计、安排施工计划、考核施工工期、完成竣工指标的依据

## 第二节 工期定额的应用

### 一、计算工程项目工期的基本条件

正确地计算工程的合理工期，必须区分以下五个基本条件：

1. 建设项目的规模及工程类型：首先确定该工程是属于单位工程，还是群体住宅、住宅小区、一般公共建筑群体等情况。

2. 区分工程用途：分清工程的用途是住宅、还是办公楼、旅馆、教学楼、图书馆、医院、商店、

厂房等。

3. 区分工程结构：是混合结构、现浇框架、还是内浇外挂结构或其他结构形式。

4. 建筑面积和层数（地上地下各有多少层）。

5. 有无地下室、不计算建筑面积的技术层及其所在位置。

## 二、建设工程开、竣工标准

关于建设工程开、竣工标准应根据市建委、计委、统计局颁发的《关于房屋建筑工程开工、竣工面积计算方法的规定》以建设、施工单位填报的"开、竣工报告单"为准。

1. 下列情况，视为正式开工

（1）基础工程正式破土；

（2）基础工程在正式桩位打桩。

2. 下列情况，不视为正式开工

（1）施工前期的三通一平；

（2）地上、地下障碍物的清除；

（3）基础工程以外的挖排水井、打试验桩、护坡桩。

3. 下列情况，视为竣工

（1）单位工程完成批准设计文件所规定的全部合格内容；

（2）按承包合同范围完成所规定的全部内容并验收合格；

（3）住宅小区按承包合同规定完成配套工程并验收合格；

（4）建设单位收到施工企业已完成承包工程内容、要求验收的通知送达十五日以上，无正当理由而拒不验收的。

## 三、计算工期的程序

1. 按工期定额项目直接套用计算

例如普通病房楼工程，结构为预制框架，建筑面积 14900m²，地上 9 层，地下 2 层，其第一层是层高 2.2m 的设备层，第 2 层为五级人防工程（其面积是 1500m²），另外屋顶电梯井层高已超过 4.5m。

工期计算程序：

（1）查"工期定额"子目 8-47，10 层 15000m² 以内，Ⅱ类地区工期天数为 625 天。

（2）计算地下室增加工期。

工期定额解释说明规定："如果设备层设在相邻地地下室，应计算地下室相应的工期"。该工程第二层（1500m² 五级人防）工期定额规定应增加工期 85 天。设备层按解释规定，应"再给一个地下室相应的工期"其设备层及地下室共增加工期 170 天。

（3）屋顶电梯井层高超过 4.5m，按"补充规定"应增加工期 10 天。

该病房楼总工期是：

$$625 + 170 + 10 = 805（天）$$

2. 超过工期定额项目层数及建筑面积范围的换算

例如：某高级宾馆工程，建筑面积 41400m²，现浇框架结构，地上 29 层，地下 3 层（其建筑面积 5200m²）。

工期计算程序：

查"工期定额"子目 5-101，层数 20 层，建筑面积 25000m²，Ⅱ类地区工期天数 740 天，不能适应该工程具体情况，须通过换算层差、面差计算其基本工期。

（1）第一步换算面差（面差：相同层数两个相邻子目工期天数差为面差）

5-101 建筑面积 25000m² 工期 740 天。

5-100 建筑面积 20000m² 工期 705 天。

其建筑面积差 5000m² 、工期天数差 35 天（一个档次的面差值）。

计算面积差值的档数：

（41400m² － 25000m²） ÷5000m² ＝3.28 取定差值为 4 档

（计算工程面差值时，按规定层数不舍，一律进为整数）即该工程面差应调工期天数等于面差档次乘以一个档差工期天数：

$$4 \text{ 档} \times 35 \text{ 天} = 140 \text{ 天}$$

（2）第二步换算层差（层差：相同建筑面积定额子目、相邻近的不同层数工期天数的差为层差）

5-101 子目层数 20 层、建筑面积 25000m² ，工期天数为 740 天。

5-98 子目层数 18 层、建筑面积 25000m² ，工期天数为 700 天。

一个档次的层差（2 层）工期天数差：

$$740 - 700 = 40 \text{（天）}$$

该工程为 29 层，应按 30 层计算层差档次值（工期定额的层数规定中无单数层）。

层差档的值为：（30 层 － 20 层） ÷2 ＝5（档次）

即该工程层差应增工期天数等于层差档次乘以一个档次的层差天数：

$$5 \times 40 = 200 \text{（天）}$$

如该工程是一般旅馆，其基本工期：

$$740 + 140 + 200 = 1080 \text{（天）}$$

因该工程是高级宾馆，按单位工程说明第 24 条规定应乘以 1.3 系数。

其基本工程应为：

$$1080 \times 1.3 = 1404 \text{（天）}$$

（3）第三步计算地下室增加工期

"地下室工程工期定额"，子目 3-16，为三层钢筋混凝土结构 5000m² ，工期 190 天。

该工程地下室建筑面积为 5200m² ，3-16 子目建筑面积不能满足，应增加面差工期天数：

以 3-16 子目 5000m² 的 190 天减 3-15 子目 3000m² 的 160 天。

面差为 2000m²

$$190 - 160 = 30 \text{（天）（工期天数差）}$$

面差档次 （5200 － 5000） ÷2000 ＝0.1 ≈1（个档次）

$$30 \times 1 = 30 \text{（天）}$$

地下室增加工期天数为：

$$190 + 30 \text{（面差）} = 220 \text{（天）}$$

该工程定额工期总天数为：

$$1404 + 220 = 1624 \text{（天）}$$

3. 多用途工程工期计算方法（一项单位工程具有两种或两种以上用途的工程）计算

例如：某单位工程为 5 层混合结构，建筑面积 7000m² ，1~2 层为商店，建筑面积 2800m² ，3~5 层为办公用房，建筑面积 4200m² ，无地下室。

其工期计算方法和步骤：

（1）第一步先查"工期定额"子目 11-18（商店）层数为 5 层，建筑面积 7000m² ，Ⅱ类地区工期天数 335 天；

再查"工期定额"子目 4-17，（办公楼）层数为 5 层，建筑面积 7000m² ，Ⅱ类地区工期天数 250 天；

（2）第二步按不同的建筑面积加权平均计算工期：

$$\frac{\text{商店} 2800m² \times 335 \text{ 天} + \text{办公用房} 4200m² \times 250 \text{ 天}}{\text{总面积} 7000m²} = 284 \text{（天）}$$

该工程定额工期总数为 284 天。

4. 单独地下室或地下车库等工程的工期计算

工期定额规定地下室工程的工期不单独计算，应与主体工程工期合并计算。但独立地下室或地下车库工程，应按相应定额乘以 2.5 系数执行。

5. 不同位置的技术层的工期计算

在第一种计算方法中介绍了设在相邻地下室的技术层给一个相邻地下室的工期，如果技术层设在其他部位时，其增加工期按以下规定计算。

如技术层设在顶层时：

（1）如该工程层数为偶数时，增加工期应按该工程最高层与定额相邻层定额工期差值的 1/2 计算。如：某工程为 8 层，其技术层设在 8 层以上时，增加工期为：

$$\frac{10\text{层同面积工期} - 8\text{层同面积工期}}{2} = \text{技术层增加工期}$$

（2）如该工程层数为奇数时，技术层设在顶层以上，不给增加工期。

（注：以上举例均依据原建设部颁发的《建筑安装工程工期定额》）

北京市在原建设部《建筑安装工程工期定额》的基础上，总结了执行中的经验，于 2009 年颁发了《北京市建筑安装工程工期定额》总说明部分规定了计算规则，现引录如下：

# 第三节　北京市 2009 年工期定额简介

## 一、总说明

（1）2009 年《北京市建筑安装工程工期定额》（以下简称本定额）依据 2000 年《全国统一建筑安装工程工期定额》、1998 年《北京市建筑安装工程工期定额》、《建筑工程建筑面积计算规范》（GB/T 50353—2005），结合目前建筑施工具体情况编制，共三部分。包括：第一部分建筑工程、第二部分市政工程、第三部分轨道交通工程。

（2）本定额是编制工程招标文件、签订工程施工合同、合理确定工期的依据，也是施工企业编制施工组织设计、确定投标工期、安排施工进度的参考依据。

（3）本定额适用于本市行政区域内建筑安装、市政、交通轨道的新建、扩建、改建工程。

（4）本定额以日历天为单位，综合考虑了冬期施工、雨季施工、一般天气影响、常规土质、节假日等因素及国家法律法规的规定，并结合建筑施工规范要求及技术操作规程等综合因素确定。

（5）因不可抗力造成工程停工的，经发、承包双方确定，工期可顺延。

（6）因设计变更或发包方原因造成工期变化的，经发、承包双方确认后，工期可调整；因承包方原因造成工期变化的，应按还原合同工期执行。

（7）基础施工遇到障碍物或古墓、文物、流砂、溶洞、暗浜、淤泥、石方等需要进行基础处理时，由发、承包双方确定增加工期。

（8）因拆迁、地下管线改移未完成不能按合同约定时间开工时，由发、承包双方确定增加工期。

（9）有关规定

1）建筑工程中的工期不包括室外工程和园林绿化工程工期，发生时应执行第二部分市政工程工期。

2）市政工程、轨道交通工程中配套的庭院、绿化工程的工期执行第二部分市政工程工期。

（10）本定额中凡是注明"×××以内（下）者"，均包括"×××"本身，注明"×××以外（上）者"，均不包括"×××"本身。

## 二、民用建筑部分说明

（1）本章包括民用建筑 ±0.000 以下工程、±0.000 以上工程、装饰工程共三节 489 个子目。

（2）±0.000以上工程划分为无地下室和有地下室两部分。无地下室项目按基础类型及首层建筑面积划分，有地下室项目按地下室层数及建筑面积划分。其工期包括±0.000以下全部工程内容。

（3）±0.000以上工程按工程用途、结构类型、层数及建筑面积划分。其总工期包括±0.000以上结构、装修、设备安装全部工程内容。

（4）±0.000以上工程的结构工期包括主体结构、屋面及外装修的工期。但会议楼，影剧院，体育场、馆，全钢结构公共建筑工程中的结构工期不包括外装修工期。

（5）综合楼工程适用于购物中心、贸易中心、商场（店）科研楼、办公楼、业务楼、培训楼、幼儿园、食堂餐厅等公共建筑。

（6）装修工程的工期只适用于整体更新改造的装修工程，不包括拆除部分的工期，拆除部分的工期按附表工期另行计算。

（7）有关规定

1）±0.000以下工期：无地下室按首层建筑面积计算，有地下室按地下室建筑面积总合计算。

2）±0.000以上工期：按±0.000以上部分建筑面积总和计算。

3）总工期：±0.000以下工期与±0.000以上工期之和。

4）单项工程±0.000以下由两种或两种以上类型组成时，分不按不同类型部分面积的工期相加计算。

5）单项工程±0.000以上结构相同，使用功能不同时，无变形缝时，按使用功能占建筑面积比重大的计算工期；有变形缝时，先按不同使用功能的面积分别计算工期，再以其中一个最大工期为基数，另加其他部分工期的20%计算。

6）单项工程±0.000以上由两种或两种以上类型组成，无变形缝时，先按全部面积计算不同结构的相应工期，再按不同结构各自的建筑面积加权平均计算；有变形缝时，先按不同结构各自的面积计算相应工期，再以其中一个最大工期为基数，另加其他部分工期的20%计算。

7）单项工程±0.000以上层数不同，有变形缝时，先按不同层数各自的面积计算相应工期，再以其中一个最大工期为基数，另加其他部分工期的20%计算。

8）单项工程±0.000以上分成若干个独立部分时，先按各自的面积和层数计算相应工期，再以其中一个最大工期为基数，另加其他部分工期的20%计算，4个以上独立部分不再另加工期。如±0.000以上有整体部分，将其并入到最大部分工期中计算。

9）独立的地下车库工程，执行本章有地下室工程的相应子目。顶面覆土厚度在1m以内时，不另增加工期；顶面覆土厚度在2m以内时，按最大单层建筑面积每1000m²增加5天工期；顶面覆土厚度在2m以外时，按最大单层建筑面积每1000m²增加10天工期。

10）带劲性钢结构的工程，若劲性钢结构部分建筑面积超过总面积的30%，高度不低于檐高的1/3时，除按原结构类型计算工期外，另按劲性钢结构部分的面积所对应的结构类型增加20%工期。

11）坑底打基础桩，另增加工期。

12）开挖一层土方后，再打护坡桩的工期，护坡桩施工的工期发、承包双方可按施工方案确定增加天数，但最多不超过50天。

13）降水工程工期执行±0.000以下工程工期，如有抗浮设计要求，可另行增加±0.000以上结构工期。

## 三、部分定额摘录

表6-1　拆除工程工期

| 建筑面积（m²） | 工期（天） | 建筑面积（m³） | 工期（天） |
|---|---|---|---|
| 1000以内 | 10 | 5000以内 | 30 |
| 3000以内 | 20 | 5000以外 | 50 |

注：不包括结构拆除工期。

表 6-2　±0.000 以下工程无地下室工程

| 编号 | 基础类型 | 建筑面积（m²） | 工期（天） |
|------|----------|----------------|------------|
| 1-1 | 带形基础 | 1000 以内 | 45 |
| 1-2 | | 3000 以内 | 60 |
| 1-3 | | 5000 以内 | 80 |
| 1-4 | | 5000 以外 | 100 |
| 1-5 | 满堂基础 | 1000 以内 | 55 |
| 1-6 | | 3000 以内 | 70 |
| 1-7 | | 5000 以内 | 90 |
| 1-8 | | 5000 以外 | 120 |
| 1-9 | 框架基础（独立柱） | 1000 以内 | 40 |
| 1-10 | | 3000 以内 | 55 |
| 1-11 | | 5000 以内 | 75 |
| 1-12 | | 5000 以外 | 95 |

表 6-3　有地下室工程

| 编号 | 层数 | 建筑面积（m²） | 工期（天） |
|------|------|----------------|------------|
| 1-13 | 1 | 1000 以内 | 85 |
| 1-14 | | 3000 以内 | 110 |
| 1-15 | | 5000 以内 | 130 |
| 1-16 | | 7000 以内 | 140 |
| 1-17 | | 10000 以内 | 150 |
| 1-18 | | 10000 以外 | 180 |
| 1-19 | 2 | 2000 以内 | 125 |
| 1-20 | | 5000 以内 | 155 |
| 1-21 | | 8000 以内 | 175 |
| 1-22 | | 10000 以内 | 190 |
| 1-23 | | 15000 以内 | 210 |
| 1-24 | | 20000 以内 | 220 |
| 1-25 | | 20000 以外 | 240 |
| 1-26 | 3 | 5000 以内 | 195 |
| 1-27 | | 10000 以内 | 250 |
| 1-28 | | 15000 以内 | 270 |
| 1-29 | | 20000 以内 | 285 |
| 1-30 | | 25000 以内 | 300 |
| 1-31 | | 30000 以内 | 315 |
| 1-32 | | 30000 以外 | 330 |
| 1-33 | 4 | 10000 以内 | 280 |
| 1-34 | | 20000 以内 | 320 |
| 1-35 | | 30000 以内 | 350 |
| 1-36 | | 40000 以内 | 370 |
| 1-37 | | 40000 以外 | 400 |
| 1-38 | 5 | 20000 以内 | 360 |
| 1-39 | | 40000 以内 | 405 |
| 1-40 | | 50000 以内 | 425 |
| 1-41 | | 50000 以外 | 455 |

表 6-4　住宅工程

结构类型：现浇框架结构

| 编号 | 层数 | 建筑面积（m²） | 工期（天） | |
|------|------|------------|-----------|-----------|
| | | | 总工期 | 其中：结构 |
| 1-104 | 6 以下 | 3000 以内 | 200 | 150 |
| 1-105 | | 5000 以内 | 215 | 165 |
| 1-106 | | 8000 以内 | 230 | 180 |
| 1-107 | | 10000 以内 | 250 | 200 |
| 1-108 | | 10000 以外 | 270 | 220 |
| 1-109 | 8 以下 | 5000 以内 | 260 | 210 |
| 1-110 | | 8000 以内 | 280 | 225 |
| 1-111 | | 10000 以内 | 300 | 245 |
| 1-112 | | 15000 以内 | 320 | 270 |
| 1-113 | | 15000 以外 | 350 | 295 |
| 1-114 | 10 以下 | 10000 以内 | 320 | 260 |
| 1-115 | | 15000 以内 | 340 | 280 |
| 1-116 | | 20000 以内 | 360 | 300 |
| 1-117 | | 20000 以外 | 400 | 320 |
| 1-118 | 12 以下 | 10000 以内 | 340 | 280 |
| 1-119 | | 15000 以内 | 360 | 300 |
| 1-120 | | 20000 以内 | 380 | 320 |
| 1-121 | | 25000 以内 | 400 | 340 |
| 1-122 | | 25000 以外 | 440 | 360 |
| 1-123 | 16 以下 | 15000 以内 | 430 | 365 |
| 1-124 | | 20000 以内 | 450 | 385 |
| 1-125 | | 25000 以内 | 470 | 400 |
| 1-126 | | 30000 以内 | 490 | 420 |
| 1-127 | | 30000 以外 | 520 | 440 |
| 1-128 | 20 以下 | 20000 以内 | 470 | 400 |
| 1-129 | | 25000 以内 | 490 | 420 |
| 1-130 | | 30000 以内 | 520 | 440 |
| 1-131 | | 35000 以内 | 550 | 460 |
| 1-132 | | 35000 以外 | 570 | 480 |
| 1-133 | 24 以下 | 25000 以内 | 520 | 440 |
| 1-134 | | 30000 以内 | 550 | 460 |
| 1-135 | | 35000 以内 | 580 | 490 |
| 1-136 | | 40000 以内 | 610 | 520 |
| 1-137 | | 40000 以外 | 640 | 545 |
| 1-138 | 28 以下 | 30000 以内 | 570 | 480 |
| 1-139 | | 35000 以内 | 590 | 500 |
| 1-140 | | 40000 以内 | 610 | 520 |
| 1-141 | | 45000 以内 | 630 | 540 |
| 1-142 | | 50000 以内 | 650 | 560 |
| 1-143 | | 50000 以外 | 680 | 580 |

# 第7章 建筑安装工程概预算 定额基价的确定

预算定额基价亦称预算价值。是以建筑安装工程预算定额规定的人工、材料和机械台班消耗指标为依据，以货币形式表示每一分项工程的单位价值标准。它是以地区性价格资料为基准综合取定的，是编制工程预算造价的基本依据。

预算定额基价包括人工费、材料费和机械使用费。它们之间的关系可用下列公式表示：

$$预算定额基价 = 人工费 + 材料费 + 机械使用费$$

式中　人工费 = 定额合计用工量 + 定额日工资标准 + 其他人工费；

材料费 = $\sum$（定额材料用量 × 材料预算价格）+ 其他材料费；

机械使用费 = $\sum$（定额机械台班用量 × 机械台班使用费）+ 其他机具费。

为了正确地反映上述三种费用的构成比例和工程单价的性质、使用，定额基价不但要列出人工费、材料费和机械使用费，还要分别列出三项费用的详细构成。如人工费要反映出基本工、其他用工的工日数量；材料费要反映出主要材料的名称、规格、计量单位、定额用量、材料预算单价，零星的次要材料不需一一列出，按"其他材料费"以金额"元"表示；机械使用费同样要反映出各类机械名称、型号、台班用量及台班单价等。

因此，为确定预算定额基价，必须在研究预算定额的基础上，研究定额日工资标准、材料预算价格和机械台班使用费的计算方法。

## 第一节　定额日工资标准的确定

人工工资标准即预算定额中的人工工日单价。它是根据现行的工资制度计算出基本工资的日工资标准，再加上工资性质的津贴和属于生产工人开支范围内的各项费用。

预算定额中的日工资标准除了生产工人的基本工资外还包括：工资性的津贴、生产工人的辅助工资、生产工人劳动保护费、市内交通补助费。

其中：

1. 基本工资。基本工资的计算方法是根据建设部建人（1992）680 文《全民所有制大中型建筑安装企业的岗位技能工资试行方案》和《全民所有制大中型建筑安装企业试行岗位技能工资制有关问题的意见》，按岗位工资加技能工资计算的。

2. 工资性的津贴。包括副食品补贴、煤粮差价补贴等。

3. 生产工人的辅助工资。包括开会和执行必要的社会义务时间的工资。如职工学习、培训期间的工资；调动工作期间的工资和探亲假期间的工资；因气候影响停工的工资；女工哺乳时间的工资；由行政直接支付的病（六个月以内）、产、婚、丧等假期的工资；徒工服装补助费等。

4. 生产工人劳动保护费。按国家有关部门规定标准发放的劳动保护用品的购置费、修理费和保健费及防暑降温费等。

5. 市内交通补助费。

# 第二节　材料预算价格的编制和确定

在建筑安装工程中，材料、设备费约占整个造价的70%左右，它是工程直接费的主要组成部分。材料、设备价格的高低，将直接影响到建设费用的大小。因此必须加以正确细致的计算，并且要克服价格计算偏高偏低等不合理的现象，方能如实反映工程造价，方能有利于准确地编制基本建设计划和落实投资计划，有利于促进企业的经济核算，改进管理。

## 一、建筑安装工程材料预算价格的组成、编制范围及审批

### （一）建筑安装工程材料预算价格（简称：材料预算价格）的组成

建筑安装工程上的材料（包括构件、成品及半成品）、其预算价格是指材料由其来源地（或交货地）到达工地仓库（指施工工地内存放材料的地方）后的全部费用。材料预算价格由材料原价，材料供销部门手续费、包装费、运杂费、材料采购及保管费五部分组成。其计算公式如下：

$$材料预算价格 = （材料原价 + 供销部门手续费 + 包装费 + 运杂费）$$
$$\times （1 + 采购保管费率） - 包装品回收价值$$

### （二）材料预算价格的编制范围

按照编制使用情况，一般分以下两种：

1. 地区材料预算价格是按地区（城市或建设区域）编制的，供此地区内所有工程使用。运杂费计算是以地区内所有工程为对象计算加权平均运杂费。

2. 单项工程使用的材料预算价格是以一个工程为对象编制的，并专为该项工程服务使用。运杂费是以一个工程为对象来计算。

### （三）材料预算价格的编审

一般材料预算价格是由国家建设部制订编制办法，分别由各省、自治区建委负责贯彻，管理和审批。

编制地区材料预算价格，应由地区建委负责组织邀请设计、施工、建设、银行、运输、物资供应等单位参加，共同编制。经过地方建委批准后执行。一般不作变动，但确因材料来源变更，原价增降，可根据各地区的规定，整理资料，报经主管部门批准后，方可调整。如材料预算价格本中有缺项的材料，可根据供应实际情况，编制补充材料预算价格，报上级主管部门审批后执行。

## 二、材料预算价格各项费用的确定

### （一）材料原价的确定

材料原价就是材料的出厂价或市场批发价。

国外进口材料，以国家批准的进口材料调拨价格作为原价。

在确定材料原价时，如同一种材料，因来源地、供应单位或制造厂不同，有几种价格时，可根据不同来源地的供应数量比例，采取加权平均的办法计算其原价。

### （二）材料供销部门手续费

基本建设所需要的建筑材料，大致有两种情况：一种是指定生产厂直接供应，如：钢材、水泥、沥青、油毡、玻璃等。另一种是由物资供销部门供应，如：交电、五金、化工等产品。材料供销部门手续费就是通过当地物资供销部门供应的材料应收取的附加手续费。其取费标准各地规定不一，可按各地区有关部门的规定计算。如果此项费用已包括在供销部门供应的材料原价内时，则不应再计算。

通过供销部门结算的物资应收取的手续费（管理费），其费率：金属材料2.5%；建筑材料3%；轻工产品3%；化工产品2%；木材2%。

其计算公式：

$$供销部门手续费 = 原价 \times 供销部门手续费率$$

### （三）材料包装费

材料包装费是指便于材料的运输并为保护材料而包装所需的一切费用。包装费的发生可能有下列两种情况：

1. 材料在出厂时已经包装者，如袋装水泥、玻璃、铁钉、油漆等，这些材料的包装费一般已计算在原价内，不再分别计算，但需考虑其包装品的回收价格（即材料到达工地仓库拆除包装后，包装品所剩余的价值）。

2. 施工机构自备包装品（如麻袋、铁桶等）者，其包装费应以原包装品的价值按使用次数分摊计算。

包括器材的回收价值，如地区已有规定者，应按规定计算，地区无规定者，可根据实际情况，参照下列比率确定：

（1）用木材制品包装者，以70%回收量，按包装材料原价的20%计算。

（2）用铁皮、铁线制品包装者，铁桶以95%，铁皮以50%，铁线以20%的回收量，按包装材料原价的50%计算。

（3）用纸皮、纤维品包装者，以50%的回收量，按包装材料原价的50%计算。

（4）用草绳、草袋制品包装者，不计回收价值。

（5）自备包装容器的，其包装费用按包装容器的使用次数摊销计算。

包装费和包装材料回收值计算公式为：

$$包装费 = 包括材料原值 - 包装材料的回收价值$$

$$包装材料的回收价值 = \frac{包装材料原值 \times 回收量率 \times 回收价值率}{包装器（品）材标准容量}$$

$$自备包装品的包装费 = \frac{包装品原价 \times [1 - 回收量率 \times 回收价值率] + 使用期间维修费}{周转使用次数 \times 包装容器标准容量}$$

例如，圆木的原价中没有包装费，但在铁路运输过程中，每个车皮可装圆木30m³，每个车皮需要包装用的车立柱10根，每根价为2.00元，铁丝10kg，每kg为1.40元，则包装费为：

$$每立方米圆木包装材料原值 = \frac{(10 根 \times 2 元) + (10kg \times 1.4 元)}{30m^3} = 1.13（元）$$

包装材料回收价值，按车立柱回收量率70%，回收值率为20%，铁丝回收量率为20%，回收值率为50%，则车立柱回收值为：

$$(10 根 \times 2 元) \times 70\% \times 20\% = 2.80（元）$$

铁丝回收值为：

$$(10kg \times 1.4 元) \times 20\% \times 50\% = 1.40（元）$$

每车皮回收值合计为：4.20元

折合每立方米回收值为：$\frac{4.20}{30} = 0.14$ 元

材料预算价格应计材料的包装费为：

$$1.13 元 - 0.14 元 = 0.99（元/m^3）$$

如包装已扣除包装材料的回收价值，在利用材料预算价格公式计算时，就不再减包装品回收价值。

### （四）材料运输费用

材料运输费是材料由采购（或交货）地点起运至工地仓库为止，在其全部运输过程中所支出的一切费用（包装费除外），如火车、汽车、船舶及马车等的运输费，运输保险费及装卸费等。

一般建筑材料运输费用约占材料费的10%～15%，砖的运输费往往占材料费的30%～50%，砂子或石子的运输费用有时可以占到材料的70%～90%，甚至更高，由此可见，运输费直接影响着建筑工程的造价。因此，就地取材，减少运输距离，是有很重要的意义的。

运输费要根据材料的来源地，运输里程，运输方法，并根据国家或地方规定的运价标准分别计算。一般建筑材料的运输环节如图7-1所示：

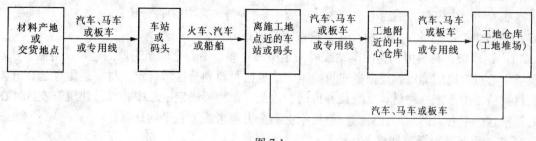

图 7-1

## （五）材料采购及保管费

材料采购及保管费是指材料部门在组织采购和保管过程中所需要的各项费用，其中包括：采购及保管部门的人员工资和管理费，工地材料仓库的保管费、货物过秤费以及材料在运输及储存中的损耗费用等。

材料的采购及保管费按材料原价，供销部门手续费、包装费及运输费之和的一定比率计算。过去国家建委对材料采购及保管费的供销部门手续费合并规定了一个费率：一般建筑安装材料的采购保管费综合费率为2.5%，有的地区在不影响2.5%的水平原则下，按材料分类并结合价值的大小而分订为几种不同的标准。例如，地方材料价值小，则将费率提高为3%，电器材料价值高，便将费率降低为1%，钢材、木材、水泥及其他材料则定为2.5%。北京市2001年预算定额中，材料采购保管费率定为2%。

其计算公式：

材料采购及保管费 = （原价 + 供销部门手续费 + 包装费 + 运输费）×采购保管费率

## 三、材料预算价格的编制步骤和方法

材料预算价格的编制工作，一般分为：准备工作、运输费用计算和预算价格编制汇总这三个步骤或称三个阶段进行。其具体内容简述如下：

### （一）准备工作阶段

主要是搜集编制材料预算价格所需要的资料数据，进行详细的调查研究，为编好材料预算价格表打下基础，提供准备的依据。收集资料的内容有下列几个方面：

1. 各种材料原价

可以向各主管部门搜集《产品出厂价格》，次要材料可按各省、市《交电、五金、化工产品价目表》及地方材料的现行出厂价格与土杂产品牌价。另外，还要收集各种材料的包装情况。

2. 各种材料的来源，也就是我们需用的材料具体的供货地点，这是计算运费的必要依据。

基本建设所需要的各种材料，总的来源有二：一是指生产厂直接供应；二是物资供销部门供应。供应地点不同其运输距离也不一样，相应的运输费就有高有低。但是，对材料来源地的选择是否正确，不能单凭远近来判断，还要结合材料产地的可供量、出厂价格、运输条件、材料质量等因素，进行全面分析后，再确定。

3. 外地运杂费，由生产厂至当地车站或码头的一切费用，需要掌握的资料有：

（1）生产厂本地车站的运输方法和里程；

（2）各种运费的规定，如：铁路、公路、轮船、群运、装卸以及运输包装费用标准；

（3）生产厂的仓库或堆场至车站的费用（上场费）；

（4）同一种材料如有几个地方供应者，应了解清楚各供应点的数量各占总量的百分比；

（5）同一种材料如需通过多种方式运输的，应确定各占的比率；

（6）区别材料品种，调查研究确定火车空吨位所占比率，即空吨率（车皮吨位的差额的百分比。一般情况下，实装量不会等于车皮规定的吨位，另一种情况是30t货物，申请30t车皮，但铁路局一时调不出30t车皮，而调给40t车皮，这时铁路局收取运费仍然按40t计算，因而30t货物花了40t的运费，需要参照历史资料，适当考虑列入这项因系）。整车与零担的百分比；

（7）通过供销部门的材料品种及其数量占该量的百分比。

4. 市内运输费，材料由到达的车站或码头至中心仓库、中心仓库至工地的运距及运输方法。

现场中心点距离的确定，是根据建筑群组成或地区材料划分区域确定。材料运距有远有近，不统一，在材料价格中不能一种材料反映几种价格，因此，就需要确定一个中心点，建筑群或区域在计算里程时都按这个中心点的距离计算。一般可根据三个方面考虑加权平均计算：

（1）按工程概算投资额加权平均计算；

（2）按建筑物面积加权平均计算；

（3）按建筑材料概算用量加权平均计算。

例如，某工程中心仓库，根据总图设计，至甲乙丙丁建筑物的中心距离及各建筑物的材料概算用量比例如下：

中心仓库　至
┌→乙　1.5km　35%
├→甲　3.5km　10%
├→丙　3.8km　25%
└→丁　1.4km　30%

中心仓库至各建筑物的加权平均距离：

$$1.5 \times 35\% + 3.5 \times 10\% + 3.8 \times 25\% + 1.4 \times 30\%$$
$$= 0.525 + 0.35 + 0.95 + 0.42 = 2.25 \text{（km）}$$

5. 通过销售部门的材料，供销部门收取费用的标准；

6. 采用保管费的标准；

7. 各种材料运输损耗率；

8. 砂子的过筛损耗及膨胀率等。

**（二）运输费计算**

当必须的资料数据已经收齐，情况也已经调查清楚，条件具备齐全，即可进行各种材料的运输费用计算。计算后要严格细致进行审核，互相校对，以免发生差错。

材料运输费用，归纳起来可分三段计算：即外地运杂费；市内运杂费；中心仓库至工地仓库的运杂费。如果是地方供应的材料，如砖、瓦、砂、石等，其运费计算则一次直达工地，但砂石等大宗材料，则应适当考虑季节性储备的二次搬运费。

交电、五金、化工杂品等材料，因用量不大，其运费计算，一般为了简化计算，即按原价的1%~5%作为运输费。对此系数的选定方法，可按材料的分类，各选一至几种用量比较大的品种按规定计算出运杂费与其原价相比，求出运杂费约占原价的百分比。

钢材、木材、水泥等材料，往往有几个地方供应，则先将各地区的外地运杂费计算出来后，再按各地供应量所占总量的比率，将运杂率进行综合。

现以钢材的预算价格的编制来说明其计算方法：

假定××市，根据近三年来的资料平均每年进钢70000t，其中由生产厂直拨的有63000t、鞍钢14500t，占23%；包钢是15500t，占25%；武钢17000t，占27%；上钢一厂8000t，占13%；重钢4500t，占7%；首钢3500t，占5%；另7000t，由本市供销部门供应，按供销部门规定不分品种每吨包括到达仓库的运杂费、手续费共计80元。

另外决定各生产厂地至本市的运输均采用铁路运输，按铁路里程表查得各始发站至本市货站的里程（假定数）：鞍钢3000km，包钢2000km，武钢1000km，上钢一厂2000km，重钢1500km，首钢

1500km。再从铁路运费规定中查得钢材整车运价为 1 号，零担为 15 号，从运价表中查得每吨运价如下：

| | 1000km | 1500km | 2000km | 3000km |
|---|---|---|---|---|
| 整车 | 8 元/t | 11 元/t | 15 元/t | 22 元/t |
| 零担 | 50 元/t | 70 元/t | 80 元/t | 90 元/t |

另据调查各厂上站费用如下（包括装车费）：

| 鞍钢 | 包钢 | 武钢 | 上钢一厂 | 重钢 | 首钢 |
|---|---|---|---|---|---|
| 3.00 元/t | 3.5 元/t | 2.8 元/t | 2.7 元/t | 3.6 元/t | 2.6 元/t |

假定 63000t 钢材中，整车运发的为 56700t，另外 6300t 是零担，而 56700t 钢材，整车运发时，共用 62370t 车皮，因此 62370－56700＝5670（t），5670t 是空吨位，占实运量 56700t 的 10%，就是说，这批钢材由于各种原因多花了 10% 的运输费，这个多花的数字应加到实运钢材数的每吨运价中去，其次装卸工人计算装卸费时，也是按照车辆标准吨位计算的，因此计算装卸费时也需按确定的空吨位系数 10% 增加。

另外再假定本市车站至工地中心库平均里程为 15km，经研究确定其运输方式为：40% 汽车。40% 马车，20% 人力车。查《公路运输规则》规定：

运距 1km，其每吨千米运价 1.5 元，运距 15 千米，每吨千米运价 0.5 元。

另查群运运价规定：

运距 1km，人力车，板车运输每吨千米（包括装卸堆码费）1 元。

运距 15km，人力车，板车运输每吨千米（包括装卸堆码费）0.5 元。

运距 15km，马车运输每吨千米（包括装卸堆码费）0.4 元。

装卸费标准：①按铁路规定，钢材每吨装车费 0.6 元，卸车费 0.4 元，码堆费 0.2 元。

②按群运规定钢材每吨装车费 0.5 元，卸车费 0.3 元。

火车站的装卸工作由铁路装卸队承担，则其费用应按铁路规定。

工地内的装卸工作由群运社承担，则其费用应按群运社规定。

按上述资料，直接由生产厂供应的钢材整车运输的运费计算如表7-1：

表 7-1 运 费 表

| 项　目 | 计 算 式 | 单位 | 供 应 点 | | | | | |
|---|---|---|---|---|---|---|---|---|
| | | | 鞍钢 | 包钢 | 武钢 | 上钢 | 重钢 | 首钢 |
| 出库及调车费 | 按资料 | 元/t | 3.00 | 3.50 | 2.80 | 2.70 | 3.60 | 2.60 |
| 火车费 | 按资料 | 元/t | 22.00 | 15.00 | 8.00 | 15.00 | 11.00 | 11.0 |
| 到站卸车费 | 按资料 | 元/t | 0.40 | 0.40 | 0.40 | 0.40 | 0.40 | 0.40 |
| 小计 | | 元/t | 25.40 | 18.90 | 11.20 | 18.10 | 15.00 | 14.00 |
| 加空吨位 | 10% | 元/t | 2.54 | 1.89 | 1.12 | 1.81 | 1.50 | 1.40 |
| 外地运费合计 | | 元/t | 27.94 | 20.79 | 12.32 | 19.91 | 16.50 | 15.40 |
| 装汽车费 | 0.6×1.1×40% | 元/t | 0.264 | 0.264 | 0.264 | 0.264 | 0.264 | 0.264 |
| 汽车费（15km） | 15×0.5×1.1×40% | 元/t | 3.30 | 3.30 | 3.30 | 3.30 | 3.30 | 3.30 |
| 卸车费 | 0.3×1.1×40% | 元/t | 0.132 | 0.132 | 0.132 | 0.132 | 0.132 | 0.132 |
| 码堆费 | 0.2×1.1×40% | 元/t | 0.088 | 0.088 | 0.088 | 0.088 | 0.088 | 0.088 |
| 马车费（15km） | 15×0.4×40% | 元/t | 2.40 | 2.40 | 2.40 | 2.40 | 2.40 | 2.40 |
| 人力车费 | 15×0.5×20% | 元/t | 1.50 | 1.50 | 1.50 | 1.50 | 1.50 | 1.50 |
| 市区到中心库的运费合计 | | | 7.684 | 7.684 | 7.684 | 7.684 | 7.684 | 7.684 |
| 汽车费 | 15×80%×1.1 | 元/t | 1.32 | 1.32 | 1.32 | 1.32 | 1.32 | 1.32 |
| 装卸费 | (0.5+0.3)×80%×1.1 | 元/t | 0.704 | 0.704 | 0.704 | 0.704 | 0.704 | 0.704 |
| 人力车费 | 1×20% | 元/t | 0.20 | 0.20 | 0.20 | 0.20 | 0.20 | 0.20 |
| 中心库至工地运费合计 | | 元/t | 2.224 | 2.224 | 2.224 | 2.224 | 2.224 | 2.224 |
| 以上合计 | | 元/t | 37.85 | 30.70 | 22.23 | 29.82 | 26.41 | 25.31 |

按各供应地点所占百分比进行综合，便得直接由生产厂供应钢材整车到达工地仓库的综合运输费用，计算式如下：

鞍钢 $37.85 \times 23\%$ + 包钢 $30.70 \times 25\%$ + 武钢 $22.23 \times 27\%$ + 上钢一厂 $29.82 \times 13\%$ + 重钢 $26.41 \times 7\%$ + 首钢 $25.31 \times 5\%$ = $8.71 + 7.68 + 6.00 + 3.88 + 1.85 + 1.27$

= 29.39（元/t）

直供零担运费的计算，与整车运输费有所不同的（1）零担的运价高；（2）不存在空吨位的问题；（3）上站费用不能用整车所用的标准，因零担运输不能把车皮调入厂内装车，而需用汽车或人力车等运送到车站装车，假定零担的上站费与整车上站费相等其具体数值如表7-2所示：

表7-2

|  | 鞍钢 | 包钢 | 武钢 | 上钢 | 重钢 | 首钢 |
|---|---|---|---|---|---|---|
| I 外区运杂费 | 93.40 | 83.90 | 53.20 | 83.10 | 74.00 | 73.00 |
| II 市区运杂费 | 7.32 | 7.32 | 7.32 | 7.32 | 7.32 | 7.32 |
| III 场区运杂费 | 2.04 | 2.04 | 2.04 | 2.04 | 2.04 | 2.04 |
| 合　计 | 102.76 | 93.26 | 62.56 | 92.46 | 83.36 | 82.36 |

零担综合平均每吨运费 = $102.76 \times 23\%$ + $93.26 \times 25\%$ + $62.56 \times 27\%$ + $92.46 \times 13\%$ + $83.36 \times 7\%$ + $82.36 \times 5\%$ = $23.63 + 23.32 + 16.89 + 12.02 + 5.84 + 4.12$ = 85.82（元）

直供钢材整车与零担综合平均每吨运费 = $29.39 \times 90\%$ + $85.82 \times 10\%$ = 35.03（元）

本市供销部门供应的钢材外区运费及手续费合计80元，则我们应增加由供销部门的仓库至工地的运费（假定等于市内运杂费与场内运杂费之和），则每吨运费总计 = $80 + 9.91$。

供应点运费与供销部门运费的综合平均 = $35.03 \times 90\%$ + $89.91 \times 10\%$ = 40.52，即达到工地仓库的钢材每吨的运输费用。

假定钢筋 $\phi20$ 的出厂价格规定每吨原价是520元。

钢筋 $\phi20$ 的预算价格 = （原价 + 外区运杂费 + 市区运杂费 + 场内运杂费）× （1 + 采购保管费率）= $(520 + 40.52) \times (1 + 2.5\%)$ = $560.52 \times 1.025$ = 574.53（元）

钢材的品种规格不同其原价不一样，可是钢材的运输费是一样的，基本可以通用，但应注意每件重量超过体力所能装时，势必用机械装卸，装卸费的规章上有具体规定，按规定加差额即可。

**（三）分类编制各种材料的预算价格表**

编制材料预算价格表，是将计算出来的各种材料的各种费用，按材料类别归口汇总，用表格的形式列出来，报经有关方面审批后，即可使用。材料预算价格是按照国家或各省、市地方具体规定的各种费率，计算出材料在到达施工场地为止，所发生的一切费用，包括原价，进行综合，加权平均，求得的总和即是完整的材料预算价格。

表7-3举例说明：

假定某地建设需用 $\phi10$ 钢筋1000t，是由鞍钢和包钢提货，其中鞍钢300t，包钢700t。运输方式采用火车整车运输，其车箱装载量为30t，货物等级属于3号整运价号。

鞍钢至某地车站，距离800km，铁路运价11元/t，鞍钢厂至鞍山站有5km，铁路专用线，其规定：调车费按往返距离每机车0.3元/km。其每吨钢筋分摊调车费计算为：

$$\frac{0.3 \times 5 \times 2}{30} = 0.1 \text{（元/t）}$$

包钢至某地车站，总仓库至包头站10km汽车运输，然后装火车运至丰润站，距离900km，运价12元/t（数字假定）。

到达某地车站后，采用汽车运输至新区中心库，距离5km，中心库至各工地仓库采用马车运输，平均运距3km。

查运输费用规定：

火车：装车费 0.6 元/t，卸车堆码费 0.6 元/t；

汽车：装车费 0.5 元/t，卸车费 0.4 元/t；

马车运输费（包括装卸）：0.5 元/吨千米

其计算表格填写如表 7-3 所示。

表 7-3　材料运输费计算表

材料名称：钢筋 10　　　　　　　　　　　　　　　　　　　　　　　　　　（元/t）

| 交货条件 | 工　厂 | 总仓库 | | 共　　计 | | 货物等级 | 3 号整运价号 | |
|---|---|---|---|---|---|---|---|---|
| 交货地点 | 鞍　钢 | 包　头 | | 整车 | 零担 | | | |
| 交货数量 | 30% | 70% | | 100% | — | 货物实际载重量 | 30t | |

| 序号 | 运输费用项目 | 运输起止地点 | 运输距离（km） | 每　吨　运　费 | |
|---|---|---|---|---|---|
| | | | | 计算公式或说明 | 金额（元） |
| 1 | 鞍钢起运站调车费 | 工厂—鞍山车站 | 5 | ［(0.3×5×2)÷30］×30% | 0.03 |
| 2 | 铁路装车费 | | | 0.6×30% | 0.18 |
| 3 | 铁路运输 | 鞍山—丰润 | 800 | 11×30% | 3.30 |
| 4 | 包头用汽车运到火车站 | 总仓库—包头站 | 10 | (0.4×10+0.8)×70% | 3.36 |
| 5 | 汽车装卸费（人力） | 总仓库—包头站 | | 0.9×70% | 0.63 |
| 6 | 铁路装车费 | | | 0.6×70% | 0.42 |
| 7 | 铁路运输 | 包头—丰润 | 900 | 12×70% | 8.40 |
| 8 | 铁路丰润站卸车堆码费 | | | 0.60 | 0.60 |
| 9 | 丰润站至新区中心仓库汽车 | 丰润站—中心库 | 5 | (0.4×5+0.8) | 2.80 |
| 10 | 汽车装卸费（人力） | | | 0.90 | 0.90 |
| 11 | 中心库—工地仓库（人力） | 马车运输 | 3（平均） | 0.5×3 | 1.50 |
| 合计 | | | | | 22.12 |

复核人：　　　　　　　　　　编制人：　　　　　　　　　　年　月　日

材料预算价格计算及分类汇总形式如表 7-4 所示。

表 7-4　材料预算价格计算表

建设单位：　　　　　　　　　　　　　　　　　　　　　　　　　第　页共　页

| 序号 | 材料名称及规格 | 单位 | 发货地点 | 交货地点 | 运输费用计算表编号 | 每吨运费（元） | 原价依据 | 单位毛重（t） | 供销手续费率（%） | 材料预算价格（元） | | | | | |
|---|---|---|---|---|---|---|---|---|---|---|---|---|---|---|---|
| | | | | | | | | | | 原价 | 供销手续 | 包装费 | 运输费 | 采管费 | 合计 |
| 一 | 地方材料 | | | | | | | | | | | | | | |
| 1 | 红砖 | | | | | | | | | | | | | | |
| 2 | 砂 | | | | | | | | | | | | | | |
| 3 | 石 | | | | | | | | | | | | | | |
| | …… | | | | | | | | | | | | | | |
| 二 | 钢材 | | | | | | | | | | | | | | |
| 1 | 钢筋 φ20 | t | 综合 | 工地 | 表 7-3 | 40.52 | 国拨 | 1.00 | — | 520 | — | — | 40.52 | 14.01 | 574.53 |
| 2 | | | | | | | | | | | | | | | |
| 3 | | | | | | | | | | | | | | | |
| | …… | | | | | | | | | | | | | | |

审核：　　　　　　　　　　　　　计算：　　　　　　　　　年　月　日

### 四、北京市 2012 年材料预算价格的有关规定

材料费：施工过程中消耗的原材料、辅助材料、构配件、零件、半成品、工程设备的费用。工程设备是指构成或计划构成永久工程一部分的机电设备、金属结构设备、仪器装置及其他类似的设备和装置。内容包括：材料（设备）原价、运杂费、运输损耗费、采购及保管费。

1. 定额材料单价是指材料预算价格。材料预算价格包括：材料市场价格和材料采购和保管费。
2. 材料（设备）市场价格包括含材料（设备）原价及运到指定地点的运杂费、运输损耗费。
3. 材料采购和保管费按材料市场价格的 2% 计算。
4. 其他材料费包括：零星材料和辅助材料的费用。

## 第三节　施工机械台班使用费的确定

施工机械使用费以"台班"为计量单位，一台某种机械工作 8 小时，称为一个台班，为使机械正常运转，一个台班中所支出和分摊的各种费用之和，称为机械台班使用费或机械台班单价。

机械台班使用费是编制预算定额基价的基础之一，是施工企业对施工机械费用进行成本核算的依据。机械台班使用费的高低，直接影响建筑工程造价和企业的经营效果。因此，确定合理的机械台班费用定额，对加速建筑施工机械化步伐，提高企业劳动生产率、降低工程造价具有一定的现实意义。

### 一、机械台班使用费的分类

根据建筑施工要求，现行"建筑机械台班费用定额"分为大型机械和中小型机械两大部分。

**（一）大型机械**

1. 水平运输机械。
2. 起重及垂直运输机械。
3. 土石方筑路机械。
4. 打桩机械及其他机械。

**（二）中小型机械**

1. 混凝土及砂浆搅拌机械。
2. 金属加工机械及木结构加工机械。
3. 焊接机械。
4. 动力机械及其他机械。

### 二、机械台班使用费用的项目及组成计算方法

机械台班使用费由两类费用组成：

**（一）第一类费用（亦称不变费用）**

这类费用不因施工地点、条件的不同而发生大的变化。其费用内容如下：

1. 台班机械折旧费

机械按规定使用期限，陆续收回其原始价格的台班摊销费用。其费用应根据机械的预算价格、机械使用总台班、机械残值率等资料确定的。其计算公式如下：

$$台班机械折旧费 = \frac{机械预算价格 \times （1 - 机械残值率）}{使用总台班}$$

式中　$机械残值率 = \dfrac{机械残值}{机械预算价格} \times 100\%$

使用总台班 = 机械使用年限 × 年工作台班。

机械残值是指机械设备经使用磨损达到规定使用年限时的残余价值。各种机械残值率详见表

7-5。

机械预算价格是指机械出厂价格，加上供销部门手续费和机械由出厂地点运到使用单位的一次性运杂费。公式为：

机械预算价格 = 机械出厂价格 × (1 + 进货费率)

其中进货费率为：国产机械为 5%

进口设备为 11%

表 7-5　机械残值率表

| 序号 | 机械种类 | 机械残值率（%） |
|---|---|---|
| 1 | 大型施工机械 | 3 |
| 2 | 运输机械 | 2 |
| 3 | 中小型机械 | 4 |

**2. 台班大修理费**

机械使用达到规定的大修间隔期而必须进行大修理，以保持机械正常功能所需支出的台班摊销费用。其计算公式：

$$台班大修理费 = \frac{一次大修理费 \times 大修理次数}{使用总台班}$$

**3. 台班经常维修费**

在机械一个大修周期内的中修和定期各级保养所需要支出的台班的摊销费用。其计算公式如下：

$$台班经常维修费 = 台班大修理费 \times K_a$$

式中　$K_a$——台班经常维修系。$K_a = \dfrac{台班经常维修费}{台班大修理费}$，如载重汽车 $K_a = 1.46$，自卸汽车 $K_a = 1.52$，塔式起重机 $K_a = 1.69$ 等。

**4. 替换设备及工具附具费**

此项费用是为了保证机械正常运转而需的替换设备（如电瓶、轮胎、钢丝绳、电缆、开关、胶皮管等）以及随机械使用的工具、附具的摊销及维护的费用。计算公式为：

台班替换设备及工具附具费

$$= \sum \left[ \frac{某替换设备工具附具一次使用量 \times 相应预算单价 \times (1 - 残值率)}{替换设备、工具、附具使用总台班} \right]$$

**5. 润滑材料及擦拭材料费**

为了保证机械正常运转，进行日常保养所需的润滑油脂（机油、黄油）及棉纱和擦拭用布等费用。计算公式为：

$$润滑材料及擦拭材料费 = \sum (某润滑材料台班使用量 \times 相应单价)$$

$$某润滑材料台班使用量 = \frac{一次使用量 \times 每个大修理间隔期平均加油次数}{大修理间隔台班}$$

**6. 安装拆卸及辅助设施费**

机械进出工地时必须安装及拆卸所需的工料机具消耗和试运转费以及辅助设施的搭设、拆除等费用。计算公式为：

$$台班安装拆卸费 = \frac{一次安拆费 \times 每年安装拆次数}{年工作台班数}$$

$$台班辅助设施分摊费 = \sum \left[ \frac{一次使用量 \times 预算单价 \times (1 - 残值率)}{摊销台班数} \right]$$

**7. 机械进出场费**

机械整体或分件，从停放场运到工地或由一个工地运到另一工地，运距在 25km 以内的机械进出场运输或转移费。其计算公式为：

$$台班进出场费 = \frac{(每次运输费 + 每次装卸费) \times 每年平均次数}{年工作台班}$$

**8. 机械管理费**

机械管理部门保管机械所消耗的费用。包括停车库、停车棚、行政、材料库等各种房屋设施的折旧维修费和管理人员的工资、行政费、劳保费、职工福利基金及机械在规定年工作台班以外的保养维护等。其计算公式为：

$$台班机械保管费 = \frac{机械预算价格 \times 保管费率}{年工作台班}$$

**（二）第二类费用**

第二类费用又称可变费用，包括机上人工费、动力燃料费、养路费及车船使用牌照税。

1. 机上人工工资

指如司机、司炉以及其他操作机械的工人的工资。它的工资单价按机械化施工定额和不同类型机械性能配备的一定技术等级的机上人员和本地区工资等级标准计算的。

2. 动力燃料费

指机械台班耗用的电力、柴油、汽油、固体燃料等费用。

3. 养路费和牌照税

养路费是指机械行驶在公路上按当地交通部门规定交纳的养路费，牌照税是税务部门按照规定征收的车船牌照税。

### 三、北京市 2012 年预算定额中的机械费

机械费：施工作业所发生的施工机械使用费或其租赁费和仪器仪表使用费。

1. 其他机具费包括：小型机械使用费、生产工具使用费。
2. 仪器仪表使用费：是指工程所需安装、测试的仪器仪表摊销及维修费用。

# 第四节  单位估价表的编制

## 一、单位估价表的概念和作用

单位估价表是以货币形式表示预算定额中分项工程或结构构件的预算价值的计算表，所以又称建筑工程预算定额单位估价表。

不难看出，分项工程的单价表，是预算定额规定的分项工程的人工、材料和施工机械台班消耗指标，分别乘以相应地区的工资标准、材料预算价格和施工机械台班费，算出的人工费、材料费及施工机械费，并加以汇总而成。因此，单位估价表是以预算定额为依据，既列出预算定额中的"三量"，又列出了"三价"，并汇总出定额单位产品的预算价值。

为便于施工图预算的编制，简化单位估价表的编制工作，各地区多采用预算定额和单位估价表合并形式来编制，即预算定额内不仅仅列出"三量"，同时列出预算单价，使地区预算定额和地区单位估价表融为一体。

在编制工程预算时，用不同子目的单位估价分别乘上工程量后，可以得出单位工程的全部直接费用。单位估价表的具体作用是：

1. 是编制和审查建筑安装工程施工图预算，确定工程造价的主要依据；
2. 是拨付工程价款和结算的依据；
3. 在招标投标中，是编制标底及报价的依据；
4. 是设计单位对设计方案进行技术经济分析比较的依据；
5. 是施工单位实行经济核算，考核工程成本的依据；
6. 是制定概算定额、概算指标的基础。

## 二、单位估价表的编制依据

单位估价表是以一个城市或一个地区为范围编制，在本地区实行。其编制的主要依据如下：

1. 国家和地区编制的现行预算定额；
2. 地区现行的建筑安装工人日工资标准；
3. 地区现行的材料预算单价；

4. 地区现行的机械台班单价;

5. 国家或地区有关的规定。

## 三、单位估价表的编制

地区单位估价表是由编制地区建委负责组织有关单位如建设银行、设计、施工及重点建设单位等共同进行编制,经主管部门批准后,颁发执行。其编制步骤和方法如下:

**(一)准备工作**

包括拟定工作计划,收集预算定额以及工资标准、材料预算价格、机械台班预算价格等有关资料,了解编制地区范围内的工程类别、结构特点、材料及构件生产、供应和运输等方面的情况,提出编制地区单位估价表的方案。

**(二)编制工作**

单位估价表的编制应根据已确定的编制方案进行,主要编制方法是:

1. 若单位估价表与预算定额合并编制时,则预算定额的项目即为单位估价表的项目。单位估价表的编制应贯彻简明适用的原则。

2. 确定单位估价表的人工、材料、机械台班用量。单独编制单位估价表时,应将所选定的定额项目的人工、材料、机械台班消耗量,抄录在空白单价表内,其中人工工日数量只抄录合计工日数。

3. 合理确定人工日工资标准和材料、机械台班预算单价。

(1)工日工资单价的确定

工日工资单价是根据地区建筑安装工人日工资标准,工资性质的津贴等,计算出日工资单价。

(2)材料预算价格及其选价的确定

1)材料预算价格的确定。

材料预算价格的确定方法已在前面作了介绍,不再重复。

应该注意的是材料预算价格是按不同材料的品种、规格、型号分别编制的单项价格。例如水泥,北京市2001年材料预算价格中列有不同品种、标号,及袋装、散装的各种预算价格。

在编制单位估价表时,其材料单价的选用有两种情况:若材料品种规格单一时,即选用它的预算价格作为计算单价;若材料品种规格繁多,如水泥、钢材、木材等,必须进行综合选价。

2)材料选价是编制建筑安装工程预算定额,确定分部分项单位估价表中材料费的依据,从而也是编制工程预算确定工程造价和拨款、结算的依据。

材料综合选价是根据预算定额内所综合的材料品种规格,以及工程特点、结构类型、工业与民用所占的比例等,测算出工程上常用的不同品种规格和用量,并结合当时供应情况,按照一定比例以材料预算价格为基础综合测定的价格。

(3)机械台班费及其台班费选价的确定

1)机械台班费的内容及编制方法详见前节所述。

2)机械台班费选价。

由于定额中某些项目同样综合了不同的机械规格型号,而不同的机械型号、规格有不同的台班费价格,所以编制单位估价表时,需对本地区工程常用机械的规格型号以及现有机械配备情况进行综合测算,确定出机械台班选价。

(4)计算单位估价表的人工费、材料费、机械费和预算价格

在确定了人工、材料和机械台班用量及单价的基础上,分别计算出人工费、材料费和机械费并汇总成单位估价表。其计算公式是:

每一定额计量单位分项工程预算价值 = 人工费 + 材料费 + 机械费

其中:

人工费 = 定额工日数量 × 预算工资单价

材料费 = $\sum$ (定额材料数量 × 相应材料预算选价) + 其他材料费

机械费 = Σ（定额机械台班数×相应机械台班费选价）＋其他机械费

（5）填表

## （三）修订定额

单位估价表编制完后，认真编写文字说明，包括总说明、分部说明、各节工作内容说明及附注等。文字应言简意明，表格简明适用。然后向有关方面征求意见，修改补充。定稿后报送主管部门审批后，颁发执行。

# 第8章 单位工程预算的费用组成

建筑安装工程费用项目按费用构成要素组成，划分为人工费、材料费、机械费（此三项之和就是预算定额的预算价或者叫直接费）、企业管理费、利润、规费和税金组成。

另外按工程造价形成顺序可划分为分部分项工程费、措施项目费、其他项目费、规费和税金组成。本章重点按费用构成要素组成讲述。费用组成的具体内容，不同地区、不同时期不尽相同。现将北京市2012年房屋建筑与装饰工程费用内容介绍如下：

## 第一节 预 算 价

预算价（或可称直接费）是指直接消耗在工程中的人工费、材料费、机械费的总和，它由直接工程费和措施项目费组成。

1. 直接工程费：是指施工过程中消耗的构成工程实体的各项费用，包括本书第11章土方工程直至第26章工程水电费全部费用的总和。这部分费用是按照施工图纸列出工程项目，计算出工程量，再根据定额中消耗的人工、材料、机械的数量，结合预算编制期的市场价格，按照定额有关规定计算出来的。这部分费用是编制预算中最核心、最关键的内容，这部分费用计算准确了，可以说预算基本上就准确了。

2. 措施项目费：是指为完成工程项目施工发生于该工程施工准备和施工过程中非工程实体项目的费用。这部分费用由分部分项措施费和安全文明施工费组成。其中

（1）分部分项措施费由下列费用组成：

1）脚手架费

2）混凝土模板及支架费

3）垂直运输费

4）超高施工增加费

5）施工排水、降水工程费

（2）安全文明施工费：是指工程施工期间，按照国家、地方现行的环境保护、建筑施工安全（消防）、施工现场环境与卫生标准等法规与条例的规定、购置和更新施工安全防护用具及设施、改善现场安全生产条件和作业环境所需要的费用。

施工措施项目费的计算在第27章讲述。

我们把直接工程费和措施项目费合并起来就是工程直接费，也可称为定额预算价格简称预算价。

## 第二节 企业管理费

企业管理费：建筑安装企业组织施工生产和经营管理所需的费用。包括内容如下：

1. 管理及服务人员工资

指按照规定支付企业管理及服务人员的岗位工资、薪级工资、绩效工资、津贴补贴、其他补助、特殊情况下支付的工资等。

（1）岗位工资：按工作人员所聘岗位职责和要求支付的工资。

（2）薪级工资：按工作人员的资历和工作表现支付的工资。

（3）绩效工资：按工作人员的实绩和贡献支付的工资。

（4）津贴补贴：为了补偿职工特殊或额外的劳动消耗和因其他特殊原因支付给个人的津贴。

（5）其他补助：交通补助、通讯补助、误餐补助等。

（6）特殊情况下支付的工资：依据国家法律、法规和政策规定支付的加班工资和加点工资。因病、工伤、产假、计划生育假、婚丧假、事假、探亲假、定期休假、停工学习、执行国家或执行社会义务等按计时工资标准或计时工资标准一定比例支付的工资。

2. 办公费：企业管理人员办公用的文具、纸张、账表、印刷、软件、电脑耗材、存储介质、网络、影音图像制品、书报、通讯邮资、会议、水电、烧水、集体取暖及生活用燃料、物业管理等费用。

3. 差旅交通费：职工因公出差、工作调动发生的差旅费、住勤补助费、市内交通费，职工探亲路费，劳动力招募费，职工退休、退职一次性路费，工伤人员就医路费，管理部门使用的交通工具的油料燃料费、高速公路通行费、停车费及牌照费等。

4. 固定资产使用费：管理和实验部门及附属生产单位使用的属于固定资产的房屋、交通工具（机动车）、电脑、设备、仪器、安全监控系统等的折旧、维修、大修或租赁费。

5. 工具用具使用费：不属于固定资产的工具、器具、家具、交通工具（非机动车）、检验、试验、测绘、消防用具等的购置、使用、维修和摊销费。

6. 劳动保险和职工福利费：由企业支付的离退休职工的异地安家补助费、职工退职金、六个月以上的病假人员的工资、职工死亡丧葬补助费、抚恤费、集体福利费、职工体检、独生子女费、住房补贴、冬季供暖补贴、因公外地就医费、职工疗养、职工供养的直系亲属医疗补助（贴）等费用。

7. 劳动保护费：企业按规定发放的劳动保护用品的支出。如：工作服、安全帽、手套、肥皂、雨衣、雨鞋、防暑降温等费用。

8. 工程质量检测费：是依据现行规范及文件规定，委托方委托检测机构对建筑材料、构件和建筑结构、建筑节能鉴定检测所发生的检测费。不包括对地基基础工程、建筑幕墙工程、钢结构工程、电梯工程、室内环境等所发生的专项检测费。

9. 工会经费：企业依据规定按职工工资总额比例计提的工会经费。如：工会活动经费、职工困难补助费等。

10. 职工教育经费：企业为职工进行专业技术和职业技能培训，专业技术人员继续教育，职工职业技能鉴定，职业资格考取以及根据需要对职工进行安全、文化教育等所发生的费用。按职工工资总额规定的比例计提。

11. 财产保险费：施工管理用财产、车辆保险等费用。

12. 财务经费：企业为施工生产筹集资金或提供的工程投标担保、预付款担保、履约担保、工资支付担保等所发生的各种财务费用。

13. 税金：企业按规定应缴纳的房产税、土地使用税、车船使用税、印花税等。

14. 其他：上述费用以外发上的费用。包括：技术开发转让服务等科技经费、业务招待费、广告费、咨询评估费、投标费、租赁费、保险费、审计费、公（鉴）证费、诉讼费、法律顾问费、协（学）会会费、党委宣传费、共青团经费、董事会费、上级集团（总公司）服务费、民兵训练费、绿化费、"门前三包"等。

## 第三节　利　　润

利润：施工企业完成所承包工程获得的盈利。

## 第四节　规　　费

规费是指政府和有关权力部门规定必须缴纳的费用。包括：

1. 社会保险费

（1）养老保险费：企业按照规定标准为职工缴纳的基本养老保险费。

（2）医疗保险费：企业按照规定标准为职工缴纳的基本医疗保险费。

（3）失业保险费：企业按照规定标准为职工缴纳的失业保险费。

（4）工伤保险费：企业按照规定标准为职工缴纳的工伤保险及农民工工伤保险费。

（5）生育保险费：企业按照规定标准为职工缴纳的生育保险费。

（6）残疾人就业保障金：企业按照规定标准为职工缴纳的残疾人就业保障金。

2. 住房公积金

企业按照国家和北京市规定的标准为职工缴纳的住房公积金。

## 第五节　税　　金

税金：按照国家和北京市规定应计入建筑工程造价的营业税、城市维护建设税、教育费附加及地方教育费附加。

## 第六节　总承包服务费

总承包服务费：施工总承包人为配合协调建设单位，在现行法律、法规允许的范围内另行发包的专业工程服务所需的费用。主要内容包括：施工现场的配合、协调、竣工资料汇总，为专业工程施工提供现有施工设施的使用。

1. 建设单位另行发包专业工程的两种服务形式：

（1）总承包人为建设单位提供现场配合、协调及竣工资料汇总等有偿服务。

（2）总承包人即为建设单位提供现场配合、协调、服务，又为专业工程承包人提供现有施工设施的使用。如：现场办公场所、水电、道路、脚手架、垂直运输及竣工资料汇总等服务内容。

2. 对建设单位自行供应材料（设备）的服务包括：材料（设备）运至指定地点后的核验、点交、保管、协调等有偿服务。材料（设备）价格计算按照材料（设备）预算价格计入基价中。结算时，承包人按材料（设备）预算价格的99%返还建设单位，不再计取总承包服务费。

## 第七节　现场管理费

现场管理费：施工企业项目经理部在组织施工过程中所发生的费用。内容包括：现场管理及服务人员工资、现场办公费、差旅交通费、劳动保护费、低值易耗品摊销费、工程质量检测费、财产保险费及其他等内容（注：此项费用已包含在企业管理费中，如果项目经理部须单独核算可参照企业管理费率表中所含的费率计算）。

## 第八节　房屋建筑与装饰工程费用标准

### 一、适用范围

1. 建筑工程

（1）单层建筑：适用于单层工业厂房；锅炉房；其他各类使用功能的单层建筑；如车棚、货棚、站台等。

（2）住宅建筑：适用于各类住宅、宿舍、公寓、别墅。

（3）公共建筑：不属于单层建筑和住宅建筑的其他各类用途的公共建筑。

2. 钢结构工程：适用于第 16 章金属结构工程（除金属制品外）。

3. 独立土石方工程：适用于竖向土石方工程。

4. 施工降水工程：适用于措施项目中的施工排水、降水工程。

5. 边坡支护及桩基础工程：适用于第 12 章中地基处理与边坡支护工程，桩基工程。

## 二、有关规定

（1）多跨联合厂房应以最大跨度为依据确定取费标准。单层厂房中分割出的多层生活间、附属用房等，均按单层厂房的相应取费标准执行。

（2）多层厂房或库房应按檐高执行公共建筑的相应取费标准。

（3）单项工程檐高不同时，应以其最高檐高为依据确定取费标准。

（4）一个单项工程中具有不同使用功能时，应以其主要使用功能即建筑面积比重大的确定取费标准。

（5）独立地下车库按公共建筑 25m 以下的取费标准执行；停车楼按公共建筑相应檐高的取费标准执行。

（6）借用其他专业工程定额子目的，仍执行本专业工程的取费标准。

（7）房屋建筑与装饰工程各取费标准见后面（预算造价费率表）。

（8）企业管理费构成比例。

**企业管理费构成比例**

| 序号 | 内容 | 比例（%） | 序号 | 内容 | 比例（%） |
|------|------|-----------|------|------|-----------|
| 1 | 管理及服务人员工资 | 46.29 | 9 | 工会经费 | 0.82 |
| 2 | 办公费 | 7.69 | 10 | 职工教育经费 | 3.05 |
| 3 | 差旅交通费 | 4.50 | 11 | 财产保险费 | 0.28 |
| 4 | 固定资产使用费 | 5.05 | 12 | 财务费用 | 9.10 |
| 5 | 工具用具使用费 | 0.26 | 13 | 税金 | 1.44 |
| 6 | 劳动保险和职工福利费 | 2.72 | 14 | 其他 | 18.03 |
| 7 | 劳动保护费 | 0.71 | 15 | 合计 | 100.00 |
| 8 | 工程质量检测费 | 0.06 | | | |

## 三、计算规则

1. 预算价：由人工费、材料费、机械费之和组成。

2. 企业管理费：以相应部分的预算价为基数计算。

3. 利润：以预算价和企业管理费之和为基数计算。

4. 规费：以人工费为基数计算。

5. 税金：以预算价、企业管理费、利润、规费之和为基数计算。

6. 专业工程造价：由以预算价、企业管理费、利润、规费、税金组成。

7. 总承包服务费：按另行发包的专业工程造价（不含设备费）为基数计算。

## 四、房屋建筑与装饰工程预算造价费率表

### 一、企业管理费

| 序号 | 项目 | | | 计费基数 | 企业管理费率（%） | 其　中 | |
|---|---|---|---|---|---|---|---|
| | | | | | | 现场管理费率（%） | 其中工程质量检测费率（%） |
| 1 | 单层建筑 | 厂房 | 跨度18m以内 | 预算费 | 7.83 | 3.41 | 0.41 |
| 2 | | | 跨度18m以外 | | 8.91 | 3.80 | 0.43 |
| 3 | | 其他 | | | 7.52 | 3.14 | 0.39 |
| 4 | 住宅建筑 | 檐高 | 25m以下 | | 7.67 | 3.27 | 0.42 |
| 5 | | | 45m以下 | | 8.28 | 3.58 | 0.44 |
| 6 | | | 80m以下 | | 8.46 | 3.77 | 0.45 |
| 7 | | | 80m以上 | | 8.53 | 3.85 | 0.46 |
| 8 | 公共建筑 | | 25m以下 | | 8.01 | 3.44 | 0.43 |
| 9 | | | 45m以下 | | 9.05 | 3.93 | 0.45 |
| 10 | | | 80m以下 | | 9.29 | 4.16 | 0.46 |
| 11 | | | 120m以下 | | 9.47 | 4.31 | 0.47 |
| 12 | | | 200m以下 | | 9.65 | 4.47 | 0.48 |
| 13 | | | 200m以上 | | 9.81 | 4.62 | 0.49 |
| 14 | 钢结构 | | | | 3.36 | 1.40 | |
| 15 | 独立土石方 | | | | 5.81 | 2.45 | |
| 16 | 降水工程 | | | | 5.85 | 2.52 | |
| 17 | 边坡支护及桩基础工程 | | | | 6.08 | 2.36 | |

### 二、利润

| 序号 | 项目 | 计费基数 | 费率（%） |
|---|---|---|---|
| 1 | 利润 | 预算价＋企业管理费 | 7.00 |

### 三、规费

| 序号 | 项目 | 计费基数 | 规费费率（%） | 其　中 | |
|---|---|---|---|---|---|
| | | | | 社会保险费率（%） | 住房公积金费率（%） |
| 1 | 规费 | 人工费 | 20.25 | 14.76 | 5.49 |

### 四、税金

| 序号 | 项目 | 计费基数 | 费率（%） |
|---|---|---|---|
| 1 | 市区区域 | 预算价＋企业管理费＋利润＋规费 | 3.48 |
| 2 | 县城、镇区域 | | 3.41 |
| 3 | 其他区域 | | 3.28 |

### 五、总承包服务费

| 序号 | 内容 | 计费基数 | 费率（%） |
|---|---|---|---|
| 1 | 配合、协调 | 专业工程造价（不含设备费） | 1.5～2 |
| 2 | 配合、协调、服务 | | 3～5 |

### 五、房屋建筑与装饰工程预算造价费用计算程序表

| 序号 | 费用名称 | 费率 | 计算式 | 金额 |
|---|---|---|---|---|
| 1 | 直接工程费 | | | |
| 1.1 | 其中：人工费 | | | |
| 2 | 分部分项措施费 | | | |
| 2.1 | 其中：人工费 | | | |
| 3 | 文明安全施工费 | | （1＋2）×费率 | |
| 4 | 预算价（直接费） | | 1＋2＋3 | |
| 5 | 计日工 | | 按甲方提出的图纸以外的项目计算 | |
| 5.1 | 其中：人工费 | | | |
| 6 | 企业管理费 | | （4＋5）×费率 | |
| 7 | 利润 | | （4＋5＋6）×费率 | |
| 8 | 规费 | | （1.1＋2.1＋5.1）×费率 | |
| 9 | 总承包服务费 | | | |
| 10 | 税金 | | （4＋5＋6＋7＋8＋9）×费率 | |
| 11 | 工程造价 | | 4＋5＋6＋7＋8＋9＋10 | |

按工程造价造价形成顺序费用的计算，北京市范围内的工程可按照北京市住房和城乡建设委员会文件京建发（2013）7 号执行。全国其他各地可参照住房和城乡建设部、财政部关于印发《建筑安装工程费用项目组成》的通知建标（2013）44 号执行，见本章第 11 节。

# 第九节　北京市住房和城乡建设委员会关于颁发 2012 年《北京市建设工程计价依据——预算定额》的通知

京建发〔2012〕538 号

各有关单位：

为加强我市建筑市场管理，适应市场经济规律，引导市场合理确定并有效控制工程造价，构建和维护健康有序的市场环境，我委编制了 2012 年《北京市建设工程计价依据——预算定额》（以下简称本定额），现予发布。

本定额作为北京市行政区域内编制建设工程预算、工程招标、工程量清单计价、国有投资工程编制标底或最高投标限价（招标控制价）、签订工程施工承包合同、拨付工程款及办理竣工结算的依据，作为工程投标报价的参考依据。

本定额自 2013 年 7 月 1 日起执行，2001 年《北京市建设工程预算定额》及其配套文件同时停止使用。

本定额由北京市建设工程造价管理处负责解释和管理。

北京市住房和城乡建设委员会<br>2012 年 12 月 20 日

## 第十节 北京市住房和城乡建设委员会关于印发《关于执行 2012 年〈北京市建设工程计价依据——预算定额〉的规定》的通知

京建法〔2013〕7 号

各有关单位：

根据《关于颁发 2012 年〈北京市建设工程计价依据——预算定额〉的通知》（京建发〔2012〕538 号）的精神，我市自 2013 年 7 月 1 日起执行 2012 年《北京市建设工程计价依据——预算定额》。为配合 2012 年《北京市建设工程计价依据——预算定额》的执行，现将《关于执行 2012 年〈北京市建设工程计价依据——预算定额〉的规定》印发给你们，请遵照执行。

特此通知。

附件：《关于执行 2012 年〈北京市建设工程计价依据——预算定额〉的规定》

北京市住房和城乡建设委员会
2013 年 4 月 11 日

附件：

## 关于执行 2012 年《北京市建设工程计价依据——预算定额》的规定

**一、2012 年《北京市建设工程计价依据——预算定额》**

（以下简称 2012 年预算定额）执行时间

1. 2013 年 7 月 1 日（含）起，凡在北京市行政区域内新建、扩建、整体更新改造及复建的房屋建筑与装饰工程、通用安装工程、市政工程、园林绿化工程、城市轨道交通工程、仿古建筑工程、构筑物工程，应按 2012 年预算定额执行。

2. 2013 年 7 月 1 日以前施工总承包工程、专业承包的房屋建筑和市政基础设施工程已进入招标程序或依法已签订工程施工合同的工程，仍按 2001 年《北京市建设工程预算定额》、相关配套管理文件的规定及双方签订的施工合同执行。专业分包施工合同的计价依据按总承包施工合同中计价依据的要求执行。

**二、建筑安装工程费用组成**

（一）定额综合单价

1. 定额综合单价应由预算单价（人工费、材料费、机械费之和）、企业管理费、利润及风险费用构成。其中预算单价应按本规定的第三条执行。

清单综合单价可由一个或几个定额综合单价组成。

2. 分部分项工程和按分部分项计价的措施项目应采用定额综合单价计价。

（二）建筑安装工程费用组成

建筑安装工程费用由分部分项工程费、措施项目费、其他项目费、规费和税金五部分组成。

1. 2012 年预算定额中的分部分项工程费是指各专业预算定额各章节（措施项目章节除外）费用合计金额。

2. 2012 年预算定额中的措施项目费是指各专业预算定额措施项目章节费用合计金额。措施项目费应根据工程具体情况，依据工程施工组织设计或施工方案合理确定相关费用，预算定额中的措施项目可作为计价的参考依据。预算定额中不包括二次搬运费、冬雨季施工增加费、夜间施工增加费、已完工程及设备保护费，发生时应另行计算。

（1）二次搬运费是指因施工场地条件限制而发生的材料、构配件、半成品等一次运输不能到达堆放地点，必须进行二次或多次搬运所发生的费用。

（2）冬雨季施工增加费是指在冬季或雨季施工需增加的临时设施、防滑、排除雨雪，人工及施工机械效率降低等费用。

（3）夜间施工增加费是指因夜间施工所发生的夜班补助费、夜间施工降效、夜间施工照明设备摊销及照明用电等费用。

（4）已完工程及设备保护费是指竣工验收前，对已完工程及设备采取的必要保护措施所发生的费用。

3. 其他项目费包括总承包服务费、计日工、暂估价、暂列金额等内容

材料（设备）暂估单价应按招标人在其他项目清单中列出的单价计入定额综合单价。材料（设备）暂估价中的损耗率应按预算定额损耗率执行。

4. 规费是指按国家法律、法规规定，根据北京市政府相关部门规定必须缴纳或计取的，应计入建筑安装工程造价的费用。2012年预算定额中的规费包括：住房公积金、基本医疗保险基金、基本养老保险费、失业保险基金、工伤保险基金、残疾人就业保障金、生育保险七项费用。应按投标期人工市场价计算出的人工费作为取费基数。费率由建设行政主管部门适时发布，进行调整。

5. 税金是指国家税法规定的应计入建筑安装工程造价内的营业税、城市维护建设税、教育费附加及地方教育费附加。

（三）规费、安全文明施工费不得低于预算定额费率标准，应单独列出，不得作为竞争性费用

**三、预算单价的确定**

2012年预算定额中的人工、材料、机械等价格和以"元"形式出现的费用均为定额编制期的市场预算价格，在编制建设工程招标控制价或标底、投标报价、工程预算、工程结算时，应全部实行当期市场预算价格。

**四、招标控制价或标底的编制**

1. 招标控制价应根据2012年预算定额和相关计价办法及《北京工程造价信息》或参照市场价格进行编制。

2. 招标人列出的暂估价应按北京市住房和城乡建设委员会"关于进一步规范北京市房屋建筑和市政基础设施工程施工发包承包活动的通知（京建发【2011】130号）"文件中第十条规定执行。

3. 定额综合单价中的企业管理费、利润应按现行定额费率标准执行。

4. 招标控制价应按分部分项工程费、措施项目费、其他项目费、规费和税金五部分公布相应合计金额。

5. 标底编制应合理考虑市场竞争因素，参照上述办法执行。

6. 最高投标限价视同于招标控制价

**五、投标报价编制**

1. 投标人应根据企业定额或参照2012年预算定额进行报价，定额综合单价中应考虑风险费用。

2. 定额综合单价中的利润为可竞争费用，企业管理费可根据企业的管理水平和工程项目的具体情况自主报价，但不得影响工程质量、安全、成本。

**六、风险范围及幅度的规定**

招标文件及合同中应明确风险内容及其范围、幅度、不得采用无限风险、所有风险或类似语句规定风险范围及幅度。主要材料和机械以及人工风险幅度在±3%～±6%区间内约定。

（一）风险幅度变化确定原则

1. 基准价：招标人应在招标文件中明确投标报价的具体月份为基准期，与基准期对应的主要材料和机械以及人工市场价格为基准价。

基准价应以《北京工程造价信息》（以下简称造价信息）中的市场信息价格为依据确定。造价信息价格中有上、下限的，以下限为准；造价信息价格缺项时，应以发包人、承包人共同确认的市场价格为依据确定。

2. 施工期市场价应以发包人、承包人共同确认的价格为准。若发包人、承包人未能就施工期市场价格达成一致，可以参考施工期的造价信息价格。

3. 风险幅度的计算

（1）当承包人投标报价中的主要材料和机械以及人工单价低于基准价时，施工期市场价的涨幅以基准价格为基础确定，跌幅以投标报价为基础确定，涨（跌）幅度超过合同约定的风险幅度值时，其超过部分按第六款第（二）条的规定执行。

（2）当承包人投标报价中的主要材料和机械以及人工单价高于基准价时，施工期市场价跌幅以基准价格为基础确定，涨幅以投标报价为基础确定，涨（跌）幅度超过合同约定的风险幅度值时，其超过部分按第六款第（二）条的规定执行。

（3）当承包人投标报价中的主要材料和机械以及人工单价等于基准价时，施工期市场价涨（跌）幅度以基准价格为基础确定，涨（跌）幅度超过合同约定的风险幅度值时，其超过部分按第六款第（二）条的规定执行。

（二）超过风险幅度的调整原则

1. 发包人、承包人应当在施工合同中约定市场价格变化幅度超过合同约定幅度的单价调整办法，可采用加权平均法、算术平均法或其他计算方法。

2. 主要材料和机械市场价格的变化幅度小于或等于合同中约定的价格变化幅度时，不做调整；变化幅度大于合同中约定的价格变化幅度时，应当计算超过部分的价格差额，其价格差额由发包人承担或受益。

3. 人工市场价格的变化幅度小于或等于合同中约定的价格变化幅度时，不做调整；变化幅度大于合同中约定的价格变化幅度时，应当计算全部价格差额，其价格差额由发包人承担或受益。

4. 人工费价格差额不计取规费；人工、材料、机械计算后的价格差额只计取税金。

## 七、竣工结算

工程竣工后，承包人应按合同约定向发包人提交竣工结算书，发包人应按合同约定进行审核。

（一）材料（设备）暂估价的调整办法

编制竣工结算时，材料（设备）暂估价若是招标采购的，应按中标价调整；若为非招标采购的，应按发、承包双方最终确认的材料（设备）单价调整。材料（设备）暂估价价格差额只计取税金。

（二）专业工程结算价

专业工程结算价中应包括专业工程施工所发生的分部分项工程费、专业施工的措施项目费、规费、税金等全部费用。

## 八、其他有关说明

1. 2012 年预算定额企业管理费中的职工教育经费中已包括一线生产工人教育培训费，一线生产工人教育培训费占企业管理费费率的 1.55%，在编制招标控制价或标底、投标报价、工程结算时不得重复计算。

2. 各专业定额中的现场管理费费率是施工企业内部核算的参考费率，已包括在企业管理费费率中；工程质量检测费费率是计算检测费时的参考费率，已包括在现场管理费费率中；企业内部核算或计算检测费时应以预算价（或人工费）为基数计算，在编制招标控制价或标底、投标报价、工程结算时不得重复计算。

附表一　招标控制价或标底、投标报价计算程序表
附表二　结算计算程序表
附表三　定额综合单价计算表（以预算单价为基数）
附表四　定额综合单价计算表（以人工费为基数）
附表五　材料（设备）暂估价汇总表
附表六　材料（设备）暂估价结算汇总表

附表一 招标控制价或标底、投标报价计算程序表

| 序号 | 项 目 | | | | 计算式 |
|---|---|---|---|---|---|
| 1 | 分部分项工程费 | | | | |
| 1.1 | 其中 | 人工费 | | | |
| 1.2 | | 材料（设备）暂估价 | | | |
| 2 | 措施项目费 | | | | |
| 2.1 | 其中 | 人工费 | | | |
| 2.2 | | 安全文明施工费 | | | |
| 3 | 其他项目费 | | | | |
| 3.1 | 其中 | 总承包服务费 | | | |
| 3.2 | | 计日工 | | | |
| 3.2.1 | | 其中 | 人工费 | | |
| 3.3 | | 专业工程暂估价 | | | |
| 3.4 | | 暂列金额 | | | |
| 4 | 规费 | | | | （1.1+2.1+3.2.1）×相应费率 |
| 5 | 税金 | | | | （1+2+3.1+3.2+4）×相应费率 |
| 6 | 合计 | | | | 1+2+3+4+5 |

注：1. 计算规费时，以人工费为计取基数的工程，2.1.人工费中不包括安全文明施工费中的人工费。

2. 此表可根据工程具体情况增加项目。

附表二 结算计算程序表

| 序号 | 项 目 | | | | 金额（元） |
|---|---|---|---|---|---|
| 1 | 分部分项工程费 | | | | |
| 1.1 | 其中 | 人工费 | | | |
| 2 | 措施项目费 | | | | |
| 2.1 | 其中 | 人工费 | | | |
| 2.2 | | 安全文明施工费 | | | |
| 3 | 其他项目费 | | | | |
| 3.1 | 其中 | 总承包服务费 | | | |
| 3.2 | | 计日工 | | | |
| 3.2.1 | | 其中 | 人工费 | | |
| 4 | 规费 | | | | （1.1+2.1+3.2.1）×相应费率 |
| 5 | 人工费、材料（设备）费、机械费差价合计 | | | | |
| 6 | 税金 | | | | （1+2+3+4+5）×相应费率 |
| 7 | 合计 | | | | 1+2+3+4+5+6 |

注：1. 计算规费时，以人工费为计取基数的工程，2.1.人工费中不包括安全文明施工费中的人工费。

2. 此表可根据工程具体情况增加项目。

**附表三　定额综合单价计算程序表（以预算单价为基数）**

| 序　号 | 项　目 | 计算式 |
|--------|--------|--------|
| 1 | 预算单价 | 人工费＋材料费＋机械费 |
| 2 | 企业管理费 | 1×相应费率 |
| 3 | 利润 | （1＋2）×相应费率 |
| 4 | 定额综合单价 | 1＋2＋3 |

**附表四　定额综合单价计算程序表（以人工费为基数）**

| 序　号 | 项　目 | 计算式 |
|--------|--------|--------|
| 1 | 预算单价 | 人工费＋材料费＋机械费 |
| 1.1 | 其中：人工费 | |
| 2 | 企业管理费 | 1.1×相应费率 |
| 3 | 利润 | （1.1＋2）×相应费率 |
| 4 | 定额综合单价 | 1＋2＋3 |

**附表五　材料（设备）暂估价汇总表**

| 序号 | 材料（设备）名称、规格、型号 | 单位 | 数量 | 损耗率（％） | 暂估单价（元） | 合价（元） | 备注 |
|------|------|------|------|------|------|------|------|
| | | | | | | | |
| | | | | | | | |
| | | | | | | | |
| | | | | | | | |
| | | | | | | | |
| | | | | | | | |

注：表中损耗率按各专业定额执行。

**附表六　材料（设备）暂估价结算汇总表**

| 序号 | 材料（设备）名称、规格、型号 | 单位 | 数量 | 损耗率（％） | 暂估单价（元） | 确认单价（元） | 单价差额（元） | 合计差额（元） | 备注 |
|------|------|------|------|------|------|------|------|------|------|
| | | | | | | | | | |
| | | | | | | | | | |
| | | | | | | | | | |
| | | | | | | | | | |
| | | | | | | | | | |

注：表中损耗率按各专业定额执行。

## 第十一节　住房和城乡建设部　财政部关于印发《建筑安装工程费用项目组成》的通知

建标［2013］44 号

各省、自治区住房和城乡建设厅、财政厅，直辖市建委（建交委）、财政局，国务院有关部门：

为适应深化工程计价改革的需要，根据国家有关法律、法规及相关政策，在总结原建设部、财政部《关于印发〈建筑安装工程费用项目组成〉的通知》（建标［2003］206 号）（以下简称《通知》）执行情况的基础上，我们修订完成了《建筑安装工程费用项目组成》（以下简称《费用组成》），现印发给你们。为便于各地区、各部门做好发布后的贯彻实施工作，现将主要调整内容和贯彻实施有关事项通知如下：

一、《费用组成》调整的主要内容：

（一）建筑安装工程费用项目按费用构成要素组成划分为人工费、材料费、施工机具使用费、企业管理费、利润、规费和税金（见附件 1）。

（二）为指导工程造价专业人员计算建筑安装工程造价，将建筑安装工程费用按工程造价形成顺序划分为分部分项工程费、措施项目费、其他项目费、规费和税金（见附件 2）。

（三）按照国家统计局《关于工资总额组成的规定》，合理调整了人工费构成及内容。

（四）依据国家发展改革委、财政部等 9 部委发布的《标准施工招标文件》的有关规定，将工程设备费列入材料费；原材料费中的检验试验费列入企业管理费。

（五）将仪器仪表使用费列入施工机具使用费；大型机械进出场及安拆费列入措施项目费。

（六）按照《社会保险法》的规定，将原企业管理费中劳动保险费中的职工死亡丧葬补助费、抚恤费列入规费中的养老保险费；在企业管理费中的财务费和其他中增加担保费用、投标费、保险费。

（七）按照《社会保险法》、《建筑法》的规定，取消原规费中危险作业意外伤害保险费，增加工伤保险费、生育保险费。

（八）按照财政部的有关规定，在税金中增加地方教育费附加。

二、为指导各部门、各地区按照本通知开展费用标准测算等工作，我们对原《通知》中建筑安装工程费用参考计算方法、公式和计价程序等进行了相应的修改完善，统一制订了《建筑安装工程费用参考计算方法》和《建筑安装工程计价程序》（见附件 3、附件 4）。

三、《费用组成》自 2013 年 7 月 1 日起施行，原建设部、财政部《关于印发〈建筑安装工程费用项目组成〉的通知》（建标［2003］206 号）同时废止。

附件：1. 建筑安装工程费用项目组成（按费用构成要素划分）
　　　2. 建筑安装工程费用项目组成（按造价形成划分）
　　　3. 建筑安装工程费用参考计算方法
　　　4. 建筑安装工程计价程序

住房和城乡建设部　财政部
2013 年 3 月 21 日

附件 1：

## 建筑安装工程费用项目组成（按费用构成要素划分）

建筑安装工程费按照费用构成要素划分：由人工费、材料（包含工程设备，下同）费、施工机具使用费、企业管理费、利润、规费和税金组成。其中人工费、材料费、施工机具使用费、企业管理费和利润包含在分部分项工程费、措施项目费、其他项目费中（见附表）。

（一）人工费：是指按工资总额构成规定，支付给从事建筑安装工程施工的生产工人和附属生产单位工人的各项费用。内容包括：

1. 计时工资或计件工资：是指按计时工资标准和工作时间或对已做工作按计件单价支付给个人的劳动报酬。

2. 奖金：是指对超额劳动和增收节支支付给个人的劳动报酬。如节约奖、劳动竞赛奖等。

3. 津贴补贴：是指为了补偿职工特殊或额外的劳动消耗和因其他特殊原因支付给个人的津贴，以及为了保证职工工资水平不受物价影响支付给个人的物价补贴。如流动施工津贴、特殊地区施工津贴、高温（寒）作业临时津贴、高空津贴等。

4. 加班加点工资：是指按规定支付的在法定节假日工作的加班工资和在法定日工作时间外延时工作的加点工资。

5. 特殊情况下支付的工资：是指根据国家法律、法规和政策规定，因病、工伤、产假、计划生育假、婚丧假、事假、探亲假、定期休假、停工学习、执行国家或社会义务等原因按计时工资标准或计时工资标准的一定比例支付的工资。

（二）材料费：是指施工过程中耗费的原材料、辅助材料、构配件、零件、半成品或成品、工程设备的费用。内容包括：

1. 材料原价：是指材料、工程设备的出厂价格或商家供应价格。

2. 运杂费：是指材料、工程设备自来源地运至工地仓库或指定堆放地点所发生的全部费用。

3. 运输损耗费：是指材料在运输装卸过程中不可避免的损耗。

4. 采购及保管费：是指为组织采购、供应和保管材料、工程设备的过程中所需要的各项费用。包括采购费、仓储费、工地保管费、仓储损耗。

工程设备是指构成或计划构成永久工程一部分的机电设备、金属结构设备、仪器装置及其他类似的设备和装置。

（三）施工机具使用费：是指施工作业所发生的施工机械、仪器仪表使用费或其租赁费。

1. 施工机械使用费：以施工机械台班耗用量乘以施工机械台班单价表示，施工机械台班单价应由下列七项费用组成：

（1）折旧费：指施工机械在规定的使用年限内，陆续收回其原值的费用。

（2）大修理费：指施工机械按规定的大修理间隔台班进行必要的大修理，以恢复其正常功能所需的费用。

（3）经常修理费：指施工机械除大修理以外的各级保养和临时故障排除所需的费用。包括为保障机械正常运转所需替换设备与随机配备工具附具的摊销和维护费用，机械运转中日常保养所需润滑与擦拭的材料费用及机械停滞期间的维护和保养费用等。

（4）安拆费及场外运费：安拆费指施工机械（大型机械除外）在现场进行安装与拆卸所需的人工、材料、机械和试运转费用以及机械辅助设施的折旧、搭设、拆除等费用；场外运费指施工机械整体或分体自停放地点运至施工现场或由一施工地点运至另一施工地点的运输、装卸、辅助材料及架线等费用。

（5）人工费：指机上司机（司炉）和其他操作人员的人工费。

（6）燃料动力费：指施工机械在运转作业中所消耗的各种燃料及水、电等。

（7）税费：指施工机械按照国家规定应缴纳的车船使用税、保险费及年检费等。

2. 仪器仪表使用费：是指工程施工所需使用的仪器仪表的摊销及维修费用。

（四）企业管理费：是指建筑安装企业组织施工生产和经营管理所需的费用。内容包括：

1. 管理人员工资：是指按规定支付给管理人员的计时工资、奖金、津贴补贴、加班加点工资及特殊情况下支付的工资等。

2. 办公费：是指企业管理办公用的文具、纸张、账表、印刷、邮电、书报、办公软件、现场监控、会议、水电、烧水和集体取暖降温（包括现场临时宿舍取暖降温）等费用。

3. 差旅交通费：是指职工因公出差、调动工作的差旅费、住勤补助费，市内交通费和误餐补助费，职工探亲路费，劳动力招募费，职工退休、退职一次性路费，工伤人员就医路费，工地转移费以及管理部门使用的交通工具的油料、燃料等费用。

4. 固定资产使用费：是指管理和试验部门及附属生产单位使用的属于固定资产的房屋、设备、仪器等的折旧、大修、维修或租赁费。

5. 工具用具使用费：是指企业施工生产和管理使用的不属于固定资产的工具、器具、家具、交通工具和检验、试验、测绘、消防用具等的购置、维修和摊销费。

6. 劳动保险和职工福利费：是指由企业支付的职工退职金、按规定支付给离休干部的经费，集体福利费、夏季防暑降温、冬季取暖补贴、上下班交通补贴等。

7. 劳动保护费：是企业按规定发放的劳动保护用品的支出。如工作服、手套、防暑降温饮料以及在有碍身体健康的环境中施工的保健费用等。

8. 检验试验费：是指施工企业按照有关标准规定，对建筑以及材料、构件和建筑安装物进行一般鉴定、检查所发生的费用，包括自设试验室进行试验所耗用的材料等费用。不包括新结构、新材料的试验费，对构件做破坏性试验及其他特殊要求检验试验的费用和建设单位委托检测机构进行检测的费用，对此类检测发生的费用，由建设单位在工程建设其他费用中列支。但对施工企业提供的具有合格证明的材料进行检测不合格的，该检测费用由施工企业支付。

9. 工会经费：是指企业按《工会法》规定的全部职工工资总额比例计提的工会经费。

10. 职工教育经费：是指按职工工资总额的规定比例计提，企业为职工进行专业技术和职业技能培训，专业技术人员继续教育、职工职业技能鉴定、职业资格认定以及根据需要对职工进行各类文化教育所发生的费用。

11. 财产保险费：是指施工管理用财产、车辆等的保险费用。

12. 财务费：是指企业为施工生产筹集资金或提供预付款担保、履约担保、职工工资支付担保等所发生的各种费用。

13. 税金：是指企业按规定缴纳的房产税、车船使用税、土地使用税、印花税等。

14. 其他：包括技术转让费、技术开发费、投标费、业务招待费、绿化费、广告费、公证费、法律顾问费、审计费、咨询费、保险费等。

（五）利润：是指施工企业完成所承包工程获得的盈利。

（六）规费：是指按国家法律、法规规定，由省级政府和省级有关权力部门规定必须缴纳或计取的费用。包括：

1. 社会保险费

（1）养老保险费：是指企业按照规定标准为职工缴纳的基本养老保险费。

（2）失业保险费：是指企业按照规定标准为职工缴纳的失业保险费。

（3）医疗保险费：是指企业按照规定标准为职工缴纳的基本医疗保险费。

（4）生育保险费：是指企业按照规定标准为职工缴纳的生育保险费。

（5）工伤保险费：是指企业按照规定标准为职工缴纳的工伤保险费。

2. 住房公积金：是指企业按规定标准为职工缴纳的住房公积金。

3. 工程排污费：是指按规定缴纳的施工现场工程排污费。

其他应列而未列入的规费，按实际发生计取。

（七）税金：是指国家税法规定的应计入建筑安装工程造价内的营业税、城市维护建设税、教育费附加以及地方教育费附加。

## 建筑安装工程费用项目组成表（按费用构成要素划分）

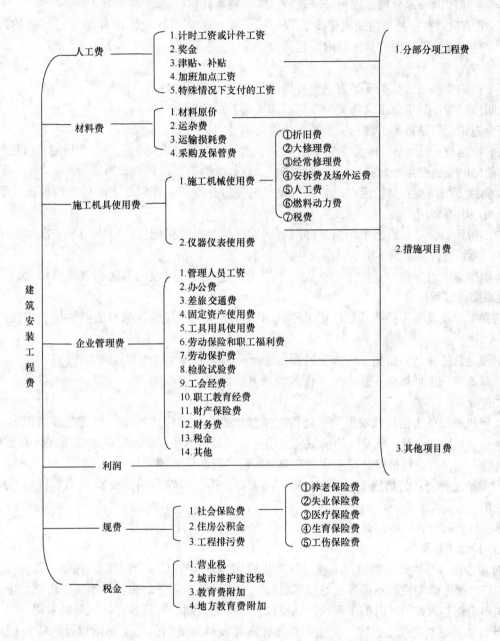

附件2：

## 建筑安装工程费用项目组成（按造价形成划分）

建筑安装工程费按照工程造价形成由分部分项工程费、措施项目费、其他项目费、规费、税金组成，分部分项工程费、措施项目费、其他项目费包含人工费、材料费、施工机具使用费、企业管理费和利润（见附表）。

（一）分部分项工程费：是指各专业工程的分部分项工程应予列支的各项费用。

1. 专业工程：是指按现行国家计量规范划分的房屋建筑与装饰工程、仿古建筑工程、通用安装工程、市政工程、园林绿化工程、矿山工程、构筑物工程、城市轨道交通工程、爆破工程等各类工程。

2. 分部分项工程：指按现行国家计量规范对各专业工程划分的项目。如房屋建筑与装饰工程划分的土石方工程、地基处理与桩基工程、砌筑工程、钢筋及钢筋混凝土工程等。

各类专业工程的分部分项工程划分见现行国家或行业计量规范。

（二）措施项目费：是指为完成建设工程施工，发生于该工程施工前和施工过程中的技术、生活、安全、环境保护等方面的费用。内容包括：

1. 安全文明施工费

①环境保护费：是指施工现场为达到环保部门要求所需要的各项费用。

②文明施工费：是指施工现场文明施工所需要的各项费用。

③安全施工费：是指施工现场安全施工所需要的各项费用。

④临时设施费：是指施工企业为进行建设工程施工所必须搭设的生活和生产用的临时建筑物、构筑物和其他临时设施费用。包括临时设施的搭设、维修、拆除、清理费或摊销费等。

2. 夜间施工增加费：是指因夜间施工所发生的夜班补助费、夜间施工降效、夜间施工照明设备摊销及照明用电等费用。

3. 二次搬运费：是指因施工场地条件限制而发生的材料、构配件、半成品等一次运输不能到达堆放地点，必须进行二次或多次搬运所发生的费用。

4. 冬雨季施工增加费：是指在冬季或雨季施工需增加的临时设施、防滑、排除雨雪，人工及施工机械效率降低等费用。

5. 已完工程及设备保护费：是指竣工验收前，对已完工程及设备采取的必要保护措施所发生的费用。

6. 工程定位复测费：是指工程施工过程中进行全部施工测量放线和复测工作的费用。

7. 特殊地区施工增加费：是指工程在沙漠或其边缘地区、高海拔、高寒、原始森林等特殊地区施工增加的费用。

8. 大型机械设备进出场及安拆费：是指机械整体或分体自停放场地运至施工现场或由一个施工地点运至另一个施工地点，所发生的机械进出场运输及转移费用及机械在施工现场进行安装、拆卸所需的人工费、材料费、机械费、试运转费和安装所需的辅助设施的费用。

9. 脚手架工程费：是指施工需要的各种脚手架搭、拆、运输费用以及脚手架购置费的摊销（或租赁）费用。

措施项目及其包含的内容详见各类专业工程的现行国家或行业计量规范。

（三）其他项目费

1. 暂列金额：是指建设单位在工程量清单中暂定并包括在工程合同价款中的一笔款项。用于施工合同签订时尚未确定或者不可预见的所需材料、工程设备、服务的采购，施工中可能发生的工程变更、合同约定调整因素出现时的工程价款调整以及发生的索赔、现场签证确认等的费用。

2. 计日工：是指在施工过程中，施工企业完成建设单位提出的施工图纸以外的零星项目或工作所需的费用。

3. 总承包服务费：是指总承包人为配合、协调建设单位进行的专业工程发包，对建设单位自行采购的材料、工程设备等进行保管以及施工现场管理、竣工资料汇总整理等服务所需的费用。

（四）规费：定义同附件1。

（五）税金：定义同附件1。

附表

## 建筑安装工程费用项目组成表（按造价形成划分）

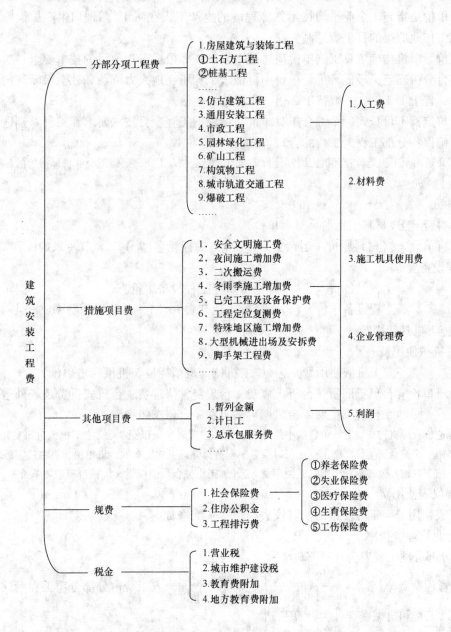

附件3：

## 建筑安装工程费用参考计算方法

一、各费用构成要素参考计算方法如下：

（一）人工费

公式1：

人工费 = $\sum$（工日消耗量 × 日工资单价）

日工资单价 = $\dfrac{\text{生产工人平均月工资（计时、计件）} + \text{平均月（奖金 + 津贴补贴 + 特殊情况下支付的工资）}}{\text{年平均每月法定工作日}}$

95

注：公式 1 主要适用于施工企业投标报价时自主确定人工费，也是工程造价管理机构编制计价定额确定定额人工单价或发布人工成本信息的参考依据。

公式 2：

$$人工费 = \sum(工程工日消耗量 \times 日工资单价)$$

日工资单价是指施工企业平均技术熟练程度的生产工人在每工作日（国家法定工作时间内）按规定从事施工作业应得的日工资总额。

工程造价管理机构确定日工资单价应通过市场调查、根据工程项目的技术要求，参考实物工程量人工单价综合分析确定，最低日工资单价不得低于工程所在地人力资源和社会保障部门所发布的最低工资标准的：普工 1.3 倍、一般技工 2 倍、高级技工 3 倍。

工程计价定额不可只列一个综合工日单价，应根据工程项目技术要求和工种差别适当划分多种日人工单价，确保各分部工程人工费的合理构成。

注：公式 2 适用于工程造价管理机构编制计价定额时确定定额人工费，是施工企业投标报价的参考依据。

（二）材料费

1. 材料费

$$材料费 = \sum(材料消耗量 \times 材料单价)$$

$$材料单价 = \{(材料原价 + 运杂费) \times [1 + 运输损耗率(\%)]\} \times [1 + 采购保管费率(\%)]$$

2. 工程设备费

$$工程设备费 = \sum(工程设备量 \times 工程设备单价)$$

$$工程设备单价 = (设备原价 + 运杂费) \times [1 + 采购保管费率(\%)]$$

（三）施工机具使用费

1. 施工机械使用费

$$施工机械使用费 = \sum(施工机械台班消耗量 \times 机械台班单价)$$

$$机械台班单价 = 台班折旧费 + 台班大修费 + 台班经常修理费 + 台班安拆费及场外运费$$
$$+ 台班人工费 + 台班燃料动力费 + 台班车船税费$$

注：工程造价管理机构在确定计价定额中的施工机械使用费时，应根据《建筑施工机械台班费用计算规则》结合市场调查编制施工机械台班单价。施工企业可以参考工程造价管理机构发布的台班单价，自主确定施工机械使用费的报价，如租赁施工机械，公式为：施工机械使用费 $= \sum(施工机械台班消耗量 \times 机械台班租赁单价)$

2. 仪器仪表使用费

仪器仪表使用费 = 工程使用的仪器仪表摊销费 + 维修费

（四）企业管理费费率

（1）以分部分项工程费为计算基础

$$企业管理费费率(\%) = \frac{生产工人年平均管理费}{年有效施工天数 \times 人工单价} \times 人工费占分部分项工程费比例(\%)$$

（2）以人工费和机械费合计为计算基础

$$企业管理费费率(\%) = \frac{生产工人年平均管理费}{年有效施工天数 \times (人工单价 + 每一工日机械使用费)} \times 100\%$$

（3）以人工费为计算基础

$$企业管理费费率(\%) = \frac{生产工人年平均管理费}{年有效施工天数 \times 人工单价} \times 100\%$$

注：上述公式适用于施工企业投标报价时自主确定管理费，是工程造价管理机构编制计价定额确定企业管理费的参考依据。

工程造价管理机构在确定计价定额中企业管理费时，应以定额人工费或（定额人工费 + 定额机械费）作为计算基数，其费率根据历年工程造价积累的资料，辅以调查数据确定，列入分部分项工程和措施项目中。

（五）利润

1. 施工企业根据企业自身需求并结合建筑市场实际自主确定，列入报价中。

2. 工程造价管理机构在确定计价定额中利润时，应以定额人工费或(定额人工费 + 定额机械费)作为计算基数，其费率根据历年工程造价积累的资料，并结合建筑市场实际确定，以单位(单项)工程测算，利润在税前建筑安装工程费的比重可按不低于5%且不高于7%的费率计算。利润应列入分部分项工程和措施项目中。

(六)规费

1. 社会保险费和住房公积金

社会保险费和住房公积金应以定额人工费为计算基础，根据工程所在地省、自治区、直辖市或行业建设主管部门规定费率计算。

社会保险费和住房公积金 = ∑(工程定额人工费 × 社会保险费和住房公积金费率)

式中：社会保险费和住房公积金费率可以每万元发承包价的生产工人人工费和管理人员工资含量与工程所在地规定的缴纳标准综合分析取定。

2. 工程排污费

工程排污费等其他应列而未列入的规费应按工程所在地环境保护等部门规定的标准缴纳，按实计取列入。

(七)税金

税金计算公式：

税金 = 税前造价 × 综合税率(%)

综合税率：

(1)纳税地点在市区的企业

$$综合税率(\%) = \frac{1}{1 - 3\% - (3\% \times 7\%) - (3\% \times 3\%) - (3\% \times 2\%)} - 1$$

(2)纳税地点在县城、镇的企业

$$综合税率(\%) = \frac{1}{1 - 3\% - (3\% \times 5\%) - (3\% \times 3\%) - (3\% \times 2\%)} - 1$$

(3)纳税地点不在市区、县城、镇的企业

$$综合税率(\%) = \frac{1}{1 - 3\% - (3\% \times 1\%) - (3\% \times 3\%) - (3\% \times 2\%)} - 1$$

(4)实行营业税改增值税的，按纳税地点现行税率计算。

二、建筑安装工程计价参考公式如下

(一)分部分项工程费

分部分项工程费 = ∑(分部分项工程量 × 综合单价)

式中：综合单价包括人工费、材料费、施工机具使用费、企业管理费和利润以及一定范围的风险费用(下同)。

(二)措施项目费

1. 国家计量规范规定应予计量的措施项目，其计算公式为：

措施项目费 = ∑(措施项目工程量 × 综合单价)

2. 国家计量规范规定不宜计量的措施项目计算方法如下

(1)安全文明施工费

安全文明施工费 = 计算基数 × 安全文明施工费费率(%)

计算基数应为定额基价(定额分部分项工程费 + 定额中可以计量的措施项目费)、定额人工费或(定额人工费 + 定额机械费)，其费率由工程造价管理机构根据各专业工程的特点综合确定。

(2)夜间施工增加费

夜间施工增加费 = 计算基数 × 夜间施工增加费费率(%)

（3）二次搬运费

$$二次搬运费 = 计算基数 \times 二次搬运费费率(\%)$$

（4）冬雨季施工增加费

$$冬雨季施工增加费 = 计算基数 \times 冬雨季施工增加费费率(\%)$$

（5）已完工程及设备保护费

$$已完工程及设备保护费 = 计算基数 \times 已完工程及设备保护费费率（\%）$$

上述（2）~（5）项措施项目的计费基数应为定额人工费或（定额人工费 + 定额机械费），其费率由工程造价管理机构根据各专业工程特点和调查资料综合分析后确定。

（三）其他项目费

1. 暂列金额由建设单位根据工程特点，按有关计价规定估算，施工过程中由建设单位掌握使用、扣除合同价款调整后如有余额，归建设单位。

2. 计日工由建设单位和施工企业按施工过程中的签证计价。

3. 总承包服务费由建设单位在招标控制价中根据总包服务范围和有关计价规定编制，施工企业投标时自主报价，施工过程中按签约合同价执行。

（四）规费和税金

建设单位和施工企业均应按照省、自治区、直辖市或行业建设主管部门发布标准计算规费和税金，不得作为竞争性费用。

三、相关问题的说明

1. 各专业工程计价定额的编制及其计价程序，均按本通知实施。

2. 各专业工程计价定额的使用周期原则上为 5 年。

3. 工程造价管理机构在定额使用周期内，应及时发布人工、材料、机械台班价格信息，实行工程造价动态管理，如遇国家法律、法规、规章或相关政策变化以及建筑市场物价波动较大时，应适时调整定额人工费、定额机械费以及定额基价或规费费率，使建筑安装工程费能反映建筑市场实际。

4. 建设单位在编制招标控制价时，应按照各专业工程的计量规范和计价定额以及工程造价信息编制。

5. 施工企业在使用计价定额时除不可竞争费用外，其余仅作参考，由施工企业投标时自主报价。

附件4：

# 建筑安装工程计价程序

### 建设单位工程招标控制价计价程序

工程名称：　　　　　　　　　　　　　　　　标段：

| 序号 | 内　容 | 计算方法 | 金额（元） |
|------|--------|----------|-----------|
| 1 | 分部分项工程费 | 按计价规定计算 | |
| 1.1 | | | |
| 1.2 | | | |
| 1.3 | | | |
| 1.4 | | | |
| 1.5 | | | |
| | | | |
| | | | |
| | | | |
| | | | |

| 序号 | 内　容 | 计算方法 | 金额（元） |
|---|---|---|---|
| 2 | 措施项目费 | 按计价规定计算 | |
| 2.1 | 其中：安全文明施工费 | 按规定标准计算 | |
| 3 | 其他项目费 | | |
| 3.1 | 其中：暂列金额 | 按计价规定估算 | |
| 3.2 | 其中：专业工程暂估价 | 按计价规定估算 | |
| 3.3 | 其中：计日工 | 按计价规定估算 | |
| 3.4 | 其中：总承包服务费 | 按计价规定估算 | |
| 4 | 规费 | 按规定标准计算 | |
| 5 | 税金（扣除不列入计税范围的工程设备金额） | （1＋2＋3＋4）×规定税率 | |
| 招标控制价合计＝1＋2＋3＋4＋5 | | | |

## 施工企业工程投标报价计价程序

工程名称：　　　　　　　　　　　　　　　标段：

| 序号 | 内　容 | 计算方法 | 金额（元） |
|---|---|---|---|
| 1 | 分部分项工程费 | 自主报价 | |
| 1.1 | | | |
| 1.2 | | | |
| 1.3 | | | |
| 1.4 | | | |
| 1.5 | | | |
| | | | |
| | | | |
| | | | |
| | | | |
| | | | |
| 2 | 措施项目费 | 自主报价 | |
| 2.1 | 其中：安全文明施工费 | 按规定标准计算 | |
| 3 | 其他项目费 | | |
| 3.1 | 其中：暂列金额 | 按招标文件提供金额计列 | |
| 3.2 | 其中：专业工程暂估价 | 按招标文件提供金额计列 | |
| 3.3 | 其中：计日工 | 自主报价 | |
| 3.4 | 其中：总承包服务费 | 自主报价 | |
| 4 | 规费 | 按规定标准计算 | |
| 5 | 税金（扣除不列入计税范围的工程设备金额） | （1＋2＋3＋4）×规定税率 | |
| 投标报价合计＝1＋2＋3＋4＋5 | | | |

## 竣工结算计价程序

工程名称： 标段：

| 序号 | 汇总内容 | 计算方法 | 金额（元） |
|---|---|---|---|
| 1 | 分部分项工程费 | 按合同约定计算 | |
| 1.1 | | | |
| 1.2 | | | |
| 1.3 | | | |
| 1.4 | | | |
| 1.5 | | | |
| | | | |
| | | | |
| | | | |
| | | | |
| | | | |
| 2 | 措施项目 | 按合同约定计算 | |
| 2.1 | 其中：安全文明施工费 | 按规定标准计算 | |
| 3 | 其他项目 | | |
| 3.1 | 其中：专业工程结算价 | 按合同约定计算 | |
| 3.2 | 其中：计日工 | 按计日工签证计算 | |
| 3.3 | 其中：总承包服务费 | 按合同约定计算 | |
| 3.4 | 索赔与现场签证 | 按发承包双方确认数额计算 | |
| 4 | 规费 | 按规定标准计算 | |
| 5 | 税金（扣除不列入计税范围的工程设备金额） | （1＋2＋3＋4）×规定税率 | |
| 竣工结算总价合计＝1＋2＋3＋4＋5 | | | |

# 第二篇 建筑工程单位工程预算

# 第9章 单位工程预算编制简述

建筑工程预算一般是由土建、暖卫、电气照明、煤气、通风和其他等不同工程项目内容的单位工程预算组成，不同的工程根据不同的预算定额、费用定额、工程量计算规则，编制不同的工程预算。其土建工程预算（或造价）约占88%，暖卫工程预算约占10%，电气照明工程约占2%。土建工程预算不仅所占比重大，而且编制计算也比较复杂繁重。

建筑工程预算的编制程序，一般是按下列步骤进行。

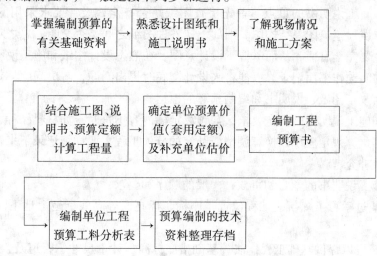

其具体步骤：

**一、掌握编制工程预算的基础资料**

1. 设计资料。包括设计图纸、施工说明书及有关设计文件；各类构件、门窗、建筑配件等图集和材料作法表等。

2. 预算资料。包括现行的土建工程概预算定额，管理费及其他费用定额，基本建设材料预算价格，建筑机械台班费用定额、以及有关的建筑安装工程预算定额文件汇编等。

3. 施工组织设计资料。主要影响工程预算的有关内容，其中包括工程概况、工程特点、施工方案、施工现场总平面布置图。

**二、熟练地掌握预算定额及其有关规定**

建筑工程预算定额是国家用以确定工程预算造价，考核工程设计经济效果、衡量施工管理水平的一种法令性指标。为了提高工程预算编制水平，正确地运用预算定额及其有关规定，必须熟悉现行预算定额的全部内容和项目划分，了解和掌握定额子目的工程内容、施工方法、材料规格、质量要求、计量单位、工程量计算方法、项目之间的相互关系，以及调整换算的规定、条件及方法，以便能够熟练地查找和正确地应用。

**三、了解和掌握施工组织设计的有关内容**

工程预算编制工作，要密切和生产技术部门配合协作，及时深入施工基层和施工现场，了解现地貌、土质、水位、施工条件、施工方法、施工进度安排、技术组织措施、施工机械、设备材料供应等情况，以及施工现场的总平面布置、自然地坪标高、施工用地面积、挖土方式、放坡比例、吊装机械的选用等与预算定额有关而直接影响施工经济效益的各项因素，以便据以编制工程预算。并且要及时地经常地向工地施工技术人员提供预算定额已经综合考虑的、不论实际采用何种施工方法、施工机械、模板材料、脚手架等均不得换算调整的定额子目，使之强化核算观念，在保证工程质量、安全施工、讲究经济效益的前提下，考虑施工方法和技术措施，合理安排施工计划。

### 四、熟悉设计图纸和施工说明书

设计图纸和施工说明不仅是建筑施工的依据，而且也是编制工程预算的重要基础资料。设计图纸和施工说明书上所表示或说明的工程构造、材料做法、材料品种及其规格质量、设计尺寸等设计要求，为编制工程预算结合预算定额确定分项工程项目，选择套用定额子目，取定尺寸和计算各项工程量提供了重要数据。因此，在编制工程预算之前，必须对设计图纸和施工说明书进行全面细致地学习和审查。以免在选用定额子目和工程量计算上发生错误。

熟悉设计图纸和施工说明书的重点，首先检查图纸是否齐全，设计要求采用的标准图集是否具备，图示尺寸是否有误，建筑图、结构图、细部大样各种图纸之间是否交圈，总之对设计图纸和施工说明书的要求和附注要完全看懂，从而掌握了设计意图。在熟悉设计图纸和施工说明书的过程中要随时把发现和不明白的问题作书面记录，以便将来设计交底时提出问题，解决问题，其处理结果应取得设计签认，以便作为改正图纸、说明书和编制预算的根据。

遇有设计图纸和施工说明书的规定要求，与预算定额内容不符时，如材料品种、规格质量、或定额缺项等情况，根据预算规定应予以换算调整或补充的分项工程，要详细记录下来，以便编制工程预算时进行换算调整或补充。

对设计图纸和施工说明书的学习和审核，一般的顺序和要求：

1. 总平面图。通过学习了解新建工程位置、座标、标高、等高线、地上地下障碍物、地形地貌等情况。

2. 基础平面图。可以提供基础工程作法、基础槽底标高、计量尺寸、管道及盖板的布置等情况，同时要结合节点大样、首层平面图核对轴线、基础、墙身、楼梯基础等各部位尺寸。

3. 结构施工图。包括各层平面图、节点大样、结构部件模板配筋图等。要结合建筑平面、剖面图对结构尺寸、总长度、分段长度、总高度、分层高度、大样详图、节点标高、构件规格数量等数据，进行核对，有关构件间的标高和尺寸必须交圈对口，以免发生差错。

4. 建筑施工图。包括各层平面、立面、剖面图，楼梯详图、特殊房间布置等，要核对其室内开间、进深、高度、檐高、屋面泛水坡度、建筑配件细部等尺寸有无矛盾，要逐层逐间核对。各种变形缝的做法要求，尤其是特殊项目的特殊要求，如防水、吸声、采光、遮光、各种高级装饰、防火、防烟、各种自控装置等，都要了解其具体作法、设计要求和材料供应方式，以便按照预算定额规定，考虑材料预算价格和单位估价的补充。以免在编制预算中遗漏。

对门窗木装修项目，要根据建筑平面、立面图和大样图核对门窗樘数，标准图代号、面积尺寸、玻璃、铁纱、油漆等级要求、以及压缝条、贴脸、挂镜线、门窗套、墙裙、护墙板、吊顶、特殊五金、木地板及其防潮、通风、填充材料等作法和尺寸，有无差错，非标准门窗有无详图，尤其是高级装修如铝合金制品、中空玻璃、高级面板装饰等作法及材料供应方式，都要记录下来，以便与设计单位和建设单位了解情况、解决问题。

总之，对设计图纸和施工说明书的学习和审核，应该将结构图、建筑图、大样详图以及所采用的标准图、材料做法等资料结合起来，相互对照，进行熟悉，通过学习，要求达到对该建筑物的全部构造、构件联结、材料做法、装饰要求以及特殊装饰等，都有一个清晰的认识，把设计意图形成立体概念，为编制工程预算创造条件。

## 五、工程量计算

工程量计算，必须根据设计图纸和施工说明书提供的工程构造，设计尺寸和做法要求结合施工现场的施工条件、土质、水位、平面布置等具体情况，按照预算定额的项目划分，工程量计算规则和计量单位的规定，对每个分项工程的工程量进行具体计算。它是工程预算编制工作中一项最繁重、细致的重要环节，在整个编制工作中，约有90%以上的工作时间是消耗在工程量计算阶段内，而且工程预算造价的正确与否，关键在于工程量的计算是否准确，项目是否齐全，有无遗漏和错误。由于它项目多、数字多的特点，有时直观尺寸不能满足计算需要，还要进行推算，所以从事预算工作的人员，不仅要熟练地掌握施工技术、形体计算，还要制图翻样，运用计算工具，才能把工程量计算工作做得又快又准。

## 六、直接费计算

单位工程直接费是各个分部分项工程直接费的总和。工程量计算完成，列出工程量分部分项工程量汇总明细表后，即可据以计算单位工程直接费。直接费都是按统一表格计算的（见表9-1）。

表9-1 　（　　）工程预算书

工程编号_____　　　　　　　　　　　　　　　　　　　　　　　　　　第　页共　页
工程名称_____　　　　　　　　　　　　　　　　　　　　　　　　　　年　月　日

| 顺序号 | 定额编号 | 工程或费用名称 | 计算单位 | 数量 | 预算价值（元） | | | |
| --- | --- | --- | --- | --- | --- | --- | --- | --- |
| | | | | | 工料单价 | 工料合计 | 其中 | |
| | | | | | | | 人工单价 | 人工合价 |
| | | | | | | | | |
| | | | | | | | | |
| | | | | | | | | |
| | | | | | | | | |
| | | | | | | | | |
| | | | | | | | | |
| | | | | | | | | |
| | | | | | | | | |
| | | | | | | | | |
| | | | | | | | | |
| | | | | | | | | |
| | | | | | | | | |
| | | | | | | | | |
| | | | | | | | | |
| | | | | | | | | |
| | | | | | | | | |
| | | | | | | | | |
| | | | | | | | | |
| | | | | | | | | |
| | | | | | | | | |

审核人：　　　　　　　计算人：

分项工程直接费是根据分项工程数量乘以预算定额分项工程预算价值（即定额概预算单价，或定额子目单价）而求得的，通常要把分项工程直接费中的定额工资单独列出，以便为工程发包队组使用。

在直接费计算中，关键是正确应用预算定额子目的问题，工程量计算虽然正确无误，由于套用预算定额子目出现错误，则其直接费和工程预算造价也必然随之出现错误。在套用预算定额子目时，一定要严格执行预算定额及其有关的规定，不得错套，更不能擅自改变，力求准确地使用预算定额。定额规定允许补充换算的项目或材料，也应该按照定额规定的原则和条件范围，进行补充换算。

## 七、计算工程造价

根据预算费用计算程序表按照有关费率标准计算各项费用，从而计算出工程造价。

## 八、编写编制说明

一般分两部分。一部分为工程简况，一部分为编制依据。

# 第10章　工程量计算概述

## 第一节　工程量计算步骤

为了做到计算准确，便于审核，可按下列步骤进行工程量计算。

1. 根据设计图纸、施工说明书和定额的规定要求，先列出本工程的分部工程和分项工程的项目顺序表，逐项计算，遇有未预料的项目要随时补充调整，对定额缺项需要补充换算的项目要注明，以便另作补充单位估价或换算计算表。

2. 计算工程量所取定的尺寸和工程量计量单位要符合定额的规定，计算公式要正确，取定尺寸来源要注明部位或轴线。

3. 计算底稿要整齐，数字清楚，数值要准确，切忌草率零乱，辨认不清。对数值精确度的要求，工程量算至小数点后两位，钢材及木材可算至小数点后三位，余数四舍五入。

4. 尽量利用一数多用的计算原则，以加快计算速度。

（1）重复使用的数值，要反复核对后再连续使用。否则据以计算的其他工程量也都错了。

（2）对计算结果影响大的数字，要严格要求其精确度，如长×宽，面积×高，则对长或高的数字，就要求正确无误，否则差值很大。

（3）计算顺序要合理，利用共同因数计算其他有关项目。

5. 门窗、洞口、要结合建筑平、立面图对照清点，列出数量、面积明细表，以备扣除门窗面积、洞口面积之用。

6. 为了便于整理核对，工程量计算顺序，有下列几种，使用时也可综合使用：

（1）按施工顺序。先计算建筑面积，再计算基础、结构、屋面、装修（先室内后室外）、室外台阶、散水、管沟、构筑物等。

（2）结合图纸，结构分层计算，内装修分层、分房间计算，外装修分立面计算。

（3）按预算定额分部顺序。

7. 为了防止遗漏和重复计算，根据平面图布置情况，一般有以下几种计算方法：

（1）按顺时针方向计算。从施工图左上角开始，按顺时针方向逐步计算。但计算基础和墙体还要先外墙后内墙，分别计算。如图10-1所示1～9。

（2）按先横后直及先外墙后内墙分别计算：先从施工图纵轴顺序计算，后从施工图横轴顺序计算，从上而下，从左到右。如图10-2所示1～7，（一）～（九）。

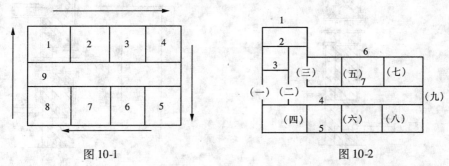

图10-1　　　　　　　　　　　　　　图10-2

（3）按图示轴线号先纵轴，后横轴计算。如图10-3所示 A、B……等，①、②……等。

（4）按图示分项编号计算。如结构图示，$Z_1……Z_n$，梁 $L_1……L_n$，建筑图示门窗编号 $M_1……$

$M_n$，$C_1$……$C_n$ 等。

8. 工程量的计算和汇总，都应该分层、分段（以施工分段为准）计算，分别计列分层分段的数量，然后汇总。这样既便于核对，又能满足其他职能部门业务管理上的需要。

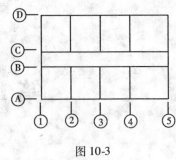

图 10-3

关于分部分项工程量汇总应该根据定额和费用定额取费标准分别计算，首先将建筑工程与装饰工程区分开，一般按照定额的分部工程顺序来汇总。即，

建筑工程可按下列顺序：

（1）基础工程（含土方、桩基及基坑支护、排水、垫层、基础、防水）；

（2）结构工程（含砌筑、混凝土、模板、钢筋、构件运输、安装等）；

（3）屋面工程（含保温、找平、防水保护层、排水等）；

（4）室外道路停车场及管道工程；

（5）脚手架、大型垂直运输机械使用费、高层建筑超高费及工程水电费。

装饰工程可按下列顺序：

（1）门窗工程（含制、安、塞口、安玻璃、油漆等）；

（2）楼地面工程、天棚工程、栏杆及扶手；

（3）墙面、隔墙、隔断、装饰线条、独立柱及油漆；

（4）建筑配件、变形缝；

（5）脚手架及垂直运输和高层建筑超高费。

9. 工程量也可利用表格形式填写计算，这些表格要根据预算定额有关工程量计算规定要求的内容，进行设计制定。

利有表格形式计算工程量，由于表内项目内容全面，计算形式、顺序固定，栏目关系明确，熟练过程短，不易漏项，少出差错，又可以加快计算速度。

## 第二节 层高与檐高

层高和檐高的数据对工程量计算与定额的套用有直接关系，其计算规则为：

### 一、建筑物檐高的计算

建筑物檐高以室外设计地坪标高作为计算起点。

1. 平屋顶带挑檐者，算至挑檐板下皮标高，如图 10-4、图 10-7 所示。

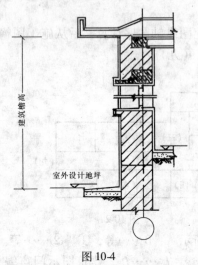

图 10-4

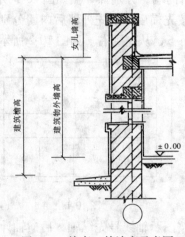

图 10-5 檐高、外墙高示意图

2. 平屋顶带女儿墙者，算至屋顶结构板上皮标高，如图 10-5 所示。

3. 坡屋面或其他曲面屋顶均算至墙的中心线与屋面板交点的高度，如图 10-6 所示。

4. 阶梯式建筑物按高层的建筑物计算檐高。

5. 突出屋面的水箱间、电梯间、亭台楼阁等均不计算檐高。

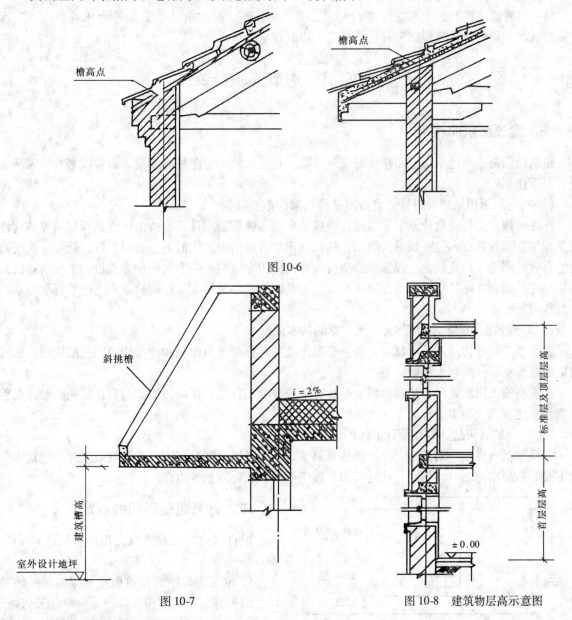

图 10-6

图 10-7　　　　　　　　　　　图 10-8　建筑物层高示意图

## 二、建筑物层高的计算

1. 建筑物的首层层高，按室内设计地坪标高至首层顶部的结构层（楼板）顶面的高度。

2. 其余各层的层高，均为上下结构层顶面标高之差，如图 10-8 所示。

建筑物层高是计算结构工程、装饰工程和脚手架工程的重要依据。如定额规定，多层或高层建筑局部超过 6m 时，可局部执行每增高 1m 的子目。有吊顶天棚且层高超过 4.5m 时，其超过部分可执行每增加 1m 的子目等。

# 第三节　关于计量单位和精度

定额中对工程量计算规则中的计量单位和工程量计算有效位数统一规定如下：

1. "以体积计算"的工程量以"m³"为计量单位，工程量保留小数点后两位数字。

2. "以面积计算"的工程量以"m²"为计量单位，工程量保留小数点后两位数字。

3. "以长度计算"的工程量以"m"为计量单位，工程量保留小数点后两位数字。

4. "以质量计算"的工程量以"t"为计量单位，工程量保留小数点后三位数字。

5. "以数量计算"的工程量以"台、块、个、套、件、根、组、系统"等为计量单位，工程量应取整数。定额各章计算规则另有具体规定，以其规定为准。

## 第四节　建筑面积计算

### 一、建筑面积的作用

建筑面积是表示建筑物平面特征的几何参数。它应从两个方向进行度量。通常以平方米表示，一般有以下作用：

#### （一）建筑面积是评价设计方案技术经济效果的重要数据

在评价拟建工程的设计方案优劣时，一般都要根据建筑面积计算的技术经济指标与同类结构性质的工程相互比较其技术经济效果。例如，建筑面积与占地面积之比的土地利用系数，就可反映所占土地的有效利用情况；又如，工程预算总造价与建筑面积之比的每平方米的预算造价、工程消耗的总劳动量与建筑面积之比的每平方米的用工量、工程消耗的某种材料数量与建筑面积之比的每平方米的某种材料用量等。

#### （二）建筑面积是编制工程概（预）算的基本依据

在编制工程的初步设计概算时，往往根据图纸所计算的建筑面积和图纸所表明的结构特征来查出相应的概算指标，编制工程概算书。

在编制施工图预算时，建筑面积又是计算某些分项工程量的依据。例如高层建筑超高费、工程水电费都和建筑面积的多少有关。

#### （三）建筑面积是计划和统计工作的重要依据

在反映基本建设计划目标、统计和核算其实现的程度以及评价施工企业管理效果时，建筑面积就是主要的数量指标之一。例如，计划面积、竣工面积、在建面积等指标。

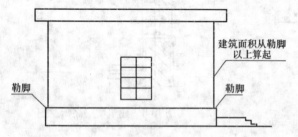

图 10-9　建筑物勒脚示意图

### 二、计算建筑面积的规定

摘自《建筑工程建筑面积计算规范》（GB/T 50353—2005）

1. 单层建筑物的建筑面积，应按其外墙勒脚以上结构外围水平面积计算，并应符合下列规定：

注：勒脚（图 10-9）是建筑物外墙与室外地面或散水接触部位墙体的加厚部分，其高度一般为室内地坪与室外地面的高差，也有的将勒脚高度提高到底层窗台，它起着保护墙身和增加建筑物立面美观的作用。因为勒脚是墙根部很矮的一部分墙体加厚，不能代表整个外墙结构，因此要扣除勒脚墙体加厚的部分。

（1）单层建筑物高度在 2.20m 及以上者应计算全面积；高度不足 2.20m 者应计算 1/2 面积。

注：单层建筑物的高度指室内地面标高至屋面板板面结构标高之间的垂直距离，见图 10-10。当建筑物高度 $h \geqslant 2.20m$ 时，应计算全面积；当建筑物高度 $h < 2.20m$ 时，应计算 1/2 面积。

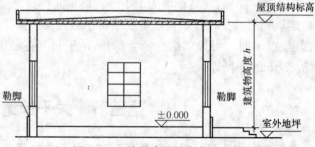

图 10-10　单层建筑物高度示意图

（2）利用坡屋顶内空间时净高超过 2.10m 的部位应计算全面积；净高在 1.20m 至 2.10m 的部位应计算 1/2 面积；净高不足 1.20m 的部位不应计算面积。

注：如图 10-11 所示，当净高 $h > 2.10$m 时，计算全面积；当 $1.20$m < 净高 $h_1 \le 2.10$m 时，计算 1/2 面积；当净高 $h_2 \le 1.20$m 时，不计算建筑面积。

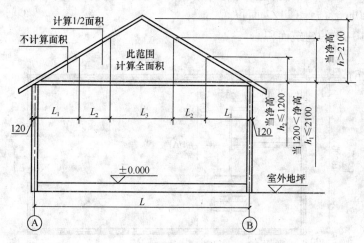

图 10-11　利用坡屋顶建筑面积示意图

【例】　请计算图 10-12 的建筑面积。

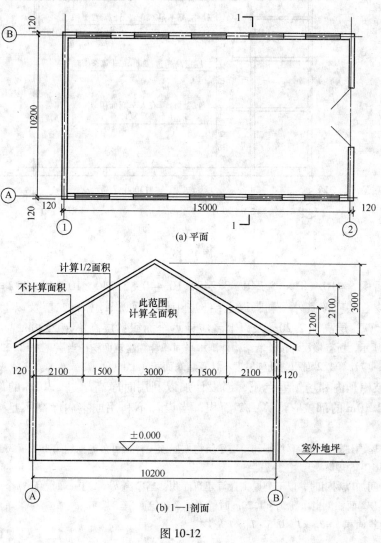

(a) 平面

(b) 1—1 剖面

图 10-12

**【解】** 建筑面积 $S = 10.440 \times 15.240 + 3.000 \times 15.240 + (1.500 \times 15.240) \times 1/2 \times 2 = 227.6856$ （m²）。

2. 单层建筑物内设有局部楼层者，局部楼层的二层及以上楼层，有围护结构的应按其围护结构外围水平面积计算，无围护结构的应按其结构底板水平面积计算。层高在 2.20m 及以上者应计算全面积；层高不足 2.20m 者应计算 1/2 面积。

**【例】** 计算图 10-13 的建筑面积。

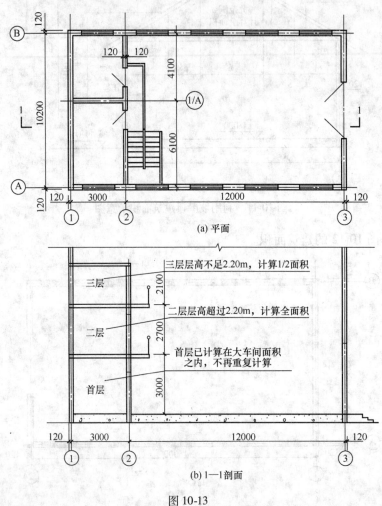

(a) 平面

(b) 1—1剖面

图 10-13

**【解】** 建筑面积 $S = 10.440 \times 15.240 + 3.240 \times 10.440 + 3.240 \times 10.440 \times 1/2 = 209.844$ （m²）。

3. 多层建筑物首层应按其外墙勒脚以上结构外围水平面积计算；二层及以上楼层应按其外墙结构外围水平面积计算。层高在 2.20m 及以上者应计算全面积；层高不足 2.20m 者应计算 1/2 面积。

注：如图 10-14 所示，所有楼层均按外墙结构外围水平面积计算建筑面积；当层高 $h \geqslant 2.20$ m 时，应计算全面积；当层高 $h < 2.20$ m 时，应计算 1/2 面积。勒脚厚度不计算建筑面积。

4. 多层建筑坡屋顶内和场馆看台下，当设计加以利用时净高超过 2.10m 的部位应计算全面积；净高在 1.20m 至 2.10m 的部位应计算 1/2 面积；当设计不利用或室内净高不足 1.20 时不应计算面积。

注：多层建筑坡屋顶建筑面积计算规则和单层建筑物坡屋顶一样，可参考前述第 1 条第 2 款。场馆看台下建筑面积计算规则可参考图 10-15 理解。

如果看台下的空间加以利用时，以下列原则计算建筑面积：当净高 $h_1 > 2.10$ m 时，计算全面积；当净高 $1.20$ m $\leqslant h_2 < 2.10$ m 时，计算 1/2 面积，当净高 $h_3 < 1.20$ m 时，不计算建筑面积。

此场馆看台下建筑面积 $S = L_2 \times L \times 0.5 + L_1 \times L$。

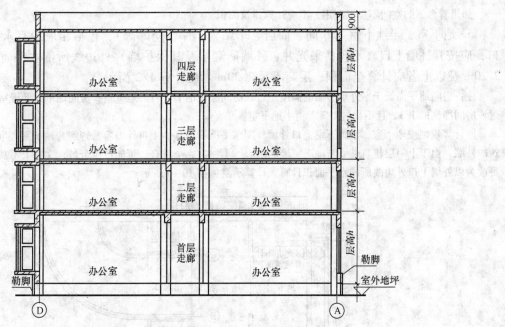

图 10-14　多层建筑物建筑面积示意图

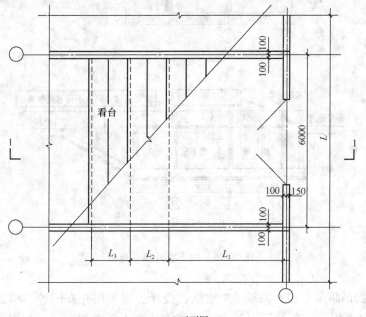

(a) 平面图

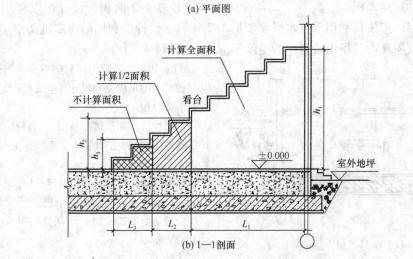

(b) 1—1剖面

图 10-15　体育场馆看台局部示意图

如果看台下的空间不加以利用，不应计算建筑面积。

5. 地下室、半地下室（车间、商店、车站、车库、仓库等），包括相应的有永久性顶盖的出入口，应按其外墙上口（不包括采光井、外墙防潮层及其保护墙）外边线所围水平面积计算。层高在 2.20m 及以上者应计算全面积；层高不足 2.20m 者应计算 1/2 面积。

注：房间地平面低于室外地平面的高度超过该房间净高的 1/2 者为地下室；房间地平面低于室外地平面的高度超过该房间净高的 1/3，且不超过 1/2 者为半地下室。

原计算规则按地下室、半地下室上口外墙外围水平面积计算，上口外墙容易理解为地下室、半地下室的上一层建筑的外墙，由于上一层建筑外墙与地下室墙的中心线不一定完全重合，可能产生分歧，文字上不甚严密，因此本规范更改为以外墙上口外边线所围水平面积计算。计算示意如图 10-16 所示。

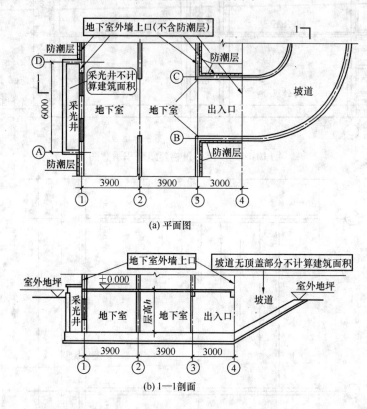

(a) 平面图

(b) 1—1 剖面

图 10-16　地下室局部示意图

6. 坡地的建筑物吊脚架空层、深基础架空层，设计加以利用并有围护结构的，层高在 2.20m 及以上的部位应计算全面积；层高不足 2.20m 的部位应计算 1/2 面积。设计加以利用、无围护结构的建筑吊脚架空层，应按其利用部位水平面积的 1/2 计算；设计不利用的深基础架空层、坡地吊脚架空层、多层建筑坡屋顶内、场馆看台下的空间不应计算面积。

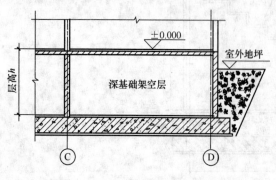

图 10-17　深基础架空层平面图

注：如果设计利用吊脚架空层，当层高 $h \geqslant 2.20m$ 时，有围护结构的吊脚架空层计算全面积，无围护结构的架空层计算 1/2 面积。

如果设计利用吊脚架空层，当层高 $h < 2.20m$ 时，有围护结构的吊脚架空层计算 1/2 面积，无围护结构的架空层计算 1/2 面积。

如果设计不利用吊脚架空层面积，不计算建筑面积。

深基础架空层遵循同样道理，见图 10-17。当深基础架空层层高 $h \geqslant 2.20m$ 时，计算全面积；层高 $h \leqslant 2.20m$ 时，计算 1/2 面积。

【例】　计算图 10-18 中吊脚架空层的建筑面积。

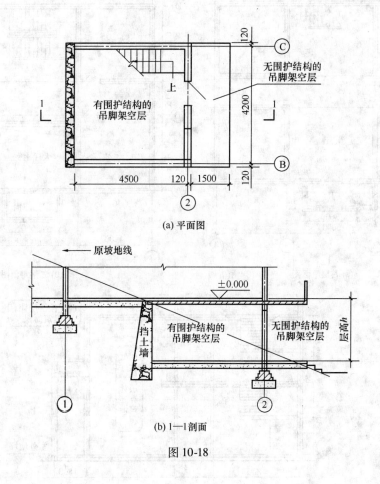

(a) 平面图

(b) 1—1剖面

图 10-18

【解】 设计利用时，架空层建筑面积 $S = (4.5 + 0.12) \times (4.2 + 0.12 \times 2) + 1.5 \times (4.2 + 0.12 \times 2) \times 0.5) = 23.8428(\text{m}^2)$

7. 建筑物的门厅、大厅按一层计算建筑面积。门厅、大厅内设有回廊时，应按其结构底板水平面积计算。层高在 2.20m 及以上者应计算全面积；层高不足 2.20m 者应计算 1/2 面积。

注：如图 10-19 所示，某办公楼首层大厅部分无板，这部分大厅按一层计算建筑面积，门厅层高高于一层，也按一层计算建筑面积。

【例】 计算图 10-20 中某建筑物回廊的建筑面积。

【解】 当层高 $h_1$（或 $h_2$ 或 $h_3$）$\geqslant$ 2.20m 时，计算全面积，

则回廊建筑面积 $S = (2.7 + 4.5 + 2.7 - 0.12 \times 2) \times (6.3 + 1.5 - 0.12 \times 2) - 6 \times 4.5 = 46.0296(\text{m}^2)$

当层高 $h_1$（或 $h_2$ 或 $h_3$）< 2.20m 时，计算 1/2 面积，

则回廊建筑面积 $S = [(2.7 + 4.5 + 2.7 - 0.12 \times 2) \times (6.3 + 1.5 - 0.12 \times 2) - 6 \times 4.5] \times 0.5 = 23.0148(\text{m}^2)$。

8. 建筑物间有围护结构的架空走廊，应按其围护结构外围水平面积计算。层高在 2.20m 及以上者应计算全面积；层高不足 2.20m 者应计算 1/2 面积。有永久性顶盖无围护结构的应按其结构底板水平面积的 1/2 计算。

【例】 计算图 10-21 中二层和三层架空走廊的建筑面积。

【解】 图中的三层走廊，属于有围护结构的架空走廊，当三层层高 $h_3 \geqslant$ 2.20m 时，架空走廊应计算全面积，则：$S = 12 \times 2.2 = 26.4$（$\text{m}^2$）

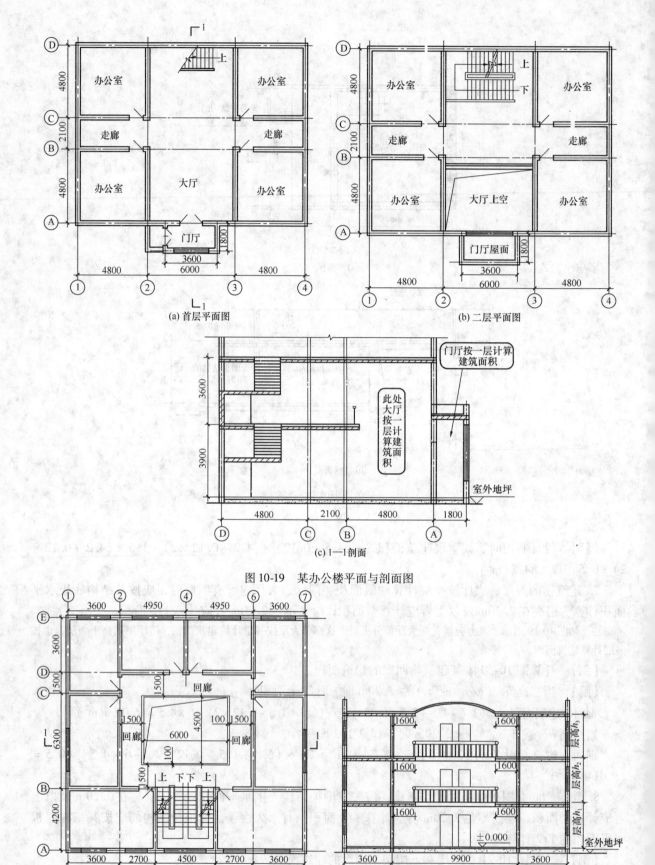

(a) 首层平面图

(b) 二层平面图

门厅按一层计算
建筑面积

此处大厅按一层计算建筑面积

室外地坪

(c) 1—1剖面

图 10-19 某办公楼平面与剖面图

(a) 平面图

(b) 1—1剖面

图 10-20

注：图中墙厚均为240，轴线均居中。

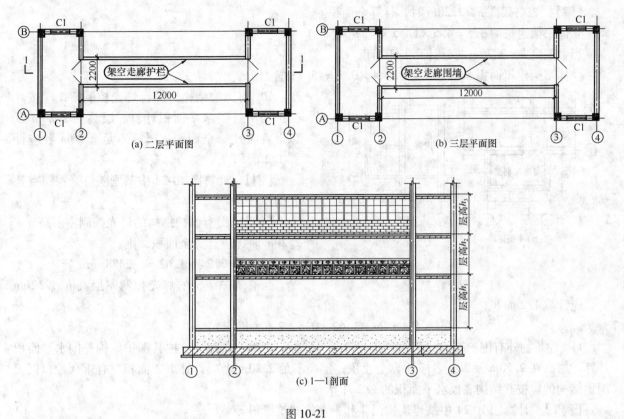

(a) 二层平面图　　　　　　(b) 三层平面图

(c) 1—1剖面

图 10-21

当三层层高 $h_3 < 2.20\mathrm{m}$ 时，应计算 1/2 面积，则：$S = 12 \times 2.2 \times 0.5 = 13.2$（$\mathrm{m}^2$）

有永久性屋盖无围护结构的架空走廊，如图中的二层架空走廊，无论二层层高 $h_2 \geqslant 2.20\mathrm{m}$ 还是 $h_2 < 2.20\mathrm{m}$，架空走廊面积都应计算 1/2 面积，则：

$$S = 12 \times 2.2 \times 0.5 = 13.2 （\mathrm{m}^2）$$

9. 立体书库、立体仓库、立体车库，无结构层的应按一层计算，有结构层的应按其结构层面积分别计算。层高在 2.20m 及以上者应计算全面积；层高不足 2.20m 者应计算 1/2 面积。

【例】 计算图 10-22 中立体书架建筑面积。

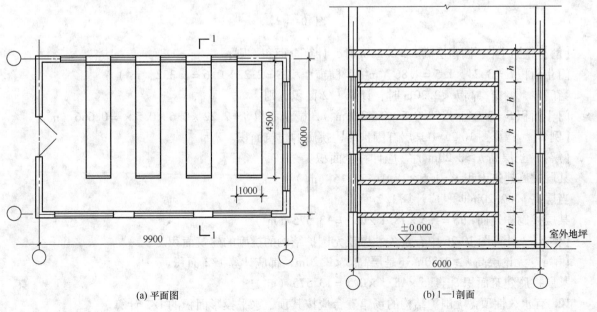

(a) 平面图　　　　　　　(b) 1—1剖面

图 10-22

【解】 当书架高 $h \geqslant 2.20\mathrm{m}$ 时，计算全面积。

立体书架建筑面积 $S = 4.5 \times 1 \times 5 \times 4 = 90$（$\mathrm{m}^2$）

当书架高 $h < 2.20\mathrm{m}$ 时，计算 1/2 面积。

立体书架建筑面积 $S = 4.5 \times 1 \times 5 \times 4 \times 0.5 = 45$（$\mathrm{m}^2$）。

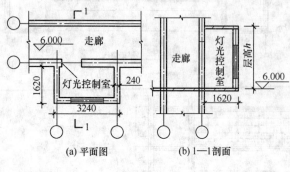

(a) 平面图　　(b) 1—1 剖面

图 10-23

10. 有围护结构的舞台灯光控制室，应按其围护结构外围水平面积计算。层高在 2.20m 及以上者应计算全面积；层高不足 2.20m 者应计算 1/2 面积。

【例】 计算图 10-23 中某剧院灯光控制室建筑面积。

【解】 当有围护结构的灯光控制室层高 $h \geqslant 2.20\mathrm{m}$ 时，应计算全面积，则：

$$S = 3.24 \times 1.62 = 5.2488 \ (\mathrm{m}^2)$$

当有围护结构的灯光控制室层高 $h < 2.20\mathrm{m}$ 时，应计算 1/2 面积，则：

$$S = 3.24 \times 1.62 \times 0.5 = 2.6244 \ (\mathrm{m}^2)$$

11. 建筑物外有围护结构的落地橱窗、门斗、挑廊、走廊、檐廊，应按其围护结构外围水平面积计算。层高在 2.20m 及以上者应计算全面积；层高不足 2.20m 者应计算 1/2 面积。有永久性顶盖无围护结构的应按其结构底板水平面积的 1/2 计算。

【例 1】 计算图 10-24 中某建筑物门斗和橱窗的建筑面积。

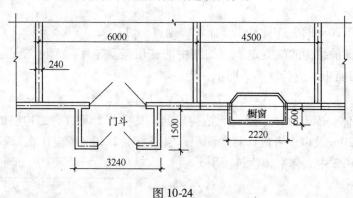

图 10-24

【解】 当门斗、橱窗层高 $h \geqslant 2.20\mathrm{m}$ 时，计算全面积，则：

门斗面积 $S = 3.24 \times 1.5 = 4.86$（$\mathrm{m}^2$），橱窗面积 $S = 2.22 \times 0.6 = 1.332$（$\mathrm{m}^2$）

当门斗、橱窗层高 $h < 2.20\mathrm{m}$ 时，计算 1/2 面积，则：

门斗面积 $S = 3.24 \times 1.5 \times 0.5 = 2.43$（$\mathrm{m}^2$），橱窗面积 $S = 2.22 \times 0.6 \times 0.5 \times = 0.666$（$\mathrm{m}^2$）

【例 2】 计算图 10-25 中某层有围护结构挑廊的建筑面积。

【解】 当层高 $h \geqslant 2.20\mathrm{m}$ 时，应计算全面积。

某层挑廊建筑面积 $S = 1.5 \times 18.1 = 27.15$（$\mathrm{m}^2$）

当层高 $h < 2.20\mathrm{m}$ 时，应计算 1/2 面积。

某层挑廊建筑面积 $S = 1.5 \times 18.1 \times 0.5 = 13.575$（$\mathrm{m}^2$）

【例 3】 计算图 10-26 中有永久性屋盖无围护结构的挑廊的建筑面积。

【解】 无论层高 $h \geqslant 2.20\mathrm{m}$ 还是层高 $h < 2.20\mathrm{m}$，都应计算 1/2 面积。

某层挑廊建筑面积 $S = 1.5 \times 18.1 \times 0.5 = 13.575$（$\mathrm{m}^2$）

12. 有永久性顶盖无围护结构的场馆看台应按其顶盖水平投影面积的 1/2 计算。

【例】 某体育场馆示意图如图 10-27 所示，计算有永久性顶盖的主席台建筑面积。

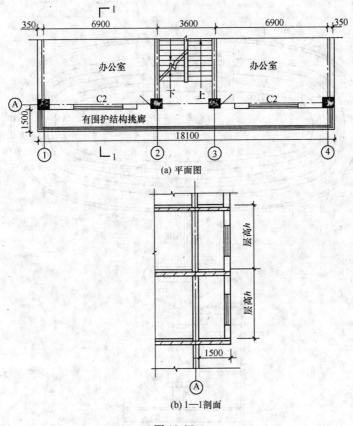

(a) 平面图

(b) 1—1剖面

图 10-25

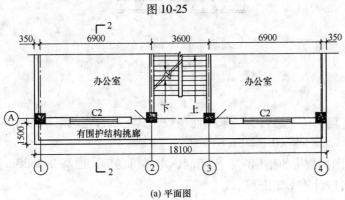

(a) 平面图

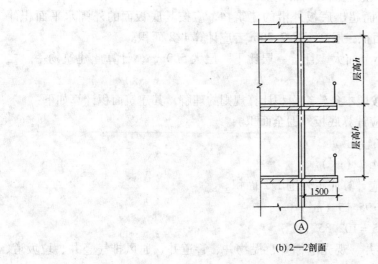

(b) 2—2剖面

图 10-26

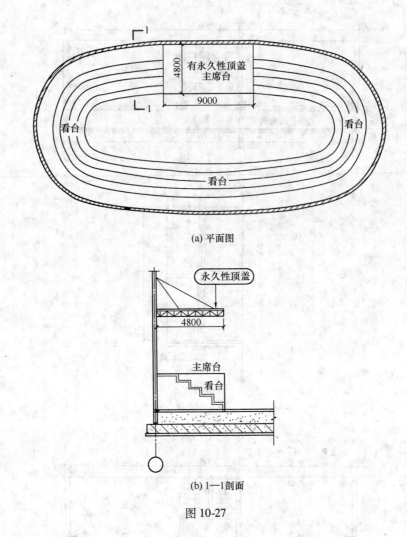

(a) 平面图

(b) 1—1剖面

图 10-27

【解】 图中某体育场馆的主席台有一永久性顶盖，其主席台建筑面积应计算 1/2 面积。

主席台建筑面积 $S = 4.8 \times 9 \times 0.5 = 21.6$（$m^2$）

13. 建筑物顶部有围护结构的楼梯间、水箱间、电梯机房等，层高在 2.20m 及以上者应计算全面积；层高不足 2.20m 者应计算 1/2 面积。

注：如遇建筑物屋顶的楼梯间是坡屋顶，应按坡屋顶的相关条文计算面积。

14. 设有围护结构不垂直于水平面而超出底板外沿的建筑物，应按其底板面的外围水平面积计算。层高在 2.20m 及以上者应计算全面积；层高不足 2.20m 者应计算 1/2 面积。

【例】 图 10-28 中的建筑物下面小上面大，且上一层比下一层大 500mm，计算此建筑物一、二层的建筑面积。

【解】 二层比首层外放 500mm，按照本条建筑面积计算规则的理解，其建筑面积计算如下：

当层高 $h_1$（或 $h_2$）≥2.20m 时，应计算底板外围全面积。

首层建筑面积 $S = 17.3 \times 11 = 190.3$（$m^2$）

二层建筑面积 $S = 17.8 \times 11.5 = 204.7$（$m^2$）

当层高 $h_1$（或 $h_2$）＜2.20m 时，应计算底板外围 1/2 面积。

首层建筑面积 $S = 17.3 \times 11 \times 0.5 = 95.15$（$m^2$）

二层建筑面积 $S = 17.8 \times 11.5 \times 0.5 = 102.35$（$m^2$）。

15. 建筑物内的室内楼梯间、电梯井、观光电梯井、提物井、管道井、通风排气竖井、垃圾道、附墙烟囱应按建筑物的自然层计算。

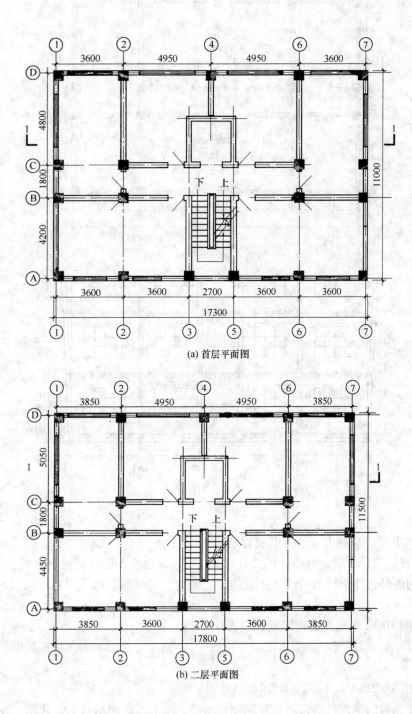

(a) 首层平面图

(b) 二层平面图

图 10-28 （一）

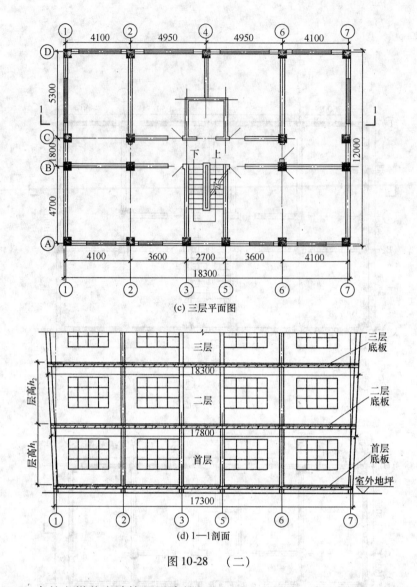

(c) 三层平面图

(d) 1—1剖面

图 10-28　（二）

【例】　图 10-29 中的电梯井应计算几层建筑面积。

【解】　图中自然层是 5 层，电梯井虽然只有一层顶盖，也按 5 层计算建筑面积。

16. 雨篷结构的外边线至外墙结构外边线的宽度超过 2.10m 者，应按雨篷结构板的水平投影面积的 1/2 计算。

【例】　计算图 10-30 中雨篷的建筑面积。

【解】　如图所示，雨篷有一边距离墙的外边线为 2.4m，超过 2.10m，其建筑面积应按雨篷板的一半计算。

雨篷建筑面积 $S = 2.4 \times 1.8 \times 0.5 = 2.16$（$m^2$）

17. 有永久性顶盖的室外楼梯，应按建筑物自然层的水平投影面积的 1/2 计算。

【例】　计算图 10-31 中室外楼梯的建筑面积。

【解】　如图所示，这个建筑物室外楼梯自然层为 2 层，应按 2 层计算建筑面积。

室外楼梯建筑面积 $S = 3 \times 6.625 \times 2 \times 0.5 = 19.875$（$m^2$）

18. 建筑物的阳台均应按其水平投影面积的 1/2 计算

注：阳台不论是挑阳台还是凹阳台，也不论是封闭阳台还是不封闭阳台，均按阳台水平面积的 1/2 计算阳台的建筑面积。

【例】　计算图 10-32 中某建筑物一层阳台的建筑面积。

【解】　某建筑物一层阳台的建筑面积 $S = 3.4 \times 1.2 \times 0.5 \times 2 + 1.5 \times 4.4 \times 0.5 \times 2 = 10.68$（$m^2$）。

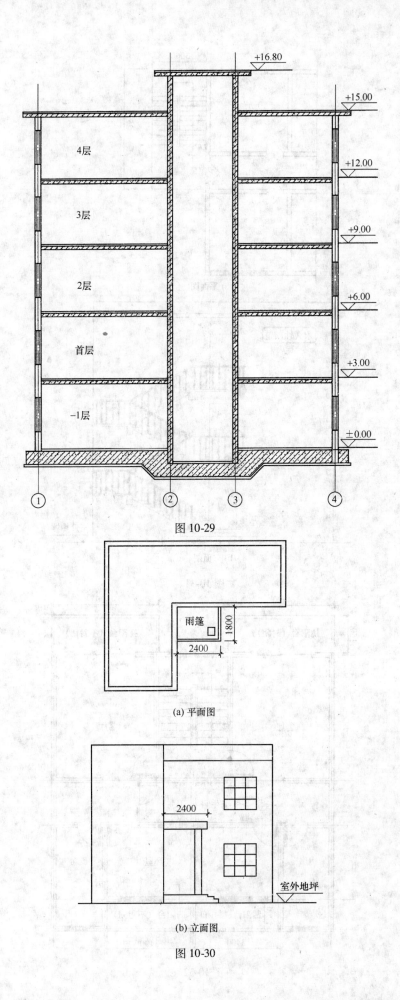

4层

3层

2层

首层

−1层

+16.80

+15.00

+12.00

+9.00

+6.00

+3.00

±0.00

① ② ③ ④

图 10-29

雨篷

1800

2400

(a) 平面图

2400

室外地坪

(b) 立面图

图 10-30

*121*

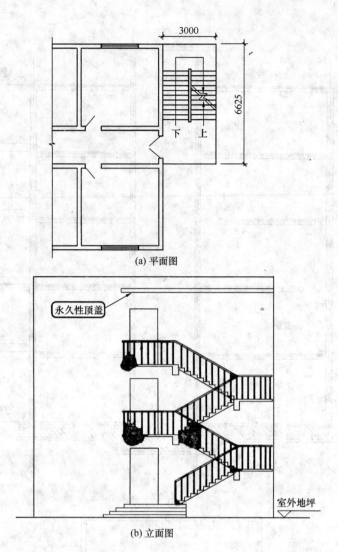

（a）平面图

（b）立面图

图 10-31

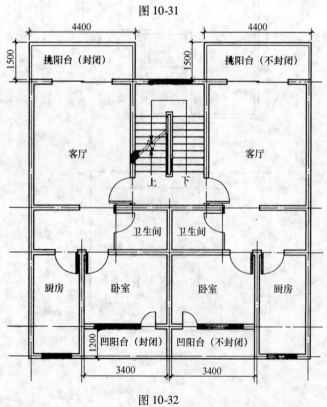

图 10-32

19. 有永久性顶盖无围护结构的车棚、货棚、站台、加油站、收费站等，应按其顶盖水平投影面积的 1/2 计算。

【例1】 计算图 10-33 中双排柱站台建筑面积。

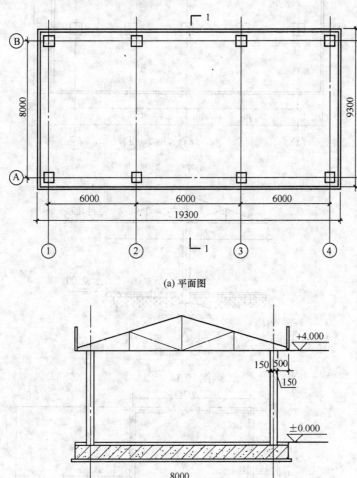

(a) 平面图

(b) 1—1 剖面

图 10-33

【解】 建筑面积 $S = 19.3 \times 9.3 \times 0.5 = 89.745$（$m^2$）

【例2】 计算图 10-34 中单排柱站台建筑面积。

【解】 站台建筑面积 $S = 14.6 \times 7 \times 0.5 = 51.1$（$m^2$）

20. 高低联跨的建筑物，应以高跨结构外边线为界分别计算建筑面积；其高低跨内部连通时，其变形缝应计算在低跨面积内。

【例】 计算图 10-35 中高低跨职工食堂的建筑面积。

【解】 大餐厅的建筑面积 $S_1 = 9.37 \times 12.37 = 115.9069$（$m^2$）

操作间和小餐厅的建筑面积 $S_2 = 4.84 \times 6.305 \times 2 = 61.0324$（$m^2$）

则食堂的建筑面积为 $S = 115.9069 + 61.0324 = 177.0014$（$m^2$）

21. 以幕墙作为围护结构的建筑物，应按幕墙外边线计算建筑面积。

注：幕墙通常有两种，围护性幕墙和装饰性幕墙，围护性幕墙计算建筑面积，装饰性幕墙一般贴在墙外皮，其厚度不再计算建筑面积，见图 10-36。

22. 建筑物外墙外侧有保温隔热层的，应按保温隔热层外边线计算建筑面积。

注：图 10-37 中建筑物外墙有保温层，其建筑面积应计算到保温层外边线。

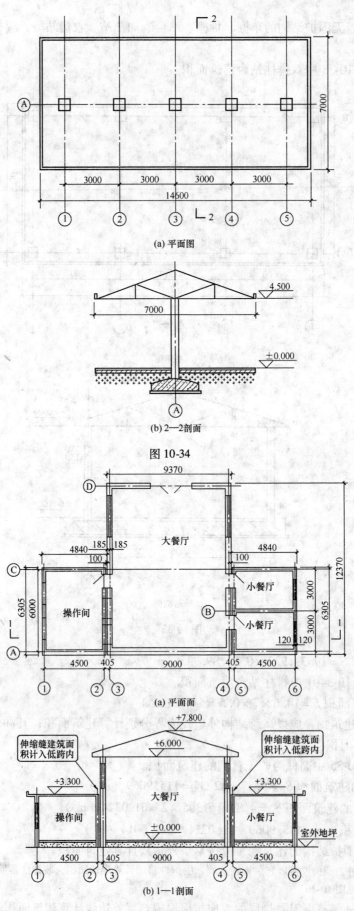

(a) 平面图

(b) 2—2剖面

图 10-34

(a) 平面面

(b) 1—1剖面

图 10-35

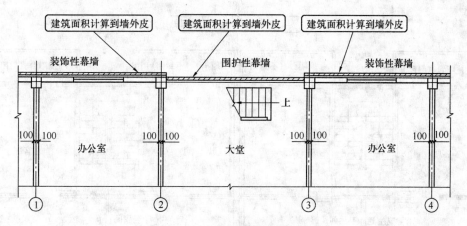

图 10-36　建筑物幕墙示意图

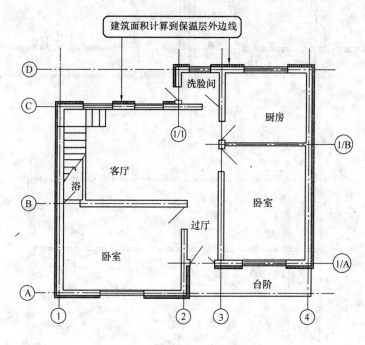

图 10-37　建筑物外墙保温示意图

23. 建筑物内的变形缝,应按其自然层合并在建筑物面积内计算。

注:图 10-38 中的变形缝应按自然层计算建筑面积。

24. 下列项目不应计算面积:

(1) 建筑物通道(骑楼、过街楼的底层)

(2) 建筑物内的设备管道夹层。

注:建筑物内的设备管道夹层示意见图 10-39。

(3) 建筑物内分隔的单层房间,舞台及后台悬挂幕布、布景的天桥、挑台等。

注:建筑物内分隔的单层房间示意见图 10-40。

(4) 屋顶水箱、花架、凉棚、露台、露天游泳池。

注:屋顶水箱、凉棚、露台示意见图 10-41。

(5) 建筑物内的操作平台、上料平台、安装箱和罐体的平台。

注:建筑物内的操作平台示意见图 10-42。

(6) 勒脚、附墙柱、垛、台阶、墙面抹灰、装饰面、镶贴块料面层、装饰性幕墙、空调室外机搁板(箱)、飘窗、构件、配件、宽度在 2.10m 及以内的雨篷以及与建筑物内不相连通的装饰性阳台、挑廊。

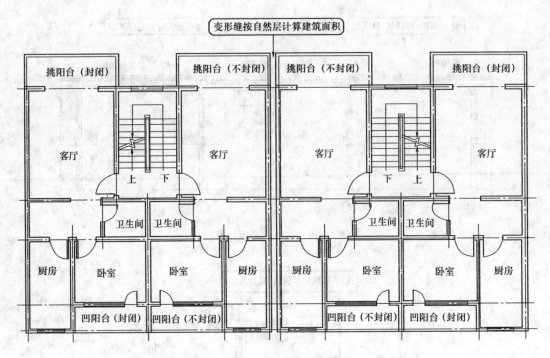

图 10-38　建筑物标准层平面图

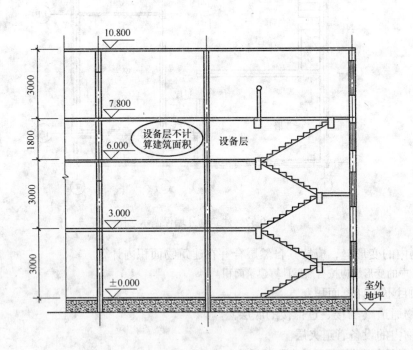

图 10-39　建筑物剖面示意图

注：飘窗、空调室外机搁板、台阶示意见图 10-43。

（7）无永久性顶盖的架空走廊、室外楼梯和用于检修、消防等的室外钢楼梯、爬梯。

注：无永久性顶盖的架空走廊、室外钢梯和爬梯示意见图 10-44。

（8）自动扶梯、自动人行道。

（9）独立烟囱、烟道、地沟、油（水）罐、气柜、水塔、贮油（水）池、贮仓、栈桥、地下人防通道、地铁隧道。

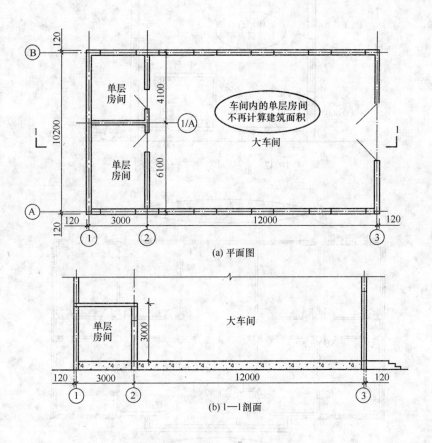

图 10-40  某车间平面和剖面图

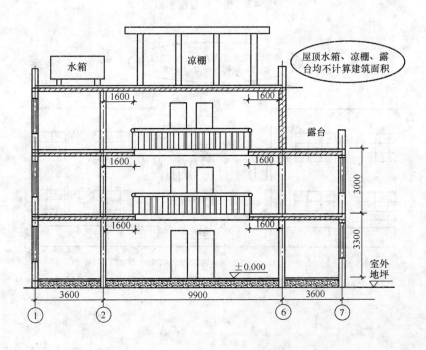

图 10-41  建筑物屋顶水箱、凉棚、露台平面图

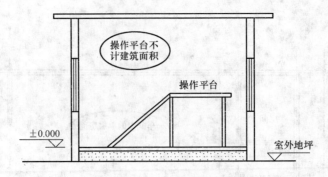

图 10-42　某车间操作平台示意图

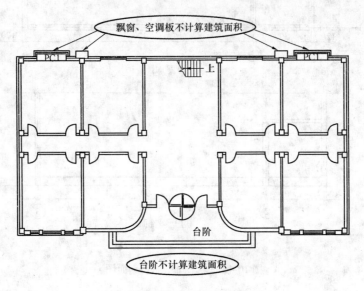

图 10-43　建筑物首层平面图

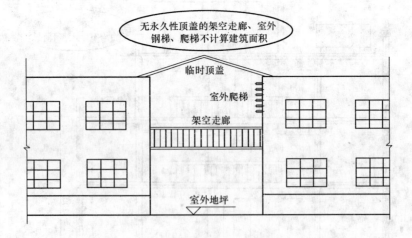

图 10-44　建筑物局部立面图

# 第11章 土石方工程

## 第一节 定额说明及工程量计算规则

1. 说明

（1）本章包括：土方工程，石方工程，回填，运输共53个子目。

（2）挖土方定额子目中综合了干土、湿土，执行中不得调整。

（3）土壤含水率大于40%的土质执行挖淤泥（流砂）定额子目。

（4）平整场地是指室外设计地坪与自然地坪平均厚度 ≤ ±300mm 的就地挖、填、找平；平均厚度 > ±300mm 的竖向土方，执行挖一般土方相应定额子目。

（5）定额中不包括地上、地下障碍物处理及建筑物拆除后的垃圾清运，发生时另行计算。

（6）土方工程无论是否带挡土板均执行本定额。

（7）挖沟槽、基坑、一般挖土的划分标准：

1）底宽 ≤7m，底长 >3 倍底宽，执行挖沟槽相应定额子目；

2）底长 ≤3 倍底宽，底面积 ≤150m²，执行挖基坑相应定额子目；

3）超出上述范围执行挖一般土方相应定额子目；

4）石方工程的划分按土方工程标准执行。

（8）基坑内用于土方运输的汽车坡道已包括在定额子目中，执行时不得另行计算。

（9）混合结构的住宅工程和柱距6m以内的框架结构工程，设计为带型基础或独立柱基，且基础槽深 >3 时，按外墙基础垫层外边线内包括水平投影面积乘以槽深以体积计算，不再计算工作面及放坡土方增量，执行挖一般土方相应定额子目。

（10）管沟土方执行沟槽土方相应定额子目。

（11）土方回填定额子目中不包括外购土的费用，发生时另行计算。

（12）土（石）方运输子目中不包括渣土消纳费用，渣土消纳费用应按有关部门相关规定另行计算。

（13）人工土（石）方定额子目中已包含打钎拍底。机械土（石）方的打钎拍底另执行本章相应定额子目。

（14）石方工程中不分岩石种类，定额中已综合考虑了超挖量。

（15）土方、石方（碴）运输的规定：

1）机械挖沟槽、基坑、一般土方，运距超过15km时执行土（石）方运输每增5km定额子目；

2）回填土回运执行土方回运运距1km以内及每增5km定额子目；

3）石方（碴）运输执行石方（碴）运输相应定额子目。

（16）打基础桩工程，设计桩顶标高至基础垫层下表面标高的土方执行挖桩间土相应定额子目。

（17）坑底挖槽子目适用于人工坑底挖沟槽的项目。

（18）竖向布置挖石或山坡凿石的厚度 > ±300mm 时执行挖一般石方定额子目。

2. 工程量计算规则

（1）平整场地：建筑物按设计图示尺寸以建筑物首层建筑面积计算。

地下室单层建筑面积大于首层建筑面积时，按地下室最大单层建筑面积计算。

（2）基础挖土方：按挖土底面积乘以挖土深度以体积计算。挖土深度超过放坡起点1.5m时，另计算放坡土方增量，局部加深部分并入土方工程量中（见表 11-1 放坡土方增量折算厚度表）。

表 11-1　放坡土方增量折算厚度表　　　　　　　　　　　　　　　（m）

| 基础类型 | 挖土深度 | 放坡土方增量 |
|---|---|---|
| 沟槽（双面） | 2 以内 | 0.59 |
| | 2 以外 | 0.83 |
| 基坑 | 2 以内 | 0.48 |
| | 2 以外 | 0.82 |
| 土方 | 5 以内 | 0.70 |
| | 8 以内 | 1.37 |
| | 13 以内 | 2.38 |
| | 13 以外每增 1m | 0.24 |
| 喷锚护壁 | 5 以内 | 0.25 |
| | 8 以内 | 0.40 |
| | 8 以外 | 0.65 |

1）挖土底面积

①一般土方、基坑按图示垫层外皮尺寸加工作面宽度的水平投影面积计算（见表 11-2 基础施工所需工作面宽度计算表）。

表 11-2　基础施工所需工作面宽度计算表　　　　　　　　　　　（mm）

| 基础材料 | 每边各增加工作面宽度 |
|---|---|
| 砖基础 | 200 |
| 浆砌毛石、条石基础 | 150 |
| 混凝土基础及垫层支模板 | 300 |
| 基础垂直面做防水层 | 1000（防水面层） |
| 坑底打钢筋混凝土预制桩 | 3000 |
| 坑底螺旋钻孔桩 | 1500 |

②沟槽按基础垫层宽度加工作面宽度（超过放坡起点时应再加上放坡增量）乘以沟槽长度计算。

③管沟按管沟底部宽度乘以图示中心线长度计算，窨井增加的土方量并入管沟工程量中。管沟底部宽度设计有规定的按设计规定尺寸计算，设计无规定的按表 11-3 管沟底部宽度表计算。

表 11-3　管沟底部宽度表（含工作面）　　　　　　　　　　　　　（m）

| 管径（mm） | 铸铁管、钢管 | 混凝土管 | 其他 |
|---|---|---|---|
| 50～70 | 0.60 | 0.80 | 0.70 |
| 100～200 | 0.70 | 0.90 | 0.80 |
| 250～350 | 0.80 | 1.00 | 0.90 |
| 400～450 | 1.00 | 1.30 | 1.10 |
| 500～600 | 1.30 | 1.50 | 1.40 |
| 700～800 | 1.60 | 1.80 | — |

2）挖土深度

①室外设计地坪标高与自然地坪标高≤300mm 时，挖土深度从基础垫层下表面标高算至室外设计地坪标高。

②室外设计地坪标高与自然地坪标高＞300mm 时，挖土深度从基础垫层下表面标高算至自然地坪标高。

3）放坡增量

①基坑、土方放坡土方增量按放坡部分的基坑下口外边线长度（含工作面宽度）乘以挖土深度再乘以放坡土方增量折算厚度（见表 11-1 放坡土方增量折算厚度表）以体积计算。

②沟槽（管沟）放坡土方增量按放坡部分的沟槽长度（含工作面宽度）乘以挖土深度再乘以放坡土方增量折算厚度以体积计算。

③挖土方深度超过13m时，放坡土方增量按13m以外每增加一米的折算厚度乘以超过的深度（不足一米按一米计算），并入到13m以内的折算厚度中计算。

（3）挖桩间土按打桩部分的水平投影面积乘以厚度（设计桩顶面至基础垫层下表面标高）以体积计算，扣除桩所占的体积。

（4）挖淤泥、流砂按设计图示的位置、界限以体积计算。

（5）挖一般石方按设计图示尺寸以体积计算。

（6）挖基坑石方按设计图示尺寸基坑底面积乘以挖石深度以体积计算。

（7）挖沟槽石方按设计图示尺寸沟槽底面积乘以挖石深度以体积计算。

挖管沟石方按设计图示尺寸沟槽底面积乘以挖石深度以体积计算。

（8）打钎拍底按设计图示基础垫层水平投影面积计算。

（9）场地碾压、原土打夯按设计图示碾压或打夯面积计算。

（10）回填土

1）基础回填土按挖土体积减去室外地坪以下埋设的基础体积、建筑物、构筑物、垫层所占的体积以体积计算。地下管道管径＞500mm时按表11-4管沟体积换算表的规定扣除管道所占的体积。

2）房心回填土按主墙间的面积（扣除暖气沟及设备所占的面积）乘以室外设计地坪至首层地面垫层下表面的高度以体积计算。

3）地下室内回填土按设计图示尺寸以体积计算。

4）场地填土按设计图示回填面积乘以平均回填厚度以体积计算。

（11）土（石）方、淤泥、流砂、护壁泥浆运输按挖方工程量以体积计算。

**表 11-4　管沟体积换算表**　　　　　　　　　　　　　　　　　　（m³）

| 管道名称 | 管道直径（mm） | |
| --- | --- | --- |
| | 501～600 | 601～800 |
| 钢管 | 0.21 | 0.44 |
| 铸铁管 | 0.24 | 0.49 |
| 混凝土管及其他管 | 0.33 | 0.60 |

# 第二节　有关土石方工程的几个问题

1. 关于机械土方使用的机械

机械挖土方可使用各种挖土机，如正铲挖土机反铲挖土机、机械式挖土机、铲运机、推土机等，实际施工时可根据工程具体情况，采用不同机械，而定额是不分机械型号综合取定的，各种机械可参看图11-1至图11-13。

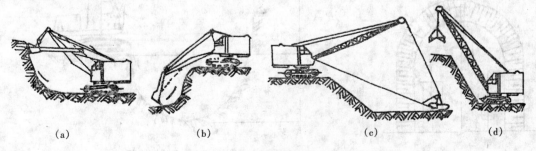

（a）　　　　　　　　（b）　　　　　　　　（c）　　　　　　　　（d）

图 11-1　机械式单斗挖土机

（a）正铲；（b）反铲；（c）拉铲；（d）抓斗

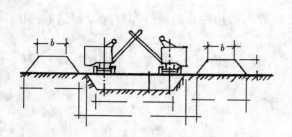

图 11-2　反铲两侧开挖两侧堆土工作图

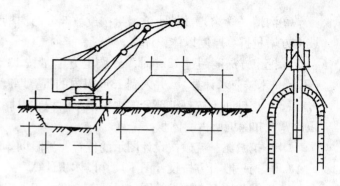

图 11-3a　反铲沟端开挖工作图

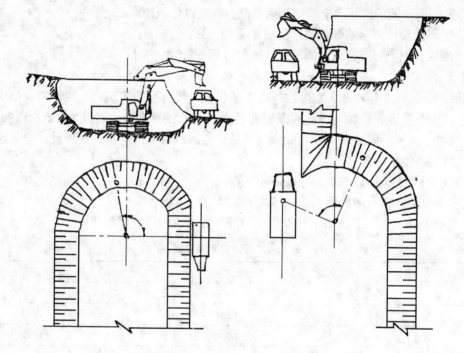

图 11-3b　正铲挖土机正向工作面挖土

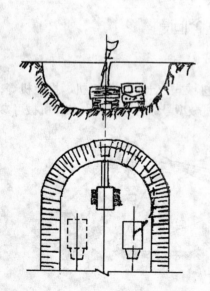

图 11-3c　正铲挖土机侧向工作面挖土

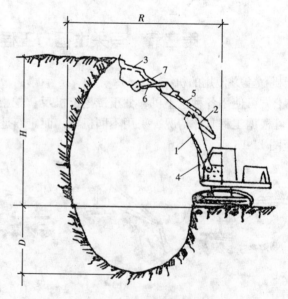

图 11-3d　正铲挖土机

1—动臂；2—斗杆；3—铲斗；4、5、6—液压缸；7—连杆机构

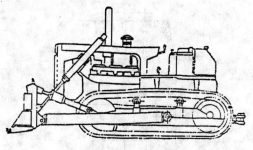

图 11-4　履带式推土机

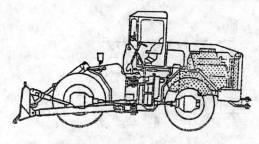

图 11-5　轮胎式推土机

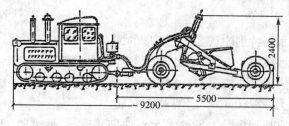

图 11-6　拖式铲运机外形图

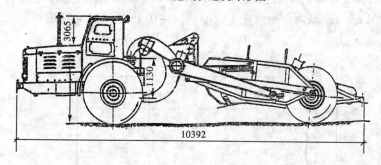

图 11-7　自动行式铲运机外形图

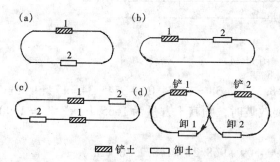

▨ 铲土　▭ 卸土

图 11-8　铲运机开行路线

（a）、（b）环形路线；（c）大环形路线；（d）8字形路线

图 11-9　松动爆破

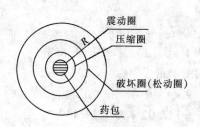

图 11-10　爆破作用圈

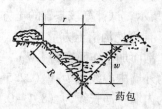

图 11-11　爆破漏斗

r—漏斗半径；R—爆破作用半径；

W—最小抵抗线（药包埋置深度）

133

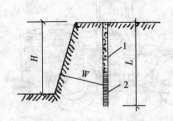

图 11-12 最小抵抗线
1—堵塞物；2—炸药

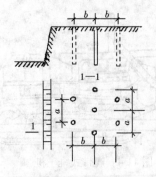

图 11-13 炮眼布置

2. 正确计算挖土底面积，特别注意工作面宽度的因素

（1）土方、基坑按图示垫层外皮尺寸加工作面宽度的水平投影面积计算

【例】 某满堂基础的垫层尺寸如图 11-14 所示，其设计室外标高为 $-0.45$m（与自然地坪相差在 $\pm 0.2$ 以内），垫层底标高为 $-8.80$m，试计算其土方量。

【解】 由图中可看出原基础垫层为 62m×26m，加工作面（每边加 30cm）后，其挖土的底面积为 $62.6$m × $26.6$m = $1665.16$m$^2$，周边长度为 $(62.6 + 26.6)$ × $2 = 178.4$m，挖土深度由于室外设计标高与自然标高相差在 $\pm 0.3$m 以内，所以挖土深度为 $(-0.45) - (-8.80) = 8.35$m。

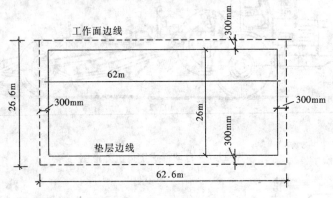

图 11-14

故其挖土体积为 $1665.16 × 8.35 + 178.4 × 8.35 × 2.38 = 13904.09 + 3545.34 = 17449.43$m$^3$。

（2）上例如果挖土方采取基坑支护不需要放坡时，则其土方量为 $1665.16 × 8.35 = 13904.09$m$^3$。如果采用喷锚基坑支护时土方量：

$1665.16 × 8.35 + 178.4 × 8.35 × 0.65 = 13904.09 + 968.27 = 14872.36$（m$^3$）

（3）沟槽按基础垫层宽度加工作面宽度乘以沟槽长度计算，这里计算带形基础土方时还是要按外墙中心线内墙净长线计算，特别是内墙净长度要考虑工作面宽度的因素，例如某带形基础的平面与剖面如图 11-15 所示，试计算该基础的土方量及垫层量。

【解】（1）计算挖沟槽土方量

1—1、3—3 剖面加工作面宽为 1.7m，2—2 剖面为 1.60m

1—1 剖面为外墙中心线长为 $[(22.5 + 0.12) + (8.1 + 0.12)] × 2 = 61.68$m

3—3 剖面为内墙，净长线为 $(8.1 - 0.79 × 2) × 2 = 13.04$m

2—2 剖面为内墙，净长线为 $6 × 2 + 4.8 × 2 + 3.6 - 0.79 × 4 - 0.8 × 2 = 20.44$m

则其底面积为 $1.7 × (61.68 + 13.04) + 1.6 × 20.44 = 127.02 + 32.70 = 159.72$m$^2$，挖土深度为 $2.5 - 0.75 = 1.75$m，查表 11-1 放坡土方增量折算厚度为 0.59m，其折合底面积 $0.59 × (61.68 + 13.04 + 20.44) = 56.14$m$^2$，挖沟槽总体积为 $(159.72 + 56.14) × 1.75 = 377.76$m$^3$。

（2）灰土垫层体积

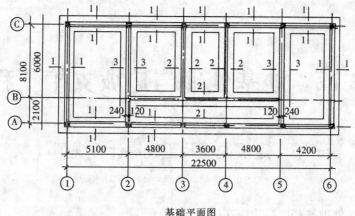

基础平面图

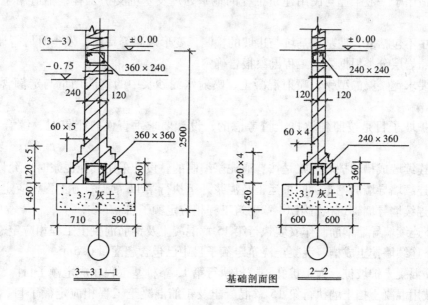

基础剖面图

图 11-15

1—1 剖面中心线长仍为 61.68m

3—3 剖面为内墙净长线为 $(8.1-0.59\times2)\times2=13.84m$

2—2 剖面为内墙，净长度为 $6\times2+4.8\times2+3.6-0.59\times4-0.6\times2=21.64m$

则其体积为 $[1.3\times(61.68+13.84)+1.2\times21.64]\times0.45=[98.18+25.97]\times0.45=55.87m^3$

（3）打钎拍底的工程量为（人工挖土不计算此项，只有机械挖土计算此项）

$1.3\times(61.68+13.84)+1.2\times21.64=98.18+25.97=124.15（m^2）$。

# 第 12 章　地基处理与边坡支护工程

## 第一节　定额说明及工程量计算规则

1. 说明

（1）本章包括：地基处理，基坑与边坡支护共 52 个子目。

（2）本章适用于一般工业与民用建筑工程的地基处理及基坑支护工程，不适用于室内打桩及观测桩等。

（3）定额中不包括复合地基、基坑与边坡的检测，变形观测等费用，发生时另行计算。

（4）土层、岩层分类根据岩土工程勘察报告确定。

（5）设计要求钢腰梁的型钢，喷射混凝土、喷射水泥砂浆中的钢筋用量与定额含量不同时，允许调整。

（6）土钉护坡子目是按照斜坡打土钉考虑的，设计要求垂直面打土钉时，综合工日乘以系数 1.15。

（7）地下连续墙成槽的护坡泥浆是按普通泥浆编制的，设计采用其他泥浆时，允许换算。

（8）地下连续墙导墙的挖土、回填运土及泥浆外运执行第 11 章土石方工程相应定额子目。

（9）地下连续墙导墙砌筑执行第 14 章砌筑工程相应定额子目。

（10）地下连续墙导墙钢筋制作安装执行第 15 章混凝土及钢筋混凝土工程相应定额子目。

（11）地下连续墙挖土成槽、混凝土浇筑定额子目中已包含超灌量 0.5m。

（12）钢筋混凝土护坡桩、人工扩孔护坡桩执行第 13 章桩基工程相应定额子目。

（13）护坡用混凝土挡土墙执行第 15 章混凝土及钢筋混凝土工程相应定额子目，护坡用砖挡土墙执行第 14 章砌筑工程相应定额子目。

（14）打桩中的空桩执行钻孔定额子目。

空桩长度＝成孔深（孔深为自然地坪至设计桩底的深度）－桩长（包含桩尖）。

2. 工程量计算规则

（1）换填垫层按设计图示尺寸以体积计算。

（2）强夯按设计图示强夯处理范围以面积计算。

（3）砂石桩、水泥粉煤灰碎石桩、深层搅拌桩、粉喷桩、夯实水泥土桩、灰土挤密桩均按设计桩长（含桩尖）乘以桩截面面积以体积计算。

（4）高压喷射注浆桩按设计图示尺寸以桩长计算。

旋喷桩按设计图示尺寸以桩长计算。

（5）地下连续墙的挖土成槽、混凝土浇筑按设计图示墙中心线长度乘以厚度乘以槽深以体积计算。

（6）锁口管掉拔、清底置换按设计图示尺寸以段计算。

（7）预锚杆（锚索）、土钉按设计图示尺寸以钻孔深度计算。

（8）喷射混凝土、水泥砂浆按设计图示尺寸以面积计算。

（9）护坡钢管桩按设计图示尺寸以桩长计算。

（10）褥垫层按设计图示尺寸以体积计算。

（11）钢腰梁按设计图示尺寸以长度计算。

（12）钻孔按空桩长度计算。

## 第二节　有关地基处理和边坡支护的图示及说明

1. 钢板桩

钢板桩作为建造水上、地下构筑物或基础施工中的围护结构。由于它具有强度高，结合紧密、不漏水性好、施工简便、速度快，可减少基坑开挖土方量，对临时工程可以多次重复使用等特点，因而广泛用于地下深基础作防水、围堰、坑壁支撑。

钢板桩的形式及适用范围：

钢板桩基本上分为平板型和波浪型两类，如图 12-1 所示，每类又有多种。平板型板桩墙防水和承受轴向力的性能良好，易于打入土中，但侧向的抗弯强度较低，仅用于地基土质较好、基坑深度不大的工程上；深度较大的基坑应用防水和抗弯性能较好的波浪型或组合式截面的钢板桩。

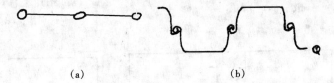

(a)　　　　　　　　(b)

图 12-1　常用的钢板桩

(a) 平板桩；(b) 波浪形板桩（"拉森"板桩）

我国常用的钢板桩截面形式及技术性能见表 12-1 所示。

**表 12-1　钢板桩技术规格**

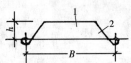

| 型　号 | 截面尺寸（mm） | | | | 每延长米面积（cm²） | 每延长米重量（kg） | 每延长米截面矩（cm³） |
|---|---|---|---|---|---|---|---|
| | $B$ | $h$ | $t_1$ | $t_2$ | | | |
| 拉森Ⅱ | 400 | 100 | 10.5 | | 61.18 | 48 | 874 |
| 拉森Ⅲ | 400 | 145 | 13.0 | 8.5 | 198 | 60 | 1600 |
| 拉森Ⅳ | 400 | 155 | 15.5 | 11.0 | 236 | 74 | 2037 |
| 拉森Ⅴ | 420 | 180 | 20.5 | 12.0 | 303 | 100 | 3000 |
| 拉森Ⅵ | 420 | 220 | 22.0 | 14.0 | 370 | 121.8 | 4200 |
| 鞍　Ⅵ | 400 | 155 | 15.5 | 10.5 | 247 | 77 | 2042 |

注：1. 拉森型钢板桩长度有 12、18 和 30m 三种，根据需要可焊接接长；

　　2. 鞍Ⅵ属拉森型。

每次钢板桩的两侧边缘都作成相互连锁的形式，使相邻的桩与桩之间彼此紧密结合。锁口有互握式和握裹式两种，互握式锁口间隙较大，其转角可达 24°，可构成曲线形的板桩墙，同时不透水性较好；握裹式锁口较紧密，转角只允许 10°～15°。

钢板桩打设前要作好准备工作，安装围檩支架（图 12-2），制作转角桩如图 12-3 所示，选择好流水段如图 12-4 所示之和进行打设。

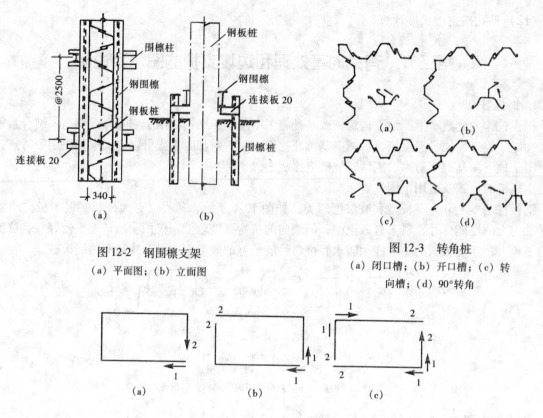

图 12-2 钢围檩支架
(a) 平面图；(b) 立面图

图 12-3 转角桩
(a) 闭口槽；(b) 开口槽；(c) 转
向槽；(d) 90°转角

图 12-4 打桩流水段选择
(a) 一流水段；(b) 二流水段；(c) 四流水段

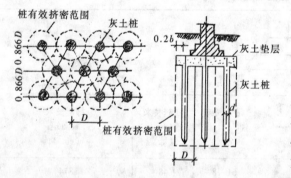

图 12-5 灰土桩及灰土垫层布置
d—灰土桩径；D—桩距（2.5~3d）；b—基础宽

**2. 灰土挤密桩地基**

灰土挤密桩是将钢管打入土中，将管拔出后，在形成的桩孔中，回填 2∶8 或 3∶7 灰土加以夯实而成。适用于处理湿陷性黄土、素填土以及杂填土地基，处理后地基承载力可以提高一倍以上，同时具有节省大量土方，降低造价 2/3 ~ 4/5，施工简便等优点。桩身直径一般为 300 ~ 450mm；深度为 4 ~ 10m；平面布置多按等边三角形排列，桩距（D）按有效挤密范围，一般取 2.5 ~ 3.0 倍桩直径，排距 0.866D；地基的挤密面积应每边超出基础宽 0.2 倍；桩顶一般设 0.5 ~ 0.8m 厚的灰土垫层（图 12-5），可采用简易灰土桩夯实机施工，如图 12-6 所示。

**3. 振冲地基**

振冲地基是利用振冲器水冲成孔，填以砂石集料，借振冲器的水平振动及垂直振动，振密填料，形成碎石桩体（称碎石桩法）与原地基构成复合地基，提高地基承载力和改善土体的排水降压通道，并对可能发生液化的砂土产生预振效应，防止液化。适用于加固松散砂土地基（对黏性土和人工填土地基，经试验证明加固有效时，方可使用）。对于粗砂土地基，则利用振冲器的振动和水冲过程，使粗砂土结构重新排列挤密，孔隙比可大大减小，相对密度显著增加，因而可不必另加砂石填料（称振冲挤密法）。

振冲法与其他地基加固法比较，可节约钢材、水泥、木材，且施工简单，加固期短，可因地制宜，就地取用碎石、砂子、卵石、矿渣等填料，费用低廉。因此，振冲法是一种适合我国国情的快速加固地基的方法。施工工艺如图 12-7 所示。

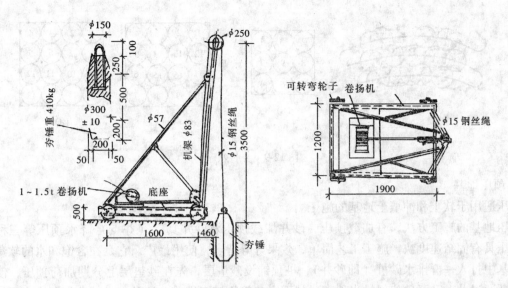

图 12-6　简易灰土桩夯实机（桩直径 350mm）

4. 重锤夯实地基

重锤夯实是用起重机械将特制的重锤，提升到一定高度后，自由下落，重复夯击基土表面，使地基受到压密加固。适用于地下水位 0.8m 以上稍湿的黏性土、砂土、湿陷性黄土、杂填土和分层填土地基。但当夯击对邻近建筑物有影响时，或地下水位高于有效夯实深度时，不宜采用。重锤表面夯实的加固深度一般为 1.2～2.0m，湿陷性黄土地基经重锤表面夯实后，透水性有显著降低，其计算强度可提高 30%。

（1）夯锤

夯锤形状宜采用截头圆锥体（图 12-8），可用 C20 钢筋混凝土制作，其底部可采用 20mm 厚钢板，以使重心降低。夯锤重量一般为 1.5～3t，锤底直径一般为 1.0～1.5m。锤重与底面积的关系应符合锤重在底面上的单位静压力 1.5～2.0N/cm²。

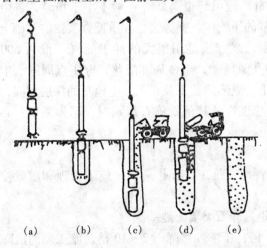

图 12-7　碎石桩法振冲施工工艺示意

（a）定位；（b）振冲下沉；（c）振冲至设计标高

井下料；（d）边振边下料边上提；（e）成桩

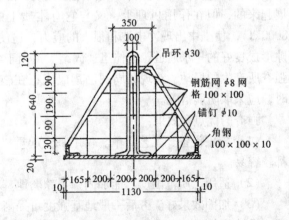

图 12-8　1.5t 钢筋混凝土夯锤

（2）起重机械

起重机械可采用履带式起重机，打桩机，装有摩擦绞车的挖土机等，也有的用自制的桅杆式起重机或龙门式起重机。起吊设备的起重能力：当直接用钢索悬吊夯锤时，应大于夯锤重量的 3 倍；当采用脱钩夯锤时，应大于夯锤重量的 1.5 倍。

（3）夯打顺序：可按图 12-9 所示。

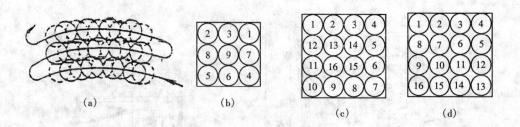

图 12-9　夯打顺序

5. 预压地基

预压适用于软土和冲填土地基的施工。

预压地基的施工方法，有加载预压、砂井加载预压及砂井真空（井点）降水预压等三种。砂井加载预压具有固结速度快，施工工艺简单，效果好等特点，使用最广。它是在含饱和水的软黏土或冲填土地基中打入一群排水砂桩（即砂井），桩顶铺设砂垫层，先在砂垫层上分期加荷预压，使土中孔隙水不断通过井上升至砂垫层排出地表，从而在建筑物施工之前，地基土大部分先期排水固结，减少了建筑物的沉降，提高了地基的稳定性。砂井加载预压适用于处理深厚软土和冲填土地基。

砂井的直径一般为 300～500mm，间距 7～8 倍砂井直径，袋装砂井直径一般为 70～120mm，间距 1.2～1.5m；砂井在整个建筑场地上按梅花形均匀布置，最外排砂井轴线到基础外边的距离应不小于 1.5$d$（$d$ 为砂井直径）或砂井深的 10%；砂井深度，视土层具体情况而定，当土层较浅时（在压缩层范围内有较密实的下卧层时），则砂井贯通整个软土层较好。当压缩层范围内有粉砂夹层或含砂量较大的土层时，在满足变形条件的情况下，砂井深度取到该类夹层即可。当压缩层范围内有黏土类夹层时，该土层本身也需要砂层排水固结，故砂井深度也宜达到该夹层；砂垫层的平面范围与砂井范围相同。为使砂垫层在沉降后不致被切断，砂垫层的厚度应比预计基础沉降量大 0.3～0.5m，一般为 0.4～1.0m。砂垫层宜做成反向过滤式的，周围设排水管和排水井，以便将水排走。

6. 强夯地基

强夯法是用起重机械将大吨位夯锤（一般不小于 8t）起吊到很高处（一般不小于 6m），自由落下，对土体进行强力夯实，以提高地基强度，降低地基的压缩性。强夯法是在重锤夯实法的基础上发展起来的，但在作用机理上，又与它有本质上的区别，强夯法是用很大的冲击能（一般为 500～8000kJ），使土中出现冲击波和很大的应力，迫使土中孔隙压缩，土体局部液化，夯击点周围产生裂隙形成良好的排水通道，土体迅速固结。适用于黏性土、湿陷性黄土及人工填土地基的深层加固，但强夯所产生的振动，对现场周围已建成或正在施工的建筑物及其他设施有影响时，不得采用，必要时，应采取防震措施。

强夯的优点和效果：

（1）施工设备、工艺简单。仅用一台起重机和重锤即可施工，操作简便，施工管理和质量控制都较容易。

（2）适用土质范围广。能加固各类软弱地基，特别是碎石类填土地基。

（3）加固效果好。夯后一般地基强度可提高 2～5 倍，压缩性可降低 2～10 倍，施工期间沉降量可达设计荷载下沉降量的 60%～90%，加固影响深度可达 6～10m，同时可防止地震区砂土液化和消除或降低大孔土的湿陷等级。

（4）工效高、施工速度快。每台设备每月可处理地基面积 5000～10000m²。比桩基可加快工期 1～2 倍。

（5）节约原材料。可全部节省地基所用钢材、木材、水泥等材料。

（6）节省投资。加固费用为 20～30 元/m²，与桩基相比可节省投资 50% 以上。

强夯的夯锤如图 12-10 所示，所用起重机可参看图 12-11、图 12-12，重锤的脱钩装置如图 12-13 所示。

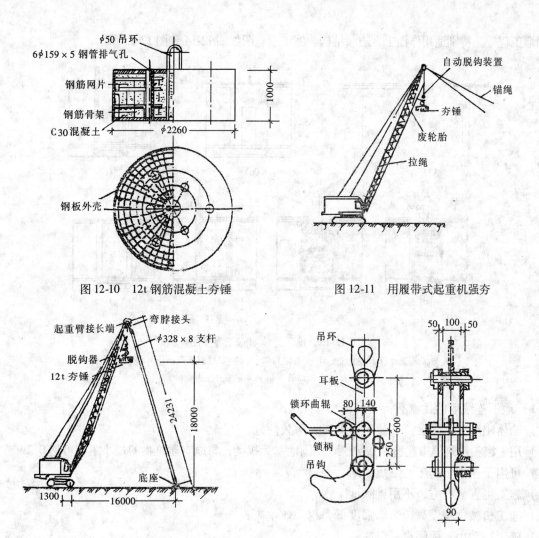

图 12-10　12t 钢筋混凝土夯锤

图 12-11　用履带式起重机强夯

图 12-12　用 15t 履带式起重机加支杆吊 12t 夯锤强夯

图 12-13　脱钩装置

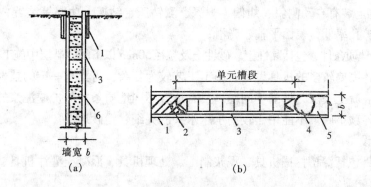

墙宽 b

（a）

（b）

图 12-14　地下连续墙施工示意图
（a）墙身剖面；（b）墙身平面
1—导墙；2—已完成墙段；3—钢筋笼；4—接头管；5—未开挖槽段；6—护壁泥浆

## 7. 地下连续墙

地下连续墙是我国近十年来在黏性土、砂土以及冲填土等软土层中的基础和地下工程应用较多的一项新技术。它是在地面上采用一种挖槽机械，沿着深开挖工程的周边轴线，依靠泥浆护壁，开挖出一条狭长的深槽，在槽内吊放入钢筋笼，然后用导管法灌注水下混凝土以置换泥浆，筑成一个单元槽段，如此逐段进行，以一定接头方式，在地下筑成一道连续的钢筋混凝土墙壁，按要求可作为截水、防渗、承重、挡土结构。它适用于建筑物的地下室、地下商场、停车场、地下油库、挡土墙、高层建筑的深基础、工业建筑的深池、坑、竖井；邻近建筑物基础的支护以及水工结构的堤坝防渗墙、护岸、码头、船坞；地下铁道或临时围堰工程等，特别适用作挡土、防渗结构。施工示意图如图 12-14 和图 12-15 所示。

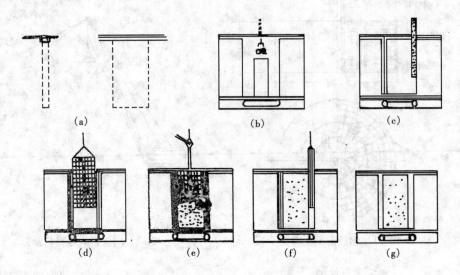

图 12-15　地下连续墙施工程序图

(a) 导墙施工；(b) 挖土；(c) 安放锁口管；(d) 安放钢筋笼；(e) 浇筑混凝土；
(f) 拔出锁口管；(g) 墙段施工完毕

(1) 地下连续墙的优点有：

1) 墙体刚度大，强度高，截水、抗渗、耐久性好；

2) 用于密集建筑群中建造深基坑，对周围地基无扰动，与原有建筑物的最小距离可达 0.2m 左右；

3) 可用于逆作法施工，缩短工期；

4) 施工可省土石方，不用排除地下水；

5) 施工机械化程度高，劳动强度低，挖掘效率高；

6) 施工震动小，无噪声；

7) 在地面作业，施工操作安全；

8) 多头挖槽机上装有自动测斜、纠偏、测深、测钻压、钻速、功率等装置，能保证成槽尺寸准确，垂直精度高，扩孔率低，表面平整、光滑；

9) 可用于多种地质条件，包括黏性土、砂性土及粒径50mm以下的砂砾层中施工，不受深度限制。

存在的问题是：需要较多的机具设备；施工工艺较为复杂，需具有一定的技术水平。施工掌握不好，易出现塌孔、混凝土夹层，渗漏等问题。要有适合不同地质条件的护壁泥浆的管理方法以及发生故障时所要采取的各项措施。不能用于较高承压水头的夹细、粉砂地层。

(2) 施工机具设备

连续墙施工机具包括深槽挖掘机具、泥浆制配、处理机具、混凝土灌注机具、槽段接头机具等四部分。

深槽挖掘机械常用的有多头钻挖槽机、钻抓斗式挖槽机、冲击钻等，使用较多的为多头钻挖槽孔。

1) 多头钻挖槽机，适用于黏性土、砂质土、砂砾层以及淤泥等土层。其特点是成槽深度大、效率高、操作安全，对周围建筑物影响小，施工的槽壁尺寸较准确，扩孔率小（小于3%），壁面平整。SF60-80 型多头钻挖槽机构造如图 12-16 所示。CZJ8160×4 型和 DX-800×4 型多头钻挖槽机系由 4 台 GZQ 型潜水钻机进行组装而成。图 12-17 为 DZ-800×4 型长导板简易多头钻机构造。

2) 钻抓斗式挖槽机，由潜水钻机、导板抓斗机架、轨道等组成。抓斗有中心提拉式和斗体推压式两种，可以自制。上海基础公司制造的钻抓挖槽及配套设备如图 12-18 所示。适用于黏性土和 N 值小于 30 的砂性土。钻抓斗式挖槽机的特点是机具简单，可以自造，出土方便，能抓出地层中的障碍物，在深度不大时，一般工效较高，施工成本低，槽段间的衔接也较好，但不适用软黏土、深度大于

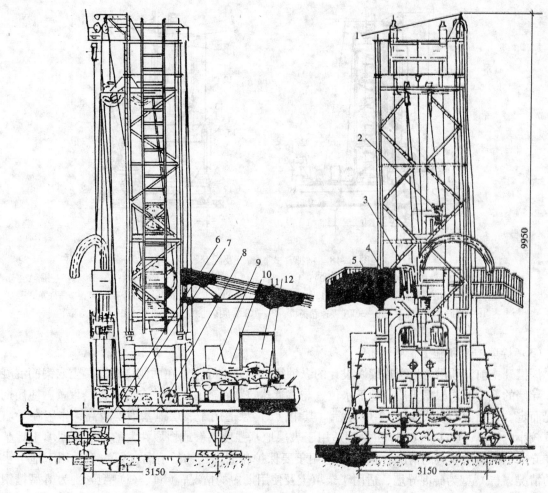

图 12-16　SF60-80 型多头钻挖槽机

1—小台令；2、3—电缆收线盘；4—多头钻机机头；5—雨罩；6—行走电动机；7、8—卷扬机；
9—操作台；10—卷扬机；11—配电箱；12—空压机

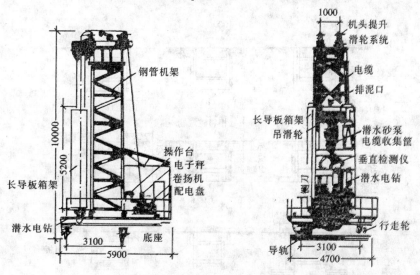

图 12-17　DZ-800×4 型长导板简易多头钻机

15m 的深槽及坚硬的土层，槽壁精度较多头挖槽机差。

3）冲击式钻机，主要用各种冲击式凿井机械。常用的为 YKC 型冲击机、红旗 20 型或 22 型钻机，多用于桩排式地下连续墙成孔，适用于老黏性土、硬土和夹有孤石等较为复杂的地层使用。设备比较简单，操作容易，但工效较低，所成槽壁平直度较差。

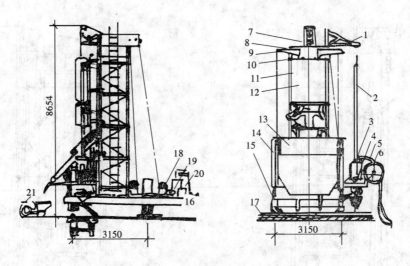

图 12-18　钻抓斗式挖槽机及配套设备

1—电钻吊臂；2—钻杆；3—潜水电钻（φ600）；4—钳制台；5—泥浆管及电缆；6—转盘；7—顶梁；8—围梁；
9—吊臂滑车；10—笼门；11—机架立柱；12—导板抓斗；13—出土上滑槽；14—出土下滑槽架；15—底盘；
16—轨道；17—枕木；18—30kN 慢速卷扬机；19—10kN 卷扬机；20—电器控制箱；21—翻斗车

### （3）导墙构造和施工

深槽开挖前，须沿着地下连续墙设计的纵轴线位置开挖导沟，在两侧浇筑混凝土或钢筋混凝土导墙。导墙的截面形式根据土质、地下水位、与邻近建筑物距离、工程特点以及机具重量、使用期限等情况而定，常用截面形式如图 12-19 所示。其中（a）型适用于表层地基强度较高，作用在导墙上的荷重较小的情况；（b）、（c）、（d）型适用于表层地基强度不够或坍塌性大的砂土或回填土地基及作用在导墙上的荷重较大的情况；（e）型适用于要保护相邻结构物的情况；（f）型适用于地下水位较高的情况；（g）型为砖混导墙，适用于杂填土及使用期短的情况；（h）、（i）型分别为薄型槽钢和预制构件作成的简易导墙，适用于表层地基良好，临时性使用情况。导墙在转角处，宜做成匚字形或十字形交叉（图 12-20），以保证转角处地下连续墙断面的完整。

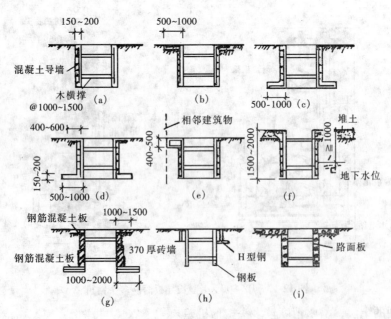

图 12-19　导墙的各种断面形式

（a）板墙形；（b）倒 L 形；（c）L 形；（d）匚字形；（e）保护相邻结构作法；（f）地
下水位高时作法；（g）砖混导墙；（h）型钢钢板组合导墙；（i）预制板组合式

导墙一般深 1.2~2.0m，底部宜落在原土层上，顶面应高于施工场地 5~10cm，以阻止地表水流入。在地下水位高的地方，导墙应高出地下水位 1.5m，以保证槽内泥浆液面高出地下水位 1m 以上的最小压差要求，以防止塌方。导墙的厚度一般为 0.15~0.25m，两墙间净距比成槽机宽 3~5cm。为防止导墙产生位移，在导墙内侧每隔 2m 设一木支撑。

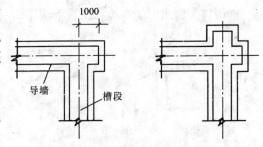

图 12-20 导墙在转角处的形式

导墙的作用主要为地下连续墙定位置，定标高；成槽时为挖槽机定向；存储和排泄泥浆，防止雨水混入；稳定浆位；支承挖槽机具、钢筋笼和接头管、混凝土导管设备等的施工重量；保持槽顶面土体的稳定，防止土体塌落。

8. 土层锚杆

(1) 土层锚杆的应用

土层锚杆是建筑施工中的一项实用新技术，在国内外已广泛应用于地下结构施工的临时支护和作永久性建筑工程的承接构件。

土层锚杆简称土锚杆。土锚，是在地面或深开挖的地下室墙面（挡土墙或地下连续墙）或基坑立壁未开挖的土层钻机（或掏孔），达到一定设计深度后，或再扩大孔的端部，形成球状或其他形状，在孔内放入钢筋、钢管或钢丝束、钢绞线或其他抗拉材料，灌入水泥浆或化学浆液，使与土层结合成为抗拉（拔）力强的锚杆。锚杆端部与挡土墙、板桩、灌注桩联结，将构筑物受到的外力，通过钢拉杆传给远离构筑物的土层，以维持工程构筑物所支护地层的稳定性。它可以用于挡土结构的锚杆，以防塌方或滑坡；用于逆作法施工地下室的支撑，以节省钢支护；或在基坑深度、宽度较大（>10m），上部不能用钢支护的情况下作坑壁支护，使可在完全敞开、不放坡的条件下进行基坑开挖和进行机械化施工；用于陡边坡的护壁支撑，可起支承一定土压力的挡土墙和护面作用，减少放坡，节省挖坡土方量；或用于输电线路铁塔基础的锚桩，以减少基础尺寸等，特别对难以采用支撑的大面积、大深度的基坑，如地下铁道的车站、大型地下商场、地下停车场等更有实用意义。图 12-21 为土层锚杆加固方法的几种应用。除此，土层锚杆法比支撑法的适应性和可靠性好，所需钻孔孔径小，施工不用大型机械和较大场地，可使用强度高的钢材，较为经济等特点。但本法不适于在地下水较大，或含有化学腐蚀物的土层或在松散、软弱的土层内使用。若在规模小的工程中应用，比支撑法的费用稍高。

(2) 土层锚杆的种类

土层锚杆的形式有压浆式、套管加压式、扩孔灌浆加压式、扩孔灌浆不加压式和打入式等，使用较多的是前两种。扩孔式锚杆主要是利用扩孔部分的侧压力来抵抗拉拔力，而加压式锚杆主要利用锚杆周边的摩擦阻力来抵抗拉拔力；就其使用性质而言，又分临时性土层锚杆和永久性土层锚杆两类。

(3) 土层锚杆的构造

土层锚杆由锚头、拉杆和锚固体三部分组成（图 12-22）。根据主动滑动面分为锚固段和非锚固段。拉杆与锚固体的粘着部分为锚杆的粘着长度，其余部分为自由长度，其四周无摩阻力，仅起传递拉力的作用。

锚头有螺母锚头和锚具锚头两种。锚杆支座要求有足够的强度和刚度，临时性锚杆的型钢支座，两型钢间隙应≤100mm，锚头零件间的挤压应力应进行验算，钢筋混凝土支座锚孔应≤120mm，混凝土等级不小于 C35。

锚杆的材料可用钢筋、钢管、钢丝束或钢绞线。承载能力很高的土层锚杆多采用钢丝束或钢绞线，一般多采用施工较为方便的钢筋（或钢管）拉杆。钢拉杆有单杆和多杆之分，单杆多用螺纹钢筋，直径有 $\phi 26$ 和 $\phi 32$ 两种，多杆锚杆直径为 $\phi 16$，一般为 2~4 根。

锚固体是由水泥浆在压力浇筑下成型。

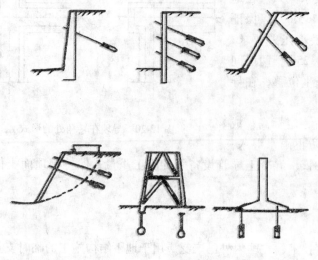

图 12-21 土锚杆加固的几种方法

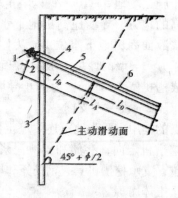

图 12-22 土层锚杆构造
1—锚头；2—锚头垫座；3—支护；
4—钻孔；5—锚拉杆；6—锚固体；
$l_0$—锚固段长度；$l_{fa}$—非锚固段长度；
$l_A$—锚杆长度

（4）锚杆布置

锚杆布置包括锚杆埋置深度、锚杆层数、锚杆的垂直间距和水平间距、锚杆的倾斜角、锚杆的长度等。

1）锚杆的埋置深度，应保证不使锚杆引起地面隆起和地面不出现地基的剪切破坏，最上层锚杆的上面需要有一定的覆土厚度，一般覆土厚度不小于 4～5m。

2）锚杆的层数，应通过计算确定，一般上下层间距为 2～5m，锚杆的水平间距多为 1～4.5m，或控制在锚固体直径的 10 倍。

3）锚杆的倾角，为了受力和灌浆施工方便，不宜小于 12.5°，一般与水平成 15°～25°倾斜角。

4）锚杆的长度，根据需要而定，一般要求锚固体置于滑动土体以外的好土层内，通常长度为 15～25m，单杆锚杆最大长度不超过 30m，锚固体长度一般为 5～7m。

# 第13章 桩基工程

## 第一节 定额说明及工程量计算规则

### 1. 说明

（1）本章包括：打桩、灌注桩共 38 个子目。

（2）本章适用于一般工业与民用建筑工程的桩基工程，不适用室内打桩及观测桩等。

（3）定额中已综合了对单位工程原桩位打实验桩，不得另行计算。设计要求在出图之前打实验桩的，应另行计算。

（4）本章定额子目中不含桩基检测费，发生时另行计算。

（5）设计要求做桩尖时，执行本章相应定额子目。

（6）施工中以按设计要求的贯入度打完预制桩，设计要求复打桩时，应根据实际台班量另行计算。

（7）截桩及凿桩定额子目中不包括桩头运输费，应执行第 11 章土石方工程相应定额子目。

（8）灌注桩成孔施工过程中如遇孤石或地下障碍物等，应按实际发生另行计算。

（9）灌注桩成孔的土（石）方运输执行第 11 章土石方工程相应定额子目。

（10）人工挖孔桩定额子目中综合了安全防护设施。

（11）泥浆护壁混凝土灌注桩、螺旋钻孔灌注桩及人工成孔混凝土护壁定额子目已综合了充盈系数。

（12）人工成孔桩护壁钢筋及灌注桩钢筋笼应另行计算，执行第 15 章混凝土及钢筋混凝土工程相应定额子目。人工成孔桩混凝土护壁定额子目中已包括模板费用，不得另行计算。

（13）定额中灌注桩桩底压浆是按照每根桩 1600kg 水泥进行编制的，设计用量与定额不同时，可按设计要求进行调整。

（14）桩顶与承台的连接钢筋及钢板托，分别执行第 15 章混凝土及钢筋混凝土中的钢筋、预埋铁件相应定额子目。

（15）泥浆护壁成孔中旋挖、回旋钻适用于除岩层外的所有土质，冲击钻适用于岩层。

### 2. 工程量计算规则

（1）预制钢筋混凝土管桩按设计图示截面尺寸乘以桩长（包括桩尖）以体积计算。

（2）钢桩尖、钢板托（含钢筋）按设计图示尺寸乘以理论重量以质量计算。

（3）接桩按桩的接头个数以数量计算。

（4）预制钢筋混凝土管桩桩芯混凝土按设计图示截面面积乘以设计深度以体积计算。

（5）截桩、凿桩头按图示数量计算。

（6）泥浆护壁灌注桩成孔、螺旋钻孔成孔按设计图示截面面积乘以钻孔长度（包括桩尖）以体积计算。

（7）人工挖孔桩成孔按设计图示截面面积（含护壁、扩大头）乘以挖孔深度以体积计算。

（8）人工成孔桩增加费按遇水、遇岩部分的体积以体积计算。

（9）人工成孔灌注桩护壁混凝土按设计图示护壁尺寸以体积计算。

（10）灌注桩混凝土浇筑按设计图示尺寸以体积计算。

（11）灌注桩后压浆按桩的数量计算。

## 第二节　有关桩基础的基本常识

桩的作用在于将上部建筑结构的荷载传递到深处承载力较大的土层；或者使软土层挤实，以提高土壤的承载力和密实度，保证建筑物的稳定和减少其沉降量。当上部结构重量很大，而软弱土层又较厚时，采用桩基施工，可省去大量的土方，支撑和排水、降水设施，具有良好的经济效果。因此，桩在建筑工程中得到广泛的应用。特别是高层和超高层建筑在大城市中迅速发展，现阶段深基坑的支护也随着发展。如护坡桩、连续墙等。

预算定额根据桩的性质和用途分为基础桩和护坡桩两种类型。

基础桩一般由桩和承接上部结构的承台组成，是永久性基础，构成建筑物主体，护坡桩一般由桩和拉桩或锚杆组成，并通过腰梁联成一体。它主要承受土方的侧压力和边坡上的荷载，是为完成基础工程施工而采取的措施，不构成建筑物主体。

无论是基础桩还是护坡桩，它们的使用材料、施工方法基本是一致的。但也有一定区别。如钢筋混凝土桩：在基础桩中用承台联接，而护坡桩一般采用腰梁或锚杆加固。因而不同的桩，使用的机械和材料也有所不同。

基础桩按其承载方式分为摩擦桩和端承桩，如图 13-1 所示。

基础桩由桩和桩承台组成，桩承台区分为带形或独立式，如图 13-2 所示。

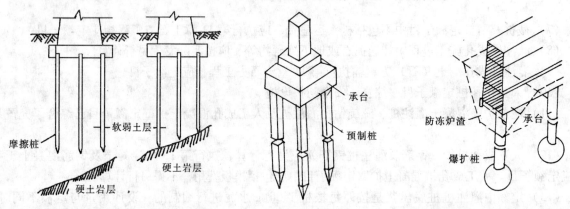

图 13-1　摩擦桩与端承桩　　　　　　　　　　图 13-2　桩的构成

### 1. 桩的分类

（1）按桩的使用材料分类

有砂桩、灰土桩、木桩、钢桩、混凝土和钢筋混凝土桩等，按不同需要可做成圆、方、多角、空心和板桩等型式。

砂桩多用于地基加固、排水固结、挤密土层。

灰土桩多用于加固杂填土地基、挤密土层。

钢管桩、混凝土及钢筋混凝土桩主要用于软土地基支承建筑物。

板桩多用于护坡挡土、挡水围堰等工程。

（2）按桩的受力情况分类

分摩擦桩、端承桩和锚固桩等。

1）摩擦桩。桩上的荷载由桩四周摩擦力或由桩周边摩擦力和桩端土共同承受。施工时以控制入土深度和标高为主，贯入度作为参考。

2）端承桩。桩上的荷载主要由桩端土承受。施工时控制入土深度，应以贯入度为主，而以标高作为参考。

3）锚固桩。主要承受抗拔力和水平力，以控制入土标高为主。

（3）按施工方法分类

分预制桩和灌注桩等。

1）预制桩。按贯入的方法分为锤击桩、钻孔沉桩、振动沉桩、静力压桩和射水沉桩等。

2）灌注桩。按成孔方法分为泥浆护壁成孔灌注桩、干作业成孔灌注桩、套管成孔灌注桩和爆扩成孔灌注桩等。

2. 螺旋钻孔灌注桩

利用各种钻孔机具钻孔，清除孔内泥土，再向孔内灌注混凝土。如采用螺旋钻机，在钻孔时被切下土体沿着螺旋叶片自动推出孔外，适用于地下水位以上的一般黏性土、砂土及人工填土。又如旋转水冲式钻机，利用旋转钻头切土，在钻孔的同时从钻杆中压入水（在黏性土中）或泥浆水（在砂土中）以排除孔内的泥土，待清除孔底泥土后，再由导管灌注水下混凝土成型（图13-3、图13-4所示）。

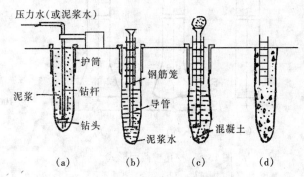

图13-3　钻孔灌注桩

（a）钻孔；（b）下导管及钢筋笼；（c）灌注混凝土；（d）成型

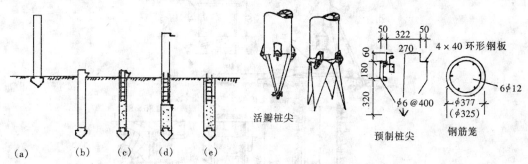

图13-4　沉管灌注桩

（a）就位；（b）沉管；（c）灌注混凝土、下钢筋笼；（d）边振边拔；（e）成型

3. 挖孔桩

挖孔桩系采用人工挖孔成桩，具有施工机具操作简单，占用施工场地小，对周围建筑物无影响，桩质量可靠，可全面展开，缩短工期，造价较低等优点，在国内得到较广泛的应用。

（1）适用范围

适用于土质较好，地下水较少的黏土、亚黏土、含少量砂卵石、姜固石的黏土层采用，特别适用于黄土层使用。可用于高层建筑、公用建筑、水工结构（如泵站、桥墩）作桩基，作支承、抗滑、挡土之用。对软土、流砂、地下水位较高、涌水量大的土层不宜采用。

（2）一般构造要求

桩一般形式如图13-5。桩直径由 $\phi800 \sim \phi2000$mm，最大直径可达3500mm。底部采取不扩底和扩底两种方式，扩底直径 $1.3 \sim 3.0d$，最大扩底直径可达4500mm。桩底应支承在可靠的持力层上，支承桩桩身钢筋配筋为构造配置。用于抗滑、挡土桩桩身配筋，按全长或2/3长配置，由计算确定。

（3）施工程序

场地整平→放线、定桩位→挖第一节桩孔土方→支模浇灌第一节混凝土护壁→在护壁上二次投测标高及桩位十字轴线→安装活动井盖、设置垂直运输架、安装电动葫芦（或卷扬机）、吊土桶、潜水泵、鼓风机、照明设施等→第二节桩身挖土→清理桩孔四壁、校核桩孔垂直度和直径→拆上节模板、支第二节模板、浇灌第二节混凝土护壁→重复第二节挖土、支模、浇灌混凝土护壁工序，循环作业直至设计深度→检查持力层后进行扩底→对桩孔直径、深度、扩底尺寸、持力层进行全面检查验收→清理虚土、排除孔底积水→吊放钢筋笼就位→浇灌桩身混凝土。

当桩孔不设支护和不扩底时，无支护和扩底两道工序。

其护壁构造如图13-6所示，人工成孔工艺如图13-7所示。

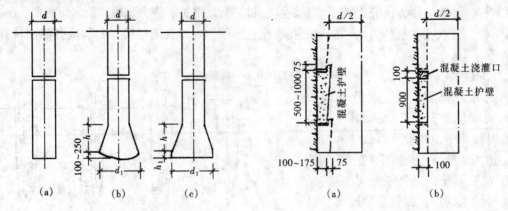

图13-5　挖孔桩截面形式

（a）圆桩形；（b）、（c）扩大头

图13-6　混凝土护壁构造

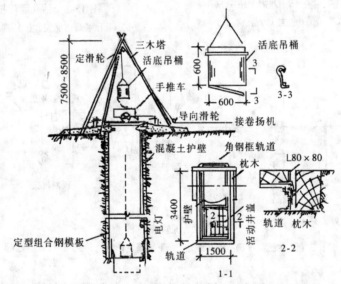

图13-7　人工成孔工艺图

钢筋笼的成型与加固如图13-8所示。

钢筋笼的吊放如图13-9，图13-10所示。

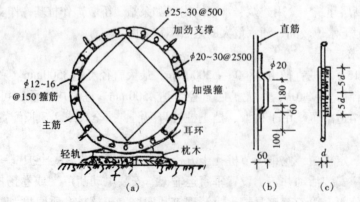

图13-8　钢筋笼的成型与加固

（a）钢筋笼加固成型；（b）耳环；（c）上下段钢筋笼主筋对接

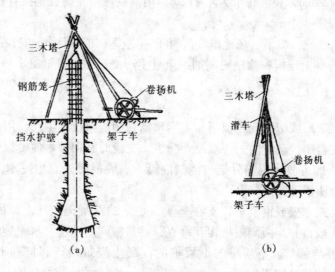

图 13-9 轻型钢筋笼吊放

（a）钢筋笼吊放；（b）三角木架移动

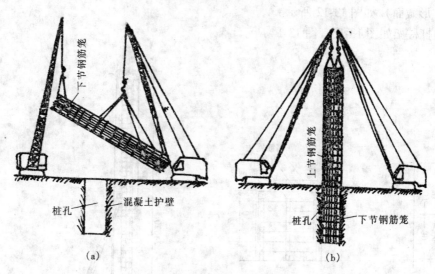

图 13-10 重型钢筋笼吊放

（a）钢筋笼抬吊翻身；（b）钢筋笼吊放

### 4. 钢筋混凝土预制桩（预应力混凝土管桩）

钢筋混凝土预制桩为国内使用最多的一种桩型。常用截面有混凝土方形桩和预应力混凝土管形桩两种。方形桩边长通常为 25~50cm，长 7~25m，在桩的尖端设置桩靴。当长桩受运输条件与桩架高度限制时，可将桩分成数节，每节长根据桩架有效高度、制作场地和运输设备条件等考虑（一般 6~13.5m），接头方式见图 13-11 所示几种形式。

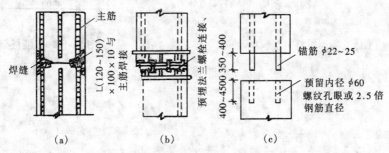

图 13-11 桩的接头形式

（a）焊接连接；（b）管桩螺栓连接；（c）硫磺胶泥锚筋连接

空心管桩直径为30~55cm，长度每节为4~12m，用钢制法兰及螺栓连接管壁厚度8cm。

（1）预制桩的制作程序

现场布置→场地地基处理、整平→场地地坪混凝土→支模→绑扎钢筋、安设吊环→浇筑混凝土→养护至30%强度拆模，再支上层模，涂刷隔离剂→重复生产浇第二层桩混凝土→养护至100%强度→起吊、运输、堆放→沉桩。

（2）桩的制作

钢筋混凝土方桩可在工厂或施工现场预制。工厂预制利用成组拉模生产，用不小于桩截面高度的槽钢安装在一起组成。在台座拉动方向的一端设卷扬机，支模时利用短木使模板侧向顶紧，卡好堵头板（按需要的长度确定）即可放入钢筋骨架，浇筑混凝土。脱模时先取出短木，略撬松槽钢，然后开动卷扬机向前拉模沿台座滑动脱出。

现场预制宜采用工具式木模或钢模板，支在坚实、平整的混凝土地坪上，用间隔重叠的方法生产，桩头部分使用钢堵头板，并与两侧模板相互垂直，桩与桩间用油毡、水泥袋纸、纸筋灰或皂脚滑石粉等隔离剂隔开。邻桩与邻桩、下层桩与上层桩的混凝土浇筑须待邻桩和下层桩混凝土强度达30%后进行，重叠层数不宜超过四层。

混凝土空心管桩采用成套钢管模胎在工厂用离心方法生产。

预制桩（方形截面）如图13-12所示。

现场打桩的打桩架如图13-13、图13-14所示。

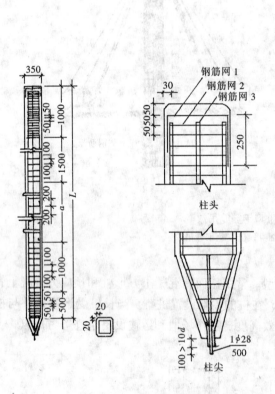

图13-12 钢筋混凝土预制桩

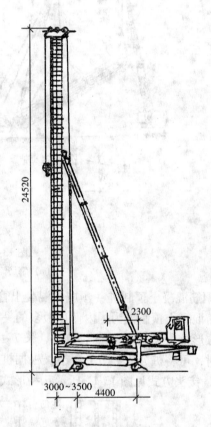

图13-13 多能桩架

152

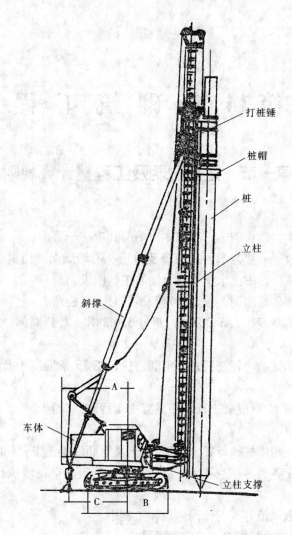

打桩锤

桩帽

桩

立柱

斜撑

车体

A

C    B

立柱支撑

图 13-14　履带式打桩架

# 第14章 砌 筑 工 程

## 第一节 定额说明及工程量计算规则

1. 说明

（1）本章包括：砖砌体，砌块砌体，石砌体，垫层共76个子目。

（2）本定额砖墙中综合了一般艺术形式的墙及砖垛、附墙烟囱、门窗套、窗台、虎头砖、砖碹、砖过梁、腰线、挑檐、压顶、封山泛水槽等所增加的工料因素。

（3）定额中砂浆按干拌砂浆编制，设计与定额不同时可以换算。

（4）定额中的墙体砌筑高度按3.6m编制，超过3.6m时，其超高部分工程量的定额综合工日乘以系数1.3。

（5）砌筑工程中墙体加固筋、钢筋网片、植筋，执行第15章混凝土及钢筋混凝土工程相应定额子目。

（6）混凝土垫层执行第15章混凝土及钢筋混凝土工程相应定额子目，其他材质的基础、楼地面垫层执行本章相应定额子目。

（7）砌块墙中的混凝土抱框柱执行第15章混凝土及钢筋混凝土工程相应定额子目。

（8）空花墙项目适用于各种砖砌空花墙，混凝土花格砌筑的空花墙执行第15章混凝土及钢筋混凝土工程相应定额子目。

（9）附墙砖砌烟囱、通风道并入所依附的墙体工程中。

（10）填充墙、框架间墙执行内墙相应定额子目。

（11）台阶、台阶挡墙、梯带、蹲台、池槽、池槽腿、砖胎模、花台、花池、楼梯栏板、阳台栏板、地垄墙、垃圾箱、屋面伸缩缝砌砖及0.3m² 以内的砌体及孔洞填塞等，执行零星砌砖相应定额子目。

（12）基础与墙的划分：

1）基础与墙（柱）身使用同一种材料时，以室内设计地面为界（有地下室的，以地下室室内设计地面为界），以下为基础，以上为墙（柱）身；基础与墙（柱）身使用不同种材料时，当设计室内地面高度 ≤ ±300mm 时，以材料为分界线，当设计室内地面高度 > ±300mm 时，以室内设计地面为分界线。

2）围墙以设计室外地坪为界，以下为基础，以上为墙体。

3）石基础、石勒脚、石墙：基础与勒脚以设计室外地坪为分界线；勒脚与墙身应以设计室内地面为分界线。石围墙内外地坪高度不一致时，以较低地坪为分界线，以下为基础；有挡土墙时，挡土墙以上为墙身。

（13）标准砖、KP₁ 多孔砖的墙体厚度按表14-1规定计算：

表14-1 标准砖、KP₁ 多孔砖墙厚度计算表

| 砖数（厚度） | 1/4 | 1/2 | 3/4 | 1 | 1½ | 2 | 2½ | 3 |
|---|---|---|---|---|---|---|---|---|
| 计算厚度（mm） | 53 | 115 | 180 | 240 | 365 | 490 | 615 | 740 |

（14）DM 多孔砖、混凝土空心砌块、轻集料砌块及轻集料免抹灰砌块的墙体厚度按表 14-2 对应厚度计算：

表 14-2　DM 多孔砖、混凝土空心砌块、轻集料砌块及轻集料免抹灰砌块的墙体厚度计算表

| 图示厚度（mm） | 100 | 150 | 200 | 250 | 300 | 350 |
|---|---|---|---|---|---|---|
| 计算厚度（mm） | 90 | 140 | 190 | 240 | 290 | 340 |

（15）加气块墙体厚度按设计图示尺寸计算。

（16）定额中水泥砂浆板通风道及组逆阀规格与设计不同时可以换算。

2. 工程量计算规则

（1）基础按设计图示尺寸以体积计算。包括附墙垛基础宽出部分体积，扣除地梁（圈梁）、构造柱所占的体积，不扣除基础大放脚 T 形接头处的重叠部分及嵌入基础内的钢筋、铁件、管道、基础砂浆防潮层和单个面积≤0.3m² 的孔洞所占体积，靠墙暖气沟的挑檐不增加。

基础长度：外墙按外墙中心线，内墙按内墙净长线计算。

（2）墙体按设计图示尺寸以体积计算。扣除门窗洞口、过人洞、空圈、嵌入墙内的钢筋混凝土柱、梁、圈梁、挑梁、过梁及凹进墙内的壁龛、管槽、暖气槽、消火栓箱所占的体积，不扣除梁头、板头、檩头、垫木、木楞头、沿缘木、木砖、门窗走头、砖墙内加固钢筋、木筋、铁件、钢管及单个面积≤0.3m² 的孔洞所占的体积。凸出墙面的腰线、挑檐、压顶、窗台线、虎头砖、门窗套的体积亦不增加。凸出前面的砖垛并入墙体体积内计算。

1）墙长度：外墙按中心线、内墙按净长线计算。

2）墙高度：

①外墙：斜（坡）屋面无檐口天棚者算至屋面板底；有屋架且室内外均有天棚者算至屋架下弦底另加 200mm；无天棚者算至屋架下弦底另加 300mm，出檐宽度超过 600mm 时按实砌高度计算；有钢筋混凝土楼板隔层者算至板顶。平屋顶算至钢筋混凝土板底。

②内墙：位于屋架下弦者，算至屋架下弦底；无屋架者算至天棚底加 100mm；有钢筋混凝土楼板隔层者算至楼板顶；有框架梁时算至梁底。

③女儿墙：从屋面板上表面算至女儿墙顶面（如有混凝土压顶时算至压顶下表面）。

④内、外山墙：按其平均高度计算。

⑤围墙：高度算至压顶上表面（如有混凝土压顶时算至压顶下表面），围墙柱并入围墙体积内。

3）框架间墙：按设计图示尺寸以填充墙外形体积计算。

4）圆弧形墙：按设计图示墙中心线长乘以高度再乘以厚度以体积计算。

（3）空花墙按设计图示尺寸以空花部分外形体积计算，不扣除空洞部分体积。

（4）填充墙：按设计图示尺寸以填充墙外形体积计算。

（5）砖柱按设计图示尺寸以体积计算。扣除混凝土及钢筋混凝土梁垫、梁头、板头所占的体积。

（6）零星砌砖按设计图示尺寸截面积乘以长度以体积计算。

（7）砖散水、地坪按设计图示尺寸以面积计算。

（8）砖地沟、明沟、砖坡道按设计图示尺寸以体积计算。

（9）水泥砂浆板通风道按设计图示长度计算。

（10）石勒脚按设计图示尺寸以体积计算，扣除单个面积＞0.3m² 的孔洞所占的体积。

（11）石护坡、石台阶等按设计图示尺寸以体积计算。

（12）石地沟（明沟）按设计图示尺寸以体积计算。

（13）石坡道按设计图示以水平投影面积计算。

（14）垫层按设计图示尺寸以体积计算。

## 第二节　定额项目的解释及举例

### 1. 砌筑基础

砌筑按材料类型分为砖基础、毛石基础、料石基础，如图 14-1、图 14-2、图 14-3、图 14-4 所示。

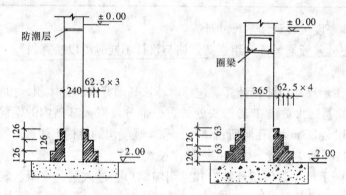

图 14-1　砖带形基础

（a）等高式大放脚砖基础；（b）不等高式大放脚砖基础

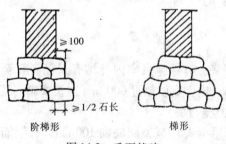

图 14-2　毛石基础

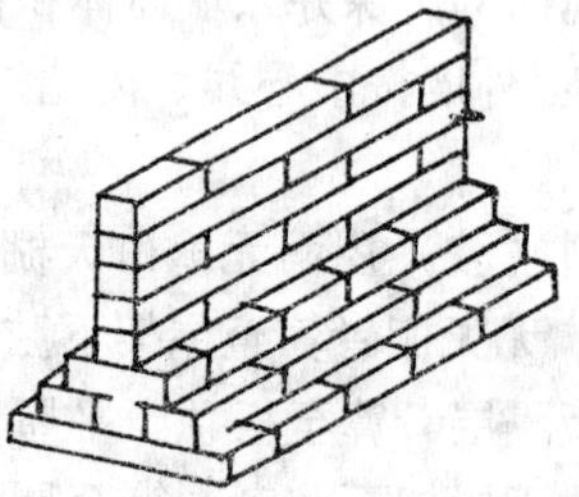

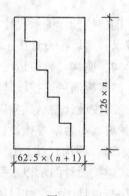

图 14-3　料石基础

基础工程量的计算规则为：

$$基础断面积 \times 图示长度 - 基础内混凝土体积$$

其中断面积：毛石和块石基础按断面的几何尺寸计算。

砖基础的断面积为：

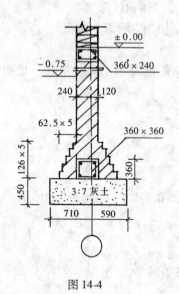

图 14-4

$$基础宽 \times 基础高 + 放脚面积$$

放脚面积的计算方法：

（1）等高放脚：把两块放脚合成一个矩型如图 14-5 所示。其高为 $126 \times n$，宽为 $62.5 \times (n+1)$

图 14-5

其中：$n$ 为放脚层数；

126（mm）为二皮砖加二个灰缝的厚度；

62.5（mm）为1/4砖的宽度。

则放脚面积为：

$$126 \times n \times 62.5(n+1) = 126 \times 62.5 \times n \times (n+1)$$
$$= 0.126 \times 0.0625 \times n \times (n+1)$$
$$= 0.007875 \times n \times (n+1)（长度如以米为单位）$$

例如：十层等高放脚面积为：

$$0.007875 \times 10 \times 11 = 0.8663（m^2）$$

（2）不等高放脚：也同样把两块放脚合成一个矩形，当放脚层数为奇数时，如图14-6所示，放脚面积 $S = A \times B$

其中：$A = 62.5 \times (n+1)$

$$B = 63 \times \left[\frac{(n-1) \times 3}{2} + 2\right]$$

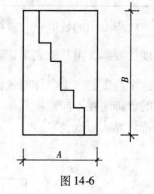

图14-6

63为一皮砖加一个灰缝厚度；

中括号内为砖的皮数。

当放脚层数为偶数时，如图14-7所示。

放脚面积 $S = A' \times B'$

其中：$A' = 62.5 \times n$

$$B' = 63 \times \left(\frac{3n}{2} + 2\right)$$

括号内的数字为砖的皮数。

综合上面三个式子可以制出表14-3、表14-4。

表14-3　砖基础大放脚增加断面积表

| 放脚层数 | 折加高度（m） | | | | | | | | 增加断面（m²） | |
|---|---|---|---|---|---|---|---|---|---|---|
| | 1/2 砖 | | 1 砖 | | 1½ 砖 | | 2 砖 | | | |
| | 等高 | 不等高 | 等高 | 不等高 | 等高 | 不等高 | 等高 | 不等高 | 等高 | 不等高 |
| 一 | 0.137 | 0.137 | 0.066 | 0.066 | 0.043 | 0.043 | 0.032 | 0.032 | 0.01575 | 0.01575 |
| 二 | 0.411 | 0.342 | 0.197 | 0.164 | 0.129 | 0.108 | 0.096 | 0.08 | 0.04725 | 0.03938 |
| 三 | | | 0.394 | 0.328 | 0.259 | 0.216 | 0.193 | 0.161 | 0.0945 | 0.07875 |
| 四 | | | -0.656 | 0.525 | 0.432 | 0.345 | 0.321 | 0.253 | 0.1575 | 0.126 |
| 五 | | | 0.984 | 0.788 | 0.647 | 0.518 | 0.482 | 0.38 | 0.2363 | 0.189 |
| 六 | | | 1.378 | 1.083 | 0.906 | 0.712 | 0.672 | 0.53 | 0.3308 | 0.2599 |
| 七 | | | 1.838 | 1.444 | 1.208 | 0.949 | 0.9 | 0.707 | 0.441 | 0.3465 |
| 八 | | | 2.363 | 1.838 | 1.553 | 1.208 | 1.157 | 0.9 | 0.567 | 0.4411 |
| 九 | | | 2.953 | 2.297 | 1.942 | 1.51 | 1.447 | 1.125 | 0.7088 | 0.5513 |
| 十 | | | 3.61 | 2.789 | 2.372 | 1.834 | 1.768 | 1.366 | 0.8663 | 0.6694 |

## 表 14-4　砖基础大放脚增加断面计算表

| 放脚层数 | 增加断面（m²） | | 放脚层数 | 增加断面（m²） | |
|---|---|---|---|---|---|
| | 等　高 | 不等高 | | 等　高 | 不等高 |
| 一 | 0.01575 | 0.01575 | 八 | 0.567 | 0.4411 |
| 二 | 0.04725 | 0.03938 | 九 | 0.7088 | 0.5513 |
| 三 | 0.0945 | 0.07875 | 十 | 0.8663 | 0.6694 |
| 四 | 0.1575 | 0.126 | 十一 | 1.0395 | 0.8033 |
| 五 | 0.2363 | 0.189 | 十二 | 1.2285 | 0.9450 |
| 六 | 0.3308 | 0.259 | 十三 | 1.4333 | 1.1025 |
| 七 | 0.441 | 0.3456 | 十四 | 1.6538 | 1.2679 |

放脚面积的数值只与放脚形式和层数有关与所附的基础宽度无关，为了计算方便我们把附在不同宽度的放脚，由基础底部往下延伸，让其面积与放脚面积相同，则其延伸的高度应为 $\dfrac{放脚面积}{基础宽度}$，我们把这个高度起一个名称叫做折加高度，如图 14-8 所示，这样我们可以事先计算出不同形式和不同层数的放脚附在不同宽度基础上的折加高度，正如定额说明的附表所示。这样我们在计算砖基础时也可以把计算式写成：

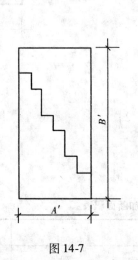

图 14-7

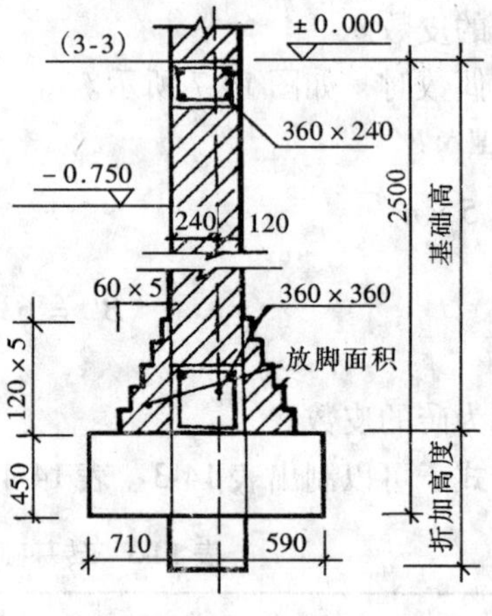

图 14-8　折加高度示意图

砖基础毛体积 =（基宽 × 基高 + 放脚面积）× 长
　　　　　　 = 基宽 ×（基高 + 折加高度）× 长
　　　　　　 = 基宽 × 计算高度 × 长

计算过程中为了方便计算回填土往往把计算高度分成室外地坪以上、室外地坪以下高度。

基础毛体积 = 室外地坪以上毛体积 + 室外地坪以下毛体积

即：地坪以上毛体积 = 基宽 × 长度 × 室外地坪以上高度

　　地坪以下毛体积 = 基宽 × 长度 × 室外地坪以下高度

我们以土方工程中的例题说明如下：

其 1—1 剖面为外墙基础，中心线长为 61.68

　3—3 剖面为内墙基础，净长度（8.1 - 0.24）× 2 = 15.72

　2—2 剖面为内墙基础，净长度为 6 × 2 + 4.8 × 2 + 3.6 - 0.12 × 6 = 24.48

其室外地坪以上高度为 0.75m

室外地坪以下高度 1—1、3—3 剖面为 1.3 + 0.647 = 1.947

　　　　　　　　　2—2 剖面为 1.3 + 0.656 = 1.956

故 $\dfrac{1—1}{3—3}$ 剖面基础毛体积为：0.365 ×（61.68 + 15.72）× 0.75 = 21.19

$$0.365 \times (61.68 + 15.72) \times 1.947 = 55.00$$
$$21.19 + 55.00 = 76.19 \ (m^3)$$

2—2剖面基础的毛体积为：$0.24 \times 24.48 \times 0.75 = 4.41$
$$0.24 \times 24.48 \times 1.956 = 11.49$$
$$4.41 + 11.49 = 15.90 \ (m^3)$$

总毛体积为：$76.19 + 15.9 = 92.09 \ (m^3)$

其中室外地坪以下毛体积为：$55 + 11.49 = 66.49 \ (m^3)$

如与前例联系其：

挖沟槽体为：$377.76 m^3$

灰土垫层体为：$55.87 m^3$

则其沟槽回填土的体积为：$377.76 - 55.87 - 66.49 = 255.4 \ (m^3)$

2. 砌筑墙体

我们以住宅建筑、公共住宅（以上两种为混合结构）和框架结构为例分析如下：

（1）住宅建筑

图14-9是一幢常见的住宅示意图。从结构中可以看到墙体、楼板、楼梯及屋顶等主要组成部分，还可以看到阳台、雨罩等次要组成部分。

其墙体按其位置可分为外墙、内墙（纵向、横向）、女儿墙等。

（2）公共建筑

砖混结构在公共建筑中使用较广的是教学楼、办公楼、公共建筑与居住建筑在结构形式上有所不同。如图14-10所示。

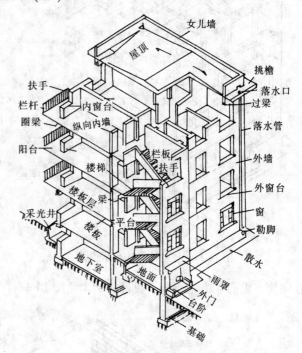

图14-9 住宅示意图

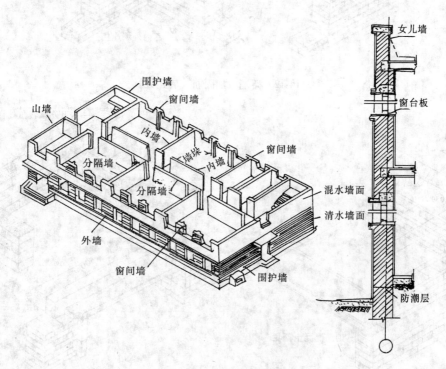

图14-10 公共建筑示意图

公共建筑的墙体按其位置也可以分成外墙、窗间墙、山墙、女儿墙、纵向内墙、横向内墙等。

由于预算定额以立方米为计算单位，所以将纵向与横向内墙统一为内墙，而将与外界接触的外墙、窗间墙、山墙、女儿墙统一为外墙，但空心砖要区分厚度。

（3）框架结构

当房屋层数较多，荷载较大时，如果仍用砖墙承重，就会使墙身过厚，自重过大，结构面积过多，在技术和经济上都很不合理。因此，常采用由钢筋混凝土梁、板、柱和基础组成一个框架承重系统，通称"框架结构"，如图 14-11 所示。在框架结构中，墙只起围护作用或分隔作用，不起承重作用。所以一般只用较轻的材料砌筑，如定额中列有 $KP_1$ 黏土空心砖框架间墙子目。

（4）墙体材料

墙体材料分成砖、多孔砖、黏土空心砖、加气块、炉渣砌块、陶粒空心砌块、混凝土小型空

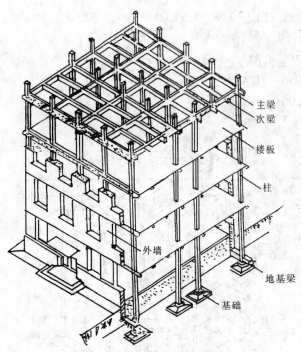

图 14-11　框架结构房屋示意图

心砌块、毛石、方正石等，见图 14-12 至图 14-18。

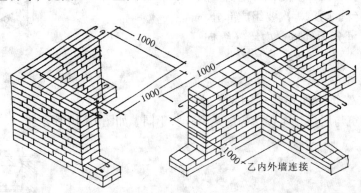

图 14-12　砖墙及加固筋（转角处）

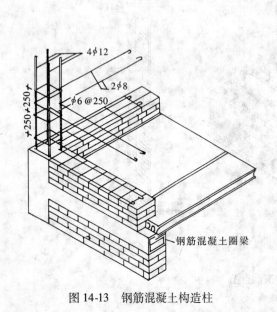

图 14-13　钢筋混凝土构造柱

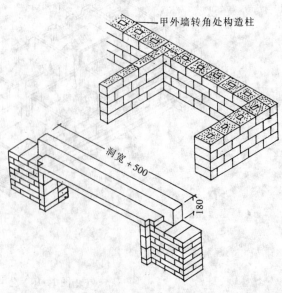

图 14-14　多孔空心砖

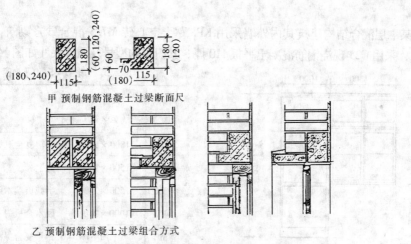

甲 预制钢筋混凝土过梁断面尺

乙 预制钢筋混凝土过梁组合方式

图 14-15　预制钢筋混凝土过梁

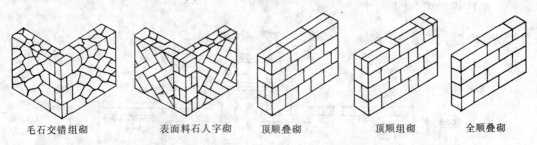

毛石交错组砌　　　　表面料石人字砌　　　顶顺叠砌　　　　顶顺组砌　　　　全顺叠砌

图 14-16　毛石墙的砌法　　　　　　　　　　图 14-17　料石墙的砌法

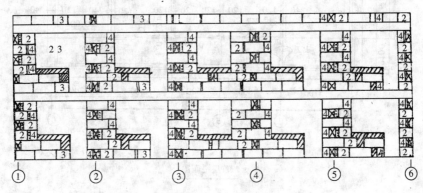

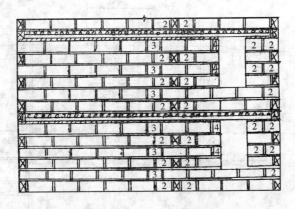

图 14-18　大型砌块墙

3. 关于扣减构造柱体积的计算

（1）图示断面积乘以柱高，以立方米计算。构造柱的柱高从柱基或地梁上表面算至柱顶面。

（2）构造柱与砖嵌入部分的体积并入柱身体积内计算，为此，我们计算构造柱时，即应该按图示构造柱的平均断面积乘以柱高来计算。

## 4. 例题

**【例】** 某二层混合结构建筑其内外墙采用 KP$_1$ 黏土空心砖 M7.5 混合砂浆砌筑，楼板上皮标高首层 3m，二层 6m，采用 C25 现浇钢筋混凝土平板 110 厚，其门窗的型号及洞口尺寸如图 14-19、表 14-5 所示：

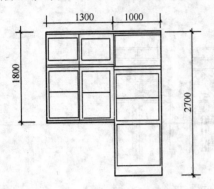

图 14-19 MC 框外围尺寸

表 14-5 门 窗 表

| 门窗代号 | 洞口尺寸（mm）（宽×高） | 说　　明 |
|---|---|---|
| C1 | 1800×1800 | 钢塑复合双玻保温窗（带纱） |
| C2 | 1500×1800 | 同上 |
| M1 | 1500×2400 | 半截玻璃木门 |
| M2 | 1000×2400 | 硬木全板门 |
| MC | 见图 14-19 | 钢塑复合保温门连窗（带纱） |

女儿墙为 240 厚，其压顶下皮标高为 7m。建筑平面如图 14-20 所示。

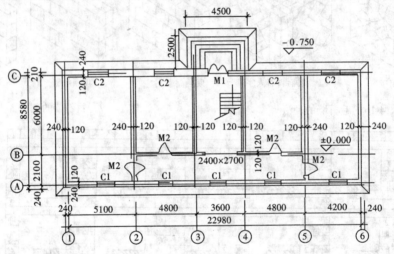

首层平面图

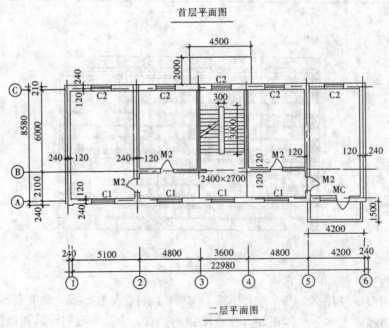

二层平面图

图 14-20 建筑平面图

162

假定其外墙圈梁体积为 8.2m³，过梁体积为 2.83m³，构造柱体积为 6.6m³；

女儿墙构造柱体积为 1.04m³；

365 内墙圈梁体积为 1.02m³，过梁体积为 0.4m³；

240 内墙圈梁体积为 1.06m³，过梁体积为 0.66m³，构造柱体积为 0.52m³；

试计算墙体工程量。

【解】（1）首先确定墙体长、高、厚的基本尺寸

① 外墙为 365 厚，高为 6m，长为中心线长，即：

$$[(22.98 - 0.36) + (8.58 - 0.36)] \times 2 = 61.68 \text{（m）}$$

② 女儿墙为 240 厚，高为 1m，长为女儿墙的中心线长

由于女儿墙的外皮与外墙的外皮平，故其中心线长为：

$$[(22.98 - 0.24) + (8.58 - 0.24)] \times 2 = 62.16 \text{（m）}$$

③ 365 厚内墙，净长 $(6 + 2.1 - 0.24) \times 2 = 15.72$（m）

$$高每层均为 3 - 0.11 = 2.89 \text{（m）}$$

④ 240 内墙，其净长为：

$$4.8 \times 2 + 6 \times 2 + 3.6 - 0.12 \times 6 = 24.48 \text{（m）}$$

$$高每层均为 3 - 0.11 = 2.89 \text{（m）}$$

（2）计算扣减洞口面积

其门窗洞框外围面积为：

C1：$1.8 \times 1.8 = 3.24$（m²）      C2：$1.50 \times 1.8 = 2.70$（m²）

M1：$1.5 \times 2.4 = 3.6$（m²）       M2：$1.0 \times 2.40 = 2.40$（m²）

MC：$2.70 \times 1 + 1.8 \times 1.3 = 2.70 + 2.34 = 5.04$（m²）

空洞尺寸为：$2.4 \times 2.7 = 6.48$（m²）

列表 14-6 如下：

表 14-6

| 位　置 | 洞　口　面　积 |
|---|---|
| 365 外墙 | $(3.24 + 2.7) \times 9 + 3.6 + 5.04 = 53.46 + 3.6 + 5.04 = 62.10$（m²） |
| 365 内墙 | $2.4 \times 4 = 9.60$（m²） |
| 240 内墙 | $2.4 \times 4 + 6.48 \times 2 = 9.6 + 12.96 = 22.56$（m²） |

（3）墙体工程计量

① KP₁ 240 厚黏土空心砖外墙（即女儿墙）  定额编号 4-29

中心线长×高×厚－混凝土体积 = $62.16 \times 1 \times 0.24 - 1.04 = 14.92 - 1.04 = 13.88$（m³）

② KP₁ 365 厚黏土空心砖外墙  定额编号 4-25

（中心线长×高－洞口面积）×墙厚－混凝土体积

$$= (61.68 \times 6 - 62.10) \times 0.365 - (8.2 + 2.83 + 6.6)$$

$$= (370.08 - 62.10) \times 0.365 - 17.63 = 112.41 - 17.63 = 94.78 \text{（m³）}$$

③ KP₁ 240 厚黏土空心砖内墙  定额编号 4-29

（净长线×高－洞口面积）×墙厚－混凝土体积

$$(24.48 \times 2.89 \times 2 - 22.56) \times 0.24 - (1.06 + 0.66 + 0.52)$$

$$= (141.49 - 22.56) \times 0.24 - 2.24 = 28.54 - 2.24 = 26.30 \text{（m³）}$$

④ KP₁ 365 厚黏土空心砖内墙  定额编号 4-28

（净长线×高－洞口面积）×墙厚－混凝土体积

$$(15.72 \times 5.78 - 9.60) \times 0.365 - (1.02 + 0.4)$$

$$= (90.86 - 9.60) \times 0.365 - 1.42 = 29.66 - 1.42 = 28.24 \text{（m³）}$$

由此例我们可以看出为了计算墙体的工程量必须事先计算出洞口的面积及包含在墙体内的过梁圈

梁和构造柱的工程量，而且应按不同位置、不同材料、不同厚度分别计算，再者，要按定额的规定准确地确定外墙的中心线长、高和内墙的净长和高，才能最后计算出墙的纯体积。

5. 有关定额中几个项目的图示

（1）贴砌墙

一般指地下室外墙、防水层之外为保护防水层，贴防水层而砌筑如图 14-21 所示。

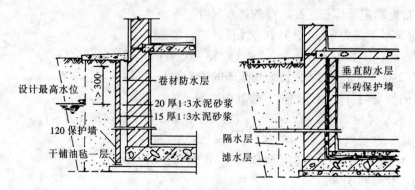

图 14-21　贴砌保护墙示意图

（2）石砌石柱

如图 14-22 所示，砖柱（圆方）如图 14-23 所示。

（3）装饰砌块墙

用装饰砌块砌筑的墙，砌块的形状如图 14-24 所示。

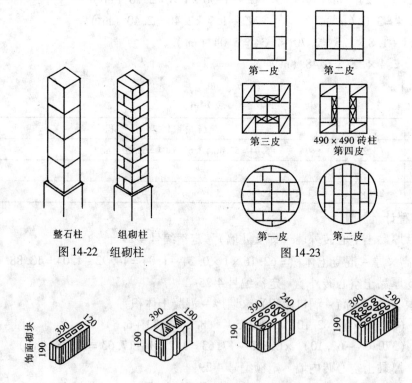

图 14-22　组砌柱

图 14-23

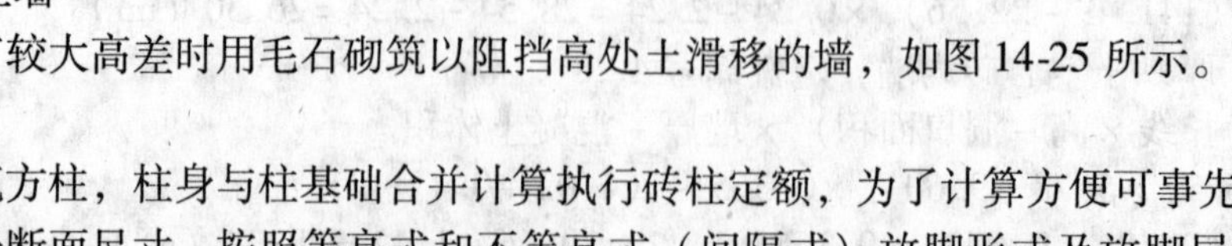

图 14-24

（4）毛石挡土墙

当墙的两侧有较大高差时用毛石砌筑以阻挡高处土滑移的墙，如图 14-25 所示。

（5）砖柱

定额规定砖筑方柱，柱身与柱基础合并计算执行砖柱定额，为了计算方便可事先将柱基础放脚部分的体积根据柱子断面尺寸，按照等高式和不等高式（间隔式）放脚形式及放脚层数计算出每个基础大放脚应该增加的体积制成表格列表 14-7 所示。

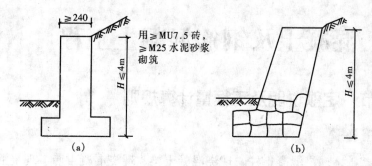

用≥MU7.5砖，≥M25水泥砂浆砌筑

一般采用≥MU20石料，地震区及严寒地区应≥MU30，块石（片石）厚度≮15cm。砂浆等级≥M25，非地震区和受水冲刷地区可用干砌、浆砌片石挡土墙高度＞8m时，宜沿墙每隔4m设一层混凝土垫层。并与上、下层片石充分交错咬紧。

(a)　　　　　(b)

图 14-25　挡土墙（砖、石）

(a) 砖砌筑；(b) 石砌筑

表 14-7　砖柱基础大放脚增加体积表　　　　　　　　　（m³）

| 类　型 | 砖柱水平断面 (mm) | 放　脚　层　数 | | | | | |
|---|---|---|---|---|---|---|---|
| | | 一　层 | 二　层 | 三　层 | 四　层 | 五　层 | 六　层 |
| 间隔式 | 240×240 | 0.010 | 0.028 | 0.062 | 0.110 | 0.179 | 0.270 |
| | 240×365 | 0.012 | 0.033 | 0.071 | 0.126 | 0.203 | 0.302 |
| | 365×365 | 0.014 | 0.038 | 0.081 | 0.141 | 0.227 | 0.334 |
| | 365×490 | 0.015 | 0.043 | 0.091 | 0.157 | 0.250 | 0.367 |
| | 490×490 | 0.017 | 0.048 | 0.101 | 0.173 | 0.274 | 0.400 |
| | 490×615 | 0.019 | 0.053 | 0.111 | 0.189 | 0.298 | 0.432 |
| | 615×615 | 0.021 | 0.057 | 0.121 | 0.204 | 0.321 | 0.464 |
| | 615×740 | 0.023 | 0.062 | 0.130 | 0.220 | 0.345 | 0.497 |
| | 740×740 | 0.025 | 0.067 | 0.140 | 0.236 | 0.368 | 0.529 |
| 等高式 | 240×240 | 0.010 | 0.033 | 0.073 | 0.135 | 0.222 | 0.338 |
| | 240×365 | 0.012 | 0.038 | 0.085 | 0.154 | 0.251 | 0.379 |
| | 365×365 | 0.014 | 0.044 | 0.097 | 0.174 | 0.281 | 0.421 |
| | 365×490 | 0.015 | 0.050 | 0.108 | 0.194 | 0.310 | 0.462 |
| | 490×490 | 0.017 | 0.056 | 0.120 | 0.213 | 0.340 | 0.503 |
| | 490×615 | 0.019 | 0.062 | 0.132 | 0.233 | 0.369 | 0.545 |
| | 615×615 | 0.021 | 0.068 | 0.144 | 0.258 | 0.399 | 0.586 |
| | 615×740 | 0.023 | 0.074 | 0.156 | 0.273 | 0.429 | 0.627 |
| | 740×740 | 0.025 | 0.080 | 0.167 | 0.292 | 0.458 | 0.669 |

计算每根柱子体积＝柱子断面积×基础底面以上柱子高＋大放脚增加体积。

例如：某砖柱为490×490 高4m，放脚为4层等高式则。

柱身体积为 0.49×0.49×4＝0.96（m³）。

查表放脚增加体积为0.213。

则其体积为 0.96＋0.213＝1.173（m³）。

165

# 第15章 混凝土及钢筋混凝土工程

## 第一节 定额说明及工程量计算规则

1. 说明

（1）本章包括：现浇混凝土基础、现浇混凝土柱、现浇混凝土梁、现浇混凝土墙、现浇混凝土板、现浇混凝土楼梯、现浇混凝土其他构件，现浇混凝土后浇带，预制混凝土柱、预制混凝土梁、预制混凝土屋架、预制混凝土板、预制混凝土楼梯、其他预制构件，钢筋工程，铁件，现浇混凝土垫层，现场搅拌混凝土增加费共154个子目。

（2）现浇混凝土构件

1）现浇混凝土构件是按预拌混凝土编制的，采用现场搅拌时，执行相应的预拌混凝土子目，换算混凝土材料费，再执行现场搅拌混凝土调整费子目。

2）现浇混凝土定额子目中不包括外加剂费用，使用外加剂时其费用应并入混凝土价格中。

3）定额中未列出项目的构件以及单件体积≤0.1m³时，执行小型构件相应定额子目；单件体积>0.1m³的构件，执行其他构件相应定额子目。

4）基础

①箱式基础分别执行满堂基础、柱、梁、墙的相应定额子目。

②有肋带形基础，肋的高度≤1.5m时，其工程量并入带形基础工程量中，执行带形基础相应定额子目；肋的高度>1.5m时，基础和肋分别执行带形基础和墙定额子目。

③梁板式满堂基础的反梁高度≤1.5m时，执行梁相应定额子目；反梁高度>1.5m时，执行墙相应定额子目。

④带形桩承台、独立桩承台分别执行带形基础、独立基础相应定额子目，综合工日乘以系数1.05。

⑤框架式设备基础，分别执行独立基础、柱、梁、墙、板相应定额子目。

⑥现浇混凝土基础不扣除伸入承台基础的桩头所占的体积。

⑦杯形基础定额子目中已综合了杯口底部找平的工、料，不得另行计算。

5）钢筋混凝土结构中，梁、板、柱、墙分别计算，执行各自相应定额子目，和墙连在一起的暗梁、暗柱并入墙体工程量中，执行墙定额子目；突出墙或梁的装饰线，并入相应项目工程量中。

6）斜梁、折梁执行拱形梁定额子目。

7）墙肢截面的最大长度与厚度之比≤6倍的剪力墙，执行短肢剪力墙定额子目；L、Y、T、十字形、Z形、一字形等短肢剪力墙的单肢中心线长≤0.4m时，执行柱定额子目。

8）现浇混凝土结构板的坡度>10°时，应执行斜板定额子目，15°<板的坡度<25°时，综合工日乘以系数1.05，板的坡度>25°时，综合工日乘以系数1.1。

9）现浇空心楼板执行混凝土板的相应定额子目，综合工日和机械分别乘以系数1.1。

10）劲性混凝土结构中现浇混凝土除执行本章相应定额子目外，综合工日和机械分别乘以系数1.05；型钢骨架执行第16章金属结构工程中相应定额子目。

11）现浇混凝土挑檐、天沟、雨篷、阳台与屋面板或楼板连接时，以外墙外边线为分界线；与圈梁或其他梁连接时，以梁外边线为分界线；分别执行相应定额子目。

12）阳台、雨篷、立板高度≤500mm时，其体积并入阳台、雨篷工程量内；立板高度>500mm，执行栏板相应定额子目。

13）看台板后浇带执行梁后浇带定额子目，综合工日乘以系数1.05。

14）定额中楼梯踏步及梯段厚度是按200mm编制的，设计厚度不同时，按梯段部分的水平投影面积执行每增减 10mm 定额子目。

15）楼梯与现浇板的划分界限：楼梯与现浇混凝土板之间有梯梁连接时，以梁的外边线为界；无梯梁连接时，以楼梯的最后一个踏步边缘加 300mm 为分界线。

16）架空式混凝土台阶执行楼梯定额子目，栏板和挡墙另行计算。

17）散水、坡道、台阶定额子目中，不包括面层的工料费用，面层执行第 21 章楼地面装饰工程相应定额子目。

18）后浇带定额子目中已包括金属网，不得另行计算。

（3）预制混凝土构件

1）预制板缝宽 <40mm 时，执行接头灌缝定额子目；40mm≤缝宽≤300mm 执行补板缝定额子目；缝宽 >300mm 时执行板定额子目。

2）圆孔板接头灌缝定额子目中已综合了空心板堵孔的工料费及灌入孔内的混凝土，执行时不得另行计算。

3）定额中未列出项目的构件以及单件体积≤0.1m³ 时，执行小型构件相应定额子目；单件体积 >0.1m³ 的构件，执行其他构件相应定额子目。

（4）钢筋

1）定额中钢筋是按手工绑扎编制的，采用机械连接时，应单独计算接头费用，不再计算搭接用量。

2）现浇混凝土伸出构件的锚固钢筋、预制构件的吊钩等并入钢筋用量中。

3）劲性混凝土中的钢筋安装，除执行相应定额子目外，综合工日乘以系数 1.25。

4）劲性钢柱的地脚埋铁，执行第 16 章金属结构工程中钢柱预埋件定额子目。

2. 工程量计算规则

（1）现浇混凝土

1）现浇混凝土工程量除另有规定外，均按设计图示尺寸以体积计算，不扣除构件内钢筋、预埋铁件、螺栓及 0.3m² 以内的孔洞所占的体积；型钢混凝土结构中，每吨型钢应扣除 0.1 m³ 混凝土体积。

2）现浇混凝土基础：按设计图示尺寸以体积计算。不扣除构件内钢筋、预埋铁件和伸入承台基础的桩头所占的体积。

①带形基础：外墙按中心线，内墙按净长线乘以基础断面积以体积计算；带形基础肋的高度自基础上表面算至肋的上表面。

②满堂基础：局部加深部分并入满堂基础体积内。

③杯形基础：应扣除杯口所占体积。

3）现浇混凝土柱：按设计图示尺寸以体积计算。不扣除构件内钢筋、预埋铁件所占体积；型钢混凝土柱扣除构件内型钢所占体积。依附柱上的牛腿并入柱身体积计算。

①柱高的规定：

a. 有梁板应自柱基上表面（或楼板上表面）至上一层楼板上表面之间的高度计算；

b. 无梁板应自柱基上表面（或楼板上表面）至柱帽下表面之间的高度计算；

c. 框架柱应自柱基上表面至柱顶高度计算；

d. 构造柱按全高计算，嵌接墙体部分（马牙槎）并入柱身体积；

e. 空心砌块墙中的混凝土芯柱按孔的图示高度计算。

②钢管混凝土柱按设计图示尺寸以体积计算。

4）现浇混凝土梁：按设计图示尺寸以体积计算。不扣除构件内钢筋、预埋铁件所占体积，伸入墙内的梁头、梁垫并入梁体积内。型钢混凝土梁扣除构件内型钢所占体积。

①梁长的规定：

a. 梁与柱连接时，梁长算至柱侧面；

b. 主梁与次梁连接时，次梁长算至主梁侧面；

c. 梁与墙连接时，梁长算至墙侧面；

d. 圈梁的长度外墙按中心线、内墙按净长线计算；

e. 过梁按设计图示尺寸计算。

②圈梁代过梁者其过梁体积并入圈梁工程量内。

③迭合梁按设计图示二次浇注部分的体积计算。

5）现浇混凝土墙：按设计图示尺寸以体积计算。不扣除构件内钢筋、预埋铁件所占的体积，扣除门窗洞口及单个面积 >0.3m² 的孔洞所占体积，墙垛及突出墙面部分并入墙体体积内计算。

①墙长：外墙按中心线、内墙按净长线计算；

②墙高的规定：

a. 墙与板连接时，墙高从基础（基础梁）或楼板上表面算至上一层楼板上表面；

b. 墙与梁连接时，墙高算至梁底；

c. 女儿墙：从屋面板上表面算至女儿墙的上表面，女儿墙压顶、腰线、装饰线的体积并入女儿墙工程量内。

6）现浇混凝土板：按设计图示尺寸以体积计算，不扣除构件内钢筋、预埋铁件及单个面积 ≤0.3m² 的柱、垛以及孔洞所占的体积。压形钢板混凝土楼板应扣除构件内压形钢板所占的体积。无梁板的柱帽并入板体积内。

①板的图示面积按下列规定确定：

a. 有梁板按主梁间的净尺寸计算；

b. 无梁板按板外边线的水平投影面积计算；

c. 平板按主墙间的净面积计算；

d. 板与圈梁连接时，算至圈梁侧面；板与砖墙连接时，伸出墙面的板头体积并入板工程量内。

②有梁板的次梁并入板的工程量内。

③迭合板按设计图示板和肋合并后的体积计算。

④看台板按图示尺寸以体积计算，看台板的梁并入看台板的工程量内。

⑤压形钢板上现浇混凝土，板厚应从压形钢板的板面算至现浇混凝土板的上表面，压形钢板凹槽部分混凝土体积并入板体积内。

⑥斜板按设计图示尺寸以体积计算。

⑦雨篷、悬挑板、阳台板：按设计图示尺寸以墙外部分体积计算，包括伸出墙外的牛腿和雨篷反挑檐的体积。

⑧栏板、天沟、挑檐：按设计图示尺寸以体积计算。

⑨各类板伸入墙内的板头并入板体积内，薄壳板的肋、基梁并入薄壳体积内计算。

⑩其他板：按设计图示尺寸以体积计算；空心板应扣除空心部分的体积。

⑪空心板中的芯管按设计图示长度计算。

7）楼梯（包括休息平台、平台梁、斜梁及楼梯的连接梁），按设计图示尺寸以水平投影面积计算。不扣除宽度 ≤500mm 的楼梯井，伸入墙内部分不计算。

8）散水、坡道、台阶、电缆沟、地沟、扶手、压顶、其他构件、小型构件按设计图示体积计算。不扣除构件内钢筋、预埋铁件所占体积。

9）补板缝按预制板长度乘以板缝宽再乘以板厚以体积计算，预制板边八字角部分的体积不得另行计算。

10）柱、梁、板及其他构件接头灌缝按预制板体积以体积计算；杯形基础灌缝按个计算。

（2）预制混凝土

1）预制混凝土柱、梁、屋架按设计图示尺寸以体积计算，不扣除构件内钢筋、预埋铁件所占体积。

2）预制混凝土板及外墙按设计图示尺寸以体积计算。不扣除构件内钢筋、预埋铁件及单个面积

≤300mm×300mm 的孔洞所占体积。

3）预制沟盖板、井盖板、井圈：按设计图示尺寸以体积计算。不扣除构件内钢筋、预埋铁件所占体积。

4）预制混凝土楼梯：按设计图示尺寸以体积计算。不扣除构件内钢筋、预埋铁件所占体积，扣除空心踏步板空洞体积。

5）预制混凝土镂空花格按设计图示垂直投影面积计算。

6）预应力混凝土构件按设计图示尺寸以体积计算，不扣除灌浆孔道所占体积。

（3）钢筋

1）现浇构件的钢筋、钢筋网片、钢筋笼均按设计图示钢筋（网）长度（面积）乘以单位理论质量计算。现浇构件中伸出构件的锚固钢筋应并入钢筋工程量内。

2）钢筋搭接应按设计图纸注明或规范要求计算；图纸未注明搭接的按以下规定计算搭接数量：

①钢筋 φ12 以内，按 12m 长计算 1 个搭接；

②钢筋 φ12 以外，按 8m 长计算 1 个搭接；

③现浇钢筋混凝土墙，按楼层高度计算搭接。

3）预应力钢丝束、钢绞丝及张拉按设计图示长度乘以单位理论质量计算。

①钢筋（钢纹丝）采用 JM、XM、QM 型锚具，钢丝束采用锥形锚具，孔道长度≤20m 时，钢筋长度按孔道长度增加 1m 计算，孔道长度 >20m 时，钢筋长度增加 1.8m 计算。

②钢丝束采用镦头锚具时，钢丝束长度按孔道长度增加 0.35m 计算。

4）支撑钢筋（铁马）按钢筋长度乘以单位理论质量计算。

5）锚具安装以孔计算。

6）预埋管孔道铺设按构件设计图示长度计算。

7）铁件

①预埋铁件按设计图示以质量计算。

②钢筋接头机械连接按数量计算。

③植筋以根计算。

（4）垫层

1）基础垫层：按设计图示尺寸以体积计算。不扣除构件内钢筋、预埋铁件和伸入承台基础的桩头所占体积。

①满堂基础垫层如遇基础局部加深，其加深部分的垫层体积并入垫层工程量内。

②带形基础垫层长度的确定：外墙按垫层中心线，内墙按垫层净长线计算。

2）楼地面混凝土垫层按室内房间净面积乘以厚度以体积计算。应扣除沟道、设备基础等所占的体积；不扣除柱垛、间壁墙和附墙烟囱、风道及≤0.3m² 以内孔洞所占的体积，但门洞口、暖气槽和壁龛的开口部分所占的垫层体积也不增加。

（5）现场搅拌混凝土增加费按混凝土使用量以体积计算。

## 第二节　有关定额项目的图示与注释

1. 混凝土基础

其类型有满堂基础、带形基础、独立基础和设备基础。

（1）满堂基础。分为板式满堂基础和带式满堂基础，如图 15-1 和图 15-2 所示。满堂基础的另一种形式为箱形基础，箱形基础是由钢筋混凝土底板、顶板、侧墙及一定数量的内隔墙构成封闭的箱体（图 15-3），基础中部可在内隔墙开门洞作地下室。这种基础整体性和刚度都好，调整不均匀沉降的能力及抗震能力较强，可消除因地基变形使建筑物开裂的可能性，减少基底处原有地基自重应力，降低总沉降量。这种基础其底板按满堂基础计算，顶板按楼板计算，内外墙按混凝土墙计算。

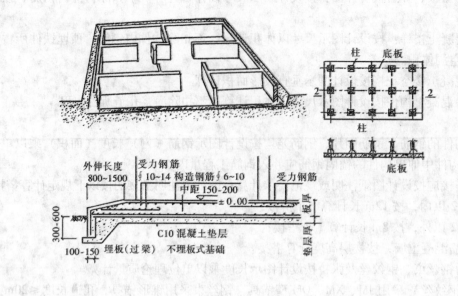

图 15-1　板式基础

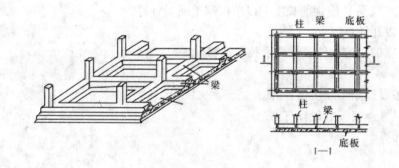

图 15-2　片筏基础

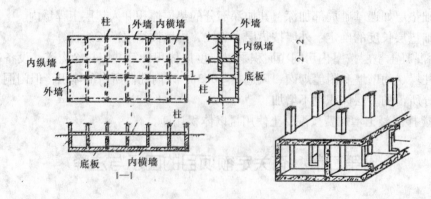

图 15-3　箱形基础

（2）带形基础。区分为墙下带形混凝土基础（如图 15-4 所示）和柱下井格式带形基础（如图 15-5 所示）。

（3）独立基础。独立基础支撑柱子，分为现浇柱下独立基础（如图 15-6）和预制柱下独立基础（杯形基础）如图 15-7 所示。

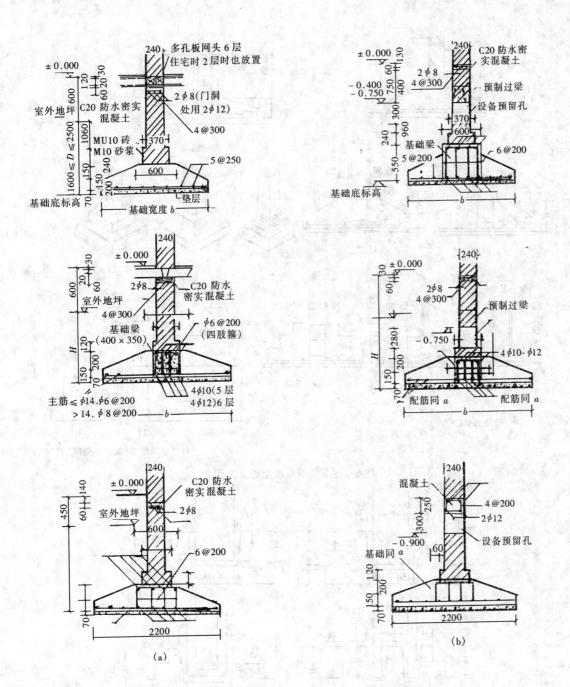

图 15-4 墙下条基

(a) 无设备预留孔；(b) 带设备预备留孔

(基础梁长度=设备预留孔宽+1000)

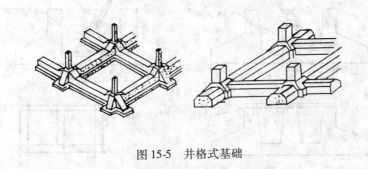

图 15-5 井格式基础

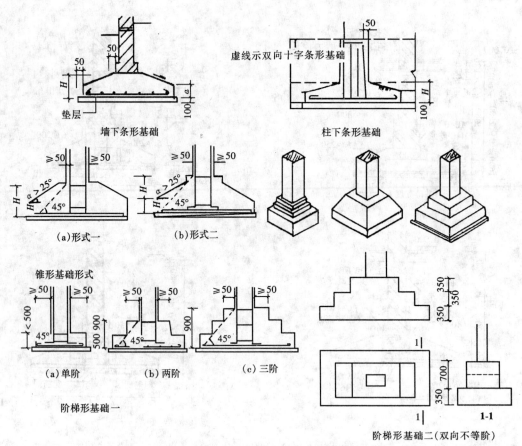

墙下条形基础

柱下条形基础

虚线示双向十字条形基础

(a)形式一

(b)形式二

锥形基础形式

(a)单阶　　　(b)两阶　　　(c)三阶

阶梯形基础一

阶梯形基础二(双向不等阶)

1-1

图 15-6　柱下钢筋混凝土独立基础

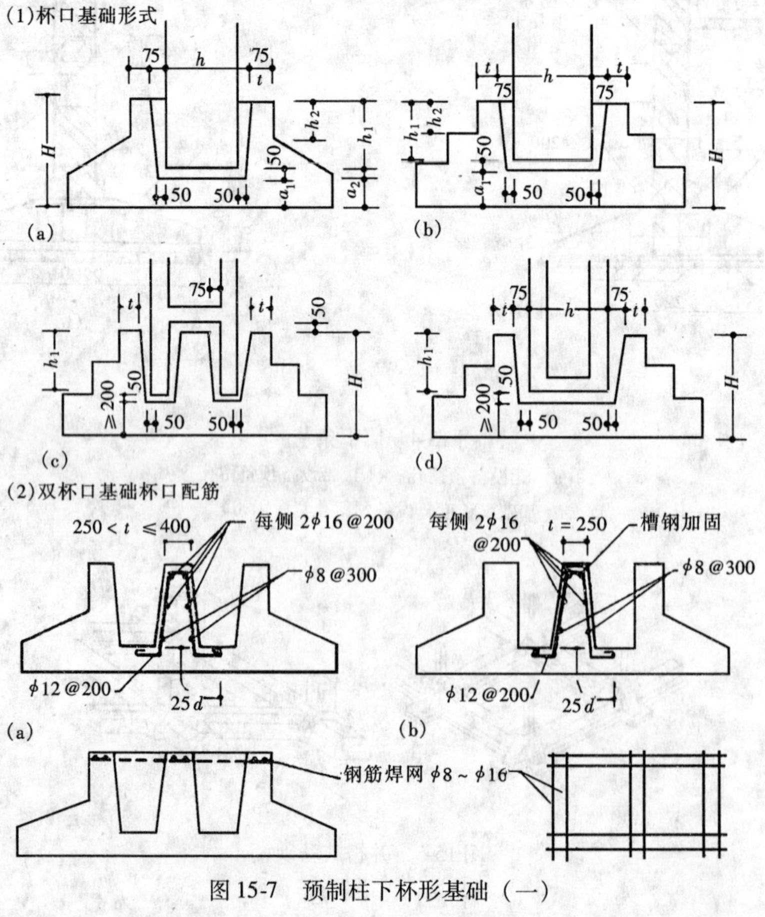

(1)杯口基础形式

(a)　　　　　　　　(b)

(c)　　　　　　　　(d)

(2)双杯口基础杯口配筋

$250 < t \leqslant 400$　每侧 $2\phi16@200$　　　每侧 $2\phi16$ @200　　$t = 250$　槽钢加固

$\phi8@300$　　　　　　　　　　　$\phi8@300$

$\phi12@200$　　$25d$　　　　　　$\phi12@200$　　$25d$

(a)　　　　　　　　(b)

钢筋焊网 $\phi8 \sim \phi16$

图 15-7　预制柱下杯形基础（一）

172

(3)高杯口基础构造配筋

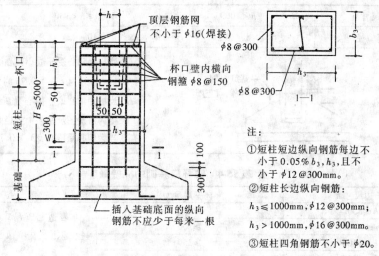

注：
① 短柱短边纵向钢筋每边不小于 $0.05\%b_3$，$h_3$，且不小于 $\phi12@300$mm。
② 短柱长边纵向钢筋：
$h_3 \le 1000$mm，$\phi12@300$mm；
$h_3 > 1000$mm，$\phi16@300$mm。
③ 短柱四角钢筋不小于 $\phi20$。

图 15-7　预制柱下杯形基础（二）

根据规范基础要求如表 15-1、表 15-2、表 15-3、表 15-4 所示。

表 15-1　钢筋混凝土独立基础的一般要求

| 基础底板形式 | | 承受轴心荷载时一般为正方形；承受偏心荷载时一般采用矩形，其长宽比一般不大于 2，最大不大于 3 |
|---|---|---|
| 阶　数 | 锥形基础 | 宜采用一阶或两阶，可根据坡角的限值与基础的总高度 $H$ 而定。基础边缘高度 $H_1$ 一般不小于 20cm，也不宜大于 50cm |
| | 阶梯形基础 | 每阶高度一般为 300~500mm。基础高度，500~900mm 时用两阶；大于 900mm 时用三阶。基础长、短边相差过大时，短边方向可减少一阶 |
| 底板配筋 | | 面积按计算确定，沿长边和短边方向均匀布置。长边的钢筋设置在下排，钢筋直径不宜小于 8mm，间距不宜大于 200mm。当基础边长 $B$ 大于 3m 时可用 $0.9l$（$l=B-50$） |
| 插　筋 | | 1. 钢种、直径、根数及间距与上部柱内的纵向钢筋相同；<br>2. 箍筋直径与上部柱内箍筋相同，在基础内应不少于两个箍筋；<br>3. 一般伸至基础底面，用光面钢筋（末端有弯钩）时放在钢筋网上 |
| 钢筋保护层 | | 有垫层时不宜小于 35mm；无垫层时不宜小于 70mm；混凝土强度等级不宜低于 C15 |
| 垫层要求 | | 垫层厚度宜为 50~100mm，每边伸出基础 50~100mm |

表 15-2　杯口基础尺寸　　　　　　　　　　　　　　　　　（mm）

| 矩形或工字形柱长边 $h$ | 杯口基础尺寸 | | | 备　注 |
|---|---|---|---|---|
| | 杯底厚度 $a_1$ | 杯壁厚度 $t$ | 柱插入深度 $h_1$ | |
| $h<500$ | $\ge150$ | 150~200 | $1~1.2h$ | 单肢管柱<br>　　$h_1=1.5d$ 且 $\ge500$<br><br>双肢柱<br>　　$h_1=(1/3~2/3)h_a$<br>　　　$=(1.5~1.8)h_b$ |
| $500 \le h < 800$ | $\ge200$ | $\ge200$ | $h$ | |
| $800 \le h < 1000$ | $\ge200$ | $\ge300$ | $0.9h$ 且 $\ge800$ | |
| $1000 \le h < 1500$ | $\ge250$ | $\ge350$ | $0.8h$ 且 $\ge1000$ | |
| $1500 \le h < 2000$ | $\ge300$ | $\ge400$ | $0.8h$ 且 $\ge1000$ | |

注：① 柱的插入深度 $h_1$ 除满足上表外，还应满足锚固长度的要求，一般为 20 倍纵向受力钢筋的直径，并应考虑吊装时柱的稳定性，即 $h_1 \ge 0.05$ 倍柱长（指吊装时的柱长）。
② $h$ 为柱截面长边尺寸；$d$ 为管柱的外直径；$h_a$ 为双肢柱整个截面长边尺寸，$h_b$ 为双肢柱整个截面短边尺寸。
③ 柱轴心受压或小偏心受压时，$h_1$ 可适当减小，偏心距 $e_0>2h$（或 $e_0>2d$）时，$h_1$ 适当加大。
④ 柱为双肢柱时，$a_1$ 值可适当加大。
⑤ 当有基础梁时，基础梁下的杯壁厚度应满足其支承宽度的要求。

表 15-3　杯壁构造配筋　　　　　　　　　　　　　　　　（mm）

| 柱截面长边尺寸 $h$ | $h < 1000$ | $1000 \leqslant h < 1500$ | $1500 \leqslant h \leqslant 2000$ |
|---|---|---|---|
| 钢 筋 直 径 | 8~10 | 10~12 | 12~16 |

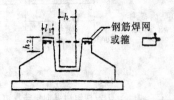

钢筋焊网
或箍

注：① 当柱为轴心受压或小偏心受压且 $t/h_2 \geqslant 0.65$ 时、或大偏心受压且 $t/h_2 \geqslant 0.75$ 时，杯壁内可不配筋。

② 当柱为轴心或小偏心受压且 $0.5 \leqslant t/h_2 \leqslant 0.65$ 时，杯壁内可按图示及表中直径配置。

③ 当大偏心受压且 $t/h_2 < 0.75$ 时，按计算配筋

表 15-4　高杯口基础的杯壁厚度　　　　　　　　　　　　（mm）

| 柱截面长边尺寸 $h$ | 杯壁厚度 $t$ | 备　　注 |
|---|---|---|
| $600 < h \leqslant 800$ | ≥250 | 本表适用于吊车在 750kN 以下，轨道标高 14m 以下，基本风压小于 0.5kPa 的一般工业厂房 |
| $800 < h \leqslant 1000$ | ≥300 | |
| $1000 < h \leqslant 1400$ | ≥350 | |
| $1400 < h \leqslant 1600$ | ≥400 | |

　（4）桩基础的承台按其图示尺寸以 "m³" 计，分别执行带形基础（墙下桩基）和独立基础（柱下桩基）定额，如图 15-8 所示，承台的构造要求如表 15-5 所列，其配筋实例如图 15-9 和图 15-10 所示。

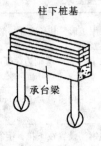

柱下桩基

承台梁

墙下桩基

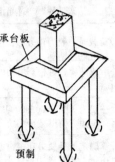

承台板

预制

灌注或爆扩桩

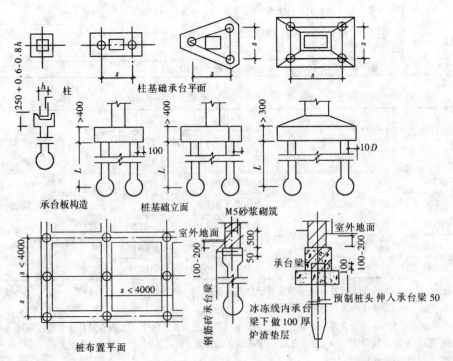

图 15-8　桩承台

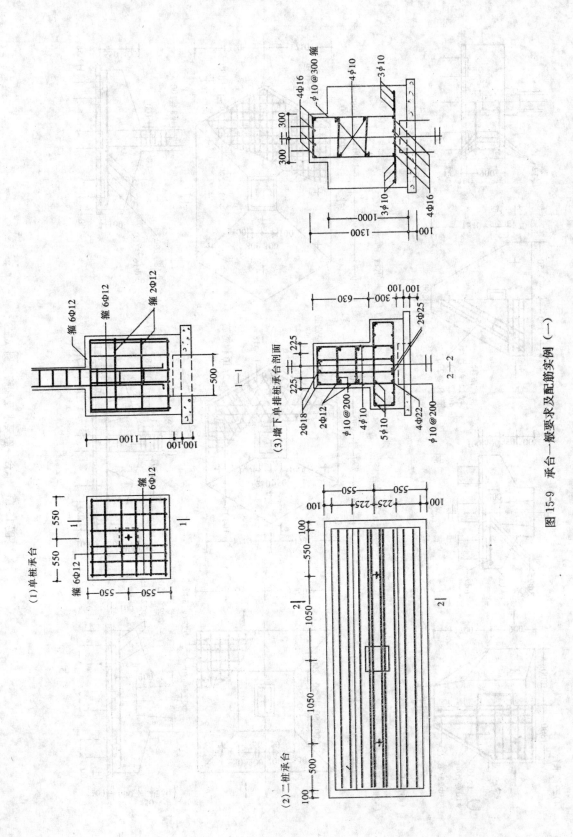

(1) 单桩承台

箍 6Φ12

箍 6Φ12

箍 6Φ12

1—1

(3) 墙下单排桩承台剖面

2—2

(2) 二桩承台

4Φ16

φ10@300 箍

4φ10

3φ10

3φ10

4Φ16

2Φ25

2Φ18

2Φ12

φ10@200

4φ10

5φ10

4Φ22

φ10@200

图 15-9 承台一般要求及配筋实例（一）

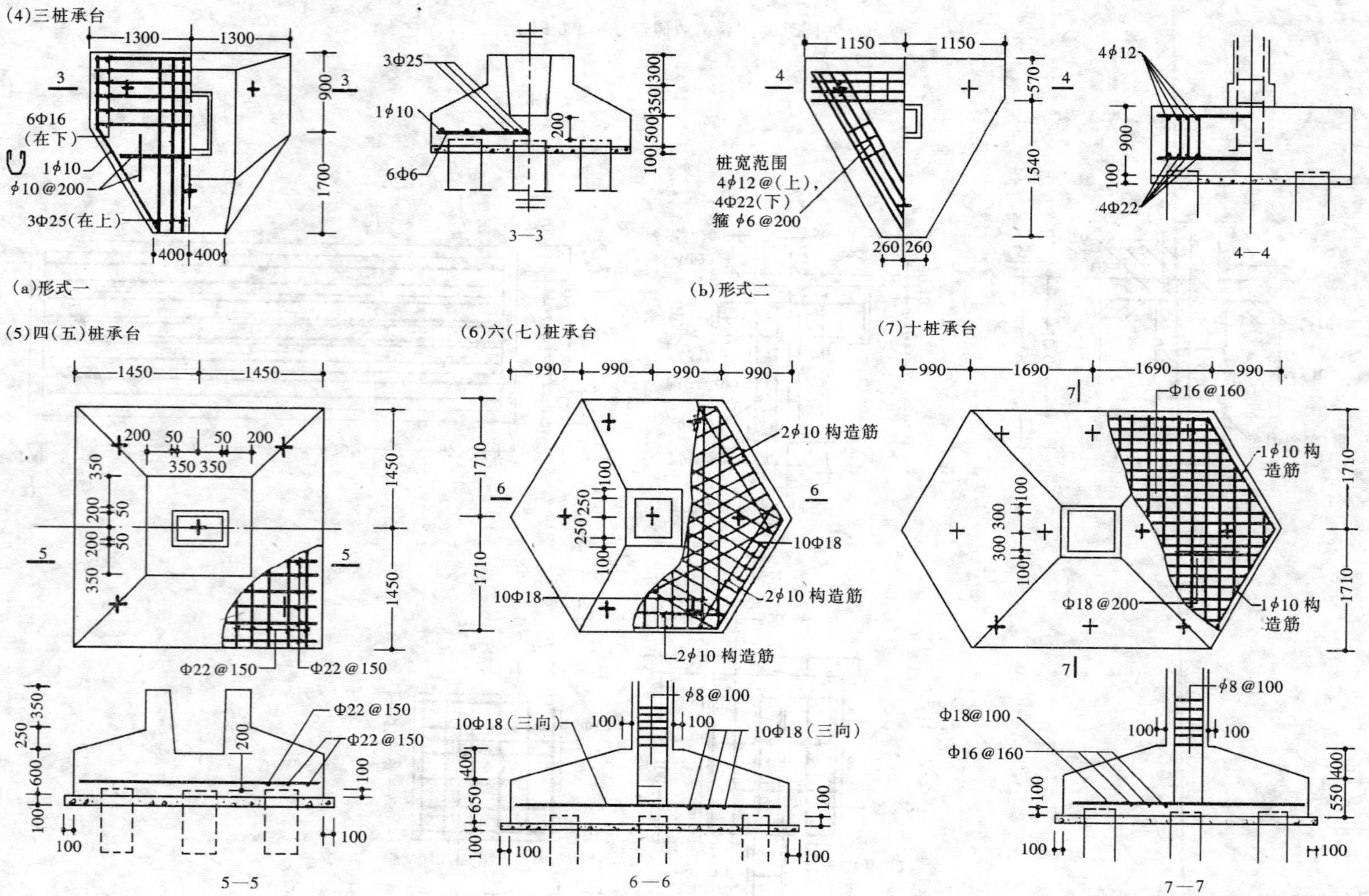

图 15-10 承台一般要求及配筋实例 (二)

(4) 三桩承台

6Φ16
(在下)
φ10@200
3Φ25(在上)

(a)形式一

3—3

3Φ25
1φ10
6φ6

(b)形式二

桩宽范围
4φ12@(上)、
4Φ22(下)
箍φ6@200

4—4

4φ12
4Φ22

(5)四(五)桩承台

Φ22@150
Φ22@150
Φ22@150

5—5

(6)六(七)桩承台

2φ10 构造筋
10Φ18
2φ10 构造筋
2φ10 构造筋
10Φ18

6—6

φ8@100
10Φ18(三向)
10Φ18(三向)

(7)十桩承台

1φ10 构
造筋
1φ10 构
造筋
Φ16@160
Φ18@200
300 300

7—7

φ8@100
Φ18@100
Φ16@160

176

表 15-5

| 承台尺寸 | 柱的中心距一般不小于 3 倍桩径或边长。扩底灌注桩不小于 1.5 倍扩底直径，承台最小宽度不应小于 2 倍桩的直径或边长且不小于 50cm。承台边缘至边桩的中心距不小于桩的直径或边长，边缘挑出部分不宜小于 15cm。承台厚度不宜小于 30cm |
|---|---|
| 钢 筋 | 受力筋应通长配置。矩形承台宜按双向均匀布置。不宜少于 $\phi8@200$；承台梁的受力筋不宜小于 12mm，架立筋不应小于 $\phi10mm$，箍筋不应小于 6mm。钢筋保护层厚度不小于 50mm |
| 桩顶伸入承台要求 | 一般不小于 50mm，当桩主要承受水平力时不宜小于 100mm。单桩桩基、双桩桩基、单排桩基、动力基础下的桩，承受上拔力或较大水平力的桩以及筏板和条形承台的外围部分与关键部位的桩，主筋伸入承台内的锚固长度不宜小于 30 倍钢筋直径 |
| 连系梁 | 独立承台下的桩数不宜少于 3 根，墙下条形承台不宜少于单排桩，否则应在承台之间设置连系梁。连系梁底面与承台底位于同一标高，梁宽不宜小于 20cm，上下各不少于 $2\phi12$，并按受拉要求伸入承台 |
| 混凝土 | 强度等级不宜低于 C15 |

## 2. 现浇混凝土梁板柱

按照结构体系可分成下列几种：

（1）现浇框架结构，如图 15-11 所示。

（2）内框架结构，如图 15-12 所示。

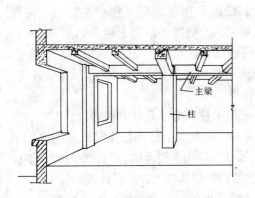

图 15-11　框架结构示意图

图 15-12　梁板式肋形楼板

（3）井字密肋楼板，如图 15-13 所示。

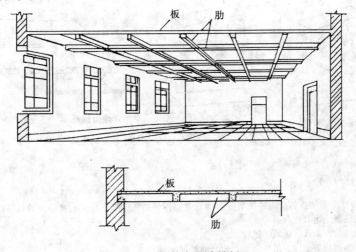

图 15-13　井字密肋楼板

（4）柱板式框架结构，如图 15-14 所示。

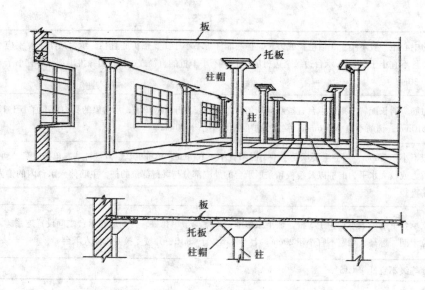

图 15-14 柱板式框架结构示意图

以上四种结构体系中的梁、板、柱需分别按图示尺寸计算工程量，详见前面定额说明及工程量计算规则，计算规则的中心内容是按图示尺寸计算净量，不重复计算。

（5）混合结构的梁、板分有梁板和平板，如图 15-15 所示。

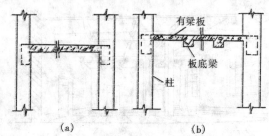

图 15-15 混合结构的板和梁

（a）平板；（b）有梁板

（6）迭合式楼板是在预制板（预应力薄板、圆孔板）或压型钢板上迭合浇灌的混凝土板，如图 15-16 所示，工程量按定额规定计算。

（7）现浇密肋楼板，如图 15-17 所示，其梁较密，分别按梁和板计算。

（8）现浇混凝土柱，分承重柱和构造柱。

承重柱区分为钢筋混凝土柱和劲性钢骨架柱（用于升板结构），构造柱一般用于混合结构中，它与圈梁组成一个框架，加强结构的整体性，以减缓地震的震害。

现浇钢筋混凝土柱的断面一般以方形和圆形为主，也有正多边形的，如六角形、八角形等，方形和圆形的截面如图 15-18 所示，钢筋混凝土的构造柱如图 15-19 所示。

（9）混凝土梁。梁的断面如图 15-20 所示。

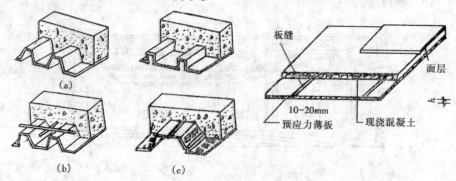

图 15-16 迭合板

（a）无附加抗剪措施的压型板；（b）带锚固件的压型板；（c）有抗剪键的压型钢

压型钢板—混凝土组合板截面形式
优点：节约模板，加快现场施工进度，利于工业化施工。
缺点：增加预制板的运输、吊装设备，迭合面处理较难。
应用范围：同现浇实心平板。
构造要求：伸入墙内≥110mm，在梁上的支承长度≥70mm。应注意保证薄板和后浇混凝土粘结成整体，
预应力薄板间应有 10~20mm 的空隙。

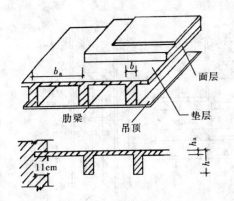

$l \geqslant 7000\text{mm}$，$h \geqslant l/20 \sim l/25$

$h_a = 40 \sim 50\text{mm}$，$b = 80 \sim 100\text{mm}$

$b_a = 500 \sim 700\text{mm}$

优点：自重轻，用料省。

缺点：隔声差，一般需作吊顶，比现浇实心板用模板多，施工期长。

应用范围：跨度大而且不宜设大梁的房间。

构造要求：1. 板伸入墙内≥110mm。

2. 当跨度≥6000mm，须加横肋。

3. 设备穿管仅限在肋高的中间1/3h内。

图 15-17　密肋楼板

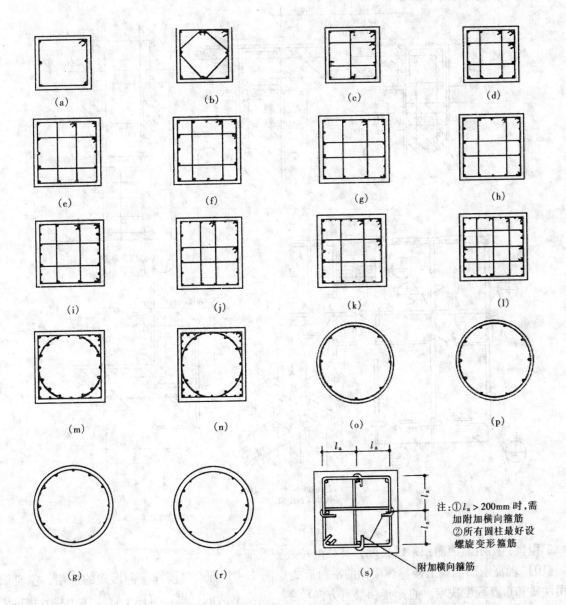

图 15-18　方形与圆形柱断面

(a) 6 根钢筋；(b) 8 根钢筋；(c) 10 根钢筋；(d) 12 根钢筋；(e) 14 根钢筋；(f) 16 根钢筋；

(g) 16 根钢筋；(h) 18 根钢筋；(i) 18 根钢筋；(j) 20 根钢筋；(k) 24 根钢筋；(l) 32 根钢筋；

(m) 28 根钢筋；(n) 32 根钢筋；(o) 8 根钢筋；(p) 10 根钢筋；(q) 12 根钢筋；(r) 14 根钢筋；

(s) 附加横向箍筋图

注：① $l_a > 200\text{mm}$ 时，需加附加横向箍筋

② 所有圆柱最好设螺旋变形箍筋

附加横向箍筋

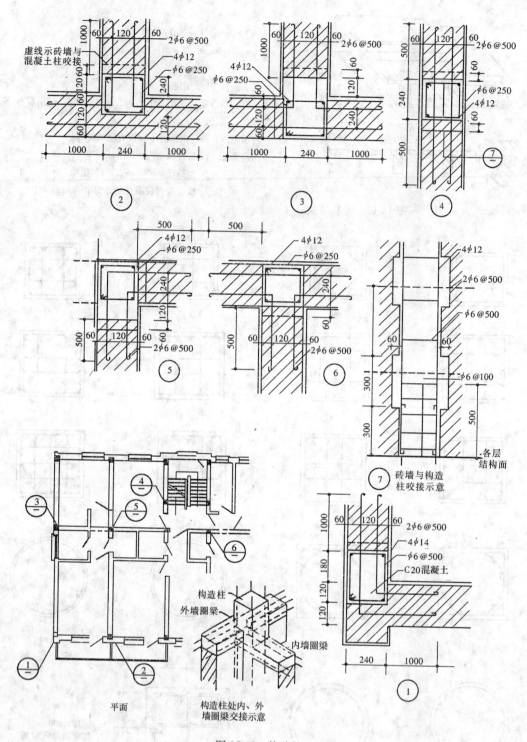

图 15-19 构造柱

工程量：图示断面面积乘以长度，其长度按规则取值。

（10）现浇钢筋混凝土楼梯。楼梯的平面形式如图 15-21 所示。楼梯平面形式的选用，主要依其使用性质和重要程度决定。直跑楼梯具有方向单一、贯通空间的特点，双跑平行楼梯和双分转角楼梯则是均衡对称的形式，典雅庄重。双跑楼梯、三跑楼梯一般用于不对称的平面布局，除了用于主要楼梯，也可布置在次要部位作辅助性楼梯。人流疏散量大的建筑常采用交叉楼梯和剪刀楼梯的形式，它不仅有利于人流疏散，还可达到有效利用空间的效果，其他形式的楼梯，如弧形梯、螺旋梯的使用，可以增加建筑空间的轻松、活泼气氛，并起到装饰效果。

楼梯的各部位名称如图 15-22 所示。

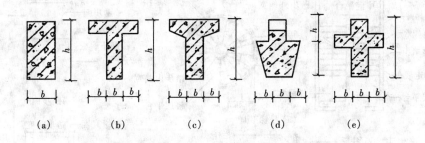

图 15-20 梁的断面形状示意

(a) 矩形梁；(b) T 形梁一；(c) T 形梁二；(d) 花篮梁；(e) 十字梁

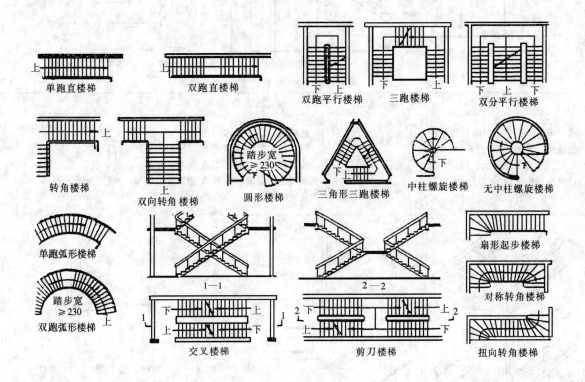

图 15-21 楼梯平面形式

楼梯的结构形式如图 15-23 所示。

预算定额中现浇楼梯只区分直形和弧形两种，定额中包括了休息平台、平台梁、斜梁及楼梯的连梁按水平投影面积以"m²"计算。

(11) 阳台及栏板

阳台按其平面及结构形式可分为挑阳台、凹阳台及外廊三类。

阳台面一般应低于室内地面，并合理选择排水方向和措施。

阳台栏杆（栏板）一般采用金属、砖砌、混凝土等制做，可根据使用及形式的需要采用不同的组合方式。栏杆的高度以＜1000 为宜。有儿童活动的阳台，栏杆设计形式应考虑防止儿童攀登。

1）凸阳台，如图 15-24 所示，结构形式有三种。

2）半凸阳台，如图 15-25 所示。

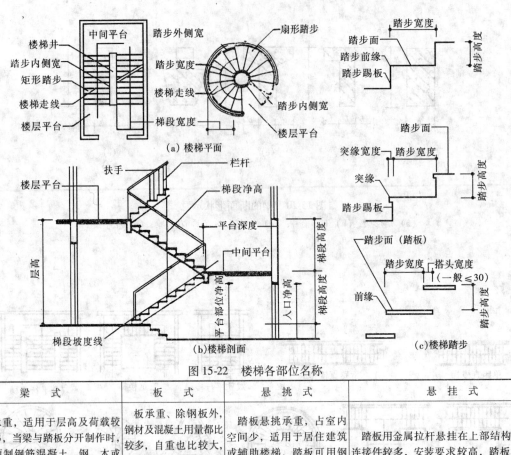

图 15-22　楼梯各部位名称

| 梁　式 | 板　式 | 悬 挑 式 | 悬 挂 式 |
|---|---|---|---|
| 梯梁承重，适用于层高及荷载较大的楼梯，当梁与踏板分开制作时，可采用预制钢筋混凝土，钢、木或组合材料结构；当梁与踏板整体制作时，可采用钢筋混凝土结构 | 板承重、除钢板外，钢材及混凝土用量都比较多，自重也比较大，一般用于层高不大的预制或现浇钢筋混凝土楼梯 | 踏板悬挑承重，占室内空间少，适用于居住建筑或辅助楼梯，踏板可用钢筋混凝土、金属、木材或组合材料制作 | 踏板用金属拉杆悬挂在上部结构上，金属连接件较多，安装要求较高，踏板可用钢筋混凝土，金属，木材或组合材料 |

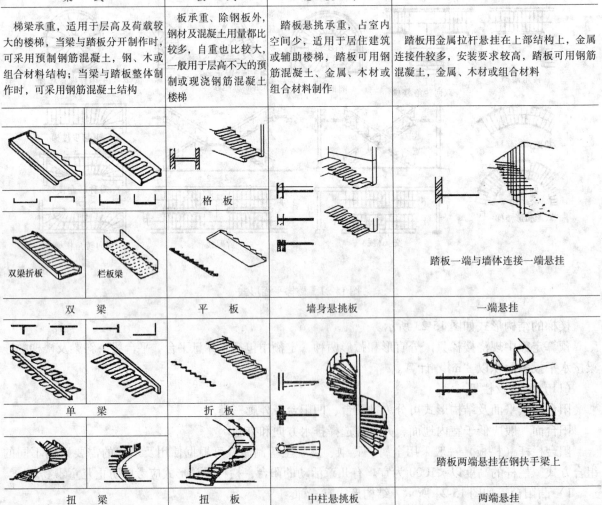

图 15-23　结构形式

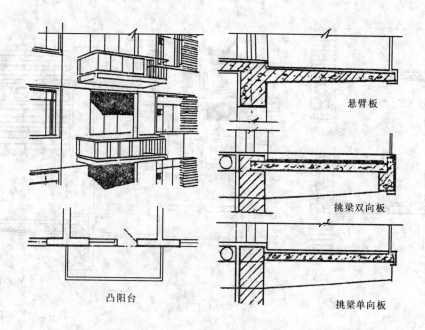

悬臂板

挑梁双向板

挑梁单向板

凸阳台

图 15-24　凸阳台

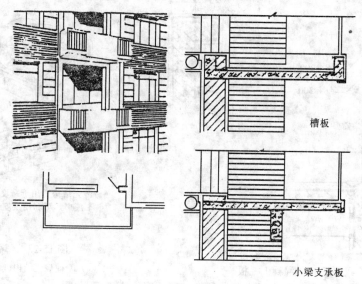

槽板

小梁支承板

图 15-25　半凸阳台

3）凹阳台，如图 15-26 所示。

4）混凝土栏板如图 15-27 所示。

（12）双曲薄壳：如图 15-28 所示。

**3. 现场预制钢筋混凝土**

多以单层工业厂房的构件为主，图 15-29 为单层厂房构件部位示意。

单层工业厂房中的骨架承重结构由柱、梁、屋架组成，承受厂房的各种荷载，在这种结构中，墙体只起围护或分隔作用。排架结构是目前单层厂房中最基本的，应用比较普遍的结构形式。

单层厂房装配式钢筋混凝土排架结构由横向骨架和纵向连系构件组成。横向骨架包括屋面大梁（或屋架），柱子及柱基础，它承受屋顶、天窗、外墙及吊车等荷载。纵向连系构件包括大型屋面板、连系梁、吊车梁等。此外，为了保证厂房的整体性和稳定性，往往还要设置支撑系统。

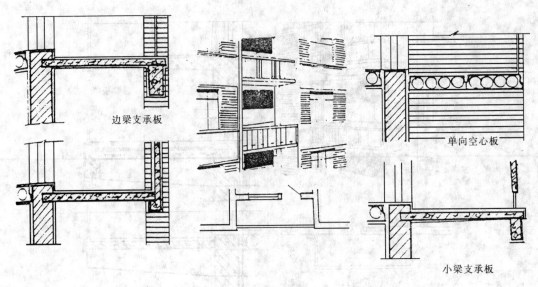

图 15-26　凹阳台

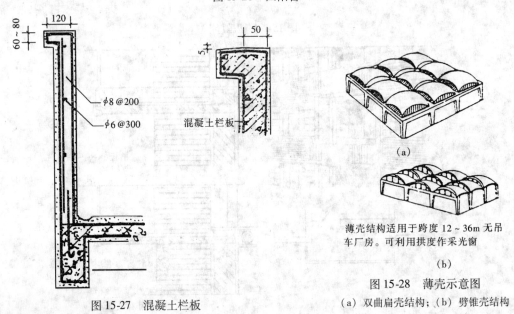

图 15-27　混凝土栏板

图 15-28　薄壳示意图
（a）双曲扁壳结构；（b）劈锥壳结构

薄壳结构适用于跨度 12～36m 无吊车厂房。可利用拱度作采光窗

（1）预制钢筋混凝土柱

1）柱的类型

柱是工业厂房中最主要的承重构件，柱的种类很多，基本上可分单肢及双肢柱两大类，单肢柱常见的有矩形柱、工字形柱、管柱等，双肢柱常见的有平腹杆柱、斜腹杆柱、双肢管柱以及空心板柱等，如图 15-30 所示。

2）工程量计算

矩形柱、双肢柱、空格柱、工字形柱均按图示尺寸以"m³"计算，依附柱子的牛腿和插入杯口的预制柱体积并入柱子体积。

（2）钢筋混凝土屋面梁及屋架

1）屋面梁及屋架的类型

屋面梁及屋架是屋盖结构中的承重构件。屋面梁的截面有 T 形和工字形两种形式，其腹板较薄故常称为薄腹梁。屋架按形式分为钢筋混凝土三铰拱屋架、钢筋混凝土组合屋架、预应力混凝土拱形屋架等。屋面梁及屋架的一般形式及应用范围见图 15-31 所示。

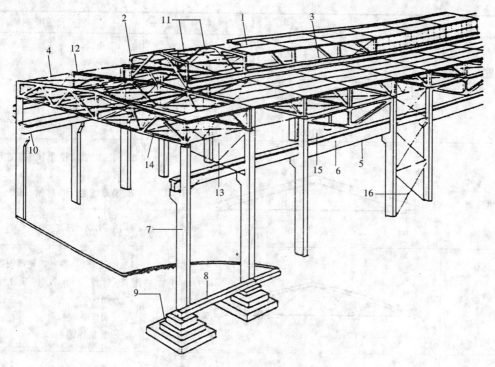

图 15-29　单层厂房构件部位示意

1—屋面板；2—天窗架；3—天窗侧板；4—屋架；5—托架；6—吊车梁；7—柱子；8—基础梁；9—基础；
10—连系梁；11—天窗支撑；12—屋架上弦横向支撑；13—屋架垂直支撑；14—屋架下弦横向支撑；
15—屋架下弦纵向支撑；16—柱间支撑

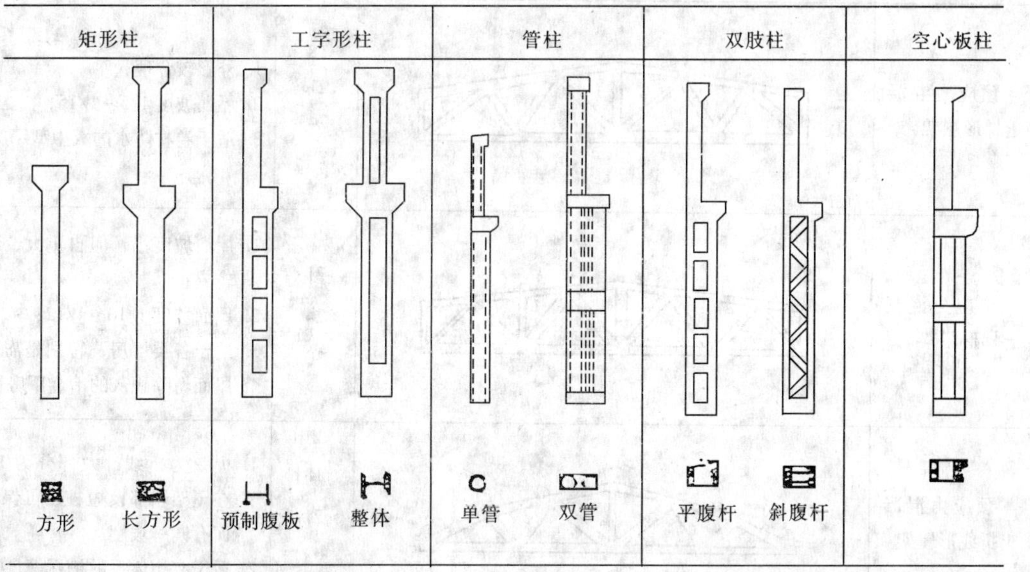

| 矩形柱 | | 工字形柱 | | 管柱 | | 双肢柱 | | 空心板柱 |
|---|---|---|---|---|---|---|---|---|
| 方形 | 长方形 | 预制腹板 | 整体 | 单管 | 双管 | 平腹杆 | 斜腹杆 | |

图 15-30　钢筋混凝土柱

| 序号 | 名　称 | 形　　式 | 跨度（m） | 特点及适用条件 |
|---|---|---|---|---|
| 1 | 钢筋混凝土单坡屋面大梁 | 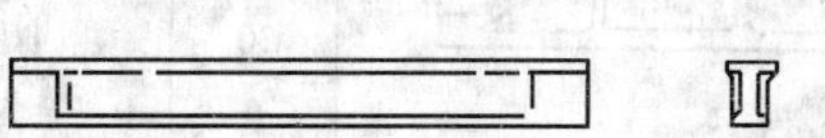 | 6 . 9 | 1. 自重大；<br>2. 屋面刚度好；<br>3. 屋面坡度 1/8～1/12；<br>4. 适于振动及有腐蚀性介质的厂房 |

图 15-31　钢筋混凝土屋架的一般形式及应用范围（一）

| 序号 | 名　称 | 形　式 | 跨度(m) | 特点及适用条件 |
|---|---|---|---|---|
| 2 | 预应力混凝土双坡屋面大梁 | 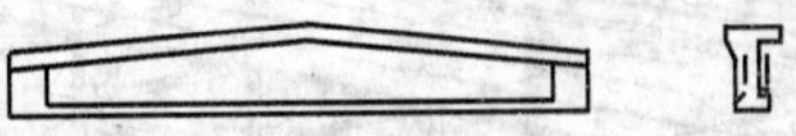 | 12<br>15<br>18 | 1. 自重大；<br>2. 屋面刚度好；<br>3. 屋面坡度1/8～1/12；<br>4. 适于振动及有腐蚀性介质的厂房 |
| 3 | 钢筋混凝土三铰拱屋架 | 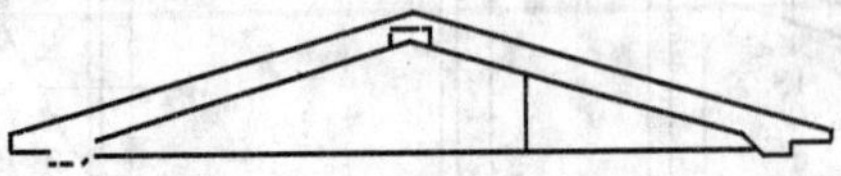 | 9<br>12<br>15 | 1. 构造简单，自重小，施工方便，外形轻巧；<br>2. 屋面坡度：卷材屋面1/5；自防水1/4；<br>3. 适于中小型厂房 |
| 4 | 钢筋混凝土组合屋架 |  | 12<br>15<br>18 | 1. 上弦及受压腹杆为钢筋混凝土，受拉杆件为角钢，构造合理，施工方便；<br>2. 屋面坡度1/4；<br>3. 适于中小型厂房 |
| 5 | 预应力混凝土拱形屋架 |  | 18<br>24<br>30 | 1. 构件外形合理，自重轻、刚度好；<br>2. 屋架端部坡度大，为减缓坡度，端部可特殊处理；<br>3. 适于跨度较大的各类厂房 |
| 6 | 预应力混凝土梯形屋架 |  | 18<br>21<br>24<br>27 | 1. 外形较合理；<br>2. 屋面坡度1/5～1/15；<br>3. 适于卷材防水的大中型厂房 |
| 7 | 预应力混凝土梯形屋架 |  | 21<br>24<br>30 | 1. 屋面坡度小，但自重大、经济效果较差；<br>2. 屋面坡度1/10～1/12；<br>3. 适于各类厂房，特别是需要经常上屋面清除积灰的冶金厂房 |
| 8 | 预应力混凝土折线形屋架 |  | 18<br>21<br>24 | 1. 上弦为折线，大部分为1/4坡度。在屋架端都设短柱，可保证整个屋面有同一坡度；<br>2. 适于有檩体系的槽瓦等自防水屋面 |
| 9 | 预应力混凝土直腹杆屋架 | 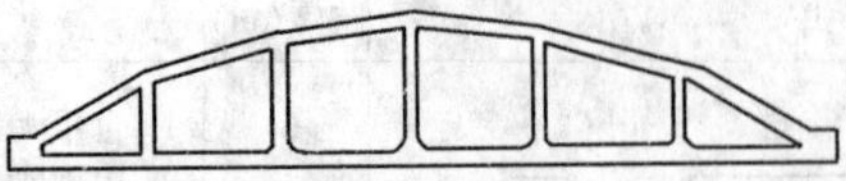 | 18<br>24<br>30 | 1. 无斜腹杆，构造简单；<br>2. 适用于有井式天窗及横向下沉式天窗的厂房 |

图 15-31　钢筋混凝土屋架的一般形式及应用范围（二）

2）工程量计算

屋面梁及屋架均按混凝土的图示尺寸以"$m^3$"计算。组合屋架下弦及受拉腹杆的钢筋和型钢不得计算体积。

（3）吊车梁

如图15-32所示。一般工业厂房大都设有桥式或梁式吊车，因此要设计支承吊车的构件——吊车梁。梁上铺设钢轨供吊车行驶，吊车梁安放在柱的托座上。吊车梁有T形和鱼腹式两种类型。工程量按图示尺寸以"$m^3$"计算。执行中应注意：吊车梁包括了梁的制作、运输、安装、抹铁屑砂浆。

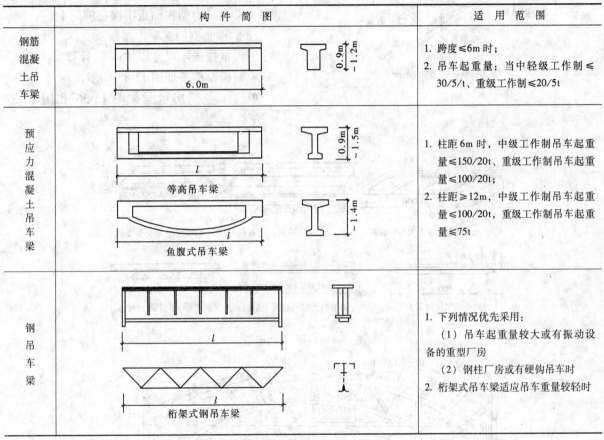

| | 构 件 简 图 | 适 用 范 围 |
|---|---|---|
| 钢筋混凝土吊车梁 | 0.9～1.2m<br>6.0m | 1. 跨度≤6m时；<br>2. 吊车起重量：当中轻级工作制≤30/5/t、重级工作制≤20/5t |
| 预应力混凝土吊车梁 | 0.9～1.5m<br>l<br>等高吊车梁<br>～1.4m<br>l<br>鱼腹式吊车梁 | 1. 柱距6m时，中级工作制吊车起重量≤150/20t，重级工作制吊车起重量≤100/20t；<br>2. 柱距≥12m时，中级工作制吊车起重量≤100/20t，重级工作制吊车起重量≤75t |
| 钢吊车梁 | l<br>l<br>桁架式钢吊车梁 | 1. 下列情况优先采用：<br>（1）吊车起重量较大或有振动设备的重型厂房<br>（2）钢柱厂房或有硬钩吊车时<br>2. 桁架式吊车梁适应吊车重量较轻时 |

图15-32　吊车梁

（4）连系梁

连系梁是柱与柱之间的纵向连系构件。当墙体较高时，设置连系梁能传递厂房的纵向水平力，增加厂房的纵向刚度，并承受上部墙体重量，以保证厂房墙身的稳定性，所以连系梁也称墙梁。连系梁可以现浇，但更普遍地是采用预制。执行预算定额时应注意：如果连系梁为预制时，工程量按图示尺寸以"$m^3$"计算；如果是现浇，按圈梁的有关规定计算。

（5）托架梁

如图15-33所示。当厂房柱距为12m，而屋架间距和大型屋面板长度仍保持6m时，在柱距间需要设置托架梁来支承屋架。托架梁的工程量按图示尺寸以"$m^3$"计算。

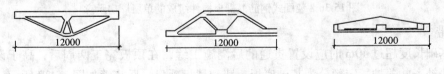

| 12000 | 12000 | 12000 |
|---|---|---|

图15-33　托架梁

（6）天窗架及天窗挡风板

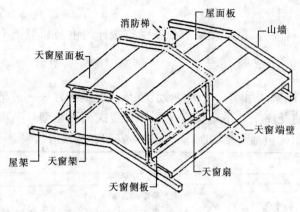

单层厂房中，为了满足天然采光和自然通风的要求，在屋顶上常设置各种形式的天窗。北京地区主要采用矩形天窗，如图 15-34 所示。

（7）预制钢筋混凝土屋面板

屋面板是屋面的覆盖构件，分大型屋面板和小型屋面板两种，目前使用的有大型屋面板和槽型屋面板。大型屋面板直接搭接在屋架或屋面大梁上，小型屋面板搭接在檩条上。

（8）预制钢筋混凝土檩条及支撑

工程量按图示尺寸以"m³"计算。

屋面板及檩条如图 15-35 所示。

图 15-34　天窗示意图

单层工业厂房示意如图 15-36 和图 15-37 所示。

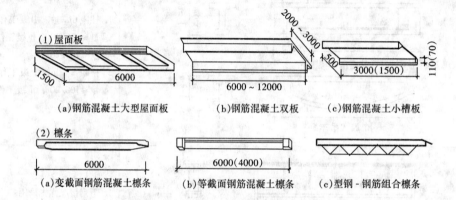

图 15-35　屋面板加檩条

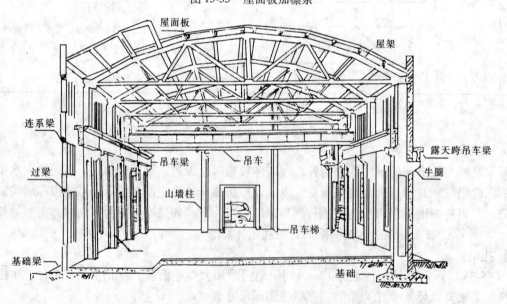

图 15-36　装配式钢筋混凝土构件组成的单层厂房示意

**4. 后浇带**

在箱形基础长度超过 40m 时应设置贯通的后浇施工缝，在顶板完工两周后，高于设计标号一级的混凝土浇灌补齐并养护，定额分为基础底板、墙和楼板项目，后浇缝如图 15-38 所示。

**5. 北京市部分预制钢筋混凝土构件型号的规格**（表 15-6～表 15-10）：

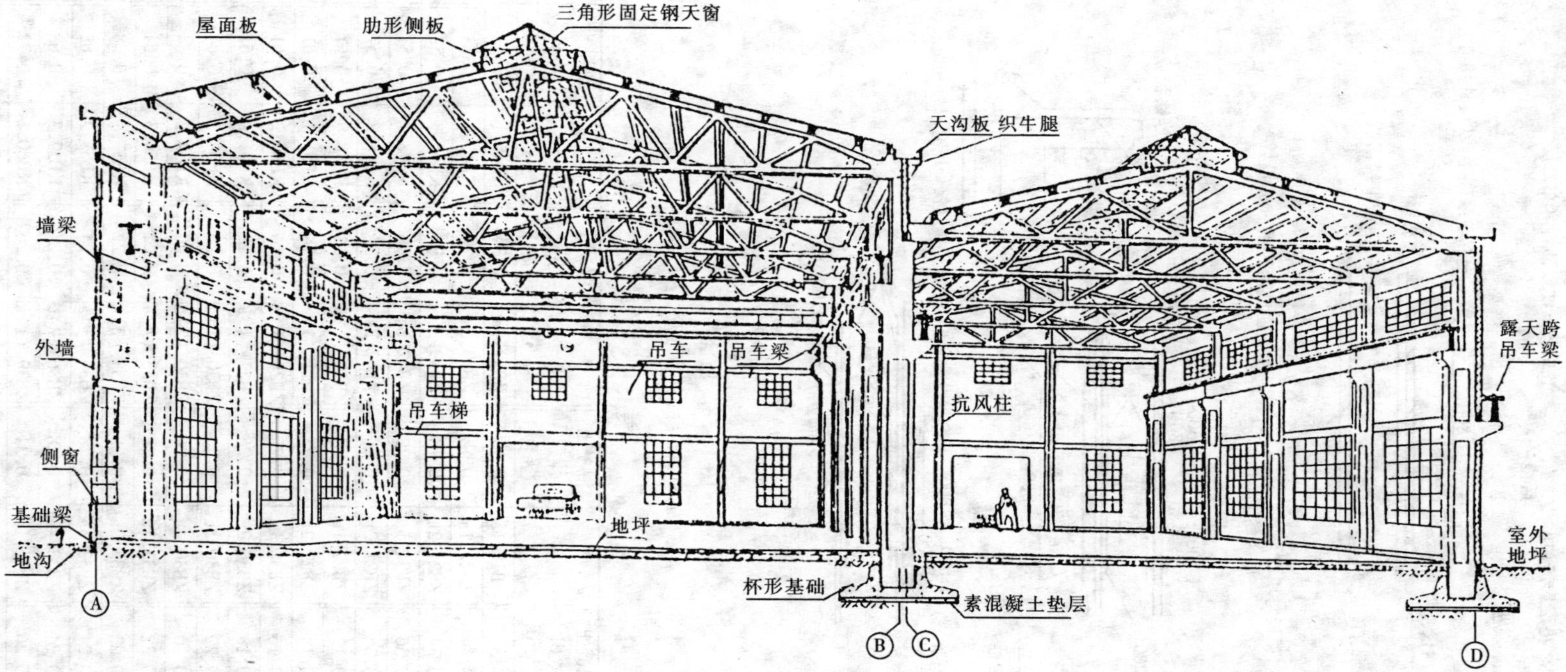

图 15-37　某厂大型冶金设备加工车间示意图

露天跨吊车梁

室外地坪

天沟板　织牛腿

素混凝土垫层

抗风柱

杯形基础

三角形固定钢天窗

吊车梁

助形侧板

吊车

吊车梯

地坪

屋面板

墙梁

外墙

侧窗

基础梁

地沟

*189*

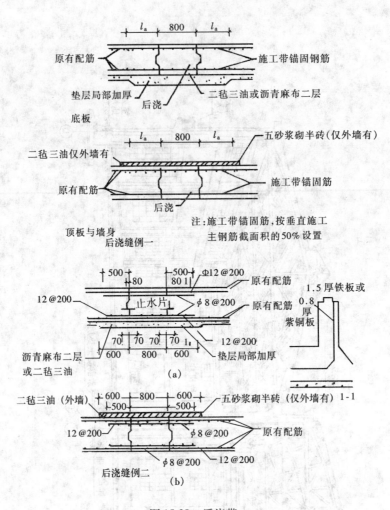

图 15-38　后浇带
（a）底板；（b）顶板及墙身

表 15-6

| 板号 | 混凝土体积（m³） | 板号 | 混凝土体积（m³） | 板号 | 混凝土体积（m³） | 板号 | 混凝土体积（m³） | 板号 | 混凝土体积（m³） | 板号 | 混凝土体积（m³） |
|---|---|---|---|---|---|---|---|---|---|---|---|
| ZB18.1 | 0.15 | ZB39.1 | 0.34 | ZB18.1a | 0.15 | ZB39.1a | 0.34 | KB45.1 | 0.53 | KB63.2 | 0.80 |
| ZB21.1 | 0.18 | ZB39.2 | 0.34 | ZB21.1a | 0.18 | ZB39.2a | 0.34 | KB45.2 | 0.53 | KB66.1 | 0.83 |
| ZB21.2 | 0.18 | ZB39.3 | 0.34 | ZB21.2a | 0.18 | ZB39.3a | 0.34 | KB45.3 | 0.53 | KB66.2 | 0.83 |
| ZB24.1 | 0.20 | ZB42.1 | 0.36 | ZB24.1a | 0.20 | ZB42.1a | 0.36 | KB48.1 | 0.57 | KB45.(1) | 0.41 |
| ZB24.2 | 0.20 | ZB42.2 | 0.36 | ZB24.2a | 0.20 | ZB42.2a | 0.36 | KB48.2 | 0.57 | KB45.(2) | 0.41 |
| ZB27.1 | 0.23 | ZB18.(1) | 0.12 | ZB27.1a | 0.23 | ZB18.(1)a | 0.12 | KB48.3 | 0.57 | KB48.(1) | 0.44 |
| ZB27.2 | 0.23 | ZB21.(1) | 0.14 | ZB27.2a | 0.23 | ZB21.(1)a | 0.14 | KB51.1 | 0.61 | KB48.(2) | 0.44 |
| ZB30.1 | 0.26 | ZB24.(1) | 0.16 | ZB30.1a | 0.26 | ZB24.(1)a | 0.16 | KB51.2 | 0.61 | KB51.(1) | 0.46 |
| ZB30.2 | 0.26 | ZB27.(1) | 0.18 | ZB30.2a | 0.26 | ZB27.(1)a | 0.18 | KB51.3 | 0.61 | KB51.(2) | 0.46 |
| ZB30.3 | 0.26 | ZB30.(1) | 0.20 | ZB30.3a | 0.26 | ZB30.(1)a | 0.20 | KB54.1 | 0.64 | KB54.(1) | 0.50 |
| ZB30.4 | 0.26 | ZB30.(2) | 0.20 | ZB30.4a | 0.26 | ZB30.(2)a | 0.20 | KB54.2 | 0.64 | KB54.(2) | 0.50 |
| ZB33.1 | 0.28 | ZB33.(1) | 0.22 | ZB33.1a | 0.28 | ZB33.(1)a | 0.22 | KB54.3 | 0.64 | KB57.(1) | 0.52 |
| ZB33.2 | 0.28 | ZB33.(2) | 0.22 | ZB33.2a | 0.28 | ZB33.(2)a | 0.22 | KB57.1 | 0.68 | KB57.(2) | 0.52 |
| ZB33.3 | 0.28 | ZB36.(1) | 0.24 | ZB33.3a | 0.28 | ZB36.(1)a | 0.24 | KB57.2 | 0.68 | KB60.(1) | 0.55 |
| ZB33.4 | 0.28 | ZB36.(2) | 0.24 | ZB33.4a | 0.28 | ZB36.(2)a | 0.24 | KB57.3 | 0.68 | KB60.(2) | 0.55 |
| ZB36.1 | 0.31 | ZB39.(1) | 0.26 | ZB36.1a | 0.31 | ZB39.(1)a | 0.26 | KB60.1 | 0.72 | KB63.(1) | 0.60 |
| ZB36.2 | 0.31 | ZB39.(2) | 0.26 | ZB36.2a | 0.31 | ZB39.(2)a | 0.26 | KB60.2 | 0.72 | KB63.(2) | 0.60 |
| ZB36.3 | 0.31 | ZB42.(1) | 0.28 | ZB36.3a | 0.31 | ZB42.(1)a | 0.28 | KB60.3 | 0.72 | KB66.(1) | 0.63 |
| ZB36.4 | 0.31 | ZB42.(2) | 0.28 | ZB36.4a | 0.31 | ZB42.(2)a | 0.28 | KB63.1 | 0.80 | KB66.(2) | 0.63 |

**表 15-7**

| 梁号 | 混凝土体积 ($m^3$) | 梁号 | 混凝土体积 ($m^3$) |
|---|---|---|---|
| GL6.1 | 0.008 | | |
| GL9.1 | 0.010 | GL9.4 | 0.019 |
| GL6.2 | 0.019 | GL10.4 | 0.021 |
| GL9.2 | 0.025 | GL12.4 | 0.023 |
| GL12.2 | 0.030 | GL15.4 | 0.041 |
| GL15.2 | 0.049 | GL18.4 | 0.048 |
| GL18.2 | 0.056 | GL21.4 | 0.054 |
| GL21.2 | 0.064 | GL24.4 | 0.060 |
| GL24.2 | 0.071 | GL9.5 | 0.029 |
| GL6.3 | 0.026 | GL10.5 | 0.031 |
| GL9.3 | 0.033 | GL12.5 | 0.035 |
| GL12.3 | 0.040 | GL15.5 | 0.041 |
| GL15.3 | 0.061 | GL18.5 | 0.048 |
| GL18.3 | 0.070 | GL21.5 | 0.072 |
| GL21.3 | 0.080 | GL24.5 | 0.080 |
| GL24.3 | 0.089 | | |

板编号

冷轧带肋钢筋预应力圆孔板

```
        ┌ 荷载种类
        │ ┌ 不带（ ）为宽板
        │ │ 带（ ）为窄板
        │ │ ┌ 钢筋为650级
        │ │ │ ┌ 轴跨 3.6m
      ZB36.1
```

若钢筋强度为800级，在板号后加"a"，如 ZB36.1a

带"a"的板可代不带"a"的板，如 ZB36.1a 可代 ZB36.1

若预应力筋为刻痕钢丝时，则板代号为 KB，如 KB36.1

```
     ┌ 轴跨
     │ ┌ 荷载种类
     │ │ ┌ 不带（ ）为宽板
     │ │ │ 带（ ）为窄板
     │ │ │ ┌ 预应力圆孔板
    KB45.2
     │ │
板长＝轴跨－100mm
(适用于支承结构为砖砌体或砌体矩形梁时)
```

```
     ┌ 轴跨
     │ ┌ 荷载种类
     │ │ ┌ 不带（ ）为宽板
     │ │ │ 带（ ）为窄板
     │ │ │ ┌ 预应力圆孔板
    DKB45.2
板长＝轴跨－320mm
(适用于支承结构为叠合梁时)
```

| 板号 | 混凝土体积 ($m^3$) | 板号 | 混凝土体积 ($m^3$) |
|---|---|---|---|
| DKB45.1 | 0.51 | DKB66.2 | 0.80 |
| DKB45.2 | 0.51 | DKB69.1 | 0.84 |
| DKB45.3 | 0.51 | DKB69.2 | 0.84 |
| DKB48.1 | 0.55 | DKB45.(1) | 0.39 |
| DKB48.2 | 0.55 | DKB45.(2) | 0.39 |
| DKB48.3 | 0.55 | DKB48.(1) | 0.42 |
| DKB51.1 | 0.59 | DKB48.(2) | 0.42 |
| DKB51.2 | 0.59 | DKB51.(1) | 0.44 |
| DKB51.3 | 0.59 | DKB51.(2) | 0.44 |
| DKB54.1 | 0.62 | DKB54.(1) | 0.48 |
| DKB54.2 | 0.62 | DKB54.(2) | 0.48 |
| DKB54.3 | 0.62 | DKB57.(1) | 0.50 |
| DKB57.1 | 0.66 | DKB57.(2) | 0.50 |
| DKB57.2 | 0.66 | DKB60.(1) | 0.53 |
| DKB57.3 | 0.66 | DKB60.(2) | 0.53 |
| DKB60.1 | 0.70 | DKB63.(1) | 0.58 |
| DKB60.2 | 0.70 | DKB63.(2) | 0.58 |
| DKB60.3 | 0.70 | DKB66.(1) | 0.61 |
| DKB63.1 | 0.76 | DKB66.(2) | 0.61 |
| DKB63.2 | 0.76 | DKB69.(1) | 0.63 |
| DKB66.1 | 0.80 | DKB69.(2) | 0.63 |

**表 15-9**

| 梁垫号 | 宽×高×长 |
|---|---|
| LD1 | 240×240×500 |
| LD2 | 240×360×700 |
| LD3 | 240×360×900 |
| LD4 | 360×240×900 |
| LD5 | 360×360×700 |
| LD6 | 360×360×900 |

踏步板　TB24.7
- 适用于2.4m开间
- 步数

休息板　TX24.1
- 适用于2.4m开间
- 类型

沟盖板　GB12.1
- 荷载等级。无此等级编号为带人孔的沟盖板或板。
- 管沟净宽度缩写

**表 15-8**

| 板号 | 混凝土体积(m³) | 构件号 | 混凝土体积(m³) | 构件号 | 混凝土体积(m³) | 构件号 | 混凝土体积(m³) |
|---|---|---|---|---|---|---|---|
| GB10.1 | 0.043 | YZ24 | 0.267 | YD24 | 0.267 | TX24.1 | 0.213 |
| GB12.1 | 0.050 | YZ27 | 0.296 | YD27 | 0.296 | YX24.2 | 0.242 |
| GB16.1 | 0.065 | YZ30 | 0.325 | YD30 | 0.325 | TX24.2a | 0.276 |
| GB12.2 | 0.084 | YZ33 | 0.354 | YD33 | 0.354 | TX24.3 | 0.313 |
| GB16.2 | 0.108 | YZ36 | 0.383 | YD36 | 0.383 | TX24.3a | 0.348 |
| GB12.3 | 0.137 | YZ39 | 0.412 | YD39 | 0.427 | TB24.7 | 0.38 |
| GB16.3 | 0.173 | | | | | TB24.8 | 0.43 |
| GB10 | 0.073 | | | | | TX27.1 | 0.235 |
| GB12 | 0.089 | | | | | TX27.2 | 0.31 |
| GB16 | 0.121 | | | | | TX27.3 | 0.312 |
| GB6 | 0.025 | | | | | TX27.3a | 0.347 |
| | | | | | | TX27.4 | 0.271 |
| | | | | | | TX27.4a | 0.306 |
| | | | | | | TX27.5 | 0.336 |
| | | | | | | TX27.5a | 0.371 |
| | | | | | | TB27.7 | 0.221 |
| | | | | | | TB27.8 | 0.252 |
| | | | | | | TB27.9 | 0.283 |

雨罩　YZ27
- 2700mm长(标志尺寸)

阳台　YD24
- 2700mm长(标志尺寸)

192

表 15-10

| 梁号 | 混凝土体积(m³) |
|---|---|
| L27.1 | 0.169 |
| L27.2 | 0.254 |
| L27.2a | 0.265 |
| L27.2b | 0.283 |
| L30.1 | 0.187 |
| L30.2 | 0.280 |
| L30.2a | 0.292 |
| L33.1 | 0.306 |
| L33.2 | 0.306 |
| L33.2a | 0.319 |
| L36.1 | 0.332 |
| L36.2 | 0.332 |
| L36.2a | 0.347 |
| L39.1 | 0.358 |
| L39.2 | 0.358 |
| L42.1 | 0.384 |
| L42.2 | 0.384 |

| 梁号 | 混凝土体积(m³) |
|---|---|
| YL72.1 / YZ72.1a | 0.93 / 0.93 |
| YL72.2 / YL72.2a | 1.07 / 1.07 |
| YL72.3 / YL72.3a | 1.153 / 1.153 |
| YL84.1 / YL84.1a | 1.339 / 1.339 |
| YL84.2 / YL84.2a | 1.512 / 1.512 |
| YL84.3 / YL84.3a | 1.512 / 1.512 |
| YL96.1 / YL96.1a | 1.722 / 1.722 |
| YL96.2 / YL96.2a | 1.82 / 1.82 |
| YL108.1 / YL108.1a | 2.042 / 2.042 |
| YL108.2 / YL108.2a | 2.374 / 2.374 |

| 梁号 | 混凝土体积(m³) |
|---|---|
| L45.1 | 0.401 |
| L45.2 | 0.401 |
| L45.3 | 0.448 |
| L48.1 | 0.426 |
| L48.2 | 0.476 |
| L48.3 | 0.476 |
| L51.1 | 0.451 |
| L51.2 | 0.505 |
| L51.3 | 0.558 |
| L54.1 | 0.447 |
| L54.2 | 0.533 |
| L54.3 | 0.589 |
| L57.1 | 0.561 |
| L572.2 | 0.621 |
| L57.3 | 0.680 |
| L60.1 | 0.674 |
| L60.2 | 0.736 |
| L60.3 | 0.799 |

| 梁号 | 混凝土体积(m³) |
|---|---|
| L66.1 | 0.876 |
| L66.2 | 0.876 |
| L66.3 | 0.944 |
| L69.1 | 0.985 |
| L69.2 | 0.985 |
| L69.3 | 1.057 |

| 板号 | 混凝土体积(m³) |
|---|---|
| TE1 | 0.154 |
| TE2 | 0.276 |

梁 L33.2a
- 荷载等级
- 挑口大小（a 为小挑口）（b 为大挑口）（无字母时为矩形）
- 轴跨

预应力梁 YL72.1a
- 荷载等级
- 用于大型屋面板时加 a

梁 L60.1
- 荷载等级
- 轴跨

挑檐板 TE
- 荷载等级
- 轴跨

过梁 GL5.2
- 荷载等及截面形状
- 门、窗洞口净跨度 1500mm 缩写

梁垫 LD
- 号别

构件种类（1 为一般挑檐板）（2 为阴角截面形状）

### 6. 配筋构造

#### (1) 混凝土保护层

受力钢筋的混凝土保护层最小厚度（从钢筋的外边缘算起）应遵守表15-11的规定，且不宜小于受力钢筋的直径。

表 15-11　混凝土保护层的最小厚度　　　　　　　（mm）

| 环境条件 | 构件名称 | 混凝土强度等级 | | |
|---|---|---|---|---|
| | | ≤C30 | C25 及 C30 | ≥C35 |
| 室内正常环境 | 板、墙、壳 | 15 | | |
| | 梁、柱 | 25 | | |
| 露天或室内高温度环境 | 板、墙、壳 | 35 | 25 | 15 |
| | 梁、柱 | 45 | 35 | 25 |

注：1. 处于室内正常环境由工厂生产的预制构件，当混凝土强度等级不低于C20且施工质量有可靠保证时，其保护层厚度可按表中规定减少5mm，但预制构件中的预应力钢筋（包括冷拔低碳钢丝）的保护层厚度不应小于15mm。处于露天或室内高湿度环境的预制构件，当表面另作水泥砂浆抹面层且有质量保证措施时，保护层厚度可按表中室内正常环境中构件的数值采用。

2. 钢筋混凝土受弯构件，钢筋端头的保护层厚度一般为10mm。预制的肋形板，其主肋保护层厚度可按梁考虑。

3. 处于露天或室内高湿度环境中的结构件，其混凝土强度等级不宜低于C25，当非主要承受构件的混凝土强度等级采用C20时，其保护层厚度可按表中C25的规定值取用。

4. 板、墙、壳中分布钢筋的保护层厚度不应小于10mm，梁、柱中箍筋和构造钢筋的保护层厚度不应小于15mm。

5. 要求使用年限较长的重要建筑物和受沿海环境侵蚀的建筑物的承重结构，当处于露天或室内高湿度环境时，其保护层厚度应适当增加。

6. 有防火要求的建筑物，其保护层厚度尚应遵守防火规范的有关规定。

7. 基础保护层厚度不应小于35mm（有垫层）或70mm（无垫层）。

#### (2) 钢筋锚固

1) 绑扎骨架中的光面受力钢筋，除轴心受压构件外，均应在末端做弯钩。变形钢筋、焊接骨架和焊接网中的光圆钢筋，其末端可不作弯钩。

当计算中充分利用纵向受拉钢筋强度时，其锚固长度 $l_a$ 不应小于表15-12的规定。

2) 纵向受拉钢筋不宜在受拉区截断。如必须截断时，应伸至按计算不需要该钢筋的截面以外，伸出的锚固长度不应小于 $1.2l_a + h_0$（$h_0$——截面高度）；当按构造配置箍筋时，伸出的锚固长度不应小于 $1.2l_a$。

3) 纵向受压钢筋在跨中截断面，必须伸至按计算不需要该钢筋的截面以外，伸出的锚固长度 $l_a$ 不应小于 $15d$；但对绑扎骨架末端无弯钩的光圆钢筋，不应小于 $20d$。

表 15-12　纵向受拉钢筋的锚固长度 $l_a$

| 项　次 | 钢筋类型 | | 混凝土强度等级 | | | |
|---|---|---|---|---|---|---|
| | | | C15 | C20 | C25 | ≥C30 |
| 1 | | Ⅰ级钢筋 | 40 d | 30 d | 25 d | 20 d |
| 2 | 月牙纹 | Ⅱ级钢筋 | 50 d | 40 d | 35 d | 30 d |
| 3 | | Ⅲ级钢筋 | — | 45 d | 40 d | 35 d |
| 4 | 冷拔低碳钢丝 | | 250mm | | | |

注：1. 当月牙纹钢筋直径 $d>25$mm 时，其锚固长度应按表中数值增加 $5d$ 采用。

2. 当螺纹钢筋直径 $d≤25$mm 时，其锚固长度应按表中数值减少 $5d$ 采用。

3. 当混凝土在凝固过程易受扰动时（如滑模施工），受力钢筋的锚固长度宜适当增加。

4. 在任何情况下，纵向受拉钢筋的锚固长度应不小于250mm。

4) 对承受重复荷载的预制构件，应将非预应力受拉钢筋末端焊在钢板或角钢上，钢板或角钢应可靠地锚固于混凝土中。钢板或角钢尺寸按计算确定，其厚度不小于10mm。

5）当受力钢筋因条件限制不能满足规定的锚固长度时，可采用专门的锚固措施（如在钢板上焊横向锚固钢筋、焊箍筋、焊钢板、焊角钢等）。

（3）钢筋接头

1）焊接接头

钢筋焊接接头的类型、尺寸和适用范围见表15-13。

表15-13 焊接接头类型、尺寸与适用范围

| 项次 | 焊接接头类型 | 焊 接 接 头 简 图 | 适 用 范 围 | |
|---|---|---|---|---|
| | | | 钢筋类别 | 钢筋直径（mm） |
| 1 | 电阻点焊 |  | Ⅰ、Ⅱ级<br>冷拔低碳钢丝 | 6～14<br>3～5 |
| 2 | 闪光对焊 | 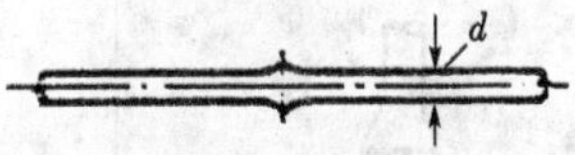 | Ⅰ～Ⅱ级<br>Ⅲ级 | 10～40<br>10～25 |
| 3 | 帮条电弧焊<br>（双面焊） | 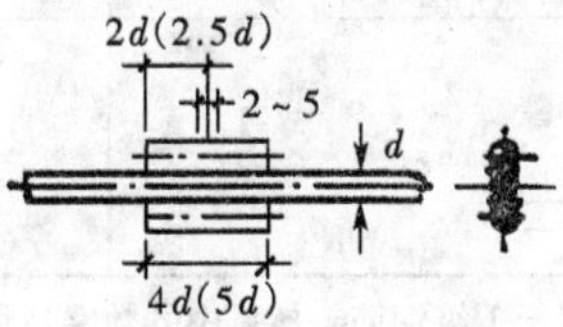 | Ⅰ～Ⅲ级 | 10～40 |
| 4 | 帮条电弧焊<br>（单面焊） | 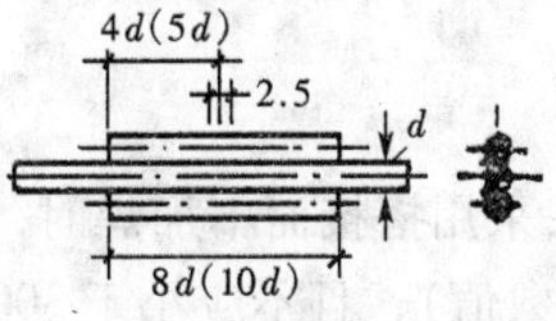 | Ⅰ～Ⅲ级 | 10～40 |
| 5 | 搭接电弧焊<br>（双面焊） | 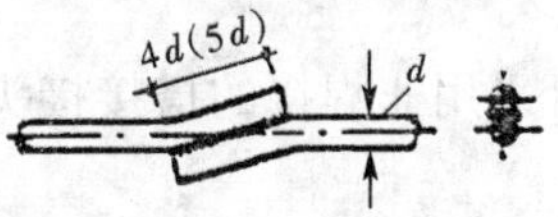 | Ⅰ～Ⅱ级 | 10～40 |
| 6 | 搭接电弧焊<br>（单面焊） | 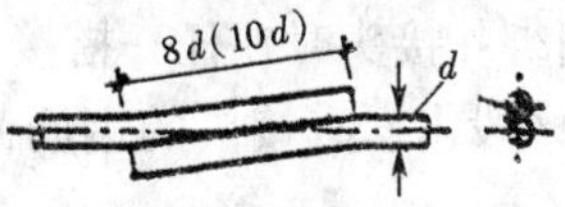 | Ⅰ～Ⅱ级 | 10～40 |
| 7 | 剖口电弧焊<br>（平焊） |  | Ⅰ～Ⅲ级 | 18～40 |
| 8 | 剖口电弧焊<br>（立焊） |  | Ⅰ～Ⅲ级 | 18～40 |
| 9 | 钢筋与钢板搭接焊 | 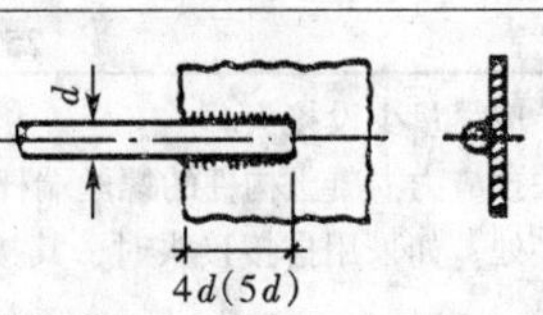 | Ⅰ～Ⅱ级 | 8～40 |
| 10 | 预埋件丁字接头<br>贴角焊 | 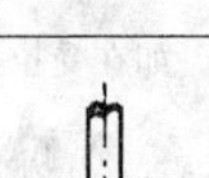 | Ⅰ～Ⅱ级 | 6～16 |

| 项次 | 焊接接头类型 | 焊 接 接 头 简 图 | 适 用 范 围 | |
|---|---|---|---|---|
| | | | 钢筋类别 | 钢筋直径（mm） |
| 11 | 预埋件丁字接头穿孔塞焊 | | Ⅰ～Ⅱ级 | ≥18 |
| 12 | 电渣压力焊 | | Ⅰ～Ⅱ级 | 14～40 |
| 13 | 气压焊 | | Ⅰ～Ⅱ级 | 14～40 |
| 14 | 预埋件丁字接头埋弧压力焊 | | Ⅰ～Ⅱ级 | 6～20 |

注：1. 表中的帮条或搭接长度值，不带括弧的数值适用于Ⅰ级钢筋，括弧中的数字适用于Ⅱ、Ⅲ级钢筋。

2. 电阻点焊时，适用范围的钢筋直径指较小钢筋的直径。

3. 帮条宜采用与主筋同级别同直径的钢筋制作。如帮条级别与主筋相同，其直径可比主筋直径小一个规格。如帮条直径与主筋相同，其级别可比主筋低一个级别。

2）绑扎接头

绑扎骨架与绑扎网中的受力钢筋，当接头采用搭接而不加焊时，其受拉钢筋的搭接长度 $l_a$ 不应小于 $1.2l_a$（$l_a$ 取前面"钢筋锚固"条规定的数值），且不应小于 300mm；受压钢筋的搭接长度不应小于 $0.85l_a$，且不应小于 200mm。

焊接骨架与焊接网在受力方向的接头，可采用非焊接的搭接接头，其受拉钢筋搭接长度 $l_a$ 不应小于 $l_a$，受压钢筋搭接长度不应小于 $0.7l_a$。

3）接头面积允许百分率

受力钢筋接头的位置应相互错开。当采用绑扎接头时在任一搭接长度的区段内或采用焊接接头时在 $35d$（$d$ 为钢筋直径），且不小于 500mm 的区段内，有接头的钢筋截面面积占钢筋总截面面积的百分率，应遵守表 15-14 的规定。

表 15-14 受力钢筋接头面积的允许百分率

| 项 次 | 接 头 形 式 | 接头面积允许百分率（%） | |
|---|---|---|---|
| | | 受 拉 区 | 受 压 区 |
| 1 | 绑扎骨架和绑扎网中钢筋的搭接接头 | 25 | 50 |
| 2 | 焊接骨架和焊接网的搭接接头 | 50 | 50 |
| 3 | 预应力筋的焊接接头 | 50 | 不限制 |
| 4 | 预应力筋的对焊接头 | 25 | 不限制 |

注：1. 接头位置宜设置在受力较小处，在同一根钢筋上应尽量少设接头。

2. 装配式构件连接处的受力钢筋焊接接头和后张法预应力混凝土构件的螺丝端杆接头，可不受上表限制。

3. 采用绑扎骨架的现浇柱，在柱中及柱与基础交接处，如采用搭接接头时，其接头面积允许百分率，可根据设计经验适当放宽。

4. 承重均布荷载作用的屋面板、楼板、檩条等简支受弯构件，如在受拉区内配置少于3根受力钢筋时，可在跨度两端各四分之一跨度范围内设置一个焊接接头。

5. 如有保证焊接质量的可靠措施时，预应力钢筋对焊接头在受拉区内的接头面积允许百分率可放宽至50%。

4）接头使用规定

①直径 10mm 以上的钢筋，应优先采用焊接接头，尤其是闪光对焊接头。只在不能施行闪光对焊时，才采用电弧焊、电渣压力焊、气压焊等。Ⅳ级钢筋的焊接接头，必须采用闪光对焊。冷拔低碳钢丝接头，不得采用焊接。

②受力钢筋直径 $d > 22mm$ 时，不宜采用绑扎接头。轴心受压和偏心受压杆件，当钢筋直径 $d \leqslant 32mm$ 时，可采用绑扎接头，但接头位置宜设置在受力较小处。

③轴心受拉和小偏心受拉杆件（如桁架和拱的拉杆）的受力钢筋，不得采用绑扎接头；而在水池、煤仓等特种结构中的受拉钢筋允许采用绑扎接头，但搭接长度要加大。

④直接承受中、重级工作制吊车的构件，其纵向受拉钢筋不得采用绑扎接头，也不宜采用焊接接头，且不得在钢筋上焊有任何附件（端头锚固除外）。

如钢筋长度不够时，仅对下列构件的纵向受拉钢筋允许采用焊接接头：直接承受中级工作制吊车的钢筋混凝土屋面梁及屋架下弦；直接承受中级工作制吊车，并采用冷拉Ⅱ、Ⅲ级钢筋的预应力混凝土屋面梁、屋架下弦和吊车梁。

此时，尚应遵守下列规定：必须采用闪光对焊，并去掉接头的毛刺及卷边；在一个截面内焊接接头的受拉钢筋面积占受拉钢筋总面积的允许百分率不应大于 25%，接头错开距离不得小于 45$d$（$d$ 为纵向受拉钢筋中最大直径）。

⑤焊接接头或绑扎接头搭接长度的末端距钢筋弯曲处，不得小于 10$d$（$d$ 为钢筋直径），两者也不宜位于构件的最大弯矩处。

（4）最小配筋率见表 15-15

表 15-15　钢筋混凝土构件中纵向受力钢筋的最小配筋率

| 项　次 | 分　　　类 | 混 凝 土 强 度 等 级 | |
| --- | --- | --- | --- |
| | | C35 及以下 | C40～C60 |
| 1 | 轴心受压构件的全部受压钢筋 | 0.4 | 0.4 |
| 2 | 偏心受压及偏心受拉构件的受压钢筋 | 0.2 | 0.2 |
| 3 | 受弯构件、偏心受压构件、大偏心受拉构件的受拉钢筋及小偏心受拉构件每一侧的受拉钢筋 | 0.15 | 0.2 |

注：1. 受压钢筋和偏心受压构件的受拉钢筋的最小配筋率按构件的全截面面积计算；其余的受拉钢筋的最小配筋率按全截面面积扣除位于受压边或受拉较小边缘面积$(b_f - b)h'_f$ 后的截面面积计算。
　　2. 温度、收缩等因素对构件产生较大影响时，构件的最小配筋率应适当增加。
　　3. 对冷拔低碳钢丝和高强预应力钢材配置的预应力混凝土受弯构件，其受拉预应力筋最小配筋率另有专门规定。

（5）板的钢筋

1）板中受力钢筋的直径，采用现浇板时不应小于 6mm；采用预制板时不宜小于 4mm。

2）板中受力钢筋的间距，一般不小于 70mm；当板厚≤150mm 时不应大于 200mm；当板厚 > 150mm 时不应大于板厚的 1.5 倍，且不应大于 300mm。板中的受力钢筋，一般距墙或梁边 50～100mm 开始配置。

3）板中一般宜用弯起式配筋，其弯起角不宜小于 30°；当板厚≤120mm，且承受的动载不大时，为方便施工可采用分离式配筋。

4）板中伸入支座的钢筋，其间距不应大于 400mm，其截面面积不应小于跨中受力钢筋截面面积的 1/3。

5）简支板的下部纵向受力钢筋伸入支座的长度 $l_a$ 不应小于 5$d$，且不小于 50mm；同时，当采用焊接网配筋时，其末端至少应有一根横向钢筋配置在支座边缘内（图 15-39a）；如不能符合上述要求时，应在受力钢筋末端制成弯钩（图 15-39b），或加焊附加的横向锚固钢筋（图 15-39c）。

6）板的上部钢筋，为保证其有效高度和位置，宜做成直钩伸至板底；当板厚 > 120mm 时，也可做成圆钩，以节约钢材，但要有保证钢筋有效高度的措施。

7）在双向板的纵横两个方向上均需配置受力钢筋。承受弯矩较大方向的受力钢筋，应布置在受力较小钢筋的外层。

**8）分布钢筋**

单向板中单位长度上的分布钢筋的截面面积，不应小于单位长度上受力钢筋截面面积的 10%，且每米长度内不少于 3 根。表 15-16 列出分布钢筋的直径与间距参考数据。对预制板，当有实践经验或可靠措施时，其分布钢筋可不受此限。对经常处于温度变化较大的板，其分布钢筋应适当增加。

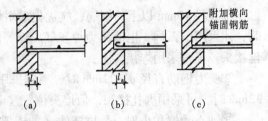

图 15-39　简支板下部纵向钢筋的锚固

**表 15-16　分布钢筋的直径及间距参考表** （mm）

| 受力钢筋直径 | 受力钢筋间距 | | | | | | | | | | | | | | | | |
| --- | --- | --- | --- | --- | --- | --- | --- | --- | --- | --- | --- | --- | --- | --- | --- | --- | --- |
| | 70 | 75 | 80 | 85 | 90 | 95 | 100 | 110 | 120 | 125 | 130 | 140 | 150 | 160 | 170 | 180 | 200 |
| 6 | | | | | | | φ4@300 | | | | | | | | | | |
| 6/8 | φ4@200 | | | φ4@250 | | | | | | | φ4@300 | | | | | | |
| 8 | φ6@300 | | | φ4@200 | | | φ4@250 | | φ4@300 | | | | | | | | |
| 8/10 | | | | | | | φ6@300 | | | | | | | | | | |
| 10 | φ6@250 | | | | | | | φ6@300 | | | | | | | | | |
| 10/12 | φ6@200 | | | | φ6@250 | | | | | | φ6@300 | | | | | | |
| 12 | φ8@300 | | | | φ6@200 | | | | φ6@250 | | | | φ6@300 | | | | |
| 12/14 | φ8@250 | | | φ8@300 | | | φ6@200 | | | φ6@250 | | | | φ6@300 | | | |
| 14 | φ8@200 | | | φ8@250 | | | φ8@300 | | φ6@200 | | | φ6@250 | | | φ6@300 | | |
| 14/16 | | φ8@200 | | | | φ8@250 | | | | | | φ8@300 | | | | | |
| 16 | φ10@250 | | | | φ8@200 | | | | φ8@250 | | | | | φ8@300 | | | |

**9）构造钢筋**

① 对嵌固在承重砖墙内的板（图 15-40），在板的上部每米长度内应配置 5φ6 构造钢筋（包括弯起钢筋在内），其伸出墙边的长度不应小于 $l_1/7$。对两边均嵌固在墙内的板角部分，应双向配置上述构造钢筋，其伸出长度不应小于 $l_1/4$（$l_1/4$——单向板的跨度或双向板的短边跨度）。

沿受力方向配置的上述构造钢筋的截面面积不宜小于跨中受力钢筋截面面积的 $1/3 \sim 1/2$。沿非受力方向配置的上述构造钢筋，则可根据实践经验适当减少。

② 当板的受力钢筋与主梁平行时，应在与主梁垂直方向的每米长度内配置不少于 5φ6 构造钢筋（图 15-41），单位长度内构造钢筋的总截面面积不应小于板中受力钢筋面积的 1/3，伸入板中

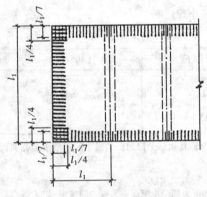

图 15-40　板嵌固在承重砖墙内时板边构造钢筋

的长度从梁边算起每边不小于板跨度的 1/4。

③ 挑檐转角处须配置放射性构造钢筋（图 15-42），间距（按 $l/2$ 处计算）不大于 200mm，一般 $a \geqslant l$，构造钢筋的直径与边跨支座的负筋相同。

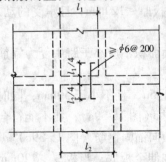

图 15-41　主梁处板的构造钢筋

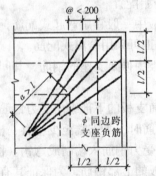

图 15-42　挑檐转角处板的构造钢筋

10）板上开洞

① 圆洞或方洞垂直于板跨方向的边长小于300mm时，可将板的受力钢筋绕过洞，不必加固。

② 当$300 \leqslant D（B）\leqslant 1000$mm时，应沿洞边每侧配置加强钢筋，其面积不小于洞口宽度内被切断的受力钢筋面积的1/2，且不小于$2\phi 10$（图15-43）。

③ 当$D（B）> 1000$mm，且无特殊要求时，宜在洞边加小梁。

11）板柱节点

在板柱节点处，为提高板的冲切强度，可配置箍筋和弯起钢筋。板的厚度不应小于150mm。

箍筋应配置在柱边以外不小于$1.5h_0$范围内，其间距不应大于$h_0/3$（图15-44a）。箍筋外形宜为封闭式。箍筋直径不应小于6mm。

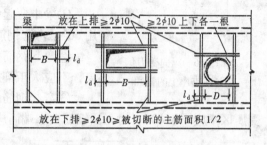

图15-43　板上开孔处的构造钢筋

弯起钢筋可由一组或二组组成（图15-44b）。其倾斜度应与冲切破坏斜截面相交，其交点应在柱周边以外$h/2$至$2/3h$的范围内。弯起钢筋直径不应小于12mm，且每一方向不应少于3根。

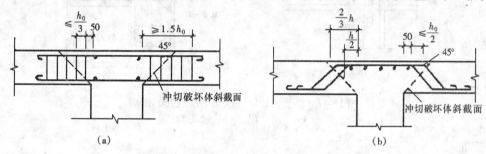

图15-44　板柱节点处的加强配筋
（a）配置箍筋；（b）配置弯起钢筋

7. 梁的钢筋

（1）纵向受力钢筋

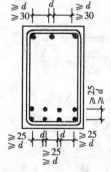

图15-45　梁的
钢筋净距

① 梁的纵向受力钢筋的直径：当梁高$< 300$mm时，不宜小于6mm；当梁高$\geqslant 300$mm时，不小于10mm。

② 梁的纵向受力钢筋的净距（图15-45），不应小于钢筋直径；同时对构件下部钢筋不得小于25mm，对构件上部钢筋不得小于30mm。构件下部钢筋配置多于两排时，钢筋水平方向的中距应比下面两排的中距增大一倍。

先张法预应力钢丝的净距不宜小于15mm，如采用冷拔低碳钢丝，当排列有困难时，可采用两根并列。

③ 梁的纵向受力钢筋伸入支座内的数量；当梁宽$\geqslant 150$mm时，不应少于二根；当梁宽小于150mm时，可为一根。

④简支梁的下部纵向受力钢筋伸入支座的锚固长度$l_a$；对月牙纹钢筋，$l_a \geqslant 12d_j$；光圆钢筋$l_a \geqslant 15d_j$；只在荷载较小的梁中混凝土能担负全部剪力时$l_a \geqslant 5d$就够（图15-46）。当下部钢筋伸至梁端尚不足$l_a$时，必须采取专门锚固措施。

⑤连续梁中间支座或框架中间节点处的上部钢筋应贯穿支座或节点。下部钢筋应伸入支座或节点，当计算中不利用其强度时，其伸入长度应符合上条的规定；当计算中充分利用钢筋的受拉强度时，其伸入支座或节点的锚固长度不应小于前面有关"锚固长度"规定的$l_a$；当计算中充分利用钢筋的受压强度时，其锚固长度不应小于$0.7l_a$（图15-47a）。

在框架梁的端节点处上部钢筋在节点内的锚固长度除应符合有关锚固长度的要求外，并应伸过节点中心线。当钢筋在节点内水平锚固长度不够时，应伸至对面柱边后再向下弯折。弯折前的水平锚固长度不应小于$0.45l_a$，弯折后的垂直锚固长度不应小于10d，也不宜大于20d。下部钢筋伸入节点的

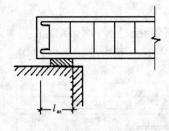

图 15-46 纵向受力钢
筋在支座上的锚固

长度应符合中间节点处的要求（图 15-47b）。

顶层框架梁的端节点处上部钢筋在节点内的锚固长度，应根据实际经验予以适当加长或采取专门锚固措施。

（2）弯起钢筋

①梁中弯起钢筋的弯起角 $a$，一般为 45°；当梁高大于 800mm 时，宜用 60°。弯起钢筋不得采用浮筋。

②弯起钢筋前一排（对支座而言）的弯起点至后一排的弯终点的距离，不应大于箍筋的最大间距（表 15-17）。

③弯起钢筋的弯终点外应留有锚固长度，在受拉区不应小于 $20d$，在受压区不应小于 $10d$，对光圆钢筋在末端尚应设置弯钩（图 15-48）。位于梁侧的底层钢筋不应弯起。

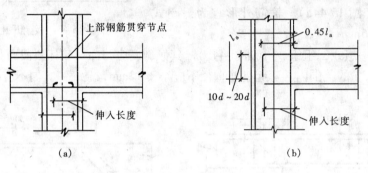

图 15-47 纵受力钢筋在框架梁节点处的锚固
(a) 中间节点；(b) 端节点

（3）箍筋

① 梁的箍筋设置：按计算不需要时，对梁高 >300mm，仍应沿梁全长设置；对梁高为 150～300mm，可仅在构件端部各 1/4 跨度范围内设置，但当在构件中部 1/2 跨范围内有集中荷载作用时，则应沿梁全长设置；对梁高 <150mm，可不设置。

② 梁中箍筋的直径，对梁高 >800mm，不宜小于 8mm；对梁高为 300～800mm，不宜小于 6mm；对梁高 ≤250mm，不宜小于 4mm。梁中配有计算的受压钢筋时，箍筋直径尚不应小于 1/4d（d 为受压钢筋的最大直径）。

③梁中箍筋的间距，宜遵守表 15-17 的规定。

梁中配有计算的受压钢筋时，箍筋应做成封闭式，其间距：在绑扎骨架中不应大于 15d，在焊接骨架中不应大于 20d（d 为受压钢筋中的最小直径），同时在任何情况下均不应大于 400mm。

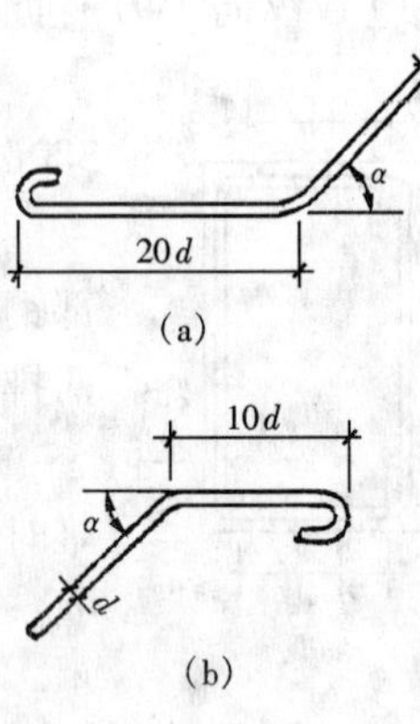

表 15-17 梁中箍筋的最大间距 （mm）

| 项 次 | 梁 高 | 按计算配置箍筋 | 按构造配置箍筋 |
|---|---|---|---|
| 1 | 150～300 | 150 | 200 |
| 2 | 300～500 | 200 | 300 |
| 3 | 500～800 | 250 | 350 |
| 4 | >800 | 300 | 500 |

图 15-48 弯起钢筋
端部的构造
(a) 受拉区；(b) 受压区

梁中钢筋搭接处的箍筋间距应加密：当搭接钢筋为受拉时，不应大于 5d，且不应大于 100mm；当搭接钢筋为受压时，不应大于 10d，且不应大于 200mm。d 为受力钢筋中的最小直径。

④梁中箍筋的肢数（图 15-49），当梁宽 <350mm 时，宜采用双肢箍；梁宽 ≥350mm 或一排中纵向受拉钢筋多于 5 根或受压钢筋多于 3 根时，宜用四肢箍。为了施工方便，四肢箍可由两个相同的双肢箍拼成。只有在梁宽很小时，才采用单肢箍筋。

⑤抗扭箍筋必须做成封闭式，当采用绑扎骨架时，箍筋末端应做成 135° 弯钩，弯钩末端的直线

段不应小于 5d（d 为箍筋直径）和 50mm。

（4）构造钢筋

①当梁的跨度小于 4m 时，架立钢筋的直径不宜小于 6mm，跨度等于 4～6mm 时，不宜小于 8mm；跨度大于 6m 时，不宜小于 10mm。

②当梁嵌固在承重砖墙内时，可利用架立钢筋作构造负筋；此时架立钢筋直径宜采用 12mm，锚固长度 $l_a$ 按表 15-12 取值。

③当梁高超过 700mm 时，在梁的两侧面沿高度每隔 300～400mm，应设置一根直径不小于 10mm 的纵向构造钢筋，并用拉筋连系（图 15-49）。

④对于钢筋混凝土薄腹梁或需要作疲劳验算的钢筋混凝土梁，应在下部 1/2 梁高的腹板内，沿两侧配置纵向构造钢筋，其直径为 8～14mm，间距为 100～150mm，并按下密上稀方式布置；在上部 1/2 梁高的腹板内按一般规定配置纵向构造钢筋。

⑤在梁下部或截面高度范围内有集中荷载作用时，应在该处设置横向附加钢筋（吊筋、箍筋），以承受集中荷载，见图 15-50。

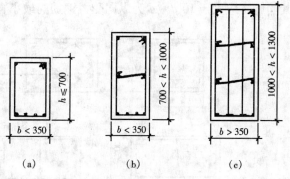

图 15-49　梁的箍筋
（a）封闭式双肢箍；（b）双肢箍加拉条；（c）四肢箍

8. 柱的钢筋

（1）纵向钢筋

① 柱中纵向受力钢筋的直径，不宜小于 12mm，全部纵向钢筋配筋百分率不应超过 5%。

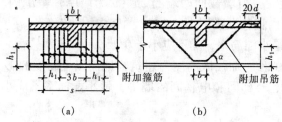

图 15-50　集中荷载作用处的横向附加钢筋
（a）附加箍筋；（b）附加吊筋

② 柱中纵向钢筋的净距，不应小于 50mm；在水平位置上灌注的预制柱，其纵向钢筋的最小净距可参考梁的规定。

③ 在偏心受压柱中，配置在垂直于弯矩作用平面的纵向受力钢筋，以及轴心受压柱中各边的纵向受力钢筋，其彼此间的中距不应大于 350mm。

④ 当偏心受压柱的截面高度大于 600mm 时，在侧面应设置直径为 10～16mm 的纵向构造钢筋，并相应地设置附加箍筋。

⑤ 柱中纵向钢筋的接头，见图 15-51 所示。

a. 柱每边钢筋不多于 4 根时，可在一个水平面上接头；柱每边钢筋 5～8 根时，可在二个水平面上接头；

b. 下柱伸入上柱搭接钢筋的根数及直径应满足上柱要求。当上下柱内钢筋直径不同时，搭接长度应按上柱内钢筋直径计算；

c. 下柱伸入上柱的钢筋折角不大于 1/6 时，下柱钢筋可不切断而弯伸至上柱；否则应设置插筋或将上柱钢筋锚在下柱内。

（2）箍筋

① 柱中及其他受压构件中箍筋应做成封闭式。当柱的横截面面积较大、配筋较多时，应设置附加箍筋，详见图 15-52。

② 柱中箍筋的直径，采用热轧钢筋时，不应小于 1/4d，也不小于 6mm；采用冷拔低碳钢丝时，不应小于 1/5d，也不小于 5mm（d 为纵

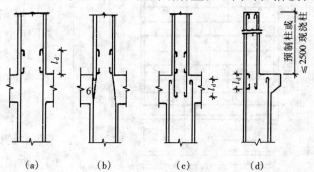

图 15-51　柱中纵向钢筋的接头
（a）上下柱钢筋搭接；（b）下柱钢筋弯折伸入上柱；
（c）加插筋搭接；（d）上柱钢筋伸入下柱

向钢筋最大直径）。

③ 柱中箍筋的间距，不应大于 400mm；也不大于构件横截面的短边尺寸；同时在绑扎骨架中不应大于 15d，在焊接骨架中不应大于 20d（d 为纵向钢筋的最小间距）。

④ 柱中纵向受力钢筋配筋百分率如超过 3% 时，箍筋直径不宜小于 8mm，且应焊成封闭环式，其间距不应大于 10d（d 为纵向受力钢筋的最小直径），且不应大于 200mm。

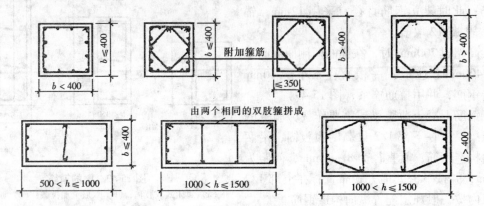

图 15-52　柱中箍筋的类型

⑤ 柱中纵向钢筋绑扎接头范围内，箍筋的间距应加密，纵筋受拉时为 5d，受压时为 10d（d 为受力钢筋中的最小直径）；且分别不大于 100mm 和 200mm。

9. 剪力墙钢筋

（1）钢筋混凝土剪力墙的竖向受力钢筋，应配置在剪力墙截面两端的 2b（b 为墙厚）范围内。如计算不需要竖向受力钢筋时，则在截面两端 2b 范围内宜各设置不小于 2ϕ12 的竖向构造钢筋。

（2）钢筋混凝土剪力墙的横向和竖向分布钢筋的最小配筋率，均不应小于 0.15%。

剪力墙的加强部位：剪力墙顶层、剪力墙底部加强区（加强区高度为建筑物地面以上高度的 1/8，至少为底层层高）、现浇端山墙、端开间的内纵墙、楼梯间和电梯间的墙等，最小配筋率不应小于 0.2%。

（3）承受垂直于墙面的水平荷载的墙（如地下室墙）以及厚度大于 160mm 的剪力墙及剪力墙加强部位均应配置双排分布钢筋网。对厚度 160mm 的剪力墙宜配置双排分布钢筋网。

双排钢筋网应沿墙的两个侧面布置，且应采用拉筋联系。拉筋的直径不应小于 6mm，间距不应大于 700mm；对底部加强区，可适当增加拉筋的数量。

（4）钢筋混凝土剪力墙内横向钢筋的直径不应小于 6mm，间距不应大于 300mm；竖向分布钢筋的直径不应小于 8mm，间距不应大于 400mm。

（5）在剪力墙的门窗洞边及翼缘端部，应设置不少于 2ϕ12 的竖向构造钢筋，且自洞边算起，伸入墙内的长度不应小于 40d（d 为钢筋直径）。

10. 深梁

钢筋混凝土深梁一般指梁的跨度与高度之比 $l/h \leqslant 2$ 的简支深梁和 $l/h \leqslant 2.5$ 的连续深梁。

（1）简支深梁底部的纵向受拉钢筋应全部伸入支座，不得在跨内弯起或切断。纵向受拉钢筋应在端部沿水平方向弯折锚固（图 15-53），锚固长度按表 15-12 规定的数值增加 5d 取用。当不能满足这一要求时，采取专门锚固措施。

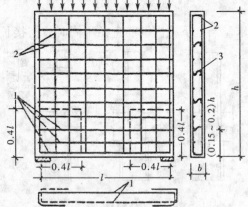

图 15-53　简支深梁配筋简图
1—纵向受拉钢筋；2—竖向与水平分布钢筋；3—拉结筋

连续深梁的底部纵向受拉钢筋应全部伸过中间支座中

心线，且从伸入支座边缘起的锚固长度不应小于表15-12的规定。支座上部的纵向受拉钢筋宜贯通全跨。

（2）纵向受拉钢筋宜采用较小直径，跨中钢筋均匀布置在梁下边缘以上 $0.2h$ 的高度范围内，连续梁支座上部钢筋的布置应根据 $l/h$ 之比确定，当 $l/h=2$ 时分别在下边缘以上 $0.2\sim0.6h$ 范围内布置 $1/3A_s$（$A_s$ 为纵向钢筋面积）和 $0.6\sim1.0h$ 范围内布置 $2/3A_s$，并应尽量利用钢筋网的水平钢筋作为受力钢筋。

（3）当均布荷载作用于深梁下部时，应沿梁的全跨均匀配置竖向吊筋。吊筋应伸到梁顶，宜做成封闭式，其间距不大于200mm。

（4）深梁应配置双排钢筋网。水平和竖向分布钢筋的直径均不应小于8mm，网格间距不应大于200mm。

在钢筋网之间应设置拉结筋，拉结筋纵横两个方向的间距均不宜大于600mm。在支座区高度与宽度各为 $0.4l$ 的范围内（图15-53中的虚线部分），拉结筋应适当加密。

（5）纵向受拉钢筋和竖向分布钢筋的最小配筋率：当采用Ⅰ级钢筋时均为0.2%；当采用Ⅱ、Ⅲ级钢筋时均为0.15%。水平分布钢筋的最小配筋率相应为0.25%和0.2%。

11. 基础

（1）条形基础

① 横向受力钢筋的直径，一般为 $6\sim16$mm；间距为 $120\sim250$mm。

② 纵向分布钢筋的直径，一般为 $5\sim6$mm；间距为 $250\sim300$mm。

③ 条形基础的宽度 $B\geq1600$mm 时，横向受力钢筋的长度可减至 $0.9B$，交错布置（图15-54）。

④ 条形基础交接处配筋，如图15-55所示。L形交接时。纵横墙受力钢筋重叠布置，该部分分布钢筋取消但须搭接。T形交接时，重叠处横墙受力钢筋间距加倍排至纵墙处。

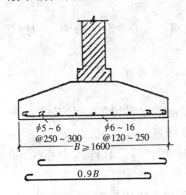

图15-54　条形基础

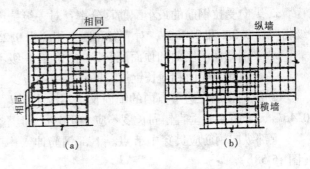

图15-55　条形基础交接处配筋
（a）L形交接处；（b）T形交接处

（2）单独基础

① 单独基础系双向受力，其受力钢筋直径不宜小于8mm，间距为 $100\sim200$mm。沿短边方向的受力钢筋一般置于长边受力钢筋的上面。当基础边长 $B\geq3000$mm 时（除基础支承在桩上外），受力钢筋的长度可减为 $0.9B$ 交错布置。

② 现浇柱下单独基础的插筋直径、根数和间距应与柱中钢筋相同，下端宜做成直弯钩，放在基础的钢筋网上（图15-56）；当基础高度较大时，仅四角插筋伸至基底。插筋的箍筋与柱中箍筋相同，基础内设置二个。

③预制柱下杯形基础，当 $b/h_1<0.65$ 时（$b$ 为杯口外壁高度），杯口需要配筋，见图15-57。

12. 抗震配筋要求

根据结构类型、房屋高度和设防烈度，抗震等级分为一、二、三、四级。

（1）一般规定

① 结构构件中的纵向受力钢筋宜选用Ⅱ、Ⅲ级钢筋，箍筋宜选用Ⅰ、Ⅱ级钢筋。按一、二级抗

震等级设计时，框架结构中纵向受力钢筋的强度实测值应符合下列要求：

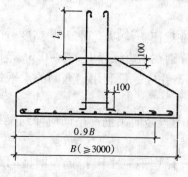

图15-56 现浇柱下单独基础配筋

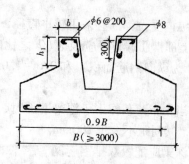

图15-57 杯形基础配筋

a. 钢筋的抗拉强度实测值与屈服强度实测值的比值不应小于1.25；

b. 钢筋的屈服强度实测值与强度标准值的比值不应大于1.25（一级）或1.4（二级）。

② 考虑抗震要求的受力钢筋的锚固和接头，尚应符合下列要求：

a. 纵向钢筋锚固长度 $l_{aE}$，一、二级比非抗震的最小锚固长度相应增加 $10d$、$5d$；

b. 纵向钢筋接头，一级各部位和二级底层柱和剪力墙加强部位应采用焊接；二级其他部位和三级底层柱和剪力墙加强部位宜采用焊接；其他当钢筋直径≤22时可采用绑扎；

c. 钢筋接头不宜设置在梁端、柱端的箍筋加密区。绑扎接头的搭接长度，一、二级时应比非抗震的最小搭接长度相应增加 $10d$（$d$ 为搭接钢筋直径）；

d. 箍筋末端应做135°弯钩，弯钩的平直部分不应小于 $10d$（$d$ 为箍筋直径）。

（2）框架梁

① 纵向受拉钢筋的配置，应符合下列要求：

a. 纵向受拉钢筋的最小配筋百分率：对一级抗震等级为0.4%（支座）和0.3%（跨中）；对二级相应为0.3%和0.25%，对三级和四级相应为0.25%和0.2%；

b. 梁端截面的底面和顶面配筋量的比值：一级不应小于0.5，二、三级不应小于0.3；

c. 梁顶面和底面和通长钢筋，一、二级不应少于 $2\phi12$。

② 纵向钢筋在边节点内的锚固长度不应小于 $l_{aE}$（图15-58a）。弯折前的水平锚固长度不应小于 $0.45l_{aE}$，弯折后的垂直锚固长度不应小于 $10d$，但不宜大于 $22d$（$d$ 为纵筋直径）。

上部纵向钢筋应贯穿中节点。下部钢筋伸入中节点的锚固长度不应小于 $l_{aE}$，且伸过中心线 $5d$（图15-58b）。

顶层边节点的纵向钢筋锚固长度，应根据实际经验适当加长或采取专门的锚固措施。

③ 梁中箍筋的构造，应符合下列要求：

a. 梁端箍筋应加密，其加密要求见表15-18。

表15-18 梁端箍筋加密区的构造要求

| 抗震等级 | 箍筋加密长度<br>（二者取大值） | 箍筋最大间距<br>（三者取最小值） | 箍筋最<br>小直径 |
| --- | --- | --- | --- |
| 一 | $2h$，500 | $6d$，$h/4$，100mm | $\phi10$ |
| 二 | $1.5h$，500 | $6d$，$h/4$，100mm | $\phi8$ |
| 三（四） | $1.5h$，500 | $8d$，$h/4$，100mm | $\phi8$（$\phi6$） |

注：$d$ 为纵向钢筋直径；$h$ 为梁的高度。梁端纵向钢筋配筋率＞2%时，箍筋最小直径增加2mm。

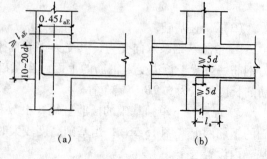

图15-58 地震区框架梁纵钢筋的锚固
（a）边节点；（b）中间节点

b. 第一个箍筋应设置在距节点边缘不大于50mm处；

c. 加密箍筋肢距：一、二级不应大于200mm，三、四级不宜大于200mm；

d. 梁中箍筋的最小配筋率：对一、二、三（四）级抗震等级，相应为 $0.035f_c/f_{yv}$、$0.03f_c/f_{yv}$ 和 $0.025f_c/f_{yv}$（$f_c$ 为混凝土轴心抗压强度设计值，$f_{yv}$ 为箍筋抗拉强度设计值）。

（3）框架柱

① 柱中纵向受力钢筋的配置，应符合下列要求：

a. 柱中全部纵向钢筋的最小配筋率：对一、二、三和四级抗震等级为 0.8%、0.7%、0.6% 和 0.5%（边、中柱），1.0%、0.9%、0.8% 和 0.7%（角柱）；

b. 柱中全部纵向钢筋的配筋率，对 Ⅱ、Ⅲ 级钢筋，不应大于 4%；在搭接区域内，不应大于 5%；当配筋率超过 3% 时，箍筋应焊成封闭环式；

c. 按一级抗震等级设计且柱层高和截面高度的比值（$H/h$）为 3~4 时，柱中纵向受拉钢筋的配筋率不宜大于 1.2%，并应沿柱全长采用复合箍筋；

d. 纵向钢筋的间距不宜大于 200mm；对框剪结构中的框架柱，当有设计经验时，可适当放宽；

e. 纵向钢筋接头应设置在距柱根部一倍柱截面高以上的部位。

② 柱中箍筋的配置（图 15-59），应符合下列要求：

a. 柱上、下两端箍筋应加密，其加密要求见表 15-19。

表 15-19 柱端箍筋加密区的构造要求

| 抗震等级 | 箍筋加密长度（三者取最大值） | 箍筋最大间距（二者取最小值） | 箍筋最小直径 |
|---|---|---|---|
| 一 | $a$, $H/6$, 500 | $6d$, 100mm | $\phi10$ |
| 二 | $a$, $H/6$, 500 | $8d$, 100mm | $\phi8$ |
| 三（四） | $a$, $H/6$, 500 | $8d$, 150mm | $\phi8$（$\phi6$） |

注：1. $d$ 为纵向钢筋直径；$a$ 为柱截面长边，$H$ 为柱层间高度。
2. 柱在刚性地坪上下各 500mm 范围内，应按表中规定配置箍筋。
3. 对三、四级抗震等级的角柱，其箍筋的间距不应大于 100mm。

b. $H/a \leq 4$ 的框架柱、柱支层柱和一级抗震框架角柱应沿柱全长加密箍筋，间距 $\leq$ 100mm；

c. 在箍筋加密区内，箍筋的肢距不宜大于 200mm，且每隔一根纵向钢筋都宜有两个方向约束；

d. 在箍筋加密区以外范围内，箍筋配筋率不宜小于加密区配筋率的 1/2，其间距：对一、二级抗震等级不应大于 $10d$，对三级为 $15d$（$d$ 为纵向钢筋直径）。

（4）剪力墙

① 竖向与横向分布钢筋各方向的最小配筋率：对一级抗震等级为 0.25%（一般部位）和 0.25%（加强部位），对二级相应为 0.20% 和 0.25%，对三、四级相应为 0.15% 和 0.20%。分布钢筋的间距不大于 300mm，直径不应小于 8mm。

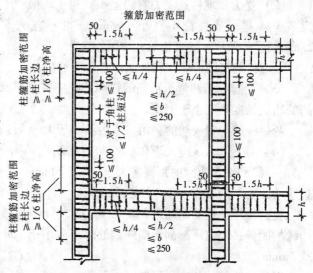

图 15-59 地震区梁柱箍筋构造配筋示意图

② 按一级抗震等级设计的剪力墙所有部位、二级抗震等级设计的剪力墙加强部位，应采用双排钢筋；按二级抗震等级设计的一般部位和三、四级抗震等级设计的加强部位宜采用双排钢筋。

双排钢筋之间应采用拉结筋联系，拉结筋直径不应小于 6mm，间距不应大于 700mm；对底部加强部位，可适当增加拉筋数量。

③ 剪力墙截面端部（包括门洞边）在（1.5~2）$b$ 的范围内应配置竖向筋与约束箍筋（图 15-60）。对一级抗震等级的墙，竖向筋的最小配筋量：对一般部位为墙端部面积（1.5~2）$b^2$ 的 1.2%；

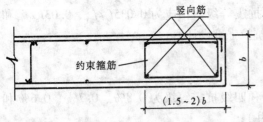

图 15-60　剪力墙截面端部配筋

对底部加强区相应为 1.5%。对二级抗震等级的墙，竖向筋的最小配筋量：对一般部位为 1% 或 4φ12，二者取大值；对底部加强区为 1.2%。对三级抗震等级的墙均为 0.5% 或 2φ14，二者取大值；四级为 2φ12。

对一级抗震等级的墙，约束箍筋的直径不应小于 8mm，间距不应大于 150mm（一般部位）或 100mm（底部加强区）。对二（三、四）级抗震等级的墙，约束箍筋的直径不应小于 8（6）mm，间距不应大于 150mm（底部加强区）或 200mm（一般部位）。

④ 连系梁上下水平钢筋锚入墙内的长度，不应小于抗震的一般规定的数值。顶层连系梁伸入墙体的钢筋长度范围内仍应设置间距为 150mm 的构造箍筋。

⑤ 框剪结构中的现浇剪力墙竖向与横向分布钢筋的最小配筋率为 0.25%，并应配置双排钢筋，钢筋间距不应大于 300mm，直径不应小于 8mm；拉结筋的间距不应大于 600mm，直径不应小于 6mm。

剪力墙边框柱的纵向钢筋率和端柱的箍筋，应符合上述第 3 点对底部加强区要求。

13. 预埋件

预埋件由锚板和直锚筋或锚板、直锚筋和弯折锚筋组成，见图 15-61。

（1）受力预埋件的锚板，宜采用 3 号钢，锚筋应采用 I 级或 II 级钢筋，不得采用冷加工钢筋。

（2）受力预埋件的受力直锚筋不宜少于 4 根，不宜多于 4 排；其直径不宜小于 8mm，也不宜大于 25mm。受剪预埋件的直锚筋允许采用 2 根。

预埋件的锚筋应放在构件的最外排主筋内侧。

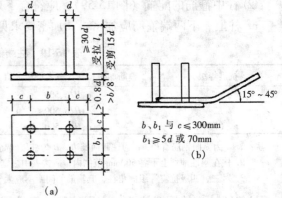

图 15-61　预埋件的形式与构造
（a）由锚板和直锚筋组成；（b）由锚板、直锚筋和弯折锚筋组成

（3）受拉锚筋和弯折锚筋的锚固长度应符合表 15-12 的规定，且不应小于 30d。受剪和受压直锚筋的锚固长度不应小于 15d。

弯折锚筋与钢板间的夹角，一般不小于 15°，且不大于 45°。

（4）锚板厚度 t 应大于 0.6d（d 为锚筋直径），受拉和受弯预埋件 t 尚应大于 b/8（b 为锚筋间距）。锚筋到锚板边缘的距离应大于 2d 或 20mm。受拉和受弯预埋件钢筋的间距 b、$b_1$ 和锚筋至构件边缘的距离，均不应小于 3d 或 45mm。

受剪预埋件锚筋的间距 b 及 $b_1$ 不应大于 300mm，其中 $b_1$ 也不应小于 6d 或 70mm；锚筋至构件下边缘的距离：当锚筋下部无横向钢筋时不应小于 10d 或 100mm；当钢筋下有横向钢筋时不应小于 6d 或 70mm。

当受拉锚筋的长度受限制时，可采取在锚筋端头加焊锚板，或设直钩加焊钢筋等办法（图 15-62a、b），使锚筋具有足够的锚固能力。当预埋件承受的剪力较大时，可根据计算采取加支承短筋或支承板等措施（图 15-62c），使预埋件具有足够的抗剪能力。

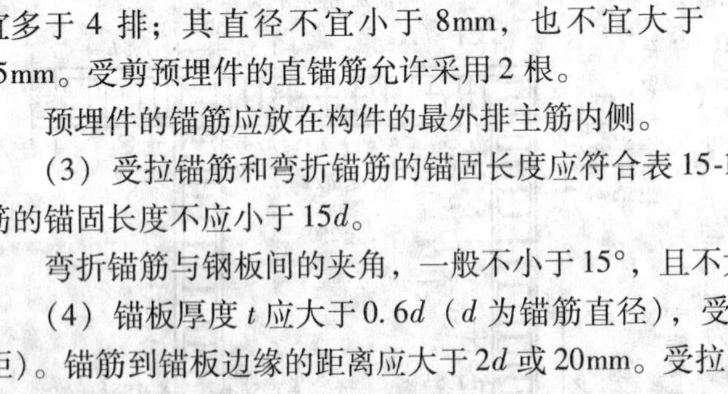

14. 吊环

（1）吊环的形式与构造，见图 15-63 所示。

图 15-63a 吊环用于梁、柱等截面高度较大的构件。

图 15-63b 吊环用于截面高度较小的构件。

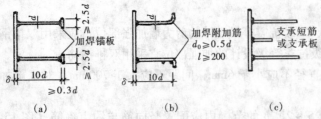

图 15-62　预埋件加强锚固措施
（a）加焊锚板；（b）加焊附加筋；（c）加焊支承短筋或支承板

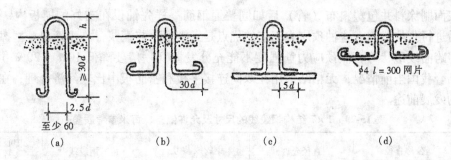

图 15-63　吊环形式

图 15-63c 吊环焊在受力钢筋上，埋入深度不受限制。

图 15-63d 吊环用于构件较薄且焊接条件时，在吊环上压几根短钢筋或 $\phi4$ 钢筋网片加固。

吊环的弯心直径为 2.5$d$（$d$ 为吊环钢筋钩直径），但不得小于 60mm。

吊环的埋入深度不应小于 30$d$，并与主筋钩牢。埋深不够时，可焊在受力钢筋上。

吊环露出混凝土的高度，应满足穿卡环的要求；但也不宜太长，太长易遭到反复弯折。

（2）吊环的设计计算，应满足下列要求：

①吊环应采用 Ⅰ 级钢筋制作，严禁使用冷加工钢筋。

②在构件自重标准值作用下，吊环拉应力不应大于 50N/mm$^2$（已考虑超载系数、吸附系数、动力系数、钢筋弯折引起的应力集中系数、钢筋角度影响系数等）。

15. 钢筋网片如图 15-64 所示

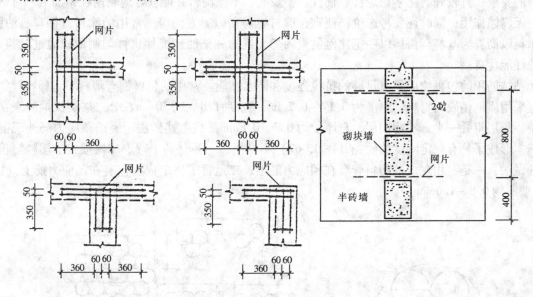

图 15-64　半砖墙连接网片

16. 钢绞线

预应力钢绞线一般是用 7 根钢丝在绞线机上以一根钢丝为中心，其余 6 根钢丝围绕着进行螺旋状绞合，再经低温回火制成（图 15-65）。由于钢绞线的直径较大，比较柔软，施工方便，因此，它具有广阔的发展前景，但价格比钢丝贵。

预应力钢绞线的外形与力学性能，应符合国家标准《预应力混凝土用钢绞线》（GB/T 5224—2003/XG1—2008）的规定，详见图 15-65 和表 15-20。

17. 预应力钢丝束如图 15-66 所示

18. 无粘结预应力筋

在后张预应力混凝土中，预应力筋分为有粘结和无粘结两种。有粘结的预应力是后张法的常规做法，张拉后通过灌浆使预应力筋与混凝土粘结。无粘结预应力是近几年发展起来的新技术；其做法是在预应力筋表面刷涂料并包塑料布（管）后如同普通钢筋一样先铺设在支好的模板内，然后待混凝土达到强度后进行张拉锚固。这种预应力工艺的优点是无需留孔与灌浆，施工简单，摩擦力小，预应力筋易弯成多跨曲线形状等；但预应力筋强度不能充分发挥（一般要降低 10% ~ 20%）。锚具的要求也较高，结合我国当前情况，无粘结束用在双向连接平板和密肋板中比较经济合理，在多跨连续梁中也有较大的发展前途。

表 15-20　1×7 结构钢绞线的尺寸及允许偏差、每米参考质量

| 钢绞线结构 | 公称直径 $D_n$（mm） | 直径允许偏差（mm） | 钢绞线参考截面积 $S_n$（mm²） | 每米钢绞线参考质量（g/m） | 中心钢丝直径 $d_0$ 加大范围（%）不小于 |
|---|---|---|---|---|---|
| 1×7 | 9.50 | +0.30 −0.15 | 54.8 | 430 | 2.5 |
| | 11.10 | | 74.2 | 582 | |
| | 12.70 | | 98.7 | 775 | |
| | 15.20 | +0.40 −0.20 | 140 | 1101 | |
| | 15.70 | | 150 | 1178 | |
| | 17.80 | | 191 | 1500 | |
| (1×7) C | 12.70 | +0.40 −0.20 | 112 | 890 | |
| | 15.20 | | 165 | 1295 | |
| | 18.00 | | 223 | 1750 | |

预应力筋的涂料与包裹物：

涂料的作用是使预应力筋与混凝土隔离，减少张拉时的摩擦损失，防止预应力筋腐蚀等。因此，对涂料的要求，有较好的化学稳定性、韧性、不发脆、不流淌，并能较好地粘附在钢筋上，对钢筋和混凝土无腐蚀作用；同时还要考虑价格便宜，取材容易和施工方便等，常用的涂料有沥青、油脂等。沥青涂料以沥青为基料，再掺以一定比例的聚丙烯无规物和柴油经搅拌机拌匀制成；通过试验评定，防腐蚀性能优良。

无粘结筋用的包裹物应具有足够的抗拉强度和防水性能。常用的包裹物有塑料布、塑料管等。塑料布宜采用质地稍硬的材料，厚度为 0.17 ~ 0.2mm，宽度宜切成约 70mm，分二层交叉地缠绕在预应力筋上，每层重叠一半，实为四层，总厚度为 0.7 ~ 0.8mm。按上述做法包裹的预应力筋外观挺直规整，基本形成了具有一定刚度的硬壳（图 15-67）不易损坏，并有利于减少摩擦损失。塑料管包裹物有两种做法：一是利用现成的塑料管套在预应力筋上；二是管子挤出成型包裹在预应力筋上（图 15-67），壁厚约 0.8 ~ 1.0mm。

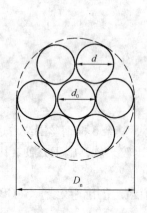

图 15-65　1×7 结构钢绞
线外形示意图

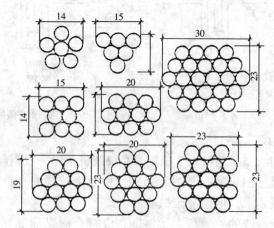

图 15-66　预应力钢丝束的截面

19. 预应力预埋管孔道铺设灌浆

（1）孔道成型方法

预应力筋的孔道可采用钢管抽芯、胶管抽芯和预埋管等方法成型。对孔道成型的基本要求是：孔道的尺寸与位置应正确，孔道应平顺，接头不漏浆，端部预埋钢板应垂直于孔道中心线等。孔道成型的质量，对孔道摩阻损失的影响较大，应严格把关。

钢管抽芯法：

钢管抽芯用于直线孔道。钢管表面必须圆滑，预埋前应除锈、刷油。如用弯曲的钢管，转动时会沿孔道方向产生裂缝，甚至塌陷。钢管在构件中用钢筋井字架（图15-68）固定位置，井字架每隔 1.0～1.5m

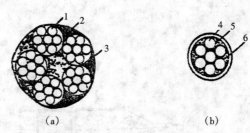

图15-67　无粘结筋横截面示意图
(a) 无粘结钢绞线束；(b) 无粘结钢丝束或单根钢绞线
1—钢绞线；2—沥青涂料；3—塑料布；
4—钢丝；5—油脂；6—塑料管

一个，与钢筋骨架扎牢。两根钢管接头处可用0.5mm厚铁皮做成的套管连接（图15-69），套管内表面要与钢管外表面紧密贴合，以防漏浆堵塞孔道。钢管一端钻16mm的小孔，以备插入钢筋棒，转动钢管。抽管前每隔10～15min应转管一次。如发现表面混凝土产生裂纹，用铁抹子压实抹平。

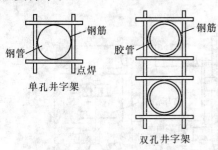

图15-68　固定钢管或胶管
位置用的井字架

抽管时间与水泥的品种、气温和养护条件有关。抽管宜在混凝土初凝之后、终凝以前进行，以用手指按压混凝土表面不显指纹时为宜。抽管过早，会造成坍孔事故；太晚，混凝土与钢管粘结牢固，抽管困难，甚至抽不出来。常温下抽管时间约在混凝土灌注后3～5小时。

抽管顺序宜先上后下地进行。抽管方法可用人工或卷扬机，抽管时必须速度均匀，边抽边转，并与孔道保持在一直线上。抽管后，应及时检查孔道情况，并做好孔道清理工作，以防止以后穿筋困难。

采用钢丝束镦头锚具或锥形螺杆锚具时，张拉端的扩大孔也可用钢管抽芯成型（图15-70）。留孔时应注意：端部扩大孔应与中间孔道同心，抽管时先抽中间钢管，后抽扩孔钢管，以免碰坏扩孔部分并保持孔道清洁和尺寸准确。

（2）预应力孔道灌浆

柱子和部分悬挑板中的预应力孔道的长度一般不超过60cm，孔道灌浆可采用压（注）浆法或强振法。

压（注）浆法：

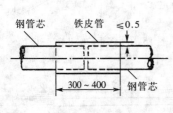

图15-69　铁皮套管

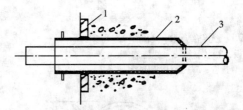

图15-70　张拉端扩大孔用钢管抽芯成型
1—预埋钢板；2—端部扩大孔的钢管；
3—中间孔的钢管

图15-71所示为采用压缩空气推动的压浆器。将带有活塞的灰浆筒板至垂直位置，打开上盖，注入灰浆后卡紧上盖，板至水平位置，通入压缩空气后将灰浆挤出，压入预留孔道。图15-72所示为手动灌浆器（中建一局科研所研制）。

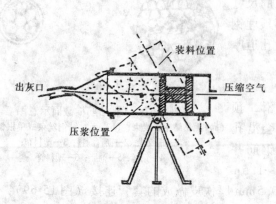

图 15-71　风压灌浆器

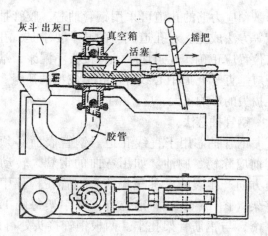

图 15-72　手动灌浆器

20. 预应力钢丝束、钢绞线张拉：其中张拉设备固定，锚具等如图 15-71 至图 15-81 所示。

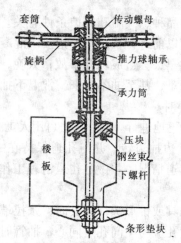

图 15-73　手动螺
旋压折器构造

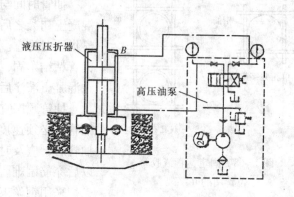

图 15-74　液压压折器工作原理

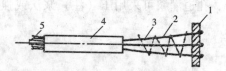

图 15-75　无粘结钢丝束固定端详图

1—锚板；2—钢丝；3—螺旋筋；4—软
塑料管；5—无粘结钢丝束

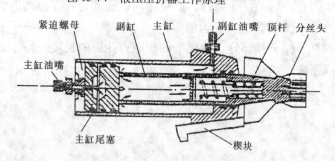

图 15-76　YШ-38-Ⅱ型千斤顶

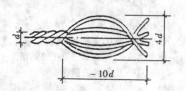

图 15-77　钢绞线在固定端压花

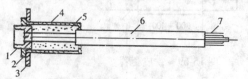

图 15-78　无粘结钢丝束采用
镦头锚具时张拉端详图

1—锚杯；2—螺母；3—埋件；4—塑料套筒；
5—油脂；6—软塑料管；7—无粘结钢丝束

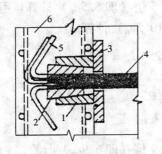

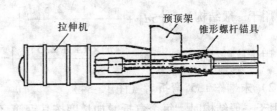

图 15-79　钢绞线端头打弯与封闭
1—锚环；2—夹片；3—埋件；4—钢绞线；
5—散开打弯钢丝；6—圈梁

图 15-80　钢丝束锥形螺杆
锚具预紧示意图

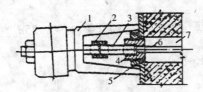

图 15-81　钢丝束镦头锚具与千斤顶的连接
1—千斤顶；2—连接套筒；3—工具式拉杆；4—锚杯；
5—螺母；6—钢丝束；7—孔道

# 第三节　钢筋重量的计算

计算钢筋重量关键是计算各种钢筋的长度，只要计算出各种规格钢筋的长度利用下列公式算出每米钢筋的重量则总重量就计算出来了。

每米钢筋重量 $= 0.00617d^2$（单位为 kg/m）

其中 $d$ 为用毫米表示的钢筋直径。

例如：$\phi 20$ 钢筋

每米重量为 $0.00617 \times 20^2 = 2.468 \mathrm{kg/m}$

首先讲一下与钢筋计算有关的构造要求。

1. 箍筋的绑扎接头的规定

用 I 级钢筋或冷拔低碳钢丝作箍筋时，其末端之作弯钩，弯钩的变曲直径应大于受力钢筋直径，且不小于箍筋直径的 2.5 倍。平直部分长度，一般结构，不宜小于箍筋直径的 5 倍；有抗震要求的结构，不宜小于箍筋直径的 10 倍。

弯钩的形式，如设计无要求时，可按图 15-82b、图 15-82c 加工；有抗震要求的结构，应按图 15-82a 加工。

（1）末端作 90° 弯折者（图 15-83）

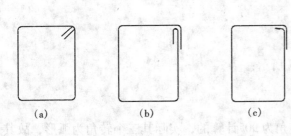

图 15-82　箍筋示意图
(a) 135°/135°；(b) 90°/180°；(c) 90°/90°

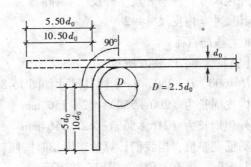

图 15-83

用于一般结构时，每个弯折增加长度按其钢筋直径的 5.5 倍（即 $5.5d_0$）计算。用于有抗震要求的结构时，每个弯折增加长度按其钢筋直径的 10.5 倍（即 $10.5d_0$）计算。

$$（用于一般结构）= \left[ 5d_0 + \frac{\pi \times (1 + 2.5)d_0}{4} \right] - (1 + 1.25)d_0 = 5.5d$$

$$（用于抗震结构）= \left[ 10d_0 + \frac{\pi \times (1 + 2.5)d_0}{4} \right] - (1 + 1.25)d_0 = 10.50d$$

（2）末端作 135°弯折者（图 15-84）

用于一般结构时，每个弯折增加长度按其钢筋直径的 6.9 倍（即 $6.9d_0$）计算。

用于有抗震要求的结构时，每个弯折增加长度按其钢筋直径的 11.9 倍（即 $11.9d_0$）计算。

$$（用于一般结构）= \left[ 5d_0 + \frac{3\pi}{8} \times (1 + 2.5)d_0 \right] - (1 + 1.25d_0) = 6.90d_0$$

$$（用于抗震结构）= \left[ 10d_0 + \frac{3\pi}{8} \times (1 + 2.5)d_0 \right] - (1 + 1.25d_0) = 11.90d_0$$

（3）末端作 180°弯钩者（图 15-85）

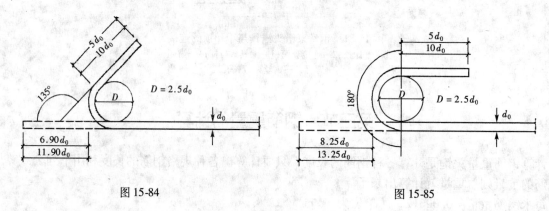

图 15-84                                          图 15-85

用于一般结构时，每个弯钩增加长度按其钢筋直径的 8.25 倍（即 $8.25d_0$）计算。用于有抗震要求的结构时，每个弯钩增加长度按其钢筋直径的 13.25 倍（即 $13.25d_0$）计算。

$$（用于一般结构）= \left[ 5d_0 + \frac{\pi \times (1 + 2.5)d_0}{2} \right] - (1 + 1.25d_0) = 8.25d_0$$

$$（用于抗震结构）= \left[ 10d_0 + \frac{\pi \times (1 + 2.5)d_0}{2} \right] - (1 + 1.25d_0) = 13.25d_0$$

2. 箍筋调整值

箍筋尺寸的表示方法：

内皮尺寸：箍筋里皮至里皮的宽和高，由于箍筋的里皮与主筋外皮相贴，故其尺寸等于构件尺寸减主筋保护层。

外包尺寸：箍筋外皮至外皮的宽和高。

其尺寸 = 内皮尺寸 + 2d

d 为箍筋直径。

【例】 如图 15-86 所示。

$H = 600$，$B = 250$，$d = 8$ 则其尺寸如图 15-87 所示：

内皮周长为 $(200 + 550) \times 2 = 1500mm$

外包周长为 $(216 + 566) \times 2 = 1564mm$

箍筋调整值：当我们计算箍筋周长时按照转角为 90°计算的，实际其三个转角为弧形，故其计算长度与实际长度有差值，如图 15-88 所示。

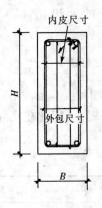

图 15-86 外包尺寸

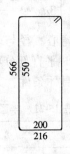

图 15-87

当用外包尺寸表示周长时，一个转角多计算

$$2.25d \times 2 - \frac{3.14 \times 35d}{4} = 1.75d$$

三个转角多算 $5.25d$，当用内皮尺寸表示周长时一个转角少计算

$$\frac{3.14 \times 3.5d}{4} - 2.5d = 0.25d$$

三个转角少算 $0.75d$

公式：

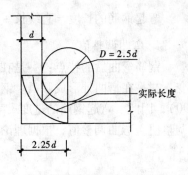

图 15-88

$$箍筋长度 = \begin{matrix}内皮周长\\外包周长\end{matrix} + 弯钩增加长度\begin{matrix}+2.75d\\-5.25d\end{matrix}$$

式中，当利用外包尺寸计算周长时箍筋的三个弯曲部位多计算了 $5.25$ 倍箍筋直径，所以应减去 $5.25d$。

当利用内皮尺寸计算周长时箍筋的三个弯曲部位少计算了 $0.75d$，而式中的弯钩增加长度的起点是外包边界，如果弯钩的增加长度的起点是内皮边界，则其弯钩增加长为 $90°$，一般结构 $6.5d$，抗震结构 $11.5d$，$135°$一般结构 $7.9d$，抗震结构 $12.9d$，$180°$一般结构 $9.25d$，抗震结构 $14.25d$。

如果弯钩增加长度一律以外包边界作为起点的三组数值，那么两个弯钩相差的 $2$ 倍直径，与 $0.75d$ 合并则内皮的总调整值为 $0.75d + 2d = 2.75d$。

3. 钢筋锚固

钢筋混凝土结构中，钢筋与混凝土的结合主要是依靠钢筋与混凝土之间的粘结力（即握裹力），使之共同工作，承受荷载。

为了保证钢筋在混凝土中能够有效地锚固，对受拉钢筋末端应按照"钢筋混凝土工程施工及验收规范"规定作出弯钩或弯折。其规定要求是：

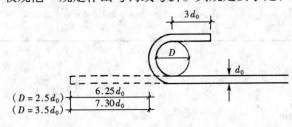

图 15-89　Ⅰ级钢筋主筋 $180°$ 弯钩示意图

Ⅰ级钢筋末端需做 $180°$ 弯钩者，其圆弧弯曲直径（$D$）不宜小于钢筋直径（$d_0$）的 $2.5$ 倍，平直部分长度不宜小于钢筋直径（$d_0$）的 $3$ 倍，用于轻集料混凝土结构时，其弯曲直径（$D$）不应小于钢筋直径（$d_0$）的 $3.5$ 倍（图 15-89）。

（1）用于普通混凝土结构时，每个弯钩增加长度按其钢筋直径（$d_0$）的 $6.25$ 倍（即 $6.25d_0$）

计算。

（2）用于轻集料混凝土结构时，每个弯钩增加长度按其钢筋直径（$d_0$）的7.30倍（即$7.30d_0$）计算。

$$（用于普通混凝土结构）=\left[3d_0+\frac{\pi\times(1+2.5)d_0}{2}\right]-(1+1.25)d_0=6.25d_0$$

在生产实践中，由于实际弯心直径与理论弯心直径有时不一致，钢筋粗细和机具条件不同等而影响平直部分的长短（手工弯钩时平直部分可适当加长，机械弯钩时可适当缩短），因此在实际配料计算时，对弯钩增加长度常根据具体条件，采用经验数据，见表15-21。

表 15-21　半圆弯钩增加长度参考表（用机械弯）

| 钢筋直径（mm） | ≤6 | 8～10 | 12～18 | 20～28 | 32～36 |
|---|---|---|---|---|---|
| 一个弯钩长度（mm） | 40 | 6d | 5.5d | 5d | 4.5d |

弯起钢筋的长度＝直线长＋斜线长＋弯钩增加长度－弯曲调整值

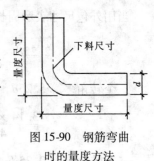

图 15-90　钢筋弯曲时的量度方法

#### 4. 弯曲调整值

钢筋弯曲后的特点：一是在弯曲处内皮收缩、外皮延伸、轴线长度不变；二是在弯曲处形成圆弧。钢筋的量度方法是沿直线量外包尺寸（图15-90）；因此，弯起钢筋的量度尺寸大于下料尺寸，两者之间的差值称为弯曲调整值。弯曲调整值，根据理论推算并结合实践经验，列于表15-22。

表 15-22　钢筋弯曲调整值

| 钢筋弯曲角度 | 30° | 45° | 60° | 90° | 135° |
|---|---|---|---|---|---|
| 钢筋弯曲调整值 | 0.35d | 0.5d | 0.85d | 2d | 2.5d |

#### 5. 弯起钢筋斜长（图15-91）其尺寸关系如表15-23所示

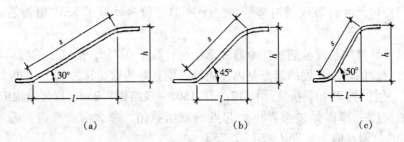

图 15-91　弯起钢筋斜长计算简图
（a）弯起角度30°；（b）弯起角度45°；（c）弯起角度60°

表 15-23　弯起钢筋斜长系数表

| 弯起角度 | $\alpha=30°$ | $\alpha=45°$ | $\alpha=60°$ |
|---|---|---|---|
| 斜边长度 s | 2h | 1.414h | 1.15h |
| 底边长度 l | 1.732h | h | 0.575h |
| 增加长度 s－l | 0.268h | 0.414h | 0.575h |

注：h 为弯起高度。

【例】　计算图15-92示矩形梁钢筋的重量、箍筋按抗震考虑。

【解】

①号筋　直线长＝$4500+240\times2-10\times2=4960$mm

　　　　长度＝$(4960+200\times2+6.25\times25\times2-2\times25\times2)\times2$

　　　　　　＝$55745\times2=11145=11.15$m

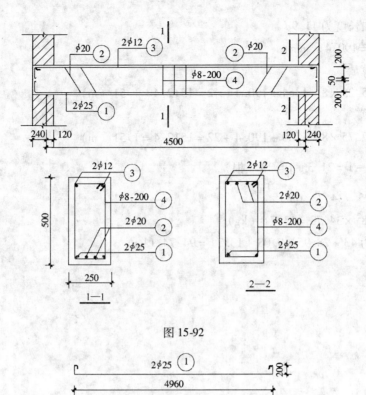

图 15-92

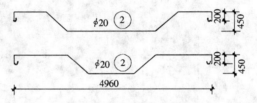

重：$0.00617 \times 25^2 \times 11.15 = 43 \text{kg}$

②号筋

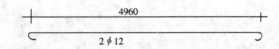

$[4960 + 200 \times 2 + 0.414 \times 450 \times 2 + 6.25 \times 20 \times 2 - (0.5 \times 20 \times 4 + 2 \times 20 \times 2] \times 2 = 5862.6 \times 2$
$= 11725.2 = 11.73 \text{m}$

重：$0.00617 \times 20^2 \times 11.73 = 28.95 \text{kg}$

③号筋

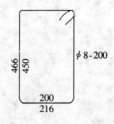

$(4960 + 6.25 \times 12 \times 2) \times 2 = 10220 \text{mm} = 10.22 \text{m}$

重：$0.00617 \times 12^2 \times 10.22 = 9.08 \text{kg}$

④号筋　箍筋：其尺寸表示如下：

外包周长　$(216 + 466) \times 2 = 1364$

内皮周长　$(200 + 450) \times 2 = 1300$

135°弯钩，增加长度为 11.9$d$

即 $11.9 \times 8 \times 2 = 190.4$ （mm）

按外包周长计算

$1364 + 190.4 - 5.25 \times 8 = 1364 + 190.4 - 42 = 1512.4 = 1.51$ （m）

按内皮周长计算

$1300 + 190.4 + 2.75 \times 8 = 1300 + 190.4 + 22 = 1512.4 = 1.51$ （m）

根数 $\dfrac{4500 - 240}{200} + 1 = 21.3 + 1 = 23$ （根）

总长为 $1.51 \times 23 = 34.73$ （m）

重：$0.00617 \times 8^2 \times 34.73 = 13.71$ （kg）

此梁钢筋总重为 $43 + 28.95 + 9.08 + 13.71 = 94.74$ （kg）

# 第16章 金属结构工程

## 第一节 定额说明及工程量计算规则

1. 说明

（1）本章包括：钢网架、钢屋架及钢桁架、钢柱、钢梁、钢板楼板及墙板、钢构件、金属制品、金属结构探伤、金属结构现场除锈及其他共 101 个子目。

（2）金属结构构件均以工厂制品为准编制，单价中已包括加工损耗和加工场至安装地点的运输费用。

（3）定额中钢材是按 Q235B 考虑，设计与定额材质不同时，构件价格可以换算。

（4）各种钢构件（除网架外）安装均按刚接与铰接综合考虑，执行中不得调整。

（5）单榀重量≤1t 的钢屋架执行轻钢屋架定额子目，单榀重量＞1t 的钢屋架执行桁架定额子目；建筑物间的架空通廊执行钢桥架定额子目。

（6）实腹钢柱（梁）、空腹钢柱（梁）、型钢混凝土组合结构钢柱（梁）的相关说明：

1）实腹钢柱（梁）是指 H 形、T 形、L 形、十字形、组合形等。

2）空腹钢柱（梁）是指箱形、多边形、格构形等。

3）型钢混凝土组合结构钢柱（梁）型式包括 H 形、O 形、箱形、十字形、组合形等。

（7）金属构件安装定额子目中除另有说明外均不包含工程永久性高强螺栓连接副、机制螺栓、销轴等紧固连接件，发生时材料费另行计算。

（8）螺栓球节点网架中的球节点、锥头、封板、杆件及与杆件连接的高强螺栓、顶丝已包括在网架的构件价格中。

（9）型钢混凝土内钢柱（梁）、压型钢板楼板等构件中不包括栓钉，栓钉另行计算执行相应定额子目。

（10）钢网架、钢屋架、钢桁架、钢桥架等大型构件需要现场拼装时，除执行相应的安装子目外，还应执行现场拼装定额子目。

（11）埋入式（或与预埋件焊接）钢筋踏棍安装套用零星钢构件定额子目。

（12）定额中金属构件安装均按建筑物跨内吊装考虑，若需跨外吊装时，按相应定额综合工日乘以系数 1.15。

（13）定额中金属构件安装均按建筑物檐高≤25m 考虑。建筑物檐高＞25m 时，按照表 16-1 中系数调整综合工日含量。

表 16-1　高层建筑综合工日调整表

| 建筑物檐高 (H)（m） | 25＜H≤45 | 45＜H≤80 | 80＜H≤100 | 100＜H≤200 | 200＜H≤300 | H＞300 |
|---|---|---|---|---|---|---|
| 系数 | 1.05 | 1.1 | 1.15 | 1.2 | 1.3 | 1.4 |

（14）金属构件安装定额子目均不包括为安装构件所搭设的临时性脚手架、支撑、平台、爬梯、

吊篮以及为构件安装所设置的吊环、吊耳等零部件，发生时另行计算。

（15）金属构件安装定额子目不包括油漆、防火涂料、设计有防腐、防火要求时应执行第24章油漆、涂料、裱糊中的相应定额目。

（16）后浇带金属网已包括在第15章混凝土及钢筋混凝土工程相应定额子目中，不得另行计算。

（17）金属结构探伤适用于金属构件现场安装焊接后对焊接部分进行的超声波探伤检查。

（18）金属结构节点除锈适用于金属构件现场安装后对节点进行的除锈处理。

（19）金属结构现场焊接预热、后热处理适用于金属构件现场安装焊接前后进行的预热、后热处理。

2. 工程量计算规则

（1）钢网架按设计图示尺寸以质量计算。不扣除孔眼的质量、焊条、铆钉、螺栓等不另增加质量。依附在钢网架上的支撑点钢板及立管、节点板并入网架工程量中。

（2）钢屋架、钢托架、钢桁架、钢桥架按设计图示尺寸以质量计算，不扣除孔眼的质量、焊条、铆钉、螺栓等不另增加质量。

钢屋架、钢托架、钢桁架、钢桥架上的节点板、加强板分别并入相应构件工程量中。

（3）实腹钢柱、空腹钢柱按设计图示尺寸以质量计算。不扣除孔眼的质量、焊条、铆钉、螺栓等不另增加质量。依附在钢柱上的牛腿及悬臂梁等并入钢柱工程量内。

钢柱上的柱脚板、劲板、柱顶板、隔板、肋板并入钢柱工程量内。

（4）钢管柱按设计图示尺寸以质量计算。不扣除孔眼的质量、焊条、铆钉、螺栓等不另增加质量，钢管柱上的节点板、加强环、内衬管、牛腿等并入钢管柱工程量内。

（5）实腹钢梁、空腹钢梁按设计图示尺寸以质量计算。不扣除孔眼的质量、焊条、铆钉、螺栓等不另增加质量。制动梁、制动板、制动桁架、车档并入钢吊车梁工程量内。

钢梁上的劲板、隔板、肋板、连接板并入钢梁工程量内。

（6）钢构件按设计图示尺寸以质量计算。不扣除孔眼的质量、焊条、铆钉、螺栓等不另增加质量。

依附在漏斗或天沟的型钢并入漏斗或天沟的工程量内。

（7）钢管桁架杆件长度按设计图示中心线长度计算。

（8）金属构件安装用垫板、衬板、衬管按设计图示尺寸以质量计算。

（9）型钢混凝土组合结构钢柱（梁）、压型钢板楼板的栓钉安装按设计图示规格数量计算。

（10）钢板楼板按设计图示规格尺寸以铺设水平投影面积计算。不扣除单个面积≤0.3m²柱、垛及孔洞所占的面积。

（11）钢板墙板按设计图示规格尺寸以铺挂面积计算。不扣除单个面积≤0.3m²梁、孔洞所占的面积，包角、包边、窗台泛水、女儿墙顶等不另加面积。

（12）钢梁、钢柱预埋铁件按设计图示尺寸以质量计算。

（13）空调金属百叶护栏、成平栅栏按设计图示尺寸等以框外围展开面积计算。

（14）金属网栏按设计图示尺寸以框外围展开面积计算。

（15）砌块墙钢丝网加固按设计图示尺寸以面积计算。

（16）金属板材对接焊缝探伤检查按设计图示焊缝长度计算。

（17）金属管材对接焊缝探伤检查按设计图示焊缝数量计算。

（18）金属板材板面探伤检查按检查材料面积计算。

（19）金属构件现场节点除锈按设计图示全部质量计算。

（20）金属构件现场焊接预热、后热处理按设计图示焊缝长度计算。

## 第二节　有关定额的解释与图示

**1. 钢结构屋盖系统**

（1）檩条。一般用于轻屋面及瓦屋面，其形式有实腹式和桁架式（包括平面的和空间的）两种。跨度为6m时，通常采用槽钢，也可用普通工字钢、双角钢组成的槽形或Z形钢。跨度≤4m时，可采用单角钢。跨度超过6m可采用宽翼缘H钢或三块板焊成的工形钢；采用实腹式不经济时，可采用桁架式檩条，如图16-1所示。

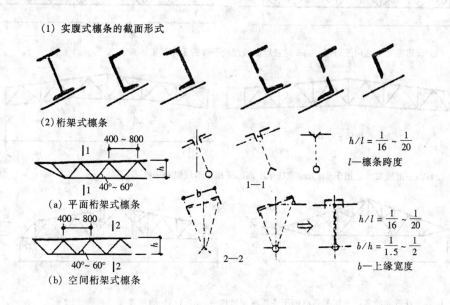

图 16-1　钢檩条

（2）屋架。屋架的外形有三角形、梯形、人字形或多边形等。外形主要由房间的用途、屋架与柱刚接或铰接、以及屋面的坡度等因素决定的，如图16-2所示。

（3）天窗架。天窗的类型由工艺和建筑要求决定，一般有以下四种：纵向上承式矩形天窗、纵向三角形天窗、横向下沉式天窗和井式天窗。三角形天窗一般利用陡坡屋架的一侧上弦延长作为天窗架，有时也有单独的天窗架。下沉式和井式天窗则是利用屋架的空间，将屋面构件分别间隔地放置在屋架的上弦和下弦，形成天窗，无单独天窗架构件。纵向上承式矩形天窗有天窗架，如图16-3所示。

（4）屋盖支撑系统。为保证屋盖结构的空间工作，提高其整体刚度，承担和传递水平力，避免压杆侧向失稳，防止拉杆产生过大振动，保证结构在安装时的稳定等，应根据屋盖结构形式（有无檩条、有无托架）、厂房内吊车的设置情况、有无振动设备以及房屋的跨度和高度等因素，设置可靠的屋盖支撑系统。它包括：横向支撑、纵向支撑、垂直支撑和系杆，如图16-4所示。

**2. 框架柱及柱间支撑**

（1）柱网布置。应满足生产工艺、建筑功能以及结构的要求，尽可能减少用钢量。在一般厂房内，当吊车起重量 $Q \leq 100t$、轨顶标高不超过14m，边柱宜采用4m柱距，中列柱可采用6m或12m柱距；当吊车起重量 $Q \geq 125t$、轨顶标高超过16m时，或因地基条件较差，处理较困难时，其边列柱或中列柱的柱距宜采用12m。生产工艺有特殊要求时，可按需要采用更大柱距。

（2）温度伸缩缝。温度变化将使结构产生应力。当厂房平面尺寸很大时，为避免温度应力，应

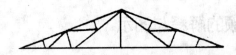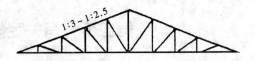

（1）三角形屋架　多用于有檩屋盖体系的轻型自防水屋面，跨度 9～18m

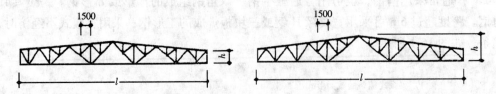

（2）梯形屋架　适用于跨度 > 18m 时且屋面坡度较平缓的无檩屋盖体系

$$h = (1/18 \sim 1/12)l$$

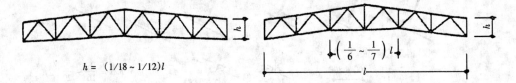

$$\left(\frac{1}{6} \sim \frac{1}{7}\right)l$$

（3）人字形屋架　适用于 $l \geqslant 30m$ 或柱子不高、采用梯形屋架有压抑感

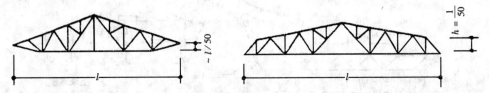

（4）弦杆折曲的多边形屋架　适用于中等屋面坡度（1/6～1/3）的屋盖

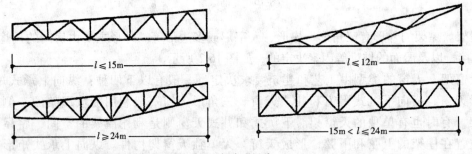

（5）单坡屋架　适用于外排水房屋的边跨以及锯齿形屋盖

图 16-2　钢屋架

在厂房的横向或纵向设置伸缩缝。如温度区段长度不超过表 16-2 数值时，可不计算温度应力。

表 16-2　温度区段长度值

| 结 构 情 况 | 温度区段长度（m） | | |
|---|---|---|---|
| | 纵向温度区段（垂直屋架或构架跨度方向） | 横向温度区段（沿屋架或构架跨度方向） | |
| | | 柱顶为刚接 | 柱顶为铰接 |
| 采暖房屋和非采暖地区的房屋 | 220 | 120 | 150 |
| 热车间和采暖地区的非采暖房屋 | 180 | 100 | 125 |
| 露天结构 | 120 | — | — |

220

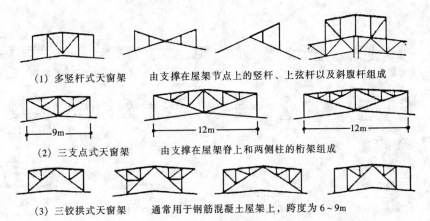

(1) 多竖杆式天窗架　由支撑在屋架节点上的竖杆、上弦杆以及斜腹杆组成

(2) 三支点式天窗架　由支撑在屋架脊上和两侧柱的桁架组成

(3) 三铰拱式天窗架　通常用于钢筋混凝土屋架上，跨度为6～9m

图16-3　各类上承式纵向天窗架

温度伸缩缝一般采用设置双柱的办法处理。两相邻柱中心线的距离 $e$ 取决于柱脚外形尺寸和两相邻柱脚间的净空尺寸（不小于40mm）的要求，设计时可按下列数值参考采用：中、轻型厂房：$e = 1000$mm；重型厂房：$e = 1500$ 或 $2000$mm。

（3）柱子的截面形式。框架柱按截面形式可分为实腹式柱和格构式柱两种。按结构形式可分为等截面柱、阶形柱和分离式柱三种，如图16-5所示。

（4）吊车梁系统结构。吊车梁系统的结构通常是由吊车梁（桁架）、制动结构、辅助桁架及支撑等构件组成，如图16-6所示。

（5）柱间支撑。柱间支撑的作用是保证房屋的纵向刚度，传递与承受纵向的作用并提供框架平面外的支承。其布置应满足生产净空的要求，尽可能与屋盖横向水平支撑的布置相协调，如图16-7所示。

3. 钢结构骨架组合示例如图16-8所示

4. 钢结构构件节点示意

（1）锚栓的安装，如图16-9～图16-11所示。

（2）柱与基础的连接如图16-12所示。

（3）组合梁如图16-13、图16-14所示。

（4）柱的接头示例如图16-15所示。

（5）柱与屋架的连接如图16-16和图16-17所示。

5. 钢结构构件的拼装（屋架）示意如图16-18所示

6. 轻型钢屋架节点示意如图16-19～图16-21所示

（1）伸缩缝间距：

1）横向伸缩缝应设于同一横向定位轴线上，使各跨直缝贯通。此伸缩缝一般采用双柱。

2）纵向伸缩缝的设置要求与横向伸缩缝相同，一般不用设纵向伸缩缝，而进行温度应力计算，适当加强有关构件强度及其连接强度。

（2）厂房柱与定位轴线的关系，除应遵照有关规定外还应注意下列因素：

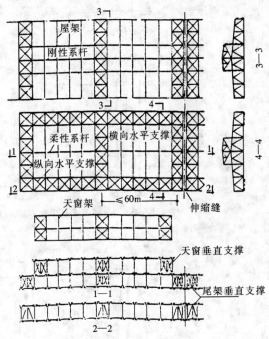

图16-4　屋盖支撑系统布置图示意

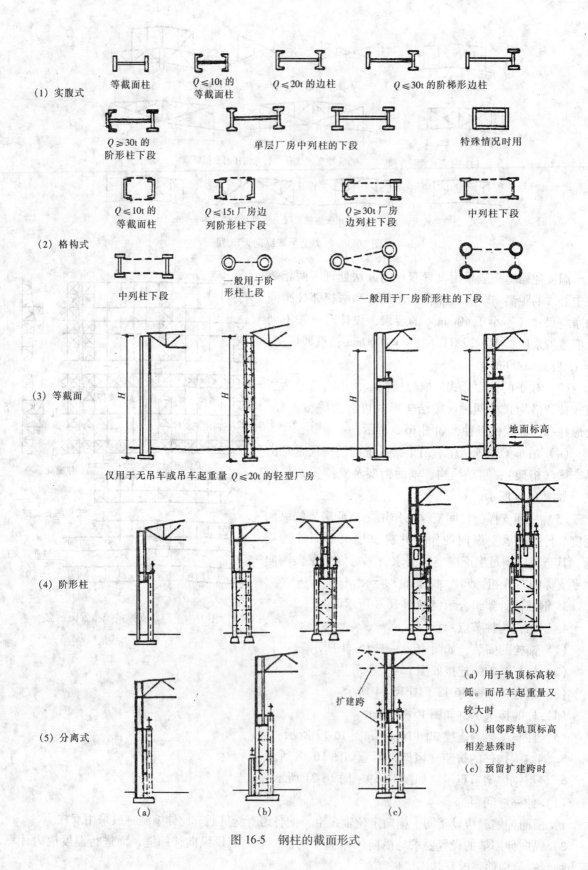

图 16-5　钢柱的截面形式

(1) 吊车梁系统的结构组成简图

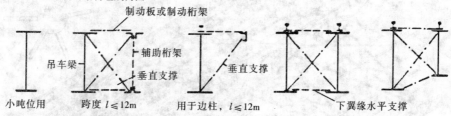

图 16-6　吊车梁和吊车桁架的类型简图

(2) 吊车梁的截面形式

(3) 桁架式吊车梁

(4) 壁行吊车梁

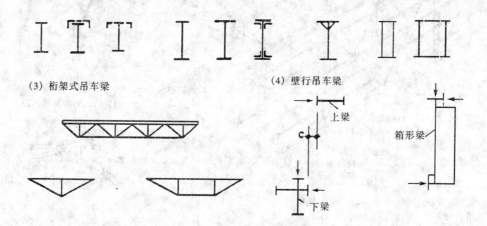

(1) 柱间支撑组成部分

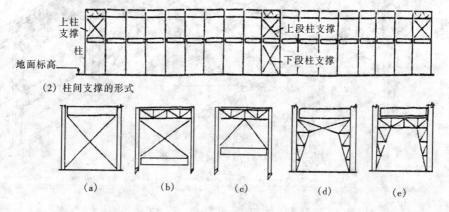

(2) 柱间支撑的形式

图 16-7　柱间支撑
(a)、(b)、(c) 下段柱支撑；(d)、(e) 上柱支撑

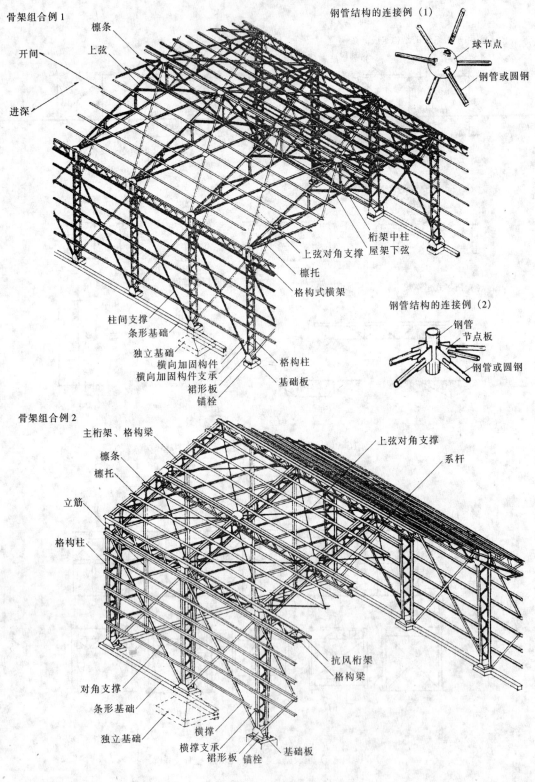

骨架组合例1

檩条
上弦
开间
进深

钢管结构的连接例（1）

球节点
钢管或圆钢

桁架中柱
屋架下弦

上弦对角支撑
檩托
格构式横架

柱间支撑
条形基础
独立基础
横向加固构件
横向加固构件支承
裙形板
锚栓

格构柱
基础板

钢管结构的连接例（2）

钢管
节点板
钢管或圆钢

骨架组合例2

主桁架、格构梁
檩条
檩托
立筋
格构柱

上弦对角支撑
系杆

抗风桁架
格构梁

对角支撑
条形基础
独立基础
横撑
横撑支承
裙形板
锚栓
基础板

图 16-8　钢结构骨架组合示例

224

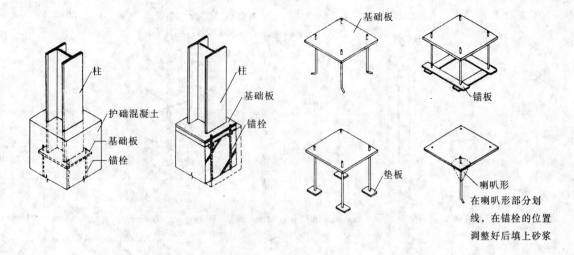

图 16-9　基础桩

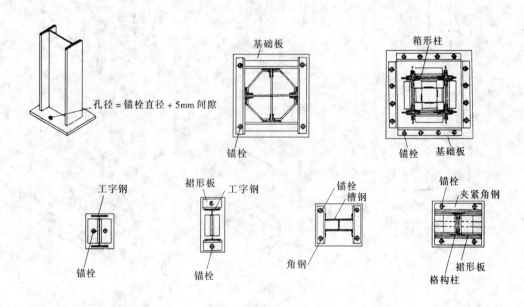

图 16-10　锚栓的配置

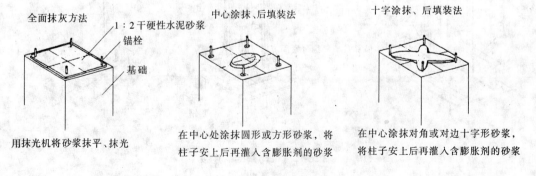

图 16-11　柱底抹灰方法

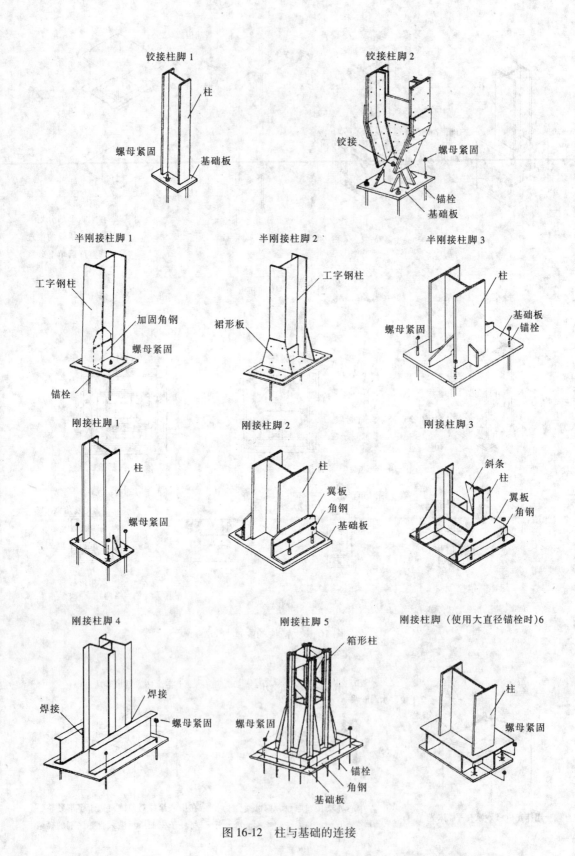

铰接柱脚 1

柱

螺母紧固　　　基础板

铰接柱脚 2

铰接　　　螺母紧固

锚栓

基础板

半刚接柱脚 1

工字钢柱

加固角钢

螺母紧固

锚栓

半刚接柱脚 2

工字钢柱

裙形板

半刚接柱脚 3

柱

基础板
锚栓

螺母紧固

刚接柱脚 1

柱

螺母紧固

刚接柱脚 2

柱

翼板

角钢

基础板

刚接柱脚 3

斜条　　柱

翼板

角钢

刚接柱脚 4

焊接

焊接

螺母紧固

刚接柱脚 5

箱形柱

螺母紧固

锚栓

角钢

基础板

刚接柱脚（使用大直径锚栓时）6

柱

螺母紧固

图 16-12　柱与基础的连接

226

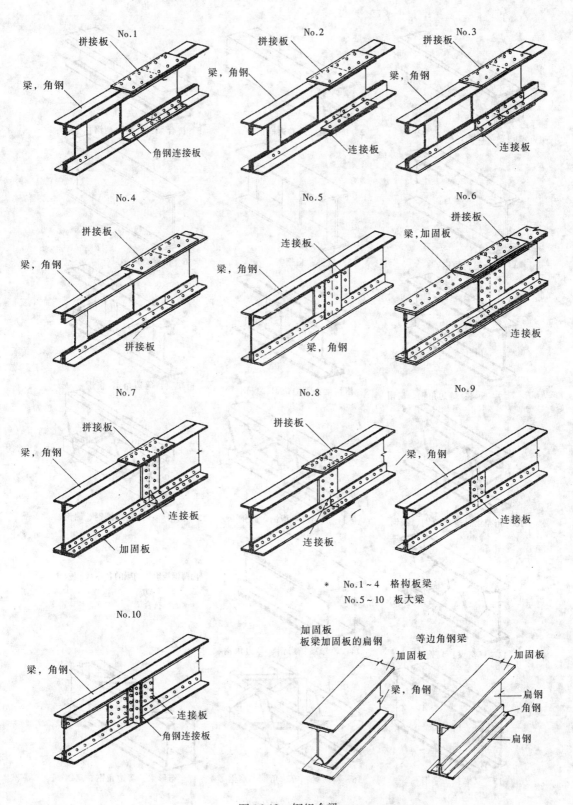

图 16-13 钢组合梁

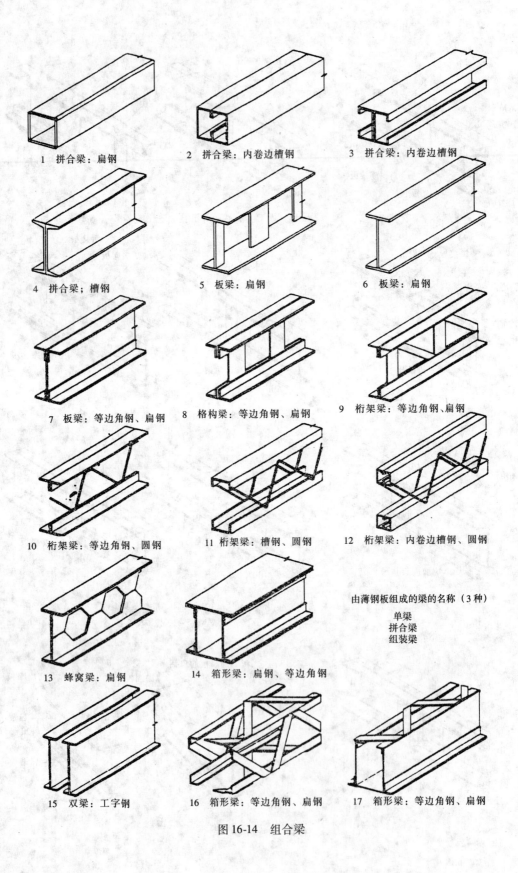

1 拼合梁：扁钢　　2 拼合梁：内卷边槽钢　　3 拼合梁：内卷边槽钢

4 拼合梁；槽钢　　5 板梁：扁钢　　6 板梁：扁钢

7 板梁：等边角钢、扁钢　　8 格构梁：等边角钢、扁钢　　9 桁架梁：等边角钢、扁钢

10 桁架梁：等边角钢、圆钢　　11 桁架梁：槽钢、圆钢　　12 桁架梁：内卷边槽钢、圆钢

13 蜂窝梁：扁钢　　14 箱形梁：扁钢、等边角钢

由薄钢板组成的梁的名称（3 种）

单梁
拼合梁
组装梁

15 双梁：工字钢　　16 箱形梁：等边角钢、扁钢　　17 箱形梁：等边角钢、扁钢

图 16-14　组合梁

228

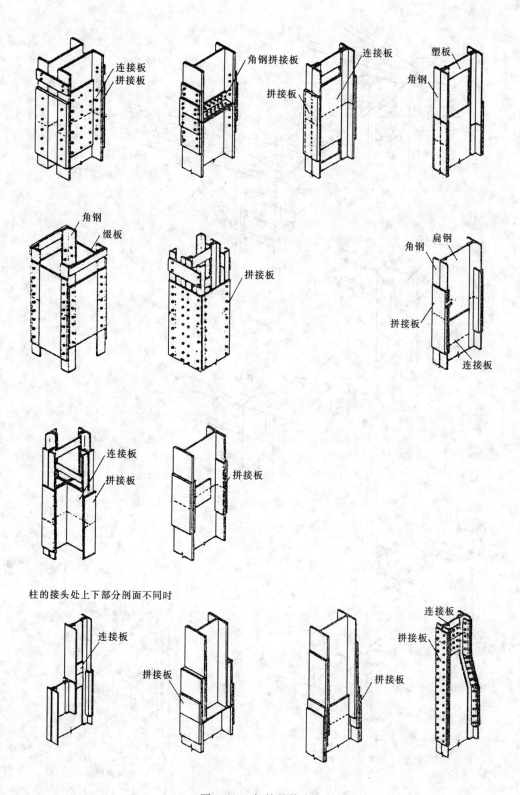

柱的接头处上下部分剖面不同时

图 16-15　钢柱的接头

229

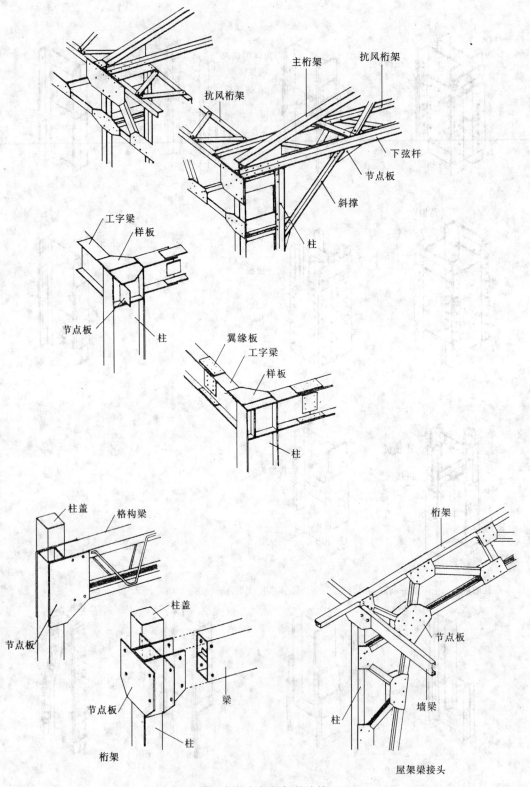

图 16-16　钢柱与钢屋架的连接（一）

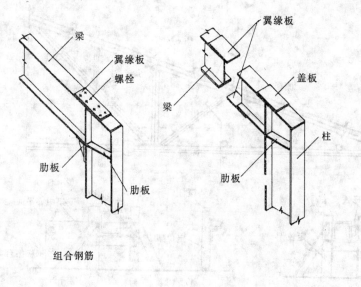

组合钢筋

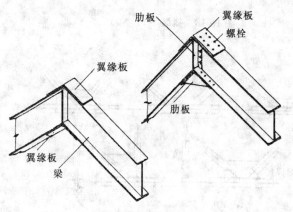

组合钢筋

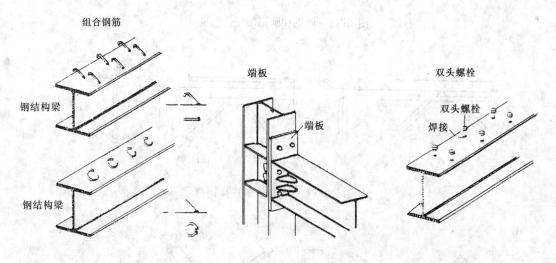

图 16-17　钢柱与钢屋架的连接（二）

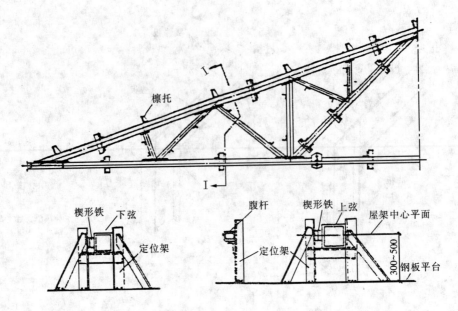

图 16-18 拼装平台

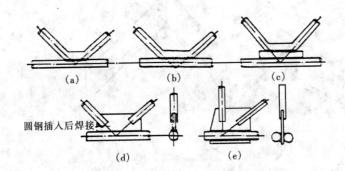

图 16-19 圆钢和圆钢的连接构造

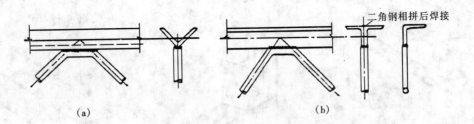

图 16-20 圆钢与角钢的连接构造

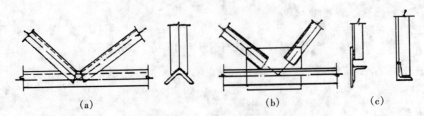

图 16-21 单肢角钢的连接构造

# 第17章 木结构工程

## 第一节 定额说明及工程量计算规则

1. 说明

（1）本章包括：木屋架，木构件，屋面木基层共23个子目。

（2）屋架跨度是指屋架上、下弦杆中心线两交点之间的长度。

（3）钢木屋架的钢拉杆、铁件、垫铁等均已综合在定额中，不得另行计算。

（4）圆木屋架连接的挑檐木、支撑等设计为方木时，其方木部分应乘以系数1.7折成圆木并入屋架工程量内。

（5）定额中屋架均按不抛光考虑，设计要求抛光时按每立方米木材体积增加0.05m³计算；但附属于屋架的木夹板、垫木等不得增加。

（6）木制品如采用现场抛光，人工按相应子目的综合工日数量乘以系数1.4。

（7）本章木屋架按工厂制品现场安装编制，采用现场拼装时相应定额子目的人工和机械消耗量乘以系数1.35。

（8）楼梯包括踏步、平台、踢脚线，楼梯柱梁分别按木柱、木梁另行计算，执行木柱、木梁相应定额子目，木扶手、木栏杆执行第25章其他装饰工程的相应定额子目。

（9）单独的木挑檐，执行檩木定额子目。

（10）木檩托已综合在檩木的定额子目中，不得另行计算。

2. 工程量计算规则

（1）木屋架按设计图示规格尺寸以体积计算。带气楼的屋架和马尾、折角、正交部分的半屋架以及与屋架连接的挑檐木、支撑等木构件并相连的屋架工程量中。

（2）木柱、木梁、木檩按设计图示尺寸以体积计算。简支檩长度设计无规定时，按屋架或山墙中距增加200mm计算，如两端出山，檩条长度算至博风板；连续檩条长度按设计长度计算，其接头长度按全部连续檩木总体积的5%计算。

（3）木楼梯按设计图示尺寸以水平投影面积计算。不扣除宽度≤300mm的楼梯井，伸入墙内部分不计算。

（4）封檐板、博风板按设计图示长度计算，设计无规定时，封檐板按檐口外围长度、博风板按斜长至出檐相交点（即博风板与封檐板相交处）的长度计算。

（5）封檐盒按设计图示尺寸以面积计算。

（6）屋面木基层按设计图示尺寸以斜面积以面积计算。不扣除房屋上烟囱、风帽底座、风道、小气窗、斜沟等算占面积，小气窗出檐部分不增加面积。

## 第二节 有关定额项目的图示与说明

1. 木屋架简介如图17-1所示

2. 木屋盖的支撑系统，如图17-2所示；见表17-1所示

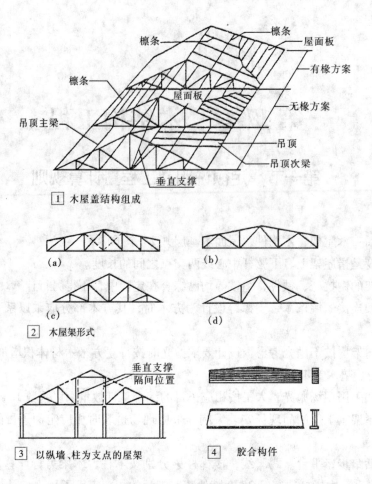

① 木屋盖结构组成

② 木屋架形式

(a)

(b)

(c)

(d)

③ 以纵墙、柱为支点的屋架

④ 胶合构件

图 17-1　木屋架简图

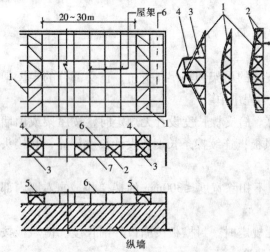

图 17-2　木屋盖支撑系统
1—上弦横向支撑；2—垂直支撑；3—屋架中间垂直支撑；4—天窗边柱垂直支撑；5—梯形屋架端部垂直支撑；6—参加支撑工作的檩；7—纵向通长水平系杆

3. 木屋架及钢木屋架示意如图 17-3 所示

4. 木、钢木屋架的节点构造如图 17-4 所示

5. 木基层示意如图 17-5 所示

## 木 屋 架

木屋架易于取材，加工方便，质轻且强。缺点是各向异性，有木节、裂纹等天然缺陷，易腐、易蛀、易燃、易裂和翘曲。木屋架适用于跨度不超过 15m、钢木屋架适用于跨度不超过 18m、室内空气相对湿度不超过 70%、室内温度不超过 50℃、吊车起重量不超过 5t、悬挂吊车不超过 1t 的工业与民用建筑。钢木屋架采用钢下弦和钢拉杆，受力合理，安全可靠。木屋盖还可采用胶合梁作为承重构件。它是用胶将木板胶合而成，外形美观，受力合理，是一种颇有前途的结构。

## 木屋盖的支撑系统

为了传递山墙传来的风力、吊车纵向刹车力、地震力以及其他水平力，木屋盖的上弦需设支撑。跨度小于 9m 的密铺屋面板屋盖、跨度小于 6m 的冷摊瓦屋盖和四坡顶屋盖可不设支撑。

## 木屋盖的防腐和防虫

支座处、隐蔽部位应从构造上采取防腐和通风措施。露天结构、内排水桁架的支座节点处、檩条、格栅等与砌体直接接触部位、白蚁容易繁殖和容易感染虫害及不耐腐蚀的木材，应采用药剂处理措施。

**表 17-1　木屋盖构件常用尺寸**

| 构　件 | 截　面　（mm×mm） | 间距（mm） |
|---|---|---|
| 挂瓦条 | 25×25（只宜作构造用）40×40、45×45、50×50 | 280~330 |
| 屋面板 | 厚12、15、18、20mm |  |
| 瓦　檐 | 80×25、100×25、70×30、80×30（或2~40×30） | 220~230（130~200） |
| 椽　条 | 30×60、40×60、30×70、40×80、50×80、40×100、50×120 | 400~1000 |
| 檩　条 | 方木：宽≮60mm，高宽比：立放时≮2.5；斜放时≮2<br>原木：梢径≮70mm |  |

| 序号 | 型式 | 简　图 | 结合方式 | 主要特征 | 跨　度（m） | $\dfrac{h}{L}$ |
|---|---|---|---|---|---|---|
| 1 | 三角形桁架 | 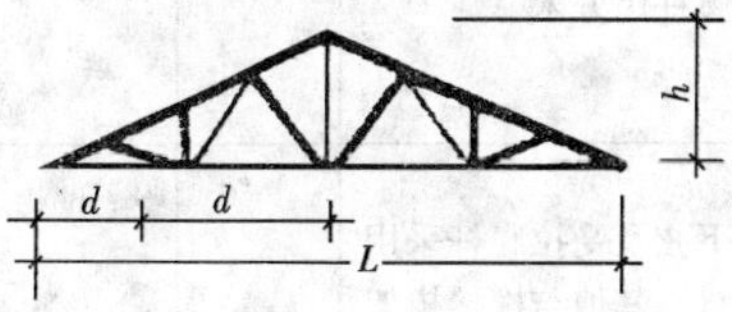  | 整截面上弦的钢木混合屋架 | 下弦及受拉腹杆采用钢材，其他与榫接屋架相同。工地制造 | 12~20 | $\dfrac{1}{5}$~$\dfrac{1}{4}$ |
| 2 |  | 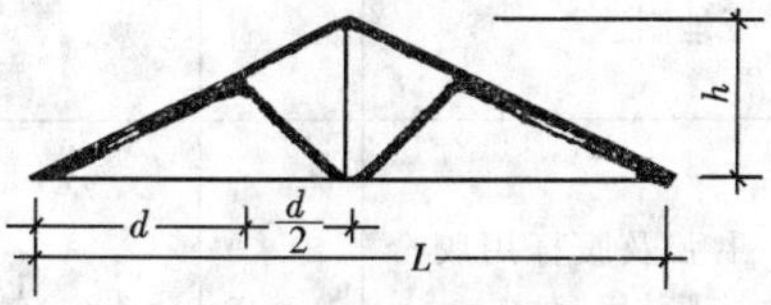  |  |  | 12~18 | $\dfrac{1}{5}$~$\dfrac{1}{4}$ |
| 3 |  | 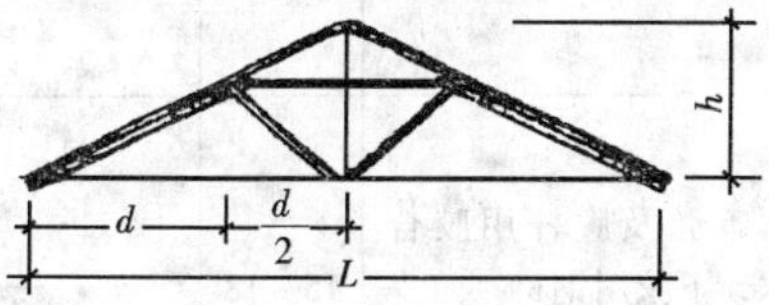  | 胶合梁为上弦的钢木混合屋架 | 上弦用胶合梁，下弦及受拉腹杆用钢材，受压腹杆用方木 工厂制造的桁架 | 12~18 | $\dfrac{1}{5}$~$\dfrac{1}{4}$ |
| 4 |  | 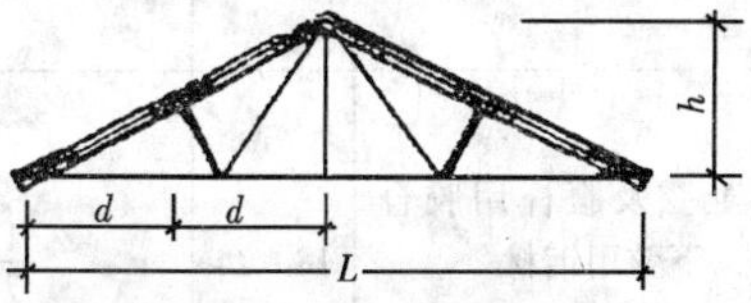  |  |  | 12~18 | $\dfrac{1}{5}$~$\dfrac{1}{4}$ |
| 5 |  | 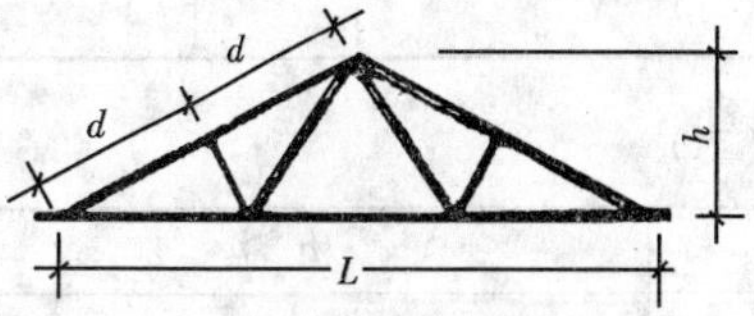  | 螺栓钢板连接的木桁架 | 全部构件用板材 工地制造的桁架 | 8~12 | $\dfrac{1}{5}$~$\dfrac{1}{4}$ |
| 6 |  | 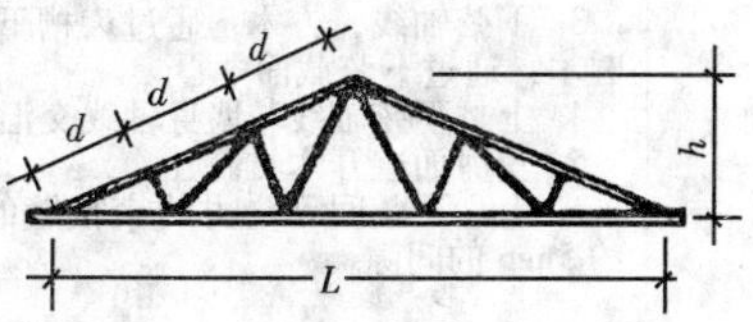  | 螺栓钢板连接的木桁架 | 全部构件用板材 工地制造的桁架 | 10~15 | $\dfrac{1}{5}$~$\dfrac{1}{4}$ |

图 17-3　屋架示意图（一）

235

| 序号 | 型式 | 简 图 | 结合方式 | 主要特征 | 总体尺寸 | |
|---|---|---|---|---|---|---|
| | | | | | 跨 度 (m) | $\dfrac{h}{L}$ |
| 7 | 梯形桁架 | 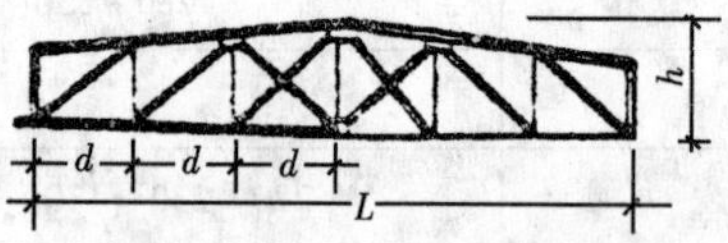 | 节点用榫接的桁架 | 上、下弦斜杆用方木或原木，竖杆用钢拉杆，下弦用圆钢或型钢时，即为钢木桁架 | 15~24 | 钢 $\dfrac{1}{7}$ 木 $\dfrac{1}{6}$ |
| 8 | | 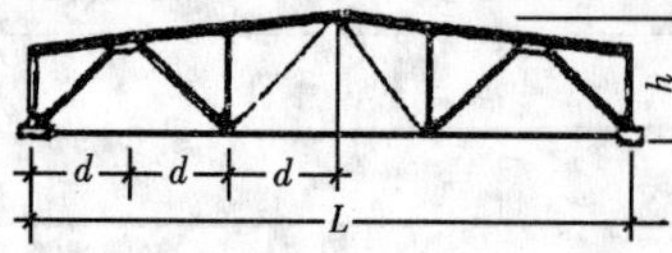 | 整截面上弦的钢木混合桁架 | 下弦及受拉腹杆采用钢材，其他与榫接桁架相同 工地制造 | 18~24 | 钢 $\dfrac{1}{7}$ 木 $\dfrac{1}{6}$ |
| 9 | | 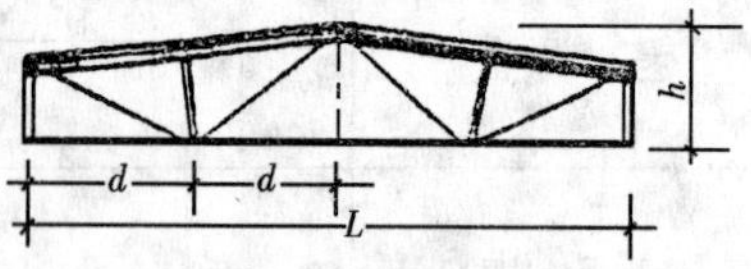 | 胶合梁为上弦的钢木混合桁架 | 上弦用胶合梁，下弦及受拉腹杆用钢材，受压腹杆用方木 | 18~24 | $\dfrac{1}{6}$ |
| 10 | | 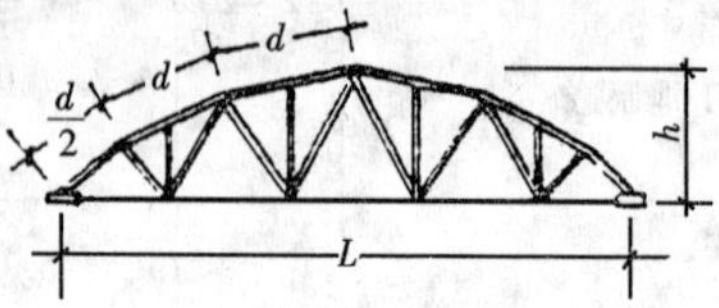 | 整截面上弦的钢木混合桁架 | 下弦及受拉腹杆采用钢材，其他与榫接桁架相同 工地制造 | 18~24 | $\dfrac{1}{6}$ |
| 11 | 拱形桁架 | 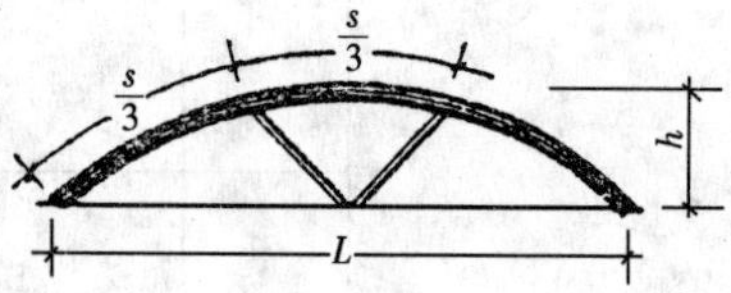 | 胶合弧形桁架 | 上弦及腹杆用胶合木，下弦用钢材 工厂制造 | 15~18 | $\dfrac{1}{7}$~$\dfrac{1}{6}$ |
| 12 | | 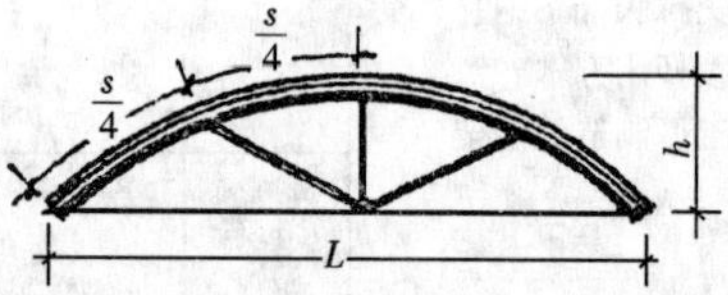 | 胶合弧形桁架 | 上弦及腹杆用胶合木，下弦用钢材 工厂制造 | 15~18 | $\dfrac{1}{7}$~$\dfrac{1}{6}$ |
| 13 | | 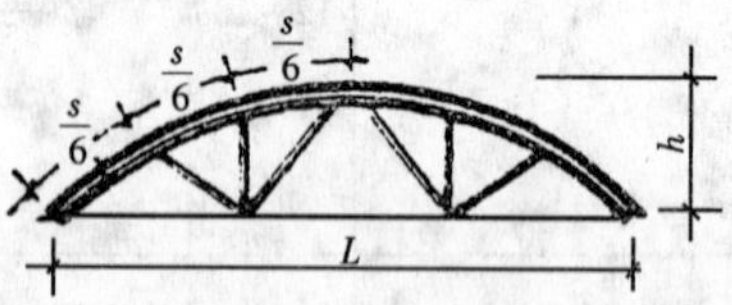 | 胶合弧形桁架 | 上弦及腹杆用胶合木，下弦用钢材 工厂制造 | 18~24 | $\dfrac{1}{7}$~$\dfrac{1}{6}$ |

图 17-3　屋架示意图（二）

| 类别 | 部位 | 名 称 | 简 图 | 构 造 要 求 |
|---|---|---|---|---|
| 普通木屋架（豪式屋架） | 端节点 | 单齿正榫结合 | 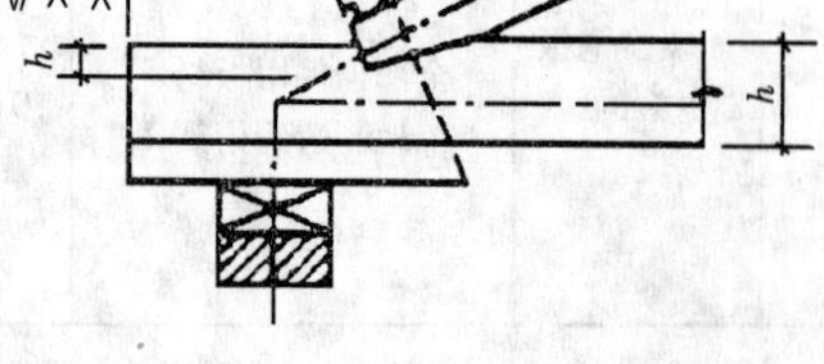 | 1. 承压面与上弦轴线垂直<br>2. 上弦轴线通过承压面中心<br>3. 下弦轴线，方木：通过齿槽下净截面中心；圆木：通过下弦截面中心<br>4. 上、下弦轴线与墙身轴线交汇于一点上<br>5. 受剪面避开木材髓心<br>6. 上、下弦间不受力的交接缝的上口宜留出约5mm的间隙 |

图 17-4　木、钢木屋架的节点构造（一）

| 类别部位 | 名 称 | 简 图 | 构 造 要 求 |
|---|---|---|---|
| 普通木屋架（豪式屋架） 端 节 点 | 双齿正榫结合 | 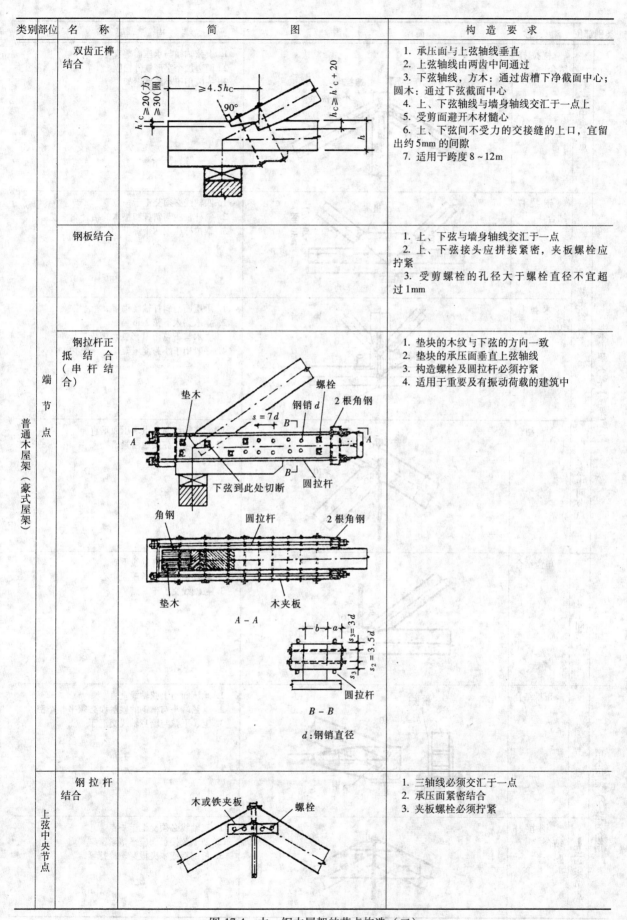 | 1. 承压面与上弦轴线垂直<br>2. 上弦轴线由两齿中间通过<br>3. 下弦轴线，方木：通过齿槽下净截面中心；圆木：通过下弦截面中心<br>4. 上、下弦轴线与墙身轴线交汇于一点上<br>5. 受剪面避开木材髓心<br>6. 上、下弦间不受力的交接缝的上口，宜留出约5mm的间隙<br>7. 适用于跨度8～12m |
| | 钢板结合 | | 1. 上、下弦与墙身轴线交汇于一点<br>2. 上、下弦接头应拼接紧密，夹板螺栓应拧紧<br>3. 受剪螺栓的孔径大于螺栓直径不宜超过1mm |
| | 钢拉杆正抵结合（串杆结合） | | 1. 垫块的木纹与下弦的方向一致<br>2. 垫块的承压面垂直上弦轴线<br>3. 构造螺栓及圆拉杆必须拧紧<br>4. 适用于重要及有振动荷载的建筑中 |
| 上弦中央节点 | 钢拉杆结合 | | 1. 三轴线必须交汇于一点<br>2. 承压面紧密结合<br>3. 夹板螺栓必须拧紧 |

图 17-4　木、钢木屋架的节点构造（二）

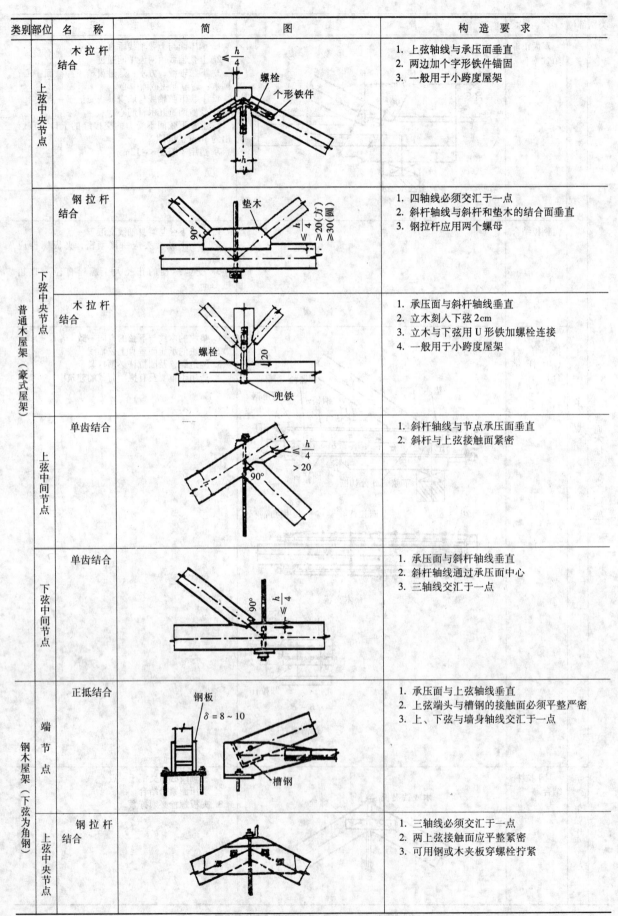

| 类别部位 | 名　称 | 简　图 | 构　造　要　求 |
|---|---|---|---|
| 上弦中央节点 | 木拉杆结合 | | 1. 上弦轴线与承压面垂直<br>2. 两边加个字形铁件锚固<br>3. 一般用于小跨度屋架 |
| 下弦中央节点 | 钢拉杆结合 | | 1. 四轴线必须交汇于一点<br>2. 斜杆轴线与斜杆和垫木的结合面垂直<br>3. 钢拉杆应用两个螺母 |
| | 木拉杆结合 | | 1. 承压面与斜杆轴线垂直<br>2. 立木刻入下弦2cm<br>3. 立木与下弦用U形铁加螺栓连接<br>4. 一般用于小跨度屋架 |
| 上弦中间节点 | 单齿结合 | | 1. 斜杆轴线与节点承压面垂直<br>2. 斜杆与上弦接触面紧密 |
| 下弦中间节点 | 单齿结合 | | 1. 承压面与斜杆轴线垂直<br>2. 斜杆轴线通过承压面中心<br>3. 三轴线交汇于一点 |
| 端节点 | 正抵结合 | | 1. 承压面与上弦轴线垂直<br>2. 上弦端头与槽钢的接触面必须平整严密<br>3. 上、下弦与墙身轴线交汇于一点 |
| 上弦中央节点 | 钢拉杆结合 | | 1. 三轴线必须交汇于一点<br>2. 两上弦接触面应平整紧密<br>3. 可用钢或木夹板穿螺栓拧紧 |

图 17-4　木、钢木屋架的节点构造（三）

| 类别部位 | 名 称 | 简 图 | 构 造 要 求 |
|---|---|---|---|
| 钢木屋架（下弦为角钢） 下弦中央节点 | 钢拉杆结合 | 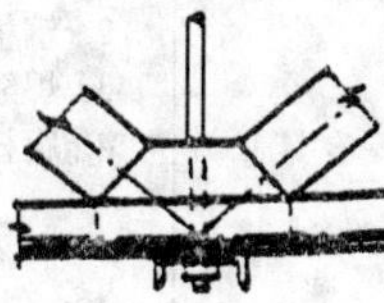 | 1. 五轴线必须交汇于一点<br>2. 斜杆轴线与承压面垂直<br>3. 拉杆应用双螺母 |
| 下弦中间节点 | 正抵结合 | 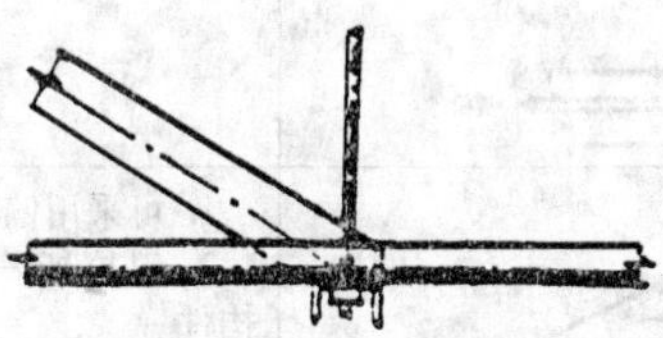 | 1. 三轴线必须交汇于一点<br>3. 斜杆承压面与轴线垂直<br>3. 接触面应紧密 |
| 上弦中间节点 | 单齿结合 | 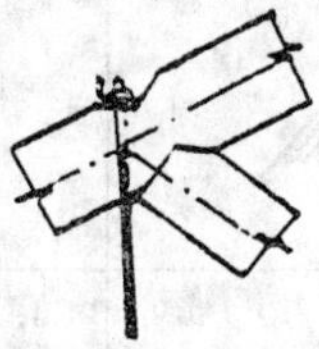 | 同木屋架上弦中间节点 |
| 钢木屋架（下弦为圆钢） 端 节 点 | 上弦钻孔拉条的垫板结合 | 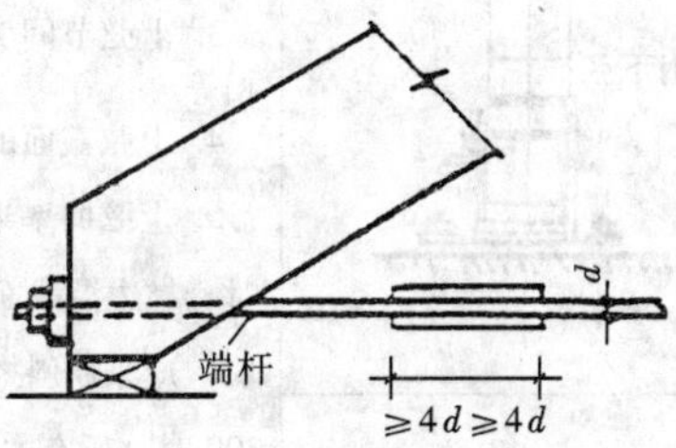 | 1. 下弦用单根钢拉条，如用双根时，每距30$d$焊连接板一块<br>2. 端杆镦粗或用粗短端杆<br>3. 圆钢借垫板与上弦结合 |
| | 焊接U形套环结合 | 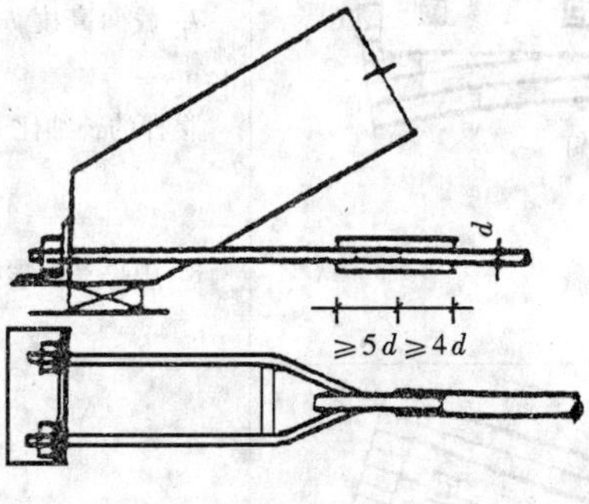 | 1. 应采用中心交汇方案<br>2. 连接U形铁与上弦结合<br>3. 焊缝高度不小于4mm，不大于0.4$d$ |
| 下弦中间节点 | 焊接钢板结合 | 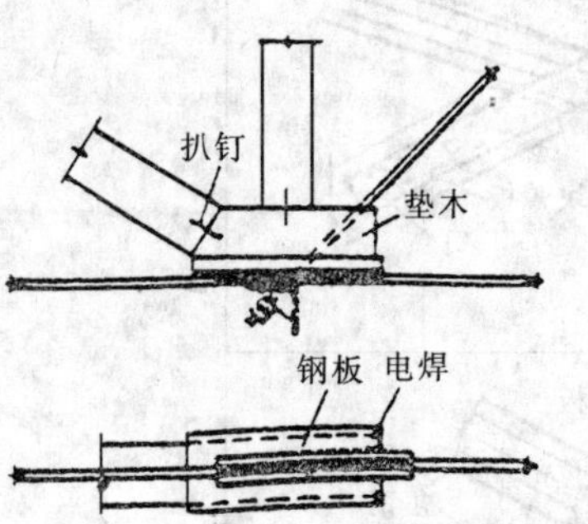 | 1. 轴线必须交汇于一点<br>2. 钢板厚度不宜小于6mm<br>3. 焊缝长度≥4$d$<br>4. 腹杆与托木用扒钉钉牢 |

图 17-4  木、钢木屋架的节点构造（四）

239

| 类别部位 | 名　称 | 简　图 | 构　造　要　求 |
|---|---|---|---|
| 钢木屋架（下弦为圆钢） | 下弦中央节点 | 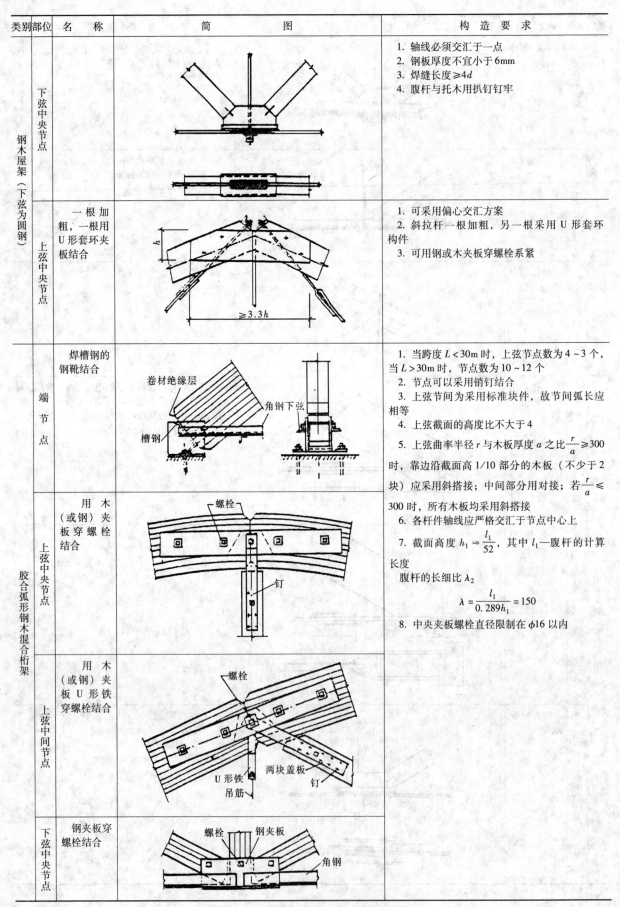 | 1. 轴线必须交汇于一点<br>2. 钢板厚度不宜小于6mm<br>3. 焊缝长度≥4d<br>4. 腹杆与托木用扒钉钉牢 |
| | 上弦中央节点 一根加粗，一根用U形套环夹板结合 | | 1. 可采用偏心交汇方案<br>2. 斜拉杆一根加粗，另一根采用U形套环构件<br>3. 可用钢或木夹板穿螺栓系紧 |
| 胶合弧形钢木混合桁架 | 端节点 焊槽钢的钢靴结合 | | 1. 当跨度 $L < 30m$ 时，上弦节点数为4～3个，当 $L > 30m$ 时，节点数为10～12个<br>2. 节点可以采用销钉结合<br>3. 上弦节间为采用标准构件，故节间弧长应相等<br>4. 上弦截面的高度比不大于4<br>5. 上弦曲率半径 $r$ 与木板厚度 $a$ 之比 $\frac{r}{a} \geq 300$ 时，靠边沿截面高 1/10 部分的木板（不少于2块）应采用斜搭接；中间部分用对接；若 $\frac{r}{a} \leq 300$ 时，所有木板均采用斜搭接<br>6. 各杆件轴线应严格交汇于节点中心上<br>7. 截面高度 $h_1 \approx \frac{l_1}{52}$，其中 $l_1$—腹杆的计算长度<br>腹杆的长细比 $\lambda_2$<br>$$\lambda = \frac{l_1}{0.289h_1} = 150$$<br>8. 中央夹板螺栓直径限制在 $\phi16$ 以内 |
| | 上弦中央节点 用木（或钢）夹板穿螺栓结合 | | |
| | 上弦中间节点 用木（或钢）夹板U形铁穿螺栓结合 | | |
| | 下弦中央节点 钢夹板穿螺栓结合 | | |

图 17-4　木、钢木屋架的节点构造（五）

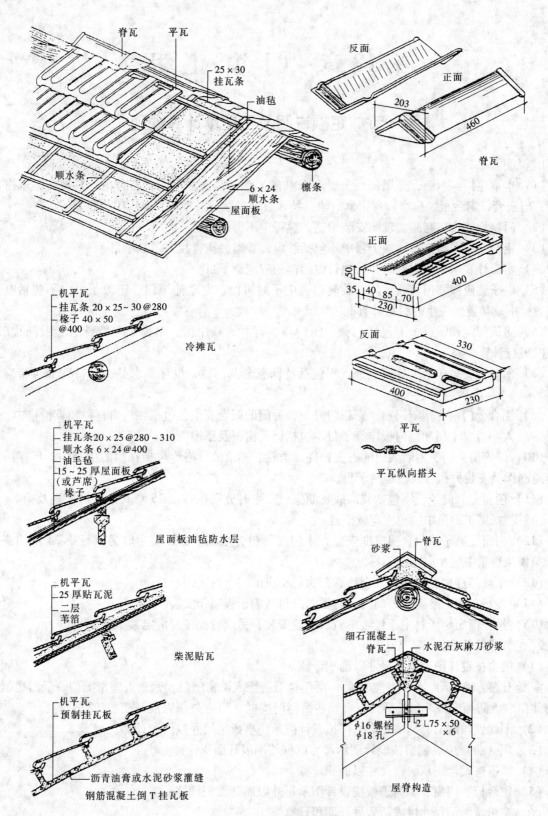

脊瓦　平瓦

25×30
挂瓦条

油毡

顺水条

6×24
顺水条

屋面板

檩条

反面

正面

203

460

脊瓦

机平瓦
挂瓦条 20×25～30 @280
椽子 40×50
@400

冷摊瓦

正面

50

35 40 85 70

230

400

机平瓦
挂瓦条20×25@280～310
顺水条 6×24@400
油毛毡
15～25厚屋面板
（或芦席）
椽子

屋面板油毡防水层

反面

330

400 230

平瓦

平瓦纵向搭头

机平瓦
25厚贴瓦泥
二层
苇箔

柴泥贴瓦

砂浆　脊瓦

机平瓦
预制挂瓦板

沥青油膏或水泥砂浆灌缝

钢筋混凝土倒 T 挂瓦板

细石混凝土

脊瓦　水泥石灰麻刀砂浆

φ16 螺栓
φ18 孔

2 L75×50
×6

屋脊构造

图 17-5　木基层示意图

# 第18章 门窗工程

## 第一节 定额说明及工程量计算规则

1. 说明

（1）本章包括：木门，金属门，金属卷帘（闸）门，厂库房大门，特种门，其他门，木窗，金属窗，门窗套，窗台板，窗帘，窗帘盒、轨，特殊五金安装，其他项目共151个子目。

（2）门窗均按工厂制品、现场安装编制，执行中不得调正。

（3）铝合金窗、塑钢窗定额子目中不包括纱扇，纱扇另执行相应定额子目。

（4）窗设计要求采用附框时，另执行窗附框相应定额子目。

（5）电子感应横移门、卷帘门、旋转门、电子对讲门、电动伸缩门、定额子目中不包括电子感应装置，电动装置，发生时另行计算。

（6）防火门定额子目中不包括门锁、闭门器、合页、顺序器、暗插销等特殊五金及防火玻璃，发生时另行计算。

（7）木门窗安装包括了普通五金，不包括特殊五金及门锁，设计要求是执行特殊五金相应定额子目。

（8）铝合金门窗、塑钢门窗、彩板门窗、特种门的配套五金已包括在门窗材料预算价格中。

（9）人防混凝土门和挡窗板定额子目均包括钢门窗框及预埋铁件。

（10）厂库房大门、围墙大门的五金铁件、滑轮、轴承的价格均包括在门的价格中。厂库房大门的轨道制作及安装另执行地轨定额子目。

（11）门窗套、筒子板不包括装饰线及油漆，发生时分别执行第25章其他装饰工程及第24章油漆、涂料、裱糊工程量中的相应定额子目。

（12）门窗定额子目中含门窗框安装，木门窗不包含现场油漆，发生时另执行第24章油漆、涂料、裱糊工程量中的相应定额子目。

（13）阳台门连窗，门和窗分别计算，执行相应的门、窗定额子目。

（14）冷藏车门、冷藏冻结间门、防辐射门包括筒子板制作安装。

（15）推拉门定额子目中不包含滑轨、滑轮安装，另执行推拉门滑定额子目。

2. 工程量计算规则

（1）门窗按设计图示洞口尺寸以面积计算。

混凝土人防密闭门、混凝土防密门、活门槛混凝土人防密闭门、钢质人防密闭门、活门槛钢质人防密闭门、人防挡窗板、悬板活门、金属卷帘闸门门按框（扇）外围以展开面积计算。

（2）围墙铁丝网门、钢质花饰大门按设计图示门框或扇尺寸以面积计算。

（3）飘（凸）窗、橱窗按设计图示尺寸以框外围展开面积计算。

（4）纱窗按设计图示洞口尺寸以面积计算。

（5）窗台板、门窗套、筒子板按设计图示尺寸以展开面积计算。

（6）窗帘按图示尺寸以成活后展开面积计算。

（7）窗帘盒、窗帘轨按设计图示尺寸以长度计算。

（8）门锁按设计图示数量计算。

（9）其他门中的旋转门按设计图示数量计算；伸缩门按设计图示长度计算。

（10）窗附框按设计图示洞口尺寸以长度计算。

（11）防火玻璃按设计图示面积计算。

（12）门窗后塞口按设计图示洞口面积计算。

（13）窗框间填消声条按设计图示长度计算。

（14）防火门灌浆按设计图示洞口尺寸以面积计算。

## 第二节 有关定额项目的做法与图示

门是建筑物的交通枢纽，并兼采光、通风等作用，内门作为空间的门户，对室内环境的风格起着举足轻重的作用。

1. 门

门的类型很多，按材料分：有木门、钢门、铝合金与塑料门；按开启方式分：有平开门、弹簧门、推拉门、上翻门、单扇升降门、卷帘门、折门、转门和自动门。如图18-1所示。

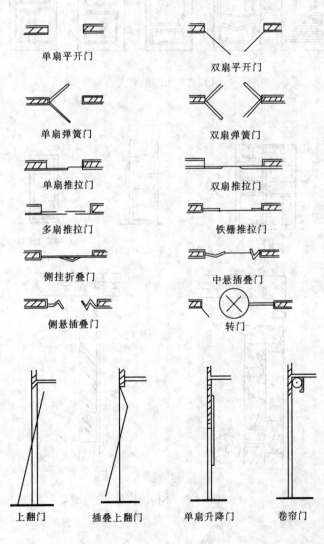

图 18-1 门的类型

（1）门的构造

木门的形式如图18-2所示，其构造见图18-3、图18-4。

图 18-2　木门的形式

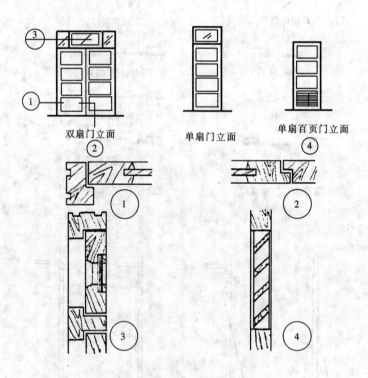

双扇门立面　　　单扇门立面　　　单扇百页门立面

图 18-3　木门的构造

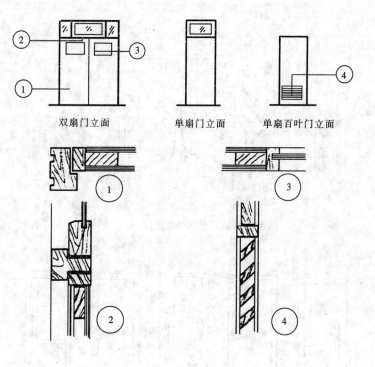

双扇门立面　　　　单扇门立面　　　　单扇百叶门立面

图 18-4　夹板门构造

　　装饰木门主要材料如门框等同木门，只是形式及细部做法不同，如图 18-5 及图 18-6 所示，一般用在高级装饰工程，起到美观的效果。

　　铝合金门是铝型材作框，中间用玻璃组成的门。一般用于门厅、商店橱窗等主要公共场所。具有质轻、耐久、美观等特点，一般形式及构造如图 18-7、图 18-8 所示。

图 18-5　装饰木门的形式

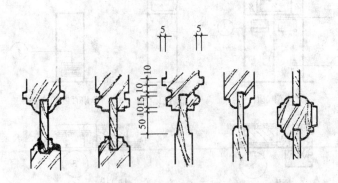

图 18-6 欧式装饰木门门心板做法

图 18-7 铝合金门的形式

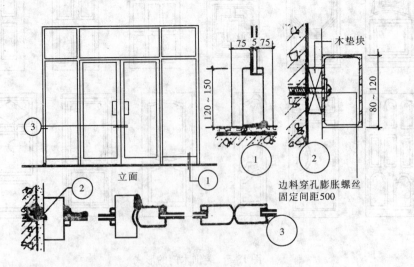

图 18-8 铝合金弹簧门的构造

转门由门扇、侧壁和转动装置组成。框用铝或不锈钢做成，为方便使用，宜全部或大部嵌玻璃。转门起防风和保温作用，一般用于建筑物门厅的入口。转门的平、立面见图18-9，其节点构造见图18-10。

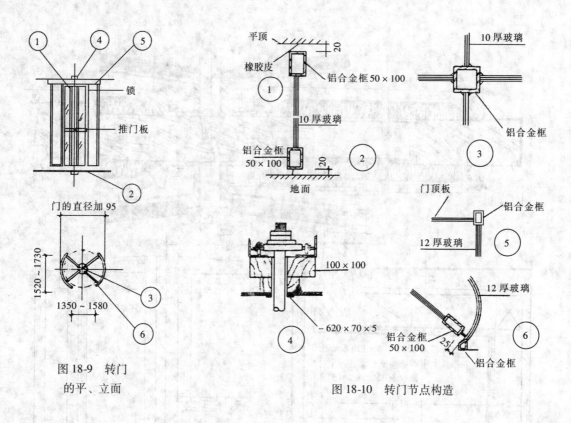

图 18-9 转门
的平、立面

图 18-10 转门节点构造

（2）门的细部构造

筒子板起美化门洞的作用，一般用于要求较高的装饰工程中，是在门洞内侧用木板、胶合板及大理石覆盖起来。构造如图18-11所示。

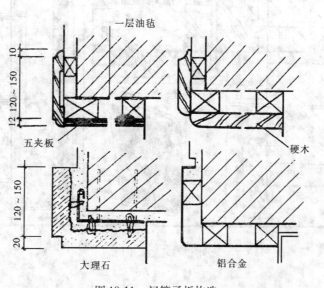

图 18-11 门筒子板构造

门帘盒用于报告厅、电化教室等，在白天放映录像时起遮光作用，做法同窗帘盒，见图 18-25。

2. 门的工程实例

（1）太平门（图 18-12）

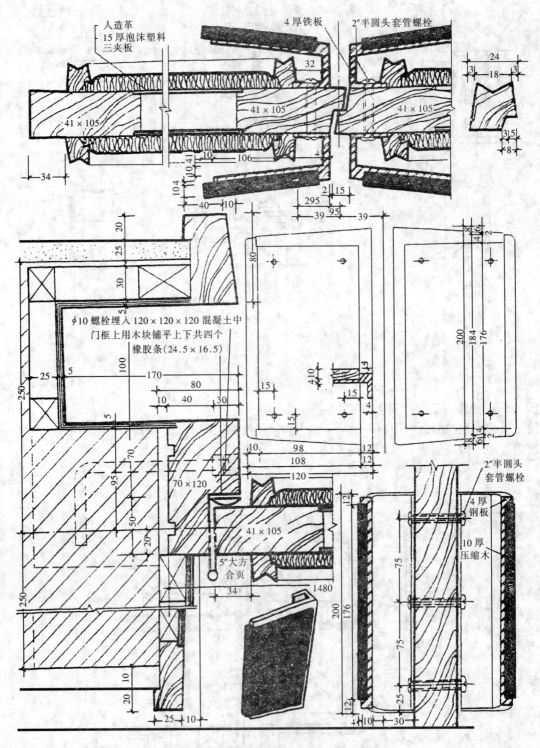

图 18-12　太平门

（2）电动门（图18-13）

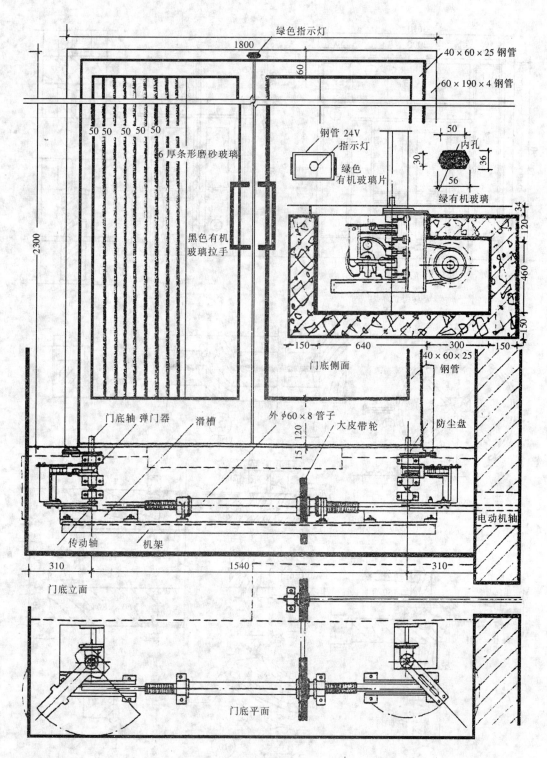

绿色指示灯

1800

60

40×60×25 钢管

60×190×4 钢管

50 50 50 50 50

6 厚条形磨砂玻璃

黑色有机
玻璃拉手

钢管 24V
指示灯

绿色
有机玻璃片

50

内孔

30

36

56

绿有机玻璃

34

120

460

150

150    640    300    150

门底侧面

2 300

门底轴 弹门器    滑槽

外 φ60×8 管子    大皮带轮

40×60×25
钢管

防尘盘

120

15

电动机轴

传动轴    机架

310    1 540    310

门底立面

门底平面

图 18-13 电动门

249

（3）转门（图18-14）

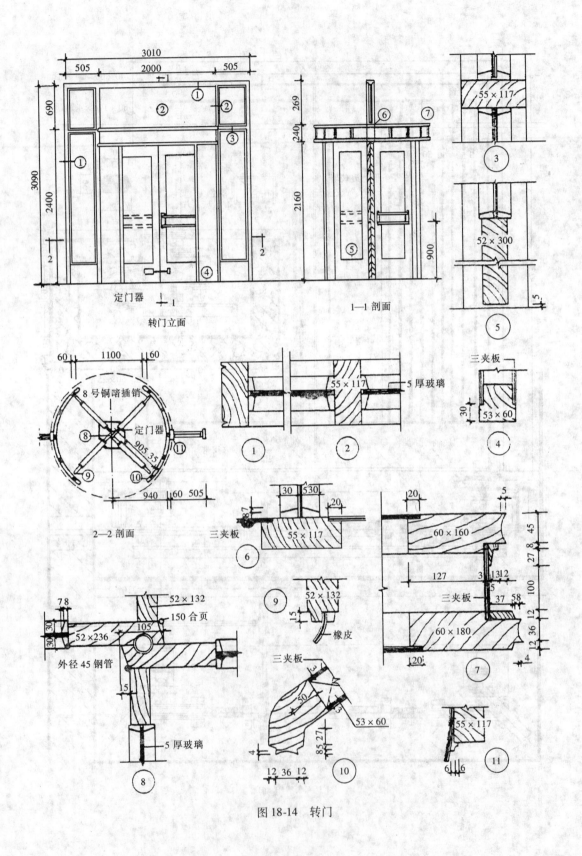

图18-14　转门

（4）钢大门（图 18-15）

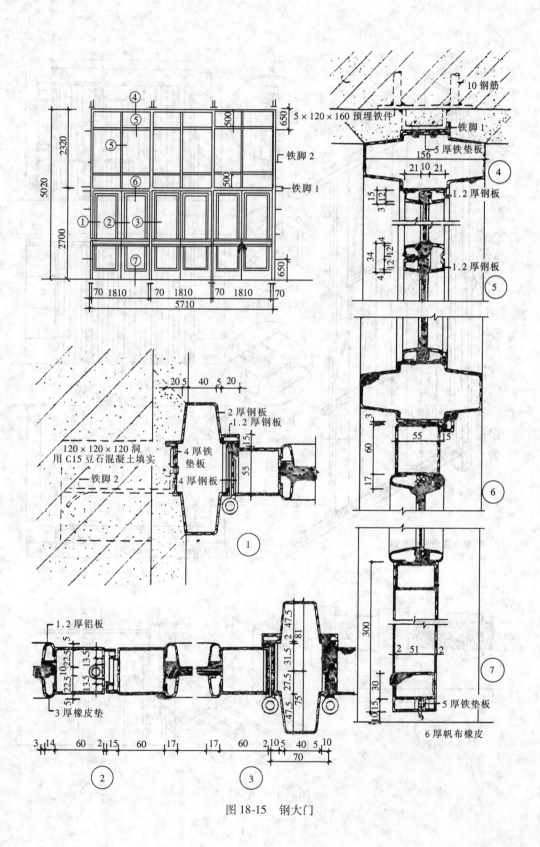

图 18-15　钢大门

(5) 弹簧翻门（图18-16）

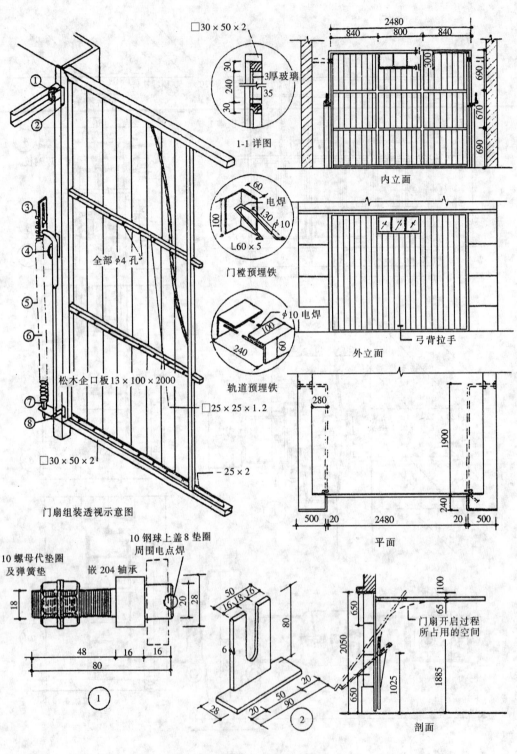

□30×50×2

30

240

30

3厚玻璃

35

1-1 详图

60
电焊
100
130 φ10
L60×5

门樘预埋铁

φ10 电焊
100
240
60

轨道预埋铁

2480
840 800 840

300

690

670

690

内立面

外立面

弓背拉手

280

1900

240

500 20 2480 20 500

平面

全部 φ4 孔

松木企口板 13×100×2000

□25×25×1.2

□30×50×2

25×2

门扇组装透视示意图

10 螺母代垫圈
及弹簧垫

10 钢球上盖 8 垫圈
周围电点焊

嵌 204 轴承

18

20

28

48 16 16

80

①

50
16 18 16

6

80

28 20 50 20
90

②

650 100
65
650
门扇开启过程
所占用的空间

2050

650 1025

1885

剖面

图 18-16 弹簧门

252

（6）折叠翻门（图 18-17）

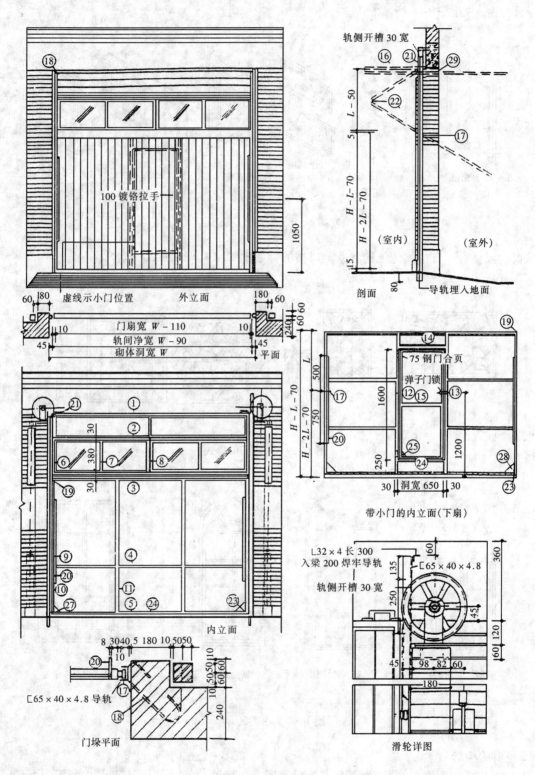

图 18-17  折叠翻门

253

## 3. 窗

### (1) 窗的类型

窗按材料可分：木窗、钢窗、铝合金窗和塑料窗；按开启方式分：有固定窗、平开窗、悬窗和推拉窗、百叶窗。如图18-18所示。

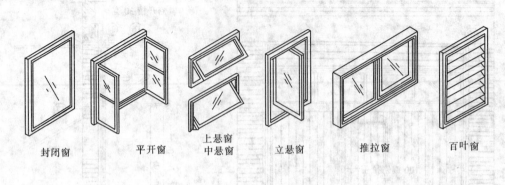

封闭窗　　平开窗　　上悬窗　　立悬窗　　推拉窗　　百叶窗
　　　　　　　　　　中悬窗

图18-18　窗的开启方式

从窗的风格看，有中国传统的和欧美风格的，如图18-19、图18-20所示。

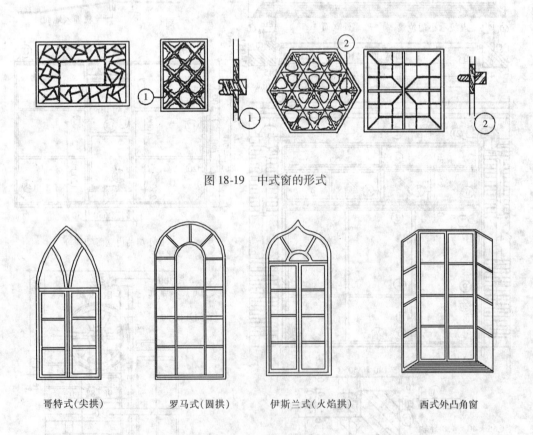

图18-19　中式窗的形式

哥特式(尖拱)　　　罗马式(圆拱)　　　伊斯兰式(火焰拱)　　　西式外凸角窗

图18-20　西式窗的形式

### (2) 窗的构造

普通窗一般采用木窗、钢窗，各地都有标准图，可按其功能需要和洞口尺寸直接选用，一般用于民窗、办公室等装饰要求不太高的场所。普通木窗构造图18-21、图18-22。

铝合金窗框料为管材，可分为银白色或古铜色两种，一般为工厂定做，玻璃面积较大，外观简洁大方，有利于采光。一般用于装修档次较高的场所。图18-23是铝合金推拉窗的构造。

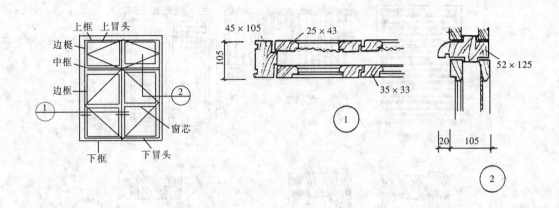

图 18-21　木窗构造

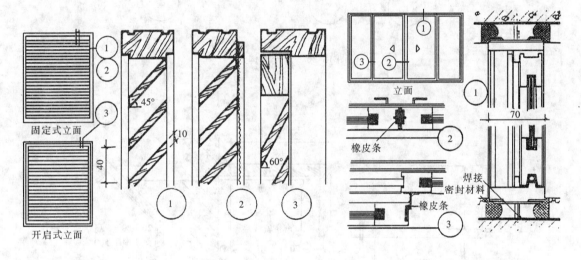

图 18-22　木百叶窗构造　　　　　　　图 18-23　铝合金推拉窗构造

　　遮光窗不透光，但需要通风。遮光窗百叶可水平也可垂直放置，可用木料或金属制作，关键是要互相咬合，保证光线透不过来。一般用于设备机房、变电所。构造如图 18-24 所示。

　　（3）窗的细部

　　窗的细部是由窗帘盒、窗的筒子板组成。

　　窗帘盒材料可分为木料、塑料、铝合金、纸面石膏板及竹板等，其中以木料使用最为广泛。

　　窗帘盒是由外壳、轨道和滑轮组成的。窗帘盒可做成通长的或者比窗户两侧长 150mm。

　　窗帘盒可以嵌入在顶棚中，也可做在顶棚以下，裸露于空间。用哪种形式取决于空间结构。窗帘盒构造如图 18-25 所示。

　　窗筒子板的构造与门筒子板构造相似，用于装修较高的场所，见图 18-11。

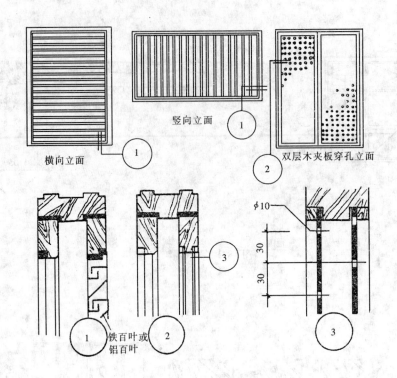

横向立面

竖向立面

双层木夹板穿孔立面

$\phi 10$

铁百叶或铝百叶

图 18-24　遮光窗构造

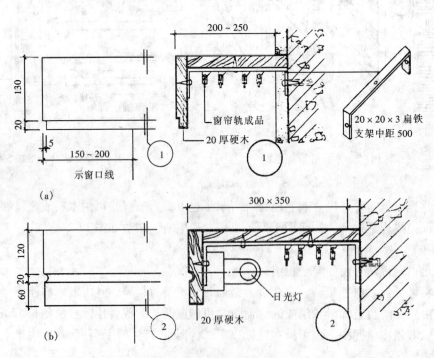

200 ~ 250

窗帘轨成品

20 厚硬木

20×20×3 扁铁支架中距 500

示窗口线

（a）

300 × 350

日光灯

20 厚硬木

（b）

图 18-25　窗帘盒构造

（a）不装灯具的帘盒；（b）装灯具的窗帘盒

4. 窗的工程实例

（1）空腹薄壁玻璃百叶窗（图18-26）

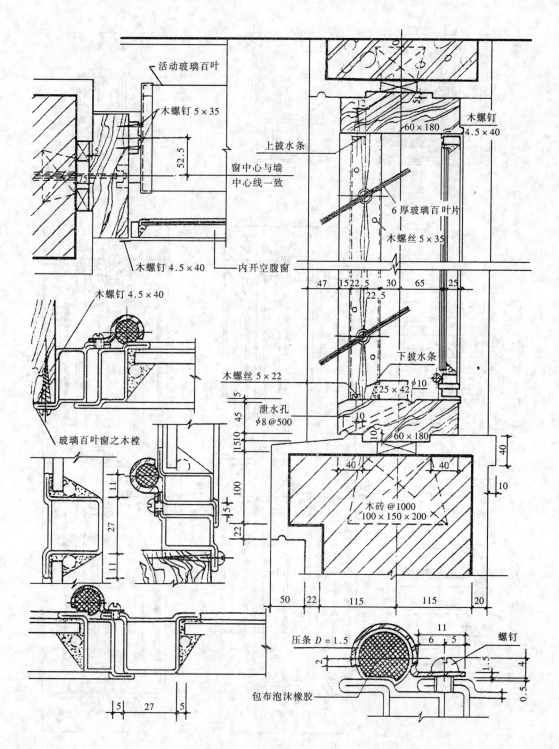

图18-26　空腹薄壁玻璃百叶窗

（2）遮光密闭窗（图 18-27）

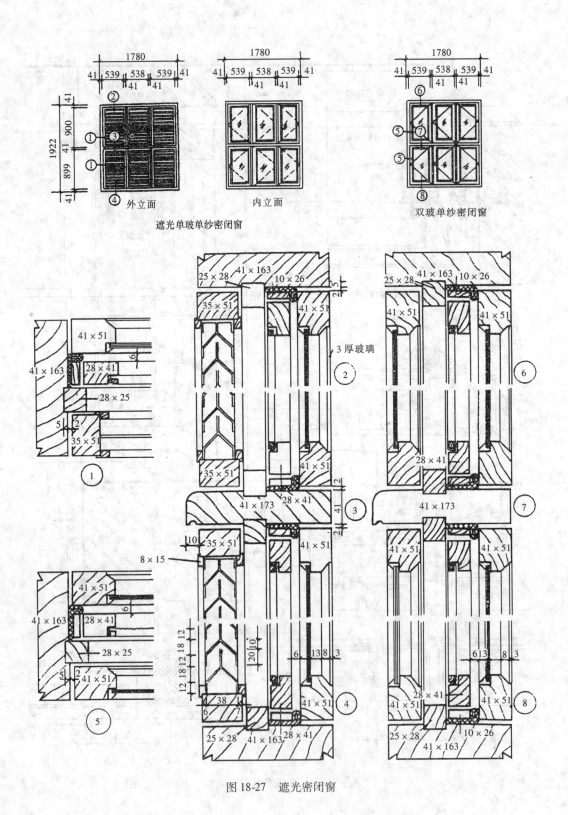

遮光单玻单纱密闭窗

双玻单纱密闭窗

图 18-27　遮光密闭窗

（3）遮光百叶窗（图18-28）

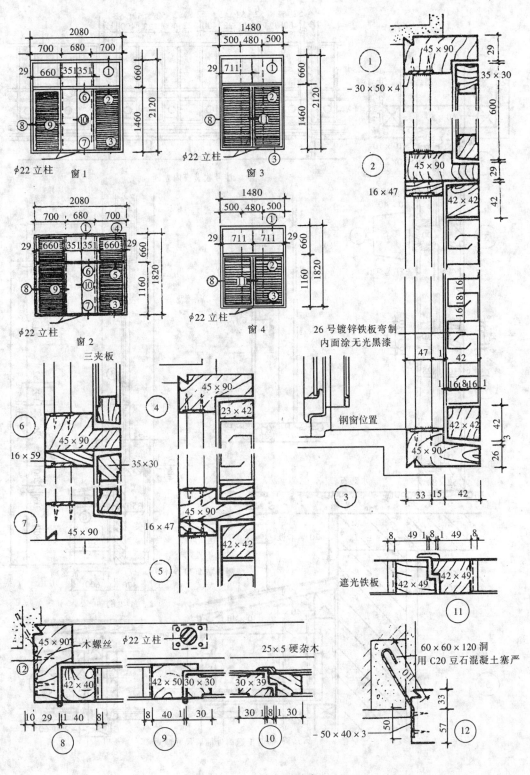

图18-28 遮光百叶窗

（4）营业收费窗（图18-29）

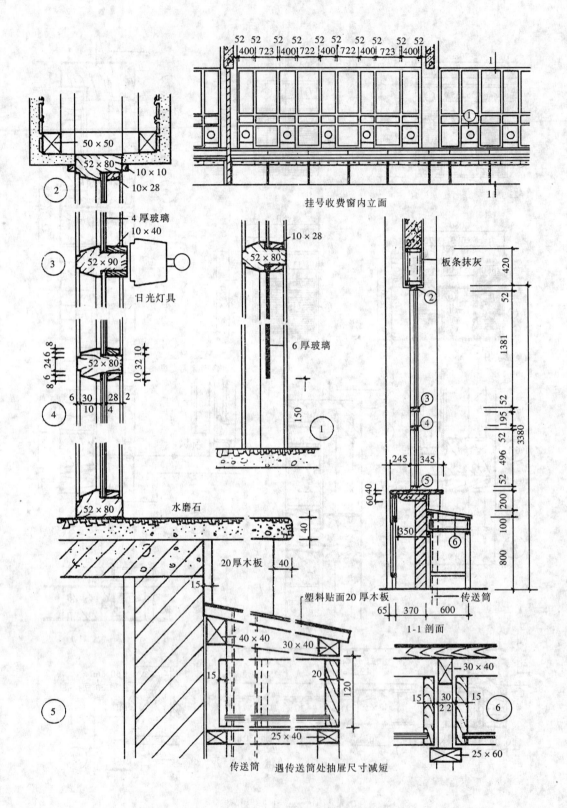

图 18-29　营业收费窗

5. 特殊门窗

（1）特殊用途的门窗分类及密闭材料

特殊用途的门窗包括防风雨、防风砂、防寒、保温、冷藏、隔声及防火、防放射性等用途的门窗。

门窗密闭用嵌填材料有毛毯、厚绒布、帆布包内填矿棉或玻璃棉等松散材料、橡皮、海绵橡皮、氯丁海绵橡皮、聚氯乙烯塑料、泡沫塑料等，制成条形、管状及适宜于密闭的各种断面。各种密闭用嵌填材料的断面形状见图 18-30 所示。密闭安装方式大致分为外贴式（木窗居多）、内嵌式（钢窗为主）、嵌缝式等三类，密闭材料的安装方式见图 18-31。

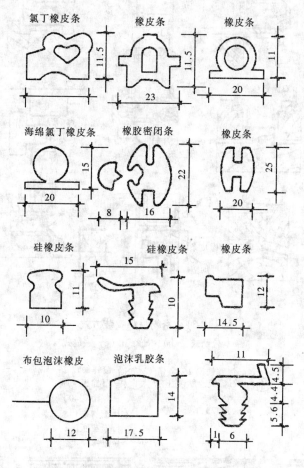

图 18-30　密闭用嵌填材料的断面形式

（2）特殊用途门窗的构造

1）防火门窗

防火门有不同的构造做法，其防火极限分为 2、1.5、1、0.75、0.42 小时等，分别用于不同等级的建筑和不同生活、生产、贮藏等方面。

耐火极限 2 小时的防火门，适用于一、二等钢筋混凝土结构内贮存有可燃物体的库房；耐火极限 1.5 小时的防火门，适用于钢筋混凝土结构内生产可燃物体的厂房；耐火极限 1 小时及以下的防火门，适用于一般公共建筑或生产可燃物质的车间。防火门的构造层及耐火极限见图 18-32。

防火门实例见图 18-33。

2）隔音门

如图 18-34 所示。

3）自动关闭防火门

如图 18-35 所示。

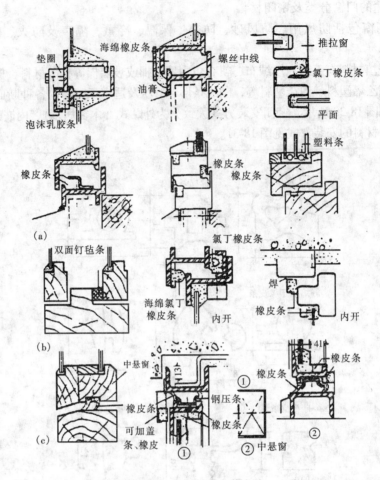

图 18-31　密闭材料安装方式

(a) 外贴式；(b) 内嵌式；(c) 嵌缝式

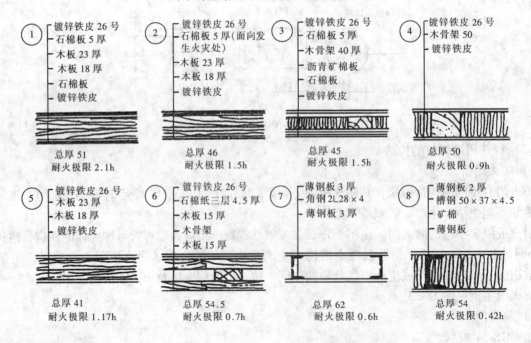

① 镀锌铁皮 26 号
　石棉板 5 厚
　木板 23 厚
　木板 18 厚
　石棉板
　镀锌铁皮

总厚 51
耐火极限 2.1h

② 镀锌铁皮 26 号
　石棉板 5 厚（面向发
　生火灾处）
　木板 23 厚
　木板 18 厚
　镀锌铁皮

总厚 46
耐火极限 1.5h

③ 镀锌铁皮 26 号
　石棉板 5 厚
　木骨架 40 厚
　沥青矿棉板
　石棉板
　镀锌铁皮

总厚 45
耐火极限 1.5h

④ 镀锌铁皮 26 号
　木骨架 50
　镀锌铁皮

总厚 50
耐火极限 0.9h

⑤ 镀锌铁皮 26 号
　木板 23 厚
　木板 18 厚
　镀锌铁皮

总厚 41
耐火极限 1.17h

⑥ 镀锌铁皮 26 号
　石棉纸三层 4.5 厚
　木板 15 厚
　木骨架
　木板 15 厚

总厚 54.5
耐火极限 0.7h

⑦ 薄钢板 3 厚
　角钢 2L28×4
　薄钢板 3 厚

总厚 62
耐火极限 0.6h

⑧ 薄钢板 2 厚
　槽钢 50×37×4.5
　矿棉
　薄钢板

总厚 54
耐火极限 0.42h

图 18-32　各种防火门构造组合及耐火极限

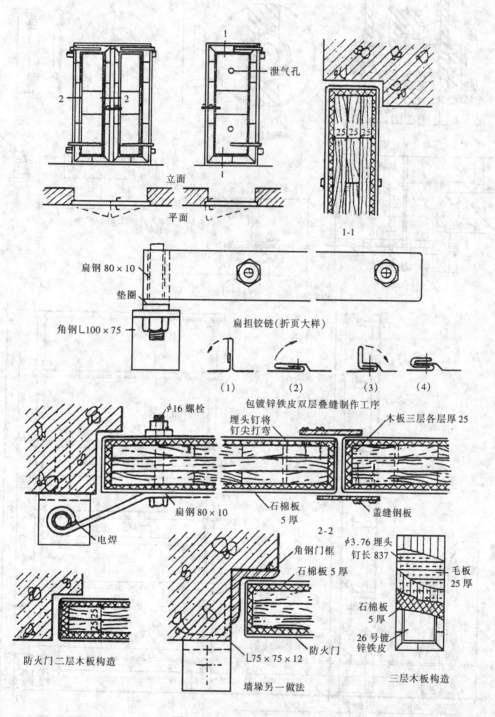

立面

平面

泄气孔

1-1

扁钢 80×10

垫圈

角钢 L100×75

扁担铰链(折页大样)

（1）　（2）　（3）　（4）

包镀锌铁皮双层叠缝制作工序

φ16 螺栓

埋头钉将
钉尖打弯

木板三层各层厚 25

扁钢 80×10

石棉板
5 厚

盖缝钢板

电焊

2-2

25 25

防火门二层木板构造

角钢门框

石棉板 5 厚

L75×75×12

防火门

墙垛另一做法

φ3.76 埋头
钉长 837

毛板
25 厚

石棉板
5 厚

26 号镀
锌铁皮

三层木板构造

图 18-33　平开式防火门构造

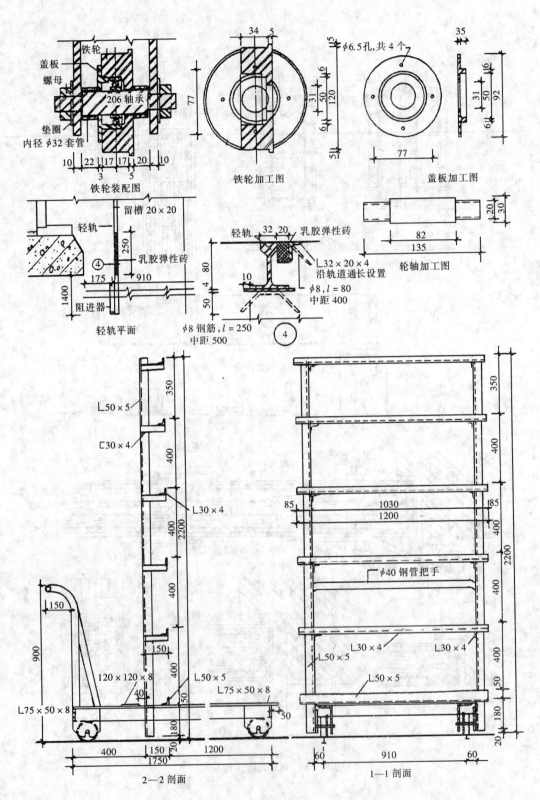

铁轮

盖板

螺母

206轴承

垫圈

内径φ32套管

10 22 17 17 20 10
3    5

铁轮装配图

铁轮加工图

盖板加工图

φ6.5孔,共4个

77

轮轴加工图

留槽 20×20

轻轨

乳胶弹性砖

阻进器

轻轨平面

乳胶弹性砖

L32×20×4
沿轨道通长设置

φ8,l=80
中距 400

φ8 钢筋,l=250
中距 500

L50×5

Ｃ30×4

L30×4

φ40 钢管把手

L30×4

L30×4

L50×5

L75×50×8

L50×5

120×120×8

L50×5

L75×50×8

L75×50×8

2—2 剖面

1—1 剖面

图 18-34　隔声门

264

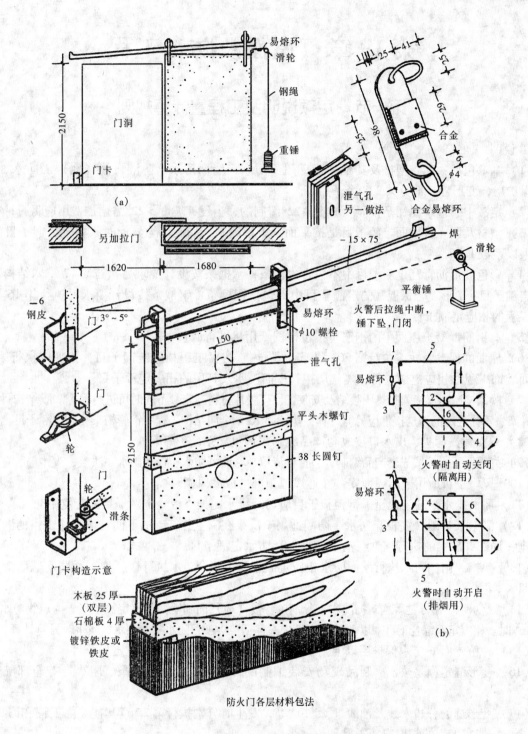

图 18-35　自动关闭式防火门、窗

（a）自动关闭防火门；（b）自动防火钢窗

1—钢滑轮；2—铁圈；3—平衡锤；4—弹簧插销；5—细钢丝绳；6—铅丝玻璃

# 第19章 屋面及防水工程

## 第一节 定额说明及工程量计算规则

1. 说明

（1）本章包括：瓦、型材及其他屋面，屋面防水，墙面防水、防潮，楼（地）面防水、防潮，防水保护层，变形缝6部分共278个子目。

（2）定额中彩色水泥瓦是按屋面坡度≤22°编制的，当设计坡度>22°需增加费用应另行计算。

（3）型材及阳光板屋面定额子目是按平面、矩形编制。如设计为异形时，相应定额子目的综合工日乘以系数1.15。

（4）彩色波形沥青瓦定额子目中不包含木檩条，木檩条按设计要求另执行第17章木结构工程的相应定额子目；T形复合保温瓦的定额子目中不包括钢檩条，钢檩条按设计要求另执行第16章金属结构工程的相应定额子目。

（5）有钢筋混凝土屋面中的钢筋可按设计图纸用量进行调整。

（6）屋面的保温及找坡执行第20章保温、隔热、防腐工程相应定额子目，找平层执行第21章楼地面装饰工程的相应定额子目，隔气层执行屋面防水及其中的相应定额子目。

（7）膜结构屋面仅指膜布热压胶结及安装，设计膜片材料与定额不同时可进行换算。膜结构骨架及膜片与骨架、索体之间的钢连接件应另行计算，执行第16章金属结构工程中钢管桁架相应定额子目。

（8）屋面铸铁弯头、出水口按成套产品编制，均包含立箅子等配件。

（9）虹吸示雨水斗按成套产品编制，包括导流罩、整流器防水压板、雨水斗法兰、斗体等所有配件。

（10）风帽子目适用于出屋面安装在通风道顶部的成品风帽。

（11）屋面排水沟的钢盖箅子钢盖板子目应与纤维水泥架空板凳定额子目配套使用。

（12）满堂红基础（筏板）防水、防潮适用于反梁在满堂红基础的下面且形成井子格的满堂红筏板基础，局部有反梁的执行满堂红基础（平板）防水定额子目。

（13）挑檐、雨棚防水执行屋面防水相应定额子目；阳台防水执行楼（地）面防水、防潮相应定额子目。

（14）蓄水池、游泳池等构筑物防水，分别执行楼（地）面和墙面防水定额子目。构筑物防水面积小于20m²时，相应定额综合工日乘以1.15。定额中不包括池类项目闭水实验用水，发生时另行计算。

（15）种植屋面（防水保护层以上）执行园林绿化工程预算定额相应定额子目。

（16）变形缝定额是按工厂制品现场安装编制的，包括盖板、止水条、阻火带等全部配件以及嵌缝。

（17）变形缝的分边木线及油漆（涂料）等，发生时分别执行第25章其他装饰工程和第24章油漆、涂料、裱糊工程的相应定额子目。

（18）内墙面、顶棚变形缝层高超过3.6m时，相应定额的综合工日乘以系数1.05；超过6m时，相应定额的综合工日乘以系数1.1。

2. 工程量计算规则

（1）瓦屋面、型材屋面按设计图示尺寸以斜面积计算。不扣除房上烟囱、风帽底座、风道、小气窗、斜沟等所占面积。小气窗的出檐部分不增加面积。

（2）阳光板、玻璃钢屋面按设计图示以斜面积计算。不扣除屋面面积≤0.3m²孔洞所占面积。

（3）膜结构屋面按设计图示尺寸以需要覆盖的水平投影面积计算。

（4）屋面纤维水泥架空板凳按图示尺寸以"$m^2$"计算，与其配套的排水沟钢盖算子、钢盖板按算设计图示尺寸以长度计算。

（5）屋面防水按设计图示尺寸以面积计算。

1）斜屋面（不包括平屋面找坡）按斜面积计算，平屋面按水平投影面积计算。

2）不扣除屋面烟囱、风帽底座、风道、屋面小气窗和斜沟所占面积。

3）屋面女儿墙、伸缩缝和天窗等处的弯起部分，并入屋面工程内。

（6）防水布按设计图示面积计算。

（7）屋面排水管按设计图示以长度计算。设计未标注尺寸的，以檐口至设计室外散水上表面垂直距离计算。

（8）空调冷凝水管按设计图示长度计算，各种水斗、弯头、下水口按数量计算。

（9）屋面排（透）气管、泄（吐）水管及屋面出入孔按设计图示数量计算。

（10）通风道顶部的风帽及屋面出入孔按设计图示数量计算。

（11）屋面天沟、檐沟按设计图示尺寸以展开面积计算。

（12）排水零件按设计图示尺寸以展开面积计算，设计无标注时按表 19-1 计算。

表 19-1　镀锌铁皮、不锈钢排水零件单位面积计算表

| 名称 | 单位 | 水落管檐沟 | 天沟 | 斜沟 | 烟囱泛水 | 滴水 | 天窗台泛水 | 天窗侧面泛水 | 滴水沿头 | 下水口 | 水头 | 透气管泛水 | 漏斗 |
|------|------|-----------|------|------|---------|------|-----------|-------------|---------|--------|------|-----------|------|
| | | | | | | m | | | | | | | |
| 镀锌铁皮（不锈钢）排水零件 | $m^2$ | 0.3 | 1.3 | 0.9 | 0.8 | 0.11 | 0.5 | 0.7 | 0.24 | 0.45 | 0.4 | 0.22 | 0.16 |

（13）墙面防水按设计图示尺寸以面积计算，应扣除 $>0.3m^2$ 孔洞所占的面积。附墙柱、墙垛侧面并入墙体工程量内。

（14）楼（地）面防水按设计图示尺寸以面积计算。

1）楼（地）面按主墙间的净空面积计算，扣除凸出地面的构筑物、设备基础等所占的面积，不扣除间壁墙及单个面积 $\leqslant0.3m^2$ 柱、垛、烟囱和孔洞所占的面积。

2）楼（地）面防水反边高度 $\leqslant300mm$ 时执行楼（地）面防水，反边高度 $>300mm$ 时，立面工程量执行墙面防水相应定额子目。

3）满堂红基础防水按设计图示尺寸以面积计算，反梁（井子格）部分按展开面积并入相应工程量内。

4）桩头防水按设计图示数量计算。

5）防水保护层按设计图示面积计算。

6）蓄水池、游泳池等构筑物的防水按设计图示尺寸以面积计算。

（15）止水带、变形缝按设计图示长度计算。

## 第二节　有关屋面项目的解释与图示

屋面是房屋最上一层的覆盖物，起着防水、保温和隔热等作用，用以抵抗雨雪、风沙的侵袭和减少烈日寒风等室外气候对室内的影响。

屋面依其外形可以分为平屋面、坡屋面、曲面形屋面、多波式折板屋面等。

1. 平屋面的层次及其构造

（1）隔气层。当屋顶设保温层时，须防止水分进入松散的保温层，降低它的保温能力，因此要

在屋面板上设置隔气层。

隔气层依其做法套用防水层的定额。

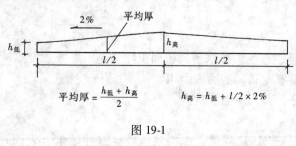

图 19-1

（2）找坡层。为了顺利地排除屋面的雨水，在平屋顶上通常都做一层找坡层，按图19-1所示面积乘以平均厚度。

（3）保温层。保温层应干燥、坚固、不变形。预算定额中的保温层项目分干铺加气混凝土块、聚苯乙烯泡沫板、水泥珍珠岩块、水泥蛭石板等。

（4）找平层。为使防水卷材有一个平整而坚实的基层，便于卷材的铺设防止破损，在保温层上抹1:3水泥砂浆找平、压实。

（5）防水层。按所用防水材料的不同，可以分为柔性防水屋面及刚性防水屋面。柔性防水屋面系指采用油毡、沥青等柔性材料铺设和粘结的防水屋面。刚性防水屋面系指用细石混凝土，防水水泥砂浆等刚性材料做成的防水屋面。北京地区目前常用的是柔性防水屋面，所以预算定额是按柔性防水屋面编制的。防水屋面有三毡四油及增减一毡一油等做法以及三元乙丙卷材的氯丁橡胶卷材屋面等。

（6）保护层。预算定额中有多种做法

1）豆石保护层。用于不上人的卷材防水屋面。在涂刷最后一道沥青时，铺撒粒径为3~6mm的小豆石一层。这是北京地区最常用的一种保护层。

2）水泥面砖保护层。是可供上人的屋面。概算定额中分为浆垫、砂垫层两种，浆垫采用1:3水泥砂浆铺砌200mm×200mm×25mm水泥砖。留缝隙3mm，用砂浆填满扫净。砂垫即在水泥砖下面采用砂垫层。

3）预制钢筋混凝土架空板保护层。分为可上人和不上人两种。做法是在卷材防水层上砌115mm×115mm×180mm砖墩，其纵横中距500mm，在砖墩上铺设500mm×500mm×30~50mm的预制钢筋混凝土板，并用砂浆勾缝。

2. 坡屋顶的构造

概算定额中的坡屋顶屋面材料有平瓦（黏土瓦、水泥瓦），波形瓦（小波石棉瓦、玻璃钢瓦、镀锌瓦垄铁皮）。不同的屋面材料，适用于不同的屋面坡度，并有各自的构造。

（1）平瓦屋面。以木屋面板或椽子作为屋面的承重基层，油毡干铺在屋面板上，用顺水条钉压。挂瓦条架空在顺水条上，然后挂瓦，并在檐口及封山处做封檐板及博风板。

（2）波形瓦屋面。波形瓦直接钉铺在檩条上，预算定额中的檩条分为木檩条、钢檩条，封山处做封檐板及博风板。

3. 柔性防水屋面的图示

（1）卷材防水屋面适用于防水等级为Ⅰ~Ⅳ级的屋面防水，屋面防水等级为Ⅰ级或Ⅱ级的多道防水设防时，可采用多道卷材、涂膜、刚性防水复合使用。

（2）屋面防水卷材应根据当地最高最低气温、屋面坡度和使用条件，选择耐热度和柔性相适应的卷材；根据地基变形程度、结构形式，当地年、日温差和震动等因素，选择拉伸性能相适应的卷材；根据卷材暴露程度，选择耐紫外线、热老化保持率相适应的卷材。

（3）找平层宜设分格缝，缝宽宜为2mm，并嵌填密封材料，分格缝兼作排气屋面的排气道时，可适当加宽，并与保温层相连通。

（4）排气屋面的排气道应纵横连贯，每36m²设一个排气孔与大气相通。

（5）天沟、檐沟纵向坡度不应小于1%；沟底水落差不得超过200mm。

（6）高低跨屋面的高跨屋面为无组织排水时，低跨屋面受水冲刷部位应加铺一层整幅卷材，再铺设300~500mm宽的板材加强保护；当有组织排水时，水落管下应加设钢筋混凝土水簸箕。

（7）跨度大于18m的屋面应采用结构找坡。找坡层应做分格缝。无保温层的屋面，板端缝应采用空铺附加层或卷材直接空铺处理，空铺宽度宜为 200～300mm。

（8）上人屋面采用块体或细石混凝土面层时，应在面层与防水层之间设隔离层。

（9）屋面防水层上放置设施时，设施下部防水层应做附加增强层。需经常维护的设施周围和屋面出入口至设施之间的人行道部位应设刚性保护层。

（10）卷材屋面应有保护层。如卷材本身无保护层时，可采用与卷材材性相容、粘结力强和耐风化的浅色涂料、铝箔等保护层，也可采用水泥砂浆、细石混凝土或块材做保护层。

柔性防水屋面及挑檐做法示如图 19-2 所示。

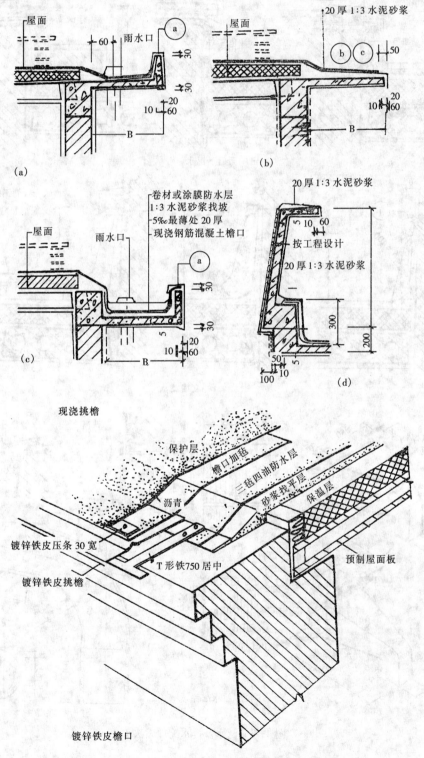

图 19-2  柔性防水屋面及挑檐做法示意

泛水及排水配件做法如图 19-3 所示。

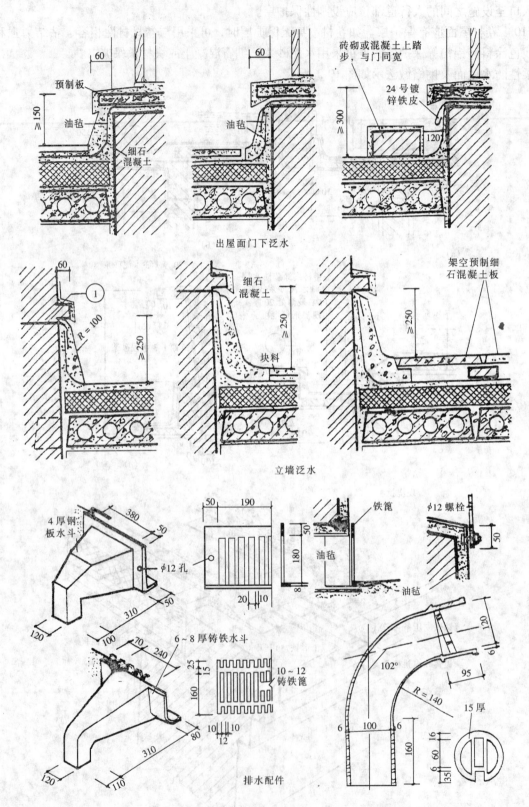

图 19-3　泛水及排水配件做法

**【例】** 平屋顶屋面做法如图19-4所示，试计算屋面工程量。

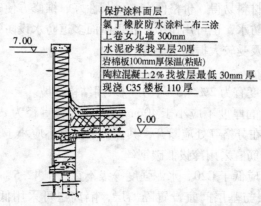

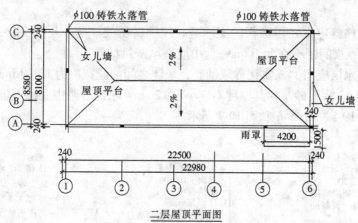

图 19-4　平屋面平面及做法

**【解】** （1）陶粒混凝土找坡层

其最低处 30mm，最高处为：　　$\dfrac{8100}{2} \times 2\% + 30 = 111$

则其平均厚度为：　　$\dfrac{30 + 111}{2} = 70.5$（mm）取 70mm

陶粒混凝土面积为：　　$8.1 \times 22.5 = 182.25$（m²）

则其工程量为：　　$182.25 \times 0.07 = 12.76$（m³）

（2）岩棉板保温层，其厚度为100mm，面积为

$$182.25（\text{m}^2）$$

（3）水泥砂浆找平层为：$8.1 \times 22.5 + (8.1 + 22.5) \times 2 \times 0.3 = 200.61(\text{m}^2)$

（4）氯丁橡胶防水层为：

$$8.1 \times 22.5 + (8.1 + 22.5) \times 2 \times 0.3 = 200.61(\text{m}^2)$$

（5）保护涂料面层为：

$$8.1 \times 22.5 + (8.1 + 22.5) \times 2 \times 0.3 = 200.61(\text{m}^2)$$

4. 刚性防水屋面图示

刚性防水层是指普通细石混凝土防水层，补偿收缩混凝土防水层，块体刚性防水层。它是通过控制混凝土的水灰比、最小水泥用量、含砂率、灰砂比与配筋，以及使用外加剂（碱水剂、防水剂与

膨胀剂）来保证混凝土的密实度，提高抗渗性与抗裂度，从而达到防水的目的。

刚性防水屋面具有所用材料易得、价格便宜、耐久性好、维修方便、便于施工等特点。它主要适用于防水等级为Ⅲ级的屋面防水，也可用作Ⅰ、Ⅱ级屋面多道防水设防中的一道防水层，不适用于设有松散材料保温层的屋面以及受较大振动或冲击的屋面。

其做法为：

（1）刚性防水屋面的坡度宜为 2%～3%，并应采用结构找坡。

（2）细石混凝土防水层的厚度不应小于 40mm，并应配置直径为 φ4～φ6，间距为 100～200mm 的双向钢筋网片。钢筋网片在分格缝处应断开，其保护层厚度不应小于 10mm。

（3）防水层内配置的钢筋宜采用冷拔低碳钢丝。

（4）细石混凝土强度不应低于 C20，水泥强度等级不宜低于 42.5，并不得使用火山灰质水泥。

（5）细石混凝土防水层与基层间宜设置隔离层，隔离层可采用低强度等级砂浆、干铺卷材等材料。

（6）防水层的分格缝应设在屋面板的支承端、屋面转折处、防水层与突出屋面结构的交接处，并应与板缝对齐，其纵横间距不宜大于 6m，缝中应嵌填密封材料。

（7）块体刚性防水层应用 1：3 水泥砂浆铺砌；块体之间的缝宽应为 12～15mm；坐浆厚度不应小于 25mm；面层应用 1：2 水泥砂浆，其厚度不应小于 12mm。水泥砂浆中应掺入防水剂。

其局部做法如图 19-5、图 19-6 和图 19-7 所示。

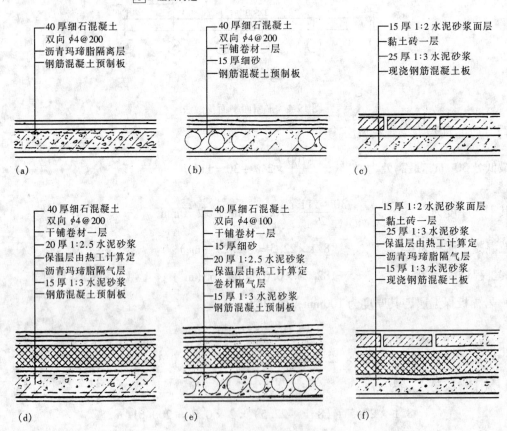

图 19-5　刚性屋面构造

5. 坡屋面

坡屋面是指屋面坡厚大于 1：10 的屋面，根据材料可分为瓦屋面（陶瓦、水泥瓦、石棉瓦等）及卷材屋面等，如图 19-8 至图 19-11 所示。

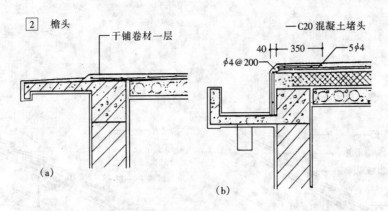

图 19-6　刚性屋面局部做法（一）

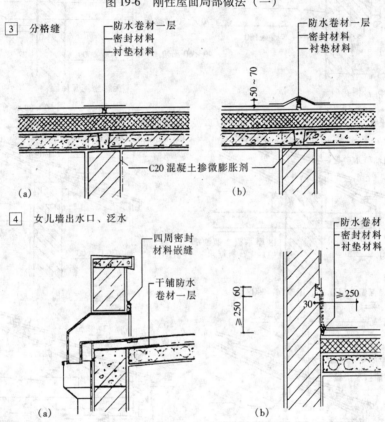

图 19-7　刚性屋面局部做法（二）

（1）瓦屋面的计算

按图示尺寸的水平投影面积乘以屋面坡度系数（表19-2），以"m²"计算。但不扣除房上烟囱、风道、屋面小气窗和斜沟等所占面积，而屋面小气窗出檐与屋面重叠部分的面积亦不增加。但天窗出檐部分重叠的面积，应并入相应屋面工程量内。其中油毡层已包括在子目内，防止重复计算。

表 19-2　屋面坡度系数表

| 屋面类型 | 平　顶 | 坡　顶 | | | | | |
|---|---|---|---|---|---|---|---|
| 高跨比 | | 1/2 | 1/3 | 1/4 | 1/5 | 1/6 | 1/3 |
| 坡度系数 | 1 | 1.4142 | 1.2015 | 1.118 | 1.077 | 1.054 | 1.0303 |
| 屋面类型 | 平　顶 | 坡　顶 | | | | | |
| 高跨比 | | 1/10 | 1/12 | 1/16 | 1/20 | 1/24 | 1/30 |
| 坡度系数 | 1 | 1.0198 | 1.0138 | 1.0073 | 1.005 | 1.0035 | 1.002 |

| 屋面类型 | 拱（弧）形顶（跨度米） | | | | 折　板 | |
|---|---|---|---|---|---|---|
| | | | | | 倾角33° | 倾角38° |
| 高跨比 | 1.5 | 18 | 21 | 24 | 0.6532/2 | 0.7813/2 |
| 坡度系数 | | | | | 1.194 | 1.27 |

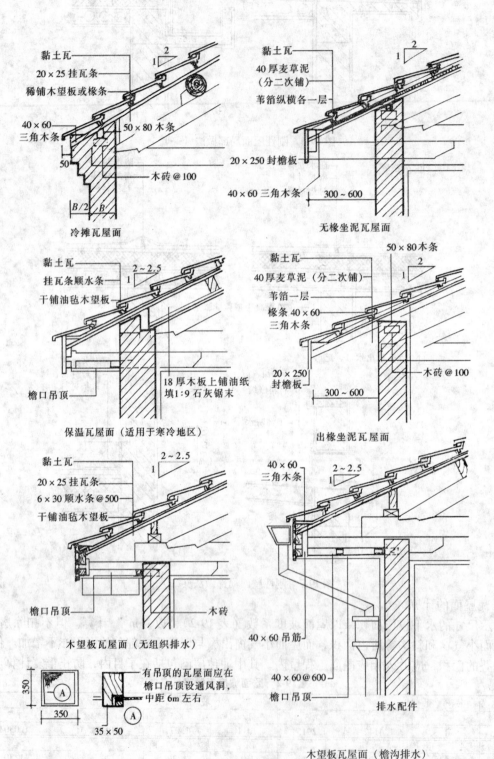

黏土瓦
20×25 挂瓦条
稀铺木望板或椽条
40×60 三角木条
50
50×80 木条
木砖@100
B/2 B

冷摊瓦屋面

黏土瓦
40厚麦草泥（分二次铺）
苇箔纵横各一层
20×250 封檐板
40×60 三角木条
300~600

无椽坐泥瓦屋面

黏土瓦
挂瓦条顺水条
干铺油毡木望板
檐口吊顶
18 厚木板上铺油纸填1:9 石灰锯末
2~2.5
1

保温瓦屋面（适用于寒冷地区）

黏土瓦
40厚麦草泥（分二次铺）
苇箔一层
椽条 40×60
三角木条
20×250 封檐板
50×80 木条
2
1
木砖@100
300~600

出椽坐泥瓦屋面

黏土瓦
20×25 挂瓦条
6×30 顺水条@500
干铺油毡木望板
2~2.5
1
檐口吊顶
木砖

木望板瓦屋面（无组织排水）

350
350
A
35×50
有吊顶的瓦屋面应在檐口吊顶设通风洞，中距 6m 左右
A

40×60 三角木条
2~2.5
1
40×60 吊筋
40×60@600
檐口吊顶
排水配件

木望板瓦屋面（檐沟排水）

图 19-8　瓦屋面的各种做法

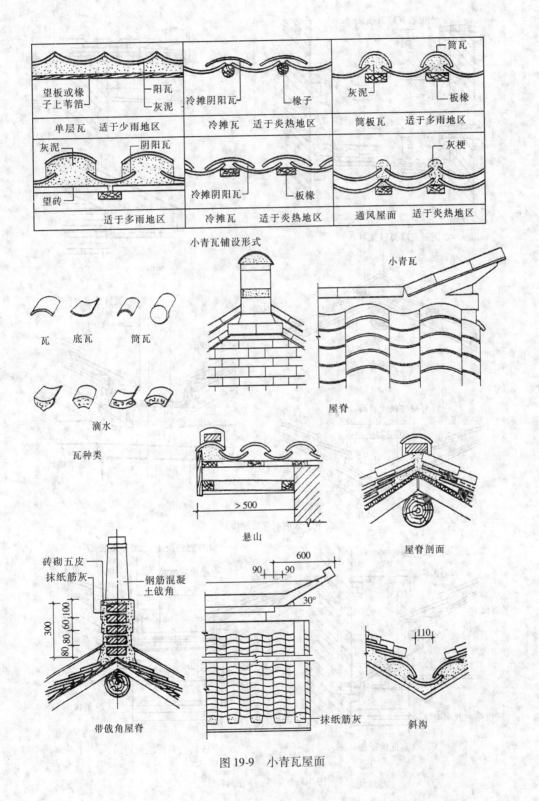

| | | 筒瓦 |
|---|---|---|
| 望板或椽子上苇箔 | 冷摊阴阳瓦 阳瓦 灰泥 | 灰泥 板椽 |
| 单层瓦 适于少雨地区 | 冷摊瓦 适于炎热地区 | 筒板瓦 适于多雨地区 |
| 灰泥 阴阳瓦 望砖 | 冷摊阴阳瓦 板椽 | 灰梗 |
| 适于多雨地区 | 冷摊瓦 适于炎热地区 | 通风屋面 适于炎热地区 |

小青瓦铺设形式

瓦 底瓦 筒瓦

滴水

瓦种类

小青瓦

屋脊

悬山

屋脊剖面

砖砌五皮
抹纸筋灰
钢筋混凝土戗角
带戗角屋脊

抹纸筋灰

斜沟

图 19-9 小青瓦屋面

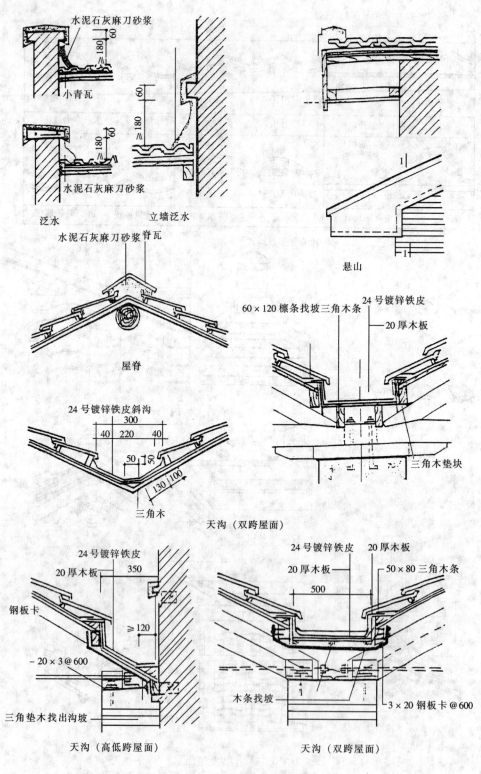

水泥石灰麻刀砂浆

小青瓦

水泥石灰麻刀砂浆

泛水　　　　　立墙泛水

水泥石灰麻刀砂浆脊瓦

悬山

屋脊

24号镀锌铁皮斜沟

三角木

60×120檩条找坡三角木条　24号镀锌铁皮

20厚木板

三角木垫块

天沟（双跨屋面）

24号镀锌铁皮

20厚木板

钢板卡

－20×3@600

三角垫木找出沟坡

天沟（高低跨屋面）

24号镀锌铁皮　20厚木板

20厚木板　　50×80三角木条

木条找坡

3×20钢板卡@600

天沟（双跨屋面）

图19-10　坡屋面局部详图

276

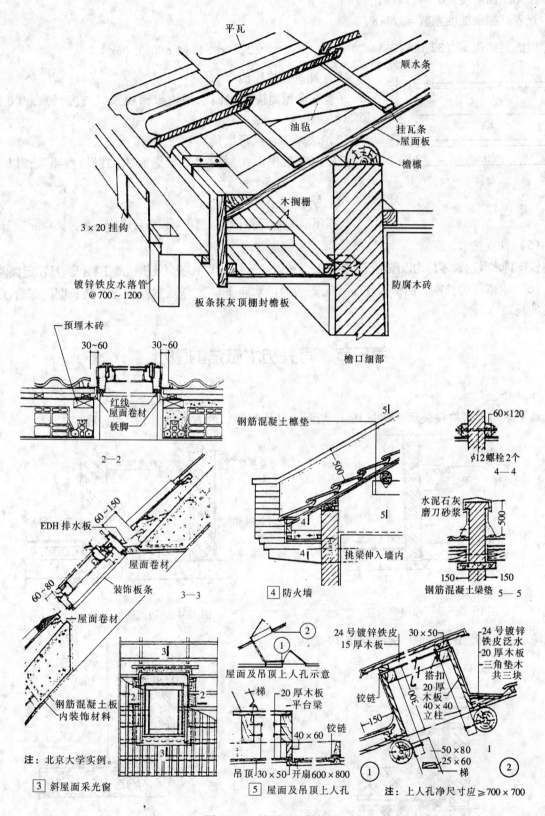

平瓦

顺水条

油毡

挂瓦条
屋面板

檐檩

木搁栅

3×20挂钩

镀锌铁皮水落管
@700~1200

板条抹灰顶棚封檐板

防腐木砖

檐口细部

预埋木砖

30~60    30~60

红线
屋面卷材
铁脚

2—2

钢筋混凝土檩垫

5l

60×120

φ12螺栓2个
4—4

水泥石灰
磨刀砂浆

挑梁伸入墙内

4

4 防火墙

150    150

钢筋混凝土梁垫  5—5

EDH 排水板

60~150

屋面卷材

装饰板条

60~80

屋面卷材

3—3

钢筋混凝土板
内装饰材料

注：北京大学实例。

3 斜屋面采光窗

2
1

屋面及吊顶上人孔示意

梯
20厚木板
平台梁

40×60
铰链

吊顶30×50  开扇600×800

5 屋面及吊顶上人孔

24号镀锌铁皮
15厚木板

铰链

30×50

24号镀锌
铁皮泛水
20厚木板
三角垫木
共三块
搭扣
20厚
木板
40×40
立柱

150

300°

50×80
25×60
梯

1

2

注：上人孔净尺寸应≥700×700

图 19-11  坡屋面细部构造

**【例】** 试计算图 19-12 所示屋面工程量。

已知屋面坡度 =0.5（高跨比 1/4）

查表，屋面坡度系数 =1.118，

屋面斜面积 =（32.00 +0.5 ×2）× （15 +0.5 ×2） ×1.118 =590.3 （m²）

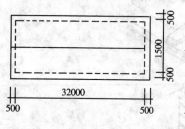

图 19-12　屋面平面图

（2）瓦垄铁皮屋面

瓦垄铁皮屋面按其屋面水平投影面积乘以坡度系数，以"m²"计算。

（3）坡屋顶（拱形屋顶）卷材屋面

坡屋顶卷材屋面按屋面水平投影面积乘以坡度系数，以"m²"计算。

（4）折板屋面

折板屋面按屋面水平投影面积乘以折板坡度系数，以"m²"计算。

（5）铁皮排水

铁皮排水及白铁零件均以图示尺寸按展开面积以"m²"计算（咬口及搭接的工料已包括在定额内）。

（6）水落管的长度，由檐沟底面（无檐沟的由水斗下口）算至室外地坪，其长度已综合了经过腰线的马蹄弯。

# 第三节　有关防水做法的图示

## 1. 地下室防水

地下水对建筑物侵袭示意如图 19-13 所示。防水层设置的方法如图 19-14 所示。

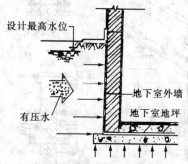

图 19-13　地下水侵袭示意

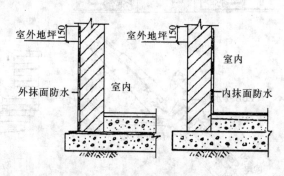

图 19-14　防水层的设置

防水层各部位做法如图 19-15 至图 19-23 所示。

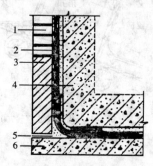

图 19-15　外防外贴法
1—临时保护墙；2—卷材防水层；3—永久保护墙；
4—建筑结构；5—油毡；6—垫层

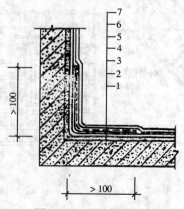

图 19-16　外防内贴法
1—需防水结构；2—水泥砂浆找平层；3—底层涂料（底胶）；
4—增强涂布；5—玻璃纤维布；6—第一道涂膜防水层；
7—第二道涂膜防水层

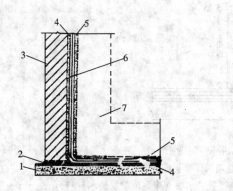

图 19-17　阴角做法

1—混凝土垫层；2—干铺油毡；3—永久性保护墙；4—找
平层；5—保护层；6—卷材防水层；7—需防水的结构

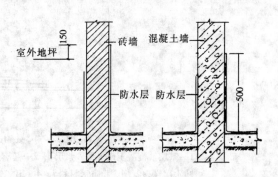

图 19-18　内墙防水层做法

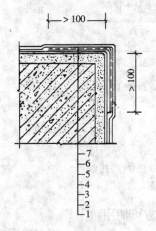

图 19-19　阳角做法

1—需防水结构；2—水泥砂浆找平层；3—底层
涂料（底胶）；4—增强涂布；5—玻璃纤维布；
6—第一道涂膜防水层；7—第二道涂膜防水层

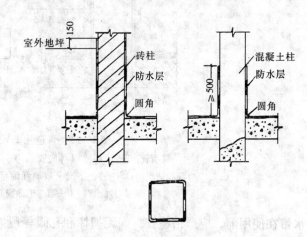

图 19-20　柱的防水层做法

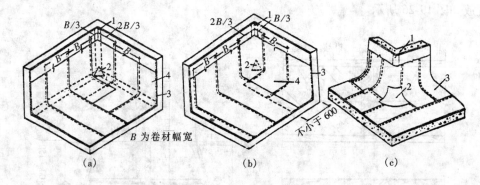

图 19-21　三面角的卷材铺设法

（a）阴角的第一层卷材铺贴法；（b）阴角的第二层卷材铺贴法；（c）阳角的第一层卷材铺贴法
1—转折处卷材加固层；2—角部加固层；3—找平层；4—卷材

## 2. 止水带

应用于变形缝中的止水带必须具有一定的防水能力；能与结构部分牢固地结合；其耐久性与结构所用材料的耐久性相适应；并具有适应结构反复变形，在变形允许范围内不开裂、不折断等性能。

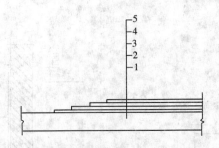

图 19-22  聚氨酯涂膜防水层构造

1—基层（混凝土或水泥砂浆层）；2—基层处理剂（聚氨酯底胶）；3—第一道涂膜
防水层（聚氨酯涂膜防水材料）；4—第二道涂膜防水层（聚氨酯涂膜防水材料），
固化前稀撒石碴；5—保护层

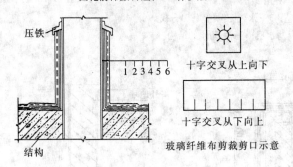

图 19-23  管道根部做法

1—穿墙管；2—底层涂料（底胶）；3—增强层；4—第一道
涂膜防水层；5—铺十字交叉玻璃纤维布，并用铜线绑扎做
增强涂料；6—第二道涂膜防水层

止水带在使用前，应严格检查，确无损坏和孔眼等现象，方可使用。

止水带无论是埋入或铺贴，要保证与结构牢固结合。铺贴的止水带表面要用现浇混凝土覆盖，以克服压力水作用于止水带而产生的剥离力。

止水带在拐角处要做成直径 15cm 以上的大圆角。止水带的接槎不得在拐角处。其做法可分为预埋式和后埋式，如图 19-24，止水带材料有橡胶止水带、塑料止水带和金属止水带，如图 19-25 所示。止水带的置放如图 19-26 所示。

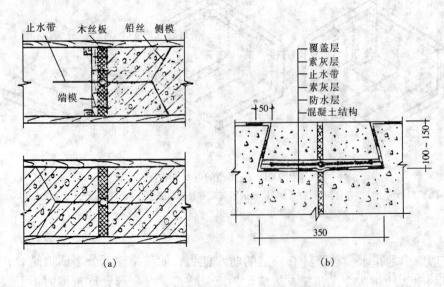

图 19-24

（a）预埋式止水带施工示意；（b）后埋式止水带变形缝构造

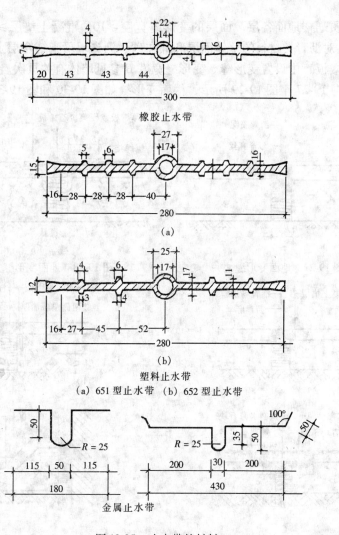

橡胶止水带

（a）

塑料止水带

（a）651 型止水带 （b）652 型止水带

金属止水带

图 19-25 止水带的材料

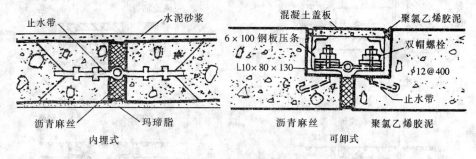

内埋式

可卸式

图 19-26 止水带置放

# 第四节 有关变形缝的图示

1. 楼地面变形缝

（1）楼地面变形缝（沉降缝、伸缩缝、抗震缝）一般结合建筑物变形缝设置。设有分仓缝的大面积混凝土垫层地面可不另设地面伸缩缝。

（2）地面与振动较大的设备（如锻锤、有曲柄连杆的机器或破碎机等）基础之间以及地面上局部地段的堆放荷载与相邻地段的堆放荷载相差悬殊时应设变形缝。

（3）地面变形缝不得穿过设备的底面。

（4）变形缝应贯通楼地面各层。面层的变形缝宽度≥10。混凝土垫层≥20（楼板的变形缝宽度按结构设计确定）。对沥青类材料的整体面层和铺在砂、沥青玛琦脂结合层上的板、块材面层，可只在混凝土垫层（或楼板）中设置变形缝。变形缝宽度 B 参见墙体有关页次。

地面变形缝如图19-27至图19-29所示，楼面变形缝如图19-30和图19-31所示。

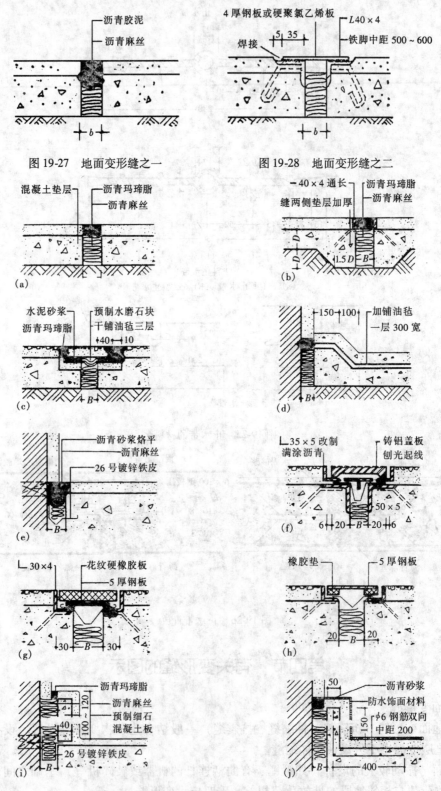

图 19-27　地面变形缝之一　　　图 19-28　地面变形缝之二

1　地面变形缝（沥青玛琦脂亦可改用新型高分子嵌缝建筑油膏）

图 19-29　地面变形缝（沥青玛琦脂亦可改用新型高分子嵌缝建筑油膏）

282

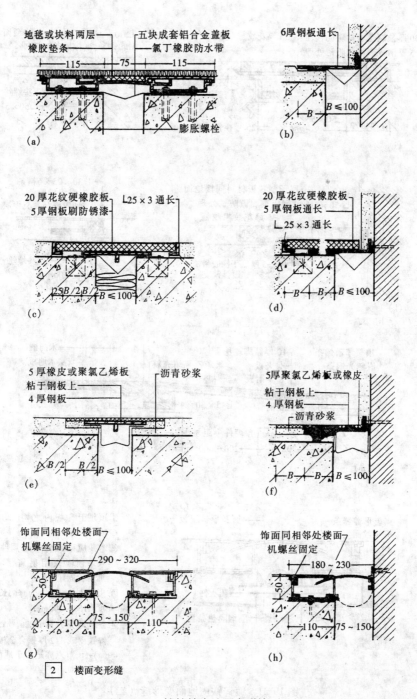

图 19-30　镀锌铁皮地面变形缝（一）

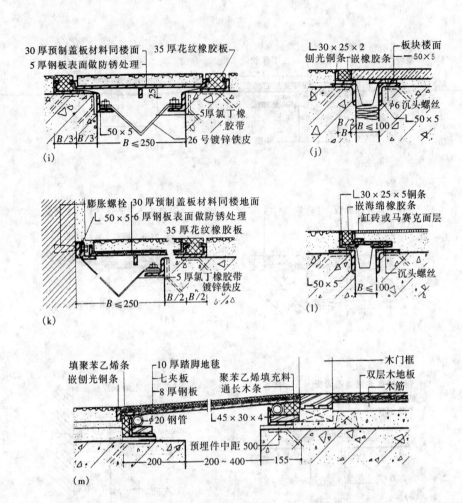

注:
①预埋于墙、板内之构件均应经防腐处理。
②木砖应砌入墙内,金属件采取预埋或用射钉、膨胀螺栓固定。
③预埋件铁脚均为 $\phi6$,长度为150~200mm。
④盖缝调整片采用 26 号镀锌铁皮或 1.2 厚铝合金板。
⑤(a)~(n)节点亦适用于地面。

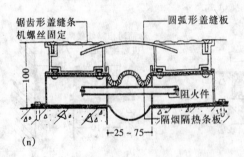

图 19-31　镀锌铁皮地面变形缝（二）

## 2. 内墙变形缝

如图19-32所示，外墙变形缝如图19-33、图19-34所示。

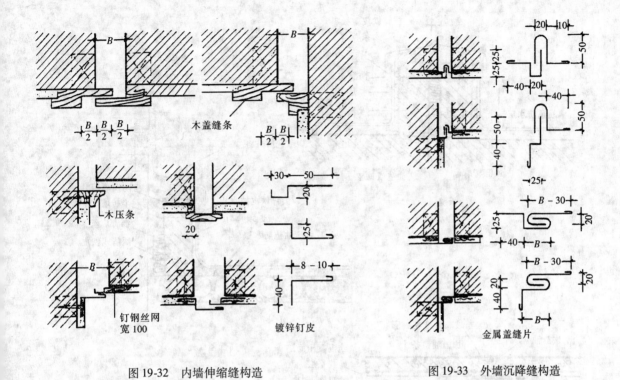

图 19-32　内墙伸缩缝构造

图 19-33　外墙沉降缝构造

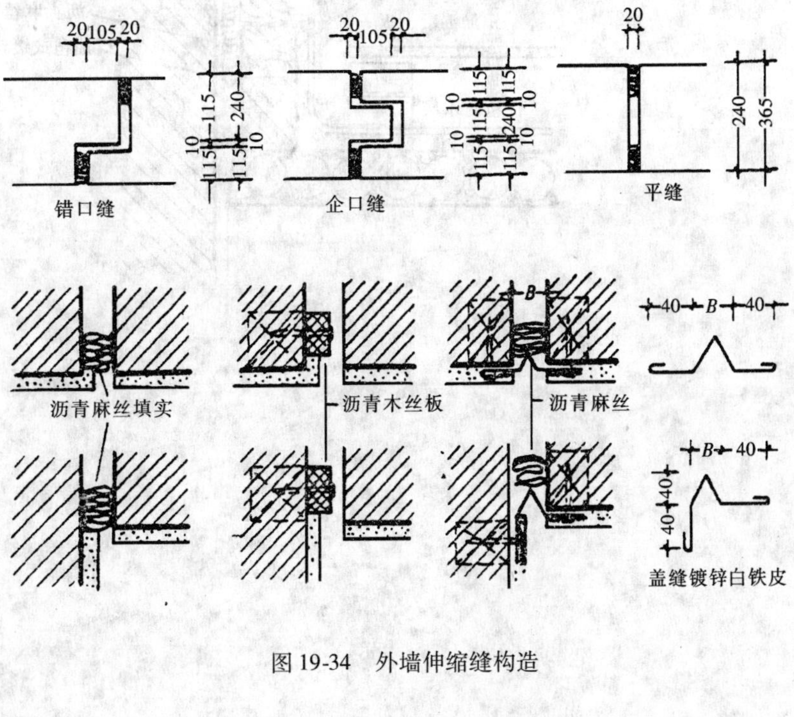

图 19-34　外墙伸缩缝构造

## 3. 屋面变形缝的做法

如图 19-35 至图 19-36 所示。

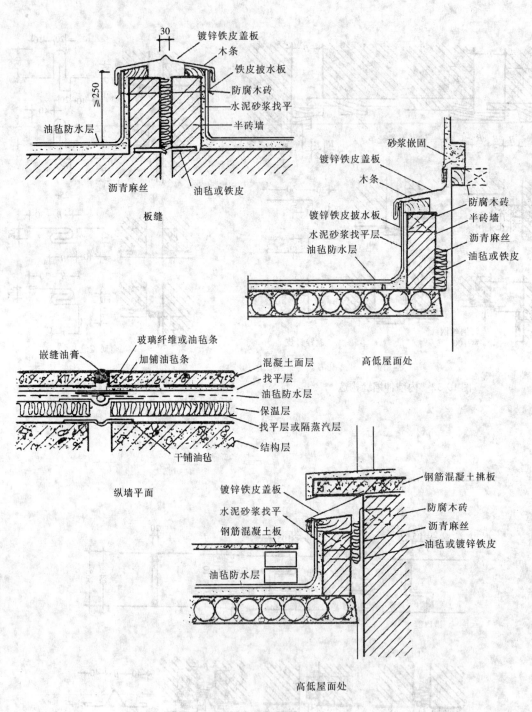

板缝

纵墙平面

高低屋面处

高低屋面处

图 19-35

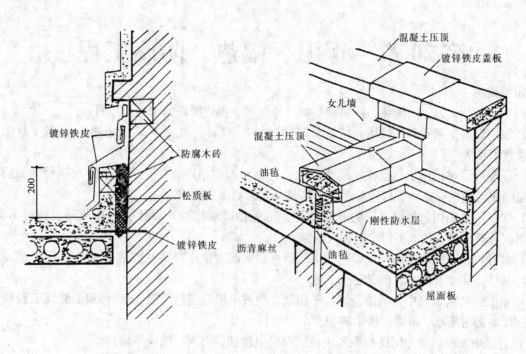

高低处变形缝                                        透视

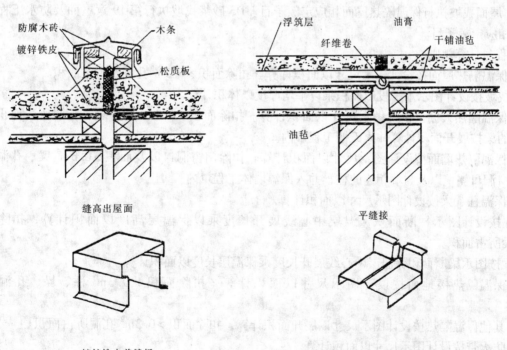

缝高出屋面                                          平缝接

镀锌铁皮盖缝板                                      接缝镀锌铁皮盖板

图 19-36

# 第 20 章　保温、隔热、防腐工程

1. 定额说明

（1）本章包括：保温、隔热、防腐面层，其他防腐、隔声吸声共 191 个子目。

（2）屋面保温定额子目是按屋面坡度≤22°编制的，设计为坡度＞22°时按相应定额子目综合工日乘以系数 1.079。

（3）保温柱、梁适用于独立柱、梁的保温；与墙和天棚相连的柱、梁保温分别执行保温隔热墙面和保温隔热天棚相应定额子目；柱帽保温隔热并入天棚工程量内。

（4）保温隔热墙面包括保温层的基层处理，不包括底层抹灰，设计要求抹灰时，执行第 22 章墙、柱面装饰与隔热、幕墙工程中的相应定额子目。

（5）玻纤网格布及钢丝网与保温墙面中的罩面砂浆配套使用，其他砂浆抹面执行第 22 章墙、柱面装饰与隔热、幕墙工程中的相应定额子目。

（6）耐酸砖防腐面层中包括结合层，平面及立面找平层分别执行第 21 章楼地面装饰工程和第 22 章墙、柱面装饰与隔断、幕墙工程中的相应定额子目。

（7）定额中大模内置专用挤塑聚苯板墙面保温中包括界面剂、插丝等辅料。

（8）砌块墙中的夹心保温执行保温隔热墙面中的相应定额子目。

（9）其他保温隔热适用于龙骨式隔墙或吊顶龙骨间填充保温材料。

（10）天棚隔声吸声定额是按 50mm 厚编制的，设计厚度不同时材料消耗量可进行调整。

（11）屋面找坡执行保温隔热屋面相应定额子目。DS 砂浆找坡执行第 19 章屋面及防水工程中防水保护层相应定额子目。

2. 工程量计算规则

（1）保温隔热屋面按设计图示尺寸以面积计算。扣除面积＞0.3m² 孔洞及占位面积。

屋面找坡按设计图示水平投影面积乘以平均厚度以体积计算。

（2）保温隔热天棚按设计图示尺寸以面积计算。扣除面积＞0.3m² 柱、垛、孔洞所占面积，与天棚相连的梁按展开面积计算并入天棚工程量内。

（3）保温隔热墙面按设计图示尺寸以面积计算。扣除门窗洞口以及面积＞0.3m² 梁、孔洞所占面积；门窗洞口侧壁以及与墙相连的柱，并入保温墙体工程量内。

（4）保温柱、梁按设计图示尺寸以面积计算。

1）柱按设计图示柱断面积保温层中心线展开长度乘以保温层高度以面积计算，扣除面积＞0.3m² 梁所占面积。

2）梁按图示梁断面积保温层中心线展开长度乘保温层长度以面积计算。

（5）保温隔热楼地面按设计图示尺寸以面积计算。扣除面积＞0.3m² 柱、垛、孔洞所占面积。

（6）其他保温隔热按设计图示尺寸以展开面积计算，扣除面积＞0.3m² 孔洞所占面积。

（7）防火带按设计图示尺寸以面积计算。

（8）防火面层按设计图示尺寸以面积计算。

1）平面防腐：扣除凸出地面的构筑物、设备基础以及面积＞0.3m² 孔洞、柱、垛所占面积。

2）立面防腐：扣除门、窗、洞口以及面积＞0.3m² 孔洞、梁所占面积，门、窗、洞口侧壁、垛凸出部分按展开面积并入墙面面积。

3）隔离层按设计图示尺寸以面积计算。

（9）踢脚线按设计图示长度乘以高度以面积计算。

（10）池、槽块料防腐面层按设计图示尺寸以展开面积计算。

（11）天棚隔声吸声层按图示尺寸以面积计算。扣除 $>0.3m^2$ 柱、垛、孔洞所占面积，与天棚相连的梁侧面并入天棚工程量中。

# 第21章 楼地面装饰工程

## 第一节 定额说明及工程量计算规则

1. 说明

（1）本章包括：楼地面整体面层及找平层，楼地面镶贴，橡胶面层，其他材料面层，踢脚线，楼梯面层，台阶装饰，零星装饰项目共119个子目。

（2）整体面层及混凝土散水定额子目中已包括一次压光的工料费用。

（3）楼梯面层定额子目中包括了踏步、休息平台和楼梯踢脚线。但不包括楼梯底面及踏步侧边装饰，楼梯底面装饰执行天棚工程中相应定额子目，踏步侧边装饰执行墙、柱面装饰与隔断、幕墙工程中零星装饰相应定额子目。

（4）楼地面、台阶、坡道、散水定额中不包括垫层，垫层按设计图示做法分别执行砌筑工程及混凝土及钢筋混凝土工程中相应定额子目。

（5）本章除现浇水磨石楼地面外，均按干拌砂浆编制，设计砂浆品种与定额不同时，可以换算。

（6）现拌砂浆调整费的使用说明：采用现场搅拌砂浆时，执行干拌砂浆换算砂浆材料费后再执行现拌砂浆调整费定额子目。

（7）定额中地毯子目按单层编制的，设计有衬垫时，另执行地毯衬垫定额子目。

（8）木地板楼地面子目地面层铺装不包括油漆及防火涂料，设计要求时，另执行油漆、涂料、裱糊工程中相应定额子目。

（9）零星项目装饰适用于楼梯、台阶嵌边以及侧面≤0.5m² 镶贴块料面层，均不包括底层抹灰。

2. 工程量计算规则

（1）整体面层按设计图示尺寸以面积计算。扣除凸出地面构筑物、设备基础、室内管道、地沟等所占面积，不扣除间壁墙（墙厚≤120mm）及≤0.3m² 柱、垛、附墙烟囱及孔洞所占面积。门洞、空圈、暖气包槽、壁龛的开口部分不增加面积。

（2）找平层按设计图示尺寸以面积计算。

（3）镶贴面层、橡胶面层、其他材料面层按设计图示尺寸以面积计算。门洞、空圈、暖气包槽、壁龛的开口部分并入相应的工程量内。

（4）踢脚线按设计图示尺寸以长度计算。

（5）楼梯面层按设计图示尺寸以楼梯（包括踏步、休息平台及≤500mm 的楼梯井）水平投影面积计算。楼梯与楼地面相连时，算至梯口梁内侧边沿；无梯口梁者，算至最上一层踏步边沿加300mm。

（6）台阶按设计图示尺寸以台阶（包括最上一层踏步边沿加300mm）水平投影面积计算。

（7）零星装饰按设计图示尺寸以面积计算。

（8）坡道、散水按设计图示水平投影面积计算。

（9）楼地面分隔线及防滑条按设计图示长度计算。

## 第二节 有关定额项目的图示及解释

1. 常用楼地面做法

地面的基本构造层为面层、垫层和地基；楼面的基本构造层为面层和楼板。根据使用和构造要求可增设相应的构造层（结构层、找平层、防水层、保温隔热层等）。其层次如图 21-1 所示。

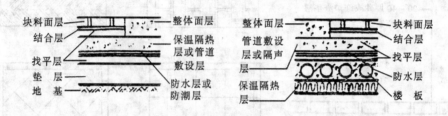

图 21-1 常用楼地面构造层次

（1）各构造层次的作用

面　　　层：直接承受各种物理和化学作用的表面层。分整体和块料两类。

结　合　层：面层与下层的连结层，分胶凝材料和松散材料两类。

找　平　层：在垫层、楼板或轻质松散材料上起找平或找坡作用的构造层。

防　水　层：防止楼地面上液体透过面层的构造层。

防　潮　层：防止地基潮气透过地面的构造层，应与墙身防潮层相连接。

保温隔热层：改变楼地面热工性能的构造层。设在地面垫层上，楼板上或吊顶内。

隔　声　层：隔绝楼面撞击声的构造层。

管道敷设层：敷设设备暗管线的构造层（无防水层的地面也可敷设在垫层内）。

垫　　　层：承受并传布楼地面荷载至地基或楼板的构造层，分刚性、柔性两类。

基　　　层：楼板或地基（当土层不够密实时须做加强处理）。

（2）各种楼地面的适用范围

1）经常承受剧烈磨损的地面宜采用 C20 混凝土、铁屑水泥或块石及条石面条。

2）经常受坚硬物体冲击的地面宜采用混凝土垫层兼面层或细石混凝土面层。有强烈冲击的地面宜采用混凝土土板、块石或素土面层。

3）承受剧烈振动作用或大面积贮放重型材料的地面，宜选用粒料、灰土类柔性地面。同时有平整和清洁要求时，宜采用有砂浆结合层的预制混凝土板面层。

4）有高温影响的地面宜采用素土或矿渣面层。同时有较高平整和清洁要求或同时有强烈磨损的地面宜采用金属面层。

5）经常有大量水作用或冲洗的块料面层地面，结合层宜采用胶凝类材料。经常有大量水作用或冲洗的楼面等用装配式楼板时应加强楼面整体性，必要时设防水层。

6）地面防潮要求较高者宜设卷材或涂料防水层。

7）有食品或药物接触的地面，面层应避免采用含氟硅酸钠的材料和有毒的塑料或涂料。

8）与火接触或使用温度 >60℃ 的地面，不宜用聚氯乙烯塑料板或过氯乙烯涂料面层。

9）经常有机油作用的地面不宜采用沥青类材料做面层及嵌缝。楼面应有防油渗措施。

10）火灾危险性属甲、乙类的厂房地面，如有坚硬物体冲击或摩擦并有可能产生火花引起爆炸，应采用不发火花地面。

11）有较高清洁要求的地面宜采用光洁水泥面层、水磨石面层或块材面层。

12）有一定弹性和清洁要求的地面可采用橡胶板、塑料或菱苦土地面。但有较大冲击、经常受潮或有热源影响时不宜使用菱苦土地面。

13）使用汞的地面宜采用密实材料无缝地面，有防腐蚀要求的地面采用防腐蚀面层。

2. 黏土砖、水泥、水磨石、菱苦土楼地面，如图21-2至图21-5所示。

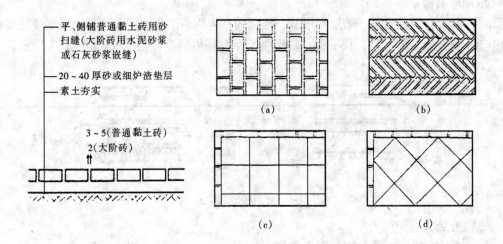

图21-2 黏土砖地面

（a）平铺普通黏土砖；（b）侧铺普通黏土砖；（c）正铺大阶砖；（d）斜铺大阶砖

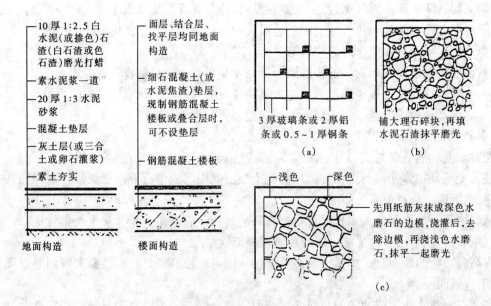

图21-3 现制美术水磨石楼地面

（a）有分格条；（b）混合石渣；（c）无分格条

适用范围

适用于有清洁、弹性或防爆要求的地段。磨损不多的地段，用不掺砂的软性菱苦土。磨损较多的地段，宜用掺砂的硬性菱苦土。不适用于经常有水或各种液体存留及地面温度经常处在35℃以上的地段。

292

以30厚干硬性的富水泥砂浆作面层，用16#或24#砂轮磨光机磨光。配合比为52.5强度等级水泥：水砂或粗砂＝1:1.5或1:2，水灰比0.45。

（a）磨光水泥面层

厚度＝30，配合比为52.5强度等级水泥：粒径3~6石屑＝1:1.2或1:1.5 水灰比≤0.4。

（b）水泥石屑面层

厚度＝30，配合比为52.5强度等级水泥：中砂或粗砂＝1:2，水灰比≤0.35，以手握成团轻压即散为宜。

（c）干硬性水泥砂浆面层

在充分干燥且清洁的一般水泥地面上，涂抹氟硅酸或氟硅酸盐水溶液三次，每次间隔至少24小时，其浓度先后为3%、5%、7%。

（d）氟化水泥面层

特点：干燥快、附着力强、光滑、有一定的强度和耐磨性、无刺激性气味，但受炽热易软化，触火星易焦化，会出现痕迹。

**100m² 地面的涂料用量（kg）**

| 底漆 | 腻子 | 面漆 |
|------|------|------|
| 10~12 | 25~33 | 50~60 |

（e）过氯乙烯涂料面层

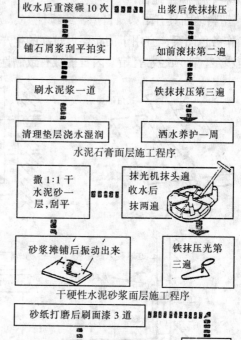

水泥石膏面层施工程序

干硬性水泥砂浆面层施工程序

过氯乙烯涂料面层施工程序

图 21-4　光洁水泥楼地面（提高水泥面层的耐磨性和光洁度，代替水磨石）

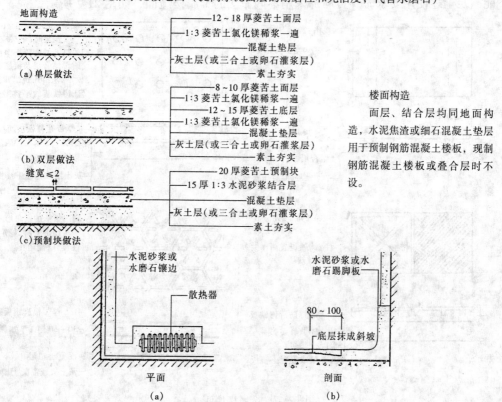

地面构造

—12~18厚菱苦土面层
—1:3菱苦土氯化镁稀浆一遍
—混凝土垫层
—灰土层（或三合土或卵石灌浆层）
—素土夯实

（a）单层做法

—8~10厚菱苦土面层
—1:3菱苦土氯化镁稀浆一遍
—12~15厚菱苦土底层
—1:3菱苦土氯化镁稀浆一遍
—混凝土垫层
—灰土层（或三合土或卵石灌浆层）
—素土夯实

（b）双层做法

缝宽≤2

—20厚菱苦土预制块
—15厚1:3水泥砂浆结合层
—混凝土垫层
—灰土层（或三合土或卵石灌浆层）
—素土夯实

（c）预制块做法

楼面构造

面层、结合层均同地面构造，水泥焦渣或细石混凝土垫层用于预制钢筋混凝土楼板，现制钢筋混凝土楼板或叠合层时不设。

水泥砂浆或水磨石镶边
散热器
平面
（a）

水泥砂浆或水磨石踢脚板
80~100
底层抹成斜坡
剖面
（b）

图 21-5　菱苦土楼地面
（a）沿墙处理；（b）边缘收头处理

### 3. 塑料、金属楼地面

（1）塑料地面具有耐磨、自熄、绝缘性好、吸水性小、耐化学浸蚀等特点；有一定弹性，行走舒适，可制作各色图案；宜用于洁净要求较高的生产用房或公共活动厅室。尚存在一些缺点，如老化、变形、静电吸尘，必须经常打蜡。因石棉绒有致癌性，不宜用作塑料地面的填充料，如图 21-6 所示。

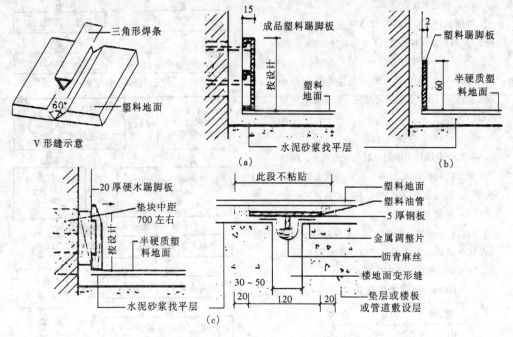

图 21-6　塑料楼地面

（a）软质塑料毡踢脚；（b）半硬质塑料地板踢脚；（c）沉降缝

（2）金属地面用于有强磨损、高温影响，同时又有较高平整和清洁要求的楼地面。当其他面层材料不能满足上述使用要求时，可局部采用不同做法的金属楼地面，如图 21-7 所示。

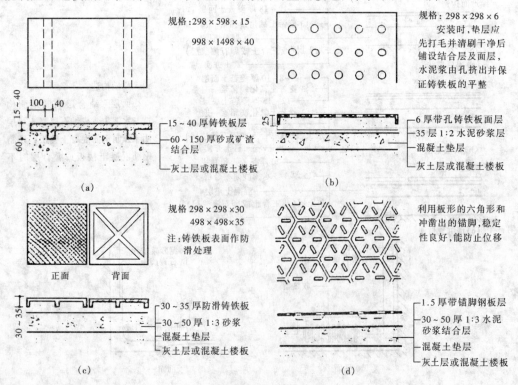

图 21-7　金属楼地面（一）

（a）矩形铸铁板楼地面；（b）带孔铸铁板楼地面；（c）防滑铸铁板楼地面；（d）六角形带锚脚钢板楼地面

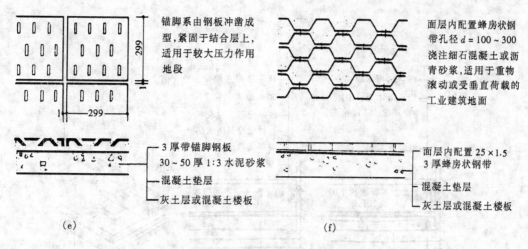

锚脚系由钢板冲凿成型，紧固于结合层上，适用于较大压力作用地段

面层内配置蜂房状钢带孔径 $d = 100 \sim 300$ 浇注细石混凝土或沥青砂浆，适用于重物滚动或受垂直荷载的工业建筑地面

3 厚带锚脚钢板
30 ~ 50 厚 1:3 水泥砂浆
混凝土垫层
灰土层或混凝土楼板

面层内配置 25 × 1.5
3 厚蜂房状钢带
混凝土垫层
灰土层或混凝土楼板

(e)　　　　　　　　　　　　　　(f)

图 21-7　金属楼地面（二）

（e）带锚脚钢板楼地面；（f）金属混合楼地面

### 4. 木楼地面

木楼地面面层分为普通木楼地面、硬木条楼地面、拼花木楼地面等。构造方式有实铺、空铺、粘贴、用弹簧等。根据需要可做成单层或双层，如图 21-8 至图 21-16 所示。

| 地面名称 | 规格 | | | 层数 | 选用树种 |
|---|---|---|---|---|---|
| | 长 | 宽 | 厚 | | |
| 普通木地面 | ≥800 | 75 100<br>125 150 | 18 ~ 23 | 单层 | 红松　杉木　铁杉　樟子松　华山桦<br>柏木　四川红松 |
| 硬木条地面 | ≥800 | 50 | 18 ~ 23 | 单层<br>双层 | 柞木　色木　榆木　水曲柳　核桃木<br>桦木　槐木　楸木　黄菠萝　青岗栎 |
| 拼花木地面 | 250<br>300 | 30 37.5<br>42 50 | 18 ~ 23 | 单层<br>双层 | 槠栎　麻栎　红桧　胡桃木<br>花榈木　柳安　橡木　柚木 |

注：单层拼花木地面只用于粘贴式。

图 21-8　常用木楼地面板材规格、层数及选用树种

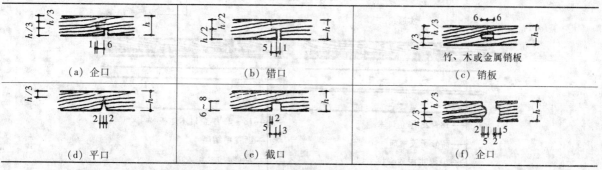

（a）企口　　　　（b）错口　　　　（c）销板　竹、木或金属销板

（d）平口　　　　（e）截口　　　　（f）企口

注：（a）型拼缝形式为最常用，（c）、（f）型拼缝形式仅用于粘贴式楼、地面。

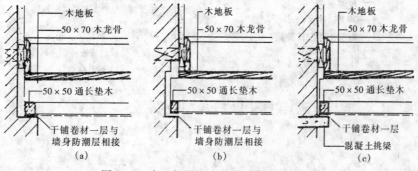

木地板
50 × 70 木龙骨
50 × 50 通长垫木
干铺卷材一层与墙身防潮层相接
（a）

木地板
50 × 70 木龙骨
50 × 50 通长垫木
干铺卷材一层与墙身防潮层相接
（b）

木地板
50 × 70 木龙骨
50 × 50 通长垫木
干铺卷材一层
混凝土挑梁
（c）

图 21-9　木地板拼缝类型及与墙身的联结

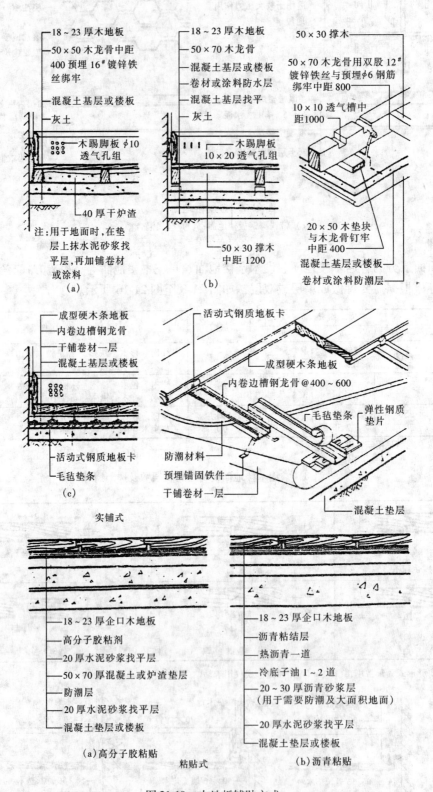

图 21-10 木地板铺贴方式

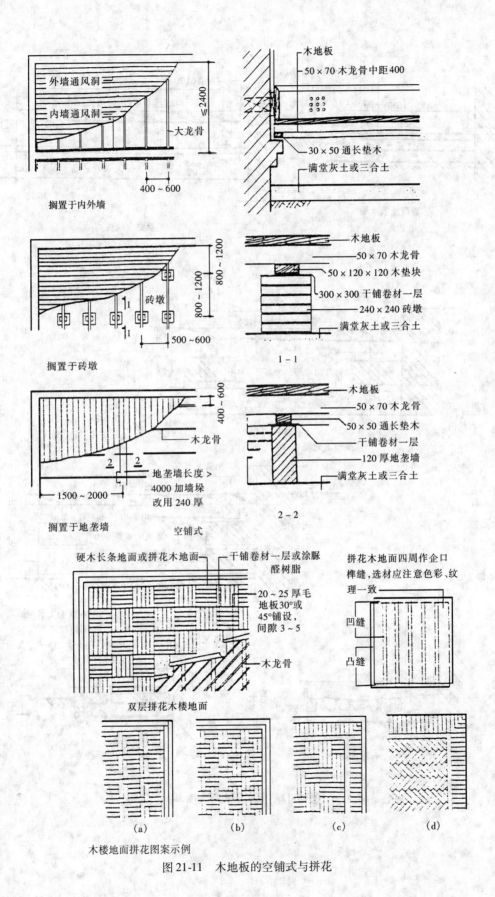

外墙通风洞

内墙通风洞

大龙骨

≤2400

400～600

搁置于内外墙

木地板

50×70 木龙骨中距 400

30×50 通长垫木

满堂灰土或三合土

800～1200

800～1200

砖墩

1 1

500～600

搁置于砖墩

木地板

50×70 木龙骨

50×120×120 木垫块

300×300 干铺卷材一层

240×240 砖墩

满堂灰土或三合土

1－1

400～600

木龙骨

2 2

地垄墙长度＞
4000 加墙垛
改用 240 厚

1500～2000

搁置于地垄墙

空铺式

木地板

50×70 木龙骨

50×50 通长垫木

干铺卷材一层

120 厚地垄墙

满堂灰土或三合土

2－2

硬木长条地面或拼花木地面

干铺卷材一层或涂脲
醛树脂

20～25 厚毛
地板 30°或
45°铺设，
间隙 3～5

木龙骨

双层拼花木楼地面

拼花木地面四周作企口
榫缝，选材应注意色彩、纹
理一致

凹缝

凸缝

(a)　　　(b)　　　(c)　　　(d)

木楼地面拼花图案示例

图 21-11　木地板的空铺式与拼花

297

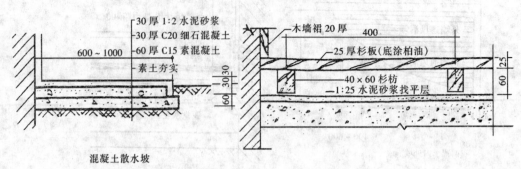

30 厚 1:2 水泥砂浆
30 厚 C20 细石混凝土
60 厚 C15 素混凝土
素土夯实

600 ~ 1000

混凝土散水坡

木墙裙 20 厚      400
25 厚杉板(底涂柏油)
40×60 杉枋
1:25 水泥砂浆找平层

架空木地板

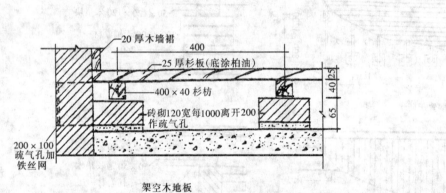

20 厚木墙裙      400
25 厚杉板(底涂柏油)
400×40 杉枋
砖砌120宽每1000离开200
作疏气孔
200×100
疏气孔加
铁丝网

架空木地板

200×100 疏气
孔加铁丝网
20 厚木墙裙      400
25 厚杉板(底涂柏油)
40×40 杉枋
砖砌 120宽每1000离开200
作疏气孔
原土夯实铺40厚河沙

架空木地板

乱毛石
30 厚 1:2 水泥砂浆
素土夯实

600 ~ 1000

毛石散水坡

30 厚 1:2 水泥砂浆
铺标准砖
60 厚 C15 素混凝土
素土夯实

600 ~ 800

砖铺散水坡

图 21-12　散水及架空木地面

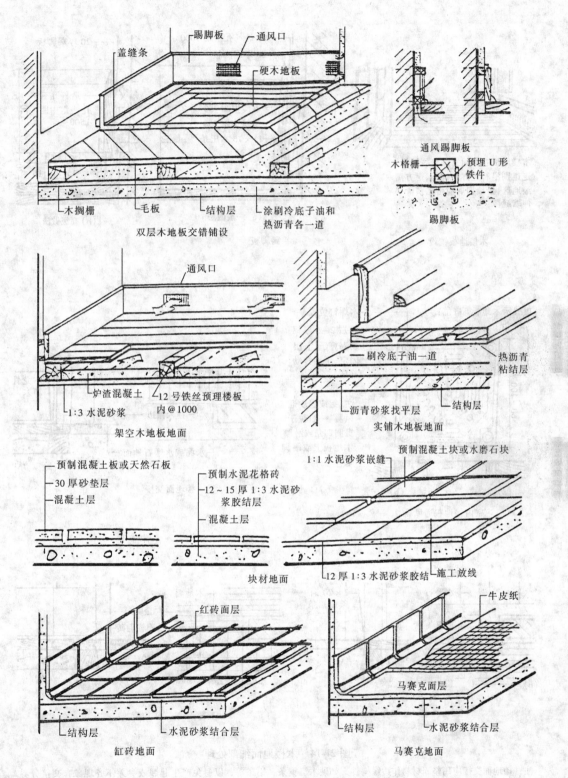

图 21-13　木地面及块材地面

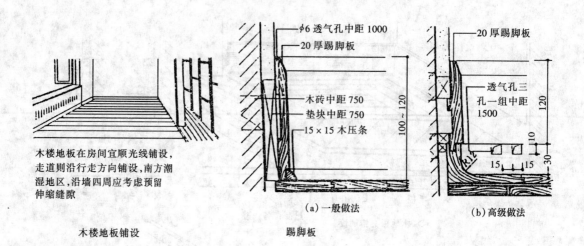

木楼地板在房间宜顺光线铺设,走道则沿行走方向铺设,南方潮湿地区,沿墙四周应考虑预留伸缩缝隙

木楼地板铺设

(a) 一般做法

∮6 透气孔中距 1000
20 厚踢脚板
木砖中距 750
垫块中距 750
15×15 木压条

(b) 高级做法

20 厚踢脚板
透气孔三孔一组中距 1500

踢脚板

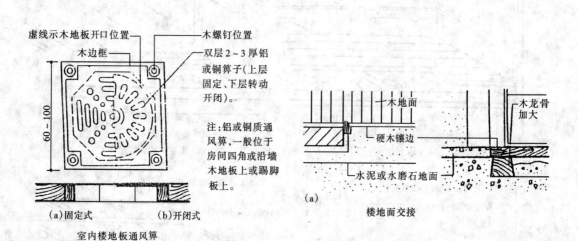

虚线示木地板开口位置
木边框
木螺钉位置
双层 2~3 厚铝或铜箅子(上层固定、下层转动开闭)。

注:铝或铜质通风箅,一般位于房间四角或沿墙木地板上或踢脚板上。

(a)固定式　　(b)开闭式

室内楼地板通风箅

木地面
硬木镶边
水泥或水磨石地面
木龙骨加大

(a)

楼地面交接

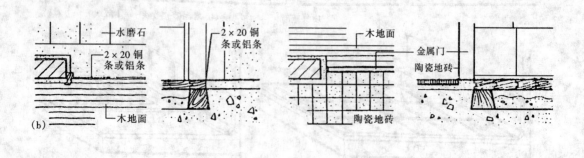

水磨石
2×20 铜条或铝条
木地面

(b)

2×20 铜条或铝条

木地面
陶瓷地砖

金属门
陶瓷地砖

图 21-14　木楼地面细部处理

注:楼地面交接应用坚固材料作边缘构件,如硬木、铜条、铝条等,以避免产生起翘或参差不齐现象,交接分界线宜在门扇下面。

## 5. 弹簧木楼地面

弹簧木楼地面适用于室内体育用房、排练厅、舞台、交谊舞厅等对弹性有特殊要求的楼地面。构造可分橡皮、木弓、钢弓、弹簧等做法，以橡皮为常用。如图21-15、图21-16所示。

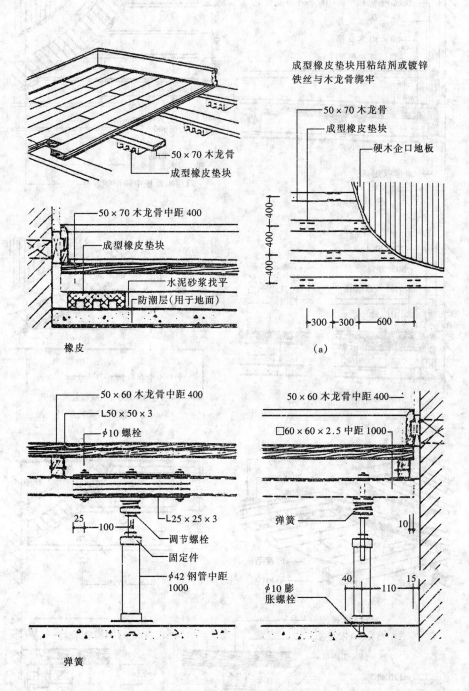

图 21-15  弹簧木楼地面

（a）成型橡皮垫块

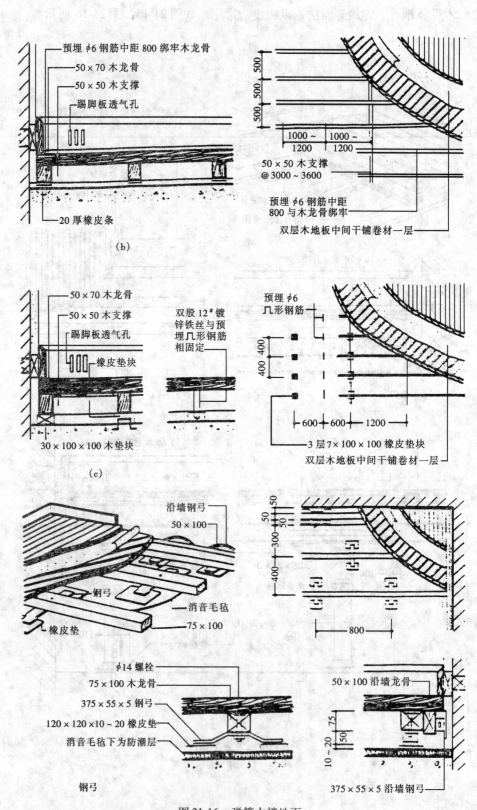

图 21-16 弹簧木楼地面

（b）橡皮条（用粘结剂与木龙骨固定）；（c）橡皮垫块（3~5 层）

## 6. 块料、防水、防潮、耐油、不发火花楼地面

### （1）块料楼地面

板块面层是用陶瓷锦砖、大理石、碎块大理石、水泥花砖以及用混凝土、水磨石等预制板块分别铺设在砂、水泥砂浆或沥青玛瑞脂的结合层上而成。砂结合层厚度为 20～30mm；水泥砂浆结合层厚度为 10～15mm；沥青玛瑞脂结合层厚度为 2～5mm，如图 21-17 所示。

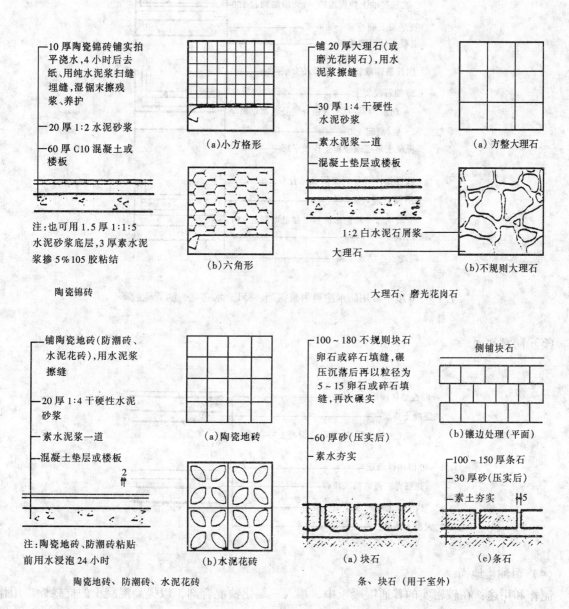

图 21-17　块料楼地面

（2）防水楼地面

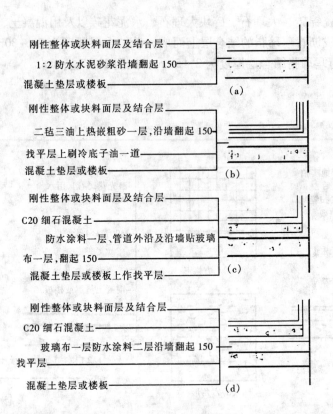

注：c、d 项中常用防水涂料为聚氨酯、851、水必克、沥青橡胶等。

（3）防潮地面

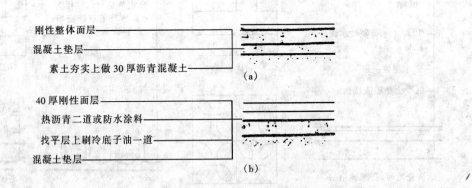

（4）耐油楼地面

制作和用途：在较密实的普通混凝土中，掺入三氯化铁混合剂，以提高混凝土的抗掺性。用作长期接触矿物油制品的楼地面材料。

材料要求：水泥——用泌水性小的硅酸盐水泥；集料——粒径 5~40 碎石，≤5 的中砂。三氯化铁混合剂。

施工注意事项：

1）不得在铁容器内配制三氯化铁混合剂。

2）混凝土须用搅拌机搅拌，水灰比≤0.55。

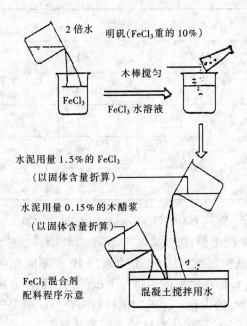

FeCl$_3$ 混合剂
配料程序示意

（5）耐油混凝土

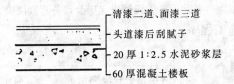

（6）聚乙烯醇缩丁醛漆

（7）不发火花楼地面

面层做法：分不发火花屑料类（不发火花混凝土、砂浆、水磨石、沥青砂浆、沥青混凝土，其厚度一般为30）；木质类（所用钉子不得外露）；橡皮类；菱苦土类；塑料类。

材料要求：强度等级为32.5、42.5、52.5的普通硅酸盐水泥，粗细集料——以硫酸钙为主要成分，具有不发火花性能的大理石、白云石料或焙烧匀称的黏土砖块。由于纯净度不同，须经试验确认不发火花后，破碎分级成级配材料，不得混有其他石渣或杂质，并经吸铁石检查，石渣粒径≤20；石砂粒径为0.15~5；粉料为与集料相同的石料粉末；填充料为6~7级石棉纤维、石棉粉或木粉。其配合比见表21-1所示。

表 21-1 不发火花混凝土及砂浆配合比（重量比）

| 材料名称 | 不发火花细石混凝土 | | | | | | 不发火花水泥砂浆 | | | | | |
| --- | --- | --- | --- | --- | --- | --- | --- | --- | --- | --- | --- | --- |
| | C13 | | | C18 | | | MC8 | | | MC18 | | |
| | 水泥强度等级 | | | 水泥强度等级 | | | 水泥强度等级 | | | 水泥强度等级 | | |
| | (225) | 32.5 | 42.5 | 32.5 | 42.5 | 52.5 | (225) | 32.5 | 42.5 | (225) | 32.5 | 42.5 |
| 水泥 | 1 | 1 | 1 | 1 | 1 | 1 | 1 | 1 | 1 | 1 | 1 | 1 |
| 砂 | 2.6 | 3.1 | 3.7 | 1.9 | 2.3 | 2.9 | 4.3 | 5.0 | 5.6 | 2.5 | 3.1 | 3.6 |
| 细石 | 4.6 | 5.5 | 6.5 | 3.4 | 4.0 | 3.9 | | | | | | |
| 水 | 0.65 | 0.82 | 0.92 | 0.53 | 0.62 | 0.71 | 0.49 | 0.55 | 0.55 | 0.42 | 3.6 | 0.51 |

| 材料名称 | 不发火花沥青砂浆 | | 不发火花沥青混凝土 |
| --- | --- | --- | --- |
| | 高稠度 | 低稠度 | |
| 3 号石油沥青 | 8 ~ 10 | 13 ~ 15 | 7 ~ 11 |
| 不发火花粉料 | 18 ~ 30 | 11 ~ 17 | 12 ~ 20 |
| 不发火花石砂 | 60 ~ 72 | 70 ~ 75 | 30 ~ 40 |
| 不发火花碎石 | | | 40 ~ 50 |

试验方法：试验工具为 φ150 转速 600 ~ 1100r/min 的电动砂轮机。先在暗室检查砂轮，用小块的工具钢、石英岩或含石英岩的混凝土试件，加 1 ~ 2kN 压力和旋转的砂轮摩擦，如发生清晰的火花，则确定该砂轮为合格。集料的试验如下：从 50 个中选出 10 个不同颜色、形状、硬度、结晶体的试件，每件重 50 ~ 250g 准确度达 1g。在暗室内，将每个试件的任意部分用加压和旋转的砂轮摩擦，至少须磨掉 20g。如未发生任何微小的火花，即确定该材料为合格。粉料先着重试验其原料，再将粉料用水泥或沥青制成块做试验，其方法同粗集料试验。沥青混凝土或砂浆试块进行试验时，如砂轮粘上了沥青，应刮净后再试验。

注：1. 不发火花地面不能防止因物体坠落而引起的冲击爆炸。

2. 不发火花地面面层的施工须待各种设备管线铺设完毕及设备基础浇捣完毕或预留后方可进行。

不发火花混凝土地面施工程序：

不发火花沥青砂浆地面施工程序：

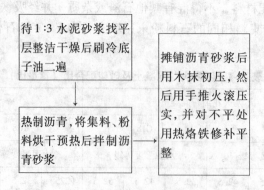

7. 防腐蚀地面，如图 21-18 所示。

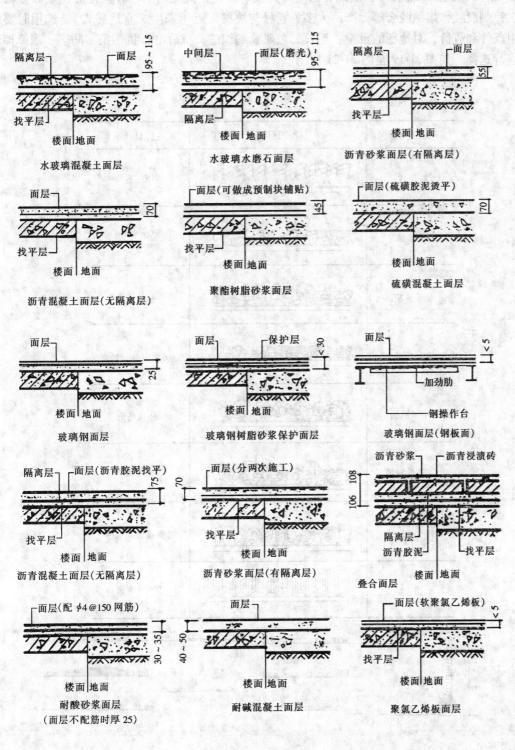

图 21-18　防腐楼地面

8. 地毯按原料可分为羊毛与化学纤维两种。化学纤维有丙烯酸、聚丙烯腈、聚丙烯、聚酰胺纤维（尼龙）、烯族烃烯等品种。按编织方法可分切绒、圈绒、提花切绒三种。按加工制做方法又可分为编织、针刺簇绒、熔融胶合等。产品大多为卷材与块材（近年来生产有地砖式）。选用时要根据不同的使用条件和造价，对地毯的重量、毛长、色彩、编织法，抗静电、抗污染、防燃、耐摩擦及弹性等性能进行选择。如图 21-19 至图 21-21 所示。

| 名　称 | 断面形状 | 适用场所 |
|---|---|---|
| 高簇绒 |  | 居室、客房 |
| 低簇绒 |  | 公共场所 |
| 粗毛高簇绒 |  | 公共场所 |
| 粗毛低簇绒 |  | 居室或公共场所 |
| 一般圈绒 |  | 公共场所 |
| 高低圈绒 | 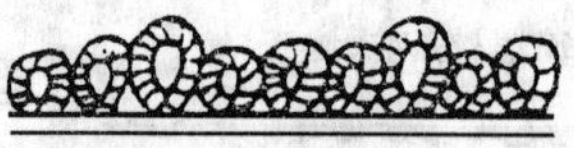 | 公共场所 |
| 圈绒、簇绒组合式 |  | 居室或公共场所 |
| 切　绒 | 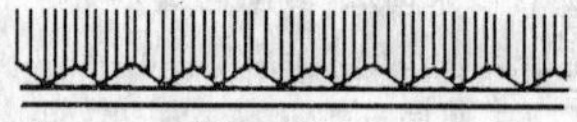 | 居室、客房 |

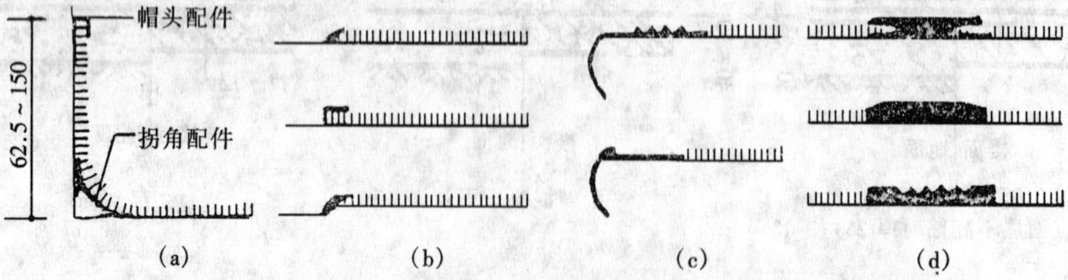

图 21-19　地毯的断面及安装示意

（a）地面墙面接头处；（b）地面材料转接处；（c）楼梯防滑条；（d）门槛交接处

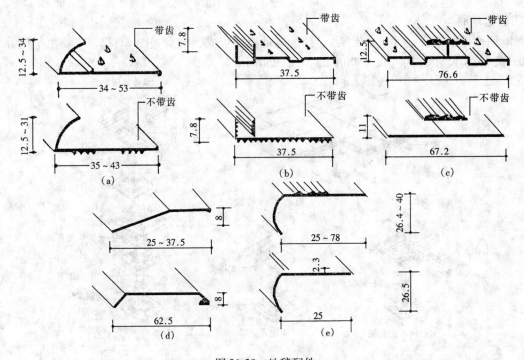

图 21-20　地毯配件

（a）挂毯条；（b）端头挂毯条；（c）接缝挂毯条；（d）门槛压条；（e）楼梯防滑条

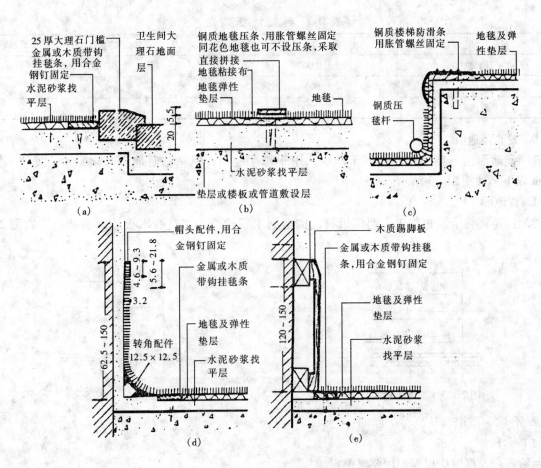

图 21-21　地毯安装

（a）卫生间门槛与地毯；（b）不同地毯连接；（c）楼梯防滑条；（d）地面墙面接头；（e）踢脚板

### 9. 防静电地面

防静电地面是由铝合金骨架（支架）、防静电地板面组成，构造如图21-22，主要用于计算机房、电话机房等，板块尺寸为 500mm×500mm，距地 250mm。

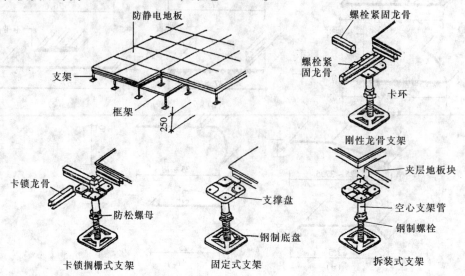

图 21-22 抗静电地面

典型地板荷载见表21-2。

表 21-2 典 型 地 板 荷 载

| 房　间 | 集中荷载（N） | 均布荷载（N/m²） |
|---|---|---|
| 电子计算机房 | 10000 | 2500 |
| 普通办公室 | 6000 | 1500 |
| 重荷载房间 | 12500 | 3000 |

### 10. 玻璃镜地面

玻璃镜地面是石英玻璃直接贴于地面，用于舞厅地面，但粘贴时地面必须平整。规格一般为500mm 以下。如图 21-23 所示。

### 11. 竹地面

竹地面是将竹子经过加工，制成板材，构造同木板地面，并具有木板地面的特点。如图 21-24 所示。

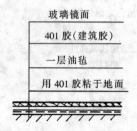

图 21-23 玻璃镜地面　　　　　　　　　　图 21-24 竹地面

### 12. 台阶、坡道、花池、花台

（1）台阶

台阶高度及深度应根据使用要求确定。

见图 21-25、图 21-26、图 21-27、图 21-28。

（2）坡道

图 21-29、图 21-30、图 21-32。

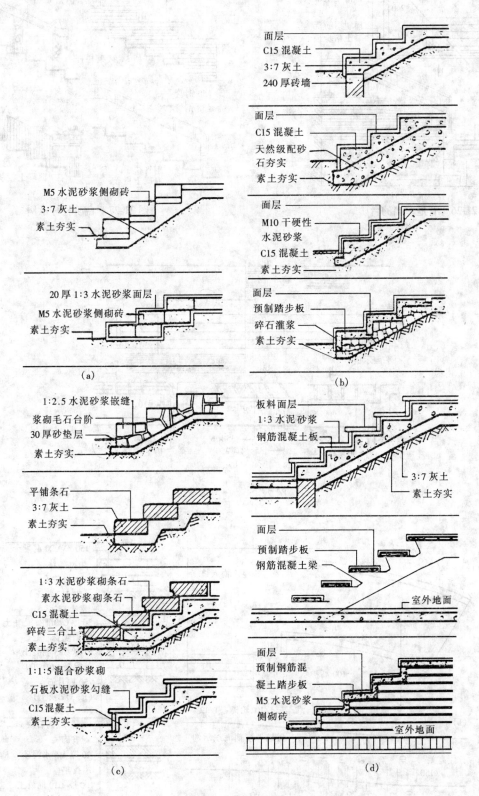

图 21-25　台阶构造形式

（a）砖砌台阶；（b）混凝土台阶；（c）石砌台阶；（d）架空台阶

注：面层做法可选用现制水泥砂浆、水磨石、斧剁石和预制块石、条石、铺地砖等。

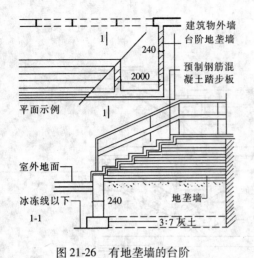

图 21-26　有地垄墙的台阶

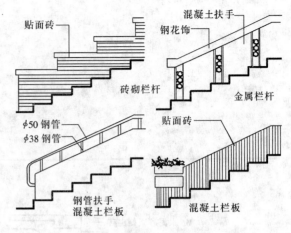

图 21-27　台阶栏杆示例

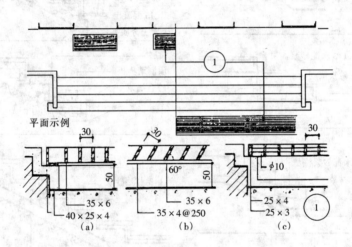

图 21-28　刮泥箅

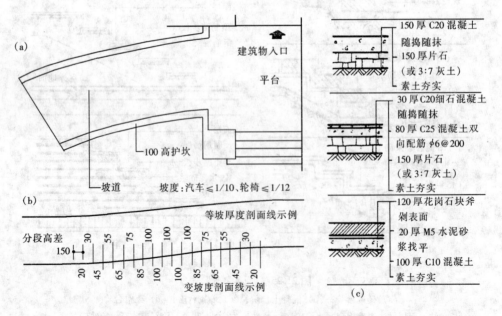

图 21-29　回车坡道
（a）平面；（b）坡度做法；（c）构造

（3）花池及花台

见图 21-31。

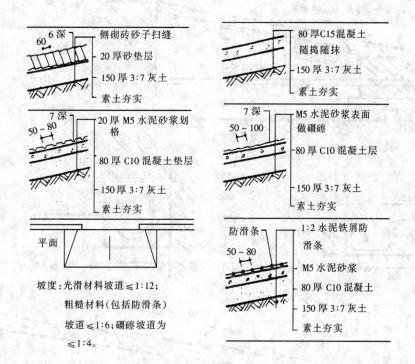

图 21-30　坡道

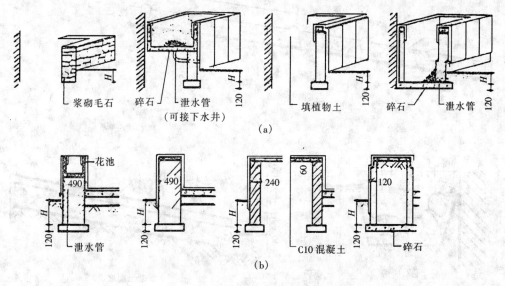

图 21-31　花池及花台

（a）花池；（b）花台

注：①花池基础深度 H，按设计确定。
　　②花池紧靠建筑物外墙时，可做防水砂浆或贴油毡。
　　③花台挡土墙厚度按高度确定

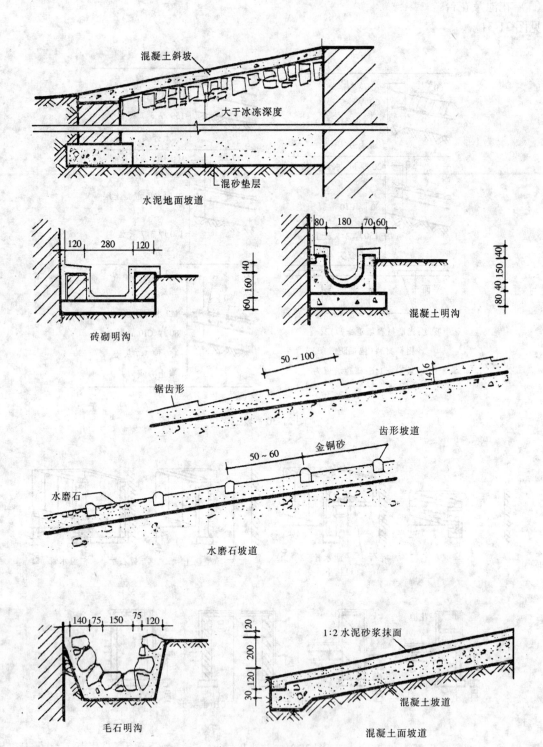

图 21-32 坡道及明沟

13. 踢脚（见图 21-33、图 21-34）

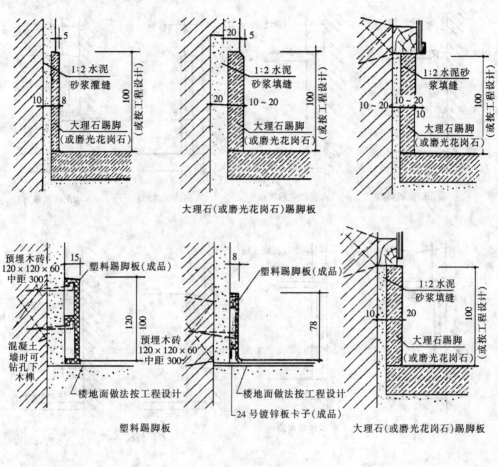

大理石（或磨光花岗石）踢脚板

塑料踢脚板

大理石（或磨光花岗石）踢脚板

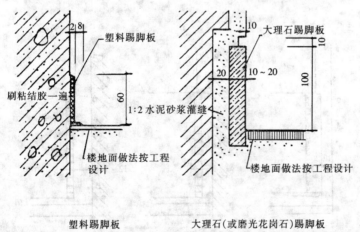

塑料踢脚板

大理石（或磨光花岗石）踢脚板

注：
1. 大理石或磨光花岗石品种及颜色由设计人定。
2. 墙面做法按工程设计。

图 21-33　踢脚板

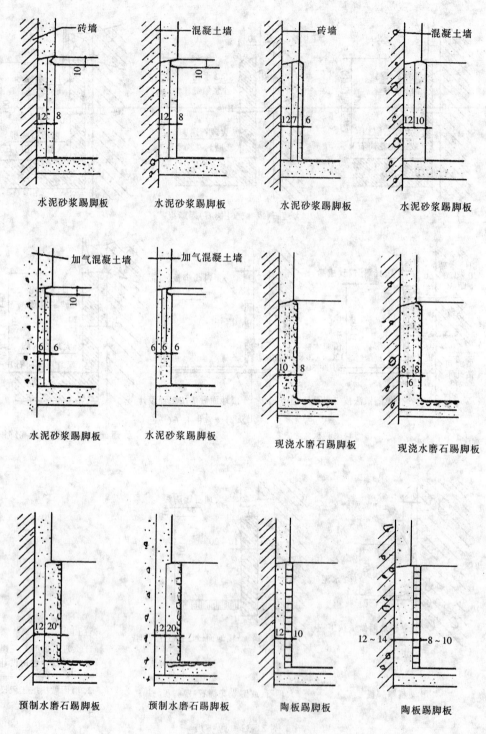

图 21-34  踢脚板

14. 散水（见图 21-35）

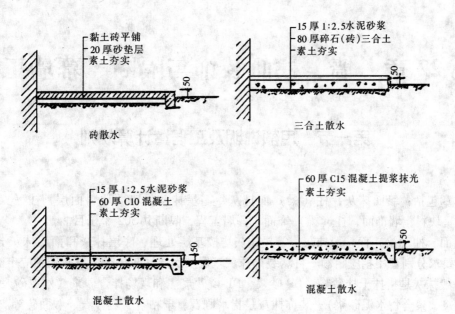

图 21-35　散水

# 第22章　墙、柱面装饰与隔断、幕墙工程

## 第一节　定额说明及工程量计算规则

1. 说明

（1）本章包括：墙面抹灰，柱（梁）面抹灰，零星抹灰，墙面块料面层，柱（梁）面镶贴块料，镶贴零星块料，墙饰面，柱（梁）饰面，幕墙工程，隔断共502个子目。

（2）墙面、柱（梁）面一般抹灰、零星抹灰均按基层处理、底层抹灰和面层抹灰分别编制，执行时按设计要求分别套用相应定额子目。装饰抹灰基层及底层抹灰执行一般抹灰相应定额子目。

（3）一般抹灰是指抹干拌砂浆（DP砂浆、DP-G砂浆）和现场拌合砂浆（水泥砂浆、混合砂浆、粉刷石膏砂浆、聚合物水泥砂浆）；装饰抹灰是指水刷石、干粘石、剁斧石、假面砖等。

（4）其他抹灰、找平层定额综合了底层、面层，执行中不得调整。

（5）聚合物砂浆修补墙面设计无厚度要求时，执行基层处理相应定额子目；有厚度要求时，执行墙面底层抹灰相应定额子目。

（6）内、外墙底层抹灰单层厚度超过12mm时，应按底层、面层（面层按5mm）分别套用。

（7）粘贴块料底层做法执行墙面一般抹灰的基层和底层相应定额子目。

（8）立面砂浆找平层适用于仅做找平层的墙面抹灰。

（9）钢板网抹灰定额子目中不包括钉钢板网，墙面钉钢板网执行墙饰面基层衬板相应定额子目。

（10）圆形柱、异形柱抹灰执行柱（梁）面抹灰相应定额子目乘以系数1.3。

（11）零星抹灰不分外墙、内墙，均按相应定额执行；零星装饰抹灰的底层执行零星一般抹灰相应定额子目。

（12）成品石材是指大理石、花岗石、蘑菇石、青石板、人造石等。

（13）墙和柱饰面的定额子目中均不包括保温层、设计要求时，执行保温、隔热、防腐工程中的相应定额子目。

（14）墙面、柱（梁）面装饰板定额中是按龙骨、衬板、面层分别编制的，执行时应分别套用相应定额子目。

（15）成品装饰柱，应按柱身、柱帽、柱基座分别套用相应定额子目。

（16）墙面及柱（梁）面层涂料执行油漆、涂料、裱糊工程相应定额子目。

（17）雨篷、挑檐顶面执行第19章屋面及防水工程相应定额子目；雨篷、挑檐底面及阳台顶面装饰执行天棚工程相应定额子目；阳台地面执行楼地面装饰工程相应定额子目。

（18）勒脚、斜挑檐执行外墙装修相应定额子目。

（19）阳台、雨篷、挑檐立板高度≤500mm时，执行零星项目相应定额子目；高度＞500mm时，执行外墙装饰相应定额子目。

（20）天沟的檐口、遮阳板、池槽、花池、花台等均执行零星项目相应定额子目。

（21）饰面板子目适用于安装在龙骨上及粘贴在衬板或抹灰面上的施工做法。

（22）隐框玻璃幕墙按成品安装编制；明框玻璃幕墙按成品玻璃现场安装编制。

（23）隔墙定额中不包括墙基，墙基按设计要求，执行砌筑工程或混凝土及钢筋混凝土工程相应定额子目。

（24）水泥制品板是指金特板、埃特板、硅酸钙板、FC板、TK板。

（25）龙骨式隔墙的衬板、面板子目定额中是按单面编制的，设计为双面时工程量乘以2。

（26）隔断门的特殊五金安装执行门窗工程相应定额子目。

（27）半玻隔断不包括下部短墙，短墙为木龙骨、木夹板时，分别执行本章相应定额子目，其他材料的短墙应按设计做法另行计算。

（28）残疾人厕所隔断安装，套用相应的厕所隔断子目乘以系数1.2。

（29）定额中卫生间隔断高度是按1.8m（含支座高度）编制的，设计高度不同时，允许换算。

2. 工程量计算规则

（1）墙面抹灰及找平层按设计图示尺寸以面积计算。扣除墙裙、门窗洞口及单个面积＞0.3m² 的孔洞面积，不扣除踢脚线、挂镜线和墙与构件交接处的面积，门窗洞口和孔洞的侧壁及顶面不增加面积。附墙柱、梁、垛、烟囱侧壁并入相应的墙面面积内。

1）外墙抹灰面积按外墙垂直投影面积计算。

飘窗凸出墙面部分并入外墙工程量中。

2）外墙裙抹灰面积按其长度乘以高度计算。

3）内墙抹灰面积按主墙间净长乘以高度计算。

①无墙裙的，高度按室内楼地面至天棚底面计算；

②有墙裙的，高度按墙裙顶至天棚底面计算；

③有吊顶的，其高度算至吊顶底面另加200mm；

4）内墙裙抹灰面积按内墙净长乘以高度计算。

（2）柱面抹灰按设计图示柱断面周长乘以高度以面积计算。

异形柱、柱上的牛腿及独立柱的柱帽、柱基座均按展开面积计算，并入相应柱抹灰工程量中。

（3）梁面抹灰按设计图示梁断面周长乘以长度以面积计算。

异形梁按展开面积计算，并入相应梁抹灰工程量中。

（4）零星抹灰按设计图示尺寸以面积计算。

（5）门窗套、装饰线抹灰按图示展开面积计算；内窗台抹灰按窗台水平投影面积计算。

（6）墙、柱、梁及零星镶贴块料面层按图示镶贴表面积计算。

干挂块料龙骨按设计图示尺寸以质量计算。

（7）墙面装饰板按设计图示墙净长乘以净高以面积计算。扣除门窗洞口及单个面积＞0.3m²的孔洞所占面积。

装饰板墙面中的龙骨、衬板均按图示尺寸以面积计算。

（8）柱（梁）面装饰按设计图示饰面外围尺寸以面积计算。柱帽、柱墩并入相应柱饰面工程量内。

柱的龙骨、衬板分别按图示尺寸以面积计算；附墙柱装饰做法与墙面不同时，按展开面积执行柱（梁）装饰相应定额子目。

（9）成品装饰柱按设计数量以根计算。

柱基座按座计算，柱帽按个计算。

（10）幕墙按设计图示框外围尺寸以面积计算，不扣除与幕墙同种材质的窗所占的面积。

（11）全玻（无框玻璃）幕墙按设计图示尺寸以面积计算。带肋全玻幕墙按展开面积计算。

（12）隔断按设计图示框外围尺寸以面积计算。不扣除单个≤0.3m²的孔洞所占面积；木隔断、金属隔断做厕所隔断时，浴厕门的材质与隔断相同时，门的面积并入隔断面积内。

（13）半玻璃隔断按玻璃边框的外边线图示尺寸以面积计算。

（14）博古架墙按图示外围垂直投影面积计算。

（15）隔断龙骨及面板按设计图示尺寸以面积计算。

## 第二节　有关墙、柱面与隔断幕墙的做法及图示

外墙面做法示意如图22-1所示
1. 幕墙类型及组成
（1）幕墙

悬挂于主体结构上的轻质外围护墙。

幕墙类型：按幕面材料分有玻璃、金属、轻质混凝土幕墙等；按构造分有框格式和墙板式幕墙；按施工和安装方法又可分为元件式和单元式幕墙。

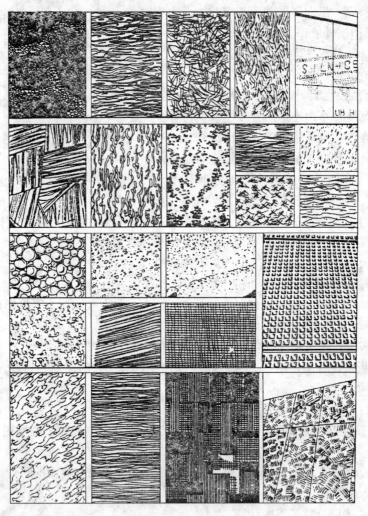

图22-1　外墙饰面示意

框格式幕墙由框格骨架和嵌板组成，按其外观又有竖框式、横框式、框格式和隐框式之分，如图22-2所示。

墙板式幕墙即为单一板材构成墙板悬挂在主体结构上，它又可分为压型板式和夹心板式两种，如图22-3所示。

（2）玻璃幕墙的组成

一般由金属框格、玻璃、连接固定件、装修件、密封材料五个部分组成。金属框格有竖框、横框之分，起骨架和传递荷载作用。玻璃有单层、双层、双层中空和多层中空玻璃，起采光、通风、隔热、保温等围护作用。连接固定件有预埋件、转接件、连接件、支承用材等，在幕墙与主体结构之间以及幕墙元件与元件之间起连接固定作用。装修件包括后衬板（墙）、扣盖件以及窗台、楼地面、踢

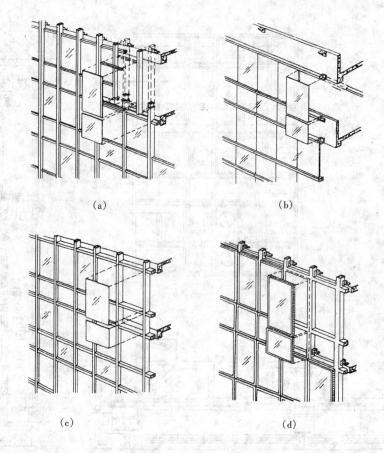

图 22-2 框格式幕墙

（a）竖框式（竖框主要受力，竖框外露）；（b）横框式（横框主要受力，横框外露）；
（c）框格式（竖框、横框外露成框格状态）；（d）隐框式（框格隐藏在幕面板后，又有包被式之称）

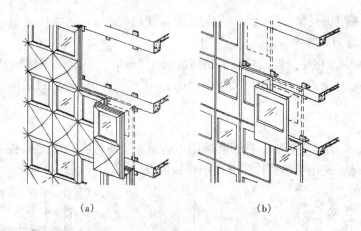

图 22-3 墙板式幕墙

（a）压型板式；（b）夹心板式

脚、顶棚等构部件，起密闭、装修、防护等作用。密封材料有密封膏、密封带、压缩密封件等，起密闭、防水、防火、保温、绝热等作用。此外，还有窗台板、压顶板、泛水、防结凝、变形缝等专用件，如图 22-4 所示。

2. 天然花岗岩石板饰面墙

（1）板材的品种规格

天然花岗岩饰面板按用途和加工方法分，有剁斧板、机刨板、粗磨板和磨光板四种，板材规格：长 300~400mm，宽 300~600mm，厚一般均为 20mm、颜色有黑、白、青麻、黄麻、灰色、粉红色、

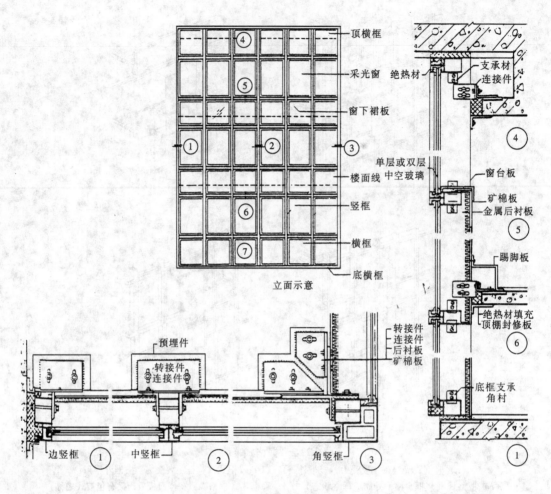

图 22-4 玻璃幕墙构造组成

深红色等多种，纹理都呈斑点状，颜色大致均匀，有深浅层次。

（2）天然花岗岩饰面墙的构造做法

边长大于 40cm 的大规格花岗岩板材或铺贴高度大于 1m 时，通常采用镶贴安装方法。其接缝宽度：光面、镜面 1mm；粗磨面、细磨面、条纹面 5mm，天然面为 10mm。目前国内采用的安装方法大致有三种：

1）湿法工艺

如图 22-5a 所示，是直接在石上打孔，然后用不锈钢连接件与墙体预设水平钢筋连接牢固。此法可用于混凝土墙及砖墙，常用于多层建筑及高层建筑的首层。

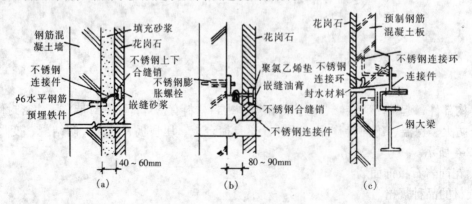

图 22-5 花岗岩石板安装构造

（a）湿法工艺；（b）干法工艺；（c）G. P. C 工艺

322

2）干法工艺

如图22-5b 所示，直接在石上打孔，然后用不锈钢连接件与埋在钢筋混凝土墙体内的膨胀螺栓相连，或与焊在钢骨架上的连接件用不锈钢销子连接，石板在墙体间留设80～90mm 宽的空气层。此法一般多用于高度在30m 以下的钢筋混凝土墙或钢结构柱、墙，不适用于砖墙。

3）G. P. C 工艺

如图22-5c 所示，是以钢筋混凝土作衬板，花岗岩板作面板（两者用不锈钢连接环连接、浇筑成整体）的复合板，通过连接件挂到钢筋混凝土或钢结构墙、柱上的做法。衬板上与结构连接的部位的厚度加大。这种柔性节点的构造做法可用于超高层建筑。

（3）细琢面板安装

细琢面花岗岩饰面板有剁斧板、机刨板和粗磨板等种类，板厚一般为50mm、76mm、100mm，墙面、柱面多用50mm 厚板，勒脚饰面多用76mm、100mm 厚板。

1）板材的开口形式

细琢面花岗岩饰面板安装，一般通过镀锌钢锚件与基体连接锚固，锚固件有扁条锚件、圆条锚件和线形锚件等。板材开口尺寸及阳角交接形式分别见表22-1 和图22-6 及图22-7。

表22-1　板材开口参考尺寸

| 厚度（mm） | A | B | C | D | E | F | G | H |
|---|---|---|---|---|---|---|---|---|
| 50 | 19 | 13 | 13 | 13 | 19 | 13 | 38 | 57 |
| 76 | 44 | 25 | 13 | 13 | 19 | 13 | 64 | 82 |
| 100 | 70 | 38 | 13 | 13 | 19 | 13 | 89 | 107 |

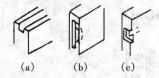   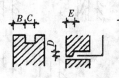 

图22-6　石板开口形式 　　　　　　　　图22-7　板材阳角

（a）扁条开口；（b）片状开口；

（c）销钉开口；（d）角钢开口；（e）金属丝开口

2）锚固方法

用镀锌锚固件将饰面板与基体锚固，缝中分层灌注 1:2.5 水泥砂浆。常用锚固件规格为：

①扁条锚固件：厚度为3mm、5mm、6mm，宽度25mm、30mm；

②圆杆锚固件：常用直径为6mm、9mm；

③线形锚固件：多用 φ3～φ5 钢筋。

3）镜面板湿作业改进安装方法

镜面花岗岩饰面板传统安装方法与大理石板相同。其湿作业改进安装方法如下：

板材钻斜孔打眼，安装金属夹。在花岗岩饰面板的上、下两面各钻2个孔，孔径为φ5mm，孔深18mm，以便固定连接件，如图22-8 所示。在板材背面再钻130°斜孔2个，孔底距板材磨光面9mm，孔径8mm，孔深5～8mm，见图21-9。金属夹安装在135°斜孔内，用JGN 型胶固定，并用钢筋网连接牢固，见图22-10。石板安装完毕后，经清除擦洗及色浆嵌缝，最后上蜡抛光。

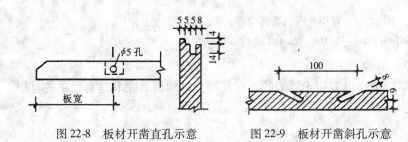 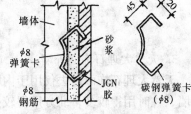

图22-8　板材开凿直孔示意　　　图22-9　板材开凿斜孔示意　　　图22-10　金属夹安装示意

花岗岩墙面的安装方法，除石板饰面墙外，还有包挂石料，主要是花岗岩或与花岗岩性质类似的石料。包挂石料石块的拼缝可拼成整齐规则错缝甚至是不整齐不规则的虎皮石形状，常用较宽的灰缝，可做成凸形、凹形、圆形等各种式样。为了加强灰缝效果，可将石块周边凿成斜口或凹口，厚度在50～130mm时，石块之间应通过钢销、扒钉等相连，还可采用开口灌铅或水泥砂浆等办法加固。石材与墙可采用搭钩连系，见图22-11。采用石块墙一般仅适用于首层。

花岗岩石板的阴角、阳角处理及与墙体的各种固定方法见图22-12。

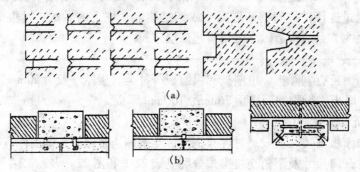

图 22-11　石材与墙体的连接
（a）石墙砌筑的灰缝形式；（b）连接举例

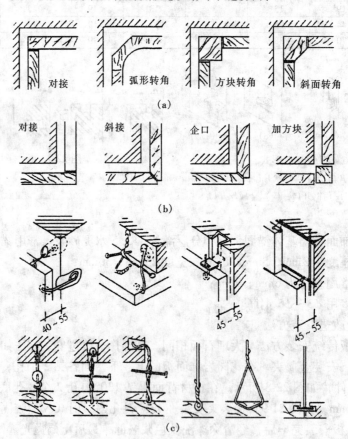

图 22-12　花岗岩石板墙面构造
（a）阴角处理；（b）阳角处理；（c）各种固定方法

### 3. 天然大理石饰面外墙

天然大理石饰面过去仅用于内墙，现在也有用于外墙的，在我国南方地区，尤其是有雨罩的首层外墙、柱时用得较多，北方用得较少。

（1）板材的品种规格

常见的品种有汉白玉、碧玉、艾叶青、红花玉、墨璧等上百个，产品分定型与非定型两类，定型板材的规格为：长 300～1200mm，宽 150～915mm，厚度均为 20mm。

（2）大理石外墙饰面的构造做法

天然大理石饰面板分镜面、光面两种，小规格的一般采用粘贴法，大规格的有湿法和干法两种方法。

1）传统湿做法

①绑扎连接固定大理石用的钢筋网

按要求的横、竖向间距的要求在墙体外侧焊接或绑扎钢筋网架，竖筋直径一般采用 φ8，间距可按板材宽度，横向钢筋可用 φ6～φ8，其间距要比饰面竖向尺寸小 2～3cm。图 22-13 为墙面或柱面绑扎钢筋图。

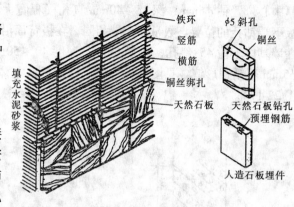

图 22-13　墙（柱）面绑扎钢筋网

如原墙面未预埋钢筋，可在墙面预埋 M16 胀杆螺栓固定预埋件，再绑扎或焊拉竖向和横向钢筋，见图 22-14 所示。

②板缝及阳角磨边卡角

板材按颜色花纹一致的要求预拼并编号对位，阳角处相邻两板应磨边卡角，有时板的横向（或竖向）都做磨边卡角，以增加外观效果。板缝及阳角磨边卡角的做法见图 21-15，板的凿孔有两种做法，见图 21-16。

③石板固定及板缝处理

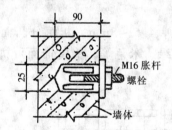

图 22-14　用胀杆螺栓固定预埋件

图 22-15　墙面及阳角磨边卡角
（a）阳角缝；（b）墙面缝

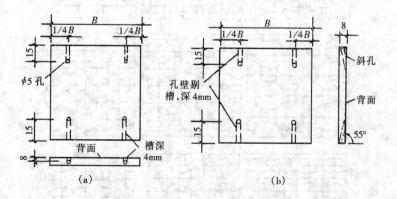

图 22-16　板材凿孔做法
（a）直孔打法；（b）斜孔打法

板材用 16 号不锈钢丝或铜丝穿入板上凿出的孔内并与墙面所设水平钢筋绑牢，用熟石膏或纸浆板左右两侧缝隙堵严，用稠度 8～12m 的 1:3 水泥砂浆分层灌缝。浅色大理石灌浆应用白水泥和白石屑，板材的缝隙按板材眼颜色调制的水泥色浆嵌缝，边嵌边擦干净，最后打蜡上光。

2) 传统湿作业的改进做法

墙基体清理干净，用水湿润，抹1:1水泥砂浆。板材也用水洗净，在距板材两侧各1/4边长处板厚中心位置钻φ6mm、深35~40mm直孔（板宽大于500mm时钻3个孔，大于800mm时钻4个孔），板下端钻孔的位置、数量和上端相同，在板背面沿孔外壁凿深7mm槽，按板材上凿孔的相对应位置，在墙基体上凿45°斜孔，孔径6mm，深度40~50mm（见图22-17）。按板材与基体相隔的孔距现制φ5mm不锈钢形钉（见图22-18），用形钉插入基体斜孔及板材凿孔内并用木楔将板材临时紧固（见图22-19）。

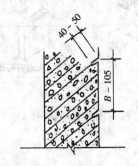

图 22-17　在基体上钻斜孔

（B 为板材高度）

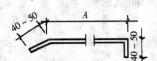

图 22-18　形钉

（A 为墙或柱外皮
至板材直孔的距离）

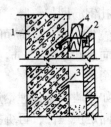

图 22-19　板材就位固定

1—基体；2—形钉；

3—硬木小楔；

4—大头木楔

**4. 陶瓷制品外墙面**

（1）锦砖

其尺寸常用的有 19mm×19mm 或 39mm×39mm，厚4.5~5mm，断面分凸面和平面两种，凸面的多用于墙体饰面。锦砖的色彩有白、粉红、橄榄绿、米色等，锦砖饰面可拼成各种花式，见图22-20。

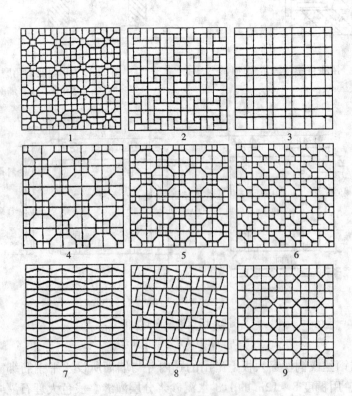

图 22-20　陶瓷锦砖拼花

陶瓷锦砖在铺贴前、底层砂浆必须清刷并保持平整，用水湿润、划毛，先刷素水泥浆一遍，每联陶瓷锦砖将底面朝上，缝中灌1:2干水泥砂，涂上灌层水泥灰浆（1:0.3＝水泥:石灰膏），然后进行粘贴。待粘结层终凝后，用白水泥稠浆将缝嵌平，表面拭净。

（2）外墙面砖

外墙面砖有上釉、不上釉、外墙立体面砖、线砖等四种，尺寸规格有200mm×100mm×12mm、75mm×75mm×8mm、108mm×108mm×8mm、100mm×100mm×10mm等，色彩有白、浅黄、蓝、绿、红等多种，粘贴采用分层做法。第一层：1:3水泥砂浆，厚7mm，干后划毛；第二层1:0.2:2（水泥:石灰:砂）混合砂浆，厚12～15mm；第三层粘贴面砖。

面砖的横缝与磉脸或窗台一平，阳角窗口都是整砖。矩形外墙砖分长边水平粘贴和长边垂直粘贴两种粘贴法，按接缝宽窄不同又分密缝（接缝宽度1～3mm）和离缝（接缝宽度在4mm以上）。同一墙面齐缝排列又可采取密缝粘贴、离缝分格的做法。面砖的缝子做法见图22-21，面砖阳角做法见图22-22，窗台及腰线排砖法见图22-23，面砖饰面外墙构造见图22-24。面砖饰面外墙完活后要经养护和表面酸洗处理。

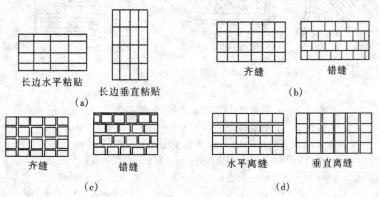

图 22-21　面砖的缝子做法

（a）外墙面砖排列；（b）密缝示意；（c）宽缝示意；（d）水平和垂直离缝分格

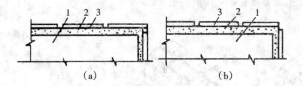

图 22-22；面砖阳角做法

（a）拼缝留在侧面；（b）整砖对角粘结

1—基体；2—砂浆；3—面砖

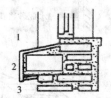

图 22-23　窗台及腰线排砖

1—压盖砖；2—正面砖；3—底面砖

（3）釉面砖

釉面砖是上釉的薄片状精陶建筑制品，尺寸规格有108mm×108mm×5mm、152mm×152mm×5～6mm，阴阳角及收口部位可用配件砖粘贴。

釉面砖饰面外墙面构造采用分层做法。第一层：1:2水泥砂浆找平层，厚15mm，墙面须先经清理，找平层刮平、拍实、搓粗；第二层：1:2水泥砂浆粘结层，厚5～7mm，或在水泥砂浆中掺入不大于水泥用量15%的石灰膏；第三层釉面砖。贴好的釉面砖用白水泥浆勾缝，然后清洗表面。釉面砖饰面墙的构造做法见图22-25。花砖与陶砖的做法和面砖相同。

5. 室内抹灰墙面

抹灰墙面按建筑质量要求分为普通抹灰、中级抹灰和高级抹灰，总厚度为15～20mm。

（1）拉毛抹灰。一般用在有一定声学要求的部位如图22-26所示。

（2）水磨石。如图22-27所示。

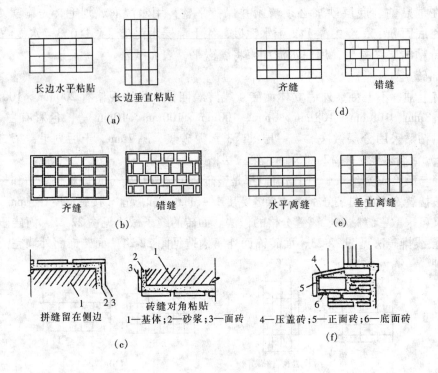

图 22-24 面砖饰面外墙构造

(a) 矩形外墙面砖排列；(b) 离缝做法示意（缝宽 >4mm）；

(c) 砖面阳角做法；(d) 密缝做法示意（缝宽 1~3mm）；

(e) 水平和垂直离缝分格；(f) 窗台及腰线排砖大样

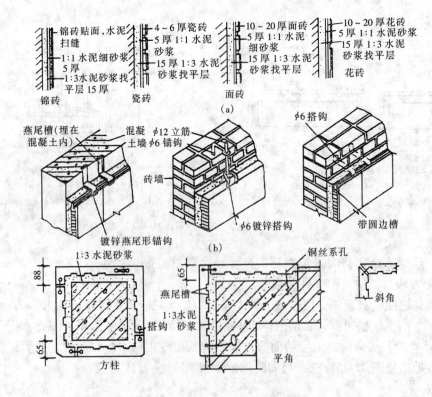

图 22-25 陶瓷制品砖外墙饰面构造

(a) 各种饰面砖做法；(b) 陶板的固定做法

（3）清水混凝土。拆下模板后墙面不加任何装饰，主要表现混凝土的本色和模板的纹理体现出一种质朴的美感，要选择纹理美观的模板，也可人工特制衬模，模板和接缝都要精心设计，使它能恰到好处地表现出自然美。

利用新拌混凝土的塑性，可在立面上形成各种线型，将组成材料中的粗细集料表面加工成外露集料，可获得不同的质感。如图22-28所示。

这种墙面处理手法在国外用得较多，目前国内尚未发现大量使用的情况。

（4）水刷石

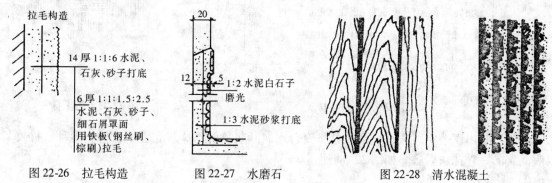

图22-26　拉毛构造　　　　图22-27　水磨石　　　　　图22-28　清水混凝土

水刷石又称洗石，装饰墙面具有星点式闪烁发亮，耐久性较好，但劳动量大，使用水泥多，造价高。适用于装饰要求较高的民用建筑或在建筑的局部使用。水刷石装饰抹灰要求石粒清晰，分布均匀，紧密干净，色泽一致，不得有掉粒和接茬痕迹。如图22-29所示。

（5）斩假石饰面

斩假石又称剁斧石，是仿天然石墙面的一种抹灰。斩假石坚固耐久，但费工，造价高，很难大面积应用。如图22-30所示。

（6）干粘石

干粘石饰面效果与水刷石接近，比水刷石施工方便，可节约水泥3%，石屑50%左右，造价降低1/3。缺点是粘结力差，不宜在首层的外墙面用，易积灰，如图22-31所示。

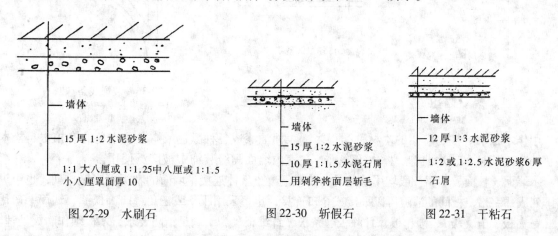

图22-29　水刷石　　　　　　图22-30　斩假石　　　　　图22-31　干粘石

（7）拉条抹灰

拉条抹灰是用专用模具或嵌条把面层砂浆做成竖线条。一般线条形状有细线形、半圆形、三角形、梯形、长方形等。要求线条垂直平整、深浅一致，表面光洁，不显接痕。如图22-32a、b、c所示。

（8）扫抹

扫毛抹灰是竹丝笤帚把面层砂浆扫出不同的方向条纹。一般用于对装饰要求不高的建筑。如图22-33a、b所示。

（9）喷砂仿石

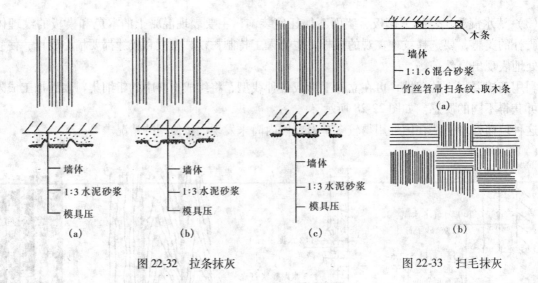

图 22-32　拉条抹灰　　　　　　　　　图 22-33　扫毛抹灰

　　喷砂仿石是用压缩空气通过喷涂机具将聚合水泥砂浆喷射到抹灰底层上，仿制各种石材纹条，做到以假乱真的一种抹灰做法。如图 22-34 所示。

　　（10）彩色抹灰

　　彩色抹灰的水泥浆是用彩色水泥、无水氧化钙、皮胶加水配制成的。彩色水泥浆可用于砖、石、混凝土等各种基层上。缺点是不宜在负温下施工。如图 22-35 所示。

　　（11）装饰线条抹灰

　　装饰线条抹灰常用于房间的顶棚四周或舞台台口，装饰线条抹灰由粘结层、垫灰层、出灰层及罩面灰层组成，其线条的道数与外形按设计要求，见图 22-36 所示。

　　6. 木、竹墙面

　　木、竹墙面具有朴实、典雅的气氛，给人以亲切温暖之感，此材料既可做墙裙，又可装饰到顶。

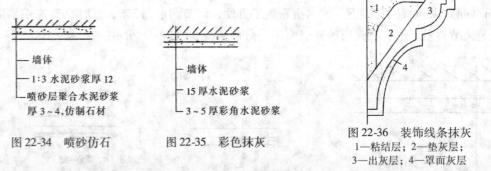

图 22-34　喷砂仿石　　图 22-35　彩色抹灰　　图 22-36　装饰线条抹灰
　　　　　　　　　　　　　　　　　　　　　　　　1—粘结层；2—垫灰层；
　　　　　　　　　　　　　　　　　　　　　　　　3—出灰层；4—罩面灰层

　　用作木板墙、柱、墙裙的木材种类很多，表面油漆成各种颜色或本色。本色的有柏木、松木、橡木、柚木、胡桃木、水曲柳、榉木等多种，在室内墙面高级装饰中被广泛使用。

　　木墙面、柱面、墙裙一般均用木龙骨与砖或混凝土墙体连接，墙面的木板可连接排列，也可纵横交错排列成井字格，板间的缝隙可以平接或企口连接，也可采用压条或三角缝、高低缝，墙面一般用胶合板（三夹板、五夹板）、刨花板、甘蔗板、条板、纤维板。为了满足消防要求，木板须作防火处理。

　　对声学和保温隔热要求较高的墙面，在板面与墙体之间填充玻璃棉、矿棉、泡沫聚苯板、泡沫塑料等材料。可在木板上钻小孔，以提高吸声性能，作为装饰吸声板。

　　构造做法：在砖墙或混凝土等墙体上用预埋木砖或塑料胀塞与木骨架连接，木骨架断面一般为 20～45mm×40～50mm，间距 400～600mm，具体尺寸应与面板规格协调。为防止砖或混凝土墙体潮气浸入面板，须在墙体表面先涂刷一道冷底子油，再铺一层油毡。在面板与墙体之间，上下方各留一些气孔，以保持通风。

　　木板墙（柱）、木墙裙的构造做法如图 22-37 至图 22-42 所示。

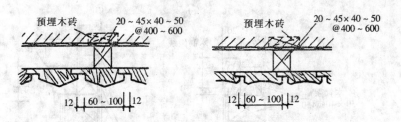

图 22-37 木墙面构造

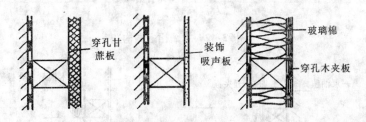

图 22-38 吸声墙面剖面示意

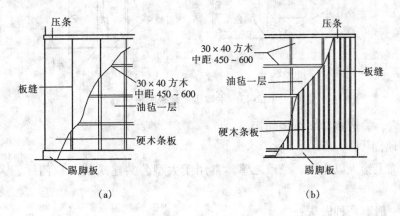

图 22-39 木墙面
（a）木夹板（吸声板）木墙面；（b）硬木条板木墙面

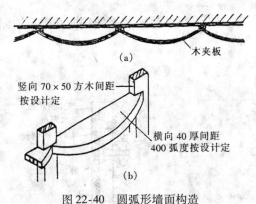

图 22-40 圆弧形墙面构造
（a）扩音室木墙面断面示意；（b）木龙骨组合透视

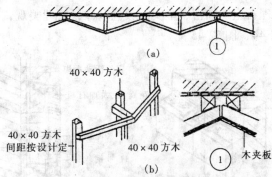

图 22-41 折线形木墙面构造
（a）折线形木墙面断面示意；（b）木龙骨组合透视

　　木墙裙是木墙板的一个局部，其高度一般与窗台平，构造做法与木墙面基本相同，如图 22-42、图 22-43 所示。

　　7. 室内石墙面

　　石墙面是指采用天然石料的墙面。天然石料如花岗石、大理石等，经过不同的加工处理制成块材、板块。它们具有质地坚硬，强度高，结构紧密，耐久性较强，色彩鲜艳等特点。天然石料加工要

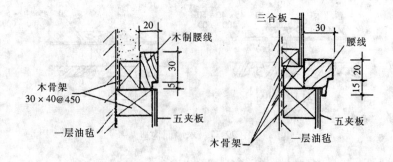

图 22-42　木墙裙上端构造

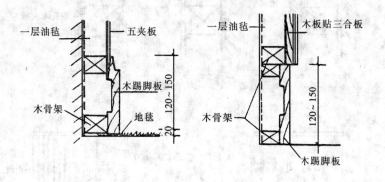

图 22-43　木墙裙下端踢脚板构造

求较高，价格较贵，一般多作高级装修用。

　　（1）花岗石墙面

　　花岗石在装饰上给人以庄严、稳重之感，常用于大型公共建筑的入口门厅、大厅等比较重要的场所。

　　花岗石面层一般有两种做法：

　　1）绑扎法，如图 22-44 所示。

　　2）干挂法，见图 22-45。

　　（2）大理石墙面

　　大理石组织细密、坚实，颜色多样，纹理美观，一般用于高级装修。装修做法同花岗石墙面，详见图 22-44、图 22-45。

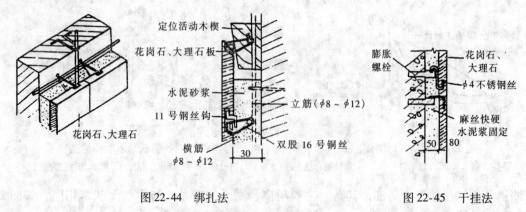

图 22-44　绑扎法　　　　　　　　　　　图 22-45　干挂法

大理石墙面必须平整，各个细部均应做得很精确。图 22-46 为阴阳角的处理方法。

　　（3）人造石墙面

　　人造石是人工制成的，常见的人造石板有预制水磨石板、人造大理石板等。人造石墙面具有强度高，表面光洁，色彩多样，价格比天然石料便宜等特点，其安装方法与天然大理石板类似，做法如图

332

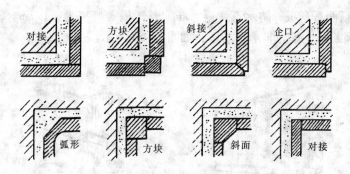

图 22-46　大理石墙面阴阳角做法

22-47 所示。

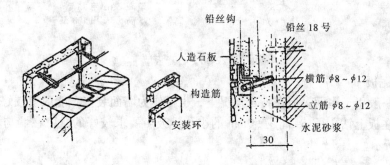

图 22-47　人造石板贴面

### 8. 裱糊类墙面

裱糊类墙面是指用纸或锦缎、墙布等贴在墙面上，起到良好的装饰视觉效果的一种处理墙面的方法。

（1）墙纸类

普通的纸经过特殊的加工处理后，就可造出不同种类的壁纸。它具有耐擦洗、耐火、不易粘灰等特性，在其表面可印上凹凸不平的图案，具有很好的装饰性。

（2）墙布类

作壁面装饰的布料，如丝绸、麻布、木棉布、混纺品等，比壁纸更富有风格，花色品种很多，并具有吸声的特点，其缺点是易于沾污，易褪色。构造做法如图 22-48、图 22-49 所示。

（3）锦缎类

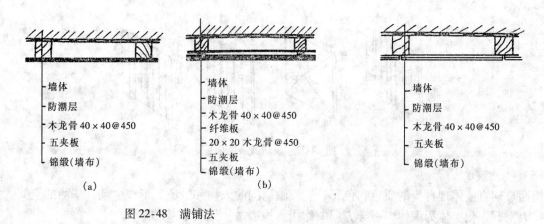

图 22-48　满铺法

（a）满铺做法之一；（b）满铺做法之二　　　　　图 22-49　分块拼装法

### 9. 板材类墙面

（1）石膏板墙

石膏板具有可钻、可钉、可锯、防火、隔声、质轻、不受虫蛀等特点。

石膏板种类有：纸面石膏板，防水石膏板、纤维石膏板等规格为：1.2m×3.0m，厚度为9.0mm和12mm。一般用在隔断墙，作为非承重墙用，如图22-50所示。

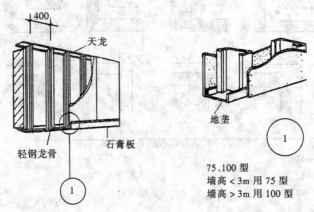

图 22-50　石膏板墙

（2）石棉水泥板

石棉水泥板一般用于屋面，但在特殊情况下，也可作为墙面装修，能取得较好的声学效果，价格比其他材料低。在板上钻孔径φ4间距50mm的小孔，吸声要求较好的，可在墙与板间填矿棉，构造做法见图22-51所示。

图 22-51　石棉水泥板墙面构造

（3）水泥刨花板

水泥刨花板是在刨花板上喷上一层薄水泥，上面可喷上各种颜色的漆。这种板美观、坚硬、平整，是目前广泛用于家具及墙面的装饰材料。

（4）金属薄板

金属薄板可采用铝、铜、铝合金、不锈钢等材料，可在其表面喷、烤、镀色。这种材料坚固、耐用、新颖、美观，有强烈的时代感。一般用在有吸声、隔磁要求的房间。金属薄板种类见图22-52。

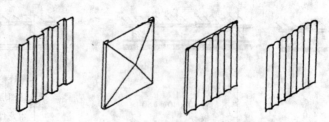

图 22-52　金属薄板墙面

（5）镜面玻璃

镜面玻璃直接体现自身的质感和色彩，能反映周围的人物和景象，形成生动、华丽的空间，并且具有扩大空间、化实体为虚体、引导方向的作用。构造做法见图22-53所示。

（6）有机玻璃

构造做法见图22-53，具有自重轻、易清洗、色彩鲜艳、易加工等特点。

（7）皮革墙面

皮革墙面具有舒适、温暖、消声、柔软的特点。一般用于幼儿园活动室、练功房、会议室等，构

334

造做法如图22-54所示。

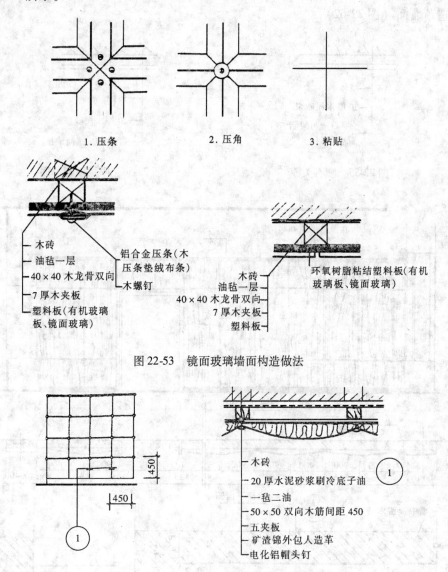

1. 压条　　　　2. 压角　　　　3. 粘贴

木砖
油毡一层
40×40 木龙骨双向
7 厚木夹板
塑料板(有机玻璃板、镜面玻璃)

铝合金压条(木压条垫绒布条)
木螺钉

木砖
油毡一层
40×40 木龙骨双向
7 厚木夹板
塑料板

环氧树脂粘结塑料板(有机玻璃板、镜面玻璃)

图 22-53　镜面玻璃墙面构造做法

木砖
20 厚水泥砂浆刷冷底子油
一毡二油
50×50 双向木筋间距 450
五夹板
矿渣锦外包人造革
电化铝帽头钉

图 22-54　皮革墙面做法

10. 喷涂类墙面

（1）内墙涂料

内墙涂料墙面材料一般为大白浆、可赛银浆，它们都具有耐碱性、色彩艳丽、黏性好、价格低廉、施工方便等特点。

（2）喷石头漆

喷石头漆用喷浆机将粉碎石渣、人造树脂混合浆料喷在墙面上，使墙面具有花岗岩一样的外观效果，见图22-55。

（3）喷漆滚花

喷漆滚花是用压缩机喷枪喷出涂料，形成一个个凹凸不平的纹理图案，再用滚筒滚压的一种墙面装修的方法，见图22-56。

11. 墙面工程实例

（1）折板式内墙面（图22-57）

（2）内檐木条墙装修（图22-58）

（3）屏蔽室保温屏蔽墙面（图22-59）

（4）北京电影制片厂录音棚吸声墙面（图22-60、图22-61）

（5）人造革墙面（图22-62）

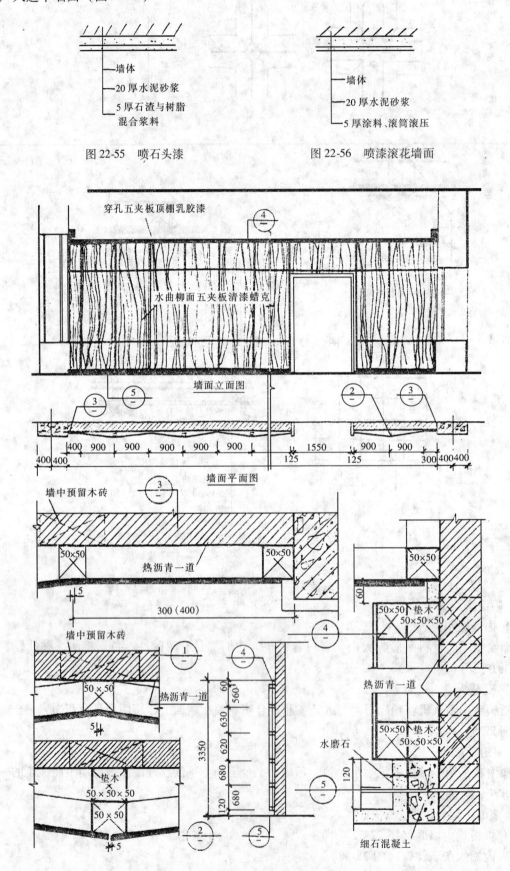

墙体
20厚水泥砂浆
5厚石渣与树脂混合浆料

图22-55　喷石头漆

墙体
20厚水泥砂浆
5厚涂料、滚筒滚压

图22-56　喷漆滚花墙面

穿孔五夹板顶棚乳胶漆

水曲柳面五夹板清漆蜡克

墙面立面图

墙面平面图

400 900 900 900 900
400 400
1550
125 900 900
125 300 400 400

墙中预留木砖

50×50

热沥青一道

300（400）

墙中预留木砖

热沥青一道

50×50

50×50

50×50 垫木
50×50×50

热沥青一道

50×50 垫木
50×50×50

水磨石

细石混凝土

热沥青一道

50×50

垫木
50×50×50

50×50

3350
560
630
620
680
680
120
60
120

图22-57　折板式内墙面

336

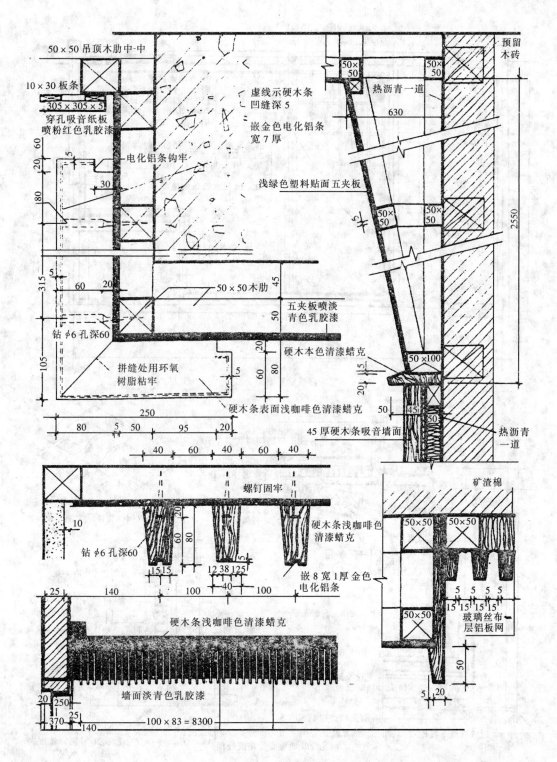

图 22-58　内檐木条墙

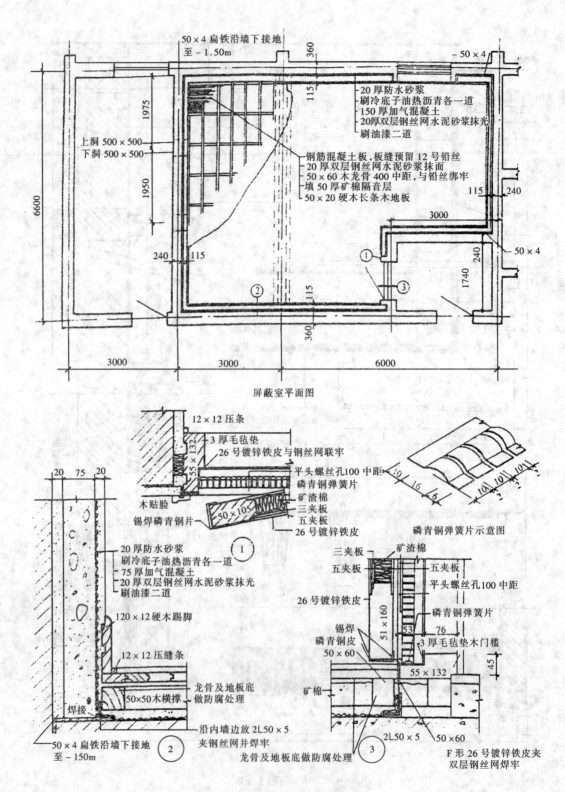

图 22-59　屏蔽室保温屏蔽墙面

平面图标注：

50×4 扁铁沿墙下接地
至 -1.50m

− 50×4

360

115

20 厚防水砂浆
刷冷底子油热沥青各一道
150 厚加气混凝土
20 厚双层钢丝网水泥砂浆抹光
刷油漆二道

1975

钢筋混凝土板，板缝预留 12 号铅丝
20 厚双层钢丝网水泥砂浆抹面
50×60 木龙骨 400 中距，与铅丝绑牢
填 50 厚矿棉隔音层
50×20 硬木长条木地板

上洞 500×500
下洞 500×500

1950

115　240

3000

6600

240　115

3000

240

① 　③

50×4

1740

240　115

6000

3000　3000　6000

360

屏蔽室平面图

节点①：

12×12 压条
3 厚毛毡垫
26 号镀锌铁皮与钢丝网联牢
平头螺丝孔 100 中距
磷青铜弹簧片
矿渣棉
三夹板
五夹板
26 号镀锌铁皮

55×132

木贴脸
锡焊磷青铜片
50×105

10　16　6　　10　10　10

磷青铜弹簧片示意图

节点②：

20　75　20

20 厚防水砂浆
刷冷底子油热沥青各一道
75 厚加气混凝土
20 厚双层钢丝网水泥砂浆抹光
刷油漆二道

120×12 硬木踢脚

12×12 压缝条

焊接

龙骨及地板底
做防腐处理

50×50 木横撑

沿内墙边放 2L50×5
夹钢丝网并焊牢

龙骨及地板底做防腐处理

50×4 扁铁沿墙下接地
至 -150m

节点③：

三夹板　矿渣棉
五夹板
26 号镀锌铁皮
平头螺丝孔 100 中距
磷青铜弹簧片
3 厚毛毡垫木门槛

51×160

53　76

45

锡焊
磷青铜皮

55×132

50×60

矿棉

2L50×5　50×60

F 形 26 号镀锌铁皮夹
双层钢丝网焊牢

338

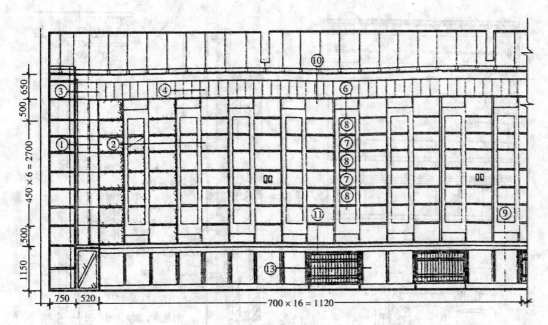

室内北墙立面

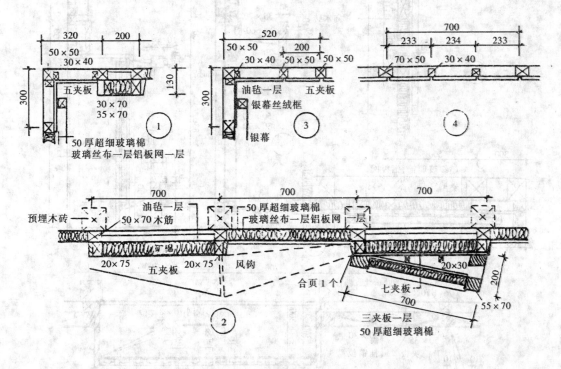

图22-60 吸声墙面（一）

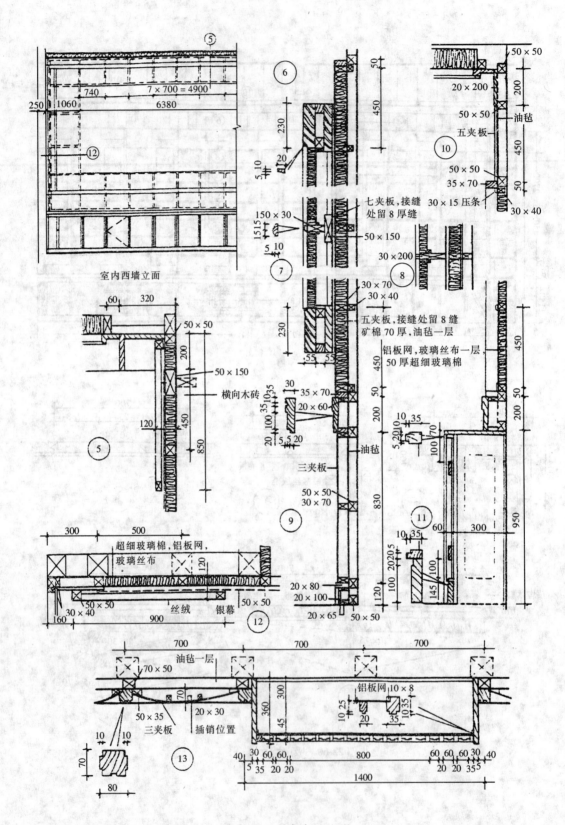

室内西墙立面

横向木砖

超细玻璃棉,铝板网,玻璃丝布

丝绒 银幕

七夹板,接缝 30×15 压条
处留 8 厚缝

五夹板

油毡

五夹板,接缝处留 8 缝
矿棉 70 厚,油毡一层

铝板网,玻璃丝布一层
50 厚超细玻璃棉

三夹板

油毡

油毡一层

三夹板

插销位置

铝板网

图 22-61 吸声墙面（二）

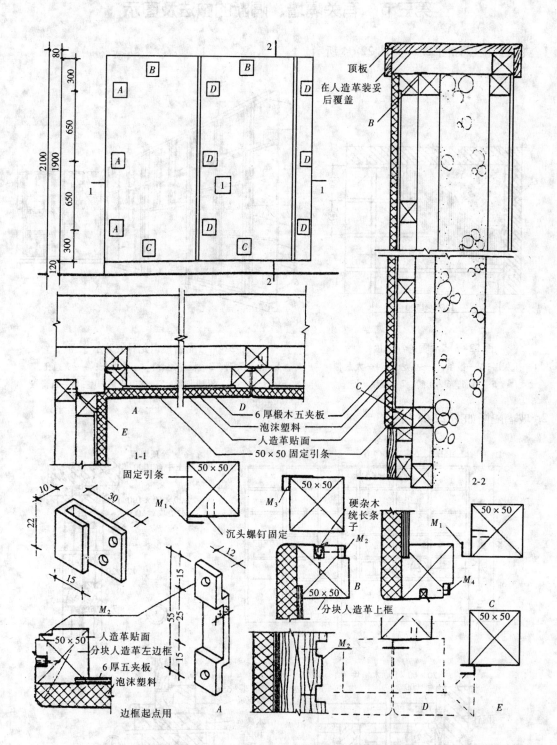

图 22-62 人造革墙面

341

## 第三节　有关隔墙、隔断的做法及图示

1. 龙骨式隔墙如图 22-63、图 22-64 所示。

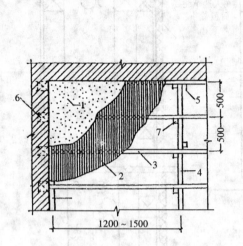

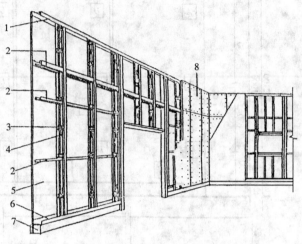

图 22-63　木质龙骨吊顶
1—抹灰层；2—板条；3—小龙骨；4—大龙骨；
5—吊筋；6—木砖；7—板块

图 22-64　隔墙轻钢龙骨安装示意图
1—沿顶龙骨；2—横撑龙骨；3—支撑长；4—贯通孔；
5—石膏板；6—沿地龙骨；7—混凝土踢脚座；8—石膏板

2. 玻璃隔断如图 22-65 所示。

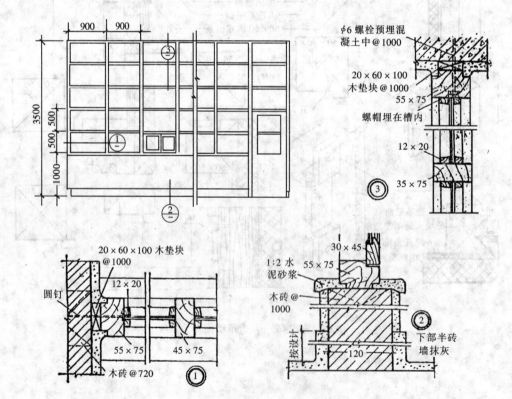

图 22-65　玻璃隔墙构造

3. 隔断

隔断同隔墙区别在于隔断不到顶，仅是限定空间的范围，形式灵活。

342

隔断分为两类：一类是全分隔；另一类是半分隔的（如隔扇、屏风、帷幕、博古架）。

（1）半分隔的隔断

1）隔扇

隔扇一般是用硬木精工制作的隔框，隔心可以裱糊纱、纸，裙板可雕成各种图案，如图22-66所示。它最大的特点是开闭方便，自重轻，而且有装饰性。

2）罩

罩是梁、柱的附着物，罩可分为落地罩、飞罩。用罩分隔空间，能够增加空间的层次，造成一种有分有合、似分似合的空间环境。落地罩见图22-67、图22-68，飞罩见图22-69。

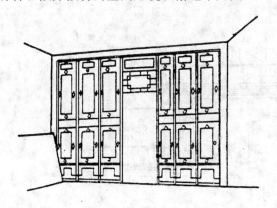

图22-66　传统的隔扇

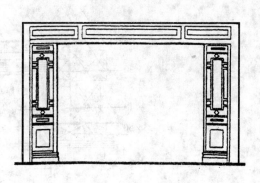

图22-67　落地罩

图22-68　落地花罩

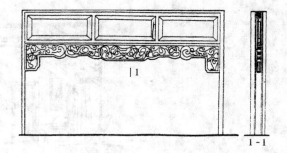

图22-69　飞罩

3）博古架

博古架是一种陈放各种古玩和器皿的架子，具有实用价值，其分格形式和精巧的做工又具有装饰价值。如图22-70所示。

4）帷幕

帷幕是传统建筑之一，多为棉、丝织物，如图22-71所示。

5）屏风

屏风是组成空间的一种形式，有独立与联立两类，一般用木骨架，中间裱画形成装饰板。通常用于餐厅的分隔。传统的屏风如图22-72所示。

6）活动隔断

活动隔断是将一个大空间隔成两个小空间，随时可以打开，组合灵活、方便。如图22-73所示。

7）植物隔断

植物隔断就是用花木的摆放来分隔空间，如图22-74、图22-75，可使空间显得紧凑，富有活力。

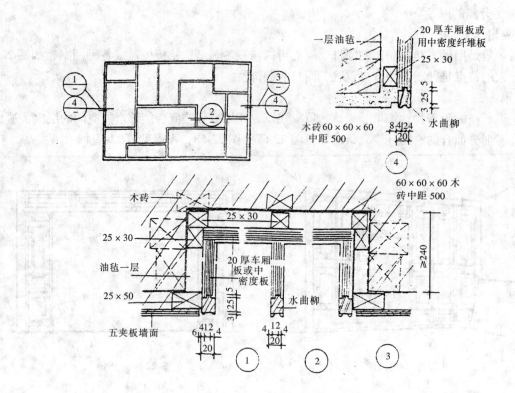

图 22-70 博古架

图 22-71 帷幕

图 22-72 传统的屏风

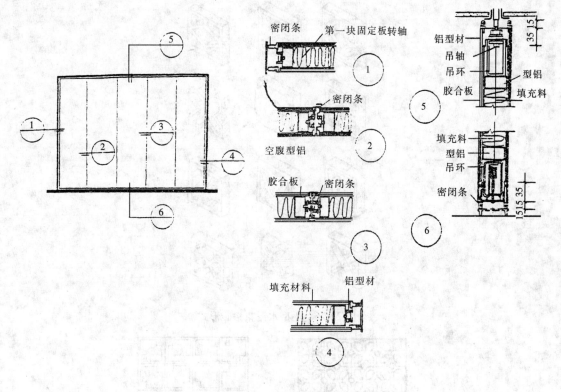

图 22-73　活动隔断

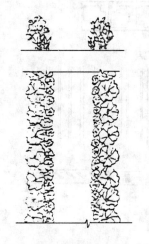

图 22-74　植物隔断（一）

图 22-75　植物隔断（二）

（2）空透式隔断

空透式隔断只是限定空间，由不隔声、不挡视线的各种形式的花格组成的隔断。

1）水泥制品隔断

水泥制品包括混凝土和水磨石，用这些材料制成花格并拼装在一起。小型水泥花格砖尺寸为294mm×294mm、294mm×194mm，294mm×120mm，形式见图 22-76，组合方式如图 22-77 所示。

2）竹木隔断

木条板拼装的隔断，形式更加多样，见图 22-78、图 22-79 和图 22-80，竹隔断绑扎基本形式见图22-81。

3）金属隔断

金属花格的成型方法有两种：一种为浇铸成型，即借模型浇铸出铁、铜、铝的花格；另一种是弯曲成型，即用扁钢、钢管、钢筋等弯成大小不等的花格。如图 22-82、图22-83所示。

图 22-76　小型水泥花格砖形式

图 22-77　小型花格砖的排列方法

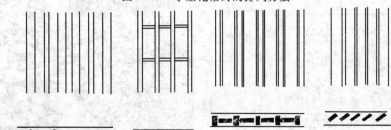

图 22-78　条板的形式与排列

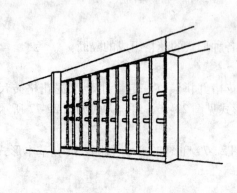

图 22-79　条板隔断

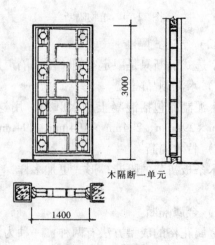

木隔断一单元

1400

图 22-80　木隔断

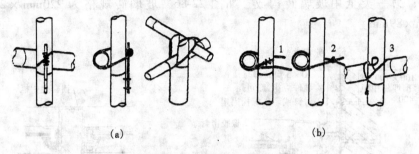

图 22-81 竹隔断的绑扎

（a）麻绳绑扎基本形式；（b）竹篾绑扎的结合顺序

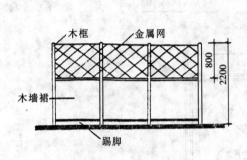

图 22-82 浇铸成型的花格

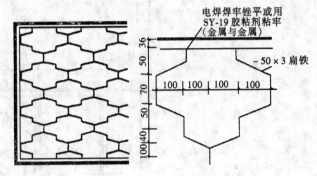

图 22-83 弯曲成型的花格

4）玻璃隔断

玻璃隔断分两大类：一类为木框，中间镶嵌大块玻璃，如图 22-84 或为金属框，如铝合金玻璃隔

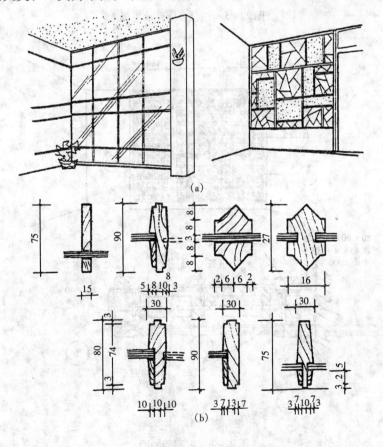

图 22-84 木框玻璃隔断

（a）木框玻璃隔断形式；（b）框料断面

断，见图 22-85；另一类全用玻璃砖构成，如图 22-86，玻璃砖规格为 220mm × 220mm × 50mm、190mm × 190mm × 89mm。

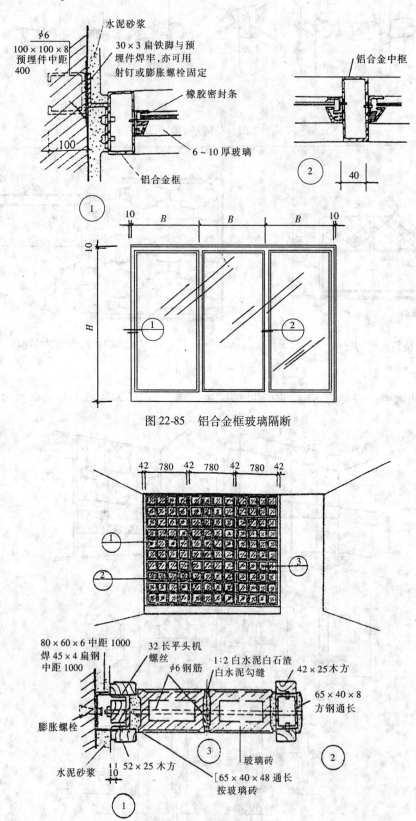

图 22-85 铝合金框玻璃隔断

图 22-86 玻璃砖隔断

（3）隔断工程实例

1）玻璃花饰隔断（图 22-87）

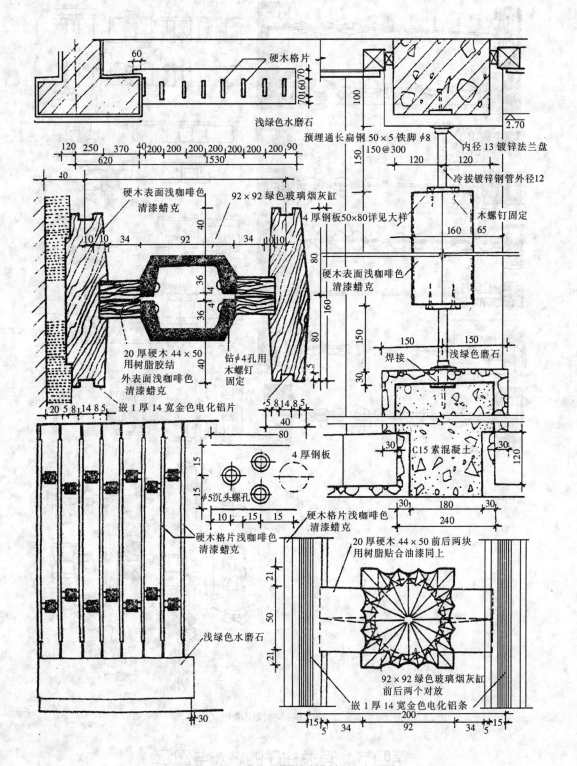

图 22-87　玻璃花饰隔断

2）国外推拉隔断形式（图22-88）

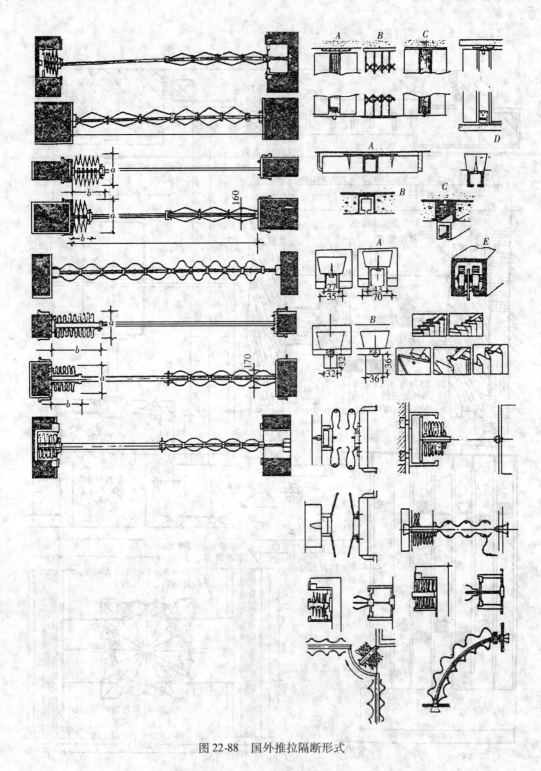

图 22-88　国外推拉隔断形式

# 第四节　有关柱子的做法与图示

柱子的装修做法与墙面做法基本相同，只是在局部有所不同，详见构造图。

1. 柱面基本做法

柱的基本做法有下面几种：

（1）大理石包柱；（2）不锈钢包柱；（3）玻璃柱面；（4）竹木贴面柱面；（5）竹子贴面柱面；

（6）整石材柱；（7）整木材柱；（8）石膏贴面柱。

2. 挂贴石柱面

挂贴石柱面构造做法见图22-89。

3. 不锈钢柱面

不锈钢柱面构造做法见图22-90。

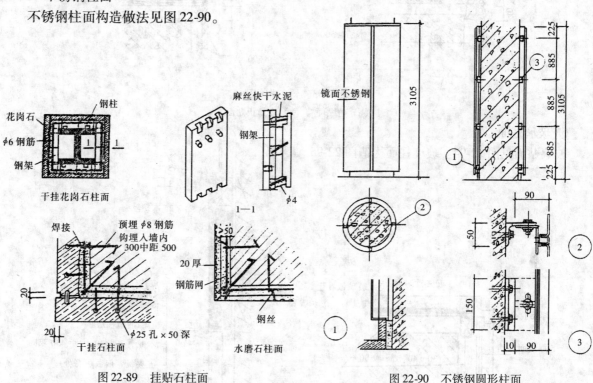

图22-89　挂贴石柱面

图22-90　不锈钢圆形柱面

4. 粘贴石柱面

粘贴陶砖柱面见图22-91。粘贴大理石柱面见图22-92。

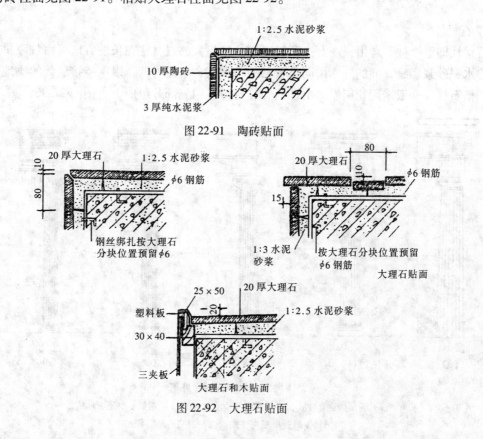

图22-91　陶砖贴面

图22-92　大理石贴面

### 5. 竹、木柱面

柱面贴竹见图 22-93a；柱面贴企口板见图 22-93b。

图 22-93　竹、木柱面
(a) 竹贴面　(b) 企口板贴面

### 6. 玻璃柱面

玻璃贴面见图 22-94。玻璃柱面构造图 22-95。

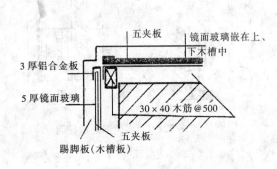

图 22-94　玻璃贴面

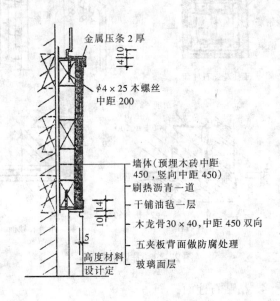

图 22-95　玻璃柱面构造

### 7. 整石材柱

整石材柱即整个柱子均由一块石头开凿而成。较粗大的石材柱在长度方向可由数段拼接，用高强度等级的水泥砂浆砌缝，缝的外侧用同类石材的粉末拌合水泥勾缝，以保持接缝处的质地、颜色与石材一致。整石材柱一般采用花岗岩，由柱基、柱身与柱帽三部分组成，见图图 22-96、图 22-97。

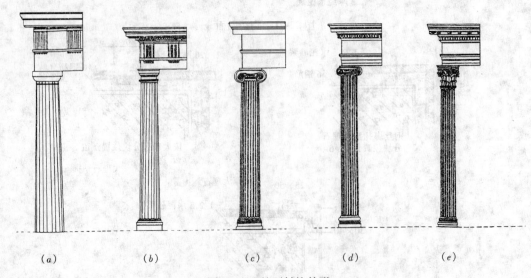

图 22-96　整石材柱外形
(a) 希腊陶立克柱式；(b) 罗马陶立克柱式；(c) 希腊爱奥尼克柱式；
(d) 罗马爱奥尼克柱式；(e) 罗马科林斯柱式

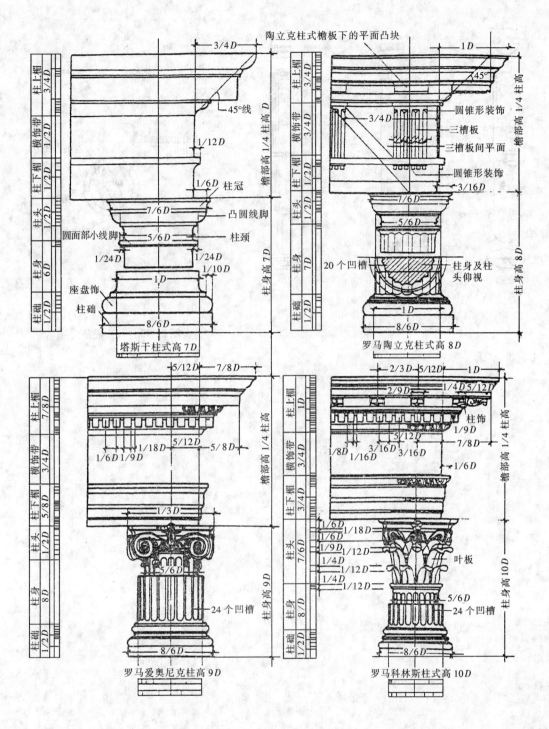

图 22-97　整石材柱构造

**8. 整木材柱**

整木材柱是由一根木材做成，在仿古建筑及单层民居中用得较多。粗大的整木材柱也可由数根木材拼接组成。柱的上端一般开榫与木梁连成，柱的下端与柱底石连接，见图 22-98。

**9. 石膏贴面柱**

石膏贴面柱一般用于室内餐厅、会议室等处，构造做法见图 22-99。

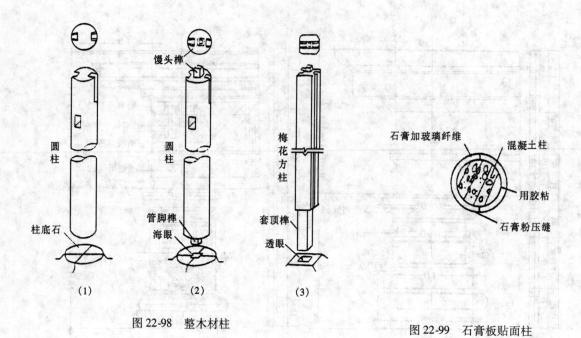

馒头榫

圆柱

圆柱

圆柱

梅花方柱

石膏加玻璃纤维

混凝土柱

用胶粘

石膏粉压缝

柱底石

管脚榫
海眼

套顶榫

透眼

（1）　　　　　（2）　　　　　（3）

图 22-98　整木材柱

图 22-99　石膏板贴面柱

# 第23章 天 棚 工 程

## 第一节 定额说明及工程量计算规则

1. 说明

(1) 本章包括：天棚抹灰、天棚吊顶、采光天棚工程、天棚其他装饰共122个子目。

(2) 天棚抹灰内预制板粉刷石膏面层定额子目中已包括板底勾缝，不得另行计算。

(3) 天棚吊顶按龙骨与面层分别编制，执行相应定额子目，格栅吊顶、吊筒吊顶、悬挂吊顶天棚定额子目中已包括了龙骨与面层，不得重复计算。

(4) 天棚吊顶定额子目中不包括高低错台、灯槽、藻井等，发生时另行计算，面层执行天棚面层（含重叠部分）相应定额子目，龙骨按跌级高度，执行错台附加龙骨定额子目。

(5) 定额中吊顶木龙骨定额子目中已包含防火涂料，不得另行计算。

(6) 定额中吊顶龙骨的吊杆长度是按≤0.8m综合编制的，设计>0.8m时，其超过部分按吊杆材质分别执行每增加0.1m定额子目，不足0.1m按0.1m计算。

(7) 天棚吊顶面层材料与定额不符时，可以换算。

(8) 天棚面层定额子目是按单层面板和衬板编制的，设计要求为多层板时，面层相应定额子目乘以相应层数。

(9) 格栅吊顶项目中金属格栅吸声板吊顶定额子目是按三角形和六角形分别编制的，其中吸声体支架中距为0.7m，设计不同时可按设计要求进行调整。

(10) 采光天棚按中庭、门斗、悬挑雨篷分别编制，定额中不包括金属骨架，金属骨架执行金属结构工程相应定额子目。

(11) 灯带附加龙骨和面层分别执行相应定额子目。

(12) 风口的定额子目中已包括开孔及附加龙骨，不包括风口面板。

(13) 檐口、雨篷、阳台底板装饰执行天棚抹灰、吊顶的相应定额子目。

(14) 本章不包括天棚的保温、装饰线、腻子、涂料、油漆等装饰做法，发生时另执行其他章节相应定额子目。

2. 工程量计算规则

(1) 天棚抹灰按设计图示尺寸以水平投影面积计算。不扣除间壁墙、垛、柱、附墙烟囱、检查口和管道所占的面积，带梁天棚的梁两侧抹灰并入天棚面积内，板式楼梯底面积抹灰按斜面积计算，锯齿形楼梯底板抹灰按展开面积计算。

(2) 天棚吊顶

1) 吊顶天棚按设计图示尺寸以水平投影面积计算。天棚中的灯槽及跌级、锯齿形、吊挂式、藻井式天棚面积不展开计算。不扣除间壁墙、附墙烟囱、检查口、柱垛和管道所占的面积。扣除单个面积>0.3m² 孔洞、独立柱及与天棚相连的窗帘盒所占的面积。

2) 天棚中格栅吊顶、吊筒吊顶、悬挂（藤条、软织物）吊顶均按设计图示尺寸以水平投影面积计算。

3) 拱形吊顶和穹顶吊顶的龙骨按拱顶和穹顶部分的水平投影面积计算；吊顶面层按图示展开面积计算。

4) 超长吊杆按其超过高度部分的水平投影面积计算。

（3）采光天棚按框外围展开面积计算。

（4）天棚其他装饰

1）灯带按设计图示尺寸以框外围面积计算。

灯带附加龙骨按设计图示尺寸以长度计算。

2）高低错台（灯槽、藻井）附加龙骨按图示跌级长度计算，面层另按跌级的立面图示展开面积计算。

3）风口、检查口等按设计图示数量计算。

4）雨篷底吊顶的铝骨架、铝条天棚按设计图示尺寸以水平投影面积计算。

# 第二节　有关天棚工程做法的部分图示及说明

顶棚与地面是形成空间的两个水平面，应与其他专业相配合来完成，如顶棚是否好看，与风口的位置、消防喷水孔位置等有很大的关系，因此设计顶棚时必须全盘考虑各方面的因素。

顶棚的设计应与空间环境相协调，按其空间形式来选择相应的做法。顶棚可归纳为吊顶、平顶、叠落式顶棚三大类。

吊顶是将顶棚上的电线管、通风管、水管隐藏在顶棚里，使外面空间显得美观。吊顶与上部结构的常用连接件见图23-1，连接件与上部结构的连接方法见图23-2。

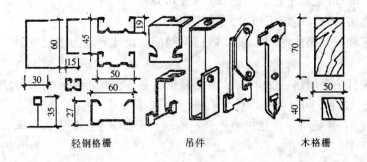

| 轻钢格栅 | 吊件 | 木格栅 |

图23-1　吊顶与上部结构的连接件

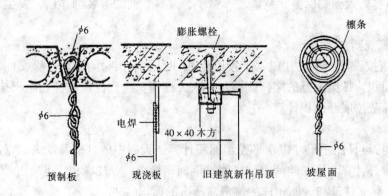

图23-2　连接件与上部结构的连接

## 1. 抹灰面层吊顶

抹灰吊顶是由木板条、钢板网抹灰面组成，抹灰层由3～5mm厚的底层（麻刀、水泥、白灰砂浆）、5～6mm厚的中间层（水泥、白灰浆）、2mm厚纸筋灰罩面或喷砂，再喷色浆或涂料。构造见

图 23-3。

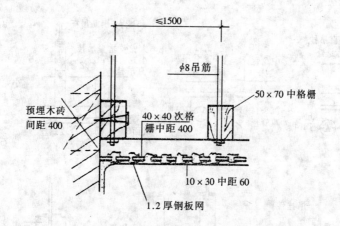

图 23-3　抹灰面吊顶构造

## 2. 板材面层吊顶

板材一般为石膏板、矿棉吸声板，五夹板、金属板、镜面玻璃等。所用的吊件见图 23-1，主格栅间距视吊顶重量和板材规格而定，通常不大于 1200mm，次格栅的布置与板材规格尺寸及板缝处理方式相适应。其构造见图 22-4 至图 22-9。

## 3. 立体面吊顶

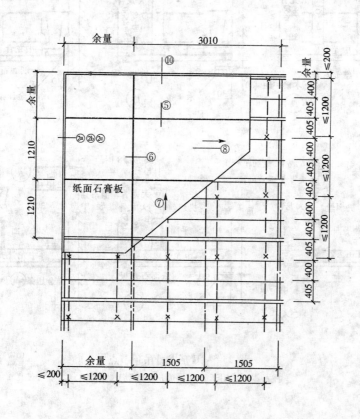

图 23-4　U 形龙骨吊顶

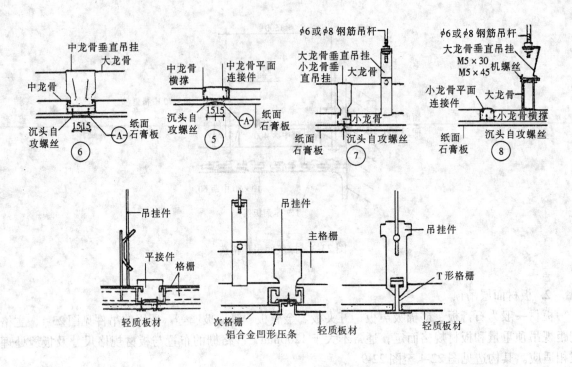

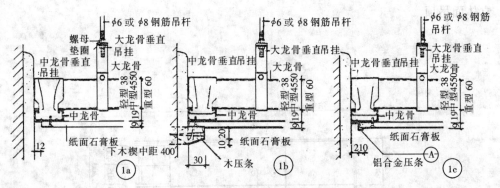

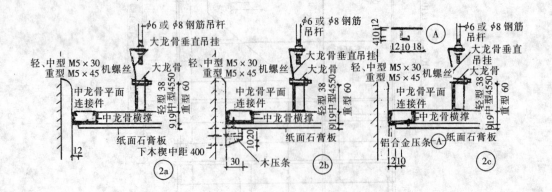

图 23-5 U 形龙骨吊顶节点

注：本图适用于 U 形吊顶龙骨类型 1、类型 2。

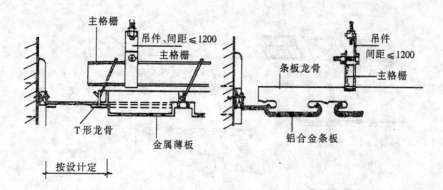

图 23-6　金属薄板吊顶构造

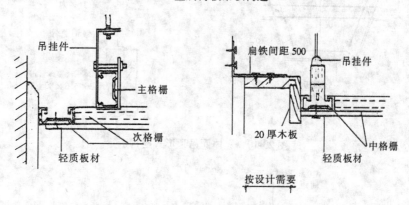

图 23-7　轻质装饰（吸声）板材吊顶

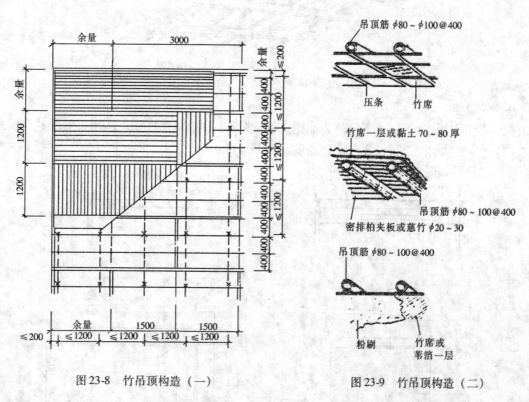

图 23-8　竹吊顶构造（一）　　　　　图 23-9　竹吊顶构造（二）

立体面吊顶就是将面层作成立体形状，如图 23-10 所示，其他条件同板材面层吊顶。

4. 花格吊顶

将面层用木框或金属编制成各种形式的花格，如图 23-11 所示，其他条件同板材面层吊顶。

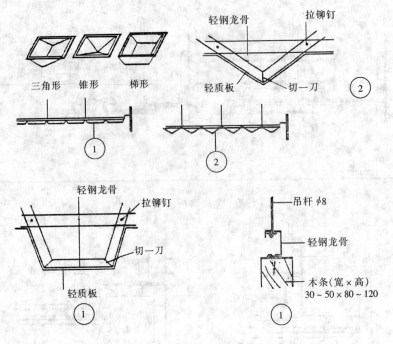

图 23-10　立体面吊顶形式与构造

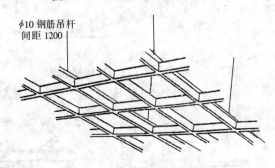

图 23-11　空花格吊顶透视图

### 5. 叠落式顶棚

顶棚处在不同的标高上，上下错落，如图 23-12 所示，称叠落式顶棚。适用于餐厅、会议室等结构梁底标高比较低的空间，可以提高空间高度及局部高度。

### 6. 吸声吊顶，如图 23-13、图 23-14 所示

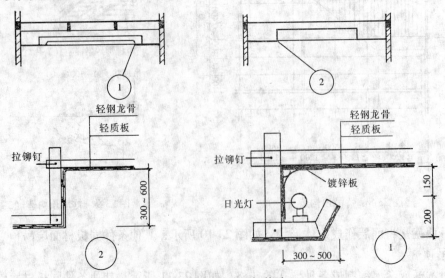

图 23-12　叠落式顶棚构造

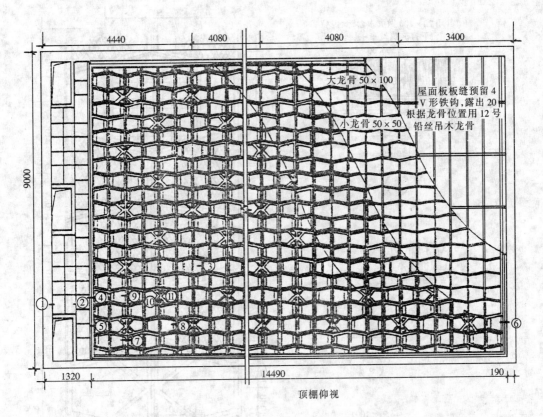

顶棚仰视

図中标注：
- 4440　4080　4080　3400
- 9000
- 大龙骨 50×100
- 小龙骨 50×50
- 屋面板板缝预留 4 根 V 形铁钩，露出 20 根据龙骨位置用 12 号铅丝吊木龙骨
- 1320　14490　190

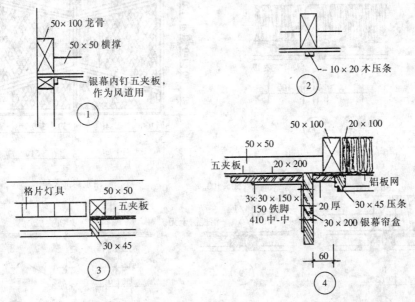

图中标注：
- 50×100 龙骨
- 50×50 横撑
- 银幕内钉五夹板，作为风道用
- ① 
- ② －10×20 木压条
- 格片灯具　50×50　五夹板
- 30×45
- ③
- 50×100　20×100
- 50×50
- 五夹板　20×200
- 3×30×150×150 铁脚 410 中一中
- 20 厚
- 20×100
- 铝板网
- 30×45 压条
- 30×200 银幕帘盒
- 60
- ④

图 23-13　吸声吊顶（一）

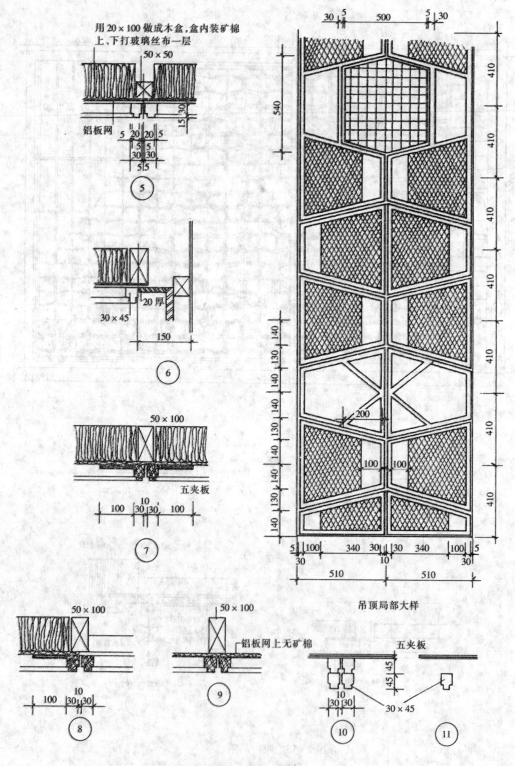

用20×100做成木盒,盒内装矿棉
上、下打玻璃丝布一层

50×50

铝板网

⑤

30×45

20厚

150

⑥

50×100

五夹板

⑦

50×100

⑧

50×100

铝板网上无矿棉

⑨

五夹板

30×45

⑩

⑪

吊顶局部大样

图23-14 吸声吊顶(二)

**7. 吊顶实例，如图 23-15、图 23-16 所示**

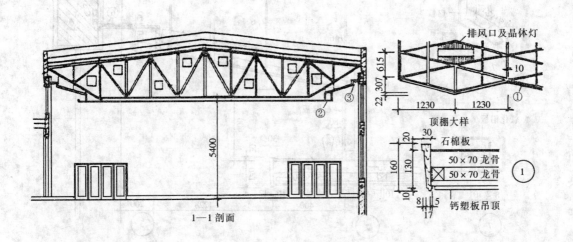

1—1 剖面

顶棚大样

石棉板
50×70 龙骨
50×70 龙骨
钙塑板吊顶

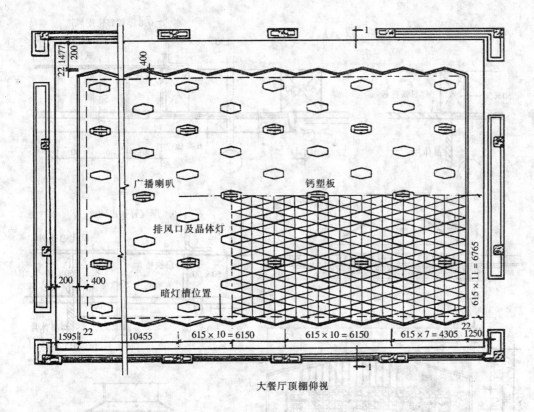

大餐厅顶棚仰视

图 23-15　餐厅顶棚（一）

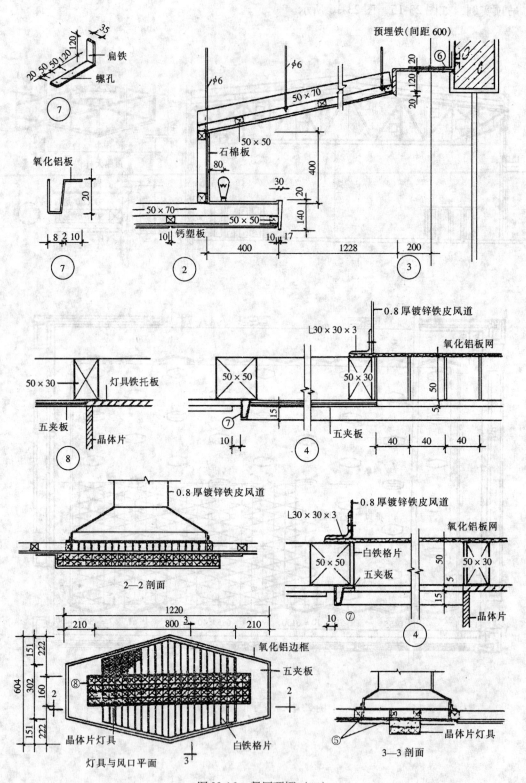

图 23-16　餐厅顶棚（二）

## 8. 保温屏蔽吊顶（图23-17）

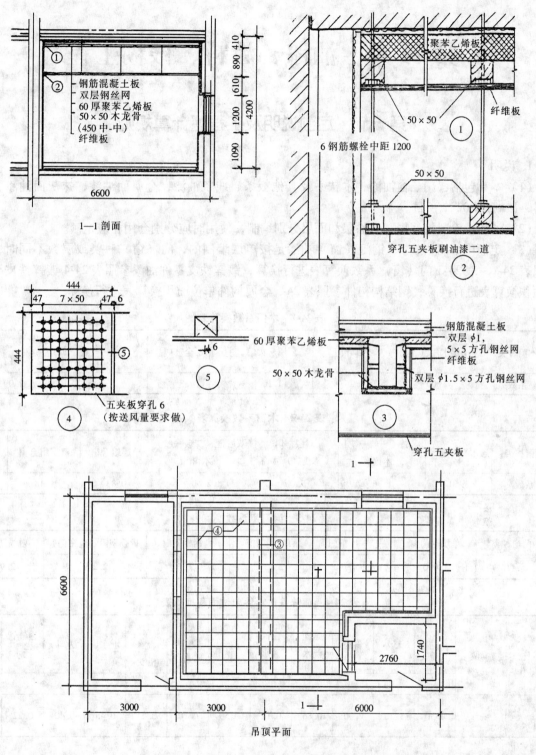

1—1 剖面

钢筋混凝土板
双层钢丝网
60厚聚苯乙烯板
50×50木龙骨
（450中-中）
纤维板

聚苯乙烯板

纤维板

50×50

6钢筋螺栓中距1200

50×50

穿孔五夹板刷油漆二道

五夹板穿孔6
（按送风量要求做）

60厚聚苯乙烯板

50×50木龙骨

钢筋混凝土板
双层φ1,
5×5方孔钢丝网
纤维板
双层φ1.5×5方孔钢丝网

穿孔五夹板

吊顶平面

图 23-17  保温屏蔽吊顶

# 第24章 油漆、涂料、裱糊工程

## 第一节 定额说明及工程量计算规则

### 1. 说明

（1）本章包括：门、窗油漆，木扶手及其他板条、线条油漆，金属面油漆，抹灰面油漆，喷刷涂料，裱糊共802个子目。

（2）油漆、涂料按底层、中涂层和面层分别编制，使用时应分别套用相应定额。

（3）定额中木门（窗）、钢门（窗）油漆是按单层编制的，门（窗）种类或层数不同时，分别参照表24-1～表24-3门（窗）系数换算表进行换算；镀锌铁皮零件油漆参照表24-4镀锌铁皮零件单位面积换算表进行换算；钢结构构件参照表24-5金属构件单位面积换算表进行换算。

表24-1 木门系数换算表

| 木门种类 | 单层木门（窗） | 木百叶门 | 厂库房大门 | 单层全玻门 | 双层（一玻一纱）木门 | 双层（单裁口）木门 |
|---|---|---|---|---|---|---|
| 系数 | 1.00 | 1.25 | 1.10 | 0.83 | 1.36 | 2.00 |

表24-2 木窗系数换算表

| 木窗种类 | 木百叶窗 | 双层（一玻一纱）木窗 | 双层框扇（单裁口）木窗 | 双层框（二玻一纱）木窗 | 单层组合窗 | 双层组合窗 | 观察窗 |
|---|---|---|---|---|---|---|---|
| 系数 | 1.50 | 1.36 | 2.00 | 2.60 | 0.83 | 1.13 | 1.23 |

表24-3 钢门窗系数换算表

| 钢门窗种类 | 单层钢门窗 | 一玻一纱钢门窗 | 百叶钢门窗 | 满钢板钢门 | 折叠钢门（卷帘门） | 射线防护门 |
|---|---|---|---|---|---|---|
| 系数 | 1.000 | 1.480 | 2.737 | 1.633 | 2.299 | 2.959 |

表24-4 镀锌铁皮零件单位面积换算表

| 名称 | 单位 | 沟槽 | 天沟 | 斜沟 | 烟囱泛水 | 白铁滴水 | 天窗窗台泛水 | 天窗侧面泛水 | 白铁滴水沿头 | 下水口 | 水斗 | 透气管泛水 | 漏斗 |
|---|---|---|---|---|---|---|---|---|---|---|---|---|---|
| | | m | | | | | | | | 个 | | | |
| 镀锌铁皮排水 | m² | 0.30 | 1.30 | 0.90 | 0.80 | 0.11 | 0.50 | 0.70 | 0.24 | 0.45 | 0.40 | 0.22 | 0.16 |

表24-5 金属构件单位面积换算表

| 序号 | 项目 | | 单位面积（m²/t） |
|---|---|---|---|
| 1 | 钢网架 | 螺栓球节点 | 17.19 |
| | | 焊接球（板）节点 | 15.24 |
| 2 | 钢屋架 | 门式刚架 | 35.56 |
| | | 轻钢屋架 | 52.85 |

| 序号 | 项　　目 | | 单位面积（m²/t） |
|---|---|---|---|
| 3 | 钢托架 | | 37.15 |
| 4 | 钢桁架 | | 26.20 |
| 5 | 相贯节点钢管行架 | | 15.48 |
| 6 | 实腹式钢柱（H形） | | 12.12 |
| 7 | 空腹式钢柱 | 箱形 | 4.30 |
| | | 格构式 | 16.25 |
| 8 | 钢管柱 | | 4.85 |
| 9 | 实腹钢梁（H形） | | 16.10 |
| 10 | 空腹式钢梁 | 箱形 | 4.61 |
| | | 格构式 | 16.25 |
| 11 | 钢吊车梁 | | 17.16 |
| 12 | 水平钢支撑 | | 37.40 |
| 13 | 竖向钢支撑 | | 16.04 |
| 14 | 钢拉条 | | 44.34 |
| 15 | 钢檩条 | 热轧H形 | 49.33 |
| | | 高频焊接口型 | 26.30 |
| | | 冷弯CZ型 | 74.43 |
| 16 | 钢天窗架 | | 52.28 |
| 17 | 钢挡风架 | | 48.26 |
| 18 | 钢墙架 | 热轧H形 | 35.84 |
| | | 高频焊接口型 | 26.30 |
| | | 冷弯CZ型 | 74.43 |
| 19 | 钢平台 | | 45.03 |
| 20 | 钢走道 | | 43.05 |
| 21 | 钢梯 | | 37.77 |
| 22 | 钢护栏 | | 54.07 |

（4）金属结构喷（刷）防火涂料定额子目中不包括刷防锈漆。

（5）木材面油漆按以下系数进行换算：

1）定额中木扶手以不带托板为准进行编制，带托板时按相应定额子目乘以系数2.6。

2）木间壁、木隔断油漆按木护墙、木墙裙相应定额子目乘以系数2。

3）定额中抹灰线条油漆以线条展开宽度≤100mm为准编制的，展开宽度≤200mm时，按相应定额子目乘以系数1.8；展开宽度>200mm时，按相应定额子目乘以系数2.6。

4）柱面涂料按墙面涂料相应定额子目乘以系数1.1。

（6）满刮腻子定额子目仅适用于涂料、裱糊面层。

（7）木材面刷涂料执行喷（刷）涂料的相应定额子目。

（8）涂料墙面中的抗碱封闭底漆、底层抗裂腻子复合耐碱玻纤布、底漆刮涂光面腻子、涂刷油性封闭底漆、喷涂浮雕中层骨料套用抹灰面油漆相应定额子目。

（9）内墙裱糊面层中的分格带衬裱糊子目，适用于方格和条格裱糊，包括装饰分格条和胶合板底衬。

（10）整体裱糊锦缎定额子目中不包括涂刷防潮底漆。

2. 工程量计算规则

（1）门窗按设计图示洞口尺寸以面积计算。

无洞口尺寸时，按设计图示框（扇）外围尺寸以面积计算。

（2）木材面油漆、涂料按设计图示尺寸以面积计算。

（3）零星木材面按设计图示油漆部分的展开面积计算。

（4）天沟、檐沟、泛水、金属缝盖板按图示展开面积计算；暖气罩按垂直投影面积计算。

（5）抹灰面油漆、刮腻子均按设计图示尺寸以面积计算。

（6）木扶手及其他板条、线条油漆，抹灰线条油漆均按设计图示尺寸以长度计算。

（7）金属结构各种构件的油漆、涂料均按设计结构尺寸以展开面积计算。

（8）木材面、混凝土面涂刷防火涂料设计图示尺寸以面积计算。

（9）木基层涂刷防火漆按涂刷部位的设计图示尺寸以面积计算；木基层其他油漆按设计图示展开面积计算。

（10）木栅栏、木栏杆、木间壁、木隔断、玻璃间壁露明墙筋油漆按设计图示尺寸以单面外围面积计算。

（11）裱糊按设计图示尺寸以面积计算。

（12）墙面软包按设计图示尺寸以面积计算。

（13）木地板油漆及烫蜡按设计图示尺寸以面积计算。空洞、空圈、暖气包槽、壁龛的开口部分并入相应工程量中。

（14）木楼梯按水平投影面积计算。

# 第 25 章　其他装饰工程

## 第一节　定额说明及工程量计算规则

1. 说明

（1）本章包括：柜类、货架，装饰线，扶手、栏杆、栏板装饰，暖气罩，浴厕配件，旗杆，招牌、灯箱，美术字共 304 个子目。

（2）柜类、货架是按华北 08BJ4—2 进行编制的，定额中未包括面板拼花及饰面板上镶贴其他材料的花饰、造型等艺术品。设计要求涂刷油漆、防火涂料时，执行油漆、涂料、裱糊工程中相应定额子目。

（3）装饰线条适用于内外墙面、柱面、柜橱、天棚及设计有装饰线的部分。

（4）装饰线按不同材质及形式分为板条、平线、角线、角花、槽线、欧式装饰线等多种装饰线（板）。

1）板条：指板的正面和背面均为平面而无造型者。

2）平线：指背面为平面，正面为各种造型的线条。

3）角线：直线条背面为三角形，正面有造型的阴、阳角装饰线条。

4）角花：指成直角三角形的工艺造型装饰件。

5）槽线：指用于嵌缝的 U 形线条。

6）欧式装饰线：指具有欧式风格的各种装饰线。

（5）空调和挑板周围栏杆（板），执行通廊栏杆（板）的相应定额子目。

（6）楼梯铁栏杆执行铁栏杆制作安装定额子目。

（7）暖气罩台面和窗台为一体时，应分别执行相应定额子目。

（8）本章中所标注尺寸均为高×长×宽（其中高度包括支架高度，单位以 mm 为计量单位）。

（9）厕浴配件中已包括配套的五金安装。

（10）平面招牌是指安装在门前墙面的平面体，箱体招牌、竖式标箱是指固定在墙面的六面体。

（11）各类灯箱、吸塑字等光源执行通用安装工程预算定额。

2. 工程量计算规则

（1）柜类、货架

1）柜类、存包柜、鞋柜、酒吧台、收银台、试衣间、货架、服务台等按设计图示数量计算。

2）附墙酒柜、衣柜、书柜、厨房壁柜、木壁柜、厨房低柜、厨房吊柜、矮柜、吧台背柜、酒吧吊柜、展台、书架等按设计图示尺寸以长度计算。

（2）装饰线

1）装饰线按设计图示尺寸以长度计算。

2）角花、圆圈线条、拼花图案、灯盘、灯圈等按数量计算；镜框线、柜橱线按设计图示尺寸以长度计算。

3）欧式装修线中的外挂檐口板、腰线板按图示尺寸以长度计算。

山花浮雕、拱形雕刻分规格按数量计算。

（3）扶手、栏杆、栏板装饰

1）栏杆（板）按扶手中心线水平投影长度乘以栏杆（板）高度以面积计算。栏杆（板）高度从结构上表面算至扶手底面。

2）旋转楼梯栏杆按图示扶手中心线长度乘以栏杆高度以面积计算。

3）无障碍设施栏杆，按图示尺寸以长度计算。

4）扶手（包括弯头）按扶手中心线水平投影长度计算。

5）旋转楼梯扶手按设计图示以扶手中心线长度计算。

（4）暖气罩

1）暖气罩按设计图示尺寸以垂直投影面积（不展开）计算。

2）暖气罩台面按设计图示尺寸以长度计算。

（5）厕浴配件

1）洗漱台按设计图示尺寸以台面外接矩形面积计算。不扣除孔洞、挖弯、削角所占面积，挡板、吊沿板面积并入台面面积。

2）晾衣架、帘子杆、浴缸拉手、卫生间扶手、毛巾杆、毛巾环、卫生纸盒、肥皂盒、镜箱安装等按设计图示数量计算。

3）镜面玻璃按设计图示尺寸以边框外围面积计算。

（6）旗杆按设计图示数量计算。

（7）招牌、灯箱

1）平面招牌（基层）按设计图示尺寸以正立面边框外围面积计算。复杂型的凸凹造型部分不增加面积。

2）箱式招牌和竖式标箱的基层按其外围图示尺寸以体积计算。

3）招牌、灯箱的面层按设计图示展开面积计算。

（8）美术字

美术字、房间铭牌安装按设计图示数量计算。

# 第二节　有关栏杆、栏板、扶手的图示及说明

1. 楼梯栏杆的基本要求

（1）人流密集场所梯段高度超过1000mm时，宜设栏杆。

（2）梯段净宽在两股人流以下的一侧设扶手，梯段净宽达三股人流时应两侧设扶手，达四股人流时应加设中心扶手。

（3）各类建筑的楼梯栏杆高度，应符合单项建筑设计规范的有关规定。一般室内楼梯栏杆高度自踏步前缘量起不宜小于900mm。靠楼梯井一侧水平栏杆超过500mm长时，其高度不应小于1000mm。室外楼梯栏杆高度不应小于1050mm。高层建筑应再适当提高。

（4）有儿童活动的场所，栏杆应采用不易攀登的构造，垂直栏杆间的净距不应大于110mm。

（5）栏杆应以坚固、耐久的材料制作，必须具有一定的强度。设计时，栏杆顶部水平推力，住宅、宿舍、办公楼、旅馆、医院、托儿所、幼儿园按0.5kN/m。学校、食堂、剧场、电影院、车站、展览馆、体育场按1.0kN/m。

2. 栏杆、栏板、扶手的图样参见图25-1至图25-14所示

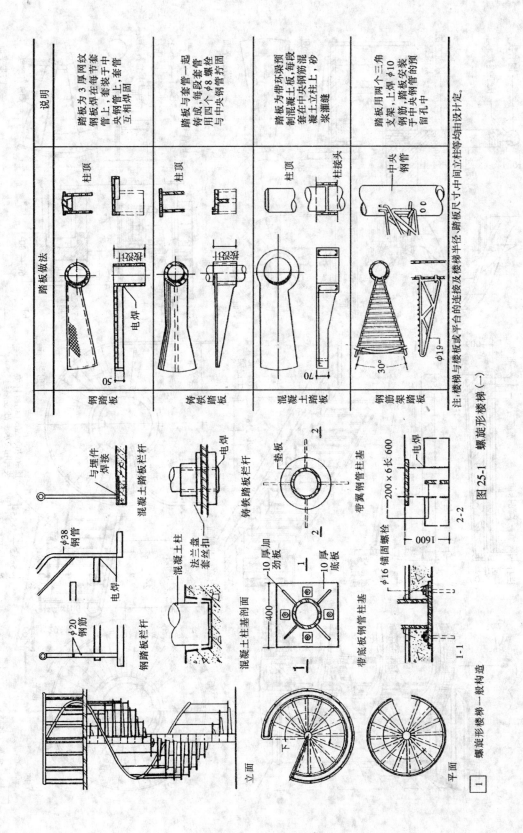

| 踏板做法 | | | 说明 |
|---|---|---|---|
| 钢踏板 | | 柱顶 电焊 50 | 踏板为3厚网纹钢板焊在每节套管上,套管与中央钢管拧固互相焊固 |
| 铸铁踏板 | | 柱顶 | 踏板与套管一起铸成,每段套管用四个φ8螺栓与中央钢管拧固 |
| 混凝土踏板 | | 柱顶 柱接头 70 | 踏板为带环梁预制混凝土板,每段套在中央立柱上,砂浆灌缝 |
| 钢筋架踏板 | 30° φ19 | 中央钢管 柱接头 0.0 | 踏板用两个三角支架,上焊φ10钢筋,踏板安装于中央钢管的预留孔中 |

注:楼梯与楼板或平台板的连接及楼梯半径,踏板尺寸,中间立柱等均由设计定。

图25-1 螺旋形楼梯(一)

钢踏板栏杆 φ20钢筋 φ38钢管 电焊

混凝土踏板栏杆 与埋件焊接 电焊

铸铁踏板栏杆 混凝土柱 法兰盘 套丝扣

混凝土柱基剖面

带翼钢管柱基 1 2 400 10厚加劲板 10厚底板

2 垫板

2-2 φ16锚固螺栓 200×6长600 电焊 600 1600

带底板钢管柱基 1-1

立面

平面

1 螺旋形楼梯—般构造

371

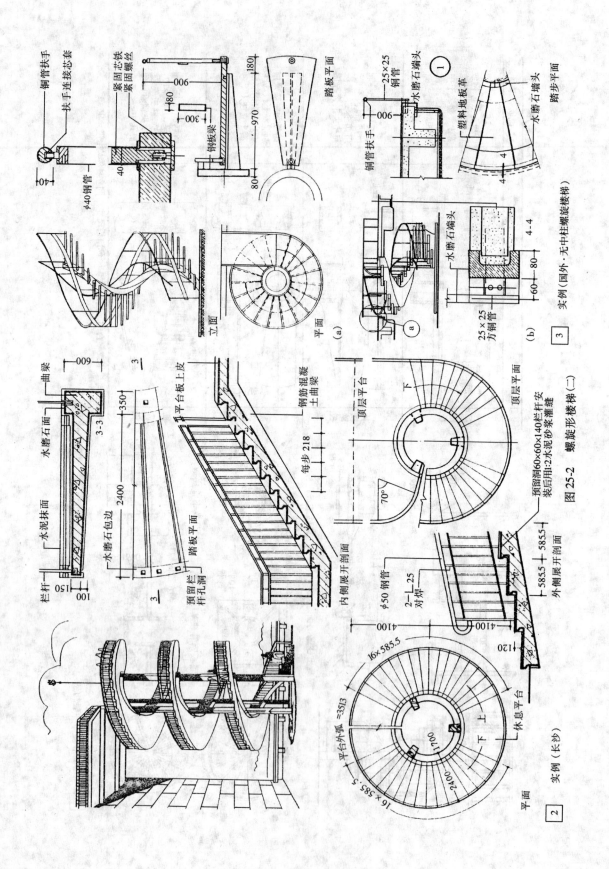

铜管扶手
扶手连接芯套
紧固芯铁
紧固螺丝
钢板梁
φ40钢管

踏板平面

铜管扶手
25×25铜管
水磨石端头
塑料地板革
水磨石端头
踏步平面

立面
平面
(a)

水磨石端头
25×25方铜管
4-4
(b)

3 实例（国外·无中柱螺旋楼梯）

曲梁
水磨石面
水泥抹面
水磨石包边
栏杆
预留栏杆孔洞

3-3
踏板平面

平台板上皮
钢筋混凝土曲梁
每步218
内侧展开剖面

顶留洞60×60×140栏杆安装后用1:2水泥砂浆灌缝

顶层平面
下
70°

图25-2 螺旋形楼梯(二)

φ50钢管
2-∟25对焊
585.5+585.5
外侧展开剖面

平台外弧=3513
16×585.5
休息平台
下 上
1700
2400

平面

2 实例（长沙）

372

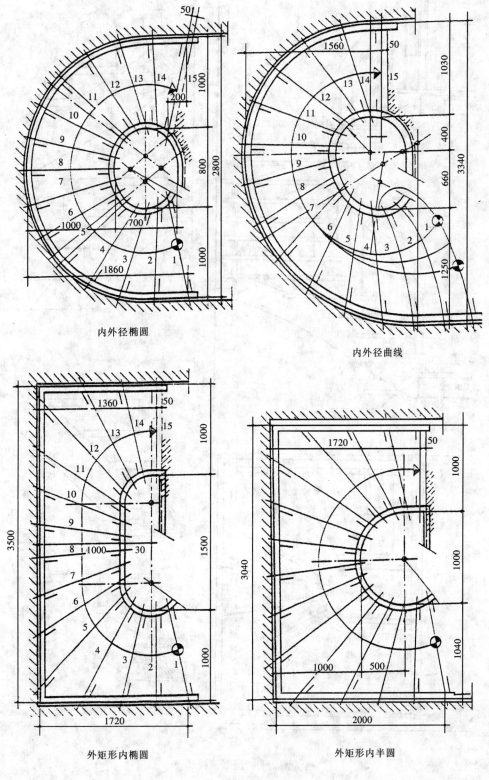

内外径椭圆

内外径曲线

外矩形内椭圆

外矩形内半圆

图 25-3　楼梯平面式样

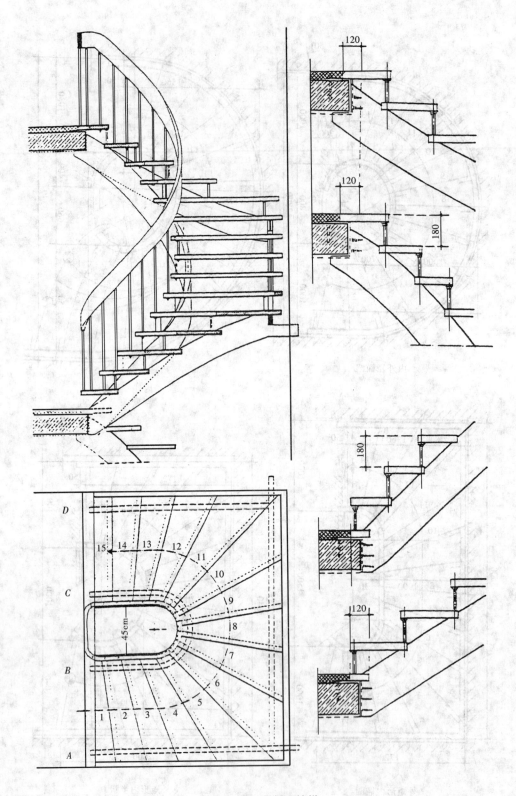

图 25-4　混凝土楼梯

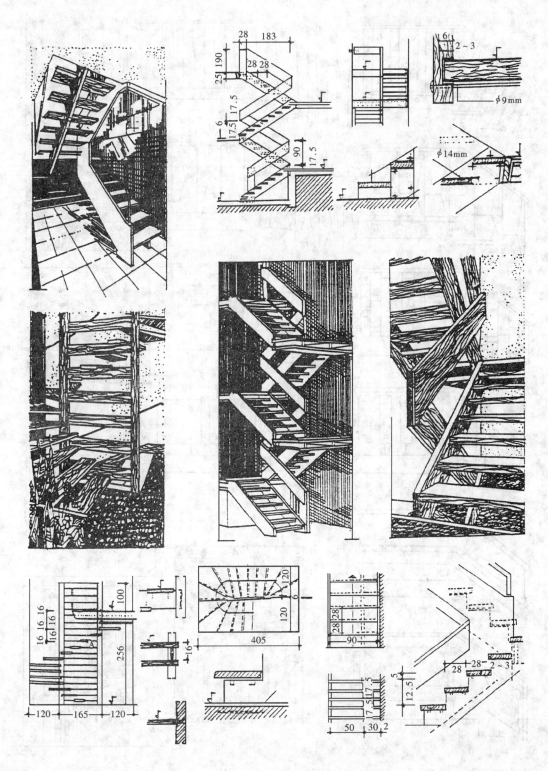

图 25-5　楼梯式样

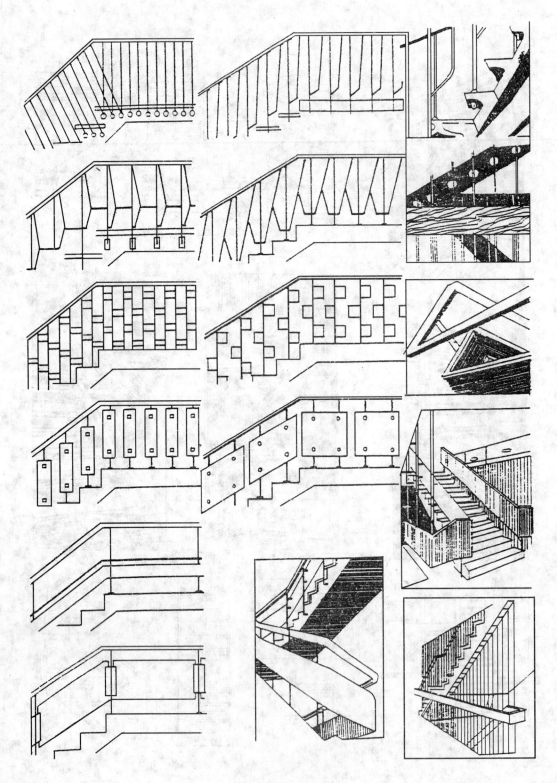

图 25-6　栏杆式样

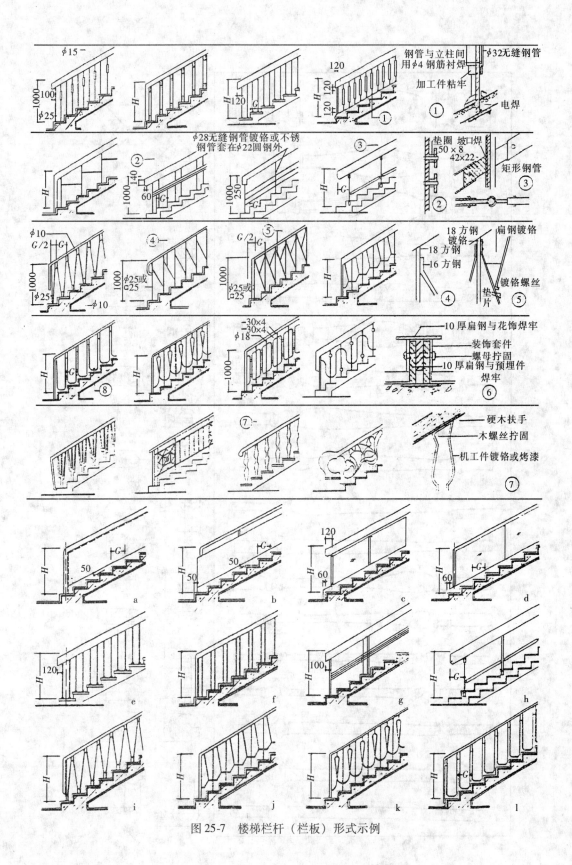

图 25-7　楼梯栏杆（栏板）形式示例

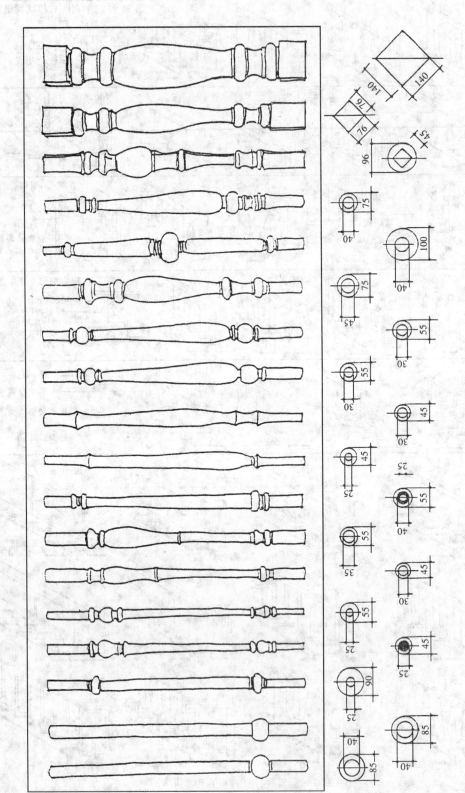

图 25-8　木栏杆

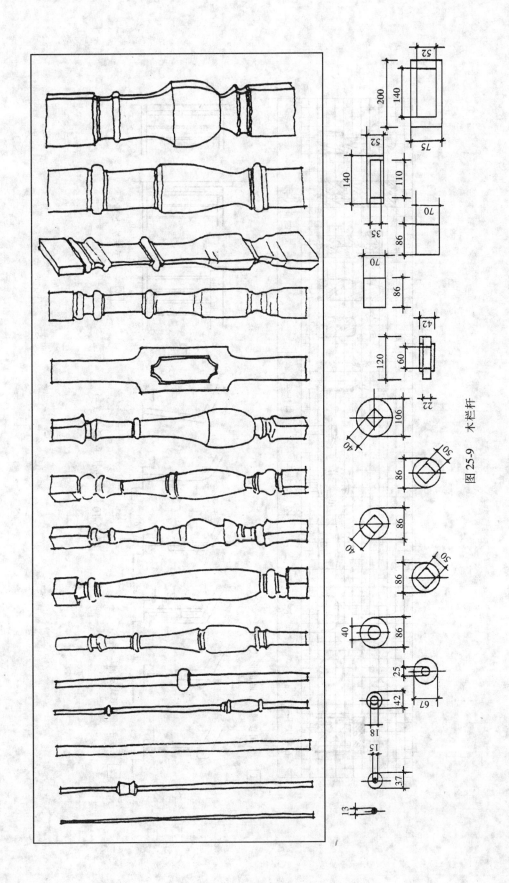

图 25-9　木栏杆

379

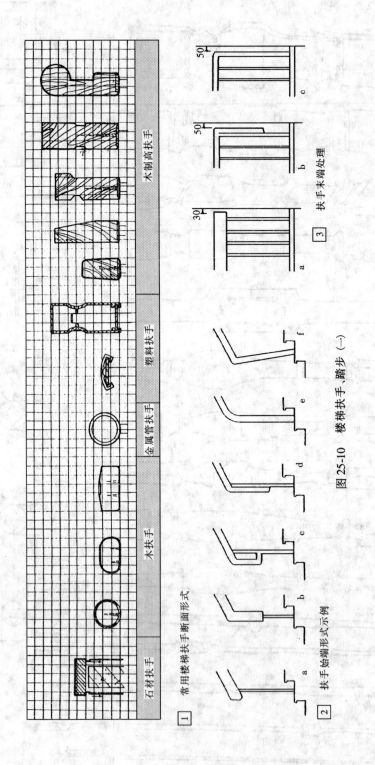

1 常用楼梯扶手断面形式

石材扶手　木扶手　金属管扶手　塑料扶手　木制高扶手

2 扶手始端形式示例

a b c d e f

3 扶手末端处理

30 50 50

a b c

图 25-10　楼梯扶手、踏步（一）

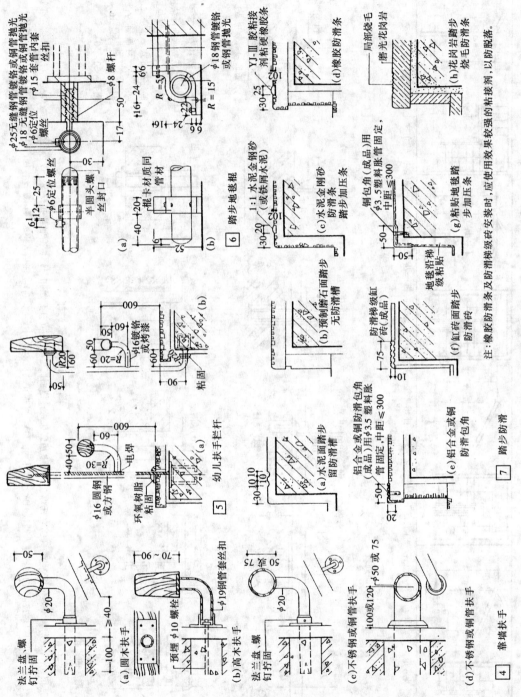

图 25-11 楼梯扶手、踏步（二）

注：橡胶防滑条及防滑条踏步级砖安装时，应使用效果较强的粘接剂，以防脱落。

381

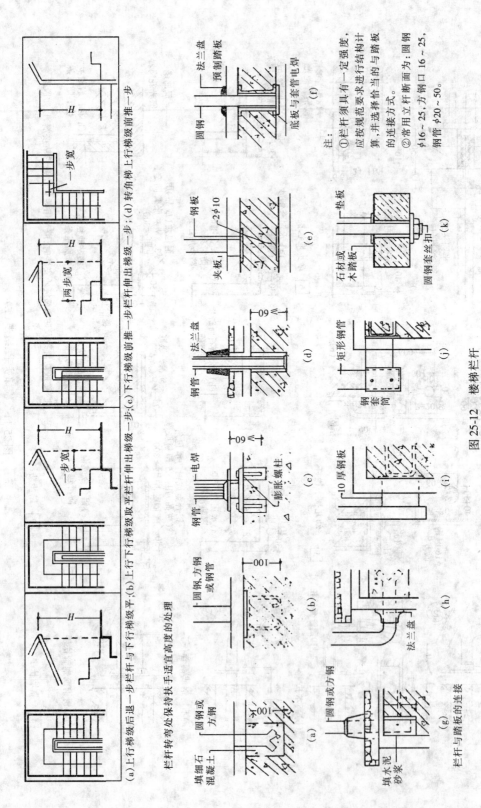

(a) 上行梯级后退一步栏杆与下行梯级取平;(b) 上行下行梯级取平栏杆伸出梯级一步;(c) 下行梯级前进一步栏杆伸出梯级一步;(d) 转角梯上行梯级前进一步

栏杆转弯处保持扶手适宜高度的处理

栏杆与踏板的连接

图 25-12　楼梯栏杆

(a) 埋入预留孔洞;(b) 与预埋钢板焊接;(C) 立杆焊在底板上用膨胀螺栓锚固底板;(d) 立杆套丝扣与预埋套管丝扣拧固;(e) 与预埋夹板焊接;(f) 立杆插入套管电焊;(g) 侧面留凹口焊接;(h) 立杆埋入踏板面钢板上;(i) 立杆焊在踏板侧面钢板侧面预留孔内;(j) 立杆插入钢套筒内螺丝拧固;(k) 立杆穿过预留孔螺母拧固

注:
① 栏杆须具有一定强度,应按规范要求选择恰当的与结构计算,并选择恰当的与踏板的连接方式。
② 常用立杆断面为:圆钢 $\phi 16 \sim 25$,方钢口 $16 \sim 25$,钢管 $\phi 20 \sim 50$。

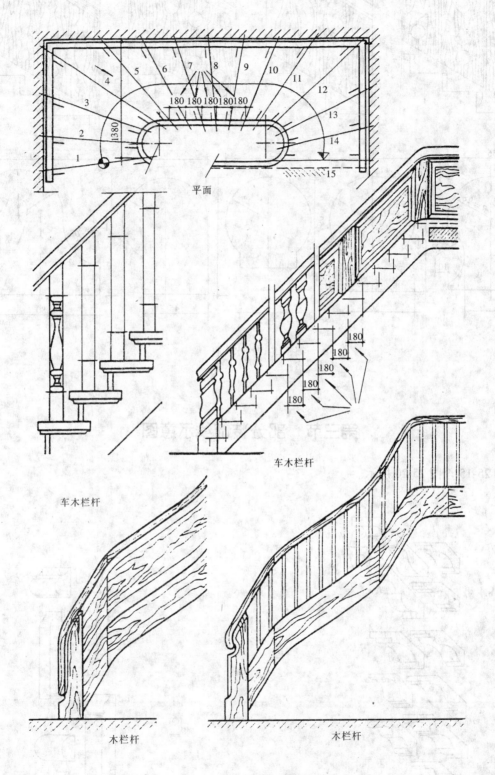

平面

180 180 180 180 180

1380

1 2 3 4 5 6 7 8 9 10 11 12 13 14 15

车木栏杆

车木栏杆

180 180 180 180 180

木栏杆

木栏杆

图 25-13　木栏杆

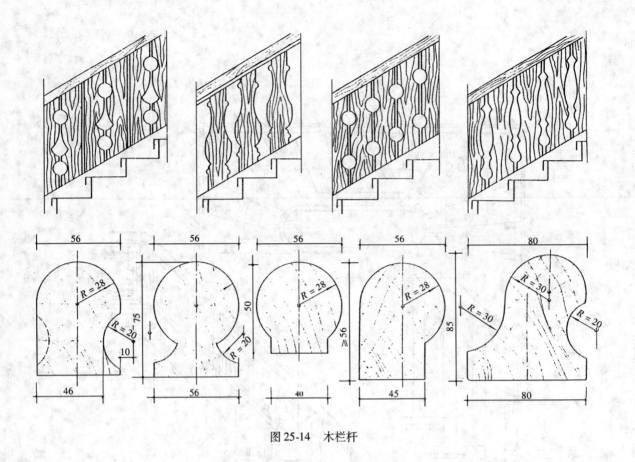

图 25-14　木栏杆

# 第三节　部分装饰线示意图

如图 25-15 至图 25-20 所示。

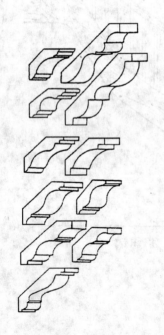

图 25-15　天花角线

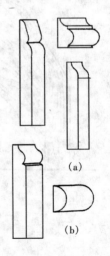

图 25-16　地脚线及半圆线

（a）地脚线；（b）半圆线

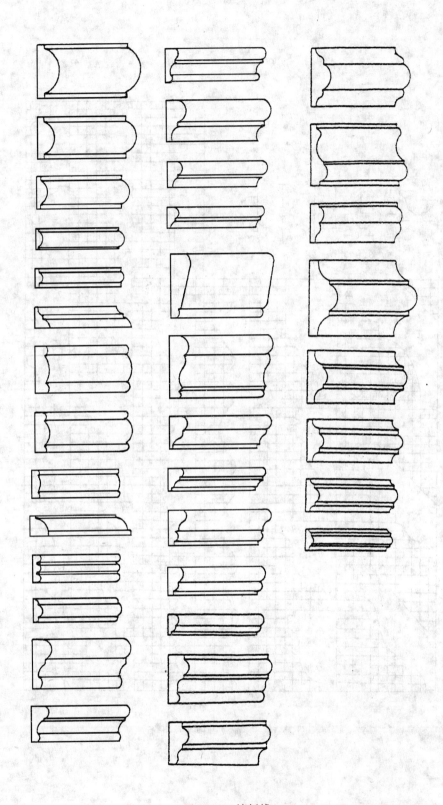

图 25-17　镶板线

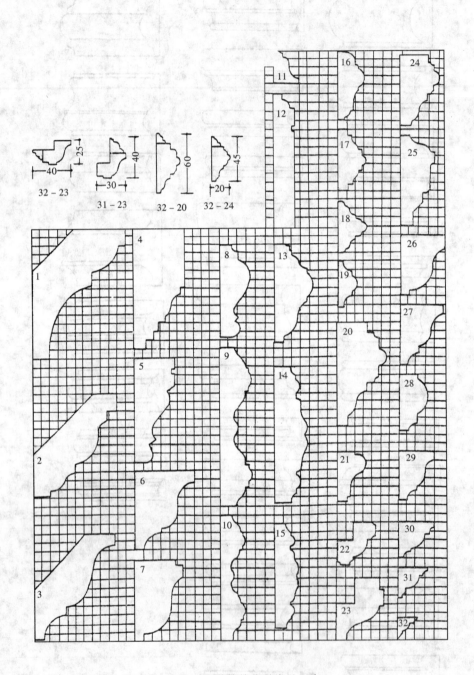

图 25-18　装饰线脚种类及组合

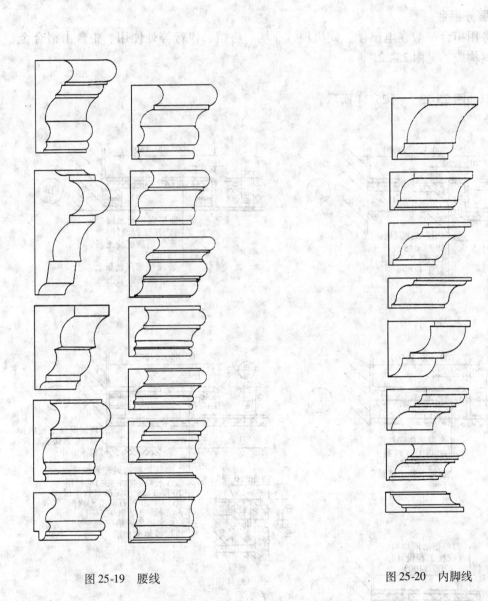

图 25-19　腰线

图 25-20　内脚线

# 第四节　有关建筑配件项目部分图示

如图 25-21 至图 25-28 所示。

## 1. 讲台

讲台有架空与不架空两种形式。讲台面层有水泥砂浆抹面、木板面、塑料板面等几种做法，见图25-21。

## 2. 营业、服务柜台

营业及服务用柜台一般在电讯楼、候机楼、商场、旅馆、银行等处使用、柜台由铝合金、木夹板、玻璃等材料构成，见图25-22。

## 3. 暖气罩

钢板暖气罩如图25-23、图25-24所示。

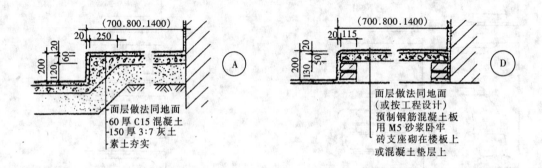
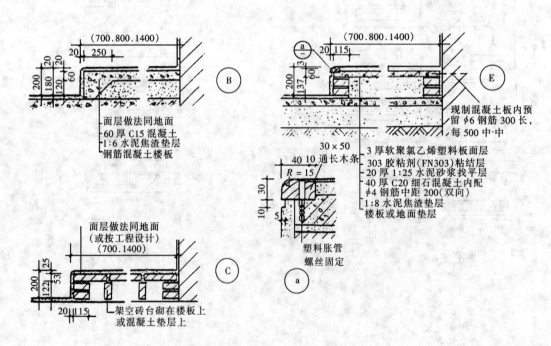

图 25-21　讲台构造

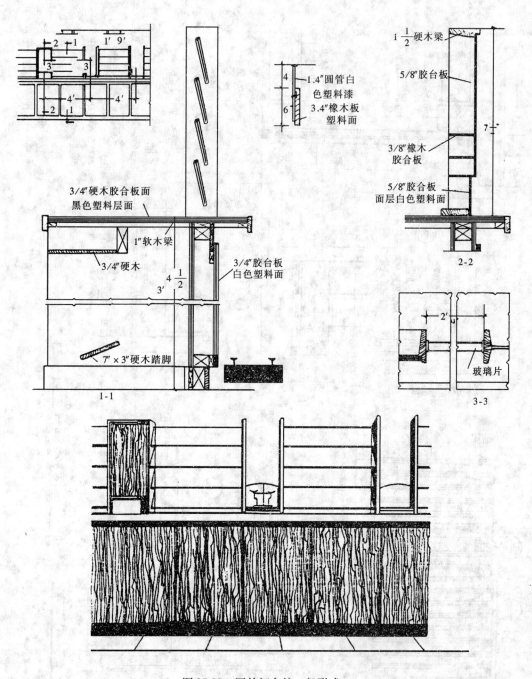

图 25-22　国外柜台的一般形式

1.4″圆管白色塑料漆
3.4″橡木板塑料面

3/4″硬木胶合板面黑色塑料层面
1″软木梁
3/4″硬木
3/4″胶台板白色塑料面
7″×3″硬木踏脚
1-1

1 $\frac{1}{2}$ 硬木梁
5/8″胶台板
3/8″橡木胶合板
5/8″胶合板面层白色塑料面
2-2

玻璃片
3-3

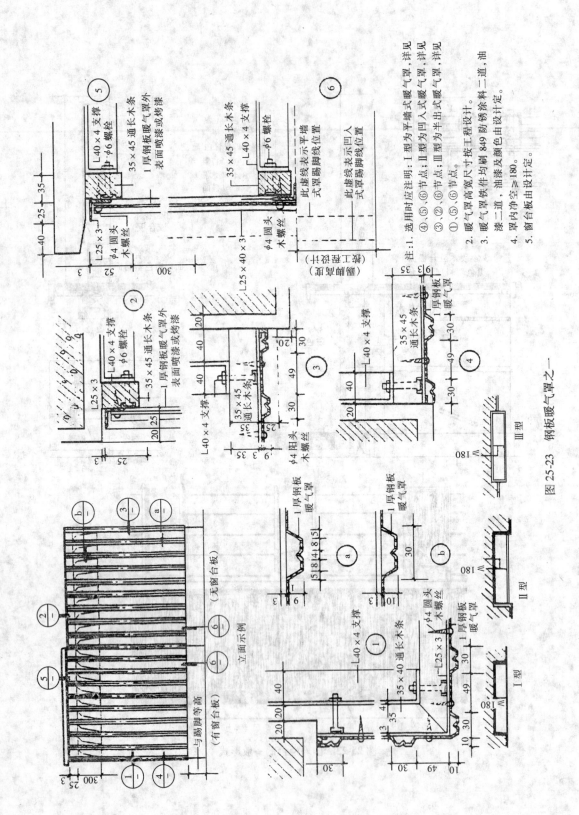

图 25-23　钢板暖气罩之一

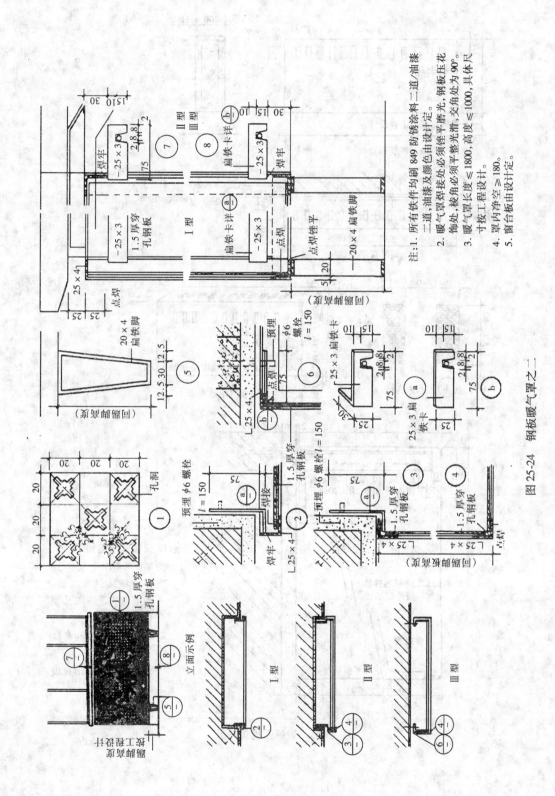

注：1. 所有铁件均须刷 849 防锈涂料二道，油漆颜色由设计定。
2. 暖气罩焊接处必须锉平磨光，钢板压花饰处，棱角必须平整光滑，交角处为 90°。
3. 暖气罩长度 ≤1800，高度 ≤1000，具体尺寸按工程设计。
4. 罩内净空 ≥180。
5. 窗台板由设计定。

图 25-24　钢板暖气罩之二

镀锌铁皮暖气罩（图25-25）。

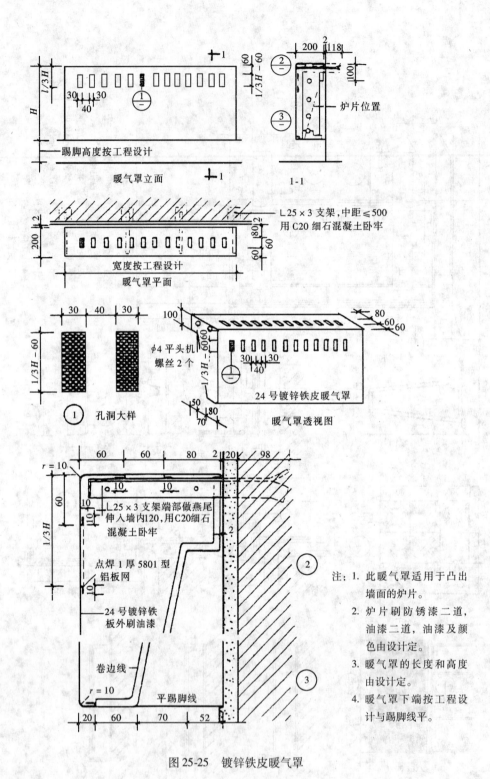

图25-25　镀锌铁皮暖气罩

注：1. 此暖气罩适用于凸出
　　墙面的炉片。
　　2. 炉片刷防锈漆二道，
　　油漆二道，油漆及颜
　　色由设计定。
　　3. 暖气罩的长度和高度
　　由设计定。
　　4. 暖气罩下端按工程设
　　计与踢脚线平。

塑料贴面或木板暖气罩（图25-26）。

木夹板面暖气罩（图25-27）。

铝合金装饰板暖气罩（图25-28）。

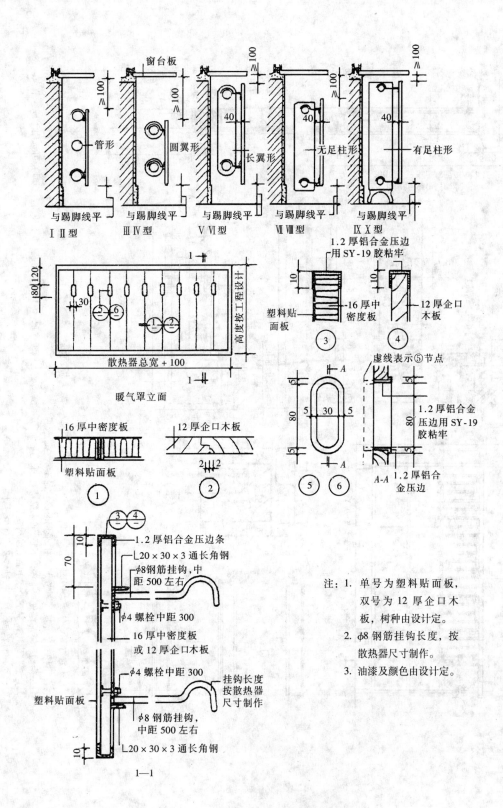

图25-26 塑料贴面或木板面暖气罩

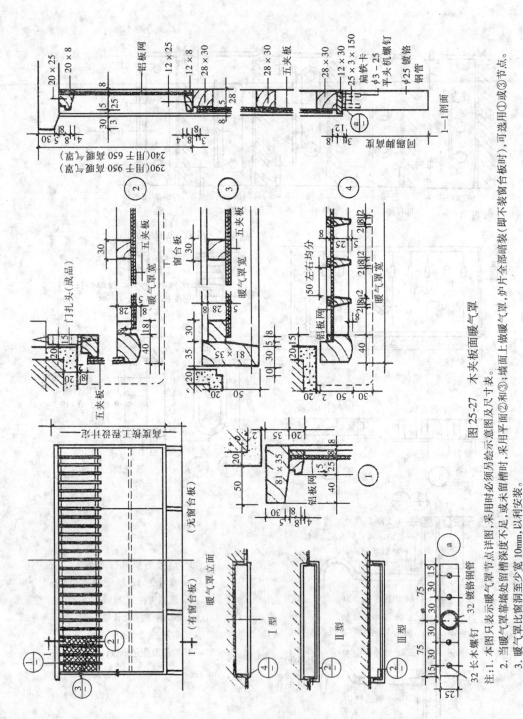

图 25-27　木夹板面暖气罩

注：1. 本图只表示暖气罩示意图节点详图，采用时必须另绘示意图。
2. 当暖气罩靠墙处留槽深度不足，或未留槽时，采用平面②和③；端面上做暖气罩，炉片全部暗装（即不装窗台板），可选用①或③节点。
3. 暖气罩比窗洞至少宽 10mm，以利安装。
4. 金属材料、木材料、木材种、油漆及颜色由设计定。
5. 窗台板由设计定。

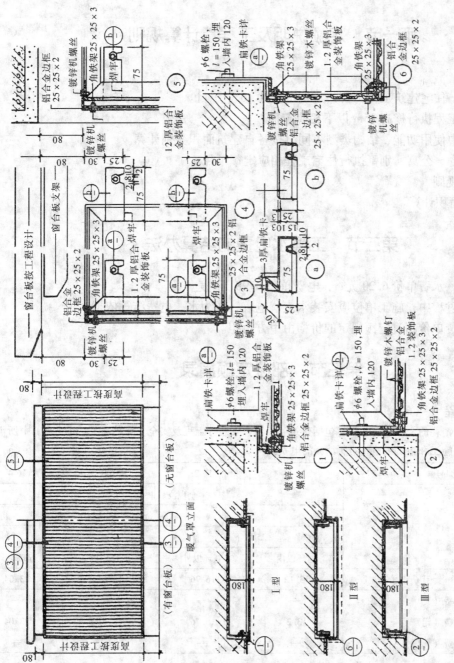

图 25-28 铝合金装饰板暖气罩

注:1. 暖气罩宽≤1800,高≤1000,具体尺寸由设计定。
2. 铝合金表面处理,氧化着色,颜色由设计定。
3. Ⅰ型为平端式暖气罩,节点详见①③④;Ⅱ型为凸端出式暖气罩,节点详见③④⑥;Ⅲ型为凹入式暖气罩,节点详见②④⑤。
4. 装饰板与角铁架固定用镀锌木螺钉,中距为200。

395

# 第26章 工程水电费

## 第一节 定额说明及工程量计算规则

1. 说明
（1）本章包括：住宅建筑工程，公共建筑工程共16个子目。
（2）单独地下工程执行檐高25m以下相应定额。
（3）单项工程中使用功能、结构类型不同时按各自建筑面积分别计算。
（4）住宅、宿舍、公寓、别墅执行住宅工程相应定额子目。
2. 工程量计算规则
工程量按建筑面积计算。

## 第二节 工程水电费的结算办法

1. 预算定额中，水费单价6.20元/t，电费单价0.98元/度。
2. 在工程施工过程中，施工单位应安装水表、电表，作为水、电费结算依据。
3. 实际水、电费单价超过定额规定的价格由甲方负担。

## 第三节 部分定额摘录

1. 住宅建筑工程
工作内容：施工现场所消耗的全部水、电费（包括建筑、装饰、安装等工程及安全文明施工），机械施工中所消耗的电费，夜间施工和施工场地照明所消耗的电费。 （m²）

| 定额编号 | | | 16-1 | 16-2 | 16-3 | 16-4 |
|---|---|---|---|---|---|---|
| 项目 | | | 全现浇、框架结构 | | | |
| | | | 檐高（m） | | | |
| | | | 25 以下 | | 25 以上 | |
| | | | 五环以内 | 五环以外 | 五环以内 | 五环以外 |
| 预算单价（元） | | | 13.12 | 16.76 | 18.61 | 23.04 |
| 其中 | 人工费（元） | | — | — | — | — |
| | 材料费（元） | | 13.2 | 16.76 | 18.61 | 23.04 |
| | 机械费（元） | | — | — | — | — |
| 名称 | | 单位 | 单价（元） | 数量 | | |
| 材料 | 840006 水 | t | 6.21 | 0.7003 | 1.1004 | 0.8276 | 1.3005 |
| | 840007 电 | kW·h | 0.98 | 8.9459 | 10.1328 | 13.7464 | 15.2719 |

| 定额编号 | | | | 16-5 | 16-6 | 16-7 | 16-8 |
|---|---|---|---|---|---|---|---|
| 项　目 | | | | 其他结构 | | | |
| | | | | 檐高（m） | | | |
| | | | | 25 以下 | | 25 以上 | |
| | | | | 五环以内 | 五环以外 | 五环以内 | 五环以外 |
| 预算单价（元） | | | | 12. 31 | 14. 39 | 16. 91 | 19. 58 |
| 其中 | 人工费（元） | | | — | — | — | — |
| | 材料费（元） | | | 12. 31 | 14. 39 | 16. 91 | 19. 58 |
| | 机械费（元） | | | — | — | — | — |
| 名　称 | | 单位 | 单价（元） | 数　量 | | | |
| 材料 | 840006 水 | t | 6. 21 | 0. 7875 | 0. 9625 | 0. 9307 | 1. 1375 |
| | 840007 电 | kW·h | 0. 98 | 7. 5746 | 8. 5884 | 11. 3574 | 12. 7703 |

## 2. 公共建筑工程

工作内容：施工现场所消耗的全部水、电费（包括建筑、装饰、安装等工程及安全文明施工），机械施工中所消耗的电费，夜间施工和施工场地照明所消耗的电费。　　　　　　　　　　　（m²）

| 定额编号 | | | | 16-9 | 16-10 | 16-11 | 16-12 |
|---|---|---|---|---|---|---|---|
| 项　目 | | | | 全现浇、框架结构 | | | |
| | | | | 檐高（m） | | | |
| | | | | 25 以下 | | 25 以上 | |
| | | | | 五环以内 | 五环以外 | 五环以内 | 五环以外 |
| 预算单价（元） | | | | 16. 32 | 20. 44 | 24. 69 | 29. 54 |
| 其中 | 人工费（元） | | | — | — | — | — |
| | 材料费（元） | | | 16. 32 | 20. 44 | 24. 69 | 29. 54 |
| | 机械费（元） | | | — | — | — | — |
| 名　称 | | 单位 | 单价（元） | 数　量 | | | |
| 材料 | 840006 水 | t | 6. 21 | 0. 7400 | 1. 1628 | 0. 7699 | 1. 2099 |
| | 840007 电 | kW·h | 0. 98 | 11. 9680 | 13. 4862 | 20. 3148 | 22. 4809 |

| 定额编号 | | | | 16-13 | 16-14 | 16-15 | 16-16 |
|---|---|---|---|---|---|---|---|
| 项　目 | | | | 其他结构 | | | |
| | | | | 檐高（m） | | | |
| | | | | 25 以下 | | 25 以上 | |
| | | | | 五环以内 | 五环以外 | 五环以内 | 五环以外 |
| 预算单价（元） | | | | 15. 90 | 18. 40 | 23. 97 | 27. 14 |
| 其中 | 人工费（元） | | | — | — | — | — |
| | 材料费（元） | | | 15. 90 | 18. 40 | 23. 97 | 27. 14 |
| | 机械费（元） | | | — | — | — | — |
| 名　称 | | 单位 | 单价（元） | 数　量 | | | |
| 材料 | 840006 水 | t | 6. 21 | 0. 7611 | 0. 9302 | 0. 7919 | 0. 9679 |
| | 840007 电 | kW·h | 0. 98 | 11. 3967 | 12. 8817 | 19. 4370 | 21. 5583 |

# 第27章 措 施 项 目

措施项目费包括脚手架工程费、现浇混凝土模板及支架工程费、垂直运输费、超高施工增加费、施工排水、降水工程费和安全文明施工费等六部分，现分别讲述。

## 第一节 脚手架工程

### 一、定额说明及工程量计算规则

1. 说明

（1）本节包括：综合脚手架、室内装修脚手架，其他脚手架共 43 个子目。

（2）综合脚手架包括结构（含砌体）和外墙装修工期的脚手架，不包括设备安装专用脚手架和安全文明施工费中的防护架和防护网。

（3）单层建筑脚手架，檐高 >6m 时，超过部分执行檐高 6m 以上每增加 1m 定额子目，不足 1m 时按 1m 计算。单层建筑内带有部分楼层时，其面积并入主体建筑面积内，执行单层建筑脚手架的定额子目。多层或高层建筑的局部层高 >6m 时，按其局部结构水平投影面积执行每增 1m 定额子目。

（4）有地下室的单层建筑脚手架分别按 ±0.00 以下、±0.00 以上执行相应定额子目；无地下室的建筑脚手架仅执行 ±0.00 以上定额子目。单独地下室工程执行 ±0.00 以下定额子目。

（5）室内装修脚手架，层高 >3.6m 时，执行层高 4.5m 以内的内墙、吊顶装修、天棚装修脚手架定额子目；层高 >4.5m 时，超过部分执行 4.5m 以上每增 1m 的相应定额子目，不足 1m 时按 1m 计算。

（6）室内装修工程计取天棚装修脚手架后，不再计取内墙脚手架。

（7）独立柱装修脚手架，层高 >3.6m 时，执行内墙装修脚手架相应定额子目。

（8）不能计算建筑面积的项目按其他脚手架的相应定额子目执行。

（9）外墙装修脚手架为整体更新改造项目使用，新建工程的外墙装修脚手架已包括在综合脚手架内，不另行计算。

（10）围墙不分高低，执行围墙脚手架定额子目。

（11）各项脚手架均不包括脚手架底座（垫木）以下的基础加固工作，费用另行计算。

2. 各项费用包括内容

（1）脚手架费用综合了施工现场为满足施工需要而搭设的各种脚手架的费用。包括脚手架与附件（扣件、卡销等）的租赁（或周转、摊销）、搭设、维护、拆除与场内外运输，脚手板、挡脚板、水平安全网的搭设与拆除以及其他辅助材料等费用。

（2）搭拆费综合了脚手架的搭拆、拆除、上下翻班子、挂安全网等全部工作内容的费用。

（3）租赁费综合了脚手架周转材料每 100m² 每日的租赁费及正常施工期间的维护、调整用工等费用。

（4）摊销材料费包括脚手板、挡脚板、垫木、钢丝绳、预埋锚固钢筋、铁丝等应摊销材料的材料费。

（5）租赁材料费包括架子管、扣件、底座等周转材料的租赁费。

3. 使用工期的计算规定

（1）脚手架的使用工期原则上应根据合同工期及施工方案进行计算确定，即按施工方案中具体分项工程的脚手架开始搭设至全部拆除期间所对应的结构工程、装修工程施工工期计算。

（2）综合脚手架的使用工期，在合同工期尚未确定前，可参照 2009 年《北京市建设工程工期定额》的单项工程定额工期乘以折算系数执行。在合同工期确定后，依据合同工期中单项工程的相应施工工期计算确定。

（3）折算系数

1） ±0.00 以下有地下室工程按定额工期的 0.5～0.8 执行（扣减土石方、地基基础、室内装修等工程施工所占工期）；该定额工期不计算坑底打基础桩、顶面覆土等单独增加的工期。

2） ±0.00 以上工程按 ±0.00 以上工程定额结构工期的 0.65～0.95 执行。

3） 会议楼、影剧院、体育场馆、全钢结构的公共建筑的定额结构工期不包括外装修工期，应另增加外装修的工期。

（4）单项工程 ±0.00 以上由两种或两种以上结构类型组成，或层数不同：

1） 无变形缝时，脚手架按建筑面积所占比重大的结构类型或层数为准，工程量按单项工程的全部面积及与其相应的使用工期计算。

2） 有变形缝时，脚手架工程量按不同结构类型、层数分别计算建筑面积和使用工期。

（5）单项工程 ±0.00 以上由多个不同独立部分组成：

1） 无联体项目时，应分别按不同独立部分的结构类型、层数分别计算。

2） 有联体项目时，联体部分的脚手架按整体计算建筑面积和使用工期；联体以上独立部分按结构类型、层数分别单独计算建筑面积和相应的使用工期。

（6）室内装修脚手架的工期根据合同工期和施工方案确定。

（7）外墙装修脚手架的使用工期，在合同工期尚未确定前，可参照 2009 年《北京市建设工程工期定额》的单项工程定额工期执行。在合同工期确定后，依据合同工期中单项工程的相应施工工期计算确定。

4. **工程量计算规则**

脚手架费用包括搭拆费和租赁费；按搭拆与租赁分开列项的脚手架定额子目，应分别计算搭拆和租赁的工程量。

（1）综合脚手架的搭拆按建筑面积以 $100m^2$ 计算，不计算建筑面积的架空层，设备管道层、人防通道等部分，按围护结构水平投影面积计算，并入相应主体工程量中。

（2）内墙装修脚手架的搭拆按内墙装修部位的垂直投影面积以 $100m^2$ 计算，不扣除门窗、洞口所占的面积。

（3）吊顶装修脚手架的搭拆按吊顶部分的水平投影面积以 $100m^2$ 计算。

（4）天棚装修脚手架的搭拆按天棚净空的水平投影面积以 $100m^2$ 计算，不扣除柱、垛、$\leqslant 0.3$ $m^2$ 洞口所占面积。

（5）外墙装修脚手架的搭拆按搭设部位外墙的垂直投影面积以 $100m^2$ 计算，不扣除门窗、洞口所占的面积。

（6）脚手架的租赁按相应脚手架搭拆工程量乘以使用工期以 $100m^2 \cdot$ 天计算。

（7）电动吊篮按搭设部分外墙的垂直投影面积以 $100m^2$ 计算，不扣除门窗、洞口所占的面积。

（8）独立柱装修脚手架按柱周长增加 3.6m 乘以装修部分的柱高以 $100m^2$ 计算。

（9）围墙脚手架按砌体部分设计图示长度以 10m 计算。

（10）双排脚手架按搭拆部分的围护结构外围垂直投影面以 $100m^2$ 计算，不扣除门窗、洞口所占的面积。

（11）满堂脚手架按搭设部分的结构水平投影面以 $100m^2$ 积算。

## 二、脚手架的式样

如图 27-1-1 至图 27-1-11 所示

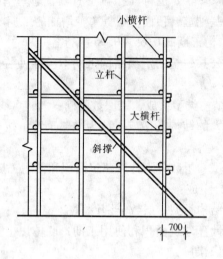

图 27-1-1　斜撑的布置

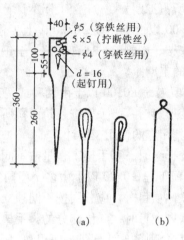

图 27-1-2　铁钎及绑扎铅丝形状
（a）铁钎；（b）绑扎铅丝

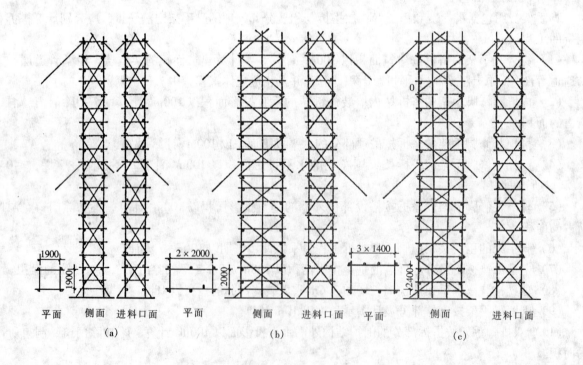

图 27-1-3　扣件式钢管井架
（a）四柱井架；（b）六柱井架；（c）八柱井架

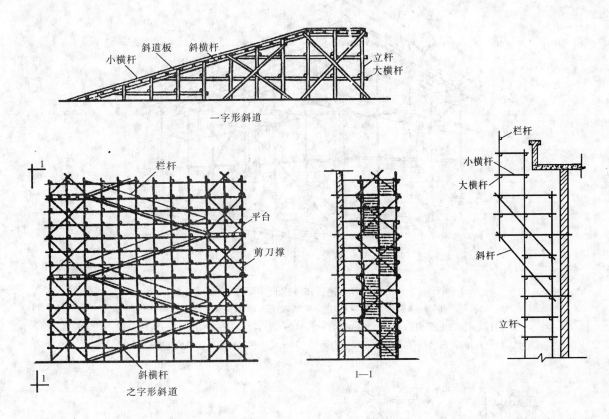

图 27-1-4　斜道

图 27-1-5　挑檐脚手架

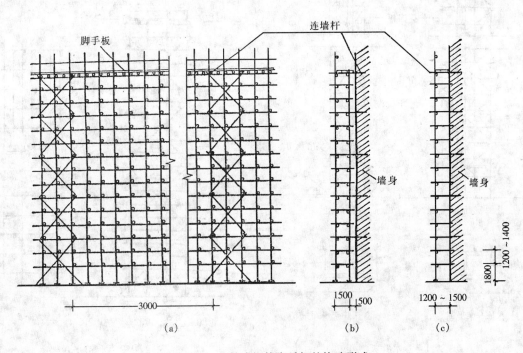

图 27-1-6　扣件式钢管脚手架的构造形式

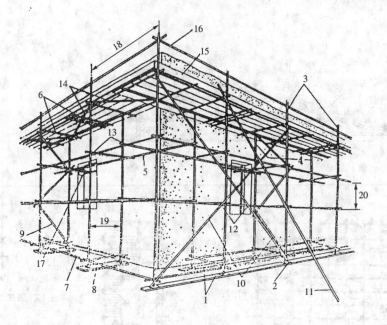

图 27-1-7 钢管扣件式脚手架构造

1—垫板；2—底座；3—外立柱；4—内立柱；5—纵向水平杆；6—横向水平杆；7—纵向扫地杆；8—横向扫地杆；9—横向斜撑；10—剪刀撑；11—抛撑；12—旋转扣件；13—直角扣件；14—水平斜撑；15—挡脚板；16—防护栏杆；17—连墙固定件；18—柱距；19—排距；20—步距

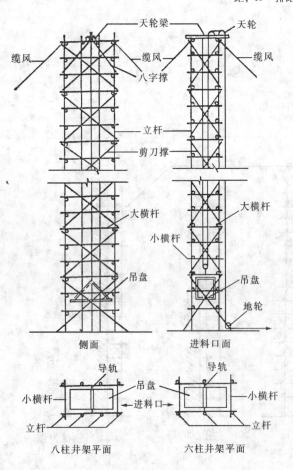

图 27-1-8 木井架

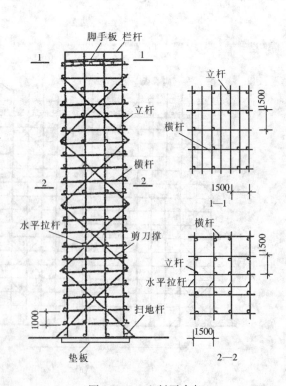

图 27-1-9 上料平台架

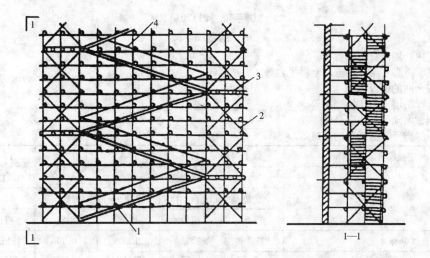

图 27-1-10　斜道
1—斜横杆；2—剪刀撑；3—平台；4—栏杆

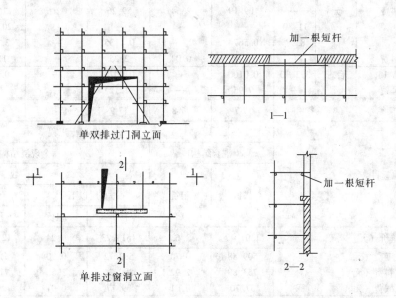

图 27-1-11　门窗洞口搭设示意

# 三、部分定额摘录

## 一、综合脚手架

工作内容：1. 场内、场外材料搬运等。
2. 搭、拆脚手架、斜道、上料平台等。
3. 安全网的铺设等。
4. 选择附墙点与主体连接等。
5. 测试电动装置、安全锁等。
6. 拆除脚手架后材料的堆放等。

（100m²）

| 定额编号 | | | 17-1 | 17-2 | 17-3 | 17-4 | 17-5 | 17-6 |
|---|---|---|---|---|---|---|---|---|
| 项目 | | | 单层建筑 | | | | ±0.000以下工程 | |
| | | | 檐高6m以下 | | 檐高6m以上每增1m | | 有地下室 | |
| | | | 搭拆 | 租赁 | 搭拆 | 租赁 | 搭拆 | 租赁 |
| 预算单价（元） | | | 1231.49 | 2.75 | 210.06 | 0.19 | 1326.80 | 3.49 |
| 其中 | 人工费（元） | | 497.27 | 0.17 | 55.87 | 0.03 | 523.01 | 0.29 |
| | 材料费（元） | | 720.34 | 2.58 | 152.28 | 0.16 | 765.83 | 3.19 |
| | 机械费（元） | | 13.88 | — | 1.91 | — | 37.96 | 0.01 |
| 名称 | | 单位 | 单价（元） | | 数 | 量 | | |
| 人工 | 870002 综合工日 | 工日 | 83.20 | 5.977 | 0.002 | 0.672 | 0.0004 | 6.286 | 0.004 |
| 材料 | 840027 摊销材料费 | 元 | — | 595.40 | — | 89.75 | | 456.94 | |
| | 840028 租赁材料费 | 元 | — | 109.19 | 2.54 | 59.26 | 0.16 | 16.23 | 3.14 |
| | 150163 安全网 | m² | 11.80 | — | | — | | 20.8200 | |
| | 100321 柴油 | kg | 8.98 | 0.5674 | — | 0.1135 | | 3.9718 | |
| | 840004 其他材料费 | 元 | — | 10.65 | 0.04 | 2.25 | | 11.32 | 0.05 |
| 机械 | 800278 载重汽车15t | 台班 | 392.90 | 0.0100 | — | 0.0020 | | 0.0700 | — |
| | 840023 其他机具费 | 元 | — | 9.95 | | 1.12 | | 10.46 | 0.01 |

| 定额编号 | | | 17-7 | 17-8 | 17-9 | 17-10 | 17-11 | 17-12 |
|---|---|---|---|---|---|---|---|---|
| 项目 | | | ±0.000以上工程 | | | | | |
| | | | 混合结构 | | 全现浇结构 | | | |
| | | | | | 层数 | | | |
| | | | 搭拆 | 租赁 | 6层以下 | | 12层以下 | |
| | | | | | 搭拆 | 租赁 | 搭拆 | 租赁 |
| 预算单价（元） | | | 1301.47 | 3.63 | 1513.23 | 4.24 | 1259.13 | 3.57 |
| 其中 | 人工费（元） | | 509.88 | 0.70 | 583.72 | 0.70 | 514.53 | 0.87 |
| | 材料费（元） | | 753.89 | 2.92 | 890.34 | 3.53 | 715.06 | 2.68 |
| | 机械费（元） | | 37.70 | 0.01 | 39.17 | 0.01 | 29.54 | 0.02 |
| 名称 | | 单位 | 单价（元） | | 数 | 量 | | |
| 人工 | 870002 综合工日 | 工日 | 83.20 | 6.128 | 0.008 | 7.016 | 0.008 | 6.184 | 0.011 |
| 材料 | 840027 摊销材料费 | 元 | — | 454.56 | — | 538.92 | — | 517.89 | — |
| | 840028 租赁材料费 | 元 | — | 27.26 | 2.88 | 56.92 | 3.48 | 57.22 | 2.64 |
| | 150163 安全网 | m² | 11.80 | 19.0900 | — | 20.8200 | | 7.9700 | -- |
| | 010152 工字钢 | kg | 4.80 | — | | — | | 2.1600 | |
| | 100321 柴油 | kg | 8.98 | 3.9718 | | 3.9718 | | 2.7803 | |
| | 840004 其他材料费 | 元 | — | 11.14 | 0.04 | 13.16 | 0.05 | 10.57 | 0.04 |
| 机械 | 800278 载重汽车15t | 台班 | 392.90 | 0.0700 | | 0.0700 | | 0.0490 | |
| | 840023 其他机具费 | 元 | — | 10.20 | 0.01 | 11.67 | 0.01 | 10.29 | 0.02 |

## 二、室内装修脚手架

工作内容：1. 场内、场外材料搬运等。
2. 搭、拆脚手架、斜道、上料平台等。
3. 安全网的铺设等。
4. 选择附墙点与主体连接等。
5. 测试电动装置、安全锁等。
6. 拆除脚手架后材料的堆放等。

（100m²）

| 定额编号 | | | | 17-23 | 17-24 | 17-25 | 17-26 |
|---|---|---|---|---|---|---|---|
| 项　目 | | | | 内墙装修脚手架（3.6米以上） | | | |
| | | | | 层高4.5m以内 | | 层高4.5m以上每增1m | |
| | | | | 搭拆 | 租赁 | 搭拆 | 租赁 |
| 预算单价（元） | | | | 427.41 | 3.48 | 132.06 | 0.55 |
| 其中 | 人工费（元） | | | 193.02 | — | 81.54 | — |
| | 材料费（元） | | | 151.95 | 3.48 | 31.60 | 0.55 |
| | 机械费（元） | | | 82.44 | | 18.92 | |
| 名　称 | | 单位 | 单价（元） | 数　量 | | | |
| 人工 | 870002 综合工日 | 工日 | 83.20 | 2.320 | | 0.980 | |
| 材料 | 840027 摊销材料费 | 元 | — | 90.00 | | 18.00 | |
| | 840028 租赁材料费 | 元 | — | — | 3.43 | — | 0.54 |
| | 100321 柴油 | kg | 8.98 | 6.6480 | | 1.4626 | |
| | 840004 其他材料费 | 元 | — | 2.25 | 0.05 | 0.47 | 0.01 |
| 机械 | 800278 载重汽车15t | 台班 | 392.90 | 0.2000 | — | 0.0440 | |
| | 840023 其他机具费 | 元 | | 3.86 | | 1.63 | |

| 定额编号 | | | | 17-27 | 17-28 | 17-29 | 17-30 |
|---|---|---|---|---|---|---|---|
| 项　目 | | | | 吊顶装修脚手架（3.6米以上） | | | |
| | | | | 层高4.5m以内 | | 层高4.5m以上每增1m | |
| | | | | 搭拆 | 租赁 | 搭拆 | 租赁 |
| 预算单价（元） | | | | 1155.44 | 5.69 | 446.52 | 1.95 |
| 其中 | 人工费（元） | | | 673.92 | — | 296.19 | — |
| | 材料费（元） | | | 389.46 | 5.69 | 124.76 | 1.95 |
| | 机械费（元） | | | 92.06 | | 25.57 | |
| 名　称 | | 单位 | 单价（元） | 数　量 | | | |
| 人工 | 870002 综合工日 | 工日 | 83.20 | 8.100 | — | 3.560 | |
| 材料 | 840027 摊销材料费 | 元 | — | 324.00 | | 108.00 | |
| | 840028 租赁材料费 | 元 | — | | 5.61 | | 1.92 |
| | 100321 柴油 | kg | 8.98 | 6.6480 | | 1.6620 | |
| | 840004 其他材料费 | 元 | — | 5.76 | 0.08 | 1.84 | 0.03 |
| 机械 | 800278 载重汽车15t | 台班 | 392.90 | 0.2000 | | 0.0500 | |
| | 840023 其他机具费 | 元 | | 13.8 | | 5.92 | |

| 定额编号 | 17-31 | 17-32 | 17-33 | 17-34 |
|---|---|---|---|---|
| | 天棚装修脚手架（3.6米以上） | | | |
| 项　目 | 层高4.5m以内 | | 层高4.5m以上每增1m | |
| | 搭拆 | 租赁 | 搭拆 | 租赁 |
| 预算单价（元） | 746.51 | 4.09 | 270.41 | 1.17 |

| | | 名　称 | 单位 | 单价（元） | 数　量 | | | |
|---|---|---|---|---|---|---|---|---|
| 其中 | 人工费（元） | | | | 362.57 | — | 159.35 | — |
| | 材料费（元） | | | | 298.11 | 4.09 | 88.22 | 1.17 |
| | 机械费（元） | | | | 85.83 | — | 22.84 | — |
| 人工 | 870002 | 综合工日 | 工日 | 83.20 | 4.358 | | 1.915 | |
| 材料 | 840027 | 摊销材料费 | 元 | — | 234.00 | | 72.00 | |
| | 840028 | 租赁材料费 | 元 | — | | 4.03 | | 1.15 |
| | 100321 | 柴油 | kg | 8.98 | 6.6480 | | 1.6620 | |
| | 840004 | 其他材料费 | 元 | — | 4.41 | 0.06 | 1.30 | 0.02 |
| 机械 | 800278 | 载重汽车15t | 台班 | 392.90 | 0.2000 | | 0.0500 | |
| | 840023 | 其他机具费 | 元 | — | 7.25 | | 3.19 | |

# 第二节　现浇混凝土模板及支架工程

## 一、定额说明及工程量计算规则

**1. 说明**

（1）本节包括：基础、柱、梁、墙、板及其他共101个子目。

（2）柱、梁、墙、板的支模高度（室外设计地坪至板底或板面至板底之间的高度）是按3.6m编制的。超过3.6m的部分，执行相应的模板支撑高度3.6m以上每增加1m的定额子目，不足1m时按1m计算。

（3）带形基础肋高 >1.5m 时，肋模板执行墙定额子目，基础模板执行无梁式带形基础定额子目。

（4）满堂基础不包括反梁，反梁高度≤1.5m时，反梁模板执行基础梁定额子目；>1.5m时，执行墙定额子目。

（5）箱形基础、框架式基础应分别按满堂基础、柱、墙、梁、板的有关规定计算，执行相应定额子目。

（6）斜柱模板执行异形柱定额子目。

（7）中心线为直线且截面为矩形、T、L、Z、十字形的梁模板，执行矩形梁定额子目，除此以外其他截面的梁模板执行异形梁定额子目；中心线为弧形的梁模板执行弧形、拱形梁定额子目。

（8）框架主梁模板执行梁定额子目，次梁模板并入有梁板定额子目。

（9）墙及电梯井外侧模板执行墙相应定额子目，电梯井壁内侧模板执行电梯井壁墙定额子目。

（10）剪力墙肢截面的最大长度与厚度之比≤6倍时，执行短肢剪力墙子目；L、Y、T、Z、十字形、一字形等短肢剪力墙的单肢中心线长≤0.4m时，执行柱定额子目。

（11）对拉螺栓已包括在相应定额子目中；有抗渗要求的混凝土墙体模板使用止水螺栓时，另执行止水螺栓增加费定额子目。

（12）与同层楼板不同标高的飘窗板模板，执行阳台板定额子目；同标高的飘窗板，执行板定额子目。

（13）现浇混凝土板的坡度 >10° 时，执行斜板定额子目。

（14）阳台、雨篷、挑檐的立板高度 >0.2m 时，立板模板及对应的平板侧模板合并后执行栏板定额子目；≤0.2m 时，阳台、雨篷、挑檐的立板模板及其平板侧模板不另计算。

（15）现浇混凝土的小型池槽、扶手、台阶两端挡墙或花池以及定额中未列出的项目，单件体积 ≤0.1m³ 时，执行小型构件定额子目；>0.1m³ 时，执行其他构件定额子目。

2. 各项费用包括内容

（1）摊销材料费包括预埋锚固钢筋、铁钉、铁丝、脱模剂、海绵条等应摊销的材料费。

（2）租赁材料费包括碗扣架、钢管、扣件、支座、顶托等周转材料的租赁费。

3. 适用范围

（1）复合模板：适用于各类构件。面板通常使用涂塑多层板、竹胶板等材料现场制作的模板及支架体系，面板按摊销考虑。

（2）组合钢模板：适用于直行构件。面板通常使用 60 系列、15~30 系列、10 系列的组合钢模板，面板按租赁考虑。

（3）木模板：适用于小型、异型（弧形）构件。面板通常使用木板材和木方现场加工拼装组成，面板按摊销考虑。

（4）清水装饰混凝土模板：适用于设计要求为清水装饰混凝土构件。面板材质可为钢、复合木模板等，面板按摊销考虑。

（5）定型大钢模板：适用于现浇钢筋混凝土剪力墙。面板为厂制全钢摸板，集模板、支撑、对拉固定、操作平台等于一体的大型模板，面板按租赁考虑。

（6）定型钢模板：适用于尺寸相对固定的异形柱、弧形（拱形）梁构件，面板按租赁考虑。

4. 工程量计算规则

混凝土模板及支架的工程量，按模板与现浇混凝土构件的接触面积计算。

（1）满堂基础

集水井的模板面积并入满堂基础工程量中。

（2）柱

1）柱模板及支架按柱周长乘以柱高以面积计算，不扣除柱与梁连接重叠部分的面积。牛腿的模板面积并入柱模板工程量中。

2）柱高从柱基或板上表面算至上一层楼板上表面，无梁板算至柱帽底部标高。

3）构造柱按图示外露部分的最大宽度乘以柱高以面积计算。

（3）梁

1）梁模板及支架按展开面积计算，不扣除梁与梁连接重叠部分的面积。梁侧的出沿按展开面积并入梁模板工程量中。

2）梁长的计算规则

①梁与柱连接时，梁长算至柱侧面。

②主梁与次梁连接时，次梁算至主梁侧面。

③梁与墙连接时，梁长算至墙侧面。如墙为砌块（砖）墙时，伸入墙内的梁头和梁垫的面积并入梁的工程量中。

④圈梁：外墙按中心线，内墙按净长线计算。

3）过梁按图示面积计算。

（4）墙

墙模板及支架按模板与现浇混凝土构件的接触面积计算，附墙柱侧面积并入墙模板工程量。单孔面积≤0.3m² 的孔洞不予扣除，洞侧壁模板亦不增加；>0.3m² 的孔洞应予扣除，洞侧壁模板面积并入墙模板工程量中。

1）墙模板及支架按墙图示长度乘以墙高以面积计算，外墙高度由楼板表面算至上一层楼板上表面，内墙高度由楼板上表面算至上一层楼板（或梁）下表面。

2）暗梁、暗柱模板不单独计算。

3）采用定型大钢模板时，洞口面积不予扣除，洞口侧壁模板亦不增加。

4）止水螺栓增加费，按设计有抗渗要求的现浇钢筋混凝土墙的两面模板工程量以面积计算。

（5）板

板模板及支架按模板与现浇混凝土构件的接触面积计算，单孔面积≤0.3m² 的孔洞不予考虑，洞侧壁模板亦不增加；>0.3m² 的孔洞应予扣除，洞侧壁模板面积并入板模板工程量中。

1）梁所占面积应予扣除。

2）有梁板按板与次梁的模板面积之和计算。

3）柱帽按展开面积计算，并入无梁板工程量中。

（6）模板支撑高度>3.6m 时，按超过部分全部面积计算工程量。

（7）后浇带按模板与后浇带的接触面积计算。

（8）其他：

1）阳台、雨篷、挑檐按图示外挑部分水平投影面积计算。

阳台、平台、雨篷、挑檐的平板侧模板按图示面积计算。

2）楼梯按（包括休息平台、平台梁、斜梁和楼层板的连接梁）水平投影面积计算，不扣除宽度≤500mm 的楼梯井所占面积，楼梯踏步、踏步板、平台梁等侧面模板面积不另计算，伸入墙内部分亦不增加。

3）旋转式楼梯按下式计算：

$$S = \prod \times (R_2 - r_2) \times n$$

$R$——楼梯外径；

$r$——楼梯内经；

$N$——层数（或 $n$ = 旋转角度/360）。

4）小型构件和其他现浇构件按图示面积计算。

5）架空式混凝土台阶按现浇楼梯计算。

混凝土台阶（不包括梯带），按图示水平投影面积计算，台阶两端的挡土墙或花池另行计算并入相应的工程量中。

## 二、有关模板示意图

预算定额的模板工程，计算工程量是按模板与混凝土的接触面积计算的，为了帮助初学预算的人员了解接触面积的概念，现把主要的模板构造示意介绍如下，其中楼梯是按水平投影面积计算的。

混凝土结构的模板工程，是混凝土成型施工中的一个十分重要的组成部分。模板工程的费用往往超过混凝土的费用，甚至超过混凝土与钢筋费用的总和。因此，设计混凝土结构的模板工程时，应当考虑经济性和模板的质量。模板工程的成本：包括使用的材料费用，制作、安装及拆除模板的人工、机械费用，模板材料的重复使用次数，模板另作他用时的残余价值等等。

施工人员对采用何种模板最经济、最省材料、能周转使用次数最多，安装与拆除最省工、机械使用费最省，混凝土质量最好，收到最好的经济效益，都应当加以考虑。因此，模板的选用要因地制宜，就地取材，尽量选用周转次数多，损耗少、成本低的。尽量采用先进技术，达到多快好省的目的。

模板依其形式不同，可分为整体式模板、定型模板、工具式模板、翻转模板、滑动模板、胎模等。依其所用的材料不同，可分为木模板、钢木模板、钢模板、铝合金模板、塑料模板、玻璃钢模板等。目前以应用木模板为多。在大中城市则已大量推广组合式定型钢模板及钢木模板。铝合金模板及玻璃钢模板，由于成本较贵，仅在个别地方试用。

所用木材，大部分为松木与杉木，松木又分为红松、白松（包括鱼鳞云杉、红皮云杉、沙松冷杉及臭冷杉等）、落叶松、马尾松（即本松）等。

**（一）定型模板及支模工具**

定型模板代替现场散板拼钉模板，可以使模板制作工厂化，节约材料，提高工效，加快施工速度。定型模板的规格不宜太多，要能尽量拼接成多种尺寸。使用时要加强维护保管，拆模时要轻放，防止损坏和变形。

定型模板一般为木定型模板、钢木定型模板及钢定型模板。少数单位试用玻璃钢模板及铝合金定型模板。

1. 木定型模板构造示意见图27-2-1
2. 钢木定型模板构造示意如图27-2-2
3. 钢定型模板如图27-2-3

我国目前推广应用组合钢模板以节约木材。组合钢模板由钢模板和配件两部分组成。其中钢模板包括平面模板、阴角模板、阳角模板和连接角模。配件的连接件包括U形卡、L形插销、钩头螺栓、紧固螺栓、对拉螺栓、扣

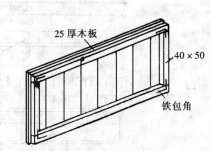

图 27-2-1　木定型模板

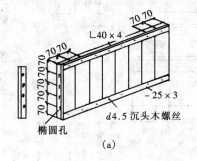

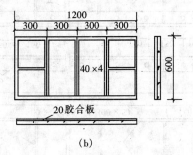

图 27-2-2　钢木定型模板

(a) 钢框短木板模板；(b) 钢框胶合板模板

件等；配件的支承件包括柱箍、钢楞、支柱、斜撑、钢桁架等。我国已有许多省、市的大中城市在生产组合钢模板和配件。

钢模板采用模数制设计，宽度模数以50mm进级，长度以150mm进级，钢模板应能横竖拼装。

组合钢模板的规格如表27-2-1。

**表 27-2-1　组合钢模板规格**

| 规格（mm） | 平面模板 | 阴角模板 | 阳角模板 | 连接角模 |
|---|---|---|---|---|
| 宽　度 | 300, 250, 200, 150, 100 | 150×150 100×150 | 100×100 50×50 | 50×50 |
| 长　度 | 1500, 1200, 900, 750, 600, 450 | | | |
| 肋　高 | 55 | | | |

组合钢模板示意见图27-2-4。

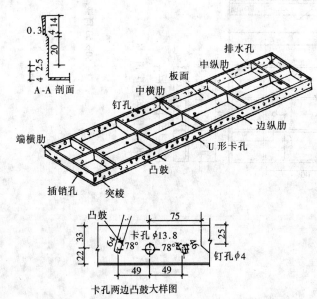

图 27-2-3　钢模板透视图

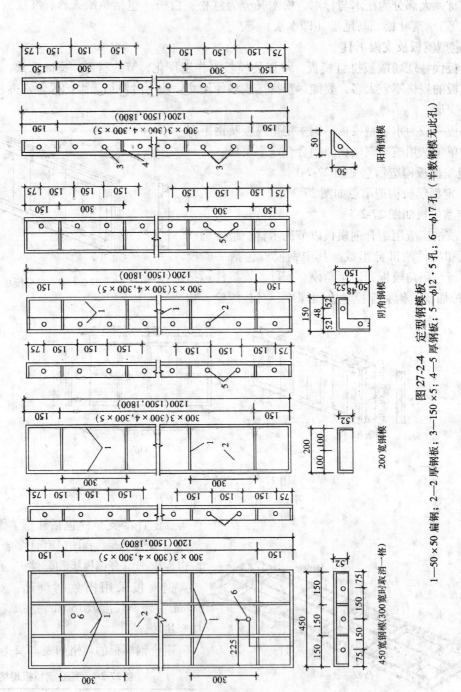

图 27-2-4　定型钢模板

1—50×50 扁钢；2—2 厚钢板；3—150×5；4—5 厚钢板；5—φ12·5 孔；6—φ17 孔（半数钢模无此孔）

#### 4. 定型模板的连接工具

定型模板的连接除木模采用螺栓与圆钉外，一般采用 U 形卡、L 形插销、钩头螺栓、对拉螺栓、紧固螺栓和扣件等，示意如图 27-2-5 至图 27-2-11。

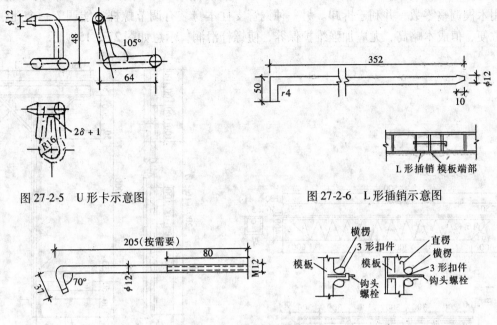

图 27-2-5　U 形卡示意图　　　　　　　　　　图 27-2-6　L 形插销示意图

图 27-2-7　钩头螺栓示意图

图 27-2-8　紧固螺栓示意图　　　　　　　　　图 27-2-9　对拉螺栓示意图

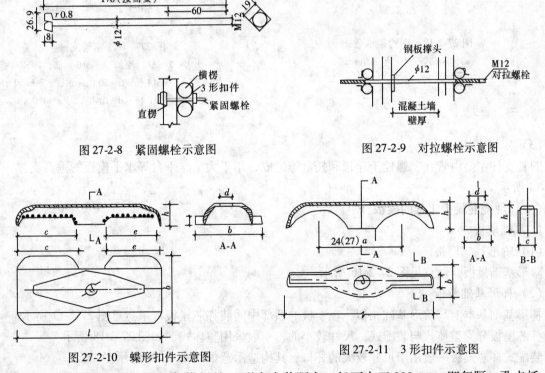

图 27-2-10　蝶形扣件示意图　　　　　　　图 27-2-11　3 形扣件示意图

钢板的拼接均用 U 形卡，相邻模板的 U 形卡安装距离一般不大于 300mm，即每隔一孔卡插一个。L 形插销插入钢模板端部横肋的插销孔内，增强两相邻模板接头处的刚度和保证接头处板面平整。

#### 5. 支承工具

（1）钢桁架

根据施工常用尺寸制作，示意如图 27-2-12 所示，可搁置在钢筋托具上、墙上、梁侧模板横档上、柱顶梁底横档上，用以支承梁或板的模板。

（2）钢管支柱（琵琶撑）

由内外两节钢管制成，一般如图 27-2-13 所示。其高低调节距模数为 100mm，支柱底部除垫板外，均用木楔调整零数，并利于拆卸。另一种钢管支柱本身装有调节螺杆，能调节一个孔距间高度，使用更方便，但成本略高，尤应加强维护保养，使螺杆滑润，示意如图 27-2-15 所示。

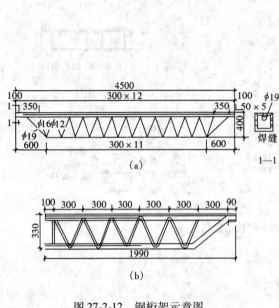

图 27-2-12 钢桁架示意图
（a）整榀式；（b）平面组合式

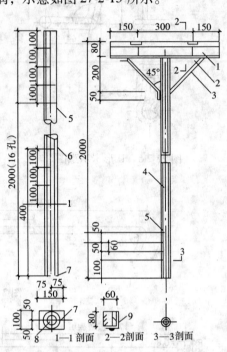

图 27-2-13 钢管支柱
1—垫木；2—φ12 螺栓；3—φ16 钢筋；4—40 内径水管；5—φ14 孔；6—50 内径水管；7—150×100×8 钢板；8—φ14 出水孔；9—L160×6

（3）四管支柱

四管支柱主要由管柱、螺栓千斤顶和托盘等组成，用于大梁、平台等水平模板的垂直支撑，如图 27-2-14 所示。

**（二）现浇混凝土工程的模板**

1. 基础模板

（1）阶形基础模板

阶形基础模板，示意见图 27-2-16 所示。

（2）杯形基础模板

杯形基础基本上与阶形基础相似，在模板的顶部中间装杯芯模板。示意见图 27-2-17 所示。

杯芯模板分为整体式与装配式，尺寸较小的，一般采用整体式，如图 27-2-18 所示。

装配式杯芯模板一般用于尺寸较大的杯口，其构造示意如图 27-2-19 所示。

（3）条形基础模板

根据土质好坏分别对待。土质较好，下半段利用原土削平不另支模，仅上半段采用吊模法，如图 27-2-20a 所示；土质较差，条形基础的上下两阶均支模板，如图 27-2-20b 所示。钢模板如图 27-2-20c 所示。也有分作上下两截施工的，下段混凝土达到一定强度后，在混凝土面上弹线支撑上段模板，这种方法节约木料与木工，但混凝土多了一道施工缝，对于有钢筋混凝土地梁的基础，不宜采用。

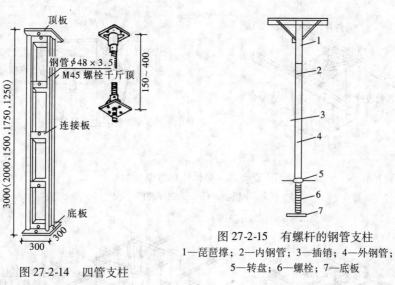

图 27-2-14 四管支柱

图 27-2-15 有螺杆的钢管支柱
1—琵琶撑；2—内钢管；3—插销；4—外钢管；
5—转盘；6—螺栓；7—底板

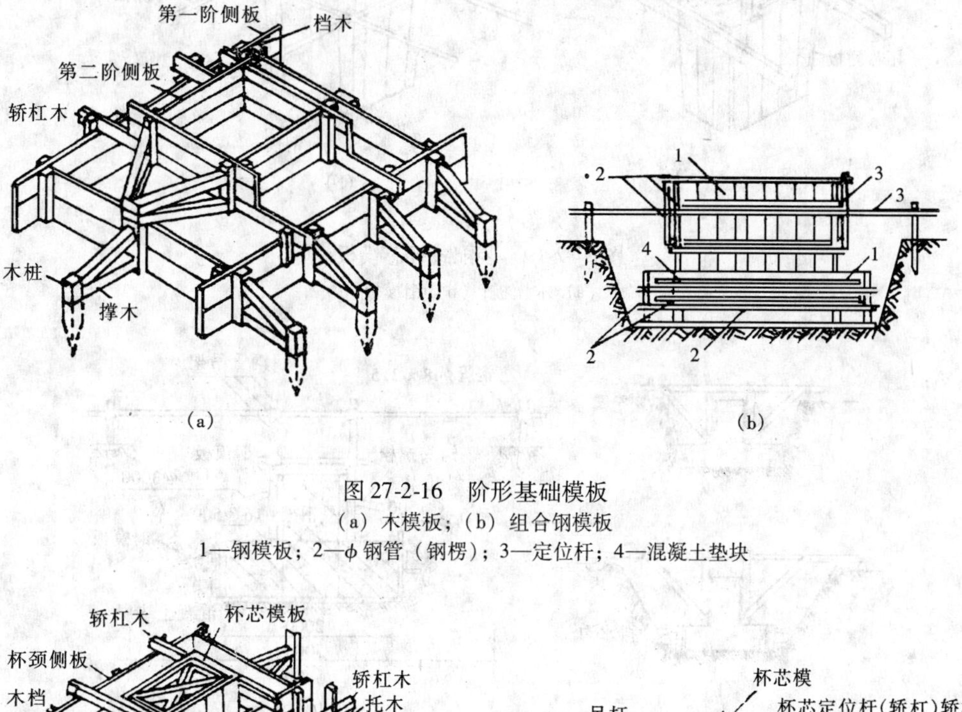

图 27-2-16 阶形基础模板
（a）木模板；（b）组合钢模板
1—钢模板；2—φ钢管（钢楞）；3—定位杆；4—混凝土垫块

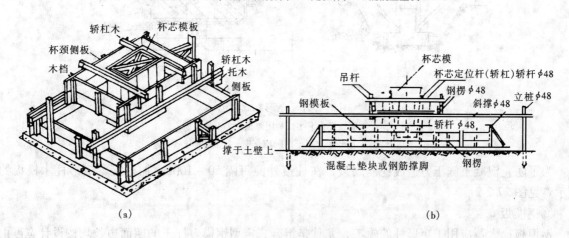

图 27-2-17 杯形基础模板
（a）木模板；（b）组合钢模板

## 2. 柱模板

（1）矩形柱模板

①木模

一般用两块长柱头板加两面门子板，或四面均用柱头板，也有利用短料横板加长枋作柱头板的方

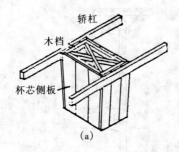
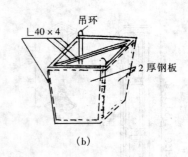

图 27-2-18　整体式杯芯模板

(a) 木模板；(b) 钢制杯芯模

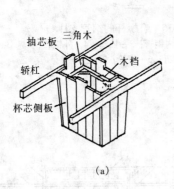
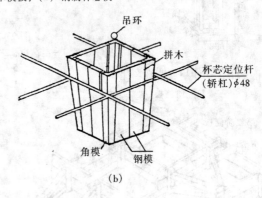

图 27-2-19　装配式杯芯模板

(a) 木模板；(b) 钢模板

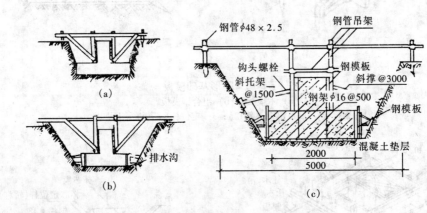

图 27-2-20　条形基础模板

(a) 土质较好；下半段利用原土削平不另支模；

(b) 土质较差，上下两阶均支模；(c) 钢模板

法。为了防止混凝土侧压力造成柱模爆裂，在柱模外面每隔 50～100cm 加柱箍。矩形柱木模板的构造示意见图 27-2-21。

②钢模板

钢模板已大量应用于矩形柱的施工，尤其是组合式定型钢模。柱子的四面边长均按设计宽度由钢平模拼成，四角采用连接角模或阳角模，上下左右均用 U 形卡连接，柱子底部加小方盘定位，顶部与主梁、次梁连接处，根据设计图纸要求尺寸，另行制作柱顶模板，示意如图 27-2-22 所示，倘设计为预制梁时，柱顶模板应设计为能承受搁置预制梁的重量，但预制混凝土梁的两端靠近柱模处仍应设支柱（琵琶撑），以保安全。

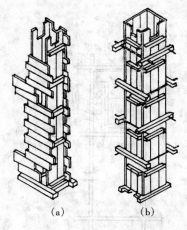

图 27-2-21　矩形柱木模板
(a)两面柱头板加门子板；(b)四面柱头板

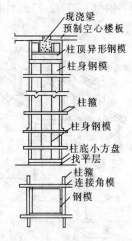

图 27-2-22　矩形柱钢模板

③提升模板

由四块贴面模板用螺栓连接而成，其构造如图 27-2-23 使用时将四块贴面模板组成柱的断面尺寸，安装在小方盘上，四根柱子组成一组，校正固定，用木料搭牢，每一次浇灌混凝土为一节模板高度。等混凝土强度达到不致因拆模而损坏表面及棱角时即可拆除。拆模时松动两对角螺栓即可使模板脱开。然后用人工或提升架提升模板到上一段，其下口与已浇捣混凝土搭接约 30cm，拧紧螺栓，校正固定，继续浇灌上段混凝土。此种模板对柱面宽为 30～80cm 的矩形柱，高在 4m 以内是适用的。对有预埋件、预留孔多的框架柱使用时尚须另制模板。

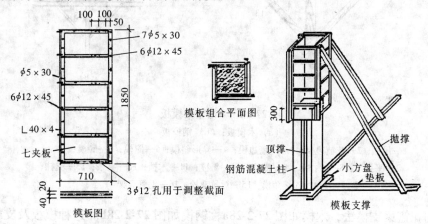

图 27-2-23　矩形柱提升模板

（2）圆形柱模板

圆形柱木模用竖直夹角模板和圆弧档做成两个半片组成，直径较大的可做成三片以上，其构造示意见图 27-2-24，为防止混凝土浇筑时侧压力影响模板爆裂，模外每隔 50～100cm 加 2 股以上 8～10 号铁丝箍紧。

3. 梁模板

梁模板是由底板加两侧板组成，一般有矩形梁、T 形梁、花篮梁及圈梁等模板。梁底均有支承系统，采用支柱（琵琶撑）或桁架支模。

（1）矩形梁及 T 形梁模板

T 形梁木模板的制作示意如图 27-2-25，采用组合钢模板的拼装方法如图 27-2-26。

（2）花篮梁模板

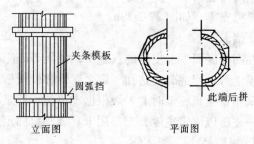

图 27-2-24　圆形柱木模板

花篮梁木模一般如图27-2-27a，钢模如图27-2-27b。

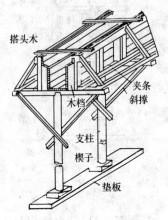

图 27-2-25　T 形梁木模板

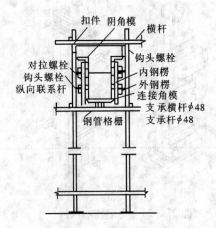

图 27-2-26　T 形梁钢模板

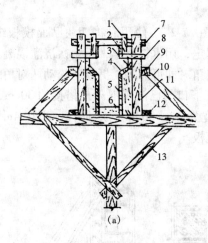

(a)

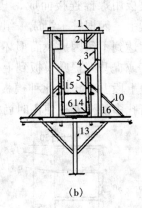

(b)

图 27-2-27　花篮梁模板

（a）木模板；（b）钢模板

1—吊档；2—花篮边模；3—花篮边模；4—异形斜模；5—侧模；6—底模；
7—平搭木；8—短撑木；9—横档；10—斜撑；11—木档；12—夹条；13—支柱；
14—连接角模；15—对拉螺栓；16—钢管夹架

预制楼板的花篮梁支模法，木模如图27-2-28a，钢模如图27-2-28b。这种模板及支柱在设计时要考虑其承载能力，使能承载预制楼板重量、混凝土重量及施工荷载。其优点是混凝土工操作比较方便，减轻了混凝土工劳动强度，提高了混凝土工的工效，结构整体性好，更易保证工程质量。

（3）圈梁模板

墙上圈梁支模一般采用如下几种方法：

①挑扁担法

在圈梁底面下一皮砖处，每隔1m留一顶砖孔洞，穿50×100木枋作扁担，竖立两侧模板，用夹条及斜撑支牢，如图27-2-29a。

②倒卡法

在圈梁底面下一皮砖的灰缝中，每隔1m嵌入 $\phi$10 钢筋一根支承侧模，用钢管卡具或木制卡具卡于侧模上口，当混凝土达到一定强度拆除模板后，将 $\phi$10 钢筋抽出，如图27-2-29b及图27-2-29c。

采用钢模板施工时，一般根据本单位承建工程的常用规格制作专用模板或定型组合钢模板，下口夹牢一皮砖以固定宽度，上口用卡具或马钉固定宽度，如图27-2-30。

4. 板模板

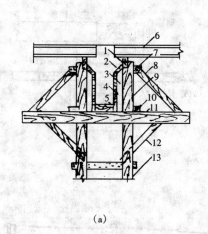
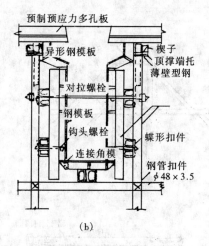

(a)                                    (b)

图 27-2-28　预制楼板的花篮梁支模法

(a) 木模板；(b) 钢模板

1—花篮梁上口侧模（厚50）；2—斜板；3—木档；4—侧模；5—底模；6—空心楼板；

7—横档；8—斜撑；9—木档；10—夹条；11—横梁；12—斜撑；13—支柱

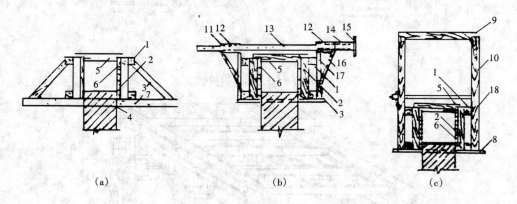

(a)                          (b)                          (c)

图 27-2-29　圈梁模板

(a) 挑扁担法；(b) 钢筋卡具倒卡法；(c) 木制卡具倒卡法

1—横档；2—拼条；3—斜撑；4—墙洞 60×120；5—临时撑头；6—侧模；7—扁担木 50×100；

8—$\phi$10 钢筋；9—卡具横档；10—卡具立档；11—$\phi$8 销钉；12—$\phi$25 钢管；13—$\phi$22 钢筋；

14—方牙丝及套管；15—板套管钢筋；16—$\phi$10 钢筋；17—L25×3；18—$\phi$10~12 螺栓

一般分有梁楼板、无梁楼板及悬臂板等模板。

（1）有梁楼板模板

①一般支模方法

木模见图 27-2-31。井字梁楼板施工方法同上。倘井字梁较密，可采用双层模板法，即先按梁底标高满铺一层模板，在上面弹出井字梁的位置绑扎井字梁的钢筋，然后将木制开口盒胎模或塑料开口盒模板开口向下放入梁间空档处，再绑扎楼板面钢筋，浇灌梁与楼板混凝土。

采用钢模板制作有梁楼板的施工方法示意见图 27-2-32。

②桁架支模法

用钢桁架代替木格栅及梁底支柱，如图 27-2-33。桁架布置的间距和承载能力要经过核算方可使用。

（2）无梁楼板模板

由柱帽模数与楼板模板组成。楼板模板的铺板、格栅、牵杠与支柱等与有梁楼板的模板相同。柱帽为截锥体（方形或圆形），柱帽模板的下口牢固地与柱模相接，柱帽的上口与楼板模板镶平接牢，如图 27-2-34。

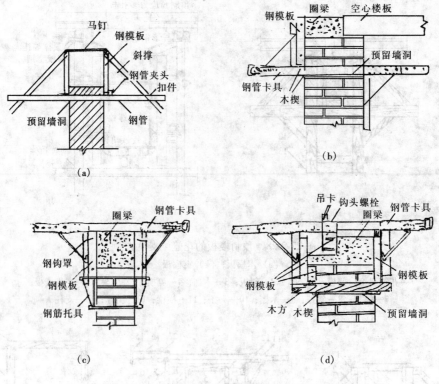

图 27-2-30　圈梁钢模

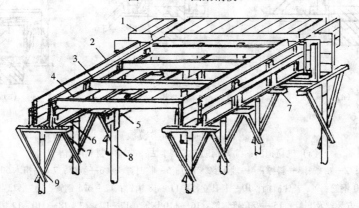

图 27-2-31　有梁楼板一般木模支模法
1—楼板模板；2—梁侧模板；3—格栅；4—横档；5—牵杠；6—夹条；
7—短撑木；8—牵杠撑；9—支柱（琵琶撑）

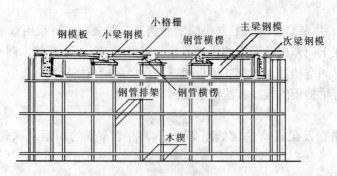

图 27-2-32　有梁楼板钢模板示意图

　　采用钢模板施工时，按建筑柱网设计满堂钢管排撑作支柱，顶部用 $\phi$48 钢管作格栅以支承钢模板，间距按设计荷载布置，一般不得大于 750mm。钢模板之间用 U 形卡连接，但 U 形卡数量可尽量

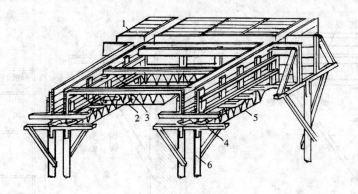

图 27-2-33　桁架支模

1—楼板模板；2—格栅桁架；3—方木；4—木楔；
5—梁底桁架；6—双肢支柱

减少，以方便拆模。无梁楼板的柱帽模板，紧靠钢平模，并用 U 形卡连接。倘有小间隙，可用木条嵌补。钢管支撑的底部应垫木板及木楔找平，以利拆模。示意如图 27-2-35。

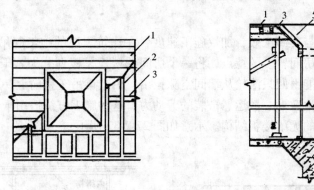

图 27-2-34　无梁楼板模板

1—楼板模板；2—格栅；3—牵杠；4—牵杠撑；5—柱帽模板；6—柱模板；
7—木楔；8—垫木；9—搭头木

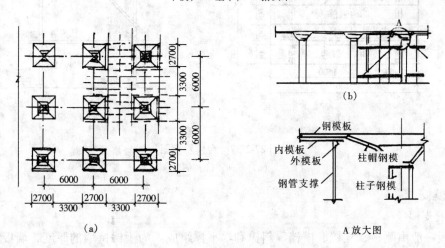

图 27-2-35　无梁楼板采用钢模示意图

(a) 平面；(b) 剖面

（3）挑檐板模板

挑檐板模板的支模法，其支柱一般不落地，采用在下层窗台线上用斜撑支承挑檐部分，如图 27-2-36a 所示，也可采用三角架支模法，由砖墙承担挑檐重量，如图 27-2-36b 所示，但要经过核算，防止倾覆。采用 φ48 钢管及钢模板支模时，一般采用排架及斜撑杆由下一层楼面架设，示意如图 27-2-36c 所示。

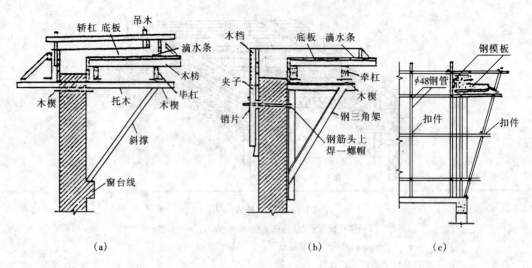

图 27-2-36 挑檐板模板

(a) 挑檐板支模；(b) 挑檐板钢三角架支模；(c) 钢管斜撑法支模

（4）台模与飞模

为了提高楼板模板的安装与拆卸工效，加快施工速度，在建筑工地的施工起吊机械能力较大时，施工单位根据高层建筑标准层房间较多的特点，将一个房间的楼板模板划分为若干张"台子"组成，台脚采用可收缩的，使拆模后能由四只滚轮从墙间空隙拉出，由起重吊车移向上一层安放就位。这样依次拆运及安装，就可减少工地散拆、散运、散装的劳动力。这种施工方法适用于标准层多的高层建筑，框架结构及柱帽尺寸一致的无梁楼板结构。示意如图 27-2-37 所示。

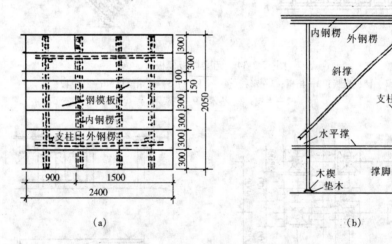

图 27-2-37 台模示意图

(a) 平面；(b) 侧面

5. 墙体模板

（1）一般支模

墙体模板一般由侧板、立档、横档、斜撑和水平撑组成。为了保持墙的厚度，墙板内加撑头。防水混凝土墙则加有止水板的撑头或不加撑头（即采用临时撑头，在混凝土浇灌过程中逐层逐根取出），如图 27-2-38 所示。

图中斜撑垫板的固定，在泥地上用木桩，在混凝土楼板上可利用预埋铁件或筑临时水泥墩子作固定。如有相邻两道墙模时，可采用上下对撑及顶部平搭以取得墙面垂直。要避免仅用平搭，造成后浇灌的墙模顶部推移。

（2）定型模板墙模

混凝土墙体较多的工程，宜采用定型模板施工以利多次周转使用。定型模板可用木模或组合钢模板，以斜撑及钢楞保持模板的垂直及位置，穿墙螺栓（对拉螺栓）及横档、直档（钢楞）承受现浇混凝土的侧压力。墙模底部用砂浆找平层调整高度零数，或用木枋垫平。墙模宽度的零数用小木枋补足。用U形卡作上下左右连接，示意见图27-2-39。

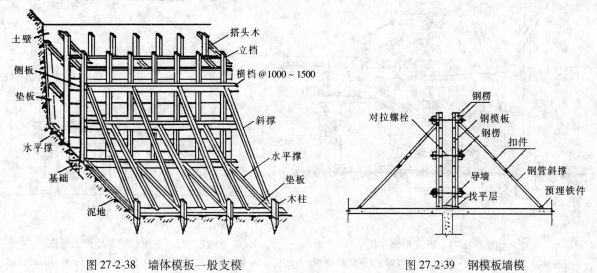

图27-2-38　墙体模板一般支模　　　　　　　图27-2-39　钢模板墙模

（3）大模板

采取先绑扎好墙体钢筋，将组合式钢模板或定型木模预先组成大模板（四角留出一定空隙，最后镶入角模），利用起重吊车将一片片墙模吊装就位；甚至组成筒子模，整体吊入一个房间的四面模板（角模缩进或后装）如图27-2-40所示。

6. 楼梯模板

（1）梁板式楼梯模板

常见的有梁式与板式楼梯，其支模方法基本相同，板式楼梯模板的构造见图27-2-41。

采用组合钢模板作楼梯模板的支撑方法，一般如图27-2-42所示。楼梯底模用钢模平铺在斜杆上，楼梯外帮侧模可以制作异形钢模，也可用一般钢平模侧放。踏步级采用钢模，一头固定在外帮侧模上，另外用一至二道反扶梯基加三角撑定位。

（2）螺旋式楼梯模板

螺旋式楼梯的内外侧一般是由同一圆心的两条半径不同的螺线组成螺旋面分级而成，如图27-2-43a所示，支撑前先做好地面垫层，在垫层上画出楼梯内外边轮廓线的两个半圆，并将圆弧分成若干等分，定出支柱基点，如图27-2-43b $ABCD$ 及 $A_1B_1C_1D_1E_1$，根据螺线原理在圆

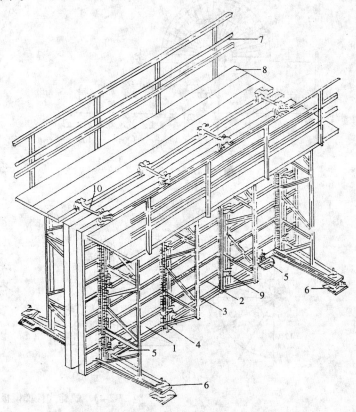

图27-2-40　大模板构造示意图

1—面板；2—水平加劲肋；3—支撑桁架；4—竖楞；5—调整水平用的螺旋千斤顶；
6—调整垂直用的螺旋千斤顶；7—栏杆；8—脚手板；9—穿墙螺栓；10—卡具

421

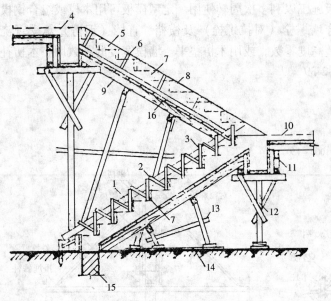

图 27-2-41 板式楼梯模板

1—反扶梯基；2—斜撑；3—吊木；4—楼面；5—外帮侧板；6—木挡；7—踏步侧板；8—挡木；9—格栅；10—休息平台；11—托木；12—琵琶撑；13—牵杠撑；14—垫板；15—基础；16—楼梯底板

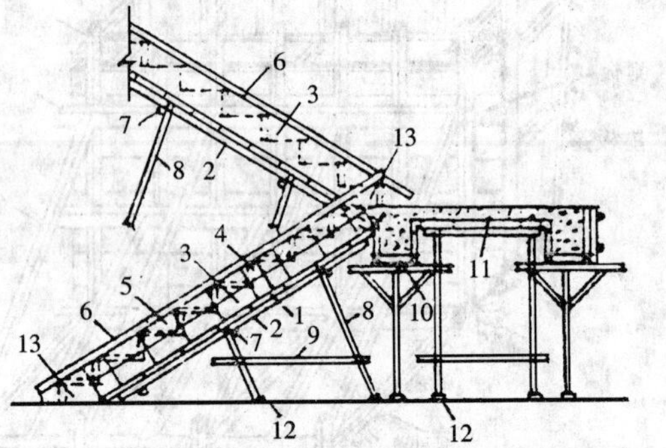

图 27-2-42 钢模板组装楼梯示意图

1—钢模板；2—钢管斜楞；3—梯侧钢模；4—踏步级钢模；5—三角支撑；6—反扶梯基；7—钢管横梁；8—斜撑；9—水平撑；10—楼梯梁钢模；11—平台钢模；12—垫木及木楔；13—木模镶补三角侧模

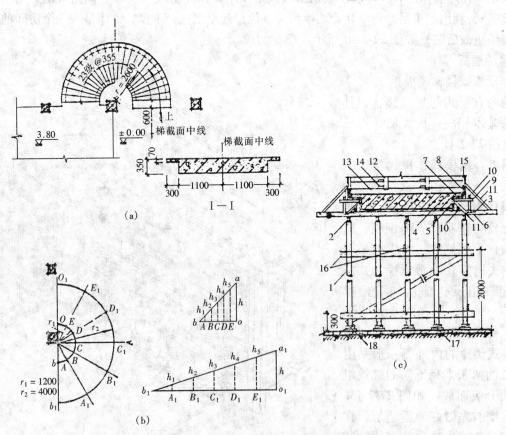

图 27-2-43 螺旋式楼梯模板

（a）楼梯平面图；（b）螺旋线各基点高度；（c）螺旋式楼梯模板图

1—支柱；2—牵杠；3—格栅；4—底模板；5—侧模；6—小顶撑；7—挑出台口底模板；8—挑出台口边模；9—挑出台口底格栅；10—夹条；11—斜撑；12—反扶梯基；13—踏步侧板；14—踏步侧板水平撑；15—挡木；16—水平搭头；17—垫木；18—木楔

弧线上的梯级高度为总高度减掉弧线外的直线上步数（图上 $h = 3800 - 152 = 3648$），以内外弧线长度及高度画出坡度线，在 $\triangle aob$ 及 $\triangle a_1 o_1 b_1$ 上量取各基点的垂直高度（相应的内外侧基点高度是相等的）。配顶撑立柱时，按各点高度减去楼梯板混凝土厚度 350，再减去底模板、格栅、牵杠及垫板等用料尺寸，加最下一步到地面垫层高度。在支柱顶部架设牵杠及格栅，满铺底板。挑出台口线按一般双层模板施工法，在满铺底板上画出楼梯边线，随梯步口吊模板架设。由于上述外圈基点支柱的间距过大，在牵杠下按间距不大于 700mm 补充支柱，模板全貌见图 27-2-43c。

如果楼梯较宽时，沿踏步中间的上面加一或二道的反扶梯基，见图 27-2-44。反扶梯基上端与平台梁外侧板固定，下端与基础外侧板固定撑牢。

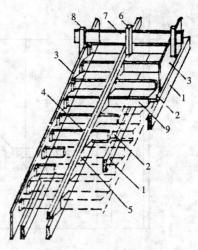

**7. 料斗模板**

一般有方锥形和圆锥形料斗。料斗模板的构造，由孔口圈梁、斜壁及上口圈梁组成，上口圈梁由柱或墙支撑。

图 27-2-44　反扶梯基

1—格栅；2—底模板；3—外帮侧模；
4—反扶梯基；5—三角木；6—吊木；
7—上横楞；8—立木；9—踏步侧板

**（1）方锥形料斗模板**

其构造示意如图 27-2-45，先立料斗孔口模板及上口梁底模板，然后支撑料斗外模，一般为横板立档加牵杠撑。内模板的立档与牵杠的布置，基本上与外模相对应，以便用铁丝或螺栓与外模拉紧。内模可采用一次全部安装好，在一定部位留出混凝土浇灌孔，或先仅安装立档，预制定型模板，随混凝土的浇灌将定型模板逐块安装，采用水泥垫块或钢筋弯脚保持内外模板的间距。

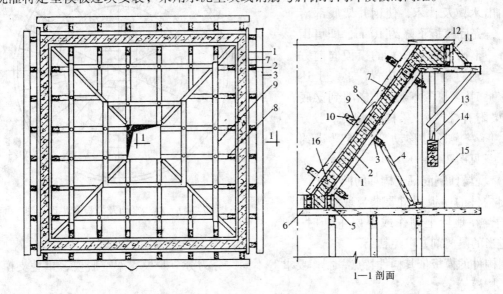

图 27-2-45　方锥形料斗模板示意图

1—外模板；2—外模立档；3—外模牵杠；4—斜撑；5—斗底外边模；6—斗底内模；7—内模板；
8—内模立档；9—内模牵杠；10—内外模夹紧螺栓；11—上口圈梁外模；12—搭头木；13—琵琶撑；
14—木楔；15—混凝土柱；16—撑头

**（2）圆锥形料斗模板**

料斗的构造示意如图 27-2-46 所示，平面如图 27-2-47 所示，其模板制作程序如下：

①放平面大样，如图 27-2-48 所示要放足尺大样，根据圆周长度作出适当分块数及内模分段的设计。这里上段分 32 块，下段分 16 块。

②放剖面大样，也要放足尺大样。

③量出（或算出）料斗两段及外模长度，设计圈带道数（一般间距 450～600mm），量出（或算

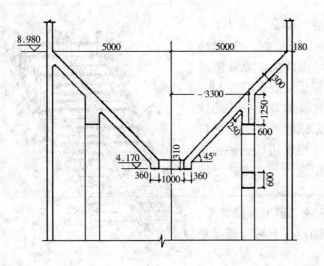

图 27-2-46　圆锥形料斗设计尺寸示意图

出）每道圈带的半径长度。上下两段内模的交接处，一般设置在环形梁的里侧上口，以利于环形梁混凝土的浇灌。量取圈带半径时，注意外模圈带应加模板厚度，内模圈带应减模板厚度。

8. 拱壳模板

（1）普通拱模

由拱底模板、模架和支撑组成，如图 27-2-49 所示，普通拱对墙有推力，要注意设计上是如何解决的，如设有拉杆，则拆模前应将拉杆装好。

（2）筒壳移动式模板

对于较长的筒壳，为了节约模板及劳动力，可采用移动式模板。例如某车站站台的

筒壳全长 600 多米，柱距 12m，跨度 10m，两边各有 3.2m 挑板，每 60m 长有一道伸缩缝，采用移动式模板施工，利用施工单位原有钢井架作支座，下设滑轨。井架就位后，由井架下附设的调高丝杠将井架升起到模板需要的高度，用枕木垫在井架下，硬木楔垫平。60m 分为五段，每 12m 为一段。调高丝杠可以拆移重复使用，待壳顶混凝土达到拆模强度后，再利用调高丝杠抽出木楔及枕木，使钢井架底部落在钢轨上，壳底模板下降约 10cm，即可用卷扬机将一整段（12m 长）的模板向前方拉移过去，到达新的支模位置，重复上述工序。施工时，柱子混凝土先浇灌到梁底（纵向长梁附有灯槽）。梁柱模板按一般方法施工，筒壳模板可移动部分离梁边约 10cm。示意见图 27-2-50。

**（三）现场预制混凝土构件的模板**

预制构件的模板用料要求与现浇结构模板相同，在地坪上制作或叠层生产时，应选用适当的隔离剂，以免粘结。

预制构件的模板依其构件特点、制作要求等不同，分为分节脱模、架空脱模、重叠支模、胎模、翻转模、拉模等。

1. 分节脱模

分节脱模能加速模板的周转，便于构件的吊装。工地上一般用于预制柱、梁、屋面板等数量较多、模板用量较大的大型构件。

分节脱模的特点是沿构件长向设置若干砖墩或方木作固定支点，间距以 2m 左右为宜。支点间配置的木底模，当混凝土强度达到 50% 设计强度等级即可拆除底模，而构件在固定支点上继续养护。

分节脱模的模板构造示意见图 27-2-51。

2. 大型屋面板架空脱模

在山区工地需要制作少量大型屋面板，而按照预制加工厂的生产方法在经济核算、施工设施方面有困难时，可采用架空脱模生产非预应力大型屋面板。

屋面板的架空脱模采用砖墩作支承点，其余均配制木模板，其构造如图 27-2-52 所示。

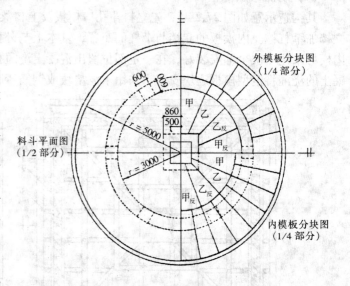

图 27-2-47　料斗平面及模板分块设计图

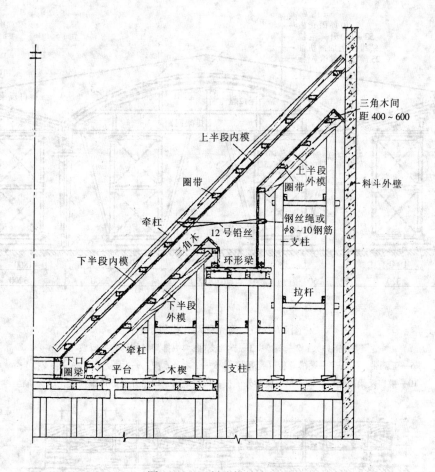

图 27-2-48 料斗模板大样图

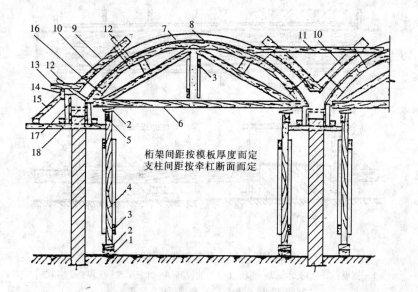

图 27-2-49 普通拱模

1—垫木;2—木楔;3—剪刀撑;4—支柱;5—牵杠;6—模架;7—圈带板;
8—拱底模板;9—弧形木;10—外模板;11—轿杠木;12—临时顶撑;13—平搭木;
14—横档;15—斜撑;16—铅丝;17—圈梁外模板;18—拉杆顶留孔

## 3. 构件重叠支模

施工现场为了考虑结构吊装时机械行走的位置及材料运输的道路等,经常将构件平卧重叠浇捣,这样既能充分利用场地,又节省构件的底模。

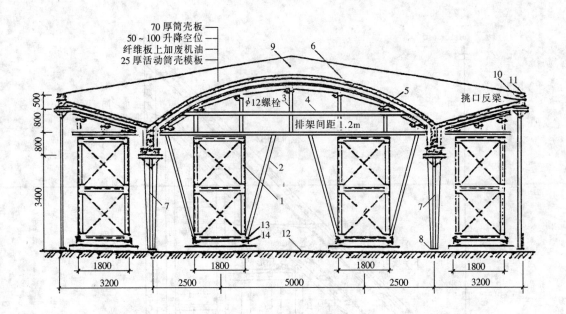

图 27-2-50　筒壳移动式模板示意

1—钢井架；2—斜撑；3—排架支柱；4—排架横档；5—牵杠；

6—弧圈带@600；7—梁模立柱（琵琶撑）；8—垫木及木楔；9—大反梁（按一般支撑）；

10—挑口反梁内侧模；11—挑口反梁外侧模；12—地面；13—井架下角钢拖板；14—轨档

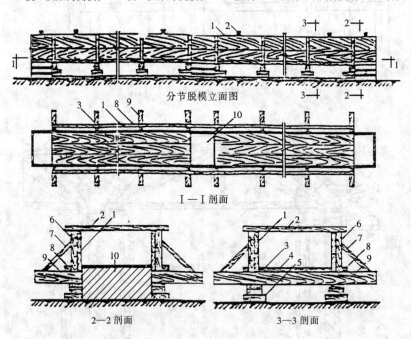

分节脱模立面图

I—I 剖面

2—2 剖面　　　　　　　3—3 剖面

图 27-2-51　分节脱模示意图

1—侧模；2—搭头木；3—底模（分节铺设）；4—木楔；5—垫板；6—拼条；

7—斜撑；8—夹木；9—横楞；10—固定支点

重叠支模主要用于预制一些断面呈矩形的大构件，如屋架、柱、梁、桩等。

模板的支撑方法：

（1）长夹木法。根据构件叠捣的层数及高度，夹木一次配料，多次周转使用。长夹木的紧固可用钢筋箍加木楔或用 φ12 螺栓拉紧，如图 27-2-53 所示。

（2）短夹木法。一般采用倒夹支模，用料较省，浇捣混凝土时应注意不使模板左右摇晃，如图 27-2-54 所示。

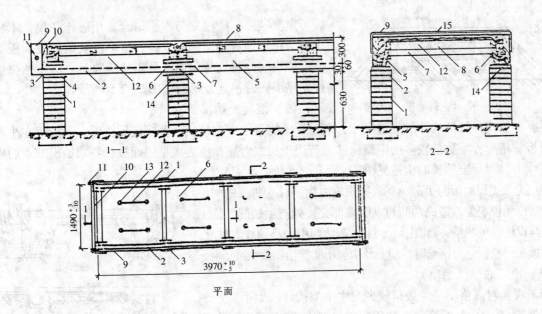

图 27-2-52  大型屋面板架空支模

1—砖墩；2—纵肋底模；3—支点垫木；4—木楔；5—纵肋内模；6—托木；7—横肋底模；8—板底芯模；
9—纵肋外边模；10—端肋外模；11—φ12 螺栓；12—8 号铅丝；13—透气孔；14—砂浆找平层；15—钢筋卡具

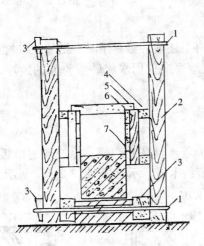

图 27-2-53  重叠支模长夹木法

1—φ10 钢筋箍（接头焊接）；2—长夹
木；3—硬木楔；4—横档；5—临时撑
头；6—拼条；7—侧模

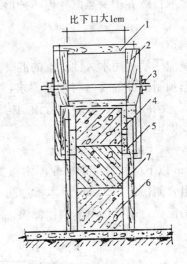

图 27-2-54  短夹木倒夹支模

1—临时撑头；2—短夹木；3—φ12 螺栓；
4—侧模；5—支脚；6—已捣构件；7—隔
离剂或隔离层

（3）撑搭结合法。浇捣混凝土及粉面比较方便，
但用料较多且多占场地，如图 27-2-55 所示。

4. 胎模

胎模是指用砖或混凝土等材料筑成构件外型的
底模。

由于胎膜能大量节约木材及圆钉，就地取材，
便于养护，因而在现场预制构件支模中广泛应用于
同一规格尺寸较多的构件。

（1）砖胎模

用砖干砌或泥浆砌筑成模，进度快，清理方便，

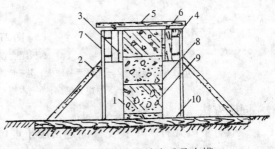

图 27-2-55  撑搭结合重叠支模

1—底模；2—斜撑；3—侧模；4—横档；5—搭头木；6—小垫木；
7—支脚；8—隔离剂或隔离层；9—已捣构件；10—垫木

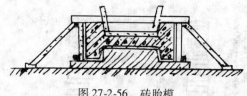

图 27-2-56　砖胎模

砖可重复利用。砖模常与木模结合，用砖作底模，木料作边模，在工地现场预制梁、柱、槽形板及大型屋面板等构件。脱模时先将构件与胎模分离然后起吊，防止胎模被构件粘结而同时吊起，示意如图 27-2-56 所示。

（2）混凝土胎模

混凝土胎模易保证构件的规格尺寸，刚度好，能重复多次使用，侧模装拆简便，一般用在生产大型屋面板、槽形板等数量较多的定型构件。若用于长线台座预应力大型屋面板，各块胎模的主肋应在同一直线上。混凝土胎模的构造见图 27-2-57。

预应力大型屋面板为了避免在放松预应力钢筋时端肋及中间小肋发生挤压胎模现象，造成端肋与纵肋端部交接处产生裂缝。施工单位应与设计单位联系，修改图纸，采用端肋与中间小肋放大坡度，使屋面板在放松预应力钢筋时，端肋及中间小肋能沿斜面收缩。

（3）地坪底模（台座）

施工现场对规格不一、数量较少的中小型构件，如小梁、平板、桁架腹杆、天沟板等，可利用平整的地坪作底模，配作侧模、芯模，制作构件。住宅建筑的非承重混凝土隔墙板，亦可在现场预制，节约运输及损耗费用。

底模可做成自然养护及蒸汽养护两种形式，现场一般采用自然养护为主。

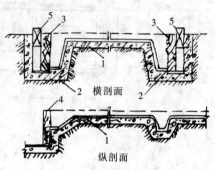

图 27-2-57　大型屋面板混凝土胎模
1—胎模；2—L65×5；3—侧模；
4—端模；5—木楔

① 地坪构造

地坪底模应尽量利用永久性建筑的混凝土地坪。在没有上述地坪可利用时，则就地取材或利用废料垫底，根据预制构件的规格与重量要求，做一片混凝土地坪或仅用水泥砂浆粉面的地坪，抹平压光，平整坚实，涂隔离剂，即可进行预制构件的生产。

② 侧模及固定方法

侧模

厚度 20cm 以下的构件用 50mm 厚木板作侧模，不用拼条。较高的侧模，除按普通模板制作外，可采用木板组合侧模，用 25mm 厚木板加肋，刚度良好，节约木材，示意如图 27-2-58a 所示，倘工地上已有组合钢模板，则应尽量采用作侧模，如图 27-2-58b 所示。

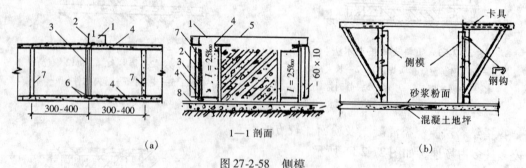

图 27-2-58　侧模
（a）木板组合模板；（b）组合钢模侧模
1—Ⅱ钢卡型横梁；2—Ⅱ钢卡型横板；3—卡具插座（3厚钢板焊成）；4—25 厚组合模板顶板与底板；
5—25 厚组合侧模；6—木螺丝；7—30 厚木档；8—地坪；支撑固定

固定方法

一般有下列几种：甲：支撑固定，用于埋设有木条的地坪。乙：卡箍固定，包括木卡箍、钢管卡箍及其他钢制卡箍。示意见图 27-2-59 所示。

③ 间隔支模

间隔支模适用于同型号的矩形和梯形梁，尤其应用于现场预制钢筋混凝土桩最为广泛，同时采用叠捣，可节约大量模板及场地。示意如图 27-2-60 所示。

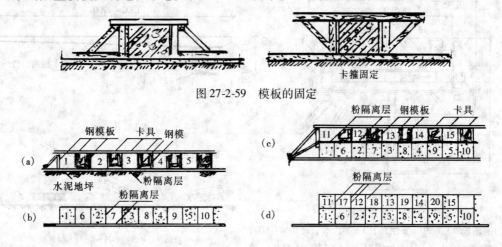

图 27-2-59　模板的固定

图 27-2-60　间隔支模
（a）模底粉隔离层，支撑，放入钢筋，卡具，浇筑混凝土，拆模；（b）粉隔离层，放入钢筋，浇筑混凝土；
（c）粉隔离层，支模，放入钢筋，卡具，浇筑混凝土，拆模；（d）粉隔离层，放入钢筋，浇筑混凝土

（4）翻转模

预制构件采用翻转模生产是将构件模板安装在翻转架上，采用低流动性混凝土，振捣后立即翻转，使构件平卧在地坪或砂地上养护，从而快速脱模，以节约模板木料和人工。

翻转模一般用于一面是平面的中小型构件，如空心楼板、槽形板、预制小梁、挂瓦板、小平板、短桩及踏步板等。

翻转模架的制作应尽量做到坚固、轻巧，高度以 50 ~ 70cm 为宜。多辊辘的翻转架宜用于硬场地，使每个辊辘能均匀受力，一般采用两个辊辘。制作翻转架的材料一般有木制、钢木混合及钢制，如图 27-2-61 及图 27-2-62 所示。

养护在砂地坪上的构件，在成品归堆前必须翻身清砂，工地上用钢管或硬木棍做成翻身撬棒，使用轻便，见图 27-2-63。

（5）拉模

拉模是将生产预应力空心楼板的边模及芯管组装成整体，用两台平板振动器振动芯管，一台平板

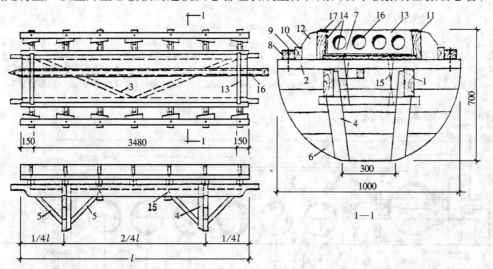

图 27-2-61　木制翻转模
1—50×150 长牵杠；2—45×70 格栅；3—50×70 斜撑；4—50×70 拼档；5—50×50 斜撑；6—60 厚板辊辘；
7—25 厚底板；8—50×70 轧条；9—φ10 螺栓；10—硬木楔；11—60×150 侧模；12—50×80 三角木；
13—50 厚堵头板或 20 厚钢板镗孔；14—衬布；15—10 号铅丝绞紧；16—钢管芯模；17—3×40 压口扁钢

429

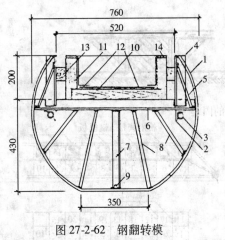

图 27-2-62　钢翻转模

1—65×5 扁钢轱辘;2—L50×6 主梁;3—φ40 水管把手 l = 600;
4—L40×4 侧模档@ 600;5—φ16 加固钢筋;6—L50×5 格栅,填
方木;7—L40×4 支撑;8—φ16 支撑;9—φ20 水管;10—构件底
模;11—构件侧模;12—衬布;13—硬木楔;14—3 厚压口扁钢

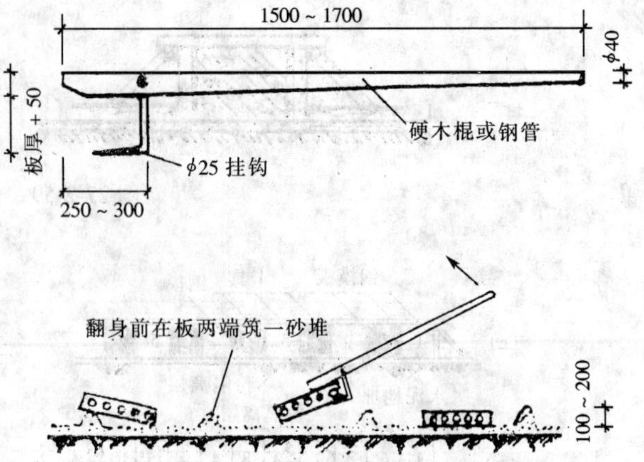

图 27-2-63　构件翻身撬棒

振动器振平板面,用卷扬机使钢模框与芯管先后行走而达到抽芯脱模的生产工艺。

拉模生产可减轻工人的劳动强度,提高产量,适用于断面相同的构件,并可根据需要改变长度。设备的加工制造,施工单位一般可以自行解决。

自行式拉模机的构造

主要有内模框(模板部分)与外模框(行走部分)两部分组成。以生产 120×640×3600 六孔预应力空心楼板为例,同时并列生产两块,拉模机的构造示意见图 27-2-64。

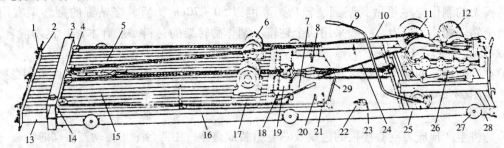

图 27-2-64　自行式拉模机构造示意图

1—销子;2—后堵头板;3—后横梁;4—滑轮;5—花篮螺丝;6—1.7kW 振动器;7—手柄;8—两门滑轮;
9—手柄;10—钢丝绳上绳;11—卷筒;12—7.5kV 电动机;13—内框架;14—限位开关;15—芯管;16—限
位板;17—套管上焊底板;18—挂钩;19—芯管挡梁;20—芯管挡板;21—挡板;22—限位开关;23—内框架
挡板;24—钢丝绳下绳;25—撑脚;26—1t 卷扬机;27—行走轮;28—外框架;29—保护层三角形垫板

拉模横剖面如图 27-2-65 所示。

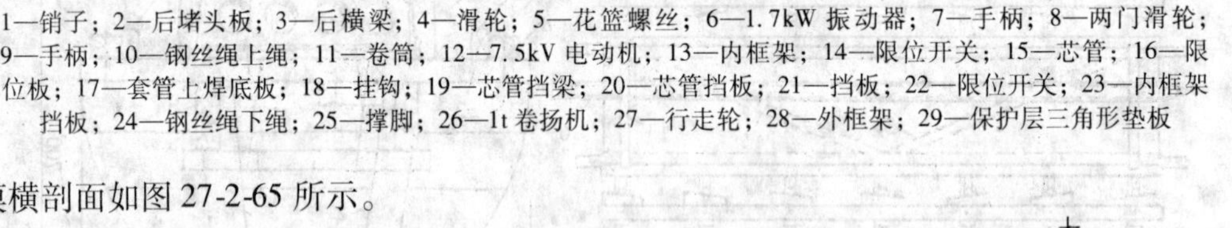

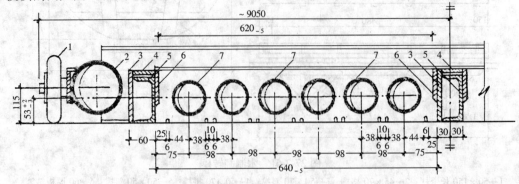

图 27-2-65　拉模横剖面图

1—φ150 铁轮;2—φ114×4 钢管外框架;3—10 厚钢板;4—10 厚钢板;5—10 号槽钢;6—10×75 钢板;7—φ76×4 芯管

430

（6）垃圾道及小水池的模板

① 预制垃圾道模板

在模板面钉硬塑料板，使构件混凝土表面平滑，省掉湿粉刷。里模用方木铰接框架支模，既省工料，支拆也方便。支模时在框架的两侧及端部钉上斜撑即可固定，拆模时将斜撑拆除，整个里模框架即可折拢抽出，拆除里模。预制垃圾道的模板构造及里模的方木铰接活络支架工作原理见图 27-2-66。铰接活络支架的各铰接点均用一枚圆钉组成，因此，纵向及高低方向均能转动成平行四边形。

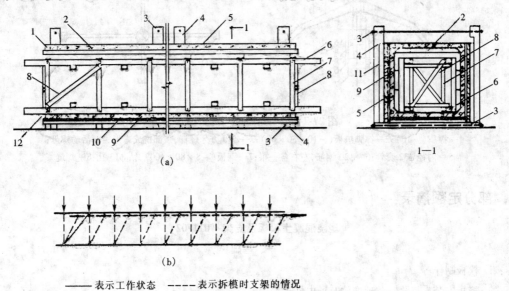

—— 表示工作状态　　----表示拆模时支架的情况

图 27-2-66　预制垃圾道模板
（a）垃圾道活络支架支里模；（b）里模板活络支架工作原理示意

1—50×50 端模；2—里模板（板厚 45，拼档 50×50，间距 500）；3—ϕ12 螺栓；4—100×100 夹木，间距 1000；5—钢筋混凝土；6—活络支架牵杠木；7—横档 35×40；8—临时斜撑（在支架的两侧及两端各钉一条）；9—4 厚硬塑料板面层；10—底模板 50 厚，拼档 50×75 间距 500；11—45 厚侧模板；12—长 75 圆钉（在每根横档与牵杠木相交中心钉一颗钉，使支架成为可活动的平行四边形）

② 预制小水池钢模

住宅建筑中使用的钢筋混凝土小水池，采用钢模预制，快速脱模，随即修补气孔等缺陷，使制品混凝土表面平整光洁，安装后不再粉面。钢模板的构造见图 27-2-67，池底向上预制后翻转在底板或

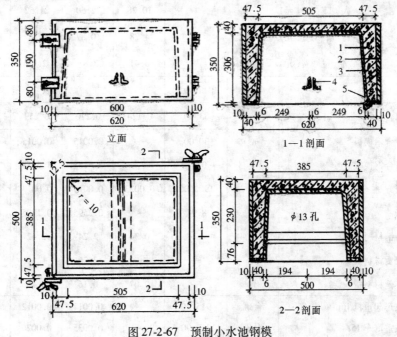

图 27-2-67　预制小水池钢模
1—钢筋混凝土；2—10 厚钢外模；3—6 厚钢内模；4—L45×5；5—4 厚钢垫圈

地坪上脱模。

　　钢模较重，混凝土振捣压光后，可由两人将模翻转，或用三脚架与倒链翻转，先用脱模工具（图27-2-68）脱去内芯模，再拿掉钢垫圈，最后拆去外模，修补气孔应在脱模后就进行，使水泥浆与混凝土结合牢固。

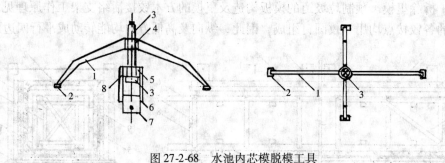

图 27-2-68　水池内芯模脱模工具

1—撑脚（−10）；2—撑脚垫板（−10×30×60）；3—φ30 方牙螺杆，顶部铣成方形；4—活动螺母；

5—内径 φ32 套管；6—φ20 钢筋，左右各一根；7—钢板（−8×80×100），钻 φ13 孔；8—焊缝

## 三、部分定额摘录

现浇混凝土模板及支架（011702）

一、基础

工作内容：1. 模板制作等。

　　　　　2. 模板安装、拆除、整理堆放及场内外运输等。

　　　　　3. 清理模板粘结物及模内杂物、刷隔离剂等。

（m²）

| 定额编号 | | | | 17-44 | 17-45 | 17-46 | 17-47 | 17-48 |
|---|---|---|---|---|---|---|---|---|
| 项　　　目 | | | | 垫层 | 带形基础 | | 独立基础 | |
| | | | | | 有梁式 | 无梁式 | 复合模板 | 组合钢模板 |
| 预算单价（元） | | | | 15.47 | 37.20 | 34.41 | 41.57 | 34.39 |
| 其中 | 人　工　费(元) | | | 10.28 | 22.50 | 21.52 | 21.89 | 20.85 |
| | 材　料　费(元) | | | 4.78 | 10.87 | 9.91 | 17.28 | 10.91 |
| | 机　械　费(元) | | | 0.41 | 3.83 | 2.98 | 2.40 | 2.63 |
| 名　称 | | 单位 | 单价(元) | 数　量 | | | | |
| 人工 | 870002 综合工日 | 工日 | 83.20 | 0.124 | 0.270 | 0.259 | 0.263 | 0.251 |
| 材料 | 830075 复合木模板 | m² | 30.00 | — | 0.0015 | 0.0015 | 0.1581 | 0.0015 |
| | 830076 组合钢模板 | m²·日 | 0.35 | — | 3.6158 | 3.6158 | — | 3.6158 |
| | 030001 板方材 | m³ | 1900.00 | 0.0023 | 0.0013 | 0.0013 | 0.0032 | 0.0012 |
| | 100321 柴油 | kg | 8.98 | 0.2595 | 0.1905 | 0.1514 | 0.1819 |
| | 840027 摊销材料费 | 元 | — | 0.34 | 2.24 | 2.42 | 2.60 | 3.26 |
| | 840028 租赁材料费 | 元 | — | | 2.36 | 1.85 | 2.24 | 2.26 |
| | 840004 其他材料费 | 元 | — | 0.07 | 0.16 | 0.15 | 0.26 | 0.16 |
| 机械 | 800102 汽车起重机 16t | 台班 | 915.20 | — | 0.0017 | 0.0012 | 0.0007 | 0.0008 |
| | 800278 载重汽车 15t | 台班 | 392.90 | — | 0.0035 | 0.0026 | 0.0022 | 0.0027 |
| | 840023 其他机具费 | 元 | | 0.41 | 0.90 | 0.86 | 0.90 | 0.84 |

## 二、柱

工作内容：1. 模板制作等。

2. 模板安装、拆除、整理堆放及场内外运输等。

3. 清理模板粘结物及模内杂物、刷隔离剂等。

（m²）

| 定额编号 | | | | 17-58 | 17-59 | 17-60 | 17-61 | 17-62 |
|---|---|---|---|---|---|---|---|---|
| 项目 | | | | 矩形柱 | | | | 构造柱 |
| | | | | 复合模板 | 组合钢模板 | 定型钢模板 | 清水装饰混凝土模板 | 复合模板 |
| 预算单价(元) | | | | 54.35 | 49.54 | 64.93 | 70.69 | 47.79 |
| 其中 | 人工费(元) | | | 33.43 | 32.41 | 28.45 | 35.11 | 26.24 |
| | 材料费(元) | | | 17.36 | 12.84 | 31.91 | 31.96 | 19.18 |
| | 机械费(元) | | | 3.56 | 4.29 | 4.57 | 3.62 | 2.37 |
| | | 名称 | 单位 | 单价(元) | 数量 | | | |
| 人工 | 870002 | 综合工日 | 工日 | 83.20 | 0.402 | 0.390 | 0.342 | 0.422 | 0.315 |
| 材料 | 830075 | 复合木模板 | m² | 30.00 | 0.1617 | 0.0104 | 0.0104 | — | 0.1754 |
| | 830076 | 组合钢模板 | m²·日 | 0.35 | — | 4.6065 | — | — | — |
| | 830077 | 定型钢模板 | m²·日 | 2.55 | — | — | 4.5866 | — | — |
| | 830079 | 清水装饰混凝土模板 | m² | 60.00 | — | — | — | 0.3207 | — |
| | 030001 | 板方材 | m³ | 1900.00 | 0.0035 | 0.0012 | 0.0010 | 0.0035 | 0.0039 |
| | 010576 | 型钢柱箍(含加工) | kg | 7.50 | — | — | 0.2205 | — | — |
| | 091477 | 对拉螺栓 T18 | m | 20.00 | — | — | 0.0513 | — | — |
| | 100321 | 柴油 | kg | 8.98 | 0.1787 | 0.2415 | 0.2775 | 0.1787 | 0.0926 |
| | 840027 | 摊销材料费 | 元 | — | — | 2.36 | 4.64 | 7.22 | 2.36 | 4.28 |
| | 840028 | 租赁材料费 | 元 | — | — | 1.69 | 1.64 | 5.12 | 1.69 | 1.12 |
| | 840004 | 其他材料费 | 元 | — | 0.26 | 0.19 | 0.47 | 0.47 | 0.28 |
| 机械 | 800102 | 汽车起重机 16t | 台班 | 915.20 | 0.0014 | 0.0019 | 0.0022 | 0.0014 | 0.0010 |
| | 800278 | 载重汽车 15t | 台班 | 392.90 | 0.0022 | 0.0030 | 0.0035 | 0.0022 | 0.0010 |
| | 840023 | 其他机具费 | 元 | — | 1.36 | 1.31 | 1.15 | 1.42 | 1.06 |

## 三、梁

工作内容：1. 模板制作等。

2. 模板安装、拆除、整理堆放及场内外运输等。

3. 清理模板粘结物及模内杂物、刷隔离剂等。

（m²）

| 定额编号 | | | | 17-72 | 17-73 | 17-74 | 17-75 | 17-76 |
|---|---|---|---|---|---|---|---|---|
| 项目 | | | | 基础梁 | | 矩形梁 | | |
| | | | | 复合模板 | 组合钢模板 | 复合模板 | 组合钢模板 | 清水装饰混凝土模板 |
| 预算单价(元) | | | | 59.72 | 44.82 | 76.85 | 71.64 | 90.68 |
| 其中 | 人工费(元) | | | 27.98 | 26.82 | 41.34 | 37.95 | 43.40 |
| | 材料费(元) | | | 28.18 | 15.02 | 31.66 | 29.64 | 43.34 |
| | 机械费(元) | | | 3.56 | 2.98 | 3.85 | 4.05 | 3.94 |
| | | 名称 | 单位 | 单价(元) | 数量 | | | |
| 人工 | 870002 | 综合工日 | 工日 | 83.20 | 0.336 | 0.322 | 0.497 | 0.456 | 0.522 |
| 材料 | 830075 | 复合木模板 | m² | 30.00 | 0.1537 | 0.0015 | 0.1921 | 0.0018 | — |
| | 830076 | 组合钢模板 | m²·日 | 0.35 | — | 3.6158 | — | 20.7757 | — |
| | 830079 | 清水装饰混凝土模板 | m² | 60.00 | — | — | — | — | 0.2879 |
| | 030001 | 板方材 | m³ | 1900.00 | 0.0044 | 0.0027 | 0.0046 | 0.0031 | 0.0046 |
| | 091474 | 对拉螺栓 M14 | m | 10.00 | 0.0709 | 0.0528 | 0.0445 | 0.0445 | 0.0445 |
| | 100321 | 柴油 | kg | 8.98 | 0.2515 | 0.1699 | 0.2263 | 0.2640 | 0.2263 |
| | 840027 | 摊销材料费 | 元 | — | 5.24 | 5.07 | 3.99 | 3.00 | 3.99 |
| | 840028 | 租赁材料费 | 元 | — | 6.66 | 1.24 | 10.22 | 10.17 | 10.22 |
| | 840004 | 其他材料费 | 元 | — | 0.42 | 0.22 | 0.47 | 0.44 | 0.64 |
| 机械 | 800102 | 汽车起重机 16t | 台班 | 915.20 | 0.0010 | 0.0011 | 0.0009 | 0.0011 | 0.0009 |
| | 800278 | 载重汽车 15t | 台班 | 392.90 | 0.0038 | 0.0023 | 0.0034 | 0.0040 | 0.0034 |
| | 840023 | 其他机具费 | 元 | — | 1.15 | 1.07 | 1.68 | 1.52 | 1.77 |

## 五、板

工作内容：1. 模板制作等。
2. 模板安装、拆除、整理堆放及场内外运输等。
3. 清理模板粘结物及模内杂物、刷隔离剂等。

(m²)

| 定　额　编　号 | | | | 17-112 | 17-113 | 17-114 |
|---|---|---|---|---|---|---|
| 项　　目 | | | | 有梁板 | | |
| | | | | 复合模板 | 组合钢模板 | 清水装饰混凝土模板 |
| 预算单价(元) | | | | 65.48 | 61.35 | 76.05 |
| 其中 | 人　工　费(元) | | | 35.65 | 32.07 | 37.43 |
| | 材　料　费(元) | | | 25.32 | 23.96 | 34.04 |
| | 机　械　费(元) | | | 4.51 | 5.32 | 4.58 |
| 名　　称 | | 单位 | 单价(元) | 数　　量 | | |
| 人工 | 870002 综合工日 | 工日 | 83.20 | 0.428 | 0.386 | 0.450 |
| 材料 | 830075 复合木模板 | m² | 30.00 | 0.1334 | 0.0013 | — |
| | 830076 组合钢模板 | m²·日 | 0.35 | — | 20.7353 | — |
| | 830079 清水装饰混凝土模板 | m² | 60.00 | — | — | 0.2099 |
| | 030001 板方材 | m³ | 1900.00 | 0.0039 | 0.0011 | 0.0039 |
| | 100321 柴油 | kg | 8.98 | 0.2595 | 0.3406 | 0.2595 |
| | 840027 摊销材料费 | 元 | — | 2.43 | 2.42 | 2.43 |
| | 840028 租赁材料费 | 元 | — | 8.74 | 8.74 | 8.74 |
| | 840004 其他材料费 | 元 | — | 0.37 | 0.35 | 0.50 |
| 机械 | 800102 汽车起重机 16t | 台班 | 915.20 | 0.0019 | 0.0025 | 0.0019 |
| | 800278 载重汽车 15t | 台班 | 392.90 | 0.0034 | 0.0044 | 0.0034 |
| | 840023 其他机具费 | 元 | — | 1.43 | 1.28 | 1.50 |

| 定　额　编　号 | | | | 17-118 | 17-119 | 17-120 | 17-121 | 17-122 |
|---|---|---|---|---|---|---|---|---|
| 项　　目 | | | | 平板 | | | 斜屋面板 | |
| | | | | 复合模板 | 组合钢模板 | 清水装饰混凝土模板 | 复合模板 | 组合钢模板 |
| 预算单价(元) | | | | 57.53 | 55.99 | 67.50 | 67.89 | 63.06 |
| 其中 | 人　工　费(元) | | | 30.19 | 29.98 | 31.70 | 36.28 | 33.68 |
| | 材　料　费(元) | | | 24.44 | 22.60 | 32.84 | 27.10 | 24.83 |
| | 机　械　费(元) | | | 2.90 | 3.41 | 2.96 | 4.51 | 4.55 |
| 名　　称 | | 单位 | 单价(元) | 数　　量 | | | | |
| 人工 | 870002 综合工日 | 工日 | 83.20 | 0.363 | 0.360 | 0.381 | 0.436 | 0.405 |
| 材料 | 830075 复合木模板 | m² | 30.00 | 0.1440 | 0.0013 | — | 0.1334 | 0.0013 |
| | 830076 组合钢模板 | m²·日 | 0.35 | — | 20.7353 | — | — | 20.7353 |
| | 830079 清水装饰混凝土模板 | m² | 60.00 | — | — | 0.2099 | — | — |
| | 030001 板方材 | m³ | 1900.00 | 0.0039 | 0.0013 | 0.0039 | 0.0041 | 0.0011 |
| | 100321 柴油 | kg | 8.98 | 0.0891 | 0.1170 | 0.0891 | 0.2549 | 0.2677 |
| | 840027 摊销材料费 | 元 | — | 2.45 | 2.45 | 2.45 | 3.08 | 3.06 |
| | 840028 租赁材料费 | 元 | — | 9.00 | 9.00 | 9.00 | 9.61 | 9.61 |
| | 840004 其他材料费 | 元 | — | 0.36 | 0.33 | 0.49 | 0.40 | 0.37 |
| 机械 | 800102 汽车起重机 16t | 台班 | 915.20 | 0.0016 | 0.0021 | 0.0016 | 0.0019 | 0.0020 |
| | 800278 载重汽车 15t | 台班 | 392.90 | 0.0006 | 0.0007 | 0.0006 | 0.0033 | 0.0034 |
| | 840023 其他机具费 | 元 | — | 1.22 | 1.20 | 1.28 | 1.46 | 1.36 |

# 第三节 垂 直 运 输

## 一、定额说明及工程量计算规则

1. 说明

（1）本节包括：垂直运输，其他共 51 个子目。

（2）垂直运输费用以单项工程为单位计算。

（3）垂直运输按单项工程的层数、结构类型、首层建筑面积划分。

1）单项工程高低跨层数不同时，按最高跨结构层数执行定额子目。

2）单项工程计算层数时，不计算地下室，除屋面楼梯间、电梯间、水箱间及屋顶上不计算建筑面积部分的层数。

3）单项工程 ±0.00 以上部分，由不同独立部分组成时，分别按独立部分的第一层建筑面积执行定额子目。

4）单项工程 ±0.00 以上部分的单层建筑面积大于首层建筑面积时，按最大单层建筑面积执行定额子目。

5）单项工程 ±0.00 以上为单栋建筑，由两种或两种以上结构类型组成：

① 无变形缝时，按建筑面积所占比重大的结构类型执行相应的定额子目，工程量按单项工程的全部建筑面积计算。

② 有变形缝时，工程量按不同结构类型分别计算建筑面积（含相应的地下室建筑面积），执行相应定额子目。

6）单项工程 ±0.00 以上由多个不同独立部分组成

① 无联体项目时，±0.00 以上部分应按不同独立部分的层数、结构类型分别计算建筑面积；±0.00以下部分按整体计算建筑面积，执行 6 层以下相应定额子目。

② 有联体项目时，±0.00 以上联体部分按层数、结构类型计算建筑面积（含 ±0.00 以下部分的建筑面积）；联体以上独立部分按各自层数（均含 ±0.00 以上联体裙房的层数）、结构类型分别计算建筑面积。

7）单独地下室工程按 6 层以下相应定额子目执行。

（4）单项工程的首层建筑面积超过定额子目的基本划分标准后，超过部分按单项工程的全部工程量执行每增加定额子目，不足一个增加步距时按一个增加步距计算。

（5）多层钢结构厂房，预制装配式结构，执行钢结构定额子目。

（6）局部劲性钢结构工程，其建筑面积超过总建筑面积的 30%，且结构高度 > 檐高的 1/3 时，执行钢结构定额子目。

2. 各项费用包括内容

（1）钢筋混凝土基础的单价包括基础土方的开挖、运输、回填，钢筋混凝土基础的钢筋、混凝土、模板的制作、安装、拆除及渣土清运费用，预埋铁件、预埋支腿（或预埋节）的摊销费用。

（2）塔式起重机的台班单价中综合了租赁费、一次进出场及安拆费、附着、接高等费用。

3. 工程量计算规则

（1）垂直运输按建筑面积计算。

（2）泵送混凝土增加费按要求泵送的混凝土图示体积计算。

## 二、部分定额摘录

（m²）

| 定额编号 | | | | 17-155 | 17-156 | 17-157 |
|---|---|---|---|---|---|---|
| 层 数 | | | | 6 层以下 | | |
| 结 构 类 型 | | | | 混合结构 | | |
| 首层建筑面积(m²) | | | | 500 以内 | 1200 以内 | 2500 以内 |
| 预算单价(元) | | | | 60.51 | 45.19 | 36.62 |
| 其中 | 人 工 费(元) | | | 6.26 | 6.53 | 7.16 |
| | 材 料 费(元) | | | 17.85 | 26.50 | 16.13 |
| | 机 械 费(元) | | | 36.40 | 12.16 | 13.33 |
| | 名 称 | 单位 | 单价(元) | 数 量 | | |
| 人工 | 870002 | 综合工日 | 工日 | 83.20 | 0.075 | 0.079 | 0.086 |
| 材料 | 810140 | 钢筋混凝土基础 | m³ | 2270.00 | — | 0.0115 | 0.0070 |
| | 100321 | 柴油 | kg | 8.98 | 1.9590 | | |
| | 840004 | 其他材料费 | 元 | — | 0.26 | 0.39 | 0.24 |
| 机械 | 800172 | 履带式起重机 25t | 台班 | 611.90 | 0.0207 | | |
| | 800347 | 履带式起重机 40t | 台班 | 1098.50 | 0.0169 | | |
| | 800640 | 塔式起重机 100T·M | 台班 | 627.20 | | 0.0157 | 0.0172 |
| | 800072 | 电动提升机 | 台班 | 130.70 | 0.0376 | 0.0157 | 0.0172 |
| | 840023 | 其他机具费 | 元 | — | 0.25 | 0.26 | 0.29 |

| 定额编号 | | | | 17-158 | 17-159 | 17-160 | 17-161 | 17-162 | 17-163 |
|---|---|---|---|---|---|---|---|---|---|
| 层 数 | | | | 6 层以下 | | | | | |
| 结 构 类 型 | | | | 现浇框架结构 | | | 全现浇剪力墙结构 | | |
| 首层建筑面积(m²) | | | | 1200 以内 | 2500 以内 | 每增 1500 以内 | 1200 以内 | 2500 以内 | 每增 500 以内 |
| 预算单价(元) | | | | 61.33 | 53.08 | 14.79 | 78.45 | 72.99 | 17.18 |
| 其中 | 人 工 费(元) | | | 13.95 | 9.84 | 2.85 | 13.67 | 13.34 | 3.73 |
| | 材 料 费(元) | | | 21.43 | 24.89 | 6.68 | 34.10 | 29.72 | 5.06 |
| | 机 械 费(元) | | | 25.95 | 18.35 | 5.26 | 30.68 | 29.93 | 8.39 |
| | 名 称 | 单位 | 单价(元) | 数 量 | | | | | |
| 人工 | 870002 | 综合工日 | 工日 | 83.20 | 0.168 | 0.118 | 0.034 | 0.164 | 0.160 | 0.045 |
| 材料 | 810140 | 钢筋混凝土基础 | m³ | 2270.00 | 0.0093 | 0.0108 | 0.0029 | 0.0148 | 0.0129 | 0.0022 |
| | 840004 | 其他材料费 | 元 | — | 0.32 | 0.37 | 0.10 | 0.50 | 0.44 | 0.07 |
| 机械 | 800640 | 塔式起重机 100T·M | 台班 | 627.20 | 0.0335 | 0.0237 | 0.0068 | — | | |
| | 800641 | 塔式起重机 150T·M | 台班 | 785.20 | | | | 0.0329 | 0.0321 | 0.0090 |
| | 800072 | 电动提升机 | 台班 | 130.70 | 0.0335 | 0.0237 | 0.0068 | 0.0329 | 0.0321 | 0.0090 |
| | 840023 | 其他机具费 | 元 | — | 0.56 | 0.39 | 0.11 | 0.55 | 0.53 | 0.15 |

# 第四节 超高施工增加

## 一、定额说明及工程量计算规则

1. 说明

（1）本节包括：4个子目。

（2）超高施工增加费按建筑装饰工程综合编制。

2. 工程量计算规则

超高施工增加按建筑面积计算。

## 二、部分定额摘录

超高施工增加（011704）

工作内容：1. 建筑物超高引起的人工工效降低以及由于人工工郊降低引起的机械降效等。

    2. 高层施工用水加压水泵的安装、拆除及工作台班等。

    3. 通讯联络设备的使用及摊销等。

（m²）

| 定 额 编 号 | | | | 17-196 | 17-197 | 17-198 | 17-199 |
|---|---|---|---|---|---|---|---|
| 项　　　目 | | | | 檐高45m以下 | 檐高80m以下 | 檐高100m以下 | 檐高100m以上 |
| 预算单价(元) | | | | 22.20 | 36.12 | 48.11 | 61.86 |
| 其中 | 人　工　费(元) | | | 17.69 | 27.39 | 35.55 | 42.99 |
| | 材　料　费(元) | | | — | — | — | — |
| | 机　械　费(元) | | | 4.51 | 8.73 | 12.56 | 18.87 |
| | 名　称 | 单位 | 单价(元) | 数　　量 | | | |
| 人工 | 870001　综合工日 | 工日 | 74.30 | 0.238 | 0.369 | 0.479 | 0.579 |
| 机械 | 840016　机械费 | 元 | | — | 3.80 | 7.63 | 11.14 | 17.15 |
| | 840023　其他机具费 | 元 | | — | 0.71 | 1.10 | 1.42 | 1.72 |

# 第五节 施工排水、降水工程

## 一、定额说明及工程量计算规则

1. 说明

（1）本节包括：成井、降水，其他共39个子目。

（2）本节定额分别按管井降水、轻型井点降水、止水帷幕、明沟排水的降水方式编制的。

（3）施工排水、降水方式应根据地质水文勘察资料和设计要求确定。施工排水、降水费用应根据设计确定的降水施工方案计算。

（4）管井降水、轻型井点降水的施工排水、降水费用分别由成井和降水两部分费用组成的。

（5）管井降水分别按单项管井、综合管井两种方案编制，选择两者之一执行，不得重复计算，不允许进行两种方案的费用差值调整。

（6）单项管井成井包括降水井、疏干井两种类型，按设计井深划分定额子目。疏干井成井定额子目以综合了降水、拆除、回填等工作，不另行计算降水费用；降水井成井定额子目不包括降水费用，单独计算单项管井降水费用。

（7）综合管井成井定额子目综合了降水井成井、疏干井成井及疏干井的降水、拆除、回填等工作。

（8）综合管井成井、降水定额子目是依据典型工程进行综合测算。如地下室单层建筑面积大于首层建筑面积时，按地下室最大单层建筑面积执行相应定额子目；基底标高不同时，按最大槽深执行相应定额子目。

（9）单项管井降水按设计井深划分定额子目。管井在自然地坪以下成井时管井降水按室外自然地坪至设计井底标高的深度执行定额子目。

（10）反循环钻井成井适用于成井部位地层卵石粒径≤100mm，并且成孔部位无地下障碍物；冲击钻机成井适用于成井部位地层卵石粒径>100mm或成孔部位存在地下障碍物。

（11）管径成井定额子目是按设计井径600mm编制的，与定额不同时可换算。

（12）成井需要人工引孔时，另按桩基础工程人工成孔灌注桩的相应定额子目执行。

（13）槽深指室外设计地坪标高至垫层底标高；如有下反梁，应算至下反梁底标高。

（14）降水周期是指正常施工条件下自开始降水之日到基础回填完毕的全部日历天数，如设计要求延长降水周期，其费用另行计算。

（15）止水帷幕子目按照单排连续旋喷桩考虑，定额中综合了疏干井的成井、降水维护、拆除、回填等。桩间止水帷幕执行地基处理与边坡支护工程的旋喷桩相应定额子目；采取桩间止水帷幕与疏干井配合的降水施工方案时，疏干井另执行疏干井单项管井成井子目。

（16）成井、止水帷幕定额子目综合了15km以内的土方外运，超过15km时执行土石方工程的土方运输定额子目。

（17）采用止水帷幕旋喷桩施工，遇特殊地层需要采用汽车地质钻机引孔时，另执行地基处理与边坡支护工程的旋喷桩钻孔子目。

（18）明沟排水适用于地下潜水和非承压水的施工排水工程。

（19）定额中不包括市政排污费、水资源补偿费、成井或成桩泥浆处理及弃运费用。成井、止水帷幕的泥浆处理及弃运费用执行土石方工程的定额子目。

2. 工程量计算规则

（1）单项管井成井（含降水井、疏干井）按设计的图示井深以长度计算。

（2）综合管井成井，按降水部位结构底板外边线（含基础底板外挑部分）的水平长度乘以槽深以面积计算。

（3）轻型井点成井按设计图示井深以长度计算。

（4）单项管井降水按设计的井口数量乘以降水周期以"口·天"计算。

（5）综合管井降水按相应的成井工程量乘以降水周期以"平方米·天"计算。

（6）轻型井点降水按设计井点组数（每组按25口井计算）乘以降水周期以"组·天"计算。

（7）降水周期按照设计要求的降水日历天数计算。

（8）止水帷幕按降水部位结构底板外边线（含基础底板外挑部分）的水平长度乘以槽深以面积计算。

（9）止水帷幕桩二次引孔按引孔深度以长度计算。

（10）基坑明沟排水按沟道图示长度（不扣除集水井所占长度）计算。

## 二、有关降水的几个问题

### （一）基本概念

1. 地下降水是指采用一定的施工手段，将地下水降到槽底以下一定的深度，目的是改善槽底的施工条件，稳定槽底，稳定边坡，防止塌方或滑坡以及地基承载力下降。

2. 土层透水性是指水流通过土中孔隙的难易程度，土层透水性用土的渗透系数表示。

3. 水头高度是指基坑底部标高与常年稳定水位标高的差值。

4. 降水作业天数，一般指不影响土方施工，降水系统安装完毕，开始抽水到基础，回填土到最高地下水位所需要的天数。

## （二）降水的方法

降低地下水位的方法根据土层性质和允许降深的不同，可分为轻型井点，喷射井点，管井井点、深井井点、电渗井点，明沟排水等。

### 1. 轻型井点

轻型井点根据抽水机组类型的不同，分为干式真空泵轻型井点、射流泵轻型井点和隔膜泵轻型井点三种。射流泵轻型井点和隔膜泵轻型井点，适用于粉砂、轻亚黏土等渗透系数较小的土层中降水。见图 27-5-1 至图 27-5-3。

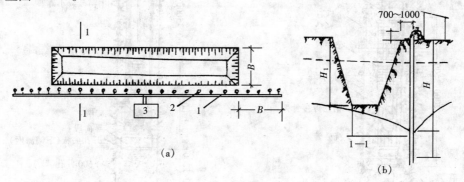

图 25-5-1　单排线状井点的布置

（a）平面布置；（b）高程布置

1—总管；2—井点管；3—抽水设备

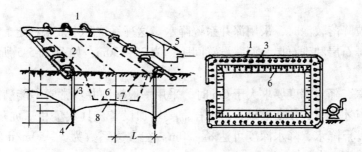

图 27-5-2　轻型井点布置示意图

1—集水总管；2—连接管；3—井点管；4—滤管；5—水泵房；6—基坑；
7—原有地下水位线；8—降水后地下水位线

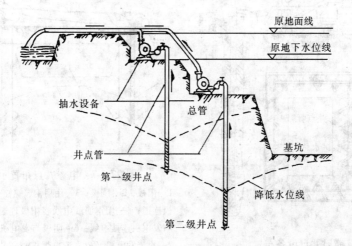

图 27-5-3　二级轻型井点法示意图

### 2. 管井井点

管井井点适用于渗透系数大，地下水位丰富的土层、砂层或轻型井点不易解决的地方。由于管井井

439

点排水量大、降水深、较轻型井点具有更大的降水效果，可代替多组轻型井点使用如图27-5-4所示。

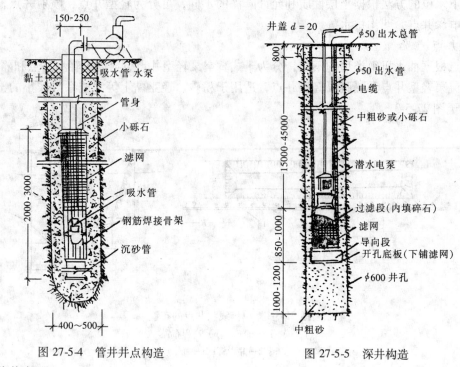

图 27-5-4  管井井点构造

图 27-5-5  深井构造

### 3. 深井井点

当要求地下水位降落较深时，采用深井系统降水。这种系统降水效果稳定，易于管理，一般适用于中、粗砂层，砂砾石层和砾石层，深井设置间距约为 20～30m，如图27-5-5所示。

### 4. 喷射井点

当基坑开挖较深，降水深度要求大于6m时，采用一般轻型井点常常不能满足要求，而必须使用二级或多级轻型井点才能收到预期效果，但这样需要增加设备机具数量和基坑开挖面积。延长工期。此时，宜采用喷射井点降水，降水深度可达8～20m。在渗透系数为3～50m/d的粉砂、淤泥质土中的效果也较显著，如图27-5-6所示。

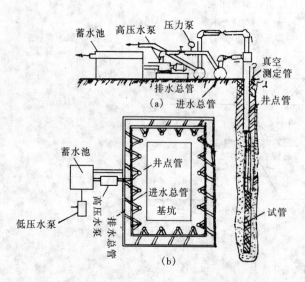

图 27-5-6  喷射井点设备布置

（a）喷射井点竖向布置；（b）喷射井点平面布置

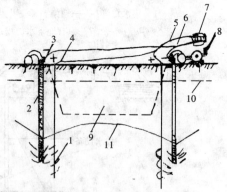

图 27-5-7  电渗井点布置示意

1—阳极；2—阴极；3—用扁钢、螺栓或电线将阴极连通；4—用钢筋或电线将阳极连通；5—阳极与发电机连接电线；6—阴极与发电机连接电线；7—直流发电机（或直流电焊机）；8—水泵；9—基坑；10—原有水位线；11—降水后的水位线

### 5. 电渗井点

在饱和黏土中，特别是在淤泥质黏土中，由于土的渗透性差（渗透系数小于0.1m/d），使用重力

或真空作用的一般轻型井点排水，效果很差。此时宜用电渗排水。利用黏土中的电渗现象和电泳性，对透水性差的土起到疏干作用，从而使软土地基排水效率得到提高。

电渗排水是利用井点（轻型井点或喷射井点管）本身作阴极，沿基坑外围布置，采用套管冲枪成孔埋设。以钢管或钢筋作阳极，埋设在井点管的内侧，阳极埋设应垂直，严禁与相邻阴极相碰，阳极外露在地面上约 20～40cm，其入土深度应比井点管深 50cm，以保证水位能降到所要求的深度。采用轻型井点或喷射井点时，阴阳极的间距一般为 0.8～1.0m 或 1.2～1.5m，并成行交错排列，阴阳极应分别用电线或钢筋等连接成通路，并接到直流发电机的相应电极上。接通电流，应用电压比降使带负电荷的土粒即向阳极移动，带正电荷的孔隙水则向阴极方向集中产生电渗现象，而在电渗与真空的双重作用下，强制黏土中的水在井点附近积集，由井点管快带排出。使井点管连续抽水，地下水位逐步下降，见图 27-5-7 所示。

6. 明沟排水如图 27-5-8 所示

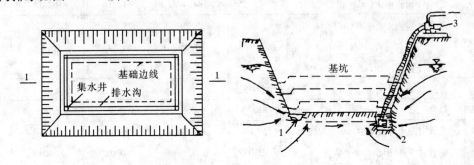

图 27-5-8　坑内明沟排水

# 三、部分定额摘录

施工排水、降水工程（011706）

一、成井

1. 单项管井成井

工作内容：1. 单项成井：机械设备进出场、准备钻孔机械、埋设护筒、钻机就位；泥浆制作、固壁；成孔、出渣、清孔等；对接上下井管（滤管）、下滤料、洗井；井口保护、沉淀池砌筑；降水、配电、排水设施安拆，连接试抽等。

2. 成井土方场内及场外运输（综合运距 15km 以内）等。

3. 疏干井维护降水、疏干井处理、坑外降水井回填处理等。

(m)

| 定　额　编　号 | | | | 17-200 | 17-201 | 17-202 | 17-203 |
|---|---|---|---|---|---|---|---|
| 项　目 | | | | 降水井成井 | | | |
| | | | | 反循环钻机 | | 冲击钻机 | |
| | | | | 井深(m) | | | |
| | | | | 15 以内 | 15 以外 | 15 以内 | 15 以外 |
| 预算单价(元) | | | | 220.24 | 203.25 | 254.24 | 244.33 |
| 其中 | 人　工　费(元) | | | 16.38 | 9.09 | 16.38 | 9.09 |
| | 材　料　费(元) | | | 139.13 | 125.64 | 150.00 | 137.61 |
| | 机　械　费(元) | | | 64.73 | 68.52 | 87.86 | 97.63 |
| 名　称 | | 单位 | 单价(元) | 数　量 | | | |
| 人工 | 870002　综合工日 | 工日 | 83.20 | 0.197 | 0.109 | 0.197 | 0.109 |
| 材料 | 390171　无砂混凝土井管 φ400mm | m | 30.00 | 1.0477 | 1.0362 | 1.0477 | 1.0362 |
| | 010361　焊接钢管（综合） | kg | 4.55 | 0.3233 | 0.1740 | 0.3233 | 0.1740 |
| | 040209　石屑滤料 | kg | 0.06 | 180.7060 | 196.4812 | 180.7060 | 196.4812 |

**2. 综合管井成井**

工作内容: 1. 成井（含疏干井）: 机械设备进出场、准备钻孔机械、埋设护筒、钻机就位; 泥浆制作、固壁; 成孔、出渣、清孔等; 对接上下井管（滤管）、下滤料、洗井; 井口保护、沉淀池砌筑; 降水、配电、排水设施安拆, 连接试抽等。

2. 成井土方场内及场外运输（综合运距15km以内）等。

3. 疏干井维护降水、疏干井处理、坑外降水井回填处理等。

(m²)

| 定 额 编 号 | | | | 17-208 | 17-209 | 17-210 | 17-211 |
|---|---|---|---|---|---|---|---|
| 项 目 | | | | 综合管井成井 | | | |
| | | | | 反循环钻机 | | | |
| | | | | 首层建筑面积5000m²以内 | | 首层建筑面积5000m²以外 | |
| | | | | 槽深10m以内 | 槽深10m以外 | 槽深10m以内 | 槽深10m以外 |
| 预算单价(元) | | | | 134.90 | 94.71 | 102.15 | 74.31 |
| 其中 | 人 工 费(元) | | | 29.29 | 23.13 | 16.92 | 15.71 |
| | 材 料 费(元) | | | 70.08 | 46.34 | 55.87 | 35.64 |
| | 机 械 费(元) | | | 35.53 | 25.24 | 29.36 | 22.96 |
| | 名 称 | 单位 | 单价(元) | 数 量 | | | |
| 人工 | 870002 综合工日 | 工日 | 83.20 | 0.352 | 0.278 | 0.203 | 0.189 |
| 材料 | 390171 无砂混凝土井管 φ400mm | m | 30.00 | 0.4474 | 0.2848 | 0.3757 | 0.2547 |
| | 380095 钢管井管 φ370mm 5mm 厚 | m | 320.00 | 0.0019 | 0.0008 | 0.0015 | 0.0007 |
| | 010361 焊接钢管（综合） | kg | 4.55 | 0.1382 | 0.0533 | 0.0991 | 0.0310 |
| | 040209 石屑滤料 | kg | 0.06 | 75.9434 | 52.7199 | 64.3734 | 48.4869 |
| | 170653 塑料吸水管 1.5′ | m | 6.00 | 0.5444 | 0.3216 | 0.4510 | 0.2832 |

# 第六节 安全文明施工费

## 一、定额说明及工程量计算规则

1. 说明

(1) 本节包括: 共10个子目。

(2) 安全文明施工费按承包全部工程（以建设工程施工合同为准）的总体建筑面积划分。

(3) 安全文明施工费中的临时设施费不包括施工用地面积小于首层建筑面积3倍（包括建筑物的首层建筑面积）时, 由建设单位负责申办租用临时用地的租金。

(4) 安全文明施工费作为一项预算价, 应按规定计算企业管理费、利润、税金。

2. 各项费用包括内容

安全文明施工费是指在工程施工期间按照国家、地方现行的环境保护、建筑施工安全（消防）、施工现场环境与卫生标准等法规与条例的规定, 购置和更新施工安全防护用具及设施、改善现场安全生产条件和作业环境所需的费用。包括环境保护费、文明施工费、安全施工费、临时设施费等。

(1) 环境保护费: 现场施工机械设备降低噪声、防扰民措施费用; 水泥和其他易飞扬细颗粒建筑材料密闭存放或采取覆盖措施等费用; 工程防扬尘洒水费用; 土石方、建渣外运车辆冲洗、防洒漏等费用; 现场污染源的控制、生活垃圾清理外运、场地排水、排污措施费用; 其他环境保护措施费用。

(2) 文明施工费: "五牌一图"的费用; 现场围挡的墙面美化（包括内外粉刷、刷白、标语等）、压顶装饰费用; 现场厕所便槽刷白、贴面砖, 水泥砂浆地面或地砖费用, 建筑物内临时便溺设施费用; 其他施工现场临时设施的装饰装修、美化措施费用; 现场生活卫生设施费用; 符合卫生要求的饮水设备、淋浴、消毒等设施费用；生活用洁净燃料费用；防煤气中毒、防蚊虫叮咬等措施费用；施工现场操作场地的硬化费用；现场绿化费用、治安综合治理费用；现场配备医药保健器材、物品费用和急救人员培训费用；用于现场工人的防暑降温费、电风扇、空调等设备费用；其他文明施工措施费用。

（3）安全施工费：安全资料、特殊作业专项方案的编制，安全施工标志的购置及安全宣传的费用；"三宝"（安全帽、安全带、安全网）、"四口"（楼梯口、电梯井口、通道口、预留洞口），"五临边"（阳台围边、楼板围边、屋面围边、槽坑围边、卸料平台两侧），水平防护架、垂直防护架、外架封闭等防护的费用；施工安全用电的费用，包括配电箱三级配电、两级保护装置要求、外电防护措施；起重机、塔吊等起重设备（含井架、门架）及外用电梯的安全防护措施（含警示标志）费用及卸料平台的临边防护、层间安全门、防护棚等设施费用；建筑工地起重机械的检验检测费用；施工机具防护棚及其围栏的安全保护设施费用；施工安全防护通道的费用；工人的安全防护用品、用具购置费用；消防设施与消防器材的配置费用；电气保护、安全照明设施费；其他安全防护措施费用。

（4）临时设施费：施工现场采用彩色、定型钢板、砖、混凝土砌块等围挡的安砌、维修、拆除费或摊销费；施工现场临时建筑物、构筑物的搭设、维修、拆除或摊销费用；如临时宿舍、办公室、食堂、厨房、厕所、诊疗所、临时文化福利用房、临时仓库、加工厂、搅拌台、临时简易水塔、水池等。施工现场临时设施的搭设、维修、拆除或摊销费用。如临时供水管道、临时供电管线、小型临时设施等；施工现场规定范围内临时简易道路铺设，临时排水沟、排水设施安砌、维修、拆除；其他临时设施搭设、维修、拆除或摊销费用。

3. 适用范围

（1）建筑装饰工程：除竖向土石方工程，钢结构工程，施工排水、降水工程，地基处理与边坡支护工程，桩基工程外的房屋建筑与装饰工程。

（2）钢结构工程：建筑物中的钢结构柱、梁、屋架、天窗架、平台及其他构件。

（3）其他工程：竖向土石方，地基处理与边坡支护工程，桩基工程，施工排水、降水工程。

4. 工程量计算规则

安全文明施工费：以第11章至第26章及第27章1～5节全部费用总和为基数（不得重复）计算，乘以费率。

## 二、安全文明施工费费率表

### 安全文明施工费（011707）

| 定额编号 | 17-230 | 17-231 | 17-232 | 17-233 | 17-234 | 17-235 |
|---|---|---|---|---|---|---|
| 项　目 | 建筑装饰工程 | | | | | |
| | 建筑面积（m²） | | | | | |
| | 20000 以内 | | 50000 以内 | | 50000 以外 | |
| | 五环路以内 | 五环路以外 | 五环路以内 | 五环路以外 | 五环路以内 | 五环路以外 |
| 计费基数 | 预　算　价 | | | | | |
| 费率（%） | 4.52 | 3.97 | 4.41 | 3.85 | 4.32 | 3.74 |

| 定额编号 | 17-236 | 17-237 | 17-238 | 17-239 |
|---|---|---|---|---|
| 项　目 | 钢结构工程 | | 其他工程 | |
| | 五环路以内 | 五环路以外 | 五环路以内 | 五环路以外 |
| 计费基数 | 预　算　价 | | | |
| 费率（%） | 3.22 | 2.94 | 3.35 | 3.30 |

# 第28章 工程竣工决算

一个工程由开工到完工要经历较长时间少则几个月，多则几年，由于开工前所编制的工程概预算是根据施工图纸和编制期的材料价格编制的，所以它所反映的是定额编制期建筑物的价值。但是，工程进行当中，必然发生很多变化。例如，工程项目和数量的变更，材料、人工、机械价格的调整甚至各项费用、费率的变化都涉及到工程竣工时，工程的实际价值，工程结（决）算就是在工程竣工时所编制的反映竣工期的工程实际价的文件，而甲、乙双方则根据这一文件进行财务结算业务。

## 第一节 工程竣工结算

### 一、工程竣工结算及其作用

工程竣工结算，是指一个单位工程或单项建筑安装工程完工，并经建设单位及有关部门验收点交后，施工企业与建设单位之间办理的工程财务结算。

竣工结算意味着承发包双方经济关系的最后结束，因此承发包双方的财务往来必须结清，结算应根据工程竣工结算和"工程价款结算账单进行，前者是施工单位根据合同造价，工程变更增减项目概预算和其他经济签证所编制的确定工程最终造价的经济文件，表示向建设单位应收的全部工程价款，后者是表示承包单位已向建设单位收进的工程款，其中包括建设单位供应的器材（填报时必须将未付给建设单位的材料价款减除）。以上两者必须由施工单位在工程竣工验收点交后编制，送建设单位审查无误并征得建设银行审查同意后，由承发包单位共同办理工程竣工结算手续，才能进行工程结算。

办理竣工结算的主要作用如下：

1. 企业所承包工程的最终造价被确定，建设单位与施工单位的经济合同关系完结。

2. 企业所承包工程的收入被确定，企业以此为据可进行考核工程成本及经济核算。

3. 企业所承包的建筑安装工程量和工程实物量被核准承认，所提供的结算资料可作为建设单位编报竣工决算的基础资料依据。

4. 可作为进行同类工程经济分析、编制概算定额、概算指标的基础资料。

### 二、工程竣工结算书的编制依据

与工程概预算书的编制工作一样，工程竣工结算书的编制也是一项技术综合、政策性较强的工作。必须在坚持实事求是，公正合理的原则下，凭有关文件、依据进行编制，保证竣工结算书的质量，使工程结算顺利地进行。

编制工程竣工结算书的依据如下：

1. 工程竣工报告及工程竣工验收单

这是编制竣工结算书的首要条件。未竣工的工程，或虽竣工但没有进行验收及验收没有通过的工程，不能进行竣工结算。

2. 工程承包合同或施工协议书。

3. 经建设单位及有关部门审核批准的原工程概预算及增减概预算。

4. 施工图、设计变更图、技术洽商及现场施工记录。

5. 在工程实施过程中发生的概预算价差价凭据，以及合同、协议书中有关条文规定需持凭据进行结算的原始凭证。

6. 本地区现行的概预算定额，材料预算价格，费用定额及有关文件规定，解释说明等。

7. 其他有关资料。

### 三、工程竣工结算书的编制方法

工程竣工结算书的编制随承包方式的不同而有所差异。

1. 采用施工图概预算加增减账承包方式的工程结算书，是在原工程概预算基础上，加上施工过程中不可避免地发生的设计变更、材料代用、施工条件的变化、经济政策的变化等影响到原施工图概预算价格的变化费用。又称为预算结算制。

2. 采用施工图概预算加包干系数或平方米造价包干的工程结算书，一般在承包合同中已分清了承发包单位之间的义务和经济责任，不再办理施工过程中所承包内容内的经济洽商，在工程结算时不再办理增减调整。工程竣工后，仍以原概预算加系数或平方米造价的价值进行结算。

3. 采用投标方式承包工程结算书，原则上应按中标价格（成交价格）进行。但合同中对工期较长、内容比较复杂的工程规定了对较大设计变更及材料调价允许调整的条文，施工单位在竣工结算时，可在中标价格基础上进行调整。当合同条文规定允许调整范围以外发生的非建筑企业原因发生中标价格以外的费用时，建筑企业可以向招标单位提出签订补充合同或协议，作为结算中调整价格的依据。

## 第二节　工程竣工决算

为了严格执行基本建设项目竣工验收制度，正确核定新增固定资产价值，考核分析投资效果，建立健全经济责任制，所有新建、改建和扩建项目竣工以后，都应按照国家主管部门对基本建设项目竣工验收的有关规定和要求编制竣工决算。

基本建设项目竣工决算是反映竣工项目建设成果的文件，办理交付动用验收的依据，为竣工验收报告的重要组成部分，建设单位编制竣工决算所需施工资料部分，施工单位就负责提供。每项工程完成之后，施工单位在向建设单位（或建设指挥部）提出有关技术资料和竣工图纸，办理交工验收时，应同时编制工程决算，办理财务结算。

实际工作中，工程竣工决算分为施工单位竣工决算和建设单位竣工决算两种。

### 一、施工单位的工程竣工决算

施工企业内部的工程竣工决算，是以单位工程为对象，以单位工程竣工结算为依据，对一个单位工程的预算成本，实际成本和成本降低额进行核算，所以又称为工程竣工成本决算。企业通过内部成本决算，进行实际成本分析，评价经营效果。以利总结经验，不断提高企业经营水平。

### 二、建设单位的工程竣工决算

建设单位的工程竣工决算，是在新建、改建和扩建工程建设项目竣工验收点交后，由建设单位组织有关部门，以竣工结算等资料为基础编制的。其内容一般包括：竣工工程概况表，竣工工程财务决算表，交付使用财产总表，交付使用财产明细表，以及必要的文字说明。它全面反映了竣工项目的建设成果和财务支出情况，是整个建设项目从筹建到工程全部竣工的建设实际费用文件。

建设单位编制竣工决算的主要作用是：用以核定新增固定资产价值，办理交付使用，考核建设成本，分析投资效果，积累资料，为新的建设项目提供经验。

## 第三节　施工图概预算的工料分析

工料分析不是单位工程概预算的组成部分。施工企业不对外提供此项技术资料，而只作企业内部使用。各分部分项工程中所含人工、材料、机械台班的消耗量向建筑企业提供了施工管理中所需消耗的最高限额，是工程成本的具体体现。

## 一、工料分析的作用

1. 生产部门根据它编制施工计划，安排生产，统计完成工程量。
2. 劳资部门根据它组织、调配劳动力，编制工资计划。
3. 材料部门根据它编制材料采购供应计划，进行材料储备，安排加工完毕。
4. 财务部门根据它进行经济活动分析。

由此可见，对单位工程进行工料分析，是企业实行经济核算，控制和考核班组人工及材料消耗节约或超支情况，提高科学管理的重要措施之一。也是进行两算对比（与施工预算进行对比），进行经济分析的依据。

## 二、工料分析的方法

工料分析的内容，就是按照分部分项工程项目计算人工和各种材料的消耗量。一般采用如表28-1形式进行。

**表 28-1  工 料 分 析 表**

| 顺序号 | 定额号 | 分项工程名称 | 单位 | 工程量 | 人工数 | | 材 料 名 称 | | | | | | ... |
| --- | --- | --- | --- | --- | --- | --- | --- | --- | --- | --- | --- | --- | --- |
| | | | | | 单量 | 合量 | 单量 | 合量 | 单量 | 合量 | 单量 | 合量 | ... |
| | | | | | | | | | | | | | |

计算顺序如下：

1. 按照预算书所列定额编号及分部分项工程名称、单位、数量顺序抄写在工料分析表中。
2. 从概预算定额查出所分析项目各种用工、料的计量单位、用工用料数量，填入表格中所对应的单量栏内。
3. 用各工程项目数量乘上相应项目的单位用工、用料数量，并计算出相应各种材料的分部总量及各种人工分部总量。
4. 累计单位工程各种用工、用料的总量。

用公式表示：

人工 = Σ 分项工程量 × 分项各工种工日消耗定额

材料 = Σ 分项工程量 × 分项各种材料消耗定额

5. 当定额材料用量把砂浆、混凝土等作为一种材料出现时，应进行二次分析，计算出砂子、石子及水泥等原材料的用量。
6. 当工程洽商、设计变更影响用工计划及材料的供应、储备、加工定货时，并根据工程增减概预算编制相应的工料分析，对有关内容作应有的调整。
7. 根据企业使用要求进行分类汇总，为有关部门创造方便条件。

如：属于建设单位供应的材料（钢材、木材、水泥）汇总在一起；属施工企业委托加工定货的材料（构件、水磨石、钢窗等）汇总在一起；属市场采购的五金配件、化工材料、小量用料汇总在一起；属企业供应的其他地方材料（砖、瓦、砂、石等）汇总在一起。

8. 对工料分析后提供的各种资料，应有必要的说明，以方便工作进行。

如：所提钢材指标是否根据设计图纸进行过调整，水泥指标是否包括特种水泥，木材指标是成材还是成木，某些材料是否设计上已指定了厂家，各种数量是否包括了设计变更的因素……

工料分析是为企业施工管理服务的，应以为企业管理提供准确可靠的材料为宗旨。在实际工作中，应以工程规模大小，实际项目的多少，施工条件的不同灵活运用。

# 附：工程预算实例

根据 2012 年《北京市房屋建筑与装饰工程预算定额》，图纸及以下有关说明计算框架结构单层办公楼的工程量（工程地点在五环以外）。要求列出相应的定额编号、工程项目、单位、计算式和工程量（保留小数点后两位数字）。并按定额基价及定额给定的各项费用的费率计算该工程的造价。

## 一、计算范围

1. 建筑面积及相应定额列项
2. 土方工程（不计算余亏土运输）
3. 砌筑工程（计算砖基础、墙体及女儿墙，不计算其他零星项目）
4. 混凝土工程（不计算钢筋和女儿墙压顶）
5. 模板工程（不计算女儿墙压顶模板）
6. 屋面工程（不计算屋面排水工程）
7. 楼地面工程（不计算台阶及散水垫层）
8. 天棚工程
9. 墙面工程、柱面工程（基层处理、底灰、面层）（不计算压顶抹灰及女儿墙压顶标高以下的女儿墙内侧抹灰）
10. 门窗工程（不计算木门的油漆、窗台板及特殊五金）

## 二、图纸说明

1. 土方施工采用人工挖土，运距 1km 以内，回填素土（夯填）。
2. 混凝土均为预拌混凝土，强度等级按定额规定，模板为组合钢模板。
3. 综合脚手架施工工期假定为 80 天，大厅装修脚手架工期假定为 20 天。
4. ±0.000 以下为烧结标准砖基础（DM7.5-HR）砂浆砌筑，墙体、女儿墙采用多空砖墙，DM7.5-HR 砂浆砌筑。
5. 框架柱起点为独立基础上皮标高为 −1.5m，KZ₁、KZ₂ 至顶板上皮 4.6m，KZ₃ 至板上皮 3.4m，墙中过梁宽同墙厚，高度均为 180mm，长度为洞口两侧各加 250mm。
6. 室内外墙面、柱面均为 DB 砂浆基层处理、DP 砂浆抹底灰（5mm），内墙面及柱面均为耐擦洗涂料面层，外墙面为平壁型涂料面层，外墙裙为 DTA 砂浆粘接金属釉面砖（勾缝），墙裙高 900mm。
7. 100mm 厚 3:7 灰土垫层，50mm 厚混凝土垫层，20mm 厚 DS 砂浆找平层，地面做法为大理石面层（600×600）共厚 20mm（含粘结层），石材表面刷养护液，（120 高）大理石踢脚，混凝土散水 60 厚（柱踢脚做完后周边尺寸为 650×650）。
8. 屋面做法：陶粒混凝土找坡（平均厚度 70mm），100mm 厚粘贴岩棉板保温层，DS 砂浆找平层 25mm 厚，SBS 两层改性沥青卷材（热熔），保护涂料面层。（卷材上卷女儿墙 300mm）
9. 天棚做法：T 型铝合金单层龙骨（吊挂式），面层为矿棉吸声板（600×600）。
10. 门窗框居墙中安装，门窗框宽均为 100mm，木门为水泥砂浆后塞口，塑钢窗为填充剂后塞口，尺寸见门窗表。
11. 门窗表，见附表 1。

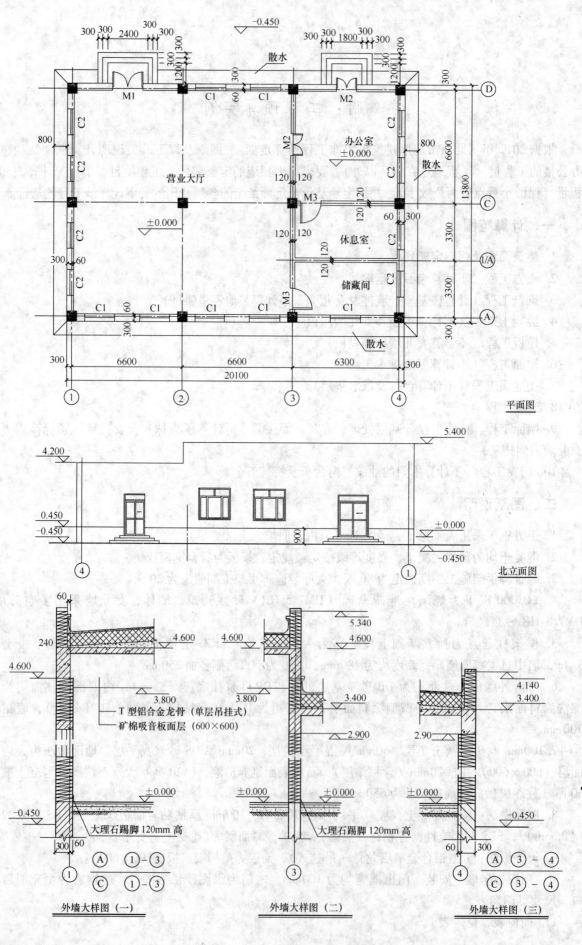

平面图

北立面图

T 型铝合金龙骨（单层吊挂式）

矿棉吸音板面层（600×600）

大理石踢脚 120mm 高

大理石踢脚 120mm 高

外墙大样图（一）

外墙大样图（二）

外墙大样图（三）

营业大厅

办公室 ±0.000

休息室

储藏间

散水

448

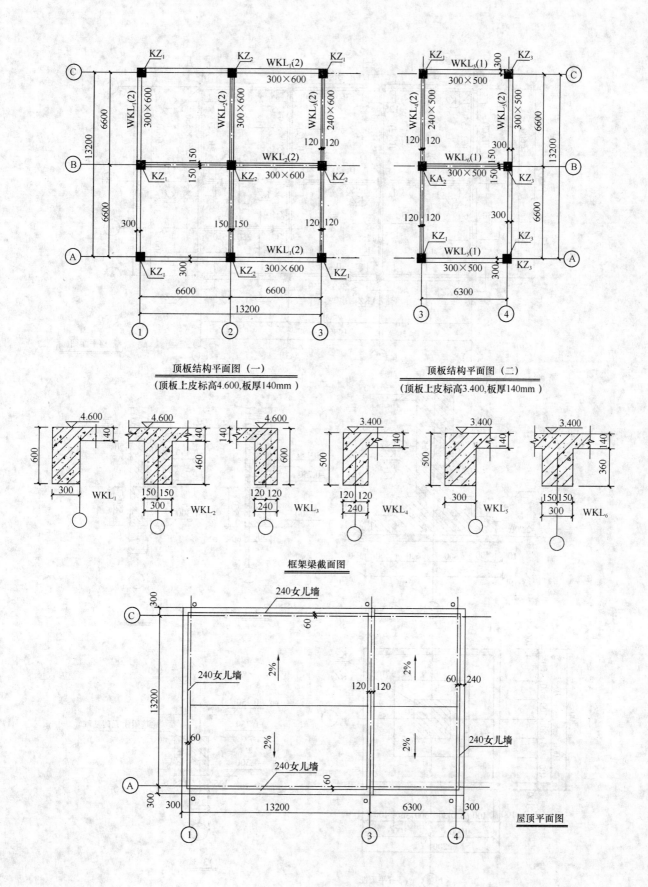

顶板结构平面图（一）

（顶板上皮标高4.600,板厚140mm）

顶板结构平面图（二）

（顶板上皮标高3.400,板厚140mm）

框架梁截面图

屋顶平面图

449

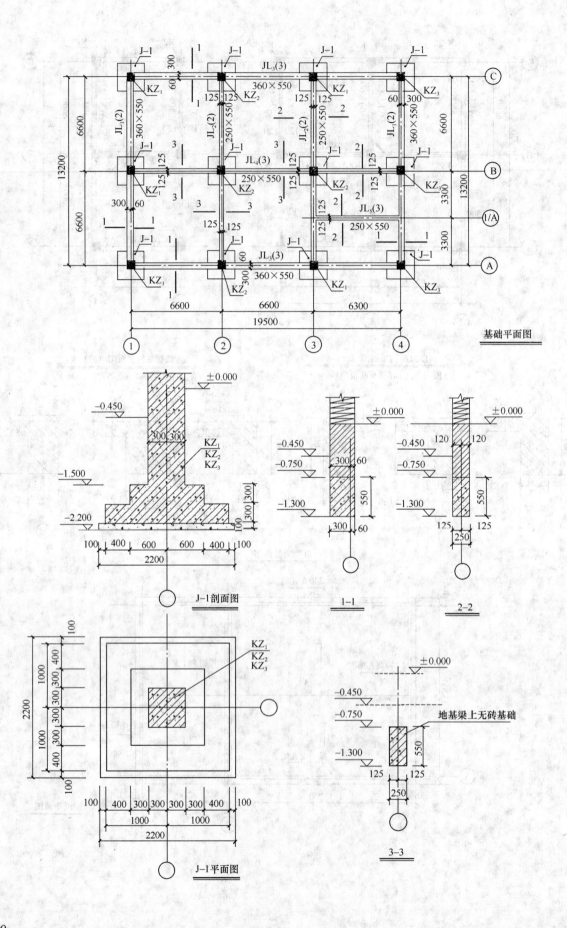

基础平面图

J-1剖面图

1-1

2-2

J-1平面图

地基梁上无砖基础

3-3

| 代号 | 框外围尺寸（宽×高）mm | 洞口尺寸（宽×高）mm | 门窗类型 |
|---|---|---|---|
| M1 | 1780×2390 | 1800×2400 | 硬木带亮自由门 |
| M2 | 1180×2390 | 1200×2400 | 硬木带亮自由门 |
| M3 | 880×2390 | 900×2400 | 镶板门 |
| C1 | 1770×1770 | 1800×1800 | 塑钢双玻平开窗 |
| C2 | 1470×1770 | 1500×1800 | 塑钢双玻平开窗 |

答案：

# 一 工程量计算表

| 序号 | 定额编号 | 工程项目 | 单位 | 计 算 式 | 工程量 |
|---|---|---|---|---|---|
| | | 一、建筑面积及相应定额列项 | | | |
| 1 | | 建筑面积 | m² | 20.1×13.8 | 277.38 |
| 2 | 17-1 | 脚手架搭拆费 | 100m² | 按建筑面积百平米计算 | 2.77 |
| 3 | 17-2 | 脚手架租赁费 | 100m²·天 | 2.77×80 | 221.60 |
| 4 | 17-158 | 垂直运输 | m² | 同建筑面积 | 277.38 |
| 5 | 16-10 | 工程水电费(五环外) | m² | 同建筑面积 | 277.38 |
| | | 二、门窗工程 | | M1 1.8×2.4=4.32 M2 2.4×1.2=2.88 | |
| | | | | M3 0.9×2.4=2.16 C1 1.8×1.8=3.24<br>C2 1.5×1.8=2.7 | |
| 6 | 8-15 | 硬木带亮自由门 | m² | 4.32+2.88×2 | 10.08 |
| 7 | 8-1 | 镶板门 | m² | 2.16×2 | 4.32 |
| 8 | 8-69 | 塑钢双波平开窗 | m² | 3.24×7+2.7×8=22.68+21.6 | 44.28 |
| 9 | 8-143 | 填充剂后塞口 | m² | | 44.28 |
| 10 | 8-142 | 水泥砂浆后塞口 | | 10.08+4.32 | 14.40 |
| | | 三、屋面工程 | | 女儿墙里皮包面积：(13.2+0.06-0.12)×(13.8-0.48)+(6.3-0.12+0.06)×(13.8-0.48)=13.14×13.32+6.24×13.32=175.02+83.12=258.14 | |
| | | | | 女儿墙里皮周长：(13.14+13.32+6.24+13.32)×2=92.04 | |
| 11 | 9-32 | 保护涂料面层 | m² | 258.14+92.04×0.3 | 285.75 |
| 12 | 9-59 | SBS改性沥青卷材聚酯胎单层（热熔） | m² | 同上 | 285.75 |
| 13 | 9-60 | 增加一层改性沥青卷材聚酯胎 | | 同上 | 285.75 |
| 14 | 11-32 | 20厚DS砂浆找平层 | m² | 同上 | 285.75 |
| 15 | 10-7 | 粘贴100mm厚岩棉板保温层 | m² | 同女儿墙里皮包面积 | 258.14 |
| 16 | 10-17 | 陶粒混凝土找坡层 | m³ | 258.14×0.07 | 18.07 |
| | | 四、楼地面工程 | | 净面积：(13.2-0.06-0.12)×(13.8-0.36×2)+(6.3-0.12-0.06)×(13.8-0.36×2-0.24×2)=13.02×13.08+6.12×12.6=247.41 | |

| 序号 | 定额编号 | 工程项目 | 单位 | 计 算 式 | 工程量 |
|------|----------|----------|------|----------|--------|
| | | | | 净周长：$(13.08+13.02)\times2+6.12\times6+12.6\times2$ $=114.12$ | |
| 17 | 4-72 | 3:7 灰土垫层 100 厚 | $m^3$ | $(247.41-0.6\times0.6-0.24\times0.24\times4-0.6\times0.24\times3$ $-0.24\times0.18\times6-0.6\times0.18-0.18\times0.18\times2)\times0.1$ $=245.9556\times0.1$ | 24.60 |
| 18 | 5-151 | C10 混凝土垫层 50 厚 | $m^3$ | $247.41\times0.05$ | 12.37 |
| 19 | 11-31 | 20 厚 DS 砂浆找平层 | $m^2$ | $245.9556+(1.8+1.2)\times0.18+(0.9\times2+1.2)\times0.24$ | 247.22 |
| 20 | 11-39 | 大理石板(600×600)20 厚 | $m^2$ | $245.9556+(1.8+1.2)\times0.18+(0.9\times2+1.2)\times0.24$ | 247.22 |
| 21 | 11-50 | 大理石板面层刷养护液 | $m^2$ | 同大理石面层 | 247.22 |
| 22 | 11-78 | 大理石踢脚 | m | $114.12-1.8-1.2\times3-0.9\times4+0.13\times4+0.14\times6+$ $0.24\times6+0.18\times2+0.65\times4$ | 110.88 |
| 23 | 11-111 | 混凝土散水(60mm) | $m^2$ | $[(20.1+13.8)\times2+0.8\times4-3.6-3]\times0.8$ | 51.52 |
| | | 五、天棚工程 | | | |
| 24 | 13-43 | T 型铝合金龙骨单层吊挂式 | $m^2$ | $247.41-0.6\times0.6$ | 247.05 |
| 25 | 13-73 | 矿棉吸声板面层(600×600) | $m^2$ | $247.41-0.6\times0.6$ | 247.05 |
| | | 六、墙面工程 | | | |
| 26 | 12-67 | 柱面 DB 砂浆基层处理 | $m^2$ | $0.6\times4\times(3.8+0.2)$ | 9.6 |
| 27 | 12-16 | 柱面 DP 砂浆底层抹灰 | $m^2$ | 同上 | 9.6 |
| 28 | (14-730) ×1.1 | 独立柱耐擦洗涂料面层 | $m^2$ | $0.60\times4\times(3.8-0.12)$ | 8.83 |
| 29 | 12-1 | 内墙面 DB 砂浆基层处理 | $m^2$ | $[(13.02+13.08)\times2+0.24\times6+0.18\times2]\times(3.8+$ $0.2)+[12.6\times2+(6.3-0.18)\times6]\times(2.9+0.2)-$ $4.32-2.88\times3-2.16\times4-44.28=216+191.95$ $-65.88$ | 342.07 |
| 30 | 12-12 | 内墙 DP 砂浆底层抹灰 | $m^2$ | 同上 | 342.07 |
| 31 | 14-730 | 室内墙面耐擦洗涂料 | $m^2$ | 外墙里侧门窗洞口侧壁面积：$0.13\times(2.4\times4+1.8+$ $1.2+1.8\times37+1.5\times8)=11.86$ | |
| | | | | 外墙外侧门窗洞口侧壁面积：$0.13\times(2.4\times4+1.8+$ $1.2+1.8\times4\times7+1.8\times2\times8+1.5\times8)=15.05$ | |
| | | | | 内墙门窗洞口侧壁面积：$0.14\times(2.4\times6+1.2+0.9)$ $=2.44$ | |
| | | | | $342.07-(110.88-2.6)\times0.12-(114.12+0.24\times6+$ $0.18\times2)\times0.2+2.44+11.86=342.07-12.994-$ $23.184+2.44+11.86$ | 320.19 |
| 32 | 12-1 | 外墙面 DB 砂浆基层处理 | $m^2$ | $(20.1+13.8)\times2\times(4.14+0.45)+(13.2+0.3+0.12$ $+13.8)\times2\times(5.34-4.14)-(44.28+4.32+2.88)-$ $0.45\times(3+2.4)=280.692+65.808-51.48-2.43$ | 323.10 |
| 33 | 12-12 | 外墙 DP 砂浆底层抹灰 | $m^2$ | 同上 | 323.10 |
| 34 | 12-143 | DTA 砂浆粘结金属釉面砖外墙裙(勾缝) | $m^2$ | $(20.1+13.8)\times2\times0.9-0.45\times(3+2.4)-0.45\times$ $(1.2+1.8)+0.45\times0.13\times4=61.02-2.43-1.35$ $+0.234$ | 57.47 |
| 35 | 14-712 | 室外墙面平壁型涂料 | $m^2$ | $323.10+15.05-57.47$ | 280.68 |
| | | 七、混凝土工程 | | | |
| 36 | 5-150 | C15 预拌混凝土垫层 | $m^3$ | $2.2\times2.2\times0.1\times12$ | 5.81 |

| 序号 | 定额编号 | 工程项目 | 单位 | 计 算 式 | 工程量 |
|---|---|---|---|---|---|
| 37 | 5-2 | C30 预拌混凝土独立基础 | m³ | $(2 \times 2 + 1.2 \times 1.2) \times 0.3 \times 12$ | 19.58 |
| 38 | 5-7 | C30 预拌混凝土框架柱 | m³ | $0.6 \times 0.6 \times [(1.5 + 4.6) \times 9 + (1.5 + 3.4) \times 3] = 0.6 \times 0.6 \times 69.6$ | 25.06 |
| 39 | 5-13 | C30 预拌混凝土框架梁 | m³ | $0.3 \times 0.6 \times (13.2 - 0.6 \times 2) \times 5 + 0.24 \times 0.6 \times (13.2 - 0.6 \times 2) + 0.24 \times 0.5 \times (13.2 - 0.6 \times 2) + 0.3 \times 0.5 \times (6.3 \times 3 + 13.2 - 0.6 \times 5) = 10.8 + 1.728 + 4.365 + 1.44$ | 18.33 |
| 40 | 5-12 | C30 预拌混凝土基础梁 | m³ | $[(19.5 + 13.2) \times 2 - 0.6 \times 10] \times 0.36 \times 0.55 + (19.5 + 13.2 \times 2 - 0.6 \times 7 + 6.3 - 0.125 - 0.06) \times 0.25 \times 0.55 = 11.76 + 6.58$ | 18.34 |
| 41 | 5-16 | C30 预拌混凝土过梁 | m³ | $0.36 \times 0.18 \times (2.3 + 1.7 + 2.3 \times 7 + 2 \times 8) + 0.24 \times 0.18 \times (1.7 + 1.4 \times 2) = 2.33928 + 0.1944$ | 2.53 |
| 42 | 5-22 | C30 预拌混凝土有梁楼板 | m³ | $[(13.2 - 0.3 - 0.12) \times (13.2 - 0.3) + (6.3 - 0.12) \times (13.2 - 0.3)] \times 0.14 = (164.86 + 79.72) \times 0.14$ | 34.24 |
| | | 八、模板工程 | | | |
| 43 | 17-44 | 垫层模板 | m² | $2.2 \times 4 \times 0.1 \times 12$ | 10.56 |
| 44 | 17-48 | 独立基础组合钢模板 | m² | $(2 \times 4 + 1.2 \times 4) \times 0.3 \times 12$ | 46.08 |
| 45 | 17-59 | 矩形柱组合钢模板 | m² | $0.6 \times 4 \times 69.6$ | 167.04 |
| 46 | 17-71 | 柱模板超高 1m 以内 | m² | 支模高度超高 $3.4 + 0.45 - 0.14 - 3.6 = 0.11$ | |
| | | | | $0.6 \times 4 \times (3.4 + 0.45 - 3.6) \times 3$ | 1.80 |
| 47 | (17-71)×2 | 柱模板超高 2m 以内 | m² | 支模高度超高 $4.6 + 0.45 - 0.14 - 3.6 = 1.31$<br>$0.6 \times 4 \times (4.6 + 0.45 - 3.6) \times 9$ | 31.32 |
| 48 | 17-113 | 有梁板组合钢模板 | m² | $164.86 + 79.72$ | 244.58 |
| 49 | (17-130)×2 | 板支模超高 2m 以内 | m² | | 164.86 |
| 50 | 17-130 | 板支模超高 1m 以内 | m² | | 79.72 |
| 51 | 17-73 | 基础梁组合钢模板 | m² | $[(19.5 - 0.6 \times 3) \times 6 + (13.2 - 0.6 \times 2) \times 8 + (6.3 - 0.125 - 0.06) \times 2 - 0.25 \times 2] \times 0.55 = (106.2 + 96 + 12.23 - 0.5) \times 0.55$ | 117.66 |
| 52 | 17-75 | 矩形梁组合钢模板 | m² | $WKL_1 (0.6 + 0.3 + 0.46) \times (13.2 \times 3 - 0.6 \times 6) = 48.96$ | |
| | | | | $WKL_2 (0.46 \times 2 + 0.3) \times (13.2 \times 2 - 0.6 \times 4) = 29.28$ | |
| | | | | $WKL_3 (0.46 + 0.24 + 0.6) \times (13.2 - 0.6 \times 2) = 15.6$ | |
| | | | | $WKL_4 (0.36 + 0.5 + 0.24) \times (13.2 - 0.6 \times 2) = 13.2$ | |
| | | | | $WKL_5 (0.5 + 0.36 + 0.3) \times (13.2 + 6.3 \times 2 - 0.6 \times 4) = 27.14$ | |
| | | | | $WKL_6 (0.36 \times 2 + 0.3) \times (6.3 - 0.6) = 5.81$ | |
| | | | | $48.96 + 29.28 + 15.6 + 13.2 + 27.14 + 5.81$ | 139.99 |
| 53 | 17-91 | 梁模板超高 1m 以内 | m² | $(13.2 \times 2 + 6.3 \times 2 - 0.6 \times 6) \times (0.25 + 0.11) + (6.3 - 0.6) \times 0.11 \times 2 = 35.4 \times 0.36 + 5.7 \times 0.22 = 12.744 + 1.254$ | 14 |
| 54 | (17-91)×2 | 梁模板超高 2m 以内 | m² | $48.96 + 29.28 + 15.6$ | 93.84 |
| 55 | 17-86 | 过梁组合钢模板 | m² | $(2.3 + 1.7 \times 2 + 1.4 \times 2 + 2.3 \times 7 + 2 \times 8) \times 2 \times 0.18 + (1.8 + 1.2 + 1.8 \times 7 + 1.5 \times 8) \times 0.36 + (1.2 + 0.9) \times 0.24 = 14.62 + 9.94 + 0.72$ | 25.28 |
| | | 九、砌筑工程 | | | |
| 56 | 4-1 | 烧结标准砖基础 | m³ | 365 厚 $[(19.5 + 13.2) \times 2 - 0.6 \times 10] \times 0.365 \times 0.75 = 16.26$ | |

| 序号 | 定额编号 | 工程项目 | 单位 | 计 算 式 | 工程量 |
|---|---|---|---|---|---|
| | | | | 240 厚(13.2 + 6.3 × 2 - 0.6 × 3 - 0.12 - 0.06) × 0.24 × 0.75 = 4.29 | |
| | | | | 4.29 + 16.26 | 20.55 |
| 57 | 4-28 | 365 厚 KP1 多孔砖内墙(3.6m 以下) | m³ | 应扣除门窗洞口面积 44.28 + 4.32 + 2.88 = 51.48 | |
| | | | | 应扣过梁体积 2.34 | |
| | | | | [(13.2 × 3 - 0.6 × 6) × 3.6 + (13.2 + 6.3 × 2 - 0.6 × 4) × 2.9 - 51.48] × 0.365 - 2.34 = (36 × 3.6 + 23.4 × 2.9 - 51.48) × 0.365 - 2.34 = (129.6 + 67.86 - 51.48) × 0.365 - 2.34 | 50.94 |
| 58 | 4-28 换 | 365 厚 KP1 多孔砖内墙超过 3.6m 以上 | m³ | (13.2 × 3 - 0.6 × 6) × (4.6 - 0.6 - 3.6) × 0.365 = 36 × 0.4 × 0.365 | 5.26 |
| 59 | 4-27 | 240 厚 KP1 多孔砖内墙(3.6m 以下) | m³ | 应扣除门窗洞口面积 2.88 + 2.16 × 2 = 7.2 | |
| | | | | 过梁体积 0.194 | |
| | | | m³ | [(13.2 - 0.6 × 2) × (3.6 - 0.5) + (6.3 - 0.12 - 0.06) × (3.4 - 0.14) + (6.3 - 0.6) × (3.4 - 0.5) - 7.2] × 0.24 - 0.194 = (37.2 + 19.951 + 16.53 - 7.2) × 0.24 - 0.194 = 66.481 × 0.24 - 0.194 | 15.76 |
| 60 | 4-27 换 | 240 厚 KP1 多孔砖内墙(3.6m 以上) | m³ | (13.2 - 0.6 × 2) × (4.6 - 0.6 - 3.6) × 0.24 = 12 × 0.4 × 0.24 | 1.15 |
| 61 | 4-29 | 240 厚 KP1 多孔砖女儿墙 | m³ | [(19.5 + 13.2 + 0.18 × 4) × 2 + 13.2 + 0.18 × 2] × 0.24 × 0.74 = (66.84 + 13.2 + 0.36) × 0.24 × 0.74 | 14.28 |
| | | 十、土方工程 | | | |
| 62 | 1-1 | 平整场地 | m² | 同建筑面积 | 277.38 |
| 63 | 1-20 | 人工挖基坑(运距 1km 以内) | m³ | [(2.2 + 0.6) × (2.2 + 0.6) + (2.2 + 0.6) × 4 × 0.48] × (2.2 - 0.45) × 12 = (7.84 + 5.376) × 1.75 × 12 | 277.54 |
| 64 | 1-16 | 人工挖沟槽运距 1km 以内 | m³ | {[(19.5 + 13.2) × 2 - 2.8 × 10] × (0.36 + 0.6) + (19.5 + 13.2 × 2 + 6.3 - 2.8 × 7 - 0.425 - 0.36) × (0.25 + 0.6)} × (1.3 - 0.45) = (0.96 × 37.4 + 0.85 × 31.815) × 0.85 | 53.50 |
| 65 | 1-34 | 房心回填土 | m³ | 247.41 × (0.45 - 0.1 - 0.05 - 0.02 × 2) = 247.41 × 0.26 | 64.33 |
| 66 | 1-30 | 基础回填土 | m³ | 室外地坪以下柱的体积 0.6 × 0.6 × (1.5 - 0.45) × 12 = 4.54 | |
| | | | | 室外地坪以下砖基础的体积 | |
| | | | | {[(19.5 + 13.2) × 2 - 0.6 × 10] × 0.365 + (6.3 × 2 + 13.2 - 0.6 × 3 - 0.18) × 0.24} × (0.75 - 0.45) = 8.22 | |
| | | | | 277.54 + 53.5 - (4.54 + 8.22 - 18.34 + 5.81 + 19.58) = 331.04 - 56.49 | 274.55 |
| 67 | 1-41 | 土方回运 1km 以内 | m³ | 64.33 + 274.55 + 24.6 × 0.9(亏土 361.02 - 277.54 - 53.5 = 29.98) | 361.02 |
| | | 十一、装修脚手架 | | | |
| 68 | 17-27 | 大厅吊顶脚手架搭拆费 | 100m² | 13.02 × 13.08 ÷ 100 | 1.70 |
| 69 | 17-28 | 大厅吊顶脚手架租赁费 | 100m²·天 | 1.7 × 20 | 34 |
| 70 | 17-29 | 大厅吊顶脚手架搭拆费增高 1m | 100m² | | 1.70 |
| 71 | 17-30 | 大厅吊顶脚手架租赁费增高 1m | 100m²·天 | | 34 |

注:回填需要的土方为基础回填 + 房心回填 + 灰土垫层 × 0.9 即土方回运工程量为 361.02,扣除挖土体积 277.54 和 53.5 亏土 29.98. 这部分土需外购,甲方负担购土费。

## 说明

工程造价有两种方法，第一种是按预算单价法计算，第二种是按综合单价法计算。

下面第一部分就是按预算单价法计算，根据工程量计算表，将工程项目、单位、工程量抄录在工程预算书表格内，再根据工程预算定额查出每个分项工程的预算单价和人工单价，填在表格内乘以工程量得出每个分项工程的预算价和人工费，继而得出直接工程费和分部分项措施费，再用直接工程费与分部分项措施费之和乘以安全文明施工费率算出安全文明施工费，然后将其数据填在预算费用计算程序表中得出工程造价。

### 二 工程预算书

| 定额编号 | 工程名称 | 单位 | 工程数量 | 预算价格（元） | | | |
| --- | --- | --- | --- | --- | --- | --- | --- |
| | | | | 预算单价 | 预算合价 | 其中工资单价 | 其中工资合价 |
| | 一、土方工程 | | | | | | |
| 1-1 | 平整场地 | m² | 277.38 | 3.47 | 962.51 | 3.34 | 926.45 |
| 1-20 | 人工挖基坑运距 1km 以内 | m³ | 227.54 | 21.60 | 5994.86 | 16.20 | 4496.15 |
| 1-16 | 人工挖沟槽运距 1km 以内 | m³ | 53.50 | 18.66 | 998.31 | 13.52 | 723.32 |
| 1-34 | 房心回填土 | m³ | 64.33 | 29.98 | 1928.61 | 28.75 | 1849.49 |
| 1-30 | 基础回填土 | m³ | 2774.55 | 20.17 | 5537.67 | 19.32 | 5304.31 |
| 1-41 | 土方回运 1km 以内 | m³ | 361.02 | 10.45 | 3772.66 | 1.26 | 454.89 |
| | 小计 | | | | 19194.62 | | 13754.61 |
| | 二、砌筑工程 | | | | | | |
| 4-1 | 烧结标准砖基础 | m³ | 20.55 | 573.77 | 11790.97 | 103.33 | 2123.43 |
| 4-28 | 365 厚 KP1 多孔砖内墙 | m³ | 50.94 | 522.56 | 26619.21 | 105.66 | 5382.32 |
| 4-28 换 | 365 厚 KP1 多孔砖墙超高 | m³ | 5.26 | 554.26 | 2915.41 | 137.36 | 722.51 |
| 4-27 | 240 厚 KP1 多孔砖内墙 | m³ | 15.76 | 521.93 | 8225.62 | 107.83 | 1699.40 |
| 4-27 换 | 240 厚 KP1 多孔砖墙超高 | m³ | 1.15 | 554.28 | 637.42 | 140.18 | 161.21 |
| 4-29 | 240 厚 KP1 多孔砖女儿墙 | m³ | 14.28 | 506.05 | 7226.39 | 99.01 | 1413.86 |
| | 小计 | | | | 57415.02 | | 11502.73 |
| | 三、混凝土工程 | | | | | | |
| 5-150 | C15 混凝土垫层 | m³ | 5.81 | 392.56 | 2280.77 | 20.06 | 116.55 |
| 5-2 | C30 独立基础 | m³ | 19.58 | 461.53 | 9036.76 | 37.22 | 728.77 |
| 5-7 | C30 框架柱 | m³ | 22.06 | 478.71 | 10560.34 | 50.97 | 1124.40 |
| 5-12 | C30 基础梁 | m³ | 18.34 | 461.83 | 8469.96 | 37.45 | 686.83 |
| 5-13 | C30 框架梁 | m³ | 18.33 | 461.82 | 8465.16 | 37.45 | 686.46 |
| 5-16 | C30 过梁 | m³ | 2.53 | 528.92 | 1338.17 | 101.35 | 256.42 |
| 5-22 | C30 有梁板 | m³ | 34.24 | 452.67 | 15499.42 | 28.50 | 975.84 |
| | 小计 | | | | 55650.58 | | 4575.27 |

| 定额编号 | 工程名称 | 单位 | 工程数量 | 预算价格(元) | | | |
|---|---|---|---|---|---|---|---|
| | | | | 预算单价 | 预算合价 | 其中<br>工资单价 | 其中<br>工资合价 |
| | 四、门窗工程 | | | | | | |
| 8-1 | 镶板门 | m² | 4.32 | 902.89 | 3900.48 | 15.38 | 66.44 |
| 8-15 | 硬木带亮自由门 | m² | 10.08 | 876.67 | 8836.83 | 43.42 | 437.67 |
| 8-69 | 塑钢双玻平开窗 | m² | 44.28 | 416.78 | 18455.02 | 23.12 | 1023.76 |
| 8-142 | 水泥砂浆后塞口 | m² | 14.40 | 8.18 | 117.79 | 5.45 | 78.48 |
| 8-143 | 填充剂后塞口 | m² | 44.28 | 12.33 | 545.97 | 5.71 | 252.84 |
| | 小计 | | | | 31856.09 | | 1859.18 |
| | 五、屋面工程 | | | | | | |
| 9-32 | 保护涂料面层 | m² | 285.75 | 13.98 | 3994.79 | 2.00 | 571.50 |
| 9-59 | SBS 沥青卷材单层热熔 | m² | 285.75 | 56.51 | 16147.73 | 5.49 | 1568.77 |
| 9-60 | SBS 沥青卷材增加一层 | m² | 285.75 | 41.31 | 11804.33 | 4.66 | 1331.60 |
| 10-7 | 粘贴 100mm 岩棉板保温层 | m² | 285.14 | 85.32 | 22204.50 | 4.76 | 1228.75 |
| 10-17 | 陶粒混凝土找坡层 | m³ | 18.07 | 459.74 | 8307.50 | 64.94 | 1173，47 |
| 11-32 | 20 厚 DS 砂浆找平层 | m² | 285.75 | 18.23 | 5209.22 | 6.15 | 1757.36 |
| | 小计 | | | | 67488.07 | | 7631.45 |
| | 六、楼地面工程 | | | | | | |
| 4-72 | 3:7 灰土垫层 | m³ | 24.60 | 81.88 | 2014.25 | 31.57 | 776.62 |
| 5-151 | C10 混凝土垫层 | m³ | 12.37 | 382.02 | 4725.59 | 22.22 | 274.86 |
| 11-31 | 20 厚 BP 砂浆找平层 | m² | 247.22 | 15.67 | 3873.94 | 5.98 | 1478.38 |
| 11-39 | 大理石(600×600)20 厚 | m² | 247.22 | 272.38 | 67337.78 | 35.26 | 8716.98 |
| 11-50 | 大理石面层刷养护液 | m² | 247.22 | 5.48 | 1354.77 | 4.4 | 1087.77 |
| 11-78 | 大理石踢脚 | m | 110.88 | 52.58 | 5830.87 | 6.24 | 691.89 |
| 11-111 | 混凝土散水(60mm) | m² | 51.52 | 41.13 | 2119.02 | 14.50 | 747.04 |
| | 小计 | | | | 87256.42 | | 13773.54 |
| | 七、墙面工程 | | | | | | |
| 12-1 | 内外墙面 DB 砂浆基层处理 | m² | 665.17 | 1.59 | 1057.62 | 1.01 | 671.82 |
| 12-12 | 内外墙 DP 砂浆底层抹灰 | m² | 665.17 | 8.57 | 5700.51 | 5.59 | 3718.30 |
| 12-67 | 柱面 DB 砂浆基层处理 | m² | 9.60 | 1.64 | 15.74 | 1.06 | 10.18 |
| 12-74 | 柱面 DB 砂浆底层抹灰 | m² | 9.60 | 8.88 | 85.25 | 6.15 | 59.04 |
| (14-730)<br>×1.1 | 柱面耐擦洗涂料面层 | m² | 8.83 | 7.15 | 63.13 | 3.87 | 34.17 |
| 12-143 | DTA 砂浆粘结金属釉面砖外墙裙 | m² | 57.47 | 161.20 | 9264.16 | 50.79 | 2918.90 |
| 14-730 | 室内墙面耐擦洗涂料 | m² | 320.19 | 6.50 | 2081.24 | 3.52 | 1127.07 |
| 14-712 | 室外墙面平壁型涂料 | m² | 280.68 | 16.92 | 4749.11 | 3.69 | 1035.71 |
| | 小计 | | | | 23016.76 | | 9575.19 |
| | 八、天棚工程 | | | | | | |
| 13-43 | T 型铝合金龙骨单层吊挂式 | m² | 247.05 | 52.94 | 13078.83 | 11.94 | 2949.78 |
| 13-73 | 矿棉吸声板面层 | m² | 247.41 | 39.73 | 9829.60 | 3.23 | 799.13 |
| | 小计 | | | | 22908.43 | | 3748.91 |

| 定额编号 | 工程名称 | 单位 | 工程数量 | 预算价格(元) | | | |
|---|---|---|---|---|---|---|---|
| | | | | 预算单价 | 预算合价 | 其中工资单价 | 其中工资合价 |
| | 九、工程水电费 | | | | | | |
| 16-10 | 公共建筑五环外 | m² | 277.38 | 20.44 | 5669.65 | | |
| | 小计 | | | | 5669.65 | | |
| | 直接工程费合计 | | | | 370454.64 | | 66420.88 |
| | 十、脚手架工程 | | | | | | |
| 17-1 | 脚手架搭拆费 | 100m² | 2.77 | 1237.49 | 3411.23 | 497.27 | 1337.44 |
| 17-2 | 脚手架租赁费 | 100m²天 | 221.60 | 2.75 | 609.40 | 0.17 | 37.67 |
| 17-27 | 大厅吊顶脚手架搭拆费 | 100m² | 1.7 | 1155.44 | 1964.25 | 673.92 | 1145.66 |
| 17-28 | 大厅吊顶脚手架租赁费 | 100m² | 34 | 5.69 | 193.46 | | |
| 17-29 | 吊顶架子搭拆增1m | 100m² | 1.7 | 44.52 | 759.08 | 296.19 | 503.52 |
| 17-30 | 吊顶架子租赁增1m | 100m² | 34 | 1.95 | 66.30 | | |
| | 小计 | | | | 7003.72 | | 3064.29 |
| | 十一、模板工程 | | | | | | |
| 17-44 | 垫层模板 | m² | 10.56 | 15.47 | 163.36 | 10.28 | 108.56 |
| 17-48 | 独立基础组合模板 | m² | 46.08 | 34.34 | 1584.69 | 20.85 | 960.77 |
| 17-59 | 矩形柱组合模板 | m² | 167.04 | 49.54 | 8275.16 | 32.41 | 5413.77 |
| 17-71 | 柱模板超高1m | m² | 1.8 | 3.32 | 5.98 | 2.48 | 4.46 |
| (17-71)×2 | 柱模板超高2m | m² | 31.32 | 6.64 | 207.96 | 4.96 | 155.35 |
| 17-86 | 过梁组合钢模板 | m² | 25.28 | 62.63 | 1583.29 | 27.02 | 683.07 |
| 17-73 | 基础梁组合钢模板 | m² | 117.66 | 44.82 | 5273.52 | 26.82 | 3155.64 |
| 17-75 | 矩形梁组合钢模板 | m² | 139.99 | 71.64 | 10028.88 | 37.95 | 5312.62 |
| 17-91 | 梁模板超过1m | m² | 14 | 4.60 | 64.40 | 1.08 | 15.12 |
| (17-91)×2 | 梁模板超过2m | m² | 93.84 | 9.20 | 863.33 | 2.16 | 202.14 |
| 17-113 | 有梁板组合钢模板 | m² | 244.58 | 61.35 | 15004.98 | 32.07 | 7843.68 |
| 17-130 | 板超过1m | m² | 79.72 | 6.41 | 511.01 | 5.23 | 416.94 |
| (17-130)×2 | 板超过2m | | 164.86 | 12.82 | 2113.51 | 10.46 | 1724.44 |
| | 小计 | | | | 45680.07 | | 25997.11 |
| 17-158 | 垂直运输 | m² | 277.38 | 61.33 | 17011.72 | 13.95 | 3869.45 |
| | 合计 | | | | 69695.51 | | 32930.85 |
| 17-231 | 安全文明施工费 | | | (370454.64+69695.51)×3.97%＝17473.96 | | | |
| | 措施费合计 | | | | 87169.47 | | 32930.85 |

| 序号 | 费用名称 | 计算式 | 金额 |
|---|---|---|---|
| 1 | 直接工程费 | | 370454.64 |
| 2 | 其中人工费 | | 66420.88 |
| 3 | 措施项目费 | | 87169.47 |
| 4 | 其中人工费 | | 32930.85 |
| 5 | 其中文明安全施工费 | | 17473.96 |
| 6 | 预算价 | 1 + 3 | 457624.11 |
| 7 | 企业管理费 | 6 × 7.52% | 34413.33 |
| 8 | 利润 | (6 + 7) × 7% | 34442.62 |
| 9 | 计日工 | 无 | 0 |
| 10 | 其中人工费 | 无 | 0 |
| 11 | 规费 | (2 + 4 + 10) × 20.25% | 20118.73 |
| 12 | 总承包服务费 | 无 | 0 |
| 13 | 税金 | (6 + 7 + 8 + 9 + 11 + 12) × 3.48% | 19021.64 |
| 14 | 工程造价 | 6 + 7 + 8 + 9 + 11 + 12 + 13 | 565620.43 |

单方造价：565620.43 ÷ 277.38 = 2039.15 元/m²

按照北京市京建法[2013]7号文件的附件"关于执行2012年《北京市建设工程计价依据——预算定额的规定》中的附表一和附表三，计算如下：

表一：综合单价计算表

表二：分部分项工程费计算表

表三：按综合单价造价计算程序表

**综合单价计算表（表一）**

| 序号 | 定额编号 | 项目名称 | 单位 | 1 人工费 | 2 材料费 | 3 机械费 | 4 = 1 + 2 + 3 预算单价 | 5 = 4 × 费率企业管理费 | 6 = (4 + 5) × 费率利润 | 7 = 4 + 5 + 6 综合单价 |
|---|---|---|---|---|---|---|---|---|---|---|
| | | 一、土石方工程 | | | | | | | | |
| 1 | 1-1 | 平整场地 | m² | 3.34 | | 0.13 | 3.47 | 0.26 | 0.26 | 3.99 |
| 2 | 1-20 | 人工挖基坑运距1km以内 | m³ | 16.20 | 2.14 | 3.36 | 21.60 | 1.62 | 1.63 | 24.85 |
| 3 | 1-16 | 人工挖沟槽运距1km以内 | m³ | 13.52 | 2.07 | 3.07 | 18.66 | 1.40 | 1.40 | 21.46 |
| 4 | 1-34 | 房心回填土 | m³ | 28.75 | | 1.23 | 29.98 | 2.25 | 2.26 | 34.49 |
| 5 | 1-30 | 基础回填土 | m³ | 19.32 | | 0.85 | 20.17 | 1.52 | 1.52 | 23.21 |
| 6 | 1-41 | 土方回运1km以内 | m³ | 1.26 | 4.15 | 5.04 | 10.45 | 0.79 | 0.79 | 12.03 |
| | | 二、砌筑工程 | | | | | | | | |
| 7 | 4-1 | 烧结标准砖基础 | m³ | 103.33 | 465.78 | 4.56 | 573.77 | 43.15 | 43.18 | 660.10 |
| 8 | 4-28 | 365厚KP1多孔砖内墙 | m³ | 105.66 | 412.31 | 4.59 | 522.56 | 39.30 | 39.33 | 601.19 |
| 9 | 4-28 换 | 365厚KP1多孔砖墙超高 | m³ | 137.36 | 412.31 | 4, 59 | 554.26 | 41.68 | 41.72 | 637.66 |
| 10 | 4-27 | 240厚KP1多孔砖内墙 | m³ | 107.83 | 409.44 | 4.66 | 521.93 | 39.25 | 39.28 | 600.46 |
| 11 | 4-27 换 | 240厚KP1多孔砖墙超高 | m³ | 140.18 | 409.44 | 4.66 | 554.28 | 41.68 | 41.72 | 637.68 |
| 12 | 4-29 | 240厚KP1多孔砖女儿墙 | m³ | 99.01 | 402.75 | 4.29 | 506.05 | 380.5 | 38.09 | 582.19 |

458

| 序号 | 定额编号 | 项目名称 | 单位 | 1 人工费 | 2 材料费 | 3 机械费 | 4＝1+ 2+3 预算单价 | 5＝4× 费率企业 管理费 | 6＝(4+5) ×费率 利润 | 7＝4+ 5+6 综合单价 |
|---|---|---|---|---|---|---|---|---|---|---|
| | | 三、混凝土工程 | | | | | | | | |
| 13 | 5-150 | C15 混凝土垫层 | m³ | 20.06 | 371.51 | 0.99 | 392.56 | 29.52 | 29.55 | 451.63 |
| 14 | 5-2 | C30 独立基础 | m³ | 37.22 | 422.73 | 1.58 | 461.53 | 34.71 | 34.74 | 530.98 |
| 15 | 5-7 | C30 框架柱 | m³ | 22.06 | 425.51 | 2.23 | 478.71 | 36.00 | 36.03 | 550.74 |
| 16 | 5-12 | C30 基础梁 | m³ | 37.45 | 422.74 | 1.64 | 461.83 | 34.73 | 34.76 | 531.32 |
| 17 | 5-13 | C30 框架梁 | m³ | 37.45 | 422.74 | 1.64 | 461.83 | 34.73 | 34.76 | 531.31 |
| 18 | 5-16 | C30 过梁 | m³ | 101.35 | 423.38 | 4.00 | 528.92 | 39.77 | 39.81 | 608.50 |
| 19 | 5-22 | C30 有梁板 | m³ | 28.58 | 422.84 | 1.33 | 452.67 | 34.04 | 34.07 | 520.78 |
| | | 四、门窗工程 | | | | | | | | |
| 20 | 8-1 | 镶板门 | m² | 15.38 | 886.40 | 1.02 | 902.89 | 67.90 | 67.96 | 1038.75 |
| 21 | 8-15 | 硬木带亮自由门 | m² | 43.42 | 831.08 | 2.17 | 876.67 | 65.93 | 65.98 | 1008.58 |
| 22 | 8-69 | 塑钢双玻平开窗 | m² | 23.12 | 391.84 | 1.82 | 416.78 | 31.34 | 31.37 | 479.49 |
| 23 | 8-142 | 水泥砂浆后塞口 | m² | 5.45 | 2.51 | 0.22 | 8.18 | 0.62 | 0.62 | 9.42 |
| 24 | 8-143 | 填充剂后塞口 | m² | 5.71 | 6.39 | 0.23 | 12.33 | 0.93 | 0.93 | 14.19 |
| | | 五、屋面工程 | | | | | | | | |
| 25 | 9-32 | 保护涂料面层 | m² | 2.00 | 11.90 | 0.08 | 13.98 | 1.05 | 1.05 | 16.08 |
| 26 | 9-59 | SBS 沥青卷材单层热熔 | m² | 5,49 | 50.89 | 0.22 | 56.51 | 4.25 | 4.25 | 65.01 |
| 27 | 9-60 | SBS 沥青卷材增加一层 | m² | 4.66 | 36.46 | 0.19 | 41.31 | 3.11 | 3.11 | 47.53 |
| 28 | 10-7 | 粘贴 100mm 岩棉板保温层 | m² | 4.76 | 80.37 | 0.19 | 85.32 | 6.42 | 6.42 | 98.16 |
| 29 | 10-17 | 陶粒混凝土找坡层 | m³ | 64.94 | 391.54 | 3.26 | 459.74 | 34.57 | 34.60 | 528.91 |
| 30 | 11-32 | 20 厚 DS 砂浆找平层 | m² | 6.15 | 11.78 | 0.30 | 18.23 | 1.37 | 1.37 | 20.97 |
| | | 六、楼地面工程 | | | | | | | | |
| 31 | 4-72 | 3:7 灰土垫层 | m³ | 31.57 | 48.46 | 1.85 | 81.88 | 6.16 | 6.16 | 94.20 |
| 32 | 5-151 | C10 混凝土垫层 | m³ | 22.22 | 358.80 | 1.00 | 382.02 | 28.73 | 28.75 | 439.50 |
| 33 | 11-31 | 20 厚 BP 砂浆找平层 | m² | 5.98 | 9.41 | 0.28 | 15.67 | 1.18 | 1.18 | 18.03 |
| 34 | 11-39 | 大理石(600×600)20 厚 | m² | 35.26 | 235.32 | 1.80 | 272.38 | 20.48 | 20.51 | 313.37 |
| 35 | 11-50 | 大理石面层刷养护液 | m² | 4.40 | 0.90 | 0.18 | 5.48 | 0.41 | 0.41 | 6.30 |
| 36 | 11-78 | 大理石踢脚 | m | 6.24 | 45.97 | 0.37 | 52.58 | 3.95 | 3.96 | 60.09 |
| 37 | 11-111 | 混凝土散水(60mm) | m² | 14.50 | 26.04 | 0.59 | 41.13 | 3.09 | 3.10 | 47.32 |
| | | 七、墙柱面工程 | | | | | | | | |
| 38 | 12-1 | 内外墙面 DB 砂浆基层处理 | m² | 1.01 | 0.54 | 0.04 | 1.59 | 0.12 | 0.12 | 1.83 |
| 39 | 12-12 | 内外墙 DP 砂浆底层抹灰 | m² | 5.59 | 2.75 | 0.23 | 8.57 | 0.64 | 0.64 | 9.85 |
| 40 | 12-67 | 柱面 DB 砂浆基层处理 | m² | 1.06 | 0.54 | 0.04 | 1.64 | 0.12 | 0.12 | 1.88 |
| 41 | 12-74 | 柱面 DB 砂浆底层抹灰 | m² | 6.15 | 2.47 | 0.26 | 8.88 | 0.67 | 0.67 | 10.22 |
| 42 | (14-730) ×1.1 | 柱面耐擦洗涂料面层 | m² | 3.87 | 3.13 | 0.15 | 7.15 | 0.54 | 0.54 | 8.23 |
| 43 | 12-143 | DTA 砂浆粘结金属釉面砖外墙裙 | m² | 50.79 | 108.29 | 2.12 | 161.20 | 12.12 | 12.13 | 185.45 |

| 序号 | 定额编号 | 项目名称 | 单位 | 1 人工费 | 2 材料费 | 3 机械费 | 4＝1＋2＋3 预算单价 | 5＝4× 费率企业 管理费 | 6＝(4＋5) ×费率 利润 | 7＝4＋ 5＋6 综合单价 |
|------|---------|---------|------|--------|--------|--------|----------|----------|----------|----------|
| 44 | 14-730 | 室内墙面耐擦洗涂料 | m² | 352 | 2.84 | 0.14 | 6.50 | 0.49 | 0.49 | 7.48 |
| 45 | 14-712 | 室外墙面平壁型涂料 | m² | 3.69 | 13.08 | 0.15 | 16.92 | 1.27 | 1.27 | 19.46 |
| | | 八、天棚工程 | | | | | | | | |
| 46 | 13-43 | T型铝合金龙骨单层吊挂式 | m² | 11.94 | 37.87 | 3.13 | 52.94 | 3.98 | 3.98 | 60.90 |
| 47 | 13-73 | 矿棉吸声板面层 | m² | 3.23 | 35.40 | 1.10 | 39.73 | 2.99 | 2.99 | 45.71 |
| | | 九、工程水电费 | | | | | | | | |
| 48 | 16-10 | 公共建筑五环外 | m² | | 20.44 | | 20.44 | 1.54 | 1.54 | 23.52 |
| | | 直接工程费合计 | | | | | | | | |
| | | 十、脚手架工程 | | | | | | | | |
| 49 | 17-1 | 脚手架搭拆费 | 100m² | 497.27 | 720.34 | 13.88 | 1231.49 | 92.61 | 92.69 | 1416.79 |
| 50 | 17-2 | 脚手架租赁费 | 100 m²·天 | 0.17 | 2.58 | | 2.75 | 0.21 | 0.21 | 3.17 |
| 51 | 17-27 | 大厅吊顶脚手架搭拆费 | 100m² | 673.92 | 389.46 | 92.06 | 1155.44 | 86.89 | 86.96 | 1329.29 |
| 52 | 17-28 | 大厅吊顶脚手架租赁费 | 100 m²·天 | | 5.69 | | 5.69 | 0.43 | 0.43 | 6.55 |
| 53 | 17-29 | 吊顶架子搭拆增1m | 100m² | 269.19 | 124.76 | 25.57 | 446.52 | 33.58 | 33.61 | 513.71 |
| 54 | 17-30 | 吊顶架子租赁增1m | 100 m²·天 | | 1.95 | | 1.95 | 0.15 | 0.15 | 2.25 |
| | | 十一、模板工程 | | | | | | | | |
| 55 | 17-44 | 垫层模板 | m² | 10.28 | 4.78 | 0.41 | 15.47 | 1.16 | 1.16 | 17.79 |
| 56 | 17-48 | 独立基础组合模板 | m² | 20.85 | 10.91 | 2.63 | 34.39 | 2.59 | 2.59 | 39.57 |
| 57 | 17-59 | 矩形柱组合模板 | m² | 32.41 | 12.84 | 4.29 | 49.54 | 3.73 | 3.73 | 57.00 |
| 58 | 17-71 | 柱模板超高1m | m² | 2.48 | 0.33 | 0.51 | 3.32 | 0.25 | 0.25 | 3.82 |
| 59 | (17-71) ×2 | 柱模板超高2m | m² | 4.96 | 0.66 | 1.02 | 6.64 | 0.50 | 0.50 | 7.64 |
| 60 | 17-86 | 过梁组合钢模板 | m² | 27.02 | 33.14 | 2.47 | 62.63 | 4.71 | 4.71 | 72.05 |
| 61 | 17-73 | 基础梁组合钢模板 | m² | 26.82 | 15.02 | 2.98 | 44.82 | 3.37 | 3.37 | 51.56 |
| 62 | 17-75 | 矩形梁组合钢模板 | m² | 37.95 | 29.64 | 4.05 | 71.64 | 5.39 | 5.39 | 82.41 |
| 63 | 17-91 | 梁模板超过1m | m² | 1.08 | 2.57 | 0.95 | 4.60 | 0.35 | 0.35 | 5.30 |
| 64 | (17-91) ×2 | 梁模板超过2m | m² | 2.16 | 5.14 | 1.90 | 9.20 | 0.69 | 0.69 | 10.58 |
| 65 | 17-113 | 有梁板组合钢模板 | m² | 32.07 | 23.96 | 5.32 | 61.35 | 4.61 | 4.62 | 70.58 |
| 66 | 17-130 | 板超过1m | m² | 5.23 | 0.54 | 0.64 | 6.41 | 0.48 | 0.48 | 7.37 |
| 67 | (17-130) ×2 | 板超过2m | m² | 10.46 | 1.08 | 1.28 | 12.82 | 0.96 | 0.96 | 14.74 |
| 68 | 17-158 | 垂直运输 | m² | 13.95 | 21.43 | 25.95 | 61.33 | 4.61 | 4.62 | 70.56 |
| 69 | 17-231 | 安全文明施工费 | 元 | | | | 17473.93 | 1314.04 | 1315.16 | 20103.13 |

分部分项工程费计算表（表二）

| 序号 | 定额编号 | 分部分项名称 | 单位 | 工程量 | 人工费 | | 预算价 | | 综合价 | |
|---|---|---|---|---|---|---|---|---|---|---|
| | | | | | 单价 | 合计 | 单价 | 合计 | 单价 | 合计 |
| | | 一、土石方工程 | | | | | | | | |
| 1 | 1-1 | 平整场地 | m² | 277.38 | 3.34 | 926.45 | 3.47 | 962.51 | 3.99 | 1106.75 |
| 2 | 1-20 | 人工挖基坑运距1km以内 | m³ | 277.54 | 16.20 | 4496.15 | 21.60 | 5994.86 | 24.88 | 6905.20 |
| 3 | 1-16 | 人工挖沟槽运距1km以内 | m³ | 53.50 | 13.52 | 723.32 | 18.66 | 998.31 | 21.46 | 1148.11 |
| 4 | 1-34 | 房心回填土 | m³ | 64.33 | 28.75 | 1849.49 | 29.98 | 1928.61 | 34.49 | 2218.74 |
| 5 | 1-30 | 基础回填土 | m³ | 274.55 | 19.32 | 5304.31 | 20.17 | 5537.67 | 23.21 | 6372.31 |
| 6 | 1-41 | 土方回运1km以内 | m³ | 361.02 | 1.264 | 54.89 | 10.45 | 3772.66 | 12.03 | 4343.07 |
| | | 小计 | | | | 13754.61 | | 19194.62 | | 22094.18 |
| | | 二、砌筑工程 | | | | | | | | |
| 7 | 4-1 | 烧结标准砖基础 | m³ | 20.55 | 103.33 | 2123.43 | 573.77 | 11790.97 | 660.10 | 13565.06 |
| 8 | 4-28 | 365厚KP1多孔砖内墙 | m³ | 50.94 | 105.66 | 5382.32 | 522.56 | 26619.21 | 601.19 | 30624.62 |
| 9 | 4-28换 | 365厚KP1多孔砖墙超高 | m³ | 5.26 | 137.36 | 722.51 | 554.26 | 2915.41 | 637.66 | 3354.09 |
| 10 | 4-27 | 240厚KP1多孔砖内墙 | m³ | 15.76 | 107.83 | 1699.40 | 521.93 | 8225.62 | 600.46 | 9463.25 |
| 11 | 4-27换 | 240厚KP1多孔砖墙超高 | m³ | 1.15 | 140.18 | 161.21 | 554.28 | 637.42 | 637.66 | 733.31 |
| 12 | 4-29 | 240厚KP1多孔砖女儿墙 | m³ | 14.28 | 99.01 | 1413.86 | 506.05 | 7226.39 | 82.19 | 8313.67 |
| | | 小计 | | | | 11502.73 | | 57415.02 | | 66054 |
| | | 三、混凝土工程 | | | | | | | | |
| 13 | 5-150 | C15混凝土垫层 | m³ | 5.81 | 20.06 | 116.55 | 392.56 | 2280.77 | 451.63 | 2623.97 |
| 14 | 5-2 | C30独立基础 | m³ | 19.58 | 37.22 | 728.77 | 4161.53 | 9036.76 | 530.98 | 10396.59 |
| 15 | 5-7 | C30框架柱 | m³ | 22.06 | 50.97 | 1124.40 | 478.71 | 10560.34 | 550.74 | 12149.32 |
| 16 | 5-12 | C30基础梁 | m³ | 18.34 | 37.45 | 686.83 | 461.83 | 8469.96 | 531.32 | 9744.41 |
| 17 | 5-13 | C30框架梁 | m³ | 18.33 | 37.45 | 686.46 | 461.82 | 8465.16 | 531.31 | 9738.91 |
| 18 | 5-16 | C30过梁 | m³ | 2.53 | 101.35 | 256.42 | 528.92 | 1338.17 | 608.50 | 1539.51 |
| 19 | 5-22 | C30有梁板 | m³ | 34.24 | 28.50 | 975.84 | 425.67 | 15499.42 | 520.78 | 17831.51 |
| | | 小计 | | | | 4575.27 | | 55650.58 | | 64044.22 |
| | | 四、门窗工程 | | | | | | | | |
| 20 | 8-1 | 镶板门 | m² | 4.32 | 15.38 | 66.44 | 902.89 | 3900.48 | 1038.75 | 4487.40 |
| 21 | 8-15 | 硬木带亮自由门 | m² | 10.08 | 43.42 | 437.67 | 876.67 | 8836.83 | 1008.58 | 10166.49 |
| 22 | 8-69 | 塑钢双玻平开窗 | m² | 44.28 | 23.12 | 1023.75 | 416.78 | 18455.02 | 479.49 | 21231.82 |
| 23 | 8-142 | 水泥砂浆后塞口 | m² | 14.44 | 5.45 | 78.48 | 8.18 | 117.79 | 9.42 | 135.65 |
| 24 | 8-143 | 填充剂后塞口 | m² | 44.28 | 5.71 | 252.84 | 12.33 | 545.97 | 14.19 | 628.33 |
| | | 小计 | | | | 1859.18 | | 31856.09 | | 36649.69 |
| | | 五、屋面工程 | | | | | | | | |
| 25 | 9-32 | 保护涂料面层 | m² | 285.75 | 2.00 | 571.50 | 13.98 | 3994.75 | 16.08 | 4594.86 |
| 26 | 9-59 | SBS沥青卷材单层热熔 | m² | 285.75 | 5.49 | 1568.77 | 56.51 | 16147.73 | 65.01 | 18576.61 |
| 27 | 9-60 | SBS沥青卷材增加一层 | m² | 285.75 | 4.66 | 1331.60 | 41.31 | 11804.33 | 47.53 | 13581.70 |
| 28 | 10-7 | 粘贴100mm岩棉板保温层 | m² | 285.14 | 4.76 | 1228.75 | 85.32 | 22024.50 | 98.16 | 25339.02 |
| 29 | 10-17 | 陶粒混凝土找坡层 | m³ | 18.07 | 64.94 | 1173.47 | 459.74 | 8307.50 | 528.91 | 9557.40 |
| 30 | 11-32 | 20厚DS砂浆找平层 | m² | 285.75 | 6.15 | 1757.36 | 18.23 | 5209.22 | 20.97 | 5992.18 |
| | | 小计 | | | | 7631.45 | | 67488.07 | | 77641.77 |

| 序号 | 定额编号 | 分部分项名称 | 单位 | 工程量 | 人工费 | | 预算价 | | 综合价 | |
|---|---|---|---|---|---|---|---|---|---|---|
| | | | | | 单价 | 合计 | 单价 | 合计 | 单价 | 合计 |
| | | 六、楼地面工程 | | | | | | | | |
| 31 | 4-72 | 3:7 灰土垫层 | m³ | 24.60 | 31.57 | 776.62 | 81.88 | 2014.25 | 94.20 | 2317.32 |
| 32 | 5-151 | C10 混凝土垫层 | m³ | 12.37 | 22.22 | 274.86 | 382.02 | 4725.59 | 439.50 | 5436.62 |
| 33 | 11-31 | 20 厚 BP 砂浆找平层 | m² | 247.22 | 5.98 | 1478.38 | 15.67 | 3873.94 | 18.03 | 4457.38 |
| 34 | 11-39 | 大理石(600×600)20 厚 | m² | 247.22 | 35.26 | 8716.98 | 272.38 | 67337.78 | 313.37 | 77471.33 |
| 35 | 11-50 | 大理石面层刷养护液 | m² | 247.22 | 4.40 | 1087.77 | 5.48 | 1354.77 | 6.30 | 1557.49 |
| 36 | 11-78 | 大理石踢脚 | m | 110.88 | 6.24 | 691.89 | 52.58 | 5830.07 | 60.49 | 6707.13 |
| 37 | 11-111 | 混凝土散水(60mm) | m² | 51.52 | 14.50 | 747.04 | 41.03 | 2119.02 | 47.32 | 2437.93 |
| | | 小计 | | | | 13773.54 | | 87256.42 | | 100385.70 |
| | | 七、墙柱面工程 | | | | | | | | |
| 38 | 12-1 | 内外墙面 DB 砂浆基层处理 | m² | 665.17 | 1.01 | 671.82 | 1.59 | 1057.62 | 1.83 | 1217.26 |
| 39 | 12-12 | 内外墙 DP 砂浆底层抹灰 | m² | 665.17 | 5.59 | 3718.30 | 8.57 | 5700.51 | 9.85 | 6551.92 |
| 40 | 12-67 | 柱面 DB 砂浆基层处理 | m² | 9.60 | 1.06 | 10.18 | 1.64 | 15.74 | 1.88 | 18.05 |
| 41 | 12-74 | 柱面 DB 砂浆底层抹灰 | m² | 9.60 | 6.15 | 59.04 | 8.88 | 85.25 | 10.22 | 98.11 |
| 42 | (14-730)×1.1 | 柱面耐擦洗涂料面层 | m² | 8.83 | 3.87 | 34.17 | 7.15 | 63.13 | 8.23 | 72.67 |
| 43 | 12-143 | DTA 砂浆粘结金属釉面砖外墙裙 | m² | 57.47 | 50.79 | 2918.90 | 161.20 | 9264.16 | 185.45 | 10657.81 |
| 44 | 14-730 | 室内墙面耐擦洗涂料 | m² | 320.19 | 3.52 | 1127.07 | 6.50 | 2081.24 | 7.48 | 2395.02 |
| 45 | 14-712 | 室外墙面平壁型涂料 | m² | 280.68 | 3.69 | 1035.71 | 16.92 | 4749.11 | 19.46 | 5462.03 |
| | | 小计 | | | | 9575.19 | | 23016.76 | | 26472.87 |
| | | 八、天棚工程 | | | | | | | | |
| 46 | 13-43 | T 型铝合金龙骨单层吊挂式 | m² | 247.05 | 11.94 | 2949.78 | 52.94 | 13078.83 | 60.90 | 15045.35 |
| 47 | 13-73 | 矿棉吸声板面层 | m² | 247.41 | 3.23 | 799.13 | 39.73 | 9829.60 | 45.71 | 11309.11 |
| | | 小计 | | | | 3748.91 | | 22908.43 | | 26354.46 |
| | | 九、工程水电费 | | | | | | | | |
| 48 | 16-10 | 公共建筑五环外 | m² | 277.38 | | | 20.44 | 5669.65 | 23.52 | 6523.98 |
| | | 分部分项费合计 | | | | 66420.88 | | 370454.64 | | 426220.87 |
| | | 十、脚手架工程 | | | | | | | | |
| 49 | 17-1 | 脚手架搭拆费 | 100m² | 2.77 | 497.27 | 1377.44 | 1231.49 | 3411.23 | 1416.79 | 3924.51 |
| 50 | 17-2 | 脚手架租赁费 | 100m² 天 | 221.60 | 0.17 | 37.67 | 2.75 | 609.40 | 3.17 | 702.47 |
| 51 | 17-27 | 大厅吊顶脚手架搭拆费 | 100m² | 1.7 | 673.92 | 1145.66 | 1155.44 | 1964.25 | 1329.29 | 2259.79 |
| 52 | 17-28 | 大厅吊顶脚手架租赁费 | 100m² 天 | 34 | | | 5.69 | 193.46 | 6.55 | 222.70 |
| 53 | 17-29 | 吊顶架子搭拆增 1m | 100m² | 1.27 | 296.19 | 503.52 | 446.52 | 759.08 | 513.71 | 873.31 |
| 54 | 17-30 | 吊顶架子租赁增 1m | 100m² 天 | 34 | | | 1.95 | 66.30 | 2.25 | 76.50 |
| | | 小计 | | | | 3064.29 | | 7003.72 | | 8059.28 |
| | | 十一、模板工程 | | | | | | | | |
| 55 | 17-44 | 垫层模板 | m² | 10.56 | 10.28 | 108.56 | 15.47 | 163.36 | 17.79 | 187.86 |
| 56 | 17-48 | 独立基础组合模板 | m² | 46.08 | 20.85 | 960.77 | 34.39 | 1584.69 | 39.57 | 1823.39 |
| 57 | 17-59 | 矩形柱组合模板 | m² | 167.04 | 32.41 | 5413.77 | 49.54 | 8275.16 | 57.40 | 9521.28 |

| 序号 | 定额编号 | 分部分项名称 | 单位 | 工程量 | 人工费 单价 | 人工费 合计 | 预算价 单价 | 预算价 合计 | 综合价 单价 | 综合价 合计 |
|---|---|---|---|---|---|---|---|---|---|---|
| 58 | 17-71 | 柱模板超高1m | m² | 1.8 | 2.48 | 4.46 | 3.32 | 5.98 | 3.82 | 6.88 |
| 59 | (17-71)×2 | 柱模板超高2m | m² | 31.32 | 4.96 | 155.35 | 6.64 | 207.96 | 7.64 | 239.28 |
| 60 | 17-86 | 过梁组合钢模板 | m² | 25.28 | 27.02 | 683.07 | 62.63 | 1583.29 | 72.05 | 1821.42 |
| 61 | 17-73 | 基础梁组合钢模板 | m² | 117.66 | 26.82 | 3155.64 | 44.82 | 5273.52 | 51.56 | 6066.55 |
| 62 | 17-75 | 矩形梁组合钢模板 | m² | 139.99 | 37.95 | 5312.62 | 71.64 | 10028.88 | 82.42 | 11537.98 |
| 63 | 17-91 | 梁模板超过1m | m² | 14 | 1.08 | 15.12 | 4.60 | 64.40 | 5.30 | 74.20 |
| 64 | (17-91)×2 | 梁模板超过2m | m² | 93.84 | 2.16 | 202.69 | 9.20 | 863.33 | 10.58 | 992.83 |
| 65 | 17-113 | 有梁板组合钢模板 | m² | 244.58 | 32.07 | 7843.68 | 61.37 | 15004.98 | 70.58 | 17262.46 |
| 66 | 17-130 | 板超过1m | m² | 79.72 | 5.23 | 416.94 | 6.41 | 511.01 | 7.37 | 587.54 |
| 67 | (17-130)×2 | 板超过2m | m² | 164.86 | 10.46 | 1724.44 | 12.82 | 2113.51 | 14.74 | 2430.04 |
| | | 小计 | | | | 25997.11 | | 45680.07 | | 52551.71 |
| 68 | 17-158 | 垂直运输 | m² | 277.38 | 13.95 | 3869.45 | 61.33 | 17011.72 | 70.56 | 19571.93 |
| 69 | 17-231 | 安全文明施工费 | 元 | (370454.64+7003.72+45682.07+17011.72)× 3.97%=17473.96 | | | | | | 20103.16 |
| | | 措施费合计 | | | | 32930.85 | | 87169.47 | | 100286.08 |

## 按综合单价计价造价计算程序表（表三）

| 序号 | 项 目 | | 计 算 式 | 金额 |
|---|---|---|---|---|
| 1 | 分部分项工程费 | | | 426220.87 |
| 1.1 | 其中 | 人工费 | | 66420.88 |
| 1.2 | | 材料（设备）暂估价 | | |
| 2 | 措施项目费 | | | 100286.48 |
| 2.1 | 其中 | 人工费 | | 32930.85 |
| 2.2 | | 安全文明施工费 | | 17473.96 |
| 3 | 其他项目费 | | | |
| 3.1 | | 总承包服务费 | | |
| 3.2 | | 计日工 | | |
| 3.2.1 | 其中 | 其中 人工费 | | |
| 3.3 | | 专业工程暂估费 | | |
| 3.4 | | 暂列金额 | | |
| 4 | 规费 | | (1.1+2.1+3.2.1)×20.25% | 20118.73 |
| 5 | 税金 | | (1+2+3.1+3.2+4)×3.48% | 19022.59 |
| 6 | 合计 | | 1+2+3+4+5 | 565648.67 |

单方造价：565648.67÷277.38=2039.26 元/m²

# 参 考 书 目

[1]  北京 2012 年建设工程预算定额及相关文件.

[2]  北京市建设工程材料预算价格.

[3]  （北京工程造价）杂志. 北京工程造价管理处编.

[4]  北京市 2009 年建筑安装工程工期定额.

[5]  北京市构件图集.

[6]  建筑施工手册 [M]. 北京：中国建筑工业出版社.

[7]  建筑构造资料集 [M]. 北京：中国建筑工业出版社.

[8]  卞秀庄、赵玉槐主编. 建筑工程定额与预算 [M]. 北京：中国环境科学出版社.

[9]  刘全义主编. 建筑与装饰工程定额与预算 [M]. 北京：中国建材工业出版社，2003.

[10]  中国建设工程造价管理协会编. 建筑工程建筑面积计算规范图解 [M]. 北京：中国计划出版社. 2009.